现代农业科技专著大系

“国家现代农业产业技术体系建设专项基金”资助出版

中国荞麦学

任长忠 赵钢 主编

中国农业出版社

图书在版编目（CIP）数据

中国荞麦学/任长忠，赵钢主编．—北京：中国农业出版社，2015.1
ISBN 978-7-109-20071-5

Ⅰ.①中… Ⅱ.①任…②赵… Ⅲ.①荞麦－中国－文集 Ⅳ.①S517-53

中国版本图书馆CIP数据核字（2015）第007078号

中国农业出版社出版
（北京市朝阳区麦子店街18号楼）
（邮政编码100125）
责任编辑　孟令洋　郭　科

北京中科印刷有限公司印刷　新华书店北京发行所发行
2015年6月第1版　2015年6月北京第1次印刷

开本：787mm×1092mm 1/16　印张：25.5　插页：6
字数：550千字
定价：120.00元

《中国荞麦学》编写委员会

主　　编： 任长忠　赵　钢

副 主 编： 陈庆富　李再贵　王莉花　陕　方
吴　斌　邹　亮

编写人员：（以姓名拼音为序）

常克勤　常庆涛　朝克图　陈庆富　崔　林
付晓峰　何成兴　胡新中　胡跃高　黄凯丰
金　涛　雷生春　李建疆　李荫藩　李云龙
李再贵　刘根科　刘景辉　刘彦明　刘延香
罗中旺　马挺军　彭镰心　彭远英　任长忠
陕　方　田长叶　万　燕　王安虎　王莉花
吴　斌　吴银云　向达兵　熊仿秋　杨　才
杨再清　张新忠　张永伟　赵　钢　赵桂琴
赵江林　赵世锋　周洪友　周小理　邹　亮

审 稿 人： 林汝法

序

我国是荞麦原产国，也是生产大国，栽培历史源远流长，种植地域广阔，种类多样，几乎囊括了世界已发现的荞麦全部28个种、亚种和变种。

荞麦生育期短，耐冷凉瘠薄，过去是中西部高原冷凉地区的重要粮食作物，同时作为边远山区、民族地区的生态作物被种植，也是我国三大蜜源作物之一，在传统农业、粮食安全和区域经济发展中占有极为重要的地位。

20世纪80年代以来，荞麦的营养价值逐渐为研究人员和世人认知。荞麦籽粒蛋白质、脂肪、维生素、微量元素的含量普遍高于水稻、小麦、玉米等大宗粮食作物，且含有丰富的矿质营养元素和维生素。荞麦各器官中富含的黄酮、酚酸、多糖、多肽、原花青素、D-手性肌醇及γ-氨基丁酸等功能活性物质不断被挖掘研究、开发利用，一定程度上传承、验证和丰富了祖国医学、民间关于荞麦强体养身、健脑美容等多种记述。随着社会健康饮食理念的提升和荞麦开发研究的不断深入，荞麦食品在抗氧化，预防高血糖、高血脂、高血压以及动脉硬化等心脑血管疾病方面的营养保健作用被发现和验证，成为临床营养、现代食品等领域中持续升温的热点，展示了广阔的消费前景。

荞麦产品新技术开发力度的加大，现代食品加工新技术的应用，产品口感、风味等食用品质的改善，主食化程度的加快，促进了我国荞麦企业不断向规模化和标准化发展。

近年来，我国荞麦研究进程不断加速，研究队伍日益壮大，研究成果世人瞩目。发展荞麦生产，不仅对改善人民生活、提高农民收入意义重大，而且对我国21世纪可持续农业的发展具有极其重要的战略意义。

由国家燕麦荞麦产业技术体系主持，全国数十位知名专家、学者共同撰写的《中国荞麦学》，全面、系统地阐述了近年来中国荞麦育种、栽培和加工方面的成就与发展，以及国内外相关领域的最新进展。全书涵盖荞麦生物学、资源育种、遗传生理、生产栽培、作物营养与施肥、植物保护、品质加工等诸多领域，内容丰富、资料翔实，全面反映了当代我国荞麦科学的基本特点、基本理论和基本技术。

《中国荞麦学》十分注重总结我国荞麦发展悠久的历史经验，侧重分析荞麦的生产实践，着力体现中国荞麦产业发展中的科技进步。《中国荞麦学》博采国内外专著之长，理论联系实际，对我国荞麦学科进行全面、系统的介绍。它的出版对促进我国荞麦科研、教学、生产与产业的发展，以及让世界了解中国荞麦，使中国荞麦产业跻身世界，有着十分重要的意义。

林汝法

2015年4月20日

前　言

荞麦（*Fagopyrum*）虽然称为麦，但并不是禾本科植物，而是蓼科荞麦属双子叶植物，在我国民间又称为乌麦、三角麦、花荞、荞子等。因其籽粒为三角形，和山毛榉树（beech tree）的果实相似，其英文名“buckwheat”就是“beech wheat”的意思。荞麦在世界上分布很广，目前在全世界发现的荞麦共有28个种、亚种和变种。荞麦的主要栽培种有两个，一个是普通荞（common buckwheat），即甜荞；另一个是苦荞（tartary buckwheat）。两个栽培种的生物学特征及栽培适宜区域均有所不同。荞麦为一年生草本植物，生育期短，抗逆性强，极耐冷凉瘠薄，当年可多次播种多次收获。

普通荞的野生祖先为 *F. esculentum* ssp. *ancestrale*，而苦荞的野生祖先是 *F. tataricum* ssp. *potanini*。大约在公元前6 000年的亚洲东南部内陆地区，甜荞就被驯化用于作物栽种，并逐渐传播到中亚，然后传到中东和欧洲。栽培荞麦的起源地普遍认为是中国四川、云南和西藏交界的地区。在欧洲，最早的记录可以追溯到公元前5 300年的芬兰以及公元前4 000年左右中新石器时代的巴尔干地区。在俄罗斯，最早的荞麦栽培是公元7世纪时由拜占庭帝国的希腊人引入。

荞麦起源于中国，栽培历史最为悠久。已知最早的荞麦实物出土于陕西咸阳杨家湾4号汉墓，距今已有2 000多年。另外，陕西咸阳马泉和甘肃武威磨嘴子也分别出土过前汉和后汉时的荞麦实物。荞麦是中国古代重要的粮食作物和救荒作物之一。世界主要种植荞麦的国家有俄罗斯、中国、日本、波兰、加拿大、巴西、南非和澳大利亚。美国荞麦种植在近些年已经锐减，1918年有4 000 km^2，到1964年仅剩下200 km^2。1个世纪前，俄罗斯是世界上最大的荞麦种植国，种植面积达26 000 km^2，2000年后中国的荞麦产量大幅上升，产量和出口量均已超过俄罗斯。在栽培荞麦中，普通荞麦占世界荞麦种植的90%以上。

荞麦具有其他粮食作物所不具备的优点和功能成分。众所周知，荞麦的营养价值高，素有“五谷之王”的美称，不仅富含淀粉、蛋白质、脂肪、纤维素、维生素、微量元素，还含有许多禾本科作物不具有的黄酮类生物活性成分，能有效地预防、控制和辅助治疗糖尿病、心血管硬化疾病、高血压，有健胃消食、促进消化、增强免疫力的作用。

荞麦过去仅在边远山区、民族地区种植，管理粗放，产量较低，品质不高，且加工水平较低。20世纪80年代以来才逐渐为学者和世人重视。目前我国的荞麦产量及出口量在全世界名列前茅，但荞麦的精深加工严重不足，且主要以基础原料的形式出口，产品附加值低。自20世纪末以来，随着人们对荞麦需求量的增加，越来越多的企业、科研人员投入到荞麦研究行列中。“十一五”期间，在国家现代农业产业技术体系建设专项资金项目的资助下，建立了国家燕麦产业技术体系。在随后的“十二五”规划中，考虑到我国燕麦、荞麦生产布局相似，生产主体相同，而且这两种作物功能相似，因此将荞麦产业加入到原有的燕麦产业技术体系项目中，形成了国家燕麦荞麦产业技术体系建设项目，从而为我国荞麦产业的发展提供了强有力的人才、资金保证和科技支撑。

目前，全国已有22省（自治区、直辖市）近60个科研单位、农业院校的100余名专家、学者，从事荞麦起源、分类、品种资源、新品种选育、生理生化、栽培技术、营养、食品加工以及临床疗效等领域的科学研究工作，遍布荞麦产区地、盟、州、县种子公司和农业技术推广中心，从事荞麦新品种、新技术等实用技术的推广与普及。各地的科学技术委员会、科学技术协会还组织有关单位，从事荞麦产品的开发研究。随着荞麦研究利用成果的不断提升与社会健康消费需求的快速增长，国内外荞麦加工利用科技创新的热潮依然是有增无减。如山西省初步形成的荞麦深加工企业集群，成为开始影响和带动北方荞麦主产区的一个产业技术“高地”。四川凉山彝族自治州特色苦荞加工企业集群的快速发展几乎为新兴的中国荞麦加工产业创造了一个奇迹，短短7年间，凉山彝族自治州苦荞加工产业从无到有，企业数量、产值利润连续翻番。据2012年不完全统计，该地区40多个加工企业的产值达5亿元人民币，且发展势头不减。

为了积淀传承荞麦研究成果和普及荞麦科技知识更好地推动中国荞麦产业的发展，我们编写了《中国荞麦学》。本书首先对荞麦的生产概况作了详细介绍；紧接着阐述了荞麦的生物学特性；然后对荞麦的起源进化与分布、种质资源、遗传育种、荞麦的生理、栽培技术、荞麦病虫草害及其防治、荞麦品质进行了描述；最后从食用、饲用、药用及综合利用4个方面简述了荞麦的加工及利用。

本书共分10章，作者都是长期从事荞麦研究相关领域的学者与科技人员，在编写内容上分工合作，力求发挥个人专业特长，以保证专著内容权威可靠并充分反映相关领域最新进展。作者们在繁忙的工作之余完成本书的写作，付出了大量心血。本书编写和出版得到了国家现代农业产业技术体系专项资金资助，得到了国家燕麦荞麦产业技术体系全体人员的支持和协助，在此表示感谢！中国农业出版社的编辑们也为本书的出版付出了辛勤劳动，在此表示衷心的感谢！另外，感谢卢文洁、孟焕文、张笑宇、王艳青在第八章，李红梅、王敏、边俊生在第十章编写过程中给予的帮助和支持。由于编者水平和时间有限，书中难免存在错误与不足之处，敬请广大读者批评指正。

任长忠　赵　钢

2015年3月26日

目 录

序
前言

第一章 中国荞麦生产概况 …… 1
第一节 荞麦生产历史及发展 …… 1
一、荞麦的种植 …… 1
二、荞麦的食用与药用 …… 2
第二节 荞麦生产的意义 …… 4
一、荞麦作为特色农业发展优势强劲 …… 4
二、荞麦资源丰富、营养保健价值高 …… 5
三、荞麦市场前景广阔、经济效益好 …… 8
第三节 荞麦生产发展策略 …… 9
一、我国荞麦生产发展存在的问题 …… 9
二、荞麦生产发展对策 …… 11
主要参考文献 …… 13

第二章 荞麦的生物学特性 …… 15
第一节 荞麦植物形态特征 …… 15
一、根 …… 15
二、茎 …… 17
三、叶 …… 19
四、花和花序 …… 23
五、花粉粒 …… 25
六、果实与种子 …… 26
第二节 荞麦的生长发育 …… 29
第三节 荞麦对环境条件的适应性 …… 31
一、温度 …… 31
二、水分 …… 32
三、日照 …… 33
四、养分 …… 34
第四节 荞麦营养成分积累特性研究 …… 35
一、黄酮类成分在荞麦中的分布及积累 …… 35

二、微量元素在荞麦中的分布与积累 …… 36
三、其他成分的积累规律 …… 37
主要参考文献 …… 38

第三章 荞麦的起源进化与分布 …… 40

第一节 荞麦起源、进化与传播 …… 40
一、荞麦起源学说 …… 40
二、荞麦进化学说 …… 45
三、荞麦的传播 …… 47
第二节 荞麦分类 …… 49
一、荞麦所在的属及属的特征 …… 49
二、荞麦的主要特征特性 …… 50
三、荞麦的种类 …… 54
四、中国荞麦的分类 …… 55
第三节 荞麦的分布 …… 69
一、苦荞的分布 …… 69
二、甜荞的分布 …… 71
三、荞麦近缘野生种的分布 …… 72
第四节 中国荞麦生态区的划分 …… 79
一、苦荞生态区划 …… 79
二、苦荞生态区特征 …… 79
三、甜荞生态区划 …… 80
主要参考文献 …… 80

第四章 荞麦种质资源 …… 83

第一节 中国荞麦种质资源的收集、整理和保存 …… 83
一、荞麦种质资源的收集 …… 83
二、荞麦种质资源的整理整合与共享利用 …… 87
三、荞麦种质资源的保存 …… 92
第二节 荞麦的优异种质资源 …… 94
第三节 荞麦近缘野生种 …… 95
一、荞麦近缘野生种的种类 …… 95
二、荞麦近缘野生种资源 …… 96
三、荞麦近缘野生种的主要生物学特性 …… 98
四、荞麦近缘野生种的营养成分 …… 99
第四节 荞麦育成品种 …… 107
一、荞麦品种的类型 …… 107
二、主要的荞麦育成品种 …… 108
第五节 荞麦的主要农艺及经济性状 …… 111
一、苦荞的主要农艺及经济性状 …… 111
二、甜荞的主要农艺及经济性状 …… 114

主要参考文献 …… 115

第五章　荞麦遗传育种 …… 117

第一节　荞麦主要性状的遗传 …… 117
一、主要质量性状的遗传 …… 117
二、主要数量性状的遗传 …… 118
第二节　荞麦的细胞遗传 …… 119
一、荞麦属植物的染色体 …… 119
二、荞麦属植物染色体核型分析 …… 121
第三节　荞麦的分子遗传 …… 131
一、分子标记与遗传多样性的研究 …… 131
二、分子标记与遗传图谱构建 …… 133
三、基因定位与性状的研究 …… 134
四、基因克隆与功能蛋白的研究 …… 135
五、转录组测序 …… 137
第四节　荞麦育种目标 …… 138
一、高产 …… 138
二、稳产 …… 140
三、优质 …… 140
四、适宜生育期 …… 141
五、适应节约型规模化生产需要 …… 142
第五节　荞麦育种的常用程序 …… 142
一、选择育种程序 …… 143
二、诱变育种程序 …… 146
三、多倍体育种程序 …… 147
四、杂交育种 …… 150
五、杂种优势利用育种 …… 153
第六节　荞麦种子生产与合理利用 …… 156
一、种子生产的目的和任务 …… 156
二、种子生产体系和种子的分类 …… 157
三、种子的质量标准 …… 157
四、品种的防杂保纯 …… 158
五、荞麦的繁殖方式与种子生产技术 …… 160
第七节　我国荞麦育种现状与展望 …… 162
主要参考文献 …… 168

第六章　荞麦的生理 …… 175

第一节　种子生理 …… 175
一、荞麦种子 …… 175
二、荞麦种子萌发 …… 176
三、种子成熟生理 …… 179

四、荞麦种子的休眠 …… 180
五、荞麦种子的贮藏 …… 181
第二节　荞麦水分生理 …… 181
一、荞麦的水分需求 …… 181
二、荞麦细胞对水分的吸收 …… 181
三、荞麦的根系吸水和水分向上运输 …… 182
四、蒸腾作用 …… 182
五、合理灌溉的生理基础 …… 183
第三节　荞麦的营养生理 …… 184
一、荞麦与氮肥 …… 184
二、荞麦与磷肥 …… 185
三、荞麦与钾肥 …… 186
四、荞麦与肥料配比 …… 186
五、荞麦与微肥 …… 186
第四节　呼吸作用 …… 186
一、荞麦种子及幼苗的呼吸作用 …… 186
二、呼吸作用对荞麦生产的意义 …… 187
三、呼吸作用在荞麦生产中的具体应用 …… 187
第五节　荞麦的光合生理 …… 188
一、影响叶绿素形成的条件 …… 188
二、光能利用率 …… 189
三、体内同化物的运输和分配 …… 190
四、光合作用对荞麦生产的指导意义 …… 190
主要参考文献 …… 195

第七章　荞麦栽培技术 …… 200

第一节　荞麦的种植制度 …… 200
一、种植制度现状 …… 200
二、荞麦多熟种植技术的应用原则 …… 201
三、荞麦的种植方式 …… 201
第二节　荞麦高产田的土、肥、水条件 …… 203
一、荞麦高产田的土壤条件 …… 203
二、荞麦高产田的肥力条件 …… 203
三、荞麦高产田的水分条件 …… 204
第三节　荞麦高产稳产制约因素分析及对策 …… 204
一、荞麦高产稳产制约因素 …… 204
二、荞麦的单产变化分析 …… 206
三、荞麦高产稳产对策 …… 208
第四节　荞麦高产栽培技术要点 …… 210
一、土壤耕作与整地 …… 210
二、种子处理及播种技术 …… 211

三、田间管理 …… 215
第五节　荞麦收获与储存 …… 242
一、收获 …… 242
二、储存 …… 243
第六节　荞麦机械化栽培 …… 243
一、品种选择 …… 244
二、地块选择 …… 244
三、种植方式 …… 245
四、适时抢墒播种 …… 245
五、荞麦机收 …… 245
第七节　荞麦绿色有机种植 …… 245
一、发展荞麦有机食品应具备的条件 …… 246
二、荞麦有机栽培的基本要求 …… 246
三、荞麦有机栽培基础 …… 249
主要参考文献 …… 250
第八章　荞麦病虫草害及其防治 …… 252
第一节　荞麦各生态区病虫草害及其危害 …… 255
一、主要病害及其危害 …… 255
二、主要害虫及其危害 …… 258
三、杂草及其危害 …… 260
第二节　荞麦主要病害及其防治 …… 261
一、荞麦立枯病及其防治 …… 261
二、荞麦叶斑病及其防治 …… 261
三、荞麦褐斑病及其防治 …… 262
四、荞麦黑斑病及其防治 …… 262
五、荞麦斑枯病及其防治 …… 263
六、荞麦白粉病及其防治 …… 263
七、荞麦霜霉病及其防治 …… 264
八、荞麦白霉病及其防治 …… 264
九、荞麦病毒病及其防治 …… 265
十、荞麦根结线虫病及其防治 …… 265
第三节　荞麦主要虫害及其防治 …… 266
一、钩翅蛾及其防治 …… 266
二、草地螟及其防治 …… 267
三、黏虫及其防治 …… 268
四、蚜虫及其防治 …… 269
五、白粉虱及其防治 …… 270
六、红蜘蛛及其防治 …… 271
七、双斑萤叶甲及其防治 …… 271
八、甜菜夜蛾及其防治 …… 272

九、荞麦地下害虫及其防治 …… 273
第四节 荞麦田主要杂草及防除 …… 274
一、荞麦田主要杂草 …… 274
二、荞麦田杂草防除技术 …… 277
主要参考文献 …… 280

第九章 荞麦品质 …… 282

第一节 荞麦的营养成分 …… 282
一、淀粉 …… 282
二、蛋白质 …… 284
三、脂肪及类脂 …… 285
四、矿物质元素 …… 287
五、维生素 …… 287
六、膳食纤维 …… 288
第二节 荞麦食品营养品质评价 …… 288
一、荞麦面条的营养与品质 …… 288
二、荞麦面包的营养与品质 …… 295
三、荞麦饼干的营养品质 …… 299
四、荞麦馒头的营养品质 …… 304
第三节 荞麦功能性成分 …… 305
一、酚类化合物 …… 306
二、黄酮类化合物 …… 308
三、荞麦多糖与糖醇 …… 310
四、蛋白与多肽类 …… 312
五、其他活性成分 …… 315
第四节 荞麦食品功效评价 …… 316
一、动物实验 …… 317
二、人群实验与流行病学调查 …… 323
三、荞麦食品功能性成分的检测与分析 …… 325
第五节 影响荞麦品质的因素 …… 330
一、不同品种荞麦的品质分析 …… 330
二、栽培区域与栽培条件对荞麦品质的影响 …… 331
三、加工、贮藏等对荞麦品质的影响 …… 333
主要参考文献 …… 339

第十章 荞麦加工及利用 …… 349

第一节 荞麦的食用 …… 350
一、荞麦米的加工 …… 350
二、荞麦粉的加工 …… 351
三、传统食品 …… 352
四、主食类制品 …… 356

五、糕点类制品 …… 359
六、糊羹类食品 …… 362
七、荞麦饮品类制品 …… 364
八、荞麦发酵类制品 …… 366
九、荞麦芽苗菜 …… 370
十、荞麦功能食品 …… 371
第二节　荞麦的饲用 …… 373
第三节　荞麦的药用 …… 375
一、金荞麦 …… 375
二、苦荞 …… 380
三、甜荞 …… 381
第四节　荞麦综合利用 …… 381
一、麸皮加工利用 …… 381
二、皮壳加工利用 …… 382
三、茎叶及花的加工利用 …… 383
四、根的加工利用 …… 384
主要参考文献 …… 385

第一章

中国荞麦生产概况

荞麦又名乌麦、花麦、三角麦、荞子等，属蓼科（Polygonaceae）荞麦属（*Fagopyrum*）一年生或多年生双子叶植物。荞麦在世界上分布广泛，中国、俄罗斯、乌克兰、法国、加拿大、美国、波兰、巴西、澳大利亚等国是世界上荞麦种植面积较大的国家。我国是世界上荞麦种类最多的国家，几乎囊括了全世界已发现并见诸报道的23个种、2个亚种和3个变种。我国荞麦种植历史最为悠久，种植的荞麦主要有甜荞（*Fagopyrum esculentum* Moench，普通荞麦）和苦荞［*F. tataricum*（L.）Gaertn，鞑靼荞麦］两个栽培种，其植物学特征、生物学特性与栽培适宜区域均有一定的差异。我国甜荞主产区主要集中在北方的内蒙古、陕西、山西、甘肃和宁夏等省（自治区）；其常年种植面积约70万～80万 hm^2；苦荞主产区则主要集中在长江以南的云南、四川、贵州和西藏等省（自治区），其常年种植面积在50万 hm^2 以上（林汝法，1994；赵钢，2012）。此外，在我国四川、云南、贵州、西藏等地还有丰富的金荞麦［*F. cymosum*（Trev.）Meisn］等野生荞麦资源。

荞麦营养丰富，保健功能强，具有很高的营养价值和经济价值。荞麦作为一种著名的药食同源小宗粮食作物，不仅富含蛋白质、脂肪、淀粉、纤维素、维生素、矿物质等营养成分，还含有其他禾本科粮食作物所不具有的生物黄酮类活性成分。现代临床医学研究表明，荞麦及其制品在预防和辅助治疗高血压、冠心病、糖尿病、肥胖症，增强机体免疫力、抗氧化、防衰老，以及改善亚健康状态等方面具有较好功效。随着人民生活水平的提高与全社会健康观念的改变，荞麦及其加工制品越来越受到人们的喜爱，已逐渐成为当今人类的重要营养保健食品。在已有基础上，进一步加强和完善荞麦资源调查、品种选育、高产栽培、精深加工、生理生化、药理药化及营养保健等方面的研究，将有助于大力促进和推动我国荞麦产业持续、快速、稳定、健康的发展。

第一节　荞麦生产历史及发展

一、荞麦的种植

国内外多数学者认为，荞麦应起源于中国。《诗经》中“视尔如荍，贻我握椒”的诗句，荍即荞麦，说明距今约2 500年我国已开始种植荞麦。在陕西省咸阳市马泉西汉墓和甘肃省武威县磨嘴子东汉墓中均出土了荞麦实物，距今有2 000多年历史（杨明君，2007）。韩鄂的《四时纂要》、孙思邈的《备急千金要方》及唐代的相关诗文对荞麦都有确切的记载。一般认为荞麦种植的普及源自唐代；到了宋代，已遍及大江南北；到了明、清，从东北至西南，全国无处不有。中国荞麦在8世纪首先传入朝鲜、日本，10世纪传入东南亚及印度，13世纪至14世纪经西伯利亚传入俄罗斯及前苏联其他各加盟共和国和土耳其直至欧洲。1396年德国最先种植荞麦，17世纪方传入英国、法国、意大利及比利时。1625年荷兰人将荞麦经哈德逊河带入美洲，再传入加拿大及美洲各国。国内外许多学者的论述和我国科学家对荞麦资源的考察研究表明：喜马拉雅山，也就是指云南、四川、西藏与原西康省接壤之处是世界荞麦的起源中心和遗传多样性中心（钟兴莲等，1994；赵钢等，2009；陈庆富，2012）。

我国荞麦栽培历史悠久，在中国古代原始农业中，荞麦的种植生产占有重要的地位。历代史书、古医书、诗词、地方志及农家俚语等对荞麦的播种、栽培技术、收获利用以及形态等方面都有了较为深刻的记载和描述。唐代《四时纂要·六月》中“立秋在六月，即秋前十日种，立秋在七月，即秋后十日种。定秋之迟疾，宜细详之……”记载了荞麦栽种技术的播种期。北宋论著《后山丛谈》中“中秋阴暗，天下如一；荞麦得月而秀，中秋无月，则荞麦不实。”描述了荞麦与气候和物候的关系。而同时代的著作《曲洧旧闻》则对荞麦的形态进行了详述，“荞麦，叶黄、花白、茎赤、子黑、根黄，亦具五方之色。”明代的《天工开物》对荞麦栽培技术中的轮作制度又有进一步的论述，“凡荞麦南方必刈稻，北方必刈菽稷而后种。”清代的《农蚕经》对荞麦种子质量及引种范围亦有记载，荞麦“种陈，则出见而死，慎勿误用。其入怀而粘襟不落者，新也。又籴外种，恐非土宜。”不仅指出了存放多年的旧种子生活力低，而且提出异地引种可能会因两地的环境条件不同而减产。《救荒简易书》中载有“大子荞麦、小子荞麦、秋荞麦、六十日快荞麦、五十日快荞麦、四十日快荞麦”等多个品种，并注明了每个品种的播种和成熟时间，同时强调不同时期播种要选用不同的品种。《农圃便览》中记载，“六月，陈蜀秫、荞麦，虽极干，六月内必晒，若至中伏，必蛀。”提出了及时晒种防虫的办法。

荞麦在长期的种植生产过程中，通过人工选择和自然选择，形成了丰富多样的品种类型。我国苦荞资源主要分布在西南的云贵川一带和北方的高海拔地区；而甜荞品种资源则主要分布在北方和南方的一些低海拔地区，其中东北、华北、西北是中国甜荞品种资源主要分布地区，华南和华东为甜荞品种资源零星分布区。北方甜荞品种资源集中分布在黄土高原北部和内蒙古高原中部、东南部一带，南方甜荞品种资源主要分布在长江流域的低海拔地区（何红中等，2008；林汝法，2013）。

二、荞麦的食用与药用

我国古代劳动人民在长期的生产和生活实践中，对于荞麦的食用价值和药用价值都有着较好的认识。自唐代开始广泛种植以来，荞麦就被用作救荒作物而食用，宋、元以后则逐步成为重要的粮食作物之一。宋代诗歌多有记载，如陆游诗：“荞麦初熟，刈者满野，喜而有作。城南城北如铺雪，原头家家种荞麦。霜晴收敛少在家，饼饵今冬不忧窄。”杨万里诗：“稻田不雨不多黄（水田遇旱），荞麦空花早着霜（旱田遇冻），已分忍饥度残岁，更堪岁里闰添长。”元代王桢《农书·谷谱二》在记述荞麦时亦曰：“北方风俗所尚，供为常食。然中土南方农家亦种，实农家居冬之日馔也。”从农书的记载来看，荞麦主要有以下几种加工食用方法，北方一般“磨而为面，摊作煎饼，配蒜而食，或作汤饼”。经过加工后的荞麦面，虽口感不及小麦面粉，但其"滑细如粉"，可作煎饼、汤饼、饵饼等食用，在一些地区广受喜爱。南方则一般将荞麦磨为粉，"作粉饵食"，或者荞麦去皮后，"取米作饭，蒸食之"。据《三农纪·卷七·谷属》所载，还可把荞麦粒蒸熟后再晒干，然后捣米食用。在部分地区，荞麦已成为农家过冬的重要谷物。除了将荞麦籽粒作为粮食食用外，荞麦苗叶还可作饥荒食用，如《救荒本草·救饥篇》就有"采苗叶煠熟，油盐调食"的记载。

在我国的许多高寒山区的少数民族地区，荞麦乃是当地人民的主食之一。传统的荞麦食品主要有荞麦米饭、荞麦面条、荞麦粥、烙饼、面包、荞酥、凉粉、猫耳朵、血粑和灌肠等民间风味食品（林汝法，1994；阎红，2011；赵钢等，2012）。近年来，随着人民物质文化生活水平的提高，人们对营养保健食品及其食疗作用非常重视，荞麦这一传统食物越来越受到人们的青睐。荞麦食味好，有良好的适口性，易被人体消化吸收。日本、韩国、朝鲜、俄罗斯、乌克兰、加拿大、法国、瑞典、瑞士、斯洛文尼亚等国，荞麦是很受欢迎的粮食，许多国家甚至把荞麦列入高级营养食品。荞麦既可作为食品又可作为药品从各方面进行深入开发利用。除用于制作各种民间传统小吃外，目前荞麦制品在开发利用上主要包括以下几个方面：

（1）荞麦米面类制品　荞麦米、荞麦挂面、荞麦保鲜湿面、荞麦方便面、荞麦蔬菜面、荞麦营养粉、荞麦通心粉、荞麦三降保健粉、荞麦饼、荞麦饼干、荞麦沙琪玛、荞麦馒头、荞麦面包、荞麦蛋糕、荞麦桃片等。

（2）荞麦饮品　荞麦茶、荞麦醋、荞麦酱油、荞麦白酒、荞麦黄酒、荞麦啤酒、荞麦保健酒、荞麦咖啡、荞麦奶茶、荞麦花茶、荞麦八宝粥、荞麦系列营养保健饮料（如荞麦清肺润喉饮料、荞麦祛暑饮料、荞麦滋补饮料等）。

（3）荞麦蔬菜　荞麦芽菜、荞麦苗菜、荞麦酸菜、荞麦豆腐等。

（4）荞麦功能配料及制剂　荞麦蛋白质配料、荞麦多酚配料、荞麦 D-手性肌醇配料、荞麦黄酮配料、荞麦黄酮胶囊、荞麦黄酮泡腾片、荞麦脱毒丸、复方荞麦制剂等。

（5）荞麦日用品　荞麦壳枕、荞麦皮保健褥垫、荞麦保健床垫、荞麦护眼罩、荞麦护发素、荞麦浴液、荞麦护肤霜、荞麦牙膏、荞麦口香糖等。

荞麦的药用保健价值在远古时期就已经被人们发现并应用于生活实践中，在许多古代医籍中都有利用荞麦防病、治病的记载。荞麦性味甘，能健胃、消积、止汗。我国医书《齐民要术》《备急千金要方》《群方谱·谷谱》等都有关于荞麦防病、治病之说。唐代食医孟诜《食疗本草》记载："实肠胃，益气力，续精神，能炼五脏泽。"孙思邈著《千金要方》中指出："味甘辛苦、性寒无毒。"《本草纲目》中记载："苦荞麦，性味苦、平、寒。有益气力，续精神，利耳目，降气，宽肠，健胃作用。"《中药大辞典》中曰："荞麦秸，为蓼科植物荞麦的茎叶。功能：治噎食、痈肿，并能止血，蚀恶肉。"《重修政要和证类本草》中记载："叶作茹食，下气，利耳目。"《常见病验方研究参考资料》中说："对于崩漏的治疗，采用荞麦根1两，切碎水煎服。"《齐民要术》中指出："头风畏冷者，以面汤和粉为饼，更令擸擸罨出汗，虽数十年者，皆疾；又腹中时时微痛，日夜泻泄四五次者，久之极伤人，专以荞麦作食，饱食三日即愈，神效。"一些医书中还记载，荞麦具有开胃、宽肠、下气消积的功效，能治疗绞肠痧、肠胃积滞、慢性泄泻、禁口痢疾、赤游丹毒、痈疽发背、瘰疬、汤火灼伤等。

荞麦作为一种营养保健兼备的药食同源植物资源，其食疗保健作用不仅受到我国传统医学的肯定，而且也备受现代医学研究的关注。随着对荞麦中营养功能成分组成及生理活性研究的深入，相关研究表明，荞麦面食有杀肠道病菌、消积化滞、凉血、除湿解毒、治肾炎、蚀体内恶肉之功效。荞麦粥营养价值高，能治烧心和便秘，是老人和儿童的保健食品。荞麦青体可治疗坏血病，植株鲜汁可治眼角膜炎，荞麦软膏能治丘疹、湿疹等皮肤病。

北京、天津、四川等地的一些医疗单位近年来大量的临床观察和动物试验证明，苦荞麦食品具有明显降低血脂、血糖、尿糖的三降作用，故北京市中医院称之为“三降粉”。它对糖尿病有特效，对高血脂、脑血管硬化、心血管病、高血压等症，具有较好的预防和治疗作用（张美丽等，2004；杨政水，2005；田秀红等，2007；林兵等，2011）。荞麦蛋白复合物能提高体内抗氧化酶的活性，对脂质过氧化物具有一定的清除作用，有利于提高机体抗自由基能力，具有延缓衰老的作用。苦荞麦中所含有的球蛋白还具有抗疲劳作用，其主要原因是其中的氨基酸可以抑制5-羟色胺的形成，对中枢神经系统（CNS）的抑制作用降低，使活动能力增强和耐力时间延长。此外，荞麦还具有较高的辐射防护特性，对于辐射病患者是一种极好的疗效食物。

第二节　荞麦生产的意义

荞麦是当今世界上集营养、保健和治疗于一体的天然保健食品之一，被称为“食药两用”的粮食珍品。荞麦经济价值极高，全身是宝，幼芽嫩叶、成熟秸秆、茎叶花果、米面皮壳无一废物。此外，荞麦还是我国的重要蜜源植物。从食用到防病治病，从自然资源利用到养地增产，从农业到畜牧业，从食品加工到轻工业生产，从活跃市场到外贸出口，荞麦都有积极的作用。在现代农业生产中，荞麦仍不失为一种重要的农作物，是农业生产和调剂城乡人民生活中不可缺少的作物，在国民经济中占有一定的地位。大力加强荞麦野生资源收集、优质品种选育、规范化种植技术、生产基地建设、产品精深加工、营养保健功效等方面的基础研究与开发应用，发展荞麦观光旅游，提升荞麦文化内涵，延伸荞麦产业链，必将产生巨大的经济效益和社会效益。

一、荞麦作为特色农业发展优势强劲

荞麦可以春种，也可以夏季和秋季播种，一般播种后5～7d就能出苗，并快速地生长发育。荞麦生育期短，从播种到收获一般只需70～80d，部分早熟品种50多d即可收获。荞麦适应性广，具有较强的抗逆性，生长发育快，出苗25d后就开始开花结实，能合理利用自然资源，因而在农作物的布局中有特殊的作用。首先，在无霜期短、降水少而集中、水热资源不能满足大宗粮食作物种植的广大旱作农业区和高寒山区可进行荞麦的生产，而在无霜期较长、人均土地较少且耕作较为粗放的农业区，荞麦还可作为复播填闲作物，以提高土地资源的利用率。其次，当遭受旱、涝、雹、霜等自然灾害影响，秧苗枯死或主栽

作物失收后，补种其他作物因生育期不够收获无望，可及时补种荞麦在两个多月的时间内即可成熟收获，因此人们又把荞麦称为救荒作物。除此之外，荞麦的压青还能有效改良轻质沙土，并能增加土壤中的有机物质和养分，同时荞麦还可将土壤中不易溶解的磷及钾等物质转化为可溶性磷和钾，留存于土壤中，供后续栽培作物的吸收、利用。

在农时安排上，荞麦从耕翻、播种到管理，通常都在其他作物之后，所以荞麦生产可调节农时。随着我国荞麦基础研究和产业开发的不断深入，荞麦在整个农业生产中的地位正在由“救灾补种”作物转变为能使农民脱贫致富的有着良好发展前景的经济作物。

二、荞麦资源丰富、营养保健价值高

（一）荞麦的资源

我国荞麦资源十分丰富，是世界上荞麦种类最多的国家，主要有甜荞、苦荞及近源野生荞麦三类。国内外众多学者的论述和我国科学家对荞麦资源的考察研究表明：喜马拉雅山，也就是指云南、四川、西藏自治区与原西康省接壤之处是世界荞麦的起源中心和遗传多样性中心。

我国甜荞分布广阔，从北纬 20°的中热带到北纬 50°的中温带均有种植，南北跨度为 30 个纬度，自东经 80°的新疆阿克苏、和田到东经 132°的黑龙江富锦，东西跨度 52 个经度具有种植，其总体分布特点是随经度增高而减少，随纬度降低而增加。根据生态条件和种植制度可分为北方春荞麦区、北方夏荞麦区、南方秋冬荞麦区及西南高原春、秋荞麦 4 个区。我国甜荞种植面积较多的有内蒙古、陕西、山西、甘肃和宁夏等省（自治区），大部分在黄土高原。

苦荞分布区域没有甜荞广阔，从北纬 23°30′的云南文山到北纬 43°的内蒙古克什克腾旗，自东经 80°的西藏扎达到东经 116°的江西九江，跨 20 个纬度、36 个经度，主要集中在云南、贵州、四川、湖南、湖北诸省，以及北方陕西、山西等省的黄土高原高寒山区。我国的淮河、秦岭、大巴山一线（秦淮线）是甜荞和苦荞栽培的交替区，秦巴山区以北是我国甜荞的主产区，苦荞只零星分散种植。秦巴山区以南是我国苦荞的主产区，尤其是云南、贵州、四川毗邻的高山丘陵地带多连片种植苦荞，甜荞的种植面积较小。该分布特点主要是由荞麦的生物学特性和该地区的自然条件、栽培条件和耕作制度所决定的。

我国的野生荞麦资源十分丰富，类型多种多样，其分布范围主要是由品种自身的特性所决定。细柄野荞、齿翅野荞、一年生野生苦荞和多年生块状茎野生甜荞适应范围较其他类型野生荞麦资源更为广阔。垂直分布上，一年生野生苦荞在西藏自治区海拔可达4 500 m，多年生块状茎野生甜荞垂直上限为海拔 3 500m。水平分布上，一年生野生苦荞几乎遍布全国，尤其在海拔 2 000m 左右的高寒地区最为常见；多年生块状茎野生甜荞适宜阴湿温热环境，分布范围多以长江以南地区、西南山区比较集中，并有野生群落存在，最大群落面积可达数十平方米，其开发潜力巨大（赵佐成等，2007；王安虎等，2008）。

中国农业科学院自 20 世纪 50 年代开始，在全国范围内开展了对荞麦遗传资源的收集、鉴定和评价等工作，迄今为止共收集了 3 043 份荞麦品种，其中甜荞资源 1 886 份，苦荞资源 1 019 份，野生荞麦资源 138 份，荞麦资源的收集、鉴定等相关研究工作还在持续进行。丰富的荞麦资源为荞麦遗传多样性、居群关系、进化理论、优质品种选育及营养功能评价等方面的研究奠定了重要基础。

（二）荞麦的营养保健价值

荞麦作为我国的特色农作物之一，其种植面积和产量位居世界第一。我国劳动人民很早就认识到荞麦的营养价值和食疗功效。《本草纲目》记载："苦荞性味苦、平寒，实肠胃，益气力，续精神，利耳目，能练五脏滓秽，降气宽肠，磨积滞，消热肿风痛，除万浊，脾积泻泄等功效。"《群芳谱·谷谱》有：荞麦"性甘寒无毒。降气宽中，能炼肠胃……气盛有湿热者宜之。叶：作茹食。下气利耳目。多食则微泄。生食动刺风，令人身痒。秸：烧灰淋汁。熬干取碱。蜜调涂烂痈疽。蚀恶肉、去面痣最良。淋汁洗六畜疮及驴马躁蹄。"现代科学研究表明，荞麦具有很高的营养价值和保健功效，其富含蛋白质、脂肪、淀粉、维生素、矿质微量元素等营养成分（表1-1）。此外，荞麦还含有糖醇、多肽、酚酸，以及其他禾谷类作物所没有的生物黄酮类活性功能成分。

表1-1 荞麦和大宗粮食的营养成分

成分	甜荞麦	苦荞麦	小麦	水稻	玉米
水分（%）	13.5	13.2	12.0	13.0	13.4
粗蛋白（%）	6.5	11.5	9.9	7.8	8.4
粗脂肪（%）	1.37	2.15	1.8	1.3	4.3
淀粉（%）	65.9	72.11	71.6	76.6	70.2
粗纤维（%）	1.01	1.622	0.6	0.4	1.5
维生素 B_1（mg/g）	0.08	0.18	0.46	0.11	0.31
维生素 B_2（mg/g）	0.12	0.50	0.06	0.02	0.10
维生素PP（mg/g）	2.7	2.55	2.5	1.4	2.0
维生素P（%）	0.10～0.21	1.15	—	—	0
叶绿素（mg/g）	1.304	0.42	0	0	0
钾（%）	0.29	0.40	0.20	1.72	0.27
钙（%）	0.038	0.016	0.038	0.001 7	0.022
镁（%）	0.14	0.22	0.051	0.063	0.060
铁（%）	0.014	0.008 6	0.004 2	0.002 4	0.001 6
铜（%）	4.0	4.59	4.0	2.2	—
锌（%）	17	18.50	22.8	17.2	—
硒（%）	0.431	—	—	—	—

资料来源：郎桂常，1996；赵钢，2010。

1. 蛋白质 荞麦粉的蛋白质含量一般为8.5%～18.9%，较大米、小米、玉米、小麦和高粱面粉中蛋白质的含量高。荞麦蛋白质富含水溶性的清蛋白和盐溶性的球蛋白，这类蛋白黏性差、无面筋，近似于豆类的蛋白质组成。与其他谷物相比，荞麦蛋白质的18种氨基酸组成更加均衡合理、配比适宜，符合或超过联合国粮农组织（FAO）和世界卫生组织（WHO）对食物蛋白中必需氨基酸含量规定的指标。赖氨酸是我国居民常食用的谷类粮食中的第一限制性氨基酸，而在荞麦中赖氨酸却很丰富，含量较一般谷物高。因此，食用荞麦能弥补我国膳食结构所导致的"赖氨酸缺乏症"的缺陷。荞麦蛋白质不但营养价值高，而且还具有抗氧化、延缓衰老、调节血脂、抑制脂肪蓄积、改善便秘、抑制大肠癌和胆结石发生、抑制有害物质吸收，以及增强人体免疫力等功效，是一种理想的功能食品原料（张超等，2005）。

2. 脂肪　荞麦中脂肪的含量约为1%～3%，与大宗粮食较为接近。荞麦脂肪的组成较好，含有9种脂肪酸，其不饱和脂肪酸的含量也较为丰富，其中油酸和亚油酸含量最多，约占总脂肪酸含量的80%。此类脂肪酸对人体十分有益，能够有助于降低体内血清胆固醇含量和抑制动脉血栓的形成，对动脉硬化和心肌梗死等心血管疾病均具有很好的预防作用。荞麦中丰富的亚油酸在体内通过加长碳链可合成花生四烯酸，后者不仅能软化血管、稳定血压、降低血清胆固醇和提高高密度脂蛋白含量，而且是合成人体生理调节起必需作用的前列腺素和脑神经组成的重要组分之一。此外，荞麦中还含有2，4-二羟基顺式肉桂酸，该物质能够抑制黑色素的生成，具有预防雀斑及老年斑的作用，是美容护肤的佳品。

3. 淀粉　荞麦的淀粉含量较高，与大多谷物相当，一般为60%～70%，主要存在于胚乳细胞中，是一类新的功能性淀粉资源（杜双奎等，2003）。荞麦淀粉中直链淀粉的含量高于25%，其加工制成的荞麦食品较为疏松、可口。此外，荞麦淀粉中还含有α-淀粉酶和β-淀粉酶的抑制物，这对于降低或抑制淀粉转化为糖的速率有着明显的作用。因此，荞麦可以作为糖尿病患者理想的补充食物。

4. 维生素　荞麦中富含多种维生素，如维生素 B_1、维生素 B_2、维生素 B_6、维生素C、维生素E、和维生素PP等。维生素 B_1（硫胺素）作为辅酶参与糖类代谢能增进消化机能，抗神经炎和预防脚气病。维生素 B_2（核黄素）能促进人体生长发育，是预防口角、唇舌炎症的重要成分。维生素PP（烟酸）有降低人体血脂和胆固醇，降低微血管脆性和渗透性作用，是治疗高血压、心血管病，防止脑溢血，维持眼循环、保护和增进视力的重要辅助药物。维生素E（生育酚）能消除脂肪及脂肪自动氧化过程中产生的自由基，使细胞膜和细胞内免受过氧化物破坏。维生素E与硒共同维持细胞膜的完整，维持骨骼肌、心肌、平滑肌和心血管系统正常功能。

5. 矿质元素　荞麦富含多种营养矿质元素，钾、钙、镁、铁、铜、锌、铬、锰等元素的含量都显著高于其他禾谷类作物，另外荞麦还含有硼、碘、钴、硒等微量元素。镁元素参与人体细胞能量转换，具有调节心肌活动，促进纤维蛋白溶解，抑制凝血酶生成，降低血清胆固醇，预防动脉硬化、高血压、心脏病等功效。苦荞中铁元素含量十分丰富，为其他主粮的2～5倍，能充分保证人体制造血红素对铁元素的需要，这对于防止缺铁性贫血具有重要的作用。荞麦中的硒元素具有抗氧化和调节免疫等功能，在人体内可与金属元素相结合形成一种不稳定的“金属-硒-蛋白质”复合物，有助于排除体内的有毒物质。此外，硒还有类似维生素C和维生素E的功能，不仅对防治克山病、大骨节病、不育症和早衰有显著作用，还有很好的抗癌效果。

6. 膳食纤维　膳食纤维被称作“第七营养素”，是健康饮食中不可缺少的营养成分。膳食纤维在保持消化系统健康上扮演着重要的角色，摄取足够的膳食纤维也可以预防心血管疾病、糖尿病、癌症等疾病（杨芙莲等，2008）。荞麦是膳食纤维丰富的食物，其籽粒的膳食纤维含量为3.4%～5.2%，其中可溶性膳食纤维含量达到20%～30%。有研究表明，苦荞粉中膳食纤维的含量约为1.62%，较玉米粉中膳食纤维的含量高8%，分别是小麦和大米的1.7倍和3.5倍。调查表明，食用荞麦纤维具有降低血脂，特别是降低血清总胆固醇及低密度脂蛋白胆固醇含量的功效。同时，在降低血糖和改善糖耐量等方面也具有很好的作用。

7. 黄酮类物质 荞麦中含有其他禾谷类粮食作物中所不具有的生物黄酮类活性成分，如芦丁、槲皮素、山柰酚、桑色素、金丝桃苷等及其衍生物。这些黄酮类化合物具有较强的生理活性，如抗氧化、抗病毒、细胞毒活性等。药效学的动物实验及临床观察表明，这些活性成分还具有较明显的降血糖、降血脂、增强免疫调节功能等作用。众多研究表明，荞麦籽粒、根、茎、叶、花中均含有黄酮类物质，其中苦荞中黄酮类成分的含量较甜荞中高10～100倍。另有研究显示，荞麦黄酮类化合物中主要成分为芦丁，又称芸香苷，是槲皮素的3-*O*-芸香糖苷，其含量占总黄酮的70%～90%。芦丁对维持血管张力，降低其通透性，减少脆性有一定作用，还可维持微血管循环，并加强与促进维生素C在体内的蓄积。此外，芦丁还有降低人体血脂、胆固醇，防止心脑血管疾病等作用，是用于动脉硬化、高血压的辅助治疗剂。对脂肪浸润的肝也有去脂作用，与谷胱甘肽合用，去脂效果更为明显（朱瑞等，2003）。

8. 糖醇类 荞麦糖醇是荞麦种子发育成熟过程中所积累的具有降糖作用的D-手性肌醇（D-chiro-inostiol，D-CI）及其单半乳糖苷、双半乳糖苷和三半乳糖苷的衍生物。D-CI及其半乳糖苷对人体健康非常有利，尤其是对II型糖尿病有疗效，引起许多研究机构的关注（曹文明等，2006）。利用荞麦作为D-CI的天然资源，通过提取、分离获得荞麦手性肌醇及其苷，可根据需要进一步提纯，加工成适当的剂型，作为食品添加剂或药品以预防、治疗糖尿病。此外，荞麦中还含有山梨醇、肌醇、木糖醇、乙基-β-芸香糖苷，这些成分都是对人体健康有利的物质。

9. 其他 荞麦中的酚类化合物主要是苯甲酸衍生物和苯丙素类化合物，如没食子酸、香草酸、原儿茶酸、咖啡酸等。酚类化合物是荞麦重要的营养保健功能因子，该类成分具有很好的生理活性，如抗氧化、抗菌、降低胆固醇、促进脑蛋白激酶等活性。研究发现，荞麦多酚类物质的协同作用对其生理活性有很好的效果。

植物甾醇存在于荞麦的各个部位，主要包括β-谷甾醇、菜油甾醇、豆甾醇等。植物甾醇对许多慢性疾病都表现出药理作用，具有抗病毒、抗肿瘤、抑制体内胆固醇的吸收等作用。β-谷甾醇是荞麦胚和胚乳组织中含量最丰富的甾醇，约占总甾醇的70%，该物质不能被人体所吸收，且与胆固醇有着相似的结构，在体内与胆固醇有强烈的竞争性抑制作用。

荞麦碱仅存在于荞麦籽粒中，其含量较少，在降低人体血脂、血糖及血压等方面具有显著作用。

荞麦种子中还存在着硫胺素结合蛋白，该活性成分起着转运和储存硫胺素的作用，同时它们可以提高硫胺素在储藏期间的稳定性及其生物利用率。这对于那些缺乏和不能储存硫胺素的患者而言，荞麦是一种很好的硫胺素补给资源。

此外，荞麦中还含有多羟基吡啶化合物（含氮多羟基糖，D-葡糖苷酶抑制剂），该活性物质具有很好的降糖作用。

三、荞麦市场前景广阔、经济效益好

荞麦集营养、保健、药疗为一体，为大米、小麦面粉等其他食物所不及。近年来，随着科技进步与全社会健康观念的加强，荞麦这一传统食物，越来越深受人们的喜爱，已逐渐成为21世纪人类的重要营养保健食品。在国内市场上，荞麦面粉的价格已高出小麦面粉的价格，出口价格是小麦的2～3倍。据初步统计，2012年我国荞麦总产量约59万t，产值高达35亿元。日本、韩国、美国、加拿大及欧洲的许多国家都是荞麦消费大国，一致认为荞麦是具有特殊食疗食补的绿色食品。近10年来，我国平均每年的荞麦、荞麦米、烤荞麦米出口数量约为：日本7万～8万t，俄罗斯及独联体国家3万～5万t，欧洲地区1万～1.5万t，出口量总计150万～180万t。近10年国内荞麦的总消费量也在80万t以上，展示出了巨大的消费潜力。

目前，荞麦的应用价值正在被更多的人所认识，荞麦及其加工制品也越来越受到消费者的喜爱，消费需求日趋走高。因此，研发荞麦特色健康食品加工技术，高效利用荞麦资源，探索我国荞麦产品加工增值途径，已成为强劲的市场需求、荞麦产业总体发展需求和主产区农民脱贫致富的需求，市场前景十分广阔。

此外，荞麦资源多分布在我国干旱、半干旱冷凉高原山区和少数民族聚集的边远地区，是产区人民的传统食品和主要经济来源。在国家现行的政策背景下，当地政府应出台相关优惠政策，鼓励食品加工企业积极响应国家西部大开发与科技扶贫的方针政策，采用订单农业的方式，在主产区建立专用品种种植基地，并与种植户签订收购协议，从而既保证了企业加工优质原料供应的稳定，又极大地调动了农民种植的积极性，对提高当地种植户的经济收入，帮助山区人民致富，具有重要的现实意义。

第三节　荞麦生产发展策略

荞麦营养丰富、保健功能强、经济价值高，受到世界各国的高度认可，被认为是21世纪亟待开发的营养保健食品。我国是世界荞麦的主产国之一，资源丰富，品质优异，其种植面积和产量居世界首位。我国荞麦的种植历史悠久，在长期生产与开发利用过程中，已逐步形成了丰富多样的荞麦品种类型，适宜的荞麦生态区域，合理的高产种植技术，独具特色的荞麦加工技术，以及享誉全球的食疗文化，这为荞麦的进一步开发利用奠定了坚实基础。近年来，随着对荞麦营养保健功能及经济价值认知度的提高，荞麦在农业生产中的地位也得到了迅速提升，各级政府对于荞麦产业的发展也高度重视，荞麦产业也成功纳入了国家“十二五”现代农业产业技术体系建设规划当中，这对于荞麦产业的健康、快速发展具有重要的促进作用。机会与挑战并存，欣喜之余，还应清醒地认识到我国荞麦产业的整体发展水平还不高，仍存在很多尚未解决的难题，严重阻碍了荞麦产业的健康发展。这就要求我们认清形势、厘清思路，依靠先进科技手段，同时制订合理策略，大力加强荞麦优良品种培育、高产栽培技术、产品精深加工、营养保健功能评价、产销制度健全等方面的研究，从而做大做强我国的荞麦产业。

一、我国荞麦生产发展存在的问题

近年来，我国的荞麦产业得到了飞速发展，但其整体水平仍然处于较低阶段。在荞麦的种植生产及综合开发利用方面，以下几个方面的问题尤为突出。

（一）重视不够，新品种推广速度慢

荞麦被视为一种小宗粮食作物和填闲补缺的救荒作物，大多种植在高坡山冈等贫瘠地区，种植分散，生产规模小，影响了荞麦生产的规模效益，也制约了荞麦生产的进一步发展。此外，多数种植户对于荞麦重要价值的认识还不够，还停留在“自种自消”阶段，而没有把荞麦当成创汇商品和营养保健食品的优质原料。在荞麦的生产过程中，种植积极性不高，劳动力投入严重不足，栽培管理措施也极为粗放，导致荞麦的产量整体偏低。另外，不少荞麦种植户仍以当地传统品种或自家种为主。在长期种植生产过程中，由于缺乏系统科学知识和管理技术，造成品种混杂、退化现象极为严重，制约了荞麦产量和品质的提高。虽然相关科研单位也培育出了不少适合当地条件的优质荞麦品种，但由于传统和习惯的作用，要推广这些高产优质新品种还需要付出相当大的努力。

（二）企业规模小，新产品开发不足

荞麦加工企业绝大多数是中小型民营企业，点多面广，分散经营，技术装备水平低，生产规模小，生产成本较高。在生产加工中，荞麦加工机械设备不配套，且专用加工设备较少，尤其是荞麦脱壳设备极度匮乏，严重影响了荞麦米的出米率、整仁率，进而导致后续加工的荞麦制品质量差，产品输出能力较弱。

目前市场上的荞麦加工制品主要还是以荞麦米、荞麦粉、荞麦面和荞麦茶等初级制品为主，品种单一，且同质化非常严重，远远不能满足人们对于营养、美味、快捷、方便和药用保健制品的消费需求。加之企业缺乏自主科技创新和产品优化升级能力，生产工艺主要还凭借传统经验，工业化生产产品的工艺技术参数尚未确定，使得荞麦加工制品在品种类型、营养品质、保健功能及产销服务等方面还存在较大不足。

（三）产业链条短，综合利用程度低

荞麦的根、茎、叶、花、果蕴藏着丰富的蛋白质、维生素、矿物质、纤维素，以及芦丁、槲皮素等营养功能成分，有着巨大的开发利用价值。然而，由于荞麦加工技术装备层次低，深加工技术水平有限，现在依然还是以荞麦籽粒为主要原料进行相应制品的开发生产，加工产品也较为单一。在过度追逐经济效益的同时，而忽略了荞麦“全身是宝，无一废物”的重要开发策略，造成了荞麦宝贵资源的极大浪费。

（四）科研投入少，创新机制弱

荞麦生产发展过程中，科技创新是原动力。只有依靠科技进步，及时利用先进科学技术成果，才能有效促进荞麦种植业和加工业的健康发展。近年来，荞麦营养保健价值和经济价值得到社会各界人士的认同，各级政府部门对于荞麦产业的发展也有较大的关注，但其整体投入力度还相对有限，无论是在政策导向还是资金投入上尚不能完全改善荞麦产业在整个农业体系中发展滞后的困境。另一方面，荞麦生产加工的主体主要是中小型民营企业，其只注重现实利益而缺乏对未来长远的规划，对新产品、新工艺、新设备等的研发投入甚微；与科研院所和大专院校交流合作方面也不是很紧密；新技术应用、新成果转化的创新意识也非常淡薄，这严重影响和制约了荞麦加工业的发展壮大。

（五）机制不健全，市场监管缺位

荞麦产品在市场上的营运监管机制还比较薄弱，为了追求高额利润，部分商家以不实

的概念过度炒作其食疗保健功效，将荞麦产品的价格抬升到了一个异常的水平。有些地区荞麦产品的价格已经达到每千克几百元甚至上千元，失去了其作为食品的本来意义。此外，荞麦中生物黄酮、D-手性肌醇等功能成分的保健作用明显，消费者也较认同，但部分企业通过过分强调芦丁的高含量，甚至已经远远超过了正常的荞麦芦丁含量水平来大肆宣扬其产品的优异品质，从而达到吸引消费者购买的目的。这不但有损消费者的合法权益，还有可能对整个荞麦产业的健康发展带来严重隐患。

二、荞麦生产发展对策

随着人类社会的进步，人民生活水平的不断提高，对食品的要求也越来越高，在满足“填饱吃好”之余，饮食结构也逐渐向“营养保健”型转变。由于荞麦特殊的食疗保健功能，近年来国内外市场荞麦的需求量呈上升趋势，荞麦及其加工制品在日、韩及东南亚、欧美等国际市场行情极好，供不应求。我国荞麦资源丰富、品质优异，荞麦生产及市场前景十分广阔，必须加快荞麦生产发展步伐，进一步拓展荞麦及其制品的国内外市场，增加农民收入，促进农村经济稳定发展。在荞麦生产及综合开发利用中，优良品种选育、规范化种植、产品开发、营养功能评价及作用机制研究等方面有待进一步加强和完善，以推动我国荞麦产业的快速发展。

（一）正确评价荞麦生产的作用，提高荞麦种植地位

荞麦虽属小宗粮食作物，但是它具有其他作物所不具备的优点和营养功能成分。我国科学家经过多年研究后，提出荞麦是21世纪人类的重要食品资源，国际植物遗传研究所也将荞麦归于“未被充分利用的作物”。随着对荞麦研究的不断深入，荞麦的营养保健功能和经济价值也得到了社会各界人士的认识和重视，加之消费者对无公害食品、绿色食品、有机食品的认同，荞麦作为绿色无污染食品源，其需求量将不断增加，这必将有力促进我国荞麦产业的快速发展。因此，各级政府部门、科研院所、生产企业与种植户要重视荞麦的生产及开发利用价值，正确评价荞麦生产在国民经济中的重要地位和作用，荞麦这一传统“救灾填荒”作物应视为能使农民脱贫致富的特色经济作物。此外，还应充分利用荞麦自身优势、地区自然优势、资源优势，尽快将其转化为商品经济优势，进而帮助农民脱贫致富、企业增收创汇，以及带动地方经济的发展。

（二）加强优良品种选育与规范化种植，确保优质荞麦原料

荞麦优质品种的选育目标是：高产、优质、抗逆性强、适应性广、加工性能好。首先应大力加强野生荞麦资源的调查、收集和鉴定，逐步建立起我国野生荞麦资源库，从而为深入研究荞麦种间系统关系、各种性状的遗传规律，以及优质基因的挖掘利用提供重要基础。其次，应对名优农家品种及时进行提纯复壮，加速良种繁育。与此同时，还应加强国际合作，积极引进国外优质荞麦品种资源，尤其对国际市场走俏的品种要积极组织力量进行多点试验示范，以扩大种植面积，形成规模。此外，在传统育种方法基础之上，应结合现代分子生物学方法和技术手段进行荞麦品种选育，培育出品质优良的荞麦品种。现代基因工程以其本身固有的优势和特点与常规育种技术相辅相成、密不可分。用不同转基因荞麦品种为亲本进行杂交，可选育出高产、高功能成分含量、抗逆性强、加工性能优异的荞

麦新品种。

在荞麦的种植栽培方面，应根据荞麦主产区的地理气候条件、农业发展水平，选择适宜的种植方式和栽培模式，按照“适当集中、规模发展”的原则，实行集中连片种植，形成规模生产。荞麦在播种前要浸种催芽，使出苗整齐。要遵循适时播种、合理密植以及合理施肥的原则，做到良种良法。由于荞麦一般都是种在瘦薄的土地上，土壤的肥力水平是限制荞麦产量和质量的重要因素。因此，合理施用氮、磷、钾肥，是提高其产量和质量的关键，同时还需加强田间管理，防治病虫害，及时收获。与此同时，还要充分利用间作、套种、混种等种植模式，有效提高荞麦的生产量以及土地的综合利用率。此外，还需加强和扩大优质荞麦原料基地的建设，确保基地建设高质量、高标准、高起点、高效益，以促进荞麦的高产、稳产和规范化种植，为加工利用提供充足的优质原料。

（三）培育龙头企业，科学管理，规范生产，树立品牌意识

荞麦食品加工的中小型民营企业大都还处在落后的家族式管理体制中，人才缺乏、管理混乱、效益不高。这些中小型民营企业应抓住机遇，转换机制，培育体系，增强实力，在对外开放和与国际接轨中不断发展和壮大，并通过招贤纳士，建立健全现代企业管理机制。一方面加工企业自身可以通过引资、融资和筹资等途径来扩大经营规模，提高生产能力；另一方面企业之间可以实行强强联合，进行资源重组，使荞麦加工企业步入现代企业行列。

此外，还要加强企业与优势荞麦原料基地农民的紧密联系，在企业利润中拿出一定比例的资金，实行工业反哺农业，保证荞麦种植户经济收入的稳定增长，稳固“公司＋基地＋农户”产业发展模式，以确保荞麦食品加工原料的需求。同时，荞麦生产企业应大力加强与科研院所的交流合作，及时将相关的科研成果转化为生产力。对于荞麦生产企业而言，还应严格坚持产品质量安全，加大绿色荞麦食品与有机荞麦食品的认证力度，健全产品质量监管体系，树立品牌意识，将产品优势转化为品牌优势；并组建营销队伍，设立销售网点和专柜，利用传播媒体，进行荞麦功能性、营养性食品的展销和宣传，使之迅速进入目标人群的日常生活，以扩大销售空间。

（四）加大产品开发力度，提升荞麦资源综合利用率，满足市场需求

为了有效提升我国荞麦制品的加工技术及综合利用水平，一方面应充分挖掘民间美味食品的独特配方和制作工艺，加大适口性、营养性、功能性及独具特色风味的大众化食品的研制，进而实现传统荞麦食品的工业化和现代化生产。另一方面，荞麦加工企业应注重对新产品、新工艺、新设备的研究开发，向功能食品（茶、醋、酒）、药用制品（口服液、胶囊、冲剂）、日用保健制品（化妆品、沐浴制品）等方向发展，开发出经济价值高、深受消费者喜爱的荞麦系列新产品，以满足不同人群的需求。同时要积极引进国外的先进技术和加工设备，将其直接用于荞麦制品的开发生产，为我国荞麦加工业的发展服务。

另外，在加强对荞麦籽粒开发利用的同时，还应注重对荞麦根、茎、叶、花和果实的全方位多层次综合利用。通过工艺延伸和技术改造，将荞麦原料“榨干洗净”，充分利用。围绕荞麦深加工和综合开发利用，还应积极引导和扶持有深加工能力的重点加工企业，加大投入，培育我国荞麦产品的知名品牌，有效提高我国荞麦加工制品的国际市场竞争力，进而带动我国荞麦产业的健康、快速发展。

（五）加强功能成分分析鉴定，明确作用机理，指导开发生产

通过多年的研究积累，人们在认知了荞麦中蛋白质、淀粉、脂肪、膳食纤维、矿物质等基本营养素存在后，随着对诸如生物黄酮、多糖、D-手性肌醇、γ-氨基丁酸、荞麦碱等功能性成分研究的深入，对荞麦中含量少但功能性较强的微量元素、氨基酸、维生素等的组成鉴定及含量分析的研究显得至关重要，这些研究结果将把人们对于荞麦营养保健价值的认识提升到一个新的层次。因此，应加大对荞麦及其制品营养保健功能成分的分析鉴定。

迄今为止，关于荞麦功能性的众多研究还多局限于对其提取物的分析讨论，而关于具体某种单一成分或几种成分的相互协同作用方面的研究还较少，且大部分还停留在体外试验和动物学药效试验的基础上，关于人体药效和功能性方面的试验极少，尤其是这些功能性成分（如生物黄酮、D-手性肌醇、D-葡糖苷酶抑制剂等）在人体内如何发挥功效的作用机理尚不完全清楚，其人体适合的保健剂量和治疗剂量的选择也未确定。因此，为了更好认识荞麦的营养保健价值，对其进行深入开发利用，很有必要对其生理活性与作用机理进行深入研究。这不但有助于加深人们对荞麦营养保健价值的认识，而且对于荞麦育种、种植、生产、加工、消费等方面也具有重要的指导意义。

总之，随着人们对荞麦重要价值认知度的提高，以及科学研究投入的不断加大加深，荞麦的营养保健价值将会被了解得越来越清楚，荞麦的综合开发利用也将会越来越先进和全面，荞麦新产品将会成为丰富人们物质文化生活的重要组成部分，我国荞麦的生产发展将具有更加广阔的前景。

主要参考文献

曹文明，张燕群，苏勇．2006．荞麦手性肌醇提取及其降糖功能研究［J］．粮食与油脂（1）：22-24.
柴岩，冯佰利，孙世贤．2007．中国小杂粮品种［M］．北京：中国农业科学技术出版社．
陈庆富．2012．荞麦属植物科学．北京：科学出版社．
杜双奎，李志西，于修烛．2003．荞麦淀粉研究进展［J］．食品与发酵工业，129（12）：72-75.
何红中，惠富平．2008．古代荞麦种植及加工食用研究［J］．农业考古（4）：191-198.
郎桂常．1996．苦荞麦营养价值及开发应用［J］．中国粮油学报（3）：9-14.
林兵，胡长玲，黄芳，等．2011．苦荞麦的化学成分和药理活性研究进展［J］．现代药物与临床，26（1）：29-32.
林汝法．1994．中国荞麦［M］．北京：中国农业出版社．
林汝法．2013．苦荞举要［M］．北京：中国农业科学技术出版社．
田秀红，任涛．2007．苦荞麦的营养保健作用与开发利用［J］．中国食物与营养（10）：44-46.
王安虎，夏明忠，蔡光泽，等．2008．四川野生荞麦资源地理分布的调查研究［J］．西南大学学报：自然科学版，30（8）：119-123.
阎红．2011．荞麦的应用研究及展望［J］．食品工业科技，32（1）：363-365.
杨芙莲，任蓓蕾．2008．荞麦膳食纤维的研制［J］．食品与生物技术学报．27（6）：57-60.
杨明君，郭忠贤，杨媛，等．2007．我国荞麦种植简史［J］．内蒙古农业科技（5）：85-86.
杨政水．2005．苦荞麦的功能特性及其开发利用［J］．食品研究与开发，26（1）：100-103.
张超，卢艳，郭贯新，等．2005．苦荞麦蛋白质抗疲劳功能机理的研究［J］．食品与生物技术学报，24（6）：78-82.

张美丽，胡小松．2004. 荞麦生物活性物质及其功能研究进展［J］．杂粮作物，24（1）：26-29.
赵钢．2010. 荞麦加工与产品开发新技术［M］．北京：科学出版社．
赵钢，陕方．2009. 中国苦荞［M］．北京：科学出版社．
赵钢，邹亮．2012. 荞麦的营养与功能［M］．北京：科学出版社．
赵佐成，李伯刚，周明德．2007. 中国苦荞麦及其近缘野生种资源［M］．成都：四川科学技术出版社．
钟兴莲，姚自强，杨永宏，等．1994. 荞麦资源调查研究［J］．作物研究，8（4）：31-32.
朱瑞，高南南，陈建民．2003. 苦荞麦的化学成分和药理作用［J］．中国野生植物资源，22（2）：7-9.

第二章

荞麦的生物学特性

荞麦（buckwheat）广泛分布于中国、俄罗斯、乌克兰、法国、美国、波兰、巴西、澳大利亚等国。目前在全世界发现的荞麦共有28个种、亚种和变种。荞麦有甜荞（*Fagopyrum esculentum*，普通荞麦）和苦荞（*Fagopyrum tataricum*，鞑靼荞麦）两个栽培种，其生物学特性与品种、栽培区域、气候环境等密切相关。

第一节　荞麦植物形态特征

本节主要对荞麦根、茎、叶、花、花粉粒、种子等形态、解剖特征进行描述，并对甜荞与苦荞在形态上的区别予以介绍。

一、根

（一）根的形态

荞麦的根属于直根系，包括定根和不定根，定根包括主根和侧根两种。主根是由种子的胚根发育而来。主根是最早形成的根，因此又叫初生根。从主根发生的支根及支根上再产生的二级、三级支根，称作侧根，又叫次生根。荞麦的主根相对较粗长，向下生长；侧根较细，成水平分布状态，因此属于直根系。不定根为荞麦主根以上的茎、枝部位产生的“位置无定”的根，不定根也是一种次生根，它的发生时期晚于主根。

主根垂直向下生长，较其他侧根粗、长，最初呈白色，肉质，随着根的生长、伸长，颜色呈褐色或黑褐色。荞麦主根伸出1～2d后其上产生数条侧根，侧根较细，生长迅速，分布在主根周围土壤中，起支持和吸收作用。一般主根上可产生50～100多条侧根。侧根不断分化，又产生较小的侧根，构成了较大的次生根系，增加了根的吸收面积。一般侧根在主根近地面处较密集，数量较多，在土壤中分布范围较广。侧根在荞麦生长发育过程中可不断产生，新生侧根呈白色，后成褐色。侧根吸收水分和养分的能力较强，对荞麦的生命活动所起的作用极为重要。根据主根和侧根的发育强度，初生根系可分为四种类型：粗长型，主根粗长并有发达的侧根；粗短型，主根粗短，侧根较发达；细长型，主根细长，侧根发育较弱；弱型，主根细短，侧根发育较弱。其中以粗长型最好，具有这类初生根系的荞麦品种，出苗整齐，出苗率高，幼苗健壮。

荞麦在潮湿、多雨、适宜的温度条件下容易形成不定根。不定根主要发生在靠近地表的主茎上，但分枝上也可产生。不定根有的和地面平行生长，随后伸入土壤中发育成支持根。荞麦不定根数量随品种和环境因素不同而变化，一般为几十条，多的为几百条，少的只有几条。

荞麦的根为浅根系，主要分布在距地表 35cm 内的土层内。主根入土深度为 30～50cm。整个根系在植株周围分布宽度较小，不到深度的一半。荞麦的根系较不发达，主要受播种密度、时期、土壤环境、营养物质及其比例、光照、种子自身活力等因素影响。荞麦的根系尽管较不发达，但吸肥能力较强，特别是对磷、钾的吸收，因此适合于新垦地和瘠薄地的栽培。

荞麦根在生长过程中表现出“慢—快—慢”的基本规律（表 2-1）。即开花前根生长缓慢，积累的同化物质少；此后根生长速度逐渐加快，积累的同化量迅速增加，随后根的生长速度减慢以至停止，植株进入成熟期时，根生长停止，根中部分贮藏营养物质通过茎秆转移到籽粒中，根细胞逐渐衰老死亡，根的总干重有所降低。

表 2-1　苦荞品种额落乌且植株不同器官各生育期干物重的变化

（赵钢，1990）

生育期（d）	干物重（mg）					总干重（mg）
	根	茎	叶	花、花蕾	籽粒	
10	2.5	4.3	8.0	—	—	14.8
20	12.0	26.2	116.6	—	—	154.8
30	76.9	185.3	760.3	19.7	—	1 042.2
40	260.4	796.3	1 722.7	42.6	—	2 822.0
50	715.2	2 958.0	3 515.4	234.5	105.7	7 525.8
60	879.0	3 429.1	3 145.4	304.2	1 042.6	8 800.3
70	745.2	4 065.6	2 452.4	268.2	3 548.6	11 080.1
80	711.7	3 495.5	1 415.2	219.5	3 831.6	9 673.6
90	572.2	3 027.0	761.4	186.2	3 507.6	8 054.4

（二）根的解剖

1. 荞麦根尖　根尖位于荞麦根的前端 1～2cm 处，是根生长、伸长，水分、养分的吸收及初生组织发育的主要部位。根尖从顶端往上可分为根冠、分生区、伸长区和根毛区 4 个部分。根冠为保护性的结构，可保护根尖在伸入土壤时不被坚硬的土粒所伤害。根冠由薄壁细胞所组成，细胞比较大，排列比较疏松，外层细胞能分泌黏液，起润滑作用，使根在土壤中容易推进。当根在土壤中生长时，虽然根冠细胞会不断受到摩擦脱落，但它又会不断得到从分生区产生的新细胞来补充，使根冠经常处于更新的状态，并保持一定的形状。分生区位于根冠的上方，为根冠所包围，这个部位细胞壁薄，细胞质浓，细胞核比例较大，为分生组织，细胞能不断地分裂，且分裂特别旺盛，形成新的细胞分化伸长区和成熟区，使根继续伸长。

伸长区位于分生区的上方，长约数毫米，由分生区产生的新细胞发育而成，细胞体积增大，而且长度的增加远远超过宽度的增加，同时根内各种组织已开始形成。由于这一部分细胞剧烈地伸长，使根在土壤中能不断延伸，成为根尖伸入土层的主要动力。根毛区在伸长区上方，是由伸长区发展而成，这部分细胞不再延长，已分化成各种组织。图 2-1 为苦荞麦根尖纵切面示意图。

2. 荞麦根横切面初生结构　由分生区细胞经过不断分裂、生长和分化而最早形成的构造为荞麦根的初生构造。从根初生结构的横切面中，可见初生构造从外到内分为表皮、皮层和中柱三部分。表皮是根最外一层薄壁细胞，细胞排列紧密，无细胞间隙，横切面形状近似圆形或椭圆形。皮层介于表皮和中柱之间，由许多排列疏松的薄壁细胞组成。根毛吸收的水分和无机盐，能通过皮层而进入中柱，皮层还具有贮藏营养物质的功能。皮层以内的部分为中柱，它由中柱鞘、维管束和髓三部分组成。中柱鞘紧靠的皮层，为一层薄壁细胞组成，这层细胞具有潜在的分生能力，在一定条件下可形成侧根、不定根及不定芽。维管束位于中柱鞘以内，由初生木质部和初生韧皮部组成，初生木质部和初生韧皮部相间排列成为四原形。初生韧皮部主要是运输有机物，初生木质部主要是运输水和无机盐。中柱的中央是由薄壁细胞组成的髓。甜荞与苦荞不定根原生木质部束数有差异，甜荞常具 12 束，髓部较发达；苦荞一般 12～17 束，髓部发达。

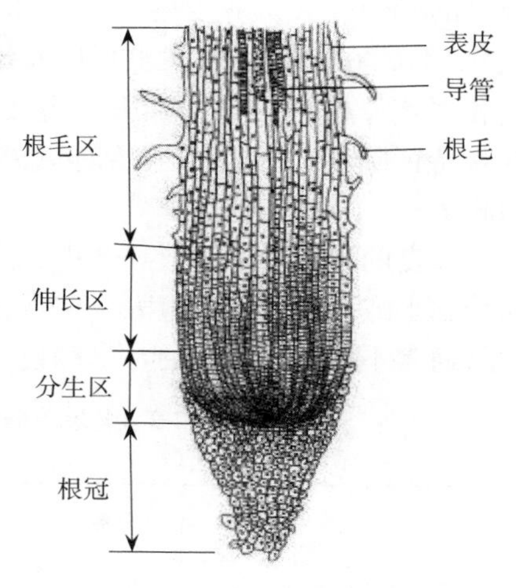

图 2-1　苦荞根尖纵切面
（示根尖分区）

二、茎

（一）茎的形态

荞麦的茎直立，高 60～150cm，最高可达 200～300cm，茎粗一般为 0.4～0.6cm。茎为圆形，稍有棱角，幼茎为实心，成熟时呈空腔。茎的颜色有绿色、红色和浅红色。其中，苦荞的茎多为绿色，甜荞的茎多带红色，颜色的变化与品种、光照环境相关，且随着生长时期发生变化。节处略弯曲，向阳面多呈红色，背面呈棕绿色，成熟时变成褐色。茎节膨大而有茸毛，茎节将主茎和分枝分隔成节间，节间长度和粗细取决于茎上节间的位置。一般说，茎中部节间最长，向上、下两端节间逐渐缩短，植株上部由茎节间逐渐过渡到花序的节间。因生长势不同，从茎节叶腋处长出数量不等的分枝，在茎中、下部节上长出的侧生旁枝为一级分枝，在一级分枝的叶腋处长出的分枝叫二级分枝，在良好的栽培条件下，还可以在二级分枝上长出三级分枝。

荞麦的茎可以分为三部分：茎的基部（从胚根到子叶的节），这部分形成不定支根（茎生根）。茎的这部分长度既取决于播种的深度，又取决于苗的密度。种子覆土较深和幼苗较密的情况下，长势就增加。第二部分为分枝区（亦称中部，从子叶节到开始出现果枝），其长度取决于植株的分枝强度，分枝越强，长度就越长。茎的第三部分只形成果枝（亦称顶部，从初出现的果枝直至茎顶），在茎的顶部这些果枝连成顶端花序，为荞麦的结实区。

荞麦的株高、主茎分枝数和主茎节数由品种遗传特性和环境因素共同决定。株高、主茎节数的遗传力较高，这两种性状在遗传上较稳定，而分枝数遗传力较低，受环境因素的影响较大。荞麦的株高、主茎分枝数和主茎节间数在各地均表现出较大的差异（表 2-2），在不同品种间也可以看出较大差异。对于大部分产区，苦荞的株高、主茎节数和主茎分枝数均高于甜荞。荞麦的株高、主茎节数、分枝数、节间长、茎粗等农艺性状特征除与品种自身遗传有关外，主要与土壤肥力、栽培管理措施、气象因素等密切相关。

荞麦的茎近于圆筒形，茎中心具有髓腔。甜荞节间向叶面形成纵向凹陷，苦荞节间叶面较扁平或微凹。甜荞茎表皮常含花青素，使茎的向阳面呈红色或暗红色，而苦荞茎表皮细胞通常不含花青素，通常呈绿色。但也因品种不同、环境不同而有所变化。

表 2-2 各地苦荞株高、主茎分枝数和主茎节间数对照表

（赵钢等，1990）

地 区	品种分数	株高（cm）	茎节间数（个）	分枝数（个）
四川凉山	126	80.51±17.39	16.06±2.33	4.35±1.70
山 西	62	107.25±23.28	19.07±2.76	7.18±2.82
甘 肃	64	126.91±34.82	21.31±4.91	6.51±2.92
云南永胜	81	151.66±32.66	14.32±2.90	6.21±2.51
贵 州	38	79.8±13.5	13.5±3.3	4.9±1.8
青 海	14	117.0±16.1	18.7±6.3	6.7±3.9
陕 西	91	103.5±34.5	16.6±3.5	5.0±1.4
云 南	30	131.3±24.9	19.1±3.5	5.4±2.2

（二）茎的解剖

茎的解剖结构包括表皮、皮层、维管束、髓腔和髓部。茎表面由一层长方形的板状细胞紧密排列而成，表皮细胞沿着茎的长轴平行延长，在表皮细胞间分布有少量气孔（图 2-2）。皮层具 2～3 层厚角细胞和 2～3 层薄壁细胞。由于表皮层为茎与外界环境相接触的最外层细胞，因此表皮层的许多结构上的特征与表皮细胞所起的作用有关，表皮细胞的紧密排列和表面上的角质膜提供了机械支持作用，表面上的蜡质可限制蒸腾作用。在苦荞的茎和叶柄的表面上具有一些特化的细胞——保卫细胞，它的形状改变会引起气孔的开闭。

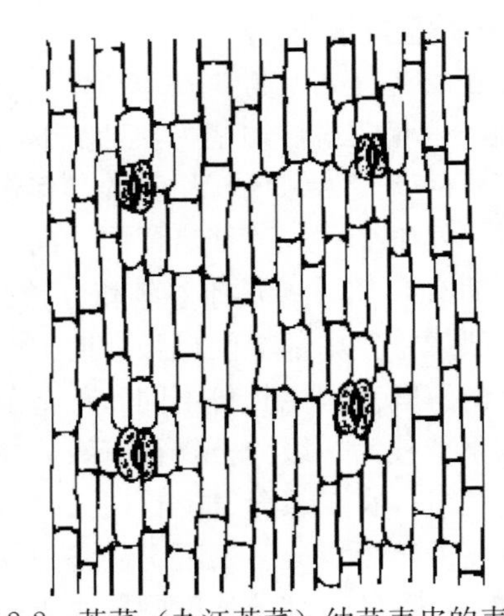

图 2-2 苦荞（九江苦荞）幼茎表皮的表面观（示表皮细胞和气孔）

幼嫩的茎和叶柄为绿色，其表皮细胞中含有大量叶绿体，能进行光合作用，这是苦荞苗期有机物质合成的一个重要途径。此外，在幼嫩的茎和叶柄上还具有表皮毛，表皮上的毛均为单细胞毛。表皮上的毛状体对植株有一定的保护作用，观察结果表明，毛状体的密度与昆虫的进食和产卵及幼虫的营养生长具有负相关的关系。

显微镜切面观察表明，苦荞维管束的大小是不一样的，大的维管束与小的维管束常互相交替排列成环状。苦荞形成层组织发育良好，韧皮部和木质部的生长和形成均较快。维管束中的厚壁组织由纤维细胞所组成，这些坚硬的纤维细胞紧密地排列成束，致使苦荞茎具有韧性和抗倒伏性。木质部导管呈二轮或无规则排列。

苦荞茎的维管束数量取决于品种的类型和生长条件。此外，不同的部位，维管束的数目也有所不同。维管束沿茎而上，相互联结，并伸向叶片。叶柄下部的中心具有来自于茎中的维管束，顺叶柄而上。中心维管束分散到叶柄周围的各维管束中，中心维管束消失。

维管束之间的束间区域，有明显的髓射线。维管束以内是由薄壁细胞组成的髓部，细胞间具有明显的胞间隙，这些胞间隙与通气作用有关。髓部薄壁细胞具有贮藏营养物质的功能。近年来大量资料表明，分离髓细胞，经过去壁以后，进行单细胞的原生质体培养，又可形成细胞，从而产生整个植株，可见髓部薄壁细胞具有潜在的分生能力（图 2-3）。

幼茎是实心的。当基本组织衰老时，组织破裂形成空腔，类似于禾本作物的茎秆。

苦荞茎端是顶端分生组织和它衍生的分生组织的所在，它们一起建立起初生植物的基础。茎上的节和节间、叶子、形成侧根的腋芽，以及后来的生殖结构，都经过顶端分生组织的活动而产生。

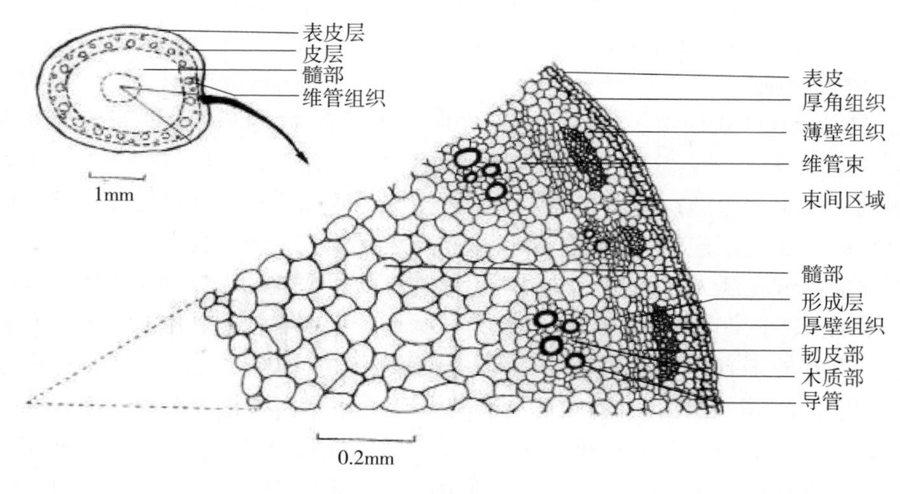

图 2-3　苦荞茎的横切面

三、叶

（一）叶的形态

荞麦的叶主要包括子叶、真叶和花序上的苞片。种子萌发时，子叶出土，共有两片，对生于子叶节上，肾圆形，掌状网脉。出土后子叶由黄逐渐变绿，进行光合作用。苦荞子叶相对较小，绿色；甜荞子叶较大，褐红色。真叶具有完全叶的标记，即包括叶片、叶柄、托叶三部分，是荞麦进行光合作用的主要器官。叶片为三角形或卵状三角形。苦荞叶片顶端急尖，基部心形；甜荞叶片顶端渐尖，基部心形或箭形。真叶互生，全缘，叶面光滑无毛，通常为绿色。叶柄是连接叶片和茎的部分，它能支持叶片伸出，并可改变叶片的位置和方向，使叶片能更好地利用阳光，同时叶柄又是叶片和茎之间物质交流的通道。叶柄基部着生有托叶，托叶为合生，形成透明的托叶鞘，托叶鞘紧包叶柄基部的茎，托叶上有粗糙的茸毛覆盖，容易凋萎。叶柄在茎上互生，使叶片不至于互相蔽荫，利于充分接受阳光。荞麦的花序上着生鞘状的苞片，这种苞片为叶的变态，长 2～3mm，片状半圆筒形，基部较宽，从基部向上逐渐倾斜成尖形。绿色，被微毛，具有保护幼小花蕾的功能。

荞麦叶片形状受所处环境影响，同一植株上，因生长部位不同，受光照不同，叶形也是不断变化的。植株基部叶片呈卵圆形；中部叶片类似心脏形，叶面积较大；顶部叶片逐渐变小，叶柄也逐渐缩短，上部叶片有短叶柄或无叶柄。不同时期叶片大小和形状也是不一样，叶片刚展开到生长增大过程中，形状为戟形；当叶片完全展开成熟时，形状近似于心形。叶形成最盛阶段为现蕾期至开花盛期，随后叶片数量增加速度降低，但叶面积继续增大。

甜荞与苦荞叶形态有明显差异。甜荞近肾形，两侧极不对称，其长径 1.4～2.0cm，横径 2～3cm；苦荞略呈圆形，两侧稍不对称，长径 1.2～1.8cm，横径 1.5～2.5cm；甜荞与苦荞的子叶管形态也不同。甜荞长径与横径几乎相等，并有明显的膜质鞘；苦荞长径较横径长 1/3～1/2，膜质鞘较窄，子叶管被毛。

（二）叶的解剖

1. 表皮 叶片的表面由表皮所覆盖，在叶片上面的为上表皮，下面的为下表皮。表皮细胞的外壁较厚，并覆盖着角质层。上、下表皮的表面观具有明显的差异，上表皮细胞排列较规则，四至六边形；下表皮细胞排列不规则，垂周边有许多褶皱或波状弯曲，细胞为长形，细胞间曲线形连接。上、下表皮分布有大量气孔，每个气孔由两个半月形的保卫细胞包围而成，气孔属无规则型，没有副卫细胞，几个普通的表皮细胞不规则地围绕着保卫细胞。游丽亚等（2012）认为荞麦气孔为椭圆形，上表皮气孔外围有 3 个扁平的表皮细胞，下表皮气孔外围有 4 个扁平表皮细胞。上表皮气孔分布较少，下表皮气孔分布较密（图 2-4）。甜荞与苦荞在气孔类型的比例上有一定的差异，甜荞以无规则型气孔为多，以半平列型最少。而苦荞却以半平列型气孔为多，以无规则型气孔为少。气孔密度以甜荞为最大，上表皮气孔密度是 56.5 个/mm^2，下表皮是 106.9 个/mm^2。保卫细胞内含叶绿体，能进行光合作用。保卫细胞吸水膨胀时，气孔张开，保卫细胞失水收缩时，气孔关闭。气孔的开闭能调节叶内外气体的交换和水分的蒸腾。叶的表皮层的主要特征是表皮细胞排列紧密，具有角质膜。表皮上具有单细胞的表皮毛，幼叶的上、下表皮上有各种形状的腺毛。

2. 叶肉 叶肉组织分为栅栏组织和海绵组织两个部分。栅栏组织紧靠上表皮，为长筒状的薄壁细胞，有 1～3 层，相交成栅栏状，胞间隙小。内含叶绿体较多，所以叶片上表面颜色较深。海绵组织靠近下表皮，细胞呈不规则形状，排列疏松，细胞间隙发达。细胞内含叶绿体较少，叶背的绿色较浅。海绵组织虽也能进行光合作用，但远不及栅栏组织。

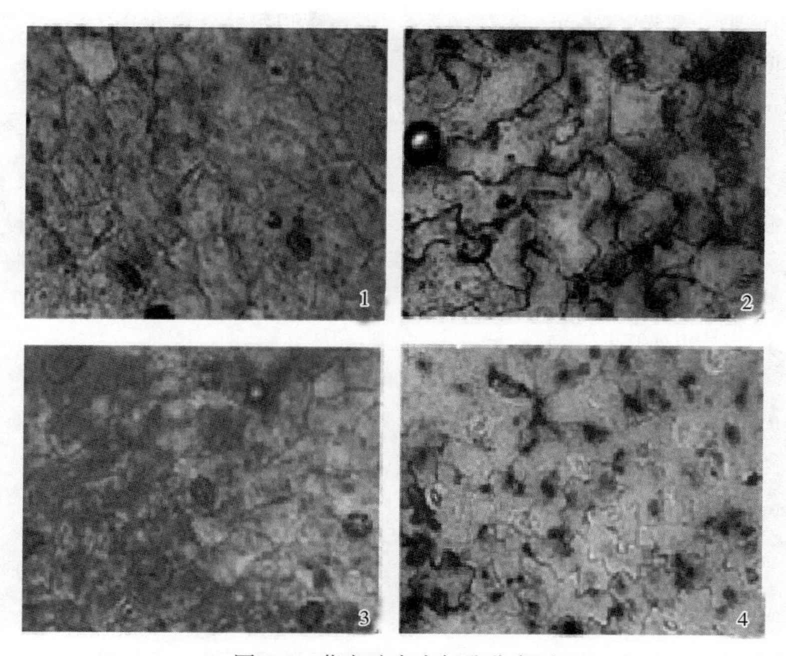

图 2-4　荞麦叶表皮气孔分布图
1. 长柱型上表皮　2. 长柱型下表皮　3. 短柱型上表皮　4. 短柱型下表皮
（改自游丽亚，2012）

3. 叶柄　荞麦叶柄比较细而坚固，具有凹线，凹边和叶柄基部有时有小凹包。叶柄外有一层表皮细胞包围，表皮下是皮层。皮层内有厚角组织，为活细胞，因此在光照不均匀的情况下，叶柄可以旋转，使叶片迎向光源。叶柄长度是不等的，植株中下部叶柄较长、上部的叶柄较短，顶部的小叶无柄。叶柄横切面与茎相似，有多个维管束，排列成环状，每个维管束具有木质部和韧皮部。叶柄中央是实心的，充满了薄壁细胞，细胞间有明显的胞间隙。

4. 叶脉　荞麦的叶脉为掌状网脉，贯穿于叶肉之中，较大的叶脉（主脉）有明显的木质部和韧皮部。木质部在上面，韧皮部在下面。主脉包埋于基本组织内，基本组织不分化成叶肉组织，仅有较少的叶绿体。与主脉结合的组织，在叶背面隆起形成肋。紧靠主脉的表皮处还有机械组织，所以叶脉不仅具有运输水、无机盐和有机物的功能，而且具有支持叶的作用。叶脉愈细，结构愈简单，先是机械组织逐渐减少直至消失；木质部和韧皮部也逐渐简化至消失，最后只剩下 1～3 个筛管细胞和管胞分子穿插于叶肉细胞中。另外，在叶肉组织中的小叶脉外面围绕着一层薄壁细胞叫维管束鞘，维管束鞘一直延伸到维管束的末端，因而维管束组织很少直接暴露在胞间隙中。苦荞的维管束鞘细胞排列较疏松，其中不含叶绿体。

近年来，随着生物技术及现代成像技术的发展，荞麦的细胞组织能更清晰地被观察到。游丽亚等（2012）采用石蜡切片法对荞麦根、茎、叶等进行切片观察，采用现代成像技术，可清晰观察到荞麦各部位的组织结构（图 2-5）。

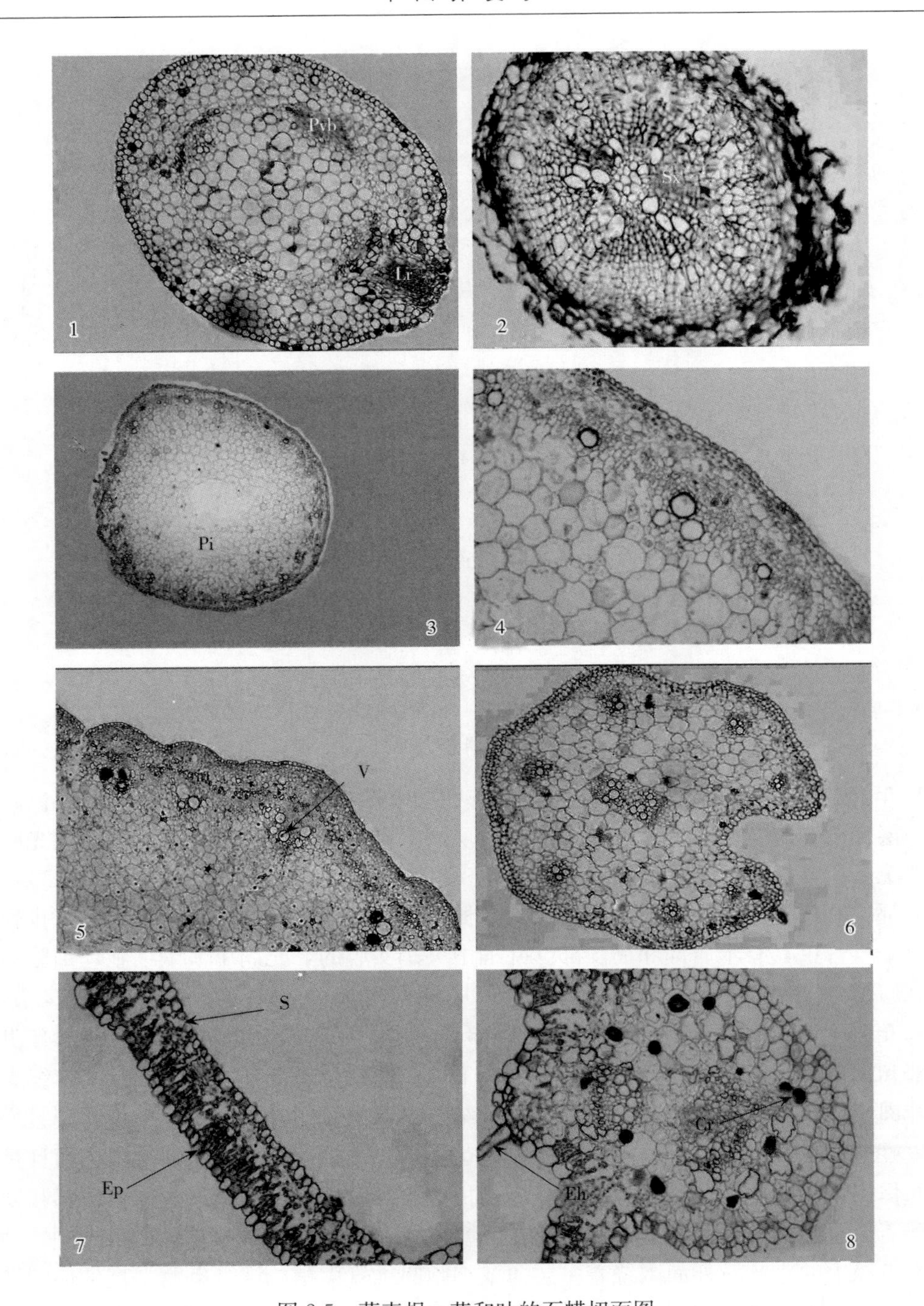

图 2-5　荞麦根、茎和叶的石蜡切面图

1. 幼根横切面　2. 根次生结构横切面　3. 幼茎横切面　4. 幼茎横切面局部

5. 茎次生结构横切面　6. 叶柄横切面　7. 叶片横切面　8. 叶脉横切面

（Pvb：初生维管束；Lr：侧根；Sx：次生木质部；Pi：髓；

V：导管；S：气孔；Ep：表皮；Eh：表皮毛；Cr：结晶

（游丽亚，2012）

四、花和花序

（一）花的形态

荞麦的花由花梗、花托、花萼、雄蕊和雌蕊组成。花着生于花梗顶端的花托上，花托是一种变态的茎端，由节和节间组成，花托上着生有不育的附属物萼片和能生育的器官雄蕊和雌蕊。苦荞的花梗长度约为 2～3mm，比甜荞和多年生野荞的花梗短。花梗具有支持作用，它与花序轴之间的夹角为 30°～45°，使花之间能相互散开，得到良好的发育；花梗还具有输导水分、无机盐和有机营养物质的功能。

花的形态主要与荞麦品种有关。共同的特点为花朵属于单被花，由花被、雄蕊和雌蕊等组成。甜荞的花较大，直径 6～8mm；苦荞的花小，直径约 3mm。不同荞麦类型的荞麦花的颜色差异较大，甜荞花主要有白色、粉红色、红色等，成片种植具有较好的观赏性。而苦荞花一般为浅绿色。

荞麦的花被一般为 5 裂，呈镊合状，彼此分离。甜荞花被片为长椭圆形，长为 3mm，宽为 2mm，基部绿色，中上部为白色、粉红色或红色。苦荞花被片较小，长约 2mm，宽约 1mm，基部绿色，中上部为浅绿色或白绿色。

甜荞与苦荞均具有 8 个蜜腺。他们分布在雄蕊之间。甜荞蜜腺较大，苦荞蜜腺较小；甜荞蜜腺黄色，苦荞显黄绿色。

雄蕊位于花萼以内，共 8 枚，排列成两轮，外轮 5 枚，着生于花被片交界处，花药内向开裂；内轮 3 枚，着生于子房基部，花药外向开裂。雄蕊由花药和花丝组成，花丝细长，有支持和输导作用；花药是花丝顶端膨大成囊状的部分。花药粉红色，似肾形，有两室，其间有药隔相连。花丝浅黄色或白色，其长度在不同种类荞麦中不同。苦荞花丝长度大致相同，甜荞花丝却有不同长度，短花柱的花丝较长，长花柱的花丝较短。甜荞的花具二型性，即一类植株生长的花全为长花柱、短雄蕊，而另一类植株却具有长雄蕊、短花柱。苦荞为同型花，花柱等长，雄蕊与雌蕊近等长。

雌蕊是由 3 个心皮彼此以边缘相结合形成的，位于花的中央，由柱头、花柱和子房三部分组成。柱头、花柱分离，子房上位，一室，白色或绿白色。荞麦柱头头状，柱头表面由一层细胞紧密排列组成，凸凹不平，不具突起。柱头能分泌柱头液，具有黏着花粉和促进花粉萌发的作用。雌蕊的长度在不同类型的荞麦中不一致。苦荞的雌蕊长度与花丝等长，约 1mm。甜荞的长花柱花雌蕊，长约为 2.6～2.8mm，是短花柱花的两倍左右（1.2～1.4mm）。还有一种在群体中所占比例很少的雌、雄蕊等长的花，其长约为 1.8～2.1mm。表 2-3 列出苦荞、有刺苦荞、米荞与甜荞的花器结构。

表 2-3　四类荞麦花器结构比较

（蒋俊方，1986）

项　目	苦荞	有刺苦荞	米荞	甜荞
花朵大小（cm）	3.15±0.12	3.±0.25	3.05±0.22	7.22±0.39
花萼颜色	浅绿	浅绿	浅绿	红、粉红、白

（续）

项　目	苦荞	有刺苦荞	米荞	甜荞
雄蕊数	8	8	8	8
花药颜色	粉红	粉红	粉红	玫瑰红
花药长（mm）	0.50	0.5	0.5	1
花粉形状	卵形	卵形	卵形	卵形
花粉颜色	浅黄	浅黄	浅黄	浅黄
每个花药中花粉数	120～150	120～150	80～130	150～200
雌蕊形状	花瓶状	花瓶状	花瓶状	花瓶状
长雌蕊花雌、雄长（mm）	1×1	1×1	1×1	3×2
短雌蕊花雌、雄长（mm）				1.5×3
每朵花蜜腺数（香气）	8（无）	8（无）	8（无）	8（有）

荞麦的花大多为两性花，也有少量单性花存在，这类单性花大都无雌蕊，或雌蕊已退化为一痕迹，但雄蕊发育正常。

（二）花序的形态

荞麦花序绝大多数记述为总状花序、穗状花序、伞房花序或圆锥花序，也有称为穗状总状花序、总状伞房花序等。还有认为荞麦属的花序应该是一种混合花序。

花序从叶腋处抽出，每个叶腋处可抽出 1～3 个花序，单株有效花序数的多少随品种和栽培条件而不同。苦荞花序一般在 20～50 个，多的可达 100 个以上，甜荞单株花序数略低于苦荞。单株的有效花序数和单株的籽粒产量呈正相关关系。

花序的花轴上密生的鞘状苞片呈螺旋状排列，每个苞片内着生不同长度花梗的花 2～4 朵。每个花序上先后有 20～25 朵花开放，一个花序的日开花数为 0～3 朵。在主茎上的花序开花 4～6d 后，一级分枝上的花序才开花，二级分枝上的花序开花时间更晚些。在开花盛期，植株每天能开花 20～40 朵，多着甚至可达到 70 朵以上。荞麦开花期很长，约占整个生育期的 2/3。苦荞一般单株累计开花可达 800～2 000朵，甜荞单株开花累计为 300～1 000朵。

（三）花的解剖

萼片向雌蕊面的表皮由长方形细胞组成，细胞排列规则，细胞间紧密连接；而背雌蕊面的表皮细胞形状不大规则，细胞间连接较疏松。表皮上有气孔和表皮毛。表皮以内是薄壁细胞，细胞内含叶绿体（因而苦荞花色为绿色），能进行光合作用。较大的萼片内有5～7 个维管束，中间一个维管束较大，两边的维管束很小；较小的萼片中有 2～4 个维管束，位于中间的一个较大。苦荞萼片主要由表皮层、基本薄壁组织和维管系统组成。

花丝在结构上较简单，薄壁组织包围着维管束，为周韧维管束。花丝的表皮层角质化并有表皮毛，花丝和花药上都有气孔。维管束穿过整个花丝，末端终止在花药的基部。

雌蕊位于花的中央，由子房、花柱和柱头组成。子房壁内有丰富的维管束，其中三束较大，在较大的维管束之间有 5～7 个小维管束，这些维管束排列成为具有三个凹沟的圆环状，近似于三叶草。子房壁的结构从外到内依次为子房壁、厚壁组织，较大的维管束周围有明显的维管束鞘细胞。

子房内壁上生长着胚珠。胚珠由外珠被、内珠被和多细胞的珠心组成。在珠心上部的表皮下，开始产生造孢细胞，造孢细胞变为胚囊母细胞。胚囊母细胞经减数分裂形成四分体，四分体是纵向排列的，其中只有（离珠孔最远的）1个能够发育形成胚囊，其余3个萎缩消失。胚囊内最初只有1个细胞核，随后，单核胚囊体积增大，细胞核连续进行3次有丝分裂，形成8核胚囊。中间的两个核在受精前融合成1个二倍体的次生核；有3个核（近珠孔端）中间1个较大的为卵细胞，旁边两个较小的为助细胞；另外3个核（远离珠孔）形成反足细胞（图2-6）。

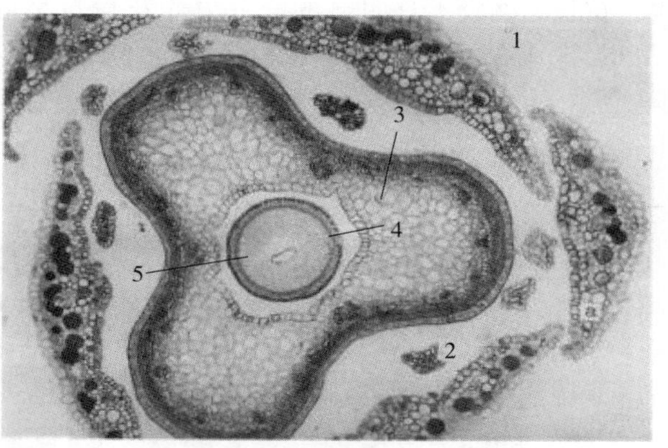

图2-6　苦荞花的横切面

1. 花萼　2. 花丝　3. 子房壁　4. 珠被　5. 珠心

花梗是实心的，花梗横切面近似椭圆形，表皮层由一层细胞组成，表皮层以内有1～2层厚壁细胞，中间为薄壁细胞，并有三束小维管束，成三角形排列。

五、花粉粒

不同类型荞麦花的大小不同，授粉形式有异，使不同类型的荞麦花药内的花粉粒数目不同。甜荞的花粉粒较多，每个花药内的花粉粒数目为120～150粒；苦荞较少，仅为80～100粒。花粉粒的大小，不同的荞麦种不同，甜荞长花柱花的花粉粒要小些，短花柱的花粉粒较大，苦荞的花粉粒较甜荞小。周忠泽等（2003）对不同品种荞麦花粉进行研究，甜荞花粉粒为3孔沟，具沟膜。外壁纹饰在扫描电镜下网眼有棱角，每一沟间区赤道线上具14～15个网眼，网眼不拉长，网脊不具明显的峰。荞麦花粉的外壁超微结构在透射电镜下显示，覆盖层具穿孔，外表面高低不平，具明显稀疏的三角形小凸起及凹沟，内表面高低不平，里面柱状层的小柱在近中部以上具分支，柱状层下面无基层。外壁内层较厚。覆盖层与柱状层近等厚，是外壁内层厚的1.5～2倍。苦荞花粉粒也为3孔沟，具沟膜。外壁纹饰在扫描电镜下网眼有棱角，每一沟间区赤道线上具19～20个网眼，网

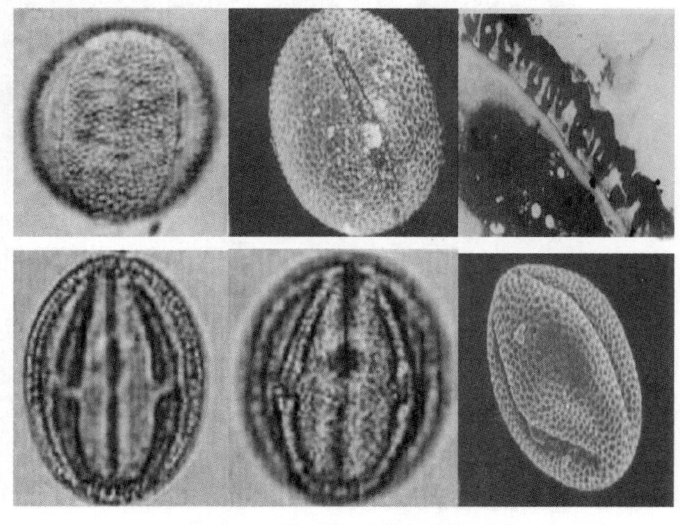

图2-7　扫描电镜下荞麦花粉形态

（周忠泽等，2003）

眼不拉长，网脊不具明显的峰。甜荞花粉粒呈椭圆形，长花柱花的花粉粒较小（46～53μm×35～42μm），短花柱花的花粉粒较大（63～70μm×46～49μm）；苦荞花粉粒呈阔椭圆形，大小通常为42μm×35μm（图2-7）。游亚丽等（2012）也对荞麦花粉进行了扫描电镜研究，研究结果与周忠泽等基本一致。另外，游亚丽等对花柱在扫描电镜下的形态也进行了研究，结果见图2-8。

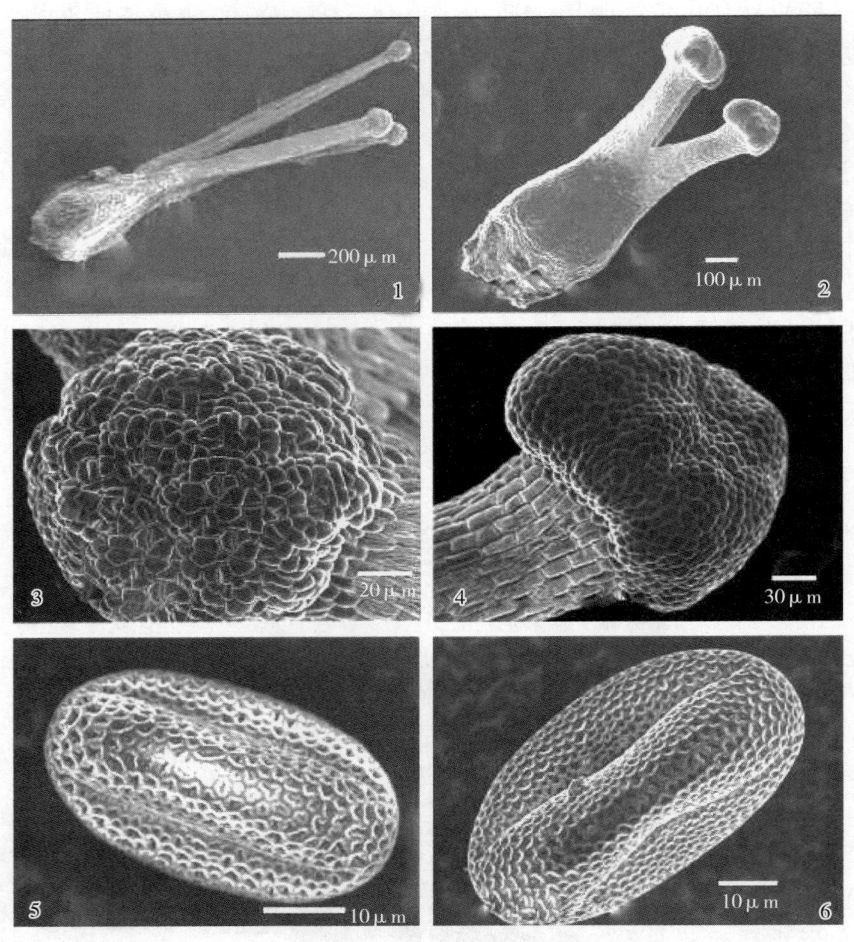

图2-8　荞麦花柱和花粉扫描电镜图

1. 长柱花花柱　2. 短柱花花柱　3. 长柱花花柱（放大）
4. 短柱花花柱（放大）　5. 长柱花花粉　6. 短柱花花粉
（游亚丽，2012）

六、果实与种子

（一）荞麦果实的形态

荞麦属（*Fagopyrum*）果实形态及微形态的一般特征：瘦果，具1枚种子，花被宿存。果实三棱锥状或卵圆三棱锥状，中部或中下部膨大，表面光滑具光泽，或粗糙无光泽，具皱纹网状纹饰、条纹纹饰或瘤状颗粒纹饰。

赵佐成等（2000）对荞麦的果实形态进行研究，并作了详细描述。苦荞：苦荞果实三棱锥状，大小为（4.3～5.3）mm×（3.3～3.5）mm；下部膨大，上部渐狭，具三棱脊，棱脊间纵向收缩，棱脊圆钝，明显突起；表面粗糙无光泽，灰褐色，偶为黑褐色，具皱纹网状纹饰。甜荞：果实卵圆三棱锥状，大小为（5.3～5.8）mm×（2.4～2.8）mm。花被宿存；中部膨大，具三棱脊，棱脊尖锐；表面光滑具光泽，褐色，具条纹纹饰（图 2-9，图 2-10）。苦荞果实多为长卵状三棱形或卵状三棱形，具三条沟，沟从果实的萌发孔至基部。有些苦荞品种的果实，棱边中间向外凸起，长出刺状结构，叫做苦刺荞。每个果实的基部附有五列宿萼。苦荞的果皮多为灰褐色，在统计的 125 个品种中，果皮灰褐色的有 76 个，占 60.8%；果皮棕褐色的有 19 个，占 15.2%；果皮黑色的有 14 个，占 11.2%。此外，还有少数品种的果皮为灰黑色、黑褐色、褐色或棕色。在 125 个品种中，果实长形的 115 个，占 92%；果实宽形的有 10 个，占 8%。苦荞千粒重 12～24g；甜荞千粒重15～37g。

表 2-4　10 种苦荞品种籽粒大小及重量的比较

（赵钢，1990）

品种	粒长（mm）	粒宽（mm）	千粒重（g）	品种	粒长（mm）	粒宽（mm）	千粒重（g）
额期	5.88±0.36	3.82±0.25	23.4±3.7	老鸦苦荞	4.77±0.45	3.14±0.29	19.1±3.1
额土	4.49±0.22	2.89±0.12	20.5±3.0	额保惹	3.26±0.16	3.21±0.15	17.3±2.8
额其	6.04±0.56	3.51±0.21	22.7±4.2	额落乌	5.19±0.35	2.76±0.13	19.8±3.3
刺荞	4.46±0.37	3.92±0.45	20.8±3.9	额拉	4.98±0.28	3.07±0.38	21.4±2.9
时扯额	5.50±0.23	2.93±0.13	21.1±3.7	米荞	4.25±0.21	2.74±0.23	13.8±3.8

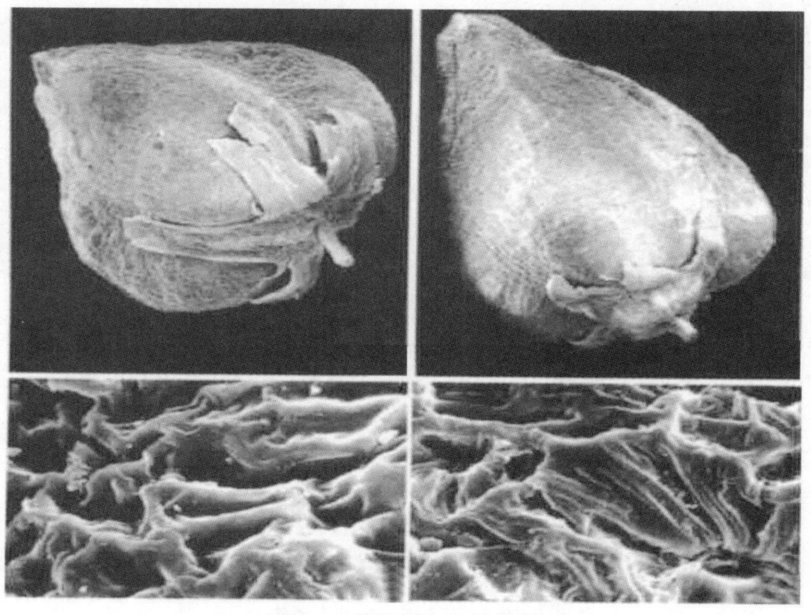

图 2-9　苦荞果实电镜扫描

（赵佐成，2000）

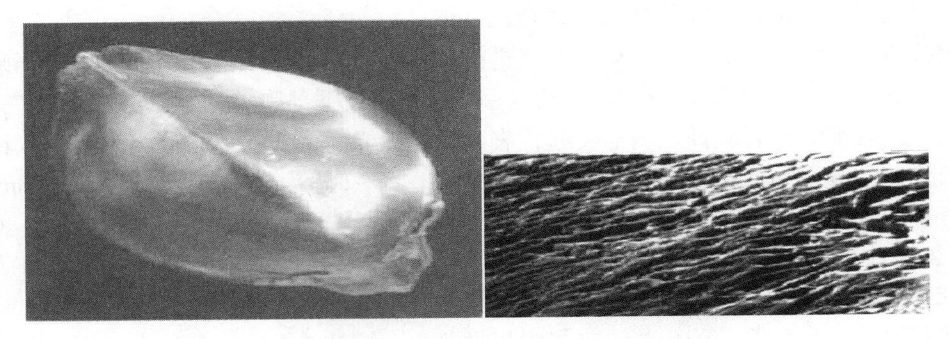

图 2-10　甜荞果实电镜扫描

（赵佐成，2000）

（二）果实的解剖

果皮内部包含有像果实形状一样的种子。苦荞果皮厚而坚硬，由四层组成：外表皮，其细胞按果实的长度排列，细胞壁加厚，为单层细胞组成；皮下组织，其厚度为 0.07～0.15mm，由 3～6 层细胞组成；褐色组织，细胞组织的厚度为 0.05～0.08mm；内表皮，为单层细胞组织。苦荞的果皮不与种子粘连，由 3 个心皮所组成。果皮保护胚和胚乳，免受外界不利条件的损害和影响，还可对胚根的生长产生机械的抵抗。坚硬的果皮，能使苦荞种子较长期的保持生活能力。

种子被两层种皮包着，外层由不规则的厚壁细胞所组成，内层由薄壁细胞所组成。种皮是由胚珠的保护组织珠被发生的，种子在成熟时，特别是在膨胀和萌发时半透性的种皮具有各式各样的颜色。

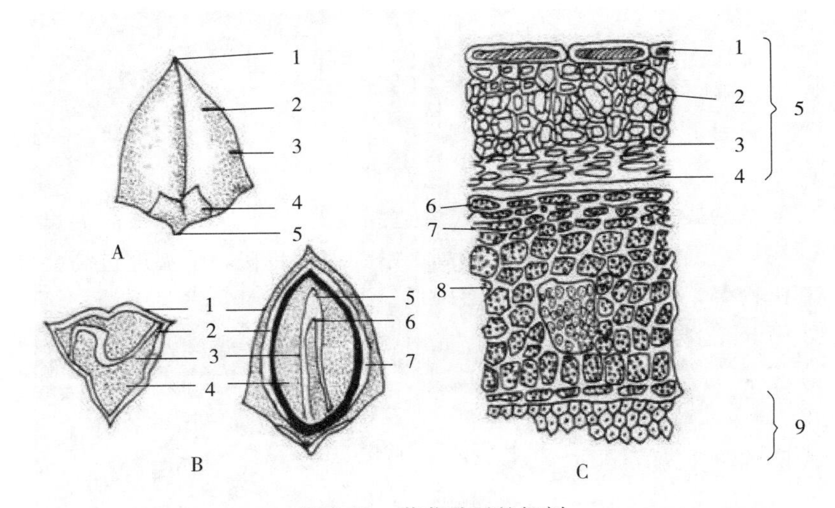

图 2-11　苦荞种子的解剖

A. 籽粒外形：1. 发芽口　2. 种沟　3. 果皮　4. 宿萼　5. 果脐

B. 籽粒剖面：1. 果皮　2. 种皮　3. 子叶　4. 内胚乳　5. 胚根　6. 胚芽　7. 子房腔

C. 籽粒横切：1. 外表皮　2. 皮下组织　3. 褐色柔组织　4. 内表皮　5. 果皮
6. 种皮　7. 糊粉层　8. 淀粉性胚乳　9. 子叶

胚位于种子中央，果实的横切面胚呈S形，具有宽而薄的子叶两枚，扭曲折叠而嵌于胚乳中，占种子总重量的20%～30%。子叶具有贮藏营养物质和苗期进行光合作用的功能。胚由子叶、胚芽、胚轴和胚根组成，胚的细胞比胚乳细胞致密。

种子内的大量营养物质贮藏在胚乳中，胚乳约占果实质量的55%～65%。胚乳的结构是异质的，外层为糊粉层，直接位于种皮之下。胚附近糊粉层的细胞逐渐减少至完全消失。糊粉层细胞是透明的，含大量的蛋白质，吸水易膨胀。糊粉层下是放射状排列的薄壁大型细胞，细胞中充满了淀粉粒，胚与薄壁细胞紧贴着。苦荞种子的解剖详见图2-11。

第二节　荞麦的生长发育

荞麦从种子萌发，经过出苗、现叶、分枝、现蕾、开花、籽粒形成以至成熟，即从种子到第二代种子全过程构成了荞麦的个体发育。荞麦的生育期即为荞麦出苗至种子成熟所经历的天数。荞麦生育期不论长短，其一生都要经历一系列特征的变化，主要表现为根、茎、叶、花和籽粒等器官的发育形成。荞麦的全生育期包括两个不同的阶段：生长和发育。生长又包括营养生长（即根、茎和叶的生长）和生殖生长（即花和籽粒的形成和生长），掌握并利用荞麦生长发育规律，可达到荞麦高产的目的。

荞麦的营养生长主要包括了种子萌发及幼苗生长两个过程，表现为根、茎、叶等营养器官的分化形成。种子萌发能力在很大程度上取决于种子的品种特性和种子质量。品种特性包括皮壳厚薄、籽粒大小等。种子品质包括种子成熟度、种子存放期等，对种子萌发出苗和出苗后的生长发育均有影响，因此在播种前选用品质好、成熟度高、粒大、粒重、饱满的种子，是一项重要的增产措施。种子存放年限对种子的生活力有较大影响，主要是随着贮存时间的延长，酶蛋白逐渐发生变性，胚乳内的养分也有所减少，从而导致发芽质量下降，发芽率低，最终影响荞麦产量。影响苦荞种子萌发的主要外因有水分、温度和氧气。具有正常生活力的种子，在适宜的水分、温度和良好的通气条件下，数天后就会萌发，长出幼苗。种子萌发最佳的湿度为90%以上，土壤含水量为16%～18%；萌发要求较高的温度，发芽的最低温度为7～8℃，最适温度为15～25℃，最高温度为36～38℃。一般情况下，在一定温度范围内，温度越高，发芽速度越快，但温度过高会导致呼吸强度大，消耗的有机物多，幼苗细弱，成苗率也低；温度过低时，发芽缓慢，幼苗出土时间过长，幼苗瘦弱而不整齐，极易感染病害。荞麦萌发时还需要适当的氧气，土壤气体中氧的含量常低于20%，而且随着土质的黏重度和土层深度的增大而逐渐减少，因此要选择适当的播种深度。

荞麦籽粒吸水后，坚硬的果皮逐渐软化，可以使氧气和水分更好地透过果皮和种皮进入种子内部。胚和胚乳吸水后，体积增大，柔软的种皮和果皮在胚和胚乳的压迫下破裂，为胚根、胚芽突破种皮向外生长创造了条件。荞麦的幼苗生长主要包括根、茎、叶的生长。种子在萌发时，胚根首先突破种皮与果皮垂直向下伸入土中，即为初生根。在种子发芽3～4d、胚根长2～5cm时，胚根上开始生长侧根，随着幼苗的生长，在胚根由上向下长出的侧根数量不断增多，一片真叶时即达20余条。幼茎的生长包括节间的伸长和茎的增粗。其长度与品种、播种密度、播种深度、光照、温度、湿度等诸多因素有关，在一般情况下，出苗后1～3d伸长最快，4～5d后转慢。在播量大、幼苗过密或播种过深、光照不足、肥水不当等情况下，都会使下胚轴过分伸长，形成纤细的幼茎。荞麦的主茎是由极短的上胚轴及胚芽的生长锥延伸而成。荞麦有分枝习性，植株中下部各节的叶腋处，均有一个潜伏的腋芽，在条件适宜时最易萌发并发育成分枝。着生在主茎上的分枝称为一级分枝，在良好的栽培条件下，一级分枝上可再发生新的分枝，称为二级分枝。稀播时，二级分枝上还可产生三级分枝。分枝的多少与品种特性、播种等关系极大，在肥沃地稀播的条件下，植株长出1～3片真叶后，其第一、二节上的腋芽，由下向上开始萌发成分枝，不仅萌发的节位低、时间早、数量多，而且茎基部分枝粗大，还可再长出大量的二级和三级分枝。分枝的花簇数量多，着粒数往往超过主茎。在地肥密播的条件下，由于植株密度大，苗期过早蔽荫，植株茎基部叶片较早地衰老、黄化脱落，其腋芽难以萌发，待位于主茎中部的第一花序分化后，其下面的节上才开始萌发分枝，不仅萌发迟、节位高、数量少，而且分枝小，花序数也少，分枝着粒数与主茎相近。在土壤肥力较差而密度较高的条件下，植株由于蔽荫而徒长，各节间较长，植株细高，主茎叶片由下向上边生长边黄化脱落。植株中下部腋芽一般不萌发，即使个别腋芽萌发，分枝也十分细小，结实很少，单株粒数全靠主茎。在土地瘠薄、肥力较低的条件下，植株细弱矮小，节间短而密集，无分枝，仅植株顶端有1～2个花序，结实率很低，很少结籽。

叶的生长主要包括子叶和真叶的生长。子叶在荞麦苗期生育中，起着重要的作用。种子萌发时，需通过子叶吸收胚乳营养，以供给胚根、胚轴的生长。幼苗出土后，两片肾形子叶展开，由黄变绿，进行光合作用，除继续供给子叶自身、侧根、胚轴的生长外，还供应最初几片真叶的生长。真叶是由子叶之上的顶芽陆续分生出来的。荞麦的真叶互生，无论在主茎或分枝上，一般每节着生一叶，偶尔在个别节上对生两叶。

荞麦的营养生长主要包括花芽分化、授粉受精、籽粒的形成与成熟4个过程。荞麦种子萌发出苗后，经过较短的一段营养生长，即进行花芽的分化，表明荞麦进入生殖生长。荞麦花芽开始分化时期的早晚，因不同的品种及品种类型而不同，但在分化表现、器官形成的顺序和延续时间的长短上有共同的规律性。荞麦花芽及花的分化过程是一个连续分化发育的过程，根据生长锥形态上的差异，可以将花芽分化分为若干个不同的时期。苦荞和甜荞的授粉方式是不同的，苦荞为自花授粉，甜荞为异花授粉。授粉后，花粉粒开始在柱头上萌发，经过一系列过程后，雌、雄配子融合，标志着双受精作用已经完成。影响受精的因素主要包括光照、温度、营养、水分等。受精以后，子房膨大，胚、胚乳等迅速成长，在开花后的十几天时间内，胚已基本形成，胚乳细胞充满囊腔，开始沉积淀粉，进入灌浆和成熟过程。荞麦的籽粒从开花到成熟，历时1个月左右，经历了一系列形态和生理生化方面的变化。

荞麦整个生育期短，一般早熟品种为60～70d，中熟品种70～80d，晚熟品种90～120d。荞麦幼苗期营养器官生长缓慢，开始开花后植株生长旺盛，干物质积累增多。一般在开花至籽粒成熟期积累全部干物质的70%以上。荞麦开花时间与气候条件有极强的关系。一般出苗后15～25d可开花，温度越高开花越早，但花期也越短。除与环境因素有关外，花期还因品种而异，一般25～40d甚至更长。因此，荞麦的成熟期较长，开花的顺序是最下位花序的花最先开放，然后是上位花序的花逐次开放。主茎上的花开放后4～8d，分枝上的花开始开放。荞麦开花一般在早晨6～8时，开花后0.5～1.5h，花药即成熟开裂，下午散粉，傍晚闭合。没有受精的花第二天继续开放。

荞麦每个花序上有花约20朵，多者达80朵，一个花序开放完毕约需10～15d，每天开花数在开花盛期可多达70朵以上，一般在始花期后10d达到盛花期，开花规律呈现偏态分布。

温暖湿润和晴朗的气候能促进荞麦开花，寒冷干燥的气候影响开花。单株花数的多少明显受栽培条件和植株类型的影响。荞麦的结实率比较低，在统计的苦荞和甜荞品种中，苦荞的结实率为14%～25%，略高于甜荞结实率（7%～19%）。不同品种间结实率有显著差异，主要受遗传因素及环境的影响。荞麦结实与温度关系显著，结实期间温度过高，会影响荞麦营养器官的发育，导致结实率低。因此选择适当的播期，使荞麦结实时避开高温，可提高荞麦结实率以获得高产。

荞麦的成熟期较长，在同一植株上成熟时间极不一致，有些枝条上籽粒已成熟，而有的枝条上还在现蕾开花，一般情况下，植株上部的花成熟较下部的早。成熟期的高度不一致是导致荞麦低产的一个重要原因，主要是到了收获期，前期已成熟的种子由于落粒性较强而掉落，造成较大的损失。

荞麦营养生长和生殖生长之间以及生殖器官的花与花之间、花与籽粒之间对能量和养分的争夺，势必导致供需矛盾十分突出。因此，整个生育期中都需要注意水分和养分的供应。

第三节 荞麦对环境条件的适应性

环境对荞麦生长发育影响的范围和程度，是确定荞麦分布、分区、品种生态分类、栽培管理技术调控的重要依据。我国荞麦从南到北、从东到西，从低海拔到高海拔均可种植，说明荞麦对光照、温度的广泛适应性。

一、温度

大多数学者认为荞麦是喜温作物，生育期要求0℃以上积温1 000～2 000℃，在8～9℃时种子开始萌发，最适生长发育温度为15～25℃，最高温度为36～38℃。荞麦长期处于低温或高温条件下会造成胚的死亡。尤莉等（2002）观察表明，当气温在10℃以下时，荞麦生长极为缓慢，长势弱。气温降至0～2℃时，荞麦叶片受冻，降至－2℃时，植株全部冻死。周乃健等（1997）研究指出，低温不仅使荞麦营养体变小，而且使营养生长和生殖生长的协调程度变差，营养体转化为生殖体的效率降低，致使生殖体很小。李海平等（2009）在温度对苦荞种子萌发的影响试验中得出，随着温度的升高，发芽率提高，适宜温度为25℃，温度过高反而降低发芽率。田学军等（2008）研究表明，在高温胁迫下，幼苗下胚轴的生长受抑制，热激温度越高，下胚轴越短。

高温胁迫对荞麦生理产生的不利影响表现为：细胞膜完整性受损，更多的膜脂被过氧化，根系的生长受到严重抑制。荞麦一般播种后7d左右能出苗，根据播种地区及播种时的温度，快的3～4d就能出苗。出苗期到现蕾期需要达到一定的积温，不同品种对温度的敏感性不同，可分为强感温型、感温型、弱感温型和迟钝型。开花结实期，凉爽的气候和比较湿润的空气有利于产量的提高。当温度低于13～15℃或高于33℃时，植株的生长发育受到明显的抑制。荞麦怕霜冻，当气温低于－1℃时，能造成花的死亡和成长植株叶片的轻度受害；低于－2～－2.5℃时，成长植株的茎和幼苗子叶严重受害；－5～－6℃时，全株死亡。要达到高产栽培，首先掌握生长过程中对温度的适应性，根据当地积温情况掌握适宜的播种期，使荞麦生育初期处在温暖的条件下，开花结实期处在凉爽的气候环境下。

郝晓玲等（1989）认为，荞麦基本上属于正积温效应的作物，但在不同的生育阶段其反应效应不同。在生殖生长开始前，温度的提高可以缩短苗蕾期，促进提早现蕾。这与林汝法等（1994）的研究结果相似。现蕾以后，随着温度的增高，新的花序不断发育而加长了生育时期，导致较高温度下全生育期总积温的增高。温度较高情况下，开花到成熟期时间略有延长，但总生育期下降。林汝法的研究表明，荞麦种间或品种间感温特性多样性，在不同温度条件下差异尤为明显。品种来源地不同，对温度反应不同；同一来源地的品种对温度反应有异，形成了荞麦遗传资源的不同感温特性；苦荞的温度要求比甜荞敏感。

温度对荞麦品质及光合速率均有影响。陈进红（2005）在智能人工气候箱条件下，分析研究了生长在3种培养温度下的4个荞麦品种芽菜的芦丁含量以及开花结实期温度处理对荞麦叶片和籽粒芦丁含量的影响。结果表明：随着培养温度的提高，芽菜的芦丁含量下降；而开花结实期较高的温度则增加叶片和籽粒的芦丁含量。李海平等研究指出，在苦荞幼苗生长后期，环境温度应控制在30℃左右，以促进幼苗维生素C和黄酮的积累。夏明忠（2006）研究表明，在其他条件相同的情况下，温度为20℃、25℃时，金荞麦、细柄野荞麦、西荞1号、抽葶野荞麦的叶片的光合速率均随温度的增高而增大，且增加幅度明显。

二、水分

荞麦是喜湿作物，每形成1kg干物质约消耗450～600kg水，一生中所需水量比小麦、大麦、向日葵等其他作物高。抗旱能力较弱，荞麦的耗水量在各个发育阶段不同。种子发芽耗用水分约为种子重量的40%～50%，水分不足会影响发芽和出苗；由出苗到开花需水较少，约占整个剩余阶段需水量的11%；现蕾后植株体积增大，需水剧增；从开花结实到成熟耗水特别多，约占荞麦整个生育阶段耗水量的89%。

荞麦的需水临界期是在出苗后17～25d的花粉母细胞四分体形成期，如果在开花期间遇到干旱、高温，则影响授粉，花蜜分泌量也少。当空气湿度低于30%～40%而又有热风时，会引起植株萎蔫，花和子房及形成的果实也会脱落。但荞麦在多雾、阴雨连绵的气候条件下，根系生长纤弱，授粉结实也收到抑制。

三、日照

荞麦是短日照作物，但对日照要求不严，在长日照和短日照下都能生育并形成果实。光照在荞麦进化中具有明显的调节生育进程的作用，这种调节作用正好与温度的促进作用相反，即在短光的诱导下，可以明显地促进生殖生长。从出苗到开花的生育前期宜在长日照条件下生长，从开花到成熟的生育后期宜在短日照条件下生育。长日照可促进植株营养生长，形成大量的分枝和茎叶；短日照促进发育。尤莉等（2002）研究表明，在14h以下的短日照条件下，能促进早现蕾；在16h以上的长日照条件下，能延迟现蕾期。10～12h现蕾日数最短，18～20h现蕾日数最长。高清兰（2011）研究发现：光照时数增加，延缓茎生长锥分化速度，使生长发育过程减缓，但仍能正常发育和开花结实。与温度相比，光照对荞麦的生长发育不仅具有量的影响，更具有调节营养生长和生殖生长质的效果。同一品种春播，生育期长，开花时间迟，花期长；夏秋播则生育期短，开花时间早，花期相对短。郝晓玲等（1992）研究表明，光时对株高、茎干重、株粒重的影响的数量关系，前两者可用Logistic生长曲线表示，后者可用二次曲线表示。说明了光时对营养生长和生殖生长的影响有质的差异。同时说明适合于生殖生长的光时并不是最有利于产量形成的光时，因为长期的短光照可加速生育过程、促进提早开花，但却不利于株高形成及营养体的健壮生长。

郝晓玲等（1992）认为，荞麦的苗蕾期是对光照的反应期，这一阶段光照的长短直接影响着营养生长向生殖生长的过渡。根据不同品种在不同光照时间苗蕾期日数的长短差的大小，将试验的荞麦品种分为短光强敏感型（苗蕾期日数长短差在25d以上）、短光敏感型（苗蕾期日数长短差在20～25d）以及短光弱敏感型（苗蕾期日数长短差在20d以下）。高清兰（2011）研究表明，荞麦对光照强度很敏感，幼苗时光照强度低于750lx，植株瘦弱；开花结实期光照不足，花序和小花的分化受影响，花序数减少，花序长度变短，小花减少；雌雄蕊原基形成的阶段至四分体形成期，光照不足会导致光合作用下降，造成养分供应不足而产生不育花粉和不正常子房，且结实率低，产量下降。光照的强弱影响荞麦的光合作用，光照不足可使荞麦叶片的光合作用下降，光合物质减少，影响受精结实。荞麦开花结实期花、果对养分的竞争激烈，光照不足不但使受精率降低，而且将引起部分受精果死亡，形成大量空壳瘪粒。荞麦成熟期，阴雨寡照、热量不足也会影响灌浆成熟，造成籽粒不饱满，千粒重下降，从而降低产量。荞麦在不同生育阶段对光照的反应不同，开花初期对光照敏感，开花盛期对光照敏感度减小。夏明忠等（2006）研究表明，野生荞麦不论在低光照强度下，还是高光照强度下，特别是在高光照条件下，具有较高的光合速率。杨武德等（2002）研究表明，光合产物分配的多少决定着花序结实率的高低，而光合产物与光强有关。在刘云的研究中指出，光照充足的情况下植株的生长要明显强于弱光照下的植株，随着光照的减弱，植株的茎变得脆而长，易折断，支持力下降，生命周期变短。在弱光环境下，植株有较大的单叶面积、主茎长、主茎节间长和叶柄长，这些变化都有利于金荞麦植株处于优越的光环境下。其研究还发现，金荞麦植株在生长早期较生长晚期有更大的形态可塑性。通过不同的遮阴处理，发现遮阴对金荞麦植株的生理特性有明显的影响。

光照时间与强度、光质对荞麦品质均有影响。Sun Lim（2002）研究表明，长日照条件下生长的甜荞芦丁平均含量是短日照下的2倍，长日照能诱导荞麦芦丁含量的增长。Shin等（2010）通过双向凝胶电泳法研究分析了不同光照条件下甜荞与苦荞的子叶与茎中的蛋白质组分，结果发现在光照条件下栽培的甜荞，其子叶中含有25个蛋白质点，茎中含有27个蛋白质点，而在无光照条件下栽培的甜荞，其子叶中含有27个蛋白质点，茎中只有11个蛋白质点。苦荞在光照条件下子叶中含有23个蛋白质点，茎中含有29个蛋白质点，而在无光照条件下子叶中含有28个蛋白质点，茎中含有15个蛋白质点。仅从蛋白质点数而言，光照条件下栽培荞麦比无光条件下更好。在李海平（2009）的试验中，适当提高温度和光照有利于苦荞幼苗黄酮的积累，这是由于在较高的温度和光照条件下，光合产物增加，为植物次生代谢奠定了更好的物质基础。刘云（2006）的实验表明，在0L（无遮阴）、1L（一层遮阳网遮阴）、2L（二层遮阳网遮阴）、3L（三层遮阳网遮阴）四种遮阴处理下，金荞麦植株叶片中可溶性蛋白和脯氨酸在3L下含量最高，叶绿素在1L处理下含量最高，而可溶性糖在三种遮阴处理下的含量均低于光照。可见，适当遮阴不仅有利于金荞麦的营养和生殖生长，而且也有利于植株叶片内可溶性蛋白、脯氨酸和叶绿素等的积累。李海平等（2009）研究表明，在苦荞的生产栽培中，为了提高荞麦芽菜产量与品质，光照强度应控制在1 000～3 000 lx，光照不宜过强。短波长的蓝光和紫光，特别是紫外线（UV）对植物伸长具有强烈的抑制作用，其原因是强光降低吲哚乙酸（IAA）的合成水平。Ohsawa和Tsutsumi（1995）研究表明，初夏播种的荞麦芦丁含量比夏末播种的高，这是由于在试验的过程中，不同的太阳辐射水平造成的结果。

Gaberscik等（2002）的试验发现增强UV-B辐射提高了荞麦芦丁含量。Samoa等研究表明，环境中的UV-B辐射相比于减少UV-B辐射更能刺激荞麦中芦丁的积累，而且这种效果在荞麦叶中更加明显。但增加UV-B辐射却阻碍了荞麦中芦丁的积累，目前尚不清楚这是直接影响还是间接影响植物的非特异性损伤。Zivko S. Jovanovic等（2006）研究短期UV-B辐射对荞麦叶和幼苗的影响中发现，随着辐射强度的提高，总黄酮含量增加，叶绿素含量下降，DNA酶消化率下降。叶片中抗坏血酸氧化酶的活性增加，SOD无明显变化，CAT活性降低；幼苗与之相反，只有CAT活性升高。Marjana Regvar等（2012）研究表明，增强UV-B辐射能影响类黄酮的代谢。

四、养分

荞麦对养分的要求，一般以吸收磷、钾较多，施用磷、钾对提高荞麦产量有较为显著的效果。在一定施用范围内，荞麦株高、产量与施氮量呈正相关，但氮肥施用过多容易引起倒伏。荞麦可以生长在各种土壤中，包括不适于其他禾谷类作物生长的瘠薄、带酸性或新垦地都可以种植，其中以排水良好的沙质壤土为最适合。酸性较重的土壤应施入石灰，碱性较重的土壤需改良。土壤要防止积水，否则会影响荞麦正常生长，主要表现在植株矮小，产量低等。

第四节　荞麦营养成分积累特性研究

一、黄酮类成分在荞麦中的分布及积累

荞麦中含有其他农作物所不具有的黄酮类成分。黄酮是荞麦次生代谢产物，其含量与荞麦品种、生境密切相关。其中，苦荞中黄酮含量高于甜荞（约 10～100 倍）。比较多个栽培品种（米荞 1 号、黑丰 1 号、云南旱苦、苦刺荞、晋荞 4 号、川渝 3 号）的荞麦总黄酮含量，米荞 1 号总黄酮含量最高，黑丰 1 号、云南旱苦、苦刺荞、晋荞 4 号次之，川渝 3 号总黄酮含量最低（图 2-12）。说明荞麦中黄酮积累与其遗传因素密切相关。

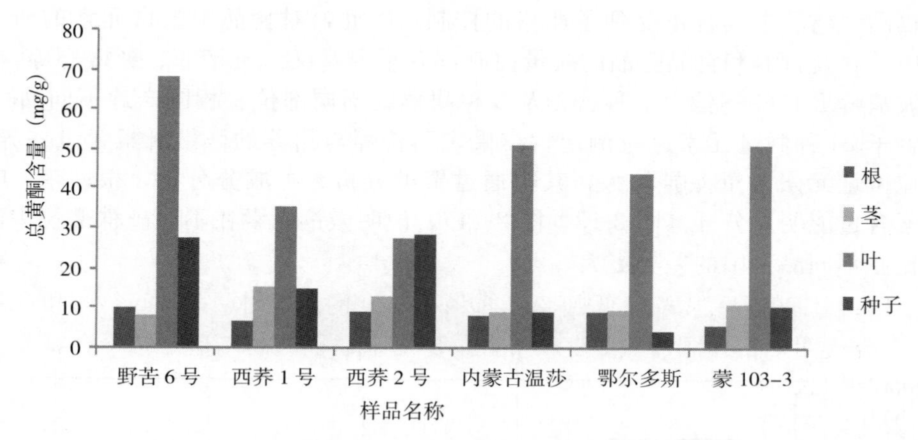

图 2-12　不同荞麦品种及植株不同部位总黄酮含量

黄酮在荞麦不同部位中的积累也具有显著差异。比较各个栽培品种荞麦的根、茎、叶、种子中总黄酮的含量，除西荞 2 号外，荞麦叶中的总黄酮含量均远高于根、茎和种子；比较这 6 个品种叶中的总黄酮含量，野苦 6 号含量最高，西荞 2 号含量最低。

荞麦在发芽过程前期，黄酮含量逐渐提升，到一定时间后趋于平缓。对不同发芽时间的苦荞芽中黄酮含量测定结果发现，苦荞发芽 7d 内黄酮含量随时间的推移而增加，到了第八天以后，黄酮含量已无明显增加。第七天，苦荞芽中黄酮含量为 4.76%。Zhao 等（2012）对苦荞发芽过程中芦丁、槲皮素测定结果表明，苦荞发芽 9d，芦丁、槲皮素总量最高。通过添加外源酵母多糖刺激苦荞芽生长，能提高苦荞芽中黄酮类成分积累。Kim 等（2011）通过茉莉酸甲酯等处理，苦荞中黄酮含量也有显著提高。

花青素的积累方面，苦荞发芽过程中花青素含量随着发芽时间增加逐渐升高，4d 后达到最大值，随后下降。Tsurunaga 等（2013）研究表明光照条件下苦荞芽花青素含量远高于黑暗条件下的苦荞芽。不同波长条件对荞麦芽中花青素的积累也有重要影响，其中在紫外线照射下（UV-B>300 nm）其花青素含量大大提高。说明光照是苦荞芽花青素积累的重要影响因素。

二、微量元素在荞麦中的分布与积累

常量和微量元素在人体中具有重要作用。常量元素在机体中维持细胞内外渗透压的平衡，调节体液 pH，维持神经和细胞膜的生物兴奋性，形成骨骼支撑组织，传递信息及酶活性等。微量元素能在各种酶系统中起催化作用，以激素或维生素的必需成分或辅助因子而发挥作用，虽然机体需要量少，但作用巨大。人体必需的微量元素有：Fe、Cu、Zn、Mn、Cr、Mo、B、V、Ni、Sn、F、I、Se、Si 等。人体对微量元素有一定的摄入量，当元素含量超过人体所能耐受的限度或低于人体正常需要时就会生病。如碘缺乏病、锌缺乏病、地方性氟病等。As、Cd、Pb 等元素作为可能必需或者有生物活性的微量元素，极低量的 As 可影响代谢或遗传重要分子的甲基化，而过量则会产生毒性，在食品、药品中其含量受到了严格的控制。因此，对食品中微量元素的研究，对人体健康、膳食营养和食品药品的质量控制都有重要意义。黄艳菲、彭镰心等（2013）采用微波消解 ICP-OES 法对 3 种苦荞及 3 种甜荞的不同部位、相同产地不同品种的 16 个荞麦种子 24 种微量元素进行测定，结果表明苦荞与甜荞的微量元素含量差异不大，不同部位微量元素含量差异较大，其中通过聚类分析、主成分分析，根、茎、叶中的微量元素含量能明显分开（图 2-13、图 2-14），说明微量元素在不同植株部位中的积累的差异比在不同品种中的差异更大。

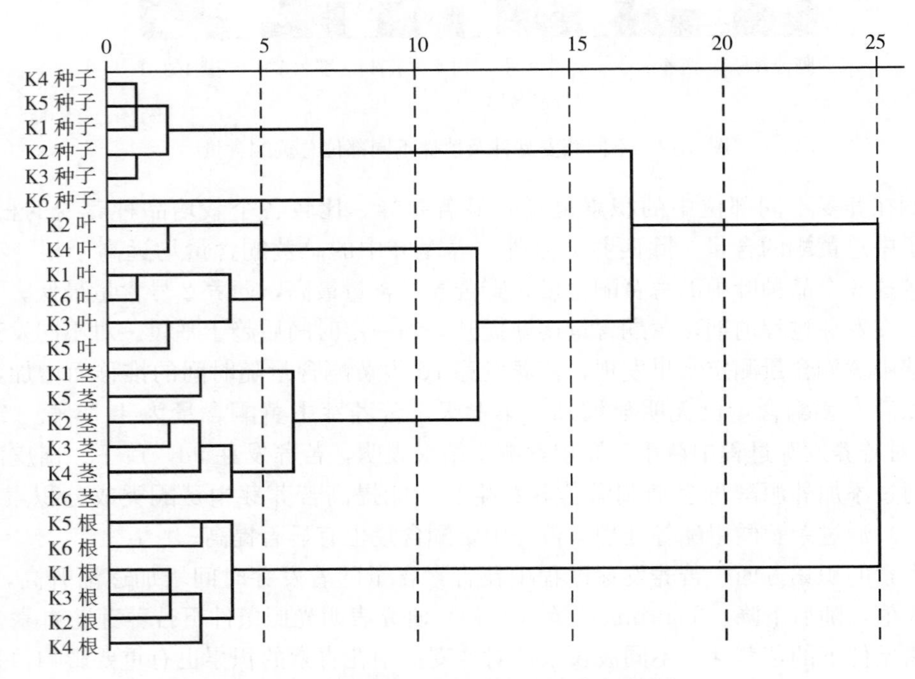

图 2-13　荞麦不同部位微量元素聚类分析

（K1～K3 为苦荞；K4～K6 为甜荞）

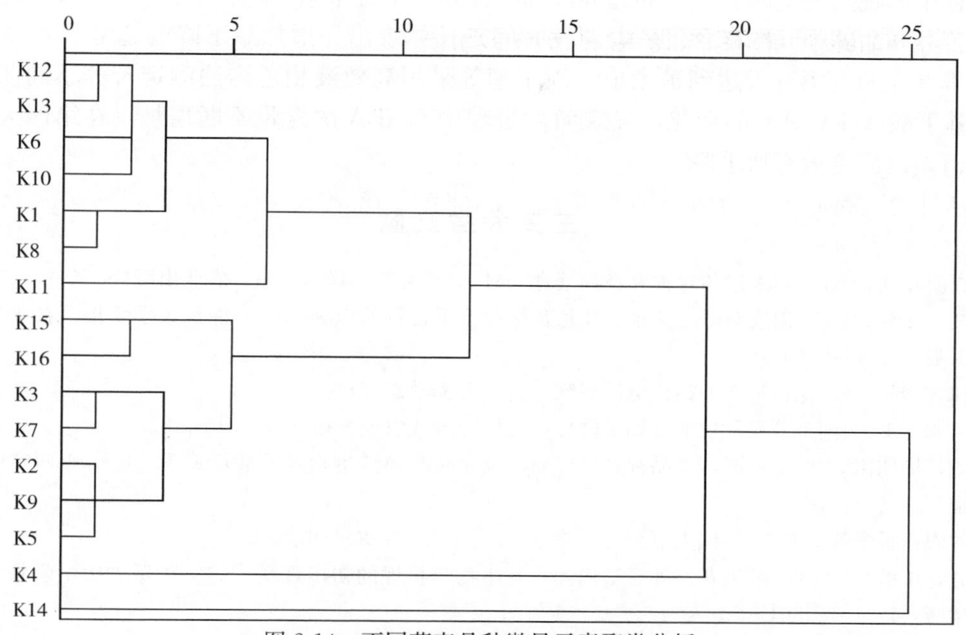

图 2-14　不同荞麦品种微量元素聚类分析

（K1～K11 为苦荞；K12～K16 为甜荞）

三、其他成分的积累规律

朱友春等对不同生育期苦荞中粗蛋白、脂肪和粗纤维的含量进行测定，结果表明粗蛋白、脂肪和粗纤维在整个生长发育期呈先增后降的抛物线变化趋势，即营养生长阶段增加，其中粗蛋白、脂肪在盛花期最高，粗纤维在孕蕾期最高，成熟期三种营养物质含量最低。除脂肪外，粗蛋白、粗纤维不同时期含量差异较大，品种间差异显著。彭镰心等（2013）对不同品种苦荞、苦荞不同部位中的大黄素进行了测定，结果表明不同品种苦荞中大黄素含量差异显著；在不同植株部位中，苦荞麸皮中大黄素含量最高，根中未能检测到大黄素的存在。

目前对荞麦萌发过程中营养成分的分布于积累规律研究较为深入。周小理等（2009）对荞麦萌发过程中氨基酸的变化进行研究，结果表明总蛋白含量在萌发过程中逐步下降，萌发 7d 后苦荞与甜荞分别下降 30.90%和 35.42%，而 17 种氨基酸总量分别增加了 4.20%和 7.89%。Jong-Soonchoi 等（2010）研究甜荞芽与苦荞芽中游离氨基酸的分布，发现苦荞芽中必需氨基酸含量高于甜荞（分别为 72%和 51.2%），荞麦的根、茎中谷氨酰胺的含量分别为 30%～37%和 40%～42%。甜荞与苦荞的根、茎、叶三个器官中氨基酸分布最大的不同是络氨酸分布的差异。荞麦萌发期内，脂肪酸组分的含量比例随萌发时间发生较大变化，油酸和亚油酸分别呈下降与上升趋势，表现出两者之间的消长关系。甜荞中维生素 C 含量随萌发时间的增加而增加，萌发 7d 后达到最高，含量增加了 8 倍多。苦荞中维生素 C 含量先下降后上升，7d 后增加了约 4 倍。苦荞和甜荞的维生素 B_1 含量在萌发过程中体现出先下降后上升的趋势，其中苦荞芽中维生素 B_1 含量在各个阶段均比甜荞高。苦荞和甜荞中叶绿素含量随着萌发时间延长体现出先增加后下降的趋势，叶绿素 a、叶绿素 b 在萌发第五天达到最大值。周小理等采用高效液相色谱法测定苦荞不同萌发期 γ-氨基丁酸（GABA）的变化，发现萌发过程中 GABA 的含量不断增加，在第四天达到最大值，以后含量有所下降。

主要参考文献

阿列克谢叶娃 . 1987. 荞麦遗传育种和良种繁育［M］. 李克来，译 . 北京：农业出版社 .

陈进红，文平 . 2005. 温度对荞麦芽菜、叶片及籽粒芦丁含量的影响［J］. 浙江大学学报：农业与生命技术版，31（1）：59-61.

符献琼 . 1989. 荞麦花粉形态的扫描电镜观察［J］. 荞麦动态（1）：34-35.

高清兰 . 2011. 大同市荞麦种植的气候条件分析［J］. 现代农业科技（6）：315-318.

郝晓玲，毕如田 . 1992. 不同荞麦品种光反应差异及光时与植株生物量的数量关系［J］. 山西农业大学学报，12（1）：1-3.

吉林省农业科学院 . 1987. 中国大豆育种与栽培［M］. 北京：农业出版社 .

蒋俊方，王敏浩 . 1986. 荞麦花器外形结构和开花生物学特性的初步观察［J］. 内蒙古大学学报：自然科学版，17（3）：501-511.

李海平，李灵芝，任彩文，等 . 2009. 温度、光照对苦荞麦种子萌发、幼苗产量及品质的影响［J］. 西南师范大学学报：自然科学版，34（5）：158-161.

李淑久，张惠珍，袁庆军，等 . 1992. 四种荞麦营养器官的形态学与解剖学比较研究［J］. 贵州农业科学（5）：10-14.

李淑久，张惠珍，袁庆军，等 . 1992. 四种荞麦生殖器官的形态学研究［J］. 贵州农业科学（6）：32-36.

林汝法 . 1994. 中国荞麦［M］. 北京：中国农业出版社 .

林汝法 . 2013. 苦荞举要［M］. 北京：中国农业科学技术出版社 .

刘云 . 2006. 不同条件下金荞麦形态可塑性、生理反应及生物量分配［D］. 重庆：西南大学 .

慕勤国 . 1994. 苦荞麦营养器官的解剖学研究［J］. 西北植物学报，14（6）：138-140.

田学军，陶宏征 . 2008. 高温胁迫对荞麦生理特征的影响［J］. 安徽农业科学，36（31）：13519-13520.

夏明忠，华劲松，戴红燕，等 . 2006. 光照、温度和水分对野生荞麦光合速率的影响［J］. 西昌学院学报：自然科学版，20（2）：1-6.

杨武德，郝晓玲，杨玉 . 2002. 荞麦光合产物分配规律及其与结实率关系的研究［J］. 中国农业科学，35（8）：934-938.

尤莉，王国勤 . 2002. 内蒙古荞麦生长的优势气候条件［J］. 内蒙古气象，3：27-29.

游亚丽 . 2012. 金荞麦和荞麦的生物学特征比较研究［D］. 合肥：安徽师范大学 .

赵钢 . 2010. 荞麦加工与产品开发新技术［M］. 北京：科学出版社 .

赵钢，陕方 . 2009. 中国苦荞［M］. 北京：科学出版社 .

赵钢，唐宇 . 1990. 苦荞开花习性和受精率的初步研究［J］. 荞麦动态（1）：7-11.

赵钢，邹亮 . 2012. 荞麦的营养与功能［M］. 北京：科学出版社 .

赵琳，周小理，周一鸣，等 . 2012. 高效液相色谱法测定苦荞及其萌发物中 γ-氨基丁酸的含量［J］. 食品工业，33（6）：124-126.

赵佐成，周明德，罗定泽，等 . 2000. 中国荞麦属果实形态特征［J］. 植物分类学报，38（5）：486-489.

周乃健，郝晓玲，王建平 . 1997. 光时和温度对荞麦生长发育的影响［J］. 山西农业科学，25（1）：

19-23.

周小理，宋鑫莉．2009. 苦荞萌发期抗氧化活性变化规律的研究［J］．食品工业，5：9-11.

周宗泽，赵佐成，汪旭莹，等．2003. 中国荞麦属花粉形态及花被片和果实微形态特征的研究［J］．植物分类学报，41（1）：63-78.

朱友春，田世龙，王东晖，等．2010. 不同生育期苦荞黄酮含量与营养成分变化研究［J］．甘肃农业科技（6）：24-27.

Gaberscik A，Voncina M，Trost T，et al. 2002. Growth and production of buckwheat（*Fagopyrum esculentum*）treated with reduced，ambient，and enhanced UV-B radiation［J］. J Photochem Photobiol Biol，66：30-36.

Huang Y F，Peng L X，Liu Y，et al. 2013. Evaluation of essential and toxic element concentrations in different parts of buckwheat［J］. Czech Journal of Food Science，31：249-255.

Jongsoon C，Sangoh K，Juhyun N，et al. 2010. Different distribution and utilization of free amino acids in two buckwheats：*Fagopyrum esculentum* and *Fagopyrum tataricum*. Processing of the 11 th International Symposium on Buckwheat［J］. Orel，259-262.

Kim H J，Park K J，Lim J H. 2011. Metabolomic analysis of phenolic compounds in buckwheat（*Fagopyrum esculentum* M.）sprouts treated with methyl jasmonate［J］. J Agric Food Chem，59：5707-5713.

Kreft S，Strukelj B，Gaberscik A，et al. 2002. Rutin in buckwheat herbs grown at different UV-B radiation level：comparison of two UV spectrophotometric and an HPLC method［J］. J Exp Bot，53：1801-1804.

Marjana R，Urska B，Matevz L，et al. 2012. UV-B radiation affects flavonoids and fungal colonisation in *Fagopyrum esculentum* and *F. tataricum*［J］. Central European Journal of Biology，7（2）：275-283.

Ohsawa R，Tsutsumi T. 1995. Inter-varietal variations of rutin content in common buckwheat flour（*Fagopyrum esculentum* Moench）［J］. Euphytica，86：183-189.

Peng L X，Wang J B，Hu L X，et al. 2013. Rapid and simple method for the determination of emodin in tartary buckwheat（*Fagopyrum tataricum*）by high-performance liquid chromatography coupled to a diode array detector［J］. J Agric Food Chem，61：854-857.

Samo Kreft，Borut Strukelj，Alenka Gaberscik，et al. 2002. Rutin in buckwheat herbs grown at different UV-B radiation levels：comparison of two UV spectrophotometric and an HPLC method［J］. Journal of Experimental Botany，53（375）：1801-1804.

Shin D H，Kamal H M，Suzuki T，et al. 2010. Functional proteome analysis of buckwheat leaf and stem cultured in light and dark condition［J］. Proceedings of the 11th International Symposium on Buckwheat，Orel，253-258.

Sun L. K，Han B. L. 2002. Effect of light source on organic acid，sugar and flavonoid concentration in Buckwheat［J］. J. Crop Sci，163（3）：417-423.

Tsurunaga Y，TakahashiT，Katsube T，et al. Effects of UV-B irradiation on the levels of anthocyanin，rutin and radical scavenging activity of buckwheat sprouts. Food Chem. 2013，141，（1），552-556.

Zhao G，Zhao J L，Peng L X，et al. 2012. Effects of Yeast Polysaccharide on Growth and Flavonoid Accumulation in *Fagopyrum tataricum* Sprout Cultures［J］. Molecules，17：11335-11345.

Zivko S，Jovanovic，Jelena D，et al. 2006. Antioxidative Enzymes in the Response of Buckwheat（*Fagopyrum esculentum* Moench）to Uitraviolet B Radiation［J］. Agricultural and Food Chemistry，54：9472-9478.

第三章

荞麦的起源进化与分布

荞麦的起源、进化与分类是当今世界荞麦研究领域最活跃的内容之一，特别是中国和日本的荞麦专家对中国四川、云南、西藏和贵州的野生荞麦资源进行了系统的调查和研究，分析了中国荞麦资源的分布、原生境和系统演化史。众多学者利用形态学、生殖生物学、同工酶、cpDNA、rDNA、rbcL、accD和ITS技术对其系统起源、进化和分类进行了详细研究（Steward，1930；Ohnishi and Matsuoka，1996；Sharma and Jana，2002；Suvorova et al.，1999；Ohsako and Ohnishi，2000；Ohnishi and Yasui，1998；Ohnishi，1998）。王莉花等（2004）以荞麦近缘野生种原生地搜集的材料为研究对象，采用RAPD分子生物学技术，就荞麦属种间遗传多样性和亲缘关系进行了研究，阐述了云南荞麦各种间的亲缘关系。王安虎等（2008）以荞麦近缘野生种和栽培荞麦为研究材料，利用ITS和trnH-psbA序列分析，对栽培苦荞的起源及其近缘种的系统发育关系进行了研究。本章就荞麦的起源、进化、分类和分布等相关内容进行阐述。

第一节　荞麦起源、进化与传播

一、荞麦起源学说

关于荞麦的起源中心，不同的学者有不同的观点，不同研究阶段的研究结果也不一致，长期以来，荞麦的起源是荞麦界讨论最为活跃的领域之一。

荞麦起源地的最早学说是由瑞士的植物分类学家康德尔（A. De Candall）（林汝法，1994）提出的。1883年，他出版了《栽培植物的起源》，在该书中，他根据当时所了解的荞麦及其近缘种分布的情况，提出荞麦应起源于西伯利亚（Siberia）或黑龙江流域。

20世纪初，前苏联的瓦维洛夫（林汝法，1994）组织了一支栽培经济植物采集队，在近60个国家里采集了大量的标本和种子，对有的种子还进行了种植观察。通过系统分析，把世界上640种重要栽培植物分为8个起源中心，并认为起源于中国的种类最丰富，共136种，其中就有栽培甜荞和苦荞。

20世纪70年代，堪必尔（C. G. Campbell）（林汝法，1994）在论述荞麦一文中，认为荞麦应起源于温暖的东亚。他同意科罗托夫（林汝法，1994）的观点，并认为金荞麦是荞麦和苦荞的原始亲本，而金荞麦就起源于中国和印度北部。

日本学者星川清亲（林汝法，1994）似乎赞成早期康德尔的看法。他在《栽培植物的起源与传播》中写道：“荞麦的原产地是从亚洲东北部、贝加尔湖附近到中国的东北地区”，“经西伯利亚、俄国南部或土耳其传入欧洲”。前苏联的费先科（林汝法，1994）认为，荞麦的原生地是印度的北部山地。

中国多数学者主张荞麦起源于中国，但具体的观点不一。丁颖认为，荞麦起源于我国偏北部及贝加尔湖畔，苦荞起源于我国西南部。胡先骕（林汝法，1994）认为，荞麦原产于亚洲中部或北部，苦荞原产于印度。贾祖璋等（林汝法，1994）认为荞麦原产于东亚。

20世纪80年代以来，我国的农学家、荞麦研究人员通过野外的调查研究，尤其是在对西藏、云南、贵州、四川、湖南等省、自治区的野外调查工作中（林汝法，1994），发现这些地方分布有大量的野生荞麦，有些地方甚至形成群落。据此，对荞麦的起源地提出了一些新的见解。林汝法（1994）提出，荞麦起源于我国是毋庸置疑的，因为：①我国文字记载丰富多彩，荞麦除列为我国古代祭祀品外，在“农书述栽培、医书记疗效、诗文赞美景”屡见不鲜，且年代久远；②野生荞麦类型多种多样，分布地域宽广，有的呈群落分布；③品种资源极为丰富；④语言、口头文学（传说）及生活习性多见。

蒋俊芳等（林汝法，1994）根据大凉山有大量的野生荞麦和该地区的生态环境以及民间传说与习俗等，认为大凉山应该是苦荞的起源地之一。

叶能干等（林汝法，1994）认为，从植物学的观点分析，我国西南部，不但是荞麦属植物的分化和散布中心，也可能是荞麦属的起源地。其根据是：①《东亚蓼族》即中国蓼族。Steward 1903发表的《东亚蓼族》（The Polygoneae of Eastern Asia）一文是蓼族分类的一篇经典著作，这篇名为《东亚蓼族》的文章，是Steward在中国进行了5年的植物学研究工作后，感到中国的蓼族植物很难处理，在E. D. Merrill的建议下写就的，所以东亚蓼族其实是中国蓼族。②东亚荞麦组有10个种，其实可能只有9个种，云南省都有。Steward广义的蓼族（Polygonum），把*Fagopyrum*作为蓼族的一个组（Section），荞麦组（*Fagopyrum* Section）中记有10个种，其中*P. suffruticosum*这个种他没有见过，也没有人证实过，原以为这个种分布于库页岛，而日本学者Migabe and Miyake（林汝法等，1994）编的库页岛植物志中，就把*P. suffruticosum*当作苦荞的异名，所以，这个种是否存在还值得商榷。因此，东亚蓼族荞麦组有10个种，其实可能只有9个种。③在全世界荞麦属的10余个种中，我国云南省至少占有2/3。④西南地区荞麦属野生荞麦种的数目多，分布广，还形成群落。早在1957年，Nakao. S. 根据Steward（林汝法，1994）的工作，就曾经指出，中国南部是荞麦的分化中心。而我国云南、西藏、贵州西北部、四川大凉山以及湘西的荞麦属野生荞麦种类不但数目多，分布也广，有些还形成小群落。

赵佐成等（2002）认为，金沙江流域是遗传多样性中心地区。该遗传多样性丰富的地区有：金荞麦生长地云南省中甸、宁蒗县，线叶野荞麦生长地云南省鹤庆、中甸、宾川县，荞麦生长地云南省江川县和四川省南江县，苦荞麦生长地云南省嵩明、中甸县和四川省越西、木里县，小野荞麦生长地云南省巧家、元谋、中甸县，疏穗小野荞麦生长地四川省宁南县和云南省永胜、巧家县，细柄野荞麦生长地云南省宁蒗、江川、富民县和四川省昭觉县，抽葶野荞麦生长地云南省个旧市、通海县、蒙自县，硬枝野荞麦生长地云南省宾川县、富民县、昆明市和四川省布拖县。苦荞麦和野生荞麦遗传多样性丰富的这些县，如中甸、鹤庆、宾川、宁蒗、永胜、元谋、巧家、木里、宁南，皆位于云南和四川省毗邻的金沙江流域；苦荞麦及野生荞麦遗传多样性丰富的种，如金荞麦、线叶野荞麦、苦荞麦、小野荞麦、疏穗小野荞麦、细柄野荞麦、硬枝野荞麦，亦生长在金沙江流域。

金荞麦和苦荞麦多生长在金沙江上游气候冷凉的高海拔地方；线叶野荞麦、小野荞麦多生长在金沙江上游河谷地带；疏穗小野荞麦多生长于金沙江中游河谷地带；细柄野荞麦多生长于金沙江流域两岸的农地、山坡路边；硬枝野荞麦多生长于金沙江中上游的山地，远离河谷。

金沙江流域汇集了苦荞麦及野生荞麦的绝大多数种类，仅抽葶野荞麦没有分布于该流域。金沙江流域是线叶野荞麦、小野荞麦、疏穗小野荞麦遗传多样性最丰富的地区，是金荞麦、苦荞麦、细柄野荞麦、硬枝野荞麦遗传多样性丰富的地区之一。苦荞麦及野生荞麦在金沙江流域表现出最丰富的物种多样性、生态多样性和遗传多样性。在上游的中甸、木里、宾川、永胜、宁蒗、鹤庆等县表现尤为丰富。因此，金沙江流域是苦荞麦及野生荞麦的分布中心和起源中心。

Koji Tsuji 和 Ohmi Ohnishi（2001）利用 AFLP 技术分析了野生苦荞和栽培苦荞之间的系统发育关系，提出了栽培苦荞的地理起源。所用的研究材料为从 7 个原产地搜集的 7 个栽培苦荞，从 21 个自然群体中搜集的 35 个野生苦荞，这些野生苦荞材料来自于巴基斯坦北部，西藏中部和东部，云南西北部和四川北部、中部及南部，几乎覆盖了该种所有的分布地区（图 3-1）。

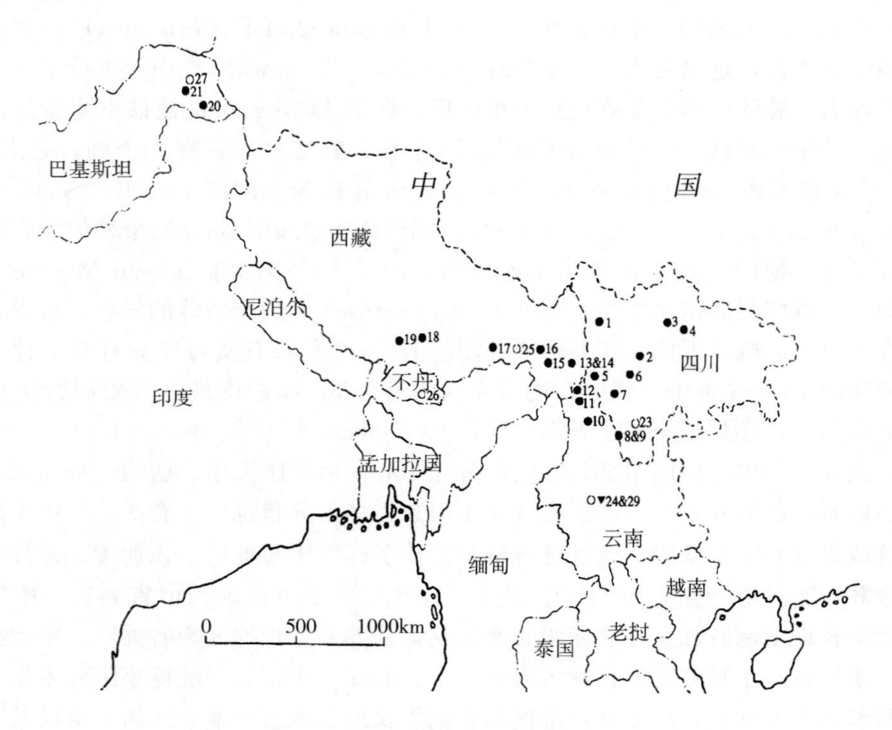

图 3-1　栽培苦荞和野生苦荞的采集点

注：○ 栽培荞麦　●野生苦荞　▼金荞麦

Koji Tsuji 和 Ohmi Ohnishi（2001）报道，在栽培苦荞中检测出 86 条 RFLP 带，在野生苦荞中检测出 116 条 RFLP 带，除 AAGG-CTG 引物外，每个引物检测出 10 条带以上。Koji Tsuji 和 Ohnishi（2001）的研究还表明，在野生苦荞的分布区域内，云南省西北部野生苦荞个体的多态性值最高，为 0.012；而西藏中部和巴基斯坦北部野生苦荞个体的多态性值最低，为0.001；四川北部野生苦荞个体的多态性值为0.005，四川中部与南部野生苦荞个体的多态性0.008；西藏东部野生苦荞个体的多态性值为0.009，即不同区域内野生苦荞个体的多态性值大小顺序为：云南西北部（0.012）＞西藏东部（0.009）＞四川中部与南部（0.008）＞四川北部（0.005）＞西藏中部和巴基斯坦北部（0.001），其中多态性最大值是最小值的12倍。Koji Tsuji和Ohmi Ohnishi（2001）对野生苦荞和栽培苦荞的聚类结果如图3-2。

栽培苦荞的遗传变异性很低，或者无法检测出。Koji Tsuji和Ohmi Ohnishi（2001）的研究也表明栽培苦荞的多态性值很低，为0.001。Koji Tsuji和Ohmi Ohnishi（2001）报道了同工酶位点的研究结果也是单一的；Koji Tsuji和Ohmi Ohnishi（2001）还报道了利用RAPD技术分析栽培荞麦的多态性，149条带中只有24条具有多态性，多态性率为16.1%，多态性值较低。虽然栽培苦荞是完全自花授粉作物，但是，同样是自花授粉作物，野生荞麦显示出了比栽培苦荞较高的多态性值（0.005 in *lens culinaris*，0.008 in *Glycine max*）。因此，Koji Tsuji和Ohmi Ohnishi（2001）认为多态性值高低实际是野生荞麦存在时间长短的标志，云南西北部野生苦荞个体的多态性值高，表明其存在的时间很长，演化历时长，栽培苦荞由野生苦荞演变而来，其存在的时间较短，群体中个体的多态性值较低。

关于栽培苦荞的地理起源，Tsuji和Ohnishi（2001）利用RAPD技术分析表明：与栽培苦荞遗传关系最近的是西藏中部和巴基斯坦北部的野生苦荞，但他们认为栽培苦荞的起源地既不是西藏中部，也不是巴基斯坦北部。主要原因：一是藏族是游牧民族，文献材料中也没有报道过西藏中部和藏民在很早就有农业活动（Koji Tsuji和Ohmi Ohnishi，2001）。实际上，Zeven和Zhukivsky在1975年就报道了在很早以前西藏中部没有栽培作物起源。二是Koji Tsuji和Ohmi Ohnishi（2001）认为AFLP技术能够比RAPD技术提供更详实稳定的信息，且RAPD技术不能够分析出野生荞麦的地理分布情况。因此，根据野生苦荞的不同地区多态性值大小及相关资料论述，Koji Tsuji和Ohmi Ohnishi（2001）认为西藏、云南和四川交界处是栽培苦荞的起源中心，该中心即云南西北部、西藏东部和四川中部与南部的连接片区。

从Koji Tsuji和Ohmi Ohnishi（2001）的NJ进化树（图3-2）可见，所有用于研究的野生苦荞聚为3个主要地区分布组，第一组包括所有的栽培苦荞和来自于巴基斯坦北部、西藏中部与东部及云南省西北部的野生苦荞；第二组包括了四川中部与南部及云南西北部的野生苦荞；第三组包括了西藏东部和四川北部的野生苦荞。从图3-2可看出野生苦荞聚成的3个地区分布组中，云南西北部、西藏中部与东部和四川北部、中部与南部连成一片，形成了世界野生苦荞的集中分布带或分布区域。在野生苦荞的该分布区域内，云南西北部野生苦荞的多态性值为0.012，最高，西藏东部为0.009，四川中部与南部为0.008，分别为第二和第三，相对较低。因此，根据前苏联瓦维洛夫作物起源中心学说理论（潘加驹，1994），云南西北部可能是栽培苦荞的初生起源中心，西藏东部和四川中部与南部（包括野生荞麦种类较多的阿坝藏族羌族自治州、凉山彝族自治州和攀枝花地区）可能是次生起源中心，云南野生荞麦主要集中于滇西和滇中两个分布中心，两个中心的野生荞麦种类多，且滇西也是苦荞麦主产区，这两个野生荞麦的主要分布区域也可能是中国荞麦的另一个次生起源中心。

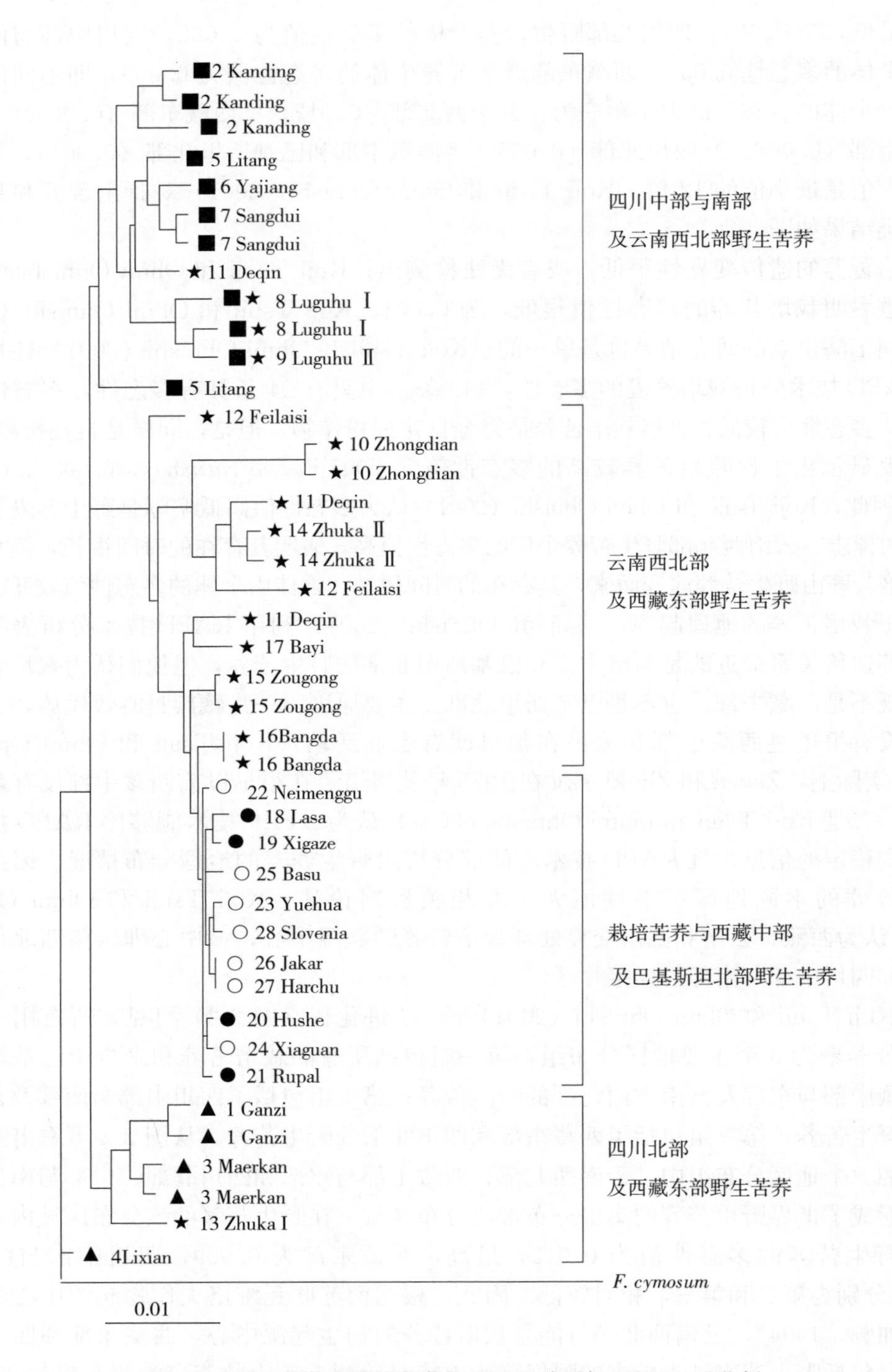

图 3-2 野生苦荞和栽培苦荞的 AFLP 分子标记的 NJ 进化树

注：○ 栽培荞麦 ▲ 四川北部野生苦荞 ■四川中南部野生苦荞

●西藏中部和巴基斯坦北部野生苦荞 ★ 云南西北部和西藏东部野生苦荞

二、荞麦进化学说

中国荞麦资源极其丰富，主要类型有两类：一类是荞麦栽培种的甜荞（普通荞麦）和苦荞，另一类是荞麦近缘野生种。随着荞麦科学研究的深入以及对荞麦近缘野生种资源的深入调查，荞麦近缘野生种的种类不断被发现，目前已命名的有23个种、3个变种和2个亚种，这些种、变种和亚种在中国主要分布于云南、四川、贵州和西藏等省、自治区。

荞麦近缘野生种与栽培种的起源和演化关系，一般都认为是栽培甜荞和苦荞是由金荞麦演变而来的。金荞麦与栽培荞麦之间的关系值得探讨。金荞麦和甜荞之间的确有一些相似的特征，如花梗有关节、花柱异长、自交不育、瘦果具锐棱、突出于宿存花被的1/2以上、幼苗子叶的形状比较相似等。这说明两者之间有一定的关系，但就金荞麦是否就是甜荞的直接祖先，尚不能确定。据西昌学院野生荞麦资源课题组的研究，栽培甜荞与金荞麦的差异较大，如金荞麦最突出的特点是，在籽粒萌发出苗时，胚轴生长较慢、极短，子叶叶柄较长，而栽培甜荞的胚轴生长较快、较长，子叶叶柄短；金荞麦的子叶近扁圆形，栽培甜荞的子叶近肾形，金荞麦有膨大的地下茎，而栽培甜荞无。栽培苦荞较突出的特点是花被淡黄绿色，瘦果表面有沟，棱较钝，而且花柱等长，为自花授粉植物，与金荞麦的差异也很大。

朱凤绥等（林汝法，1994）对甜荞、苦荞和金荞麦的染色体组型和Giemsa带型进行了一些分析，赵钢等（林汝法，1994）做过甜荞、苦荞和金荞麦同工酶方面的研究，除了说明它们是同属植物外，尚难明确地说明它们之间的亲缘关系。

荞麦属植物的演化，学者的看法也不一致。Campbell（林汝法，1994）认为，苦荞的进化程度较低，是自交亲和的，向着自交的方向发展；而甜荞和金荞麦则是自交不亲和系统。Ohnishi（林汝法，1994）则认为，荞麦属可能是花柱异长的属，花柱等长的种类可能是由于花柱异长的消失，同时发生自花可育的机理，就是说从异花授粉向自花授粉的方向发展。叶能干等（林汝法，1994）认为，荞麦属的祖先一开始就沿着两个方向发展，一是在适应于环境条件较好的情况下，由于昆虫活动频繁，花的结构发生变化，花柱异长，花色鲜明（白色或淡红），吸引昆虫，保证异花授粉，有利于基因的交流，产生更好的后代，这是甜荞的方向。另一个是适应环境条件较差的情况下，昆虫活动少或没有昆虫活动，花的结构没有发生多大变化，花色不显（黄绿色），雌蕊和雄蕊等长，没有花柱异长的现象，在没有昆虫的环境中，能够自花授粉，这是苦荞的方向，也是自然选择的结果，这同样能够保证其后代的延续。

物种染色体从对称到不对称是进化的一个标志。据对不同类型荞麦染色体观察，发现荞麦染色体比较对称，尤其是多年生野甜荞染色体对称性强，表明是较原始的遗传类型。结合外部形态和内部结构分析，原始类型表现复杂，栽培类型比较单一。王天云（林汝法，1994）提出了从野生荞麦到栽培荞麦的演化关系（图3-3）。认为栽培甜荞和栽培苦荞是由多年生野荞演变成一年生野荞，再由一年生野荞演变而来。

王英杰等（2005）认为，在荞麦的驯化过程中，从落粒转化为非落粒可能经历了3次突变（$Sh_1Sh_1 \rightarrow Sh_1Sh_1$，$Sh_2Sh_2 \rightarrow Sh_2Sh_2$，$Sh_3Sh_3 \rightarrow Sh_3Sh_3$），才使 *F. escullentum* 拥有现

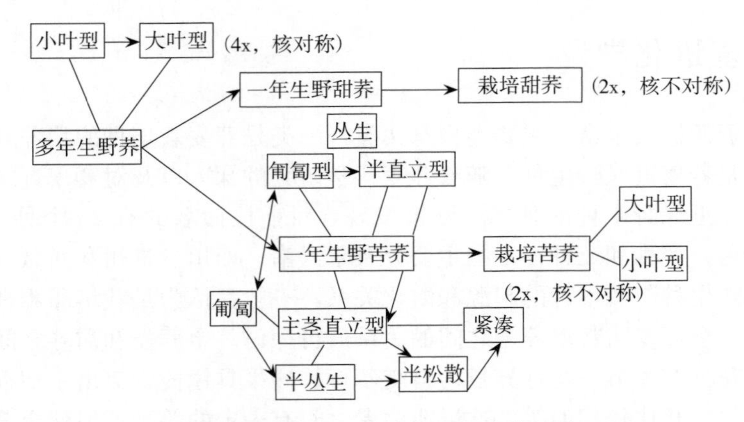

图 3-3 野生荞麦到栽培荞麦的演化关系

在所有的基因型。第一次突变并且固定为一个位点的纯合隐性可能发生在 5 000 年以前，即 *F. esculentum* ssp. *ancestrale* 驯化为栽培种的时期，而第二次、第三次突变则可能发生在荞麦驯化为栽培种之后。

周忠泽等（2003）认为，在花被片的个体发育过程中，组成花被片原基的原始细胞经过分裂生长分化形成花被片，位于花被片基部的细胞是后期发育形成的，细胞较少分化，细胞为长方形，仅角质层分化为各种条纹；位于花被片中上部的细胞是早期发育形成的，细胞形态和结构都分化较大，不仅角质层分化有各种条纹，细胞进一步收缩、缩短而形成圆形；细胞壁向外突起形成乳凸。对果实的表皮观察表明，荞麦的果实纹饰可分为三类，类型Ⅰ：表皮具条状纹饰；类型Ⅱ：表皮具瘤状颗粒，瘤状颗粒间具稀疏条纹；类型Ⅲ：表皮具网状皱纹或网状条纹。因为在果实的个体发育过程中，位于果实基部的表皮细胞是后期发育形成的，细胞较少分化，表面光滑或具浅的条纹，应为较原始的性状；位于果实上部的细胞是早期发育形成的，细胞形态分化较大，形成瘤状至网状纹饰，应为较进化的性状。因此，荞麦果实三种类型形态特征的进化趋势应为条纹→瘤状颗粒→网纹。

由于荞麦属植物为虫媒植物，其花粉的沟膜具颗粒，有助于更好地适应虫媒传粉。因此，花粉具沟膜者应为进化类型，花粉不具沟膜者应为原始类型。周忠泽等（2003）从花器官的花粉、花被片及果实三个方面对荞麦属 10 个种和 1 个变种之间的亲缘关系进行分析，结果表明：疏穗野荞麦、岩野荞麦和线叶野荞麦的花粉不具沟膜，花被片腹面表皮细胞具强烈隆起的脊或不明显的乳头状凸起，果实表面纹饰为条纹状，因此它们的亲缘关系可能较近，而且可能是荞麦属中原始的类群。小野荞麦和疏穗小野荞麦的花粉不具沟膜，花被片腹面表皮细胞具乳头状的凸起，果实纹饰为瘤状，可能是荞麦属中由原始向进化类型过渡的类群。金荞麦、荞麦和苦荞麦的花粉具沟膜，花被片腹面表皮细胞具乳头状凸起，果实纹饰为网纹状，因此它们的亲缘关系可能较近，可能是荞麦属中较进化的类群。

抽葶野荞麦、硬枝万年荞及细柄野荞麦在花粉、花被片及果实三方面的微形态特征的进化趋势方面彼此不完全一致，它们与其他种的关系尚不清楚。

赵佐成等（2002）对野生荞麦和栽培荞麦 50 个居群等位酶检测的遗传聚类表明，苦荞、甜荞和细柄野荞麦聚为一组，因此细柄野荞麦、苦荞和甜荞之间存在密切的遗传渊源关系，它可能是与甜荞和苦荞遗传关系最为密切的荞麦近缘野生种。

细柄野荞麦是一个广泛分布种，分布于河南、陕西、甘肃、湖北、四川、云南、贵州（赵佐成等，2002）；生长于山坡、农地、路旁等环境中。其花序总状，极稀疏和间断，瘦果三棱锥状，光滑，具3锐棱，有时沿棱生窄翅。该种生长于云南省西北、四川省西部生态环境较干燥地方的植株茎叶略干瘦，茎、叶上的短糙伏毛明显，而生长于其他区域较湿润环境的植株叶片肥大，茎、叶上的短糙伏毛稀少，有时近光滑。植株茎、叶与苦荞、甜荞类似，花序与苦荞相似，瘦果形态似甜荞，微小。苦荞的瘦果三棱锥状，具3棱及3条纵沟。在苦荞与细柄野荞麦之间有一种荞麦兼有两者的一些特征，从其形态和瘦果特征分析，这种植物是齿翅荞。该种分布于云南省西北部、四川省西部、西藏和山西，显著的特征是瘦果具明显齿翅。四川省凉山彝族自治州民间俗称齿翅荞为刺荞，归为苦荞一类，瘦果食用，民间偶有种植，在栽种的苦荞中，有时亦能发现。细柄野荞麦的瘦果偶有变异，沿棱生窄翅，赵佐成等在四川省凉山彝族自治州野外考察时，曾在细柄野荞麦的同一株果穗上发现了极少数这样的瘦果。细柄野荞麦中这少数瘦果具窄翅的居群可能是连接齿翅荞的纽带。根据遗传特征和植物形态特征，赵佐成等认为细柄野荞麦是苦荞和甜荞亲缘关系最为密切的近缘野生种。细柄野荞麦与苦荞之间的渊源关系可能是细柄野荞麦通过其中瘦果具窄翅的居群与齿翅荞相关联，再由齿翅荞与苦荞相关联。

荞麦、苦荞和金荞麦的关系历来存在争议，Steward（1930）认为普通荞麦比苦荞更接近于金荞麦。赵佐成等（2000）从果实形态分析甜荞、苦荞和金荞麦的关系表明，金荞麦果实的形态与苦荞属于同一类型，而与甜荞差别较大。因此，从果实形态看，苦荞与金荞麦的关系似乎更近。这一结果也得到日本学者 Yasui 和 Ohnishi（1998）分子系统学证据的支持。

栽培荞麦的祖先品种存在较大的争议。主要争议有三种：第一种认为多年生异花型金荞麦是栽培荞麦的祖先，因为金荞麦、甜荞和苦荞在形态学方面关系十分相近（Chen，1999a）。第二种认为金荞麦和甜荞的异花型和有利于发育的蜜腺是荞麦的进化特征，所以最先的异花品种应该是甜荞和苦荞进化来的，但是它的依据未找到（Chen，1999a）。第三种认为金荞麦、甜荞和苦荞的亲缘关系非常远，金荞麦不可能是栽培荞麦的祖先，但野生甜荞可能是栽培荞麦的祖先（Chen，1999a）。

陈庆富（1999a）利用形态学、分类学、生殖生物学、同工酶和染色体分析等研究手段分析了采自贵州、云南、西藏和四川的 *F. esculentum*、*F. tataricum* ssp. *tataricum*、*F. tataricum* ssp. *potanini*、*F. zuogongense* sp. nov、*F. pilus* sp. nov.、*F. megaspartanium* sp. nov、*F. gracilipes* 和 *F. pleioramosum* 等共16个材料，研究结果表明：*F. pilus* sp. nov. 和 *F. megaspartanium* sp. nov. 与栽培荞麦很相似，是栽培荞麦的祖先。

三、荞麦的传播

各国科学家一致认为，中国是东亚地区最早种植荞麦的国家。中国种植荞麦可从《诗经》中查到，在公元前1046—前771年的西周时期，已有荞麦栽培。《神农书》记载，远在公元前5世纪就认为有荞麦栽培。在公元6世纪，后魏贾思勰在《齐民要术》中对荞麦就有详细的记载。南北朝时期，大量的史书、农书、诗文都有众多的荞麦论述，荞麦在中国种植区域宽广。《旧唐书·吐蕃列传》（今新疆维吾尔自治区）、《闽书南产》（今福建省）、《龙沙记略》（今黑龙江）、《闲处光阴》（今甘肃省）、《马首农言》（今山西省）等文史中都有关于荞麦的记述。

1960 年，在甘肃省武威县的东汉墓中出土了东汉时期（公元 25—220 年）的荞麦。1979 年，在陕西省咸阳市的西汉墓中出土了西汉（公元前 206—公元 8 年）晚期的 11 个陶瓮，装满谷子、小米、高粱、青稞和荞麦，证明中国在公元前的一二世纪就栽培和食用荞麦了。

4000 多年前，中国西南地区生活着羌、越、濮三大族群。云南境内的羌人分布于北部，以游牧为生；越人分布于滇南海拔较低的河谷湿热地区，是最早种植稻谷的民族；濮人是云南的主要居民，分布在海拔较高的温凉山区，除采集、狩猎外，很早就发展了旱地农业。中国植物学家李继侗早年曾对华北与云南植被进行过调查研究，认为“他们（云南濮人）的农作物以荞麦、豆类为主，这种情况直到明代犹然”，“到了较晚期亦知种旱谷”，“濮人……皆居山巅，种苦荞为食。”《嘉佑本草》著录，“荞麦……盖野生也，滇之西北，山雪谷寒，乃以为稼，五谷不生，唯荞生之。”

彝族是古代濮人和部分羌人的后裔，是云南和四川人口最多的少数民族，他们栽培荞麦最早，彝族聚居地区分布着多种多样的野生荞麦，彝文中的荞字就是象形文字，其下部代表土地，上部分即荞麦花。云南丽江纳西族的东巴象形文字中就有“荞”字，苦荞读音“阿卡（a ka）”，甜荞读“阿格（a ge）”。因此，从语言文字这个角度来看，云南的先民——彝族和纳西族人是最早利用荞麦的民族。中国西南地区于 16 世纪才陆续引进马铃薯、玉米等旱地作物，成为山区主食。在这之前，山区人民的主食以豆类、荞麦为主。他们的生存、发展与荞麦息息相关，古彝人荞食文化丰富多彩，为其他民族所不及。彝族敬荞麦如神，每年隆重的火把节到来之时，必先去荞地敬过荞神，方能开始节日活动。凡遇重大节日，都以荞麦作贡品和主食。彝族有一条流传了几千年的古训：“世间母亲大，家中父亲大，庄稼荞子大”，至今彝族仍以荞麦为主食。

此外，云南的怒族也有关于荞麦的记载。他们曾用与生产生活密切相关的动物和植物来命名姓氏族，如荞氏族、蜂氏族、熊氏族和虎氏族等。

总之，国内外许多学者认为，荞麦应起源于中国并向四方传播，云南和中原地区之间、各少数民族和汉族之间自古以来存在着密不可分的联系，三国时代（公元 220—280 年）云南马匹就不断输入内地作军用和民用。鉴此，李璠推断“（稻谷）距今六七千年前就从西南的云贵高原起源地之一顺长江而下，再扩展到黄河流域”。既然古代云南的马匹和稻谷都能向四方远播，就不难推断远古云南的荞麦也可向四方远播。

中国荞麦在 8 世纪首先传入朝鲜、日本，10 世纪传入东南亚及印度，13～14 世纪经西伯利亚传入俄罗斯及前苏联各加盟共和国和土耳其直至欧洲。1396 年德国最先种植荞麦。17 世纪传入英国、法国、意大利及比利时。1625 年，荷兰人将荞麦经哈德逊河带入美洲，再传入加拿大及南北美洲各国。现今荞麦在世界许多国家都有栽培，但主要集中在北半球的中国、尼泊尔、印度、巴基斯坦、阿富汗、伊朗、朝鲜、匈牙利、南斯拉夫、奥地利、瑞士和芬兰等国家。种植最多是前苏联、波兰、法国、加拿大、巴西及澳大利亚。

关于荞麦的传播方向，不同的学者有不同的看法。丁颖认为甜荞起源于中国北部，是由北向南传播的，唐代（7～8 世纪）从北方传播到内地栽培，宋代（10～13 世纪）已普遍种植并遍及华南地区，也传到中南半岛北部。8 世纪后印度及小亚细亚等地开始种植荞麦。

李钦元、王莉花等认为荞麦是由南向北传播的，理由：①云南及周边贵州、四川、西藏等地，7 000～8 000 年前就已进入原始农业市区、驯化野生动植物，4 000 年前西南山地少数民族便已种植荞麦为食；②近年来，据国内外专家学者在西南地区的调查考察发现，除已确认的 10 个种 1 个变种外，新发现了 7 个野生种和变种、亚种，种和变种数量已达 18 个，占世界荞麦种和变种总数的 80%以上。可以认为中国是世界荞麦的起源中心和遗传多样性中心，培育驯化成功的栽培荞麦便由此源源不断地向四方传播。

Murai 和 Ohnishi（王英杰等，2005）基于同工酶的分析表明，栽培荞麦是通过几个路径由中国的西南部起源地而扩散到世界各地的。在亚洲，一个路径是从中国到韩国，再到日本；另一个路径是中国—不丹—尼泊尔—印度—巴基斯坦。在欧洲，荞麦是由俄罗斯到德国再到欧洲的其他国家。在北美，荞麦可能是由欧洲移民带入的（王英杰等，2005）。

第二节　荞麦分类

一、荞麦所在的属及属的特征

荞麦类植物属于蓼科（Polygonaceae），原归于蓼属（*Polygonum*）中。蓼属是林奈氏在 1753 年建立的，即 *Polygonum* Linn.，这个属名来自希腊文，*Poly* 是多的意思，*gonum* 是膝盖，意指蓼属植物节部膨大。随后，Miller 在 1754 年就建立了荞麦属，即 *Fagopyrum* Mill.（林汝法，1994）。1826 年 Meisner 又把荞麦属归回蓼属中，作为该属的一个组，即荞麦组 *Fagopyrum* Sect. Meisn.，但后来他很快又认为 *Fagopyrum* 应作为一个属。直到现在也还没有统一的意见（林汝法，1994）。Small、Gross、Olov Hedberg 等主张把广义的蓼属分成若干个小属，荞麦属是其中一个属；Samuelsson、Steward、Komarlov 和《贵州植物志》蓼科的编者等多数学者则认为保留广义的蓼属，荞麦类作为一个组来处理。还有一些人，如 Graham 和我国多数学者，如《中国植物图鉴》《秦岭植物志》《西藏植物志》等书中蓼科的编者，都在一定程度上表示可保留广义的蓼属，但又都认为荞麦类植物的特征比较明显，应自成一属，即荞麦属（林汝法，1994）。

Steward（周忠泽，2003）1930 年依据植物体的形态特征，如花的着生位置与花序类型、果被具翅与否、植株分枝与否、有无肉质或木质坚硬根茎、茎直立与缠绕、是否具倒刺、叶片有无关节及叶基形状、托叶鞘形状、柱头形状与是否宿存、瘦果形状等性状将蓼族 Polygoneae 划分为金线草属 *Tovara* Adans.（*Antenoron* Rafin.）、冰岛蓼属 *Koenigia* L. 和蓼属 *Polygonum* L. 三个属，并将荞麦属作为一个组划入蓼属中。Hedberg（周忠泽，2003）1946 年根据荞麦属花粉特殊的外壁纹饰即细网状，柱状层结构即柱状层小柱具分枝和植物体外部形态特征——叶为三角形、卵心形、箭形或戟形，掌状叶脉全缘，瘦果长于花被裂片 1～2 倍，一年生或多年生草本，染色体基数为 8，而广义蓼属的染色体基数为 10 和 11，提出将荞麦属维持属级水平。

Graham（林汝法，1994）认为：“*Fagopyrum* 和 *Polygonum* 的主要区别在于花被不膨大，胚位于胚乳中，子叶卷曲于胚根的周围，花序多少伞房状，所以应该是一个明显的属。”

Olov Hedberg（林汝法，1994）详细研究过广义蓼属的花粉粒形态，将广义蓼属的花粉分为 10 个类型，其中一个就是荞麦型（*Fagopyrum* type），他认为荞麦型的花粉是比较特殊的，一方面以其槽沟中有孔而区别于一些类型，另一方面又以其外壁粗糙、呈颗粒状而区别于另一些类型，而且他还认为，按照花粉粒的类型，荞麦属和狭义的蓼属比较起来更像翼蓼属（*Pteroxygonum*）、珊瑚藤属（*Antigonum*）和尖角蓼属（*Oxygonum*）。

土井幸郎（林汝法，1994）根据前人的工作和自己的研究指出，蓼属的染色体基数是 $n=10$，11，12，而荞麦属则 $n=8$。近年来，我国学者叶能干、朱凤绥等（林汝法，1994）关于荞麦属的细胞学研究和观察，也都证明荞麦属的染色体数目是 $n=8$。Leeuwen（周忠泽等，2003）根据荞麦属植物花粉的显著特征，即柱状层有分枝及其外壁纹饰均为细网状、萌发孔为三孔沟等特征也将荞麦属作为一个独立的属。李安仁（周忠泽等，2003）根据植物体的外部形态特征，认同将荞麦属作为单独的一个属。张小平和周忠泽（周忠泽等，2003）根据荞麦属植物花粉特殊的柱状层小柱具分枝的花粉形态特征和染色体基数为 8 的细胞学特征，支持将荞麦属独立成一个属。周忠泽等（2003）对荞麦属 10 个种和 1 个变种的花粉粒的形态特征研究表明，荞麦属的花粉有着非常一致的形态特征，不同于蓼属其他的花粉类型，支持将其作为单独一个属。

总之，根据形态学、粉孢学和细胞学的研究，表明荞麦属的确是一个特征明显的属。

荞麦属的特征如下：一年生或多年生草本或半灌木，茎具细沟纹。叶互生，三角形、箭形或戟形，叶柄无关节。花序是复合性的，即由多个呈簇状的单歧聚伞花序着生于分枝的或不分枝的花序轴上，排成穗状、伞房状或圆锥状；每个单歧聚伞花序簇有一至多朵花，外面有苞片，每朵花也各有 1 枚膜质的小苞片；花两性，花被白色、淡红或黄绿，5 裂，花后不膨大；雄蕊 8，外轮 5，内轮 3；雌蕊由 3 个心皮组成，子房三棱形，花柱 3 条。瘦果三棱形，明显地露出于宿存的花被之外或否，胚位于胚乳的中央，子叶宽，折叠状。花粉粒的沟槽中有孔，外壁粗糙，呈颗粒状花纹。染色体基数 $n=8$。

综上所述，荞麦属和蓼属的主要区别是：胚位于胚乳的中央，子叶较宽，略呈折叠状；花被片在花后不膨大；花粉粒外壁粗糙，呈颗粒状花纹而非网状或蜂窝状；染色体基数 $n=8$。

二、荞麦的主要特征特性

（一）植物学特征

1. 根系 甜荞和苦荞的根属直根系，包括定根和不定根。定根包括主根和侧根，主根由种子的胚根发育而来，主根是最早形成的根，又叫初生根，主根垂直向下生长。从主根发生支根及支根上再产生的二级、三级支根称作侧根，又叫次生根，形态上比主根细，入土深度不如主根，但数量很多，可达几十至上百条。

野生荞麦的根系分两种类型，即一年生野生荞麦为须根，圆锥根系，次生根发育较差；多年生野荞从块状或姜块状茎上长出须根系。

2. 茎和分枝　甜荞茎直立，圆形，稍有棱角，多带红色。节处膨大，略弯曲。茎可分为基部、中部和顶部三部分。主茎节叶腋处长出的分枝为一级分枝，在一级分枝叶腋处长出的分枝为二级分枝，在良好的栽培条件下，还长出三级分枝。

苦荞茎为圆形，稍有棱角，茎表皮多为绿色，少数因含有花青素而呈红色。节处膨大，略弯曲，表皮少毛或无毛。在主茎节叶腋处长出的分枝为一级分枝，在一级分枝的叶腋处长出的分枝为二级分枝，其分枝数除由品种遗传性状决定外，与栽培条件和种植密度有密切关系。

野生荞麦的茎分直立、半直立、丛生和匍匐型，茎色有绿、浅红、红三种。株高20～250cm。茎中空，光滑或生有绒毛。一级分枝 7～10 个，分枝位置多在中下部或基部。多年生野荞为块状茎或姜块状茎，木质化，其上还生有无数须根。地上部分枯死后，翌年从块状茎处重新长出新枝。

3. 叶　甜荞叶形态结构的可塑性较大，在同一植株上，因生长部位不同、受光照不同，叶形也不同。植株基部叶片形状呈卵圆形；中部叶片形状类似心脏形，叶面积较大；顶部叶片逐渐变小，形状渐趋箭形。不同生育阶段，叶的大小及形状也不一样。

苦荞的真叶属完全叶，由叶片、叶柄和托叶组成，叶片为卵状三角形，顶端急尖，基部心形，全缘，掌状网脉，浅绿至深绿色。叶柄绿色，有些略带紫或浅红，其长度不等，位于茎中下部的叶柄较长，而往上部则逐渐缩短，直至无叶柄。叶柄在茎上互生，与茎的角度常成锐角。

野生荞麦的叶为互叶，叶形在生长周期中不断变化，前期和后期生长的叶片在大小和形态上都有差异。后期叶形一般可分为戟形、箭形和卵圆形，叶缘平滑，叶色浅绿到深绿。根据叶片大小，可分为大叶型和小叶型野荞。另外，叶脉色不同类型也有区别，多数为绿色，少数为紫红色。

4. 花　甜荞的花序是一种混合花序，既有聚伞花序类（有限花序）的特征，也有总状花序（无限花序）的特征。其花属于单被花，一般为两性，由花被、雄蕊和雌蕊组成。甜荞花较大，直径 6～8mm。苦荞的花序为混合花序，为总状、伞状和圆锥状排列的螺状聚伞花序，花序顶生或腋生。每个螺状聚伞花序有小花 2～5 朵。甜荞花主要有白色、粉红色、红色等颜色，苦荞花浅绿色，也有特殊种类花色为红绿色，如西藏的少数地方品种苦荞。

野生荞麦的花有红、白、黄三色，花在形态上有一些差异。野生苦荞花器比较小，花柱等长，自花授粉结实；野生甜荞花器大，花柱异长或等长，异花授粉，有蜜腺，花序总状。

5. 籽粒　甜荞的籽粒为三棱卵圆形瘦果，五裂宿萼，果皮革质，表面光滑，无腹沟，果皮内含有 1 粒种子，种子由种皮、胚和胚乳组成。苦荞种子为三棱形，表面有三条深沟，先端渐尖，5 裂宿萼，由革质的皮壳（果皮）所包裹。果皮的色彩因品种不同有黑色、黑褐色、褐色、灰色等。果实的千粒重在 12～24g 之间，通常为 15～20g。

野生荞麦的籽粒形状多样，果皮颜色差异明显。野生甜荞籽粒三棱形，棱翅有大小之分，无腹沟；果皮褐、深灰或棕色，较厚；出粉率较低；千粒重10～30g。野生苦荞籽粒有三棱形、长锥形、短锥形和圆形等类型。棱脊有圆、锐、尖翅、波翅等；有腹沟，且有深浅之分；果皮色有灰、深灰、褐、黑等，果皮表面粗糙，较厚；出粉率低；千粒重7～25g。成熟的籽粒一般容易自然脱落。

6. 株型 栽培甜荞和苦荞的株型属直立型，一级分枝与主茎角度通常小于45°，属紧凑或半松散型。野生荞麦株型多样，有直立型、半直立型、匍匐型和丛生型等多种，但一般为松散型，分枝较多，有些还处于丛生或原始的匍匐状态，这是与栽培荞麦的显著区别之一。

多年生野荞麦分大叶型和小叶型两类。分枝均较多，植株高大，一般可达到200cm以上，株形松散，处于半匍匐状态。

一年生野生荞麦可分为6种株型：①主茎直立，分枝较少，株型紧凑，与栽培荞麦相似；②主茎直立，分枝较多，株型比较松散；③主茎直立，分枝平展，分枝节位密集在一起；④主茎不明显，植株半直立，株型丛生状；⑤植株丛生，呈匍匐状；⑥主茎直立，株型处于半丛生状态。

西昌学院野生荞麦资源研究课题组2005—2007年在野生荞麦资源的考察中发现，细柄野荞、齿翅野荞、硬枝万年荞、小野荞、疏穗小野荞和花叶野荞等野生荞麦资源的花柱为异长或异短，且花柱异短者结实率较花柱异长者高，表明多数野生荞麦既可异花授粉也可自花授粉。另外还发现，硬枝万年荞、抽葶野荞麦、小野荞麦、疏穗小野荞麦、线叶野荞麦和花叶野荞麦的花梗具关节，且很明显。经解剖结构观察，其苞片较硬，且每苞内部具有1～2朵退化的小花，该小花具有雄蕊和雌蕊，但小花不伸出苞片，不能开花结实，为败育型。

（二）生物学特性

1. 生育期 甜荞的生育期从种子出苗到成熟时，60～75d，苦荞的生育期从种子出苗到成熟时，约需75～95d。野生苦荞分一年生和多年生两大类。一年生野生荞麦生育期60～120d。一般4月出苗，6月开花，花期较长，直到初霜后花序才停止生长；多年生野生荞麦根系发达，生有宿根块茎，木质化程度高。地上部分枯死后，翌年地下块茎重新发出新枝。只要条件适宜，终年可开花结实。一般花期可达6～8个月。多年生野荞麦在北方种植，当年播种当年可开花结实。地下块茎只要冬季免遭冻害，年年可以发出新枝，经久不衰。

蔡光泽等（2007）报道，齿翅野荞麦和细柄野荞麦在条件适合的环境下，每年可完成两代生长发育。如4～8月，在大春作物马铃薯和玉米地内，完成第一代生长发育，并形成成熟种子；当年8月中、下旬，马铃薯地和玉米地重新被耕作种植蔬菜或荞麦等作物时，第一代种子又会再次吸水萌发出苗，开花结实，完成第二代生长。

2. 落粒性 甜荞和苦荞在长期进化中，其抗落粒性较野生荞麦强，表现为落粒不明显，从结籽到成熟，在较小强度的外力影响下，种子可完整保留在植株上，直到收获。落粒性强是野生荞麦的主要特性，它能保证野生荞麦在不良环境条件下得以生存和繁衍后代。其表现是籽粒进入乳熟期以后，果皮由绿转褐色时，稍遇外力，籽粒便自行脱落。多年生野生荞麦种子的落粒表现最为明显，所以在野外采收野生荞麦种子时比较困难。

3. 抗逆性　甜荞和苦荞抗干旱、抗病虫害及其他不良环境的能力稍弱于野生荞麦。野生荞麦多在不良的环境条件下生长，具有耐瘠、抗旱、耐盐碱、对土壤要求不严格、粗生易长、适宜范围较广等特点。一年生野苦荞在高海拔地区随处可见，环境稍有改善，如在新垦荒地上植株生长迅速，枝繁叶茂。

（三）中国野生荞麦与栽培荞麦的主要区别

我国荞麦科研工作者通过30多年的努力工作，在广泛搜集和调查研究的基础上，基本上搞清楚了我国荞麦种质资源的主要类型和形态特点，为荞麦不同类型的鉴定提供了形态学依据。国内外荞麦专家研究结果表明，野生荞麦通过较长时间的演化和扩散，选择性栽培驯化，已经成为营养价值极高且广泛栽培的食用或食药兼用作物。从图3-4可以看出野生荞麦演变成栽培荞麦两者之间的联系。野生荞麦有一年生和多年生两类，一年生野荞麦地下无块茎，植株较矮，主要包括甜荞、野苦荞两种类型。甜荞类的籽粒三棱，无腹沟，表面光滑，有的具光泽，有的不具光泽，甜荞近缘野生种的植物学特征最接近于栽培甜荞。野苦荞的籽粒有腹沟，有的无刺，为褐色或黑色。有的棱上有2～4个刺，为灰色，有的籽粒表面全部具小刺，为灰色或黑色。野苦荞即苦荞野生近缘种的植物学特征和生活习性最接近于栽培苦荞。研究表明苦荞近缘野生种是栽培苦荞的原始祖先。多年生野荞麦有甜荞类和苦荞类，甜荞麦具三棱，无腹沟，二倍体植株花小、叶小，四倍体植株花大、叶大；苦荞类野生荞麦有腹沟。

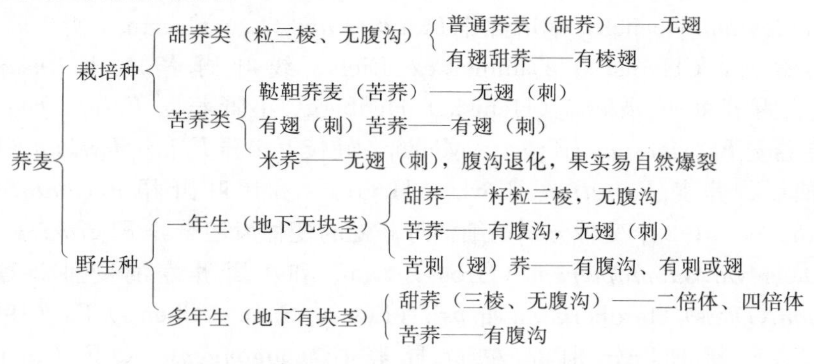

图3-4　野生荞麦与栽培荞麦的主要区别

王安虎等（2006a、2006b、2007和2008）未见多年生野苦荞的分布，但在野生金荞麦群落中发现有的金荞麦群落籽粒短锥具腹沟、黑色，与栽培苦荞的粒型相似。一些学者通过分子生物学研究认为，金荞麦与栽培苦荞麦的亲缘关系比金荞麦与栽培甜荞麦的亲缘关系较近。因此，金荞麦是研究野生荞麦进化的重要材料，同时在分类上也还有待于进一步研究。

野生荞麦演化为栽培荞麦，其某些植物学特征和生长习性在栽培荞麦的植株上任然留有痕迹。如栽培甜荞类籽粒有的三棱锐，有的三棱钝，无腹沟，有的三棱上具翅，有的三棱无翅。苦荞类籽粒具腹沟，有的有刺，有的无刺。野生苦荞的籽粒具腹沟，棱上具大小不一的刺，这些特征也是栽培苦荞与野生苦荞明显的共有特征，实际上也是栽培荞麦和野生荞麦之间的亲缘关系相近的外在表现，同时也是判断野生荞麦是否为野生苦荞的主要植物学形态特征。

三、荞麦的种类

Gross（1913）首次对中国荞麦进行系统分类，并把已证实的一些荞麦种类归于蓼科的蓼属（叶能干等，1992；Ohnishi 和 Matsuoka，1996）。Nakai（1926）首先提出，通过瘦果内胚胎的形态和位置，荞麦属应当从蓼科的其他属中分离出来（Ohnishi 和 Matsuoka，1996）。Steward（1930）对亚洲蓼科植物进行分类，并将蓼属组的 10 个荞麦种类归为荞麦属（叶能干等，1992）。叶能干等（1992）对荞麦进行分类，证实了 Steward 关于荞麦存在的种类。Ohnishi、Ohsako 和 Matsuoka 等（1991，1995，1998）也研究了荞麦的种类，并在已证实的荞麦种类的基础上报道了分布于中国四川和云南及其周边地区的 6 个野生荞麦新种和 1 个栽培甜荞的野生荞麦近缘种（亚种），它们分别是 *F. homotropicum* Ohnishi（Ohinshi，1998a），*F. pleioramosum* Ohnishi（Ohnishi，1998a），*F. capillatum* Ohnishi（Ohnishi，1998a），*F. callianthum* Ohnisho（Ohnishi，1998a），*F. rubifolium* Ohsako et Ohnishi（Ohsako 和 Ohnishi，1998）、*F. macrocarpum* Ohsako et Ohnishi（Ohsako 和 Ohnishi，1998）和 *F. esculentum* ssp. *ancestrale* Ohnishi（Ohnishi，1991、1998a）。李安仁（1998）在《中国植物志》中提出了中国荞麦的种类是 10 个种和 2 个变种，并详细地描述了野生荞麦种和变种的植物学特征，10 个种分别是栽培甜荞 *F. esculentum* Moench，栽培苦荞 *F. tataricum*（L.）Gaertn.，野生荞麦：细柄野荞麦 *F. gracilipes*（Hemsl.）Dammer. ex Diels、线叶野荞麦 *F. lineare*（Sam.）Haraldson、岩野荞麦 *F. gilesii*（Hemsl.）Hedberg、小野荞麦 *F. leptopodum*（Diels）Hedberg、金荞麦 *F. cymosum*（Trev.）Meisn.、硬枝万年荞 *F. urophyllum*（Bur. et Fr.）H. Gross、抽葶野荞麦 *F. statice*（Lévl.）H. Gross 和尾叶野荞 *F. caudatum*（Sam.）A. J. Li，comb. nov.；2 个变种分别是细柄野荞麦的变种齿翅野荞 *F. graclipes*（Hemsl.）Damm. ex Diels var. *odontopterum*（Gross）Sam. 和小野荞麦的变种疏穗小野荞麦 *F. leptopodum*（Diels）Herdberg var. *grossi*（Lévl.）Sam.。Chen Q. F.（1999）报道了 3 个野生荞麦新种，分别是左贡野荞 *F. zuogongense* Q-F Chen、大野荞 *F. megaspartanium* Q-F Chen 和毛野荞 *F. pilus* Q-F Chen。Takanori Ohsako、Kyoko Yamane 和 Ohmi Ohishi 等（2002）认为中国境内分布的荞麦属植物种类（种、变种和亚种）共有 19 个，其中包括两个栽培荞麦种和 17 个野生荞麦种（种、变种和亚种）。Takanori Ohsako 、Kyoko Yamane 和 Ohnishi（2002）报道了采自中国云南的野生荞麦新种，分别是纤梗野荞麦 *F. gracilipedoides* Ohsako et Ohnishi 和金沙野荞麦 *F. jinshaenes* Ohsako et Ohnishi。也报道了栽培苦荞的亚种，苦荞近缘野生种 *F. tataricum* ssp. *potanini* Batalin。Chen Q. F. 等（2004）认为 *F. homotropicum* Ohnishi 实际上是栽培甜荞的变种 *F. esculentum* var. *homotropicum*（Ohnishi）Q-F Chen。夏明忠等（2007）报道了在四川省汶川县发现的花叶野荞麦 *F. polychromofolium* A. H. Wang，M. Z. Xia，J. L. Liu & P. Yang，sp. nov.。Liu Jianlin 等（2007）报道了采自四川省凉山州的野生荞麦新种密毛野荞麦 *F. densovillosum* J. L. Liu 和皱叶野荞麦 *F. crispatofolium* J. L. Liu。综上所述，已命名的中国

荞麦属植物有23个种、3个变种和2个亚种，其中栽培荞麦种有2个。

四、中国荞麦的分类

（一）中国荞麦的分类概述

随着科学技术的不断发展，特别是分子生物学技术的广泛应用，中国荞麦资源的分类依据也发生了深刻的变化。主要有两类分类依据：一是以植物学形态特征为主的野生荞麦资源的经典分类依据；二是以植物学形态特征、孢粉学、细胞学、生殖生物学和分子生物学理论相结合的分类依据。

随着研究技术的发展，国内外专家多采用第二种分类依据对新发现的野生荞麦资源进行分类。Chen Q. F.（1999）根据形态学、分类学、生殖生物学、同工酶和染色体数目的不同对采自中国西藏和四川的野生荞麦资源进行分类，报道了中国野生荞麦的3个新种。Ohnishi等（1991、1995、1996、1998）和Takanori Ohsako等（2002）利用形态学、生殖生物学、同功酶、cpDNA、rDNA、rbcl、accD和ITS等研究技术对采自中国四川和云南的野生荞麦资源进行分类，报道了野生荞麦资源的7个新种。Ohnishi和Matsuoka（1996）用同功酶和RFLP技术对cpDNA基因序列进行分析，将荞麦分为两个组，分别是Cymosum组和Urophyllum组。Cymosum组的主要特征是瘦果较大，无光泽，有花被片覆盖瘦果的基部位置，包括了金荞麦、苦荞麦、甜荞麦、苦荞近缘野生种和甜荞近缘野生种（大粒组），Urophyllum组的主要特征是瘦果较小，有光泽，有花被片紧密覆盖在瘦果表面，该组主要包括细柄野荞麦、小野荞、岩野荞、硬枝万年荞、*F. pleioramosum*、*F. capillatum*、*F. callianthum*、*F. rubifolium*和*F. macrocarpum*等（小粒组）。

王安虎、杨坪和华劲松等（2005—2007）对四川野生荞麦资源进行全面系统考察时发现，野生荞麦的瘦果大小变化类型较多，其中苦荞近缘野生种瘦果大小有两类：一类是瘦果稍大，长3.5～4.0mm，宽2.5～3.0mm，表面带刺或略带刺；另一类是瘦果稍小，长3.5～4.0mm，宽2.0mm，表面无刺而光滑。甜荞近缘野生种的瘦果大小变化也较大，有瘦果较大和瘦果较小两种类型，瘦果大的长4.0～5.0mm，宽3.0～3.5mm；瘦果小的长3.0～4.0mm，宽2.5～3.0mm。硬枝万年荞的瘦果大小变化也较大，在对四川野生荞麦资源考察中，发现硬枝万年荞的瘦果有三种类型，即大型、中型、小型。瘦果大中型的，长3.0～4.0mm，宽2.5～3.0mm，其植株是灌木状，而瘦果最小的，长、宽2～3mm，其植株是草质状，混生于杂草丛中，但有多年生的地下茎。花叶野荞麦的瘦果较大，长4～4.5mm，宽3.0～4.0mm。通过对四川野生荞麦资源瘦果比较，硬枝万年荞、甜荞近缘野生种和苦荞近缘野生种瘦果的类型较多，大小变化较大，它们与新种花叶野荞的瘦果一样，是野生荞麦瘦果大小的中间过渡类型，不易分清是大粒组还是小粒组。因此，在一定程度上表明，要将荞麦分类为大粒组和小粒组，需要搜集更丰富的野生荞麦材料类型来证实。

Kweonheo等（胡银岗等，2006）对荞麦属的野生种的果被结构和进化进行分析，对其进化关系进行了探讨，将其划分为三大类：第一类包括*F. esculentum*、*F. esculentum* spp. *ancestralis*、*F. homotropicum* 3个种；第二类包括*F. cymosum*、*F. tataricum*、*F.*

tataricum spp. *potanini* 3 个种；第三类包括 *F. callianthum*、*F. capillatum*、*F. gilesii*、*F. gracilipes*、*F. leptopodum*、*F. lineare*、*F. macrocarpum*、*F. pleioramosum*、*F. rubifolium*、*F. statice*、*F. urophyllum* 11 个种。

赵佐成等（2000）研究了中国荞麦属的 8 个种和 1 个变种植株的果实，根据果实的形状及微形态特征将荞麦植物的果实分为三种类型：一是果实三棱锥状，表面不光滑，无光泽，具皱纹网状纹饰，包括苦荞麦和金荞麦；二是果实卵圆三棱锥状，表面光滑，有光泽，具条纹纹饰，包括荞麦、抽葶野荞麦和线叶野荞麦 3 个种；三是果实卵圆三棱锥状，表面光滑，有光泽，具大量的瘤状颗粒和少数模糊的细条纹纹饰，包括硬枝野荞麦、细柄野荞麦、小野荞麦和疏穗小野荞麦 4 个种。

从以上的分类结果看，不同的分类标准、不同的研究手段和不同的研究方向，研究结果不太一致。因此，在荞麦的分类方面，建立统一可行的国际标准对研究荞麦的起源、演化和综合利用具有重要意义。

四川野生荞麦资源丰富，类型多样，与云南、贵州和西藏等省份构成了中国野生荞麦资源分布的主要区域。西昌学院野生荞麦资源研究课题组利用多年时间广泛搜集和整理，研究了四川野生荞麦资源的种类和特征，并根据叶能干（1993）关于荞麦属植物的分种检索理论，详细比对中国科学院昆明植物研究所荞麦属（*Fagopyrum*）植物的标本，参照《中国植物志》《中国荞麦》等关于荞麦属植物的主要特征描述，对四川已完全确定的野生荞麦种进行了分类。

（二）中国荞麦属的分种检索表

林汝法（2013）根据不同的研究结果，归纳并提出了中国荞麦属植物的检索表（Ⅰ、Ⅱ、Ⅲ）。

1. 中国荞麦属分种检索表Ⅰ 叶能干等（Ye and Guo，1992）提出了如下中国分布的荞麦属 10 个种的检索表。

中国荞麦属分种检索表Ⅰ

1. 茎长 1m 以内，上部的节间很长，几无叶，“木贼状”，聚伞花序簇集于花序柄的顶部，呈头状 ……………………………………………………………………………………………… 岩野荞麦

1. 植株不像上述者。

  2. 多年生植物，茎基部木质化，有地下茎，花柱异长。

    3. 植株高大；叶茎生，较大，长 5cm 以上，可达 10cm，花序顶生和腋生，花梗关节明显，花从关节处脱落。

      4. 叶近正三角形，基部多戟状，较小；花序分枝呈伞房状；果较大，长＞5mm，露出于宿存花被 1 倍以上 …………………………………………………………… 金荞麦

      4. 叶形变化大，较长，基部耳形，圆钝；花序分枝组成疏松的圆锥状；果较小，长约 3.5mm，露出于宿存花被 1 倍以下 …………………………………………………… 硬枝万年荞

    3. 植株较小；叶多基生，较小，长 5cm 以下，花序顶生，细长，花从花托的基部脱落 ……………………………………………………………………………………… 抽葶野荞麦

  2. 一年生植物，茎草质，无地下茎，花柱异长或等长。

    5. 花柱异长；瘦果表面平滑或凹，棱角锐利。

6. 栽培植物，果大，长>5mm，露出于宿存花被1倍以上……………………………………… 荞麦
6. 野生植物，果小，长<5mm，微露出或包被于宿存花被中。
7. 叶近三角形，基部平截或箭形 ……………………………………………………… 小野荞麦
7. 叶线形，基部戟形 ……………………………………………………………… 线叶野荞麦
5. 花柱等长，瘦果表面平滑或凹或有沟槽，棱角锐利或钝。
8. 栽培植物，叶较大，宽可超过5cm，花黄绿色；果较大，长可超过5mm，表面有沟槽，棱角钝；果露出于宿存花被1倍以上……………………………………………………… 苦荞麦
8. 野生植物，叶较小，宽不超过5cm；花白色或粉红色；果较小，长约3mm，表面平滑或凹，棱角锐利或有翅，果微露或包被于宿存的花被中………………………………… 细柄野荞麦

2. 中国荞麦属分种检索表Ⅱ　王安虎等（2012）提出了如下中国荞麦属分种检索表。

中国荞麦属分种检索表Ⅱ

1. 茎长1m以内，上部的节间很长，几无叶，“木贼状”，聚伞花序簇集于花序柄的顶部，呈头状 ……………………………………………………………………………………… 岩野荞麦
1. 植株不像上述者。
2. 多年生植物，茎基部木质化，有地下茎，花柱异长。
3. 植株高大；叶茎生，较大，长5cm以上，可达10cm，花序顶生和腋生，花梗关节明显，花从关节处脱落。
4. 叶近正三角形，基部多戟状，较小；花序分枝呈伞房状；果较大，长>5mm，露出于宿存花被1倍以上 ………………………………………………………………………… 金荞麦
4. 叶形变化大，较长，基部耳形，圆钝；花序分枝组成疏松的圆锥状；果较小，长约3.5mm，露出于宿存花被1倍以下 …………………………………………………………… 硬枝万年荞
3. 植株较小；叶多基生，较小，长5cm以下，花序顶生，细长，花从花托的基部脱落 …………………………………………………………………………………………… 抽葶野荞麦
2. 一年生植物，茎草质，无地下茎，花柱异长或等长。
5. 花柱异长；瘦果表面平滑或凹，棱角锐利。
6. 栽培植物，果大，长>5mm，露出于宿存花被1倍以上 ………………………………… 荞麦
6. 野生植物，果小，长<5mm，微露出或包被于宿存花被中。
7. 叶近三角形，基部平截或箭形 ……………………………………………………… 小野荞麦
7. 叶线形，基部戟形 ……………………………………………………………… 线叶野荞麦
7. 叶形变化大，肉质、稍肉质或厚纸质，上面具灰色或白色斑块；花疏散或间断排列，　在顶端具明显关节 …………………………………………………………………… 花叶野荞麦
5. 花柱等长，瘦果表面平滑或凹或有沟槽，棱角锐利或钝。
8. 栽培植物，叶较大，宽可超过5cm，花黄绿色；果较大，长可超过5mm，表面有沟槽，棱　角钝；果露出于宿存花被1倍以上 ……………………………………………………… 苦荞麦
9. 叶表面泡状突起，叶缘皱波状，具不规则波状圆齿、圆齿或小圆齿；聚伞花序在花序轴上排列疏散或较疏散 ……………………………………………………………… 皱叶野荞麦
9. 叶表面较平坦或具细皱纹和小泡状突起，叶缘全缘或浅波状；聚伞花序在花序轴上排列疏散或较疏散。
10. 全株密被短毛或长毛；茎枝较粗壮，节较密集；叶表面具细皱纹和小泡状突起……………………………………………………………………………… 密毛野荞麦

10. 全株密被微糙毛或近无毛；茎枝较细弱，节较疏散；叶表面近坪坦…… 细柄野荞麦

3. 中国荞麦属分种检索表 Ⅲ 荞麦属分大粒组和小粒组，大粒组6个自然种类，小粒组16个自然种类，陈庆富（2012）提出了如下荞麦属自然种类的形态检索表。

中国荞麦属自然种类的形态检索表 Ⅲ

1. 厚而折叠的子叶位于瘦果的中央……………………………………………………… 荞麦属（*Fagopyrum*）
2. a. 瘦果大，无光泽，长于宿存花被片50%以上，花朵蜜腺发达、黄色 ……………………………… 大粒组
   b. 瘦果小，有光泽，与宿存花被片近等长，花朵蜜腺不明显 ………………………………………… 小粒组
3. a. 根茎膨大不明显，一年生，种子萌发时胚轴快速生长，促使种子出苗，属于幼苗………… 类型Ⅰ
   b. 根茎膨大，多年生，种子萌发时子叶柄快速生长，促使种子出苗，属于幼苗 ……………… 类型Ⅱ
5. a. 花鲜艳，较大 ……………………………………………………………………………………………… 7
   b. 花绿色，较小 …………………………………………………………………… 苦荞 *F. tataricum*
6. a. 种子饱满，花和果较多 ………………………………………………………………………………… 8
   b. 种子不饱满，花和果实较少…………………………………………………… 四倍体金荞 *F. cymosum*
7. a. 果实表面无柔毛 ………………………………………………………………… 甜荞 *F. esculentum*
   b. 果实表面密被短柔毛 ………………………………………………………… 佐贡野荞 *F. zuogongense*
8. a. 叶、花、果较大，叶柄和叶背柔毛稀少 ………………………………… 大野荞 *F. megaspartanium*
   b. 叶、花、果较小，叶柄和叶背密被柔毛 ……………………………………………… 毛野荞 *F. pilus*
4. a. 地下根茎木质，有腋芽，多年生 ………………………………………………………………………… 9
   b. 地下根茎木质不显著、无腋芽，一年生 …………………………………………………………………… 10
9. a. 植株较大，枝条较粗而长，木质化显著，呈小灌木 …………………… 硬枝万年荞 *F. urophyllum*
   b. 植株矮小，枝条细小，木质化不显著 ……………………………………………… 抽亭野荞 *F. statice*
10. a. 果实较大，一般4mm左右 ……………………………………………………………………………… 11
    b. 果实较小，一般3mm左右或以下 …………………………………………………………………… 12
11. a. 子叶圆形，叶背面被柔毛 ………………………………………………………………… *F. macrocarpum*
    b. 子叶长圆形，叶背面无柔毛 ……………………………………………………………… *F. calianthum*
12. a. 叶线状 ……………………………………………………………………………… 线叶野荞 *F. lineare*
    b. 叶其他形状 ……………………………………………………………………………………………… 13
13. a. 叶皱褶，不平整 ………………………………………………………… 邹叶野荞 *F. crispatifolium*
    b. 叶其他形状 ……………………………………………………………………………………………… 14
14. a. 叶尾状 ……………………………………………………………………………… 尾叶野荞 *F. caudatum*
    b. 叶其他形状 ……………………………………………………………………………………………… 15
15. a. 叶小而厚实，后期呈红色……………………………………………………………………… *F. rubifolium*
    b. 叶其他特征 ……………………………………………………………………………………………… 16
16. a. 植株密被柔毛 ……………………………………………………………… 密毛野荞 *F. densovillosum*
    b. 植株柔毛较少 …………………………………………………………………………………………… 17
17. a. 花序重叠，头状 ……………………………………………………………………… 岩野荞 *F. gilesii*
    b. 花序其他特征 …………………………………………………………………………………………… 18
18. a. 5个花被片大小均等，较低位置的2个被片缺乏绿色条纹，瘦果很小、约1.5～2mm长 ……… 19
    b. 花被由2个较小的被片和3个较大的被片所组成，位置较低的较小被片有绿色条纹，瘦果约

3mm长 ………………………………………………………………………… 20
19. a. 叶肉质，无光泽 ……………………………………… 金沙野荞 *F. jinshaense*
b. 叶表面较粗糙 ………………………………………… 小野荞 *F. leptopodum*
20. a. 托叶鞘和茎柔毛较少 ……………………………………………………… 21
b. 托叶鞘和茎密被柔毛 ……………………………………………………… 22
21. a. 枝条直立 ……………………………………………………… *F. capillatum*
b. 枝条细长、平卧 …………………………………………… *F. pleioramosum*
22. a. 花柱同长，自交可育 …………………………………… 细柄野荞 *F. gracilipes*
b. 花柱异长，自交不亲和 ………………………… 拟细柄野荞 *F. gracilipedoides*

（三）中国荞麦主要特征

国内外的相关研究资料表明，分布于中国的荞麦资源有23个种、3个变种和2个亚种，林汝法（1994、2013），夏明忠、王安虎（2008），陈庆富（2012）对荞麦的一些自然种的主要特征进行了比较详细的描述。

1. 甜荞（*F. esculentum* Moench）　甜荞又名乔麦、乌麦、花麦、三角麦和荞子，英文名 common buckwheat。甜荞的根属直根系，包括定根和不定根。定根包括主根和侧根。甜荞的主根较粗长，向下生长，侧根较细，成水平分布状态。甜荞主根以上的茎、枝部位上还可产生不定根。不定根的发生时期晚于主根，也是一种次生根。

主根最初呈白色，肉质，随着根的生长、伸长，逐渐老化，质地较坚硬，颜色呈褐色或黑褐色。甜荞主根伸出1～2d后，其上产生数条侧根，侧根较细，生长迅速，分布在主根周围的土壤中，起支持和吸收作用。侧根在形态上比主根细，入土深度不及主根，但数量很多，一般主根上可产生大约50～100条侧根。侧根不断分化，又产生小的侧根，构成了较大的次生根系，扩大了根的吸收面积。一般侧根在主根近地面处较密集，侧根数量较多，在土壤中分布范围较广。侧根在甜荞生长发育过程中不断产生，新生侧根呈白色，稍后成为褐色。侧根吸收水分和养分的能力很强，对甜荞的生命活动所起作用极为重要。

甜荞茎直立，高60～100cm，最高可达150cm左右。茎为圆形，稍有棱角，多带红色。节处膨大，略弯曲。节间长度和粗细取决于茎节间的位置，一般茎中部节间最长，上、下部节间长度逐渐缩短。主茎叶腋处长出的分枝为一级分枝，在一级分枝叶腋处长出的分枝叫二级分枝，在良好的栽培条件下，还可以在二级分枝上长出三级分枝。

甜荞茎可分为基部、中部和顶部三部分。茎的基部即下胚轴部分，常形成不定根。不定根的长度取决于播种的深度与植株的密度。在种子覆土较深或幼苗较密的情况下，茎的长度就增加。茎的中部为子叶节到现果枝的分枝区，其长度取决于植株分枝的强度，分枝越强，分枝区长度就越长。茎的顶部即从果枝始现至茎顶部分，只形成果枝，是甜荞的结实区。

甜荞的叶有子叶（胚叶）、真叶和花序上的苞片。子叶出土，对生于子叶节上，呈肾圆形，具掌状网脉。子叶出土后，进行光合作用，由于黄色逐渐变成绿色，有些品种的子叶表皮细胞中含有花青素，微带紫红色。真叶是甜荞进行光合作用制造有机物的主要器官，为完全叶，由叶片、叶柄和托叶三部分组成。叶片为三角形或卵状三角形，顶端渐尖，基部为心脏形或箭形，全缘，较光滑，为浅绿至深绿色。叶脉处常常带花青素而呈紫红色。

叶柄是甜荞叶的重要组成部分，在日光照射的一面可呈红色或紫色。叶柄在茎上互生，与茎的角度常成锐角，使叶片不致互相荫蔽，以利充分接受阳光。叶柄上侧有凹沟，凹沟内和凹沟边缘有毛，其他部分光滑。

托叶合生如鞘，称为托叶鞘，在叶柄基部紧包着茎，形如短筒状，顶端偏斜，膜质透明，基部常被绒毛。随着植株的生长，位于植株下部的托叶鞘逐渐衰老变黄。

甜荞叶形态结构的可塑性较大，在同一植株上，因生长部位不同，受光照不同，叶形也不同。植株基部叶片形状呈卵圆形，中部叶片形状类似心脏形，叶面积较大；顶部叶片逐渐变小，形状渐趋箭形。不同生育阶段，叶的大小及形状也不一样。

甜荞花序上着生鞘状的包片，这种苞片为叶的变态，其形状很小，长约 2～3mm，片状，半圆筒形，基部较宽，从基部向上逐渐倾斜成尖形，绿色，被微毛。苞片具有保护幼小花蕾的功能。

甜荞的花序是一种混合花序，既有聚伞花序类（有限花序）的特征，也有总状花序（无限花序）的特征。其花属于单被花，一般为两性，由花被、雄蕊和雌蕊组成。甜荞花较大，直径 6～8mm。

花被 5 裂，呈啮合状，彼此分离。花被为长椭圆形，长为 3mm，宽为 2mm，基部呈绿色，中上部为白色、粉色或红色。正常甜荞花的雄蕊为 8 枚，由花丝和花药构成。雄蕊呈两轮环绕子房排列，外轮 5 枚，着生于花被间，花药内向开裂；内轮有 3 枚，着生于子房基部，花药外向开裂。花药粉红色，似肾形，有两室，其间有药隔相连。花药在花丝上为背着药方式着生，花丝浅黄或白色。甜荞花的花柱是异长的，因此，其花丝也有不同的长度，短花柱的花丝较长，长约 2.7～3.0mm，长花柱的花丝较短，长约 1.3～1.6mm，花柱分离。子房三棱形，上位，一室，白色或绿白色；柱头膨大为球状，有乳头突起，成熟时有分泌液。甜荞的长花柱花雌蕊长约 2.6～2.8mm，短花柱花的雌蕊长约 1.2～1.4mm，还有一种雌蕊与雄蕊大体等长的花，雄蕊和雌蕊长度约 1.8～2.1mm。在一个品种的群体中，以长花柱花和短花柱花占主要比例，比例大致为 1∶1。在同一植株上只有一种花型。雌、雄蕊等长的花在群体中所占比例很少。甜荞花器的两轮雄蕊基部之间着生了一轮蜜腺，数目不等，通常为 8 个。蜜腺呈圆球状，黄色透明，能分泌蜜液，呈油状且有香味。甜荞的花粉较多，每个花药内的花粉粒为 120～150 粒。

甜荞的果实为三棱卵圆形瘦果，五裂宿萼，果皮革质，表面光滑，无腹沟，果皮内含有 1 粒种子。种子由种皮、胚和胚乳组成。

种皮由胚珠的保护组织内外珠被发育而来，种皮厚约 8～15μm，分为内外两层。胚位于种子中央，嵌于胚乳中，横断面呈 S 形，占种子总重量的 20%～30%。胚乳包括糊粉层及淀粉组织，占种子的 70%～80%，胚乳的最外层为糊粉层，排列较紧密和整齐，厚约 15～24μm，大部分为双层细胞，在果柄的一端有 3～4 层。甜荞种子有灰、棕、褐、黑等多种颜色，棱翅有大有小，其千粒重变化很大，为 15～37g。

2. 苦荞［*F. tataricum*（L.）Gaertn］ 亦称鞑靼荞麦，英文名 tartary buckwheat。苦荞的根为直根系，由胚根发育的主根垂直向下生长。在主根上产生的根为侧根，形态上比主根细，入土深度不如主根，但数量较多，可达几十至上百条。侧根不断分枝，并在侧根上又产生小的侧根，增加了根的分布面积。此外，在靠近土壤的主茎上，可产生数条不定根，多时可达几十条，这两种根系构成了苦荞的次生根系，它们分布在主根周围的土壤中，对植株支持及吸收水分、养分起着重要作用。苦荞的根系入土浅，主要分布在距地表35cm左右的土层里，其中以地表20cm以内的根系较多，占总根量的80%以上。因此，土壤耕层水分、养分、播种措施及栽培技术等都会影响根系的发育。

苦荞茎为圆形，稍有棱角，茎表皮多为绿色，少数因含有花青素而呈红色。节处膨大，略弯曲，表皮少毛或无毛。幼茎通常是实心的，当茎变老后，髓部的薄壁细胞破裂形成髓腔而中空。主茎直立，高60～150cm，因品种及栽培条件而有差异。茎节数一般为18节，多在15～24节。除主茎外，还会产生许多分枝。通常苦荞的一级分枝数为3～7个。其分枝数除受品种遗传性状决定外，与栽培条件和种植密度有密切关系。

苦荞的叶有三种类型，子叶、真叶和花序上的苞片。子叶是其种子发育时逐渐形成的，共有两片，对生于子叶节上，其外形呈圆肾形，具掌状网脉，大小约1.5～2.2cm。子叶出土时初为黄色，后逐渐变为绿色或微带紫红色。

苦荞的真叶属完全叶，由叶片、叶柄和托叶组成。叶片浅绿至深绿色，为卵状三角形，顶端急尖，基部心脏形，叶缘为全缘，脉序为掌状网脉。叶柄起着支持叶片的作用，绿色略带紫或浅红，其长度不等，位于茎中下部的叶柄较长，而往上则逐渐缩短，直至无叶柄。叶柄在茎上互生，与茎的角度常成锐角。叶柄的上侧有凹沟，凹沟内和边缘有毛，其他部分光滑，托叶合生为鞘状，膜质，称托叶鞘，包围在茎节周围，其上被毛。

苞片着生于花序上，为鞘状或片状、半圆筒形，绿色，被微毛，基部较宽，上部呈尖形，将幼小的花蕾包于其中。

苦荞的花序为混合花序，总状、伞状和圆锥状排列的螺状聚伞花序，花序顶生或腋生。每个螺状聚伞花序有2～5朵小花。每朵小花直径3mm左右，由花被、雄蕊和雌蕊等组成。花被一般为5裂，呈啮合状，花被片长约2mm，宽约1mm，浅绿或白绿色。雄蕊8枚，呈两轮环绕子房，外轮5枚，内轮3枚，相间排列。花药似肾形，有两室，为紫红、粉红等色，每个花药内的花粉粒数目80～100粒。雌蕊为三心皮联合组成，子房三棱形，上位，一室，柱头、花柱分离。柱头膨大为球状，有乳头突起，成熟时有分泌液。苦荞的雌蕊长度与花丝等长，约1mm。

苦荞种子为三棱形瘦果，表面有三条深沟，先端渐尖，5裂宿萼，由革质的皮壳（果皮）所包裹。果皮的色彩因品种不同有黑色、黑褐色、褐色、灰色等。果实的千粒重为12～24g，通常为15～20g。果皮内部含有像果实形状一样的种子，主要由种皮、胚和胚乳三部分组成。种皮很薄，分为内外两层，分别由胚珠的保护组织内外珠被发育而来。胚位于种子中作为折叠的片状体而嵌于胚乳中，横断面呈S形，占种子总量的20%～30%。胚乳位于种皮之下，占种子量的68%～78%。胚乳有明显的糊粉层，细胞内含有大量淀粉粒，淀粉粒结合疏松，易于分离。

3. 金荞麦（*F. cymosum*）　当地俗称野荞兰、野兰荞和苦荞头，多年生草本，高约50～300cm。幼苗的下胚轴短，子叶片近扁圆形，宽约1.5～2cm，基部微凹，两侧稍不对称。2个月后下胚轴开始膨大，以后茎基部的节间也参与膨大地下茎的形成。金荞麦膨大的地下茎有两种类型，即根茎型（姜状）和球块型（不规则状），且木质化，呈黑褐色。基部分枝多，茎秆中空，直立或匍匐。基部和中上部叶大多呈卵状三角形或戟状三角形，顶端渐尖，顶部叶呈三角形。花序3～4杈，呈伞房状，聚伞花序簇较密集，顶生、腋生，花柱为长花柱或短花柱。花白色，花梗有关节，花柱异长或等长，雄蕊基部间有蜜腺。粒色有黑色、褐色和红（灰）褐色三种，外皮光滑，无光泽。瘦果长6～8mm，露出于宿存花被的2～3倍。有三种类型：一是呈长三棱锥形，果棱锐，褐色或黑色，三棱基部极尖；二是呈短三棱锥形，果棱钝，黑色；三是呈长三棱锥形，果棱钝，籽粒灰褐色。

王安虎、杨坪和华劲松等（2005—2007）在野外考察中发现金荞麦有另外两种类型：一类是盐源县金荞麦部分群落，表现为叶片上下表面、叶柄的向茎面和背茎面均覆盖有浓密伸长的绒毛，这可能与特殊的生态环境有关；二类是在凉山州的布拖县和冕宁县，在雅安地区的天全县，金荞麦部分群落籽粒大，长宽大于6mm，呈正三角形，籽粒三棱基部的三角极尖，叶色较浓，分枝较多，多集中于植株中下部，植株的茎秆、叶面、叶柄均无绒毛，较光滑。Chen Q. F.（1999）将该类型命名为新种大野荞麦 *F. megaspartanium* Q-F Chen。

4. 硬枝万年荞（*F. urophyllum*） 多年生半灌木，高度多达2m左右。茎直立或攀缘，坚硬，分枝多，老枝木质化，红褐色稍开裂，也有灰色茎。叶有披针状心叶和耳状箭叶，多数植株基部和中下部叶呈披针状心形，中上部叶呈耳状箭形，顶端渐尖或尾状尖，群落中此类型居多。有的整株叶呈披针状心形，有的整株叶呈耳状箭叶。基部叶柄长可达3cm，往上逐渐变短至近无柄。圆锥状聚伞花序簇疏离，花序长而排列稀疏，顶生或腋生，花梗有关节，花白色、红色或粉红色，花柱为长花柱或短花柱，花被片长约2～3mm。果三棱形，长约3.5mm，外皮光滑，有光泽，呈褐色，微露出于宿存花被之外。王安虎等（2006）在普格县考察时发现硬枝万年荞呈草质状，不形成半灌木，多年生，籽粒长约1～2mm，花为白色或粉红色。在木里县发现有开红花、叶片上面有较厚蜡质层的硬枝万年荞。

5. 细柄野荞麦（*F. gracilipes*） 一年生草本。一般株高20～70cm，自基部分枝，具纵棱，疏被短糙伏毛，叶卵状三角形，长2～4cm，宽1.5～3cm，顶端渐尖，基部心形，两面疏生短糙伏毛，下部叶叶柄长1.5～3cm，具短糙伏毛，上部叶叶柄较短或近无梗。托叶鞘膜质，偏斜，具短糙伏毛，长4～5mm，顶端尖。花序总状，腋生或顶生，极稀疏，间断，长2～4cm，花序梗细弱，俯垂；苞片漏斗状，上部近缘膜质，中下部草质，绿色，每苞内具2～3朵花，花梗细弱，长2～3mm，比苞片长，顶部具关节；花被5深裂，淡红色，花被片椭圆形，长2～2.5mm，背部具绿色脉，果时花被稍增大；雄蕊8，比花被短；花柱3，柱头头状。瘦果宽卵形，长约3mm，具3锐棱，有时沿棱生狭翅，有光泽，突出花被之外。2006年，西昌学院野生荞麦资源研究课题组在野生荞麦资源考察中发现康定县分布的细柄野荞聚伞花序簇密集，而凉山彝族自治州及其他地区分布的该野生荞麦聚伞花序簇大多疏离。

6. 齿翅野荞麦（*F. graclipes* var. *odontopterum*） 齿翅野荞麦是细柄野荞麦的变种，与原变种的区别主要是果棱上有粉红色或红色翅。2006年，西昌学院野生荞麦资源研究课题组在野生荞麦资源考察中发现康定县分布的齿翅野荞聚伞花序簇密集，而凉山州及其他地区分布的该野生荞麦聚伞花序簇大多疏离。

7. 小野荞（*F. leptopodum*）一年生草本。茎通常自下部分枝，直立，高 6～60cm，近无毛，细弱，上部无叶。叶片三角形或三角状卵形，长 1.5～2.5cm，宽 1～1.5cm，顶端尖，基部箭形或近截形，上面粗糙，下面叶脉稍隆起，沿叶脉具乳头状突起；叶柄细弱，长 1～1.5cm；托叶鞘膜质，偏斜，白色或淡褐色，顶端尖。花序总状，由数个总状花序再组成大型圆锥花序，苞片膜质，偏斜，顶端尖，每苞内具 2～3 朵花；花梗细弱，顶部具关节，长约 3mm，比苞片长；花被 5 深裂，白色或淡红色，花被片椭圆形，长 1.5～2mm；雄蕊 8，花柱 3，丝形，自基部分离，柱头头状。瘦果卵形，具 3 棱，黄褐色，长 2～2.5mm，稍长于花被。

8. 疏穗小野荞（*F. leptopodum* var. *grossii*）疏穗小野荞麦与原变种小野荞麦的区别是总状花序极度稀疏，植株较高大。

9. 抽葶野荞麦（*F. statice*）多年生草本，高 40～50cm。地下茎有些膨大，呈木质化，块状。地上茎直立，下部节间短，分枝集中在基部，深绿色。叶片多集中在茎和分枝的基部，越向上叶片越小而少。基部的叶柄极长而纤细，向上逐渐变短；基部的叶片圆而肥呈宽卵形或三角形，长 1.5～3cm；上部的叶呈戟形或线形，叶柄较短，叶色深绿。花序分枝，长而纤细，聚伞花序簇，顶生，花梗细长。花白色和粉白色，花被 5 深裂；花被片椭圆形，长 1～1.5mm；雄蕊 8，与花被近等长。籽粒呈正三角形，外皮光滑，有光泽，呈褐色，长、宽 1～2mm。花被宿存。

10. 线叶野荞麦（*F. lineare*）一年生草本。茎细弱，直立，高 30～40cm，具纵细棱，无毛，自基部分枝。叶线形，长 1.5～3cm，宽 0.2～0.5 cm，顶端尖，基部戟形，两侧裂片较小，边缘全缘，微向下反卷，两面无毛，下面中脉突出，侧脉不明显，叶柄长 2～4mm；托叶鞘膜质，偏斜，顶端尖，长 2～3mm。花序总状，紧密，通常由数个总状花序再组成圆锥状；苞片偏斜，长约 1.5mm，通常淡紫色，每苞片内具 2～3 朵花；花梗细弱，顶部具关节，比苞片长；花被 5 深裂，白色或淡绿色；花被片椭圆形，长约 1.5mm；雄蕊 8，比花被短；花柱 3，柱头头状。瘦果宽椭圆形，长约 2mm，具 3 锐棱，褐色，有光泽，微露出于宿存的花被。

11. 岩野荞麦（*F. gilesii*）一年生草本。茎直立，高 80cm 以下，自基部分枝，无毛，具细纵棱。叶心形，长 1～3cm，宽 0.8～2.5cm，顶端圆尖，基部心形，上面绿色、无毛，下面淡绿色，叶脉具小乳头状突起，下部叶叶柄长可达到 5cm，比叶片长，上部叶较小或无毛；托叶膜质，偏斜，长 3～5mm，无毛，顶端尖。总状花序呈头状，直径 0.6～0.8cm，通常成对，着生于二歧分枝的顶端。苞片漏斗状，顶端尖，无毛，长 2.5～3mm，每苞内 2～3 花；花梗细弱，长 3～4mm，顶部具关节；花被 5 深裂，淡红色，花被片椭圆形，长 2～2.5mm，雄蕊 8，比花被短；花柱 3，柱头头状。瘦果长卵形，黄褐色，具 3 棱，微有光泽，长 3～4mm，突出宿存花被之外。

12. 尾叶野荞麦（*F. caudatum*）一年生草本，高 27～170cm，在基部或中下部多分枝，常呈丛生，从基部至顶端均具叶。茎圆柱形或近圆柱形，柔弱，通常斜生或平卧，极少直立，具多条细纵纹，绿色、绿褐色至紫褐色，无毛；节疏散，节间长 1.5～7.6cm。

单叶互生，叶片纸质，阔心形、阔卵状心形、阔卵形、卵形、卵状戟形、三角状戟形、戟形至长戟形，基部的叶较大，向上渐变小，长（1.3～）2.1～6.5cm，宽1.5～5.5cm，先端锐尖、渐尖、长渐尖至尾状渐尖，基部心形、阔心形、浅心形或深心形，两侧裂片较大、圆形，上面绿色或深绿色，下面绿色或灰绿色，两面疏被短毛，基出7～9脉，侧脉6～11条，和主脉一起在上面明显凸起。下部叶叶柄长2.2～5cm，向上的叶叶柄渐变短，长0.5～2.2cm，绿色，无毛，或有时仅在上面疏被短毛，或在上面具凹槽，下面圆形或圆凸。叶鞘半膜质，斜漏斗状，长3～6mm，先端锐尖、短渐尖、渐尖、长渐尖至尾尖，具5～11条细绿色脉纹。总状花序腋生和顶生，长1.7～14.5cm；花序轴纤细，明显四棱柱形，绿色，无毛，有时在中部或中上部具苞叶；苞叶叶状，卵形，长1～1.3cm，宽0.6～0.7cm，先端渐尖或锐尖。花在花序轴上排列疏散，每轮花间距长0.3～2 cm，开放后直径约4mm；苞片斜漏斗状，长2.3～3mm，具3～7条明显或不明显绿色脉纹，中脉在顶部锥状凸起，长0.3～1mm，每苞片内有小花3～5朵；小花梗线形，长2.5～5mm，淡绿色或黄绿色，先端具明显关节，在基部被短毛；花被片5片，白色，深裂至基部，外2片较小，内3片较大，椭圆形、倒卵状椭圆形、长倒卵形，长2～2.5mm，宽1～1.5mm，先端钝或圆形，基部绿色，中部明显具1脉，侧脉明显。雄蕊8，不等长，排为2轮（外轮5枚，内轮3枚）；花丝线形，长1～2mm，无色，无毛；花药椭圆形，长0.2～0.3mm，紫褐色。雌蕊不等长，子房卵状三棱形，长约0.5mm；花柱3，线形，长0.3～1.5mm，无色，无毛，柱头小头状。瘦果椭圆状三棱形或阔卵状三棱形，罕见阔卵状四棱形或椭圆状四棱形，长3～3.5mm，直径2.5～3mm，成熟后红褐色、黑褐色或褐黑色，先端锐尖，基部圆形，花被宿存，紧裹果实，花柱宿存，向下弯曲。

13. 花叶野荞麦（*F. polychromofolium*） 一年生草本，高15～70cm。茎极短或无明显主茎，多分枝，枝长，绿色、绿褐色或紫褐色，无毛。叶肉质、稍肉质或厚纸质，心形、阔心形、卵状心形、阔卵形、卵状三角形、阔卵状三角形，有时横椭圆形、圆形，向上渐变狭，三角形、长三角形、箭状三角形、箭形、狭箭形，长1.5～5.8 cm，宽1.5～5.7 cm；先端钝形，短渐尖、渐尖至尾尖，有时圆形；基部心形、阔心形、箭形；上面绿色，具灰色或灰白色斑块；下面绿色；两面无毛；侧脉5～8对，和主脉一起在上面紫红色、紫褐色或绿色，边缘全缘；叶柄长2.3～10.1 cm，无毛；托叶鞘斜筒状，长5～8 cm。总状花序或总状伞房花序腋生和顶生，长2.5～11 cm，再组成大型疏散的圆锥花序；苞片斜漏斗状，长约4 mm，每包片内有小花2～4朵；花疏散或间断排列，小花梗长4～5 mm，在顶端具明显关节；花被片5片，椭圆形、倒卵状椭圆形、长椭圆形，长(3.2～)3.5～4 mm，宽（1.5～）2～3 mm，通常白色，有时淡紫红色或粉红色，先端钝形或圆形；雄蕊和雌蕊异长；雄蕊8枚，花丝长约2 mm，花药椭圆形、卵状椭圆形或卵形，长约0.25mm，宽约0.2mm；子房卵状三棱形，长约0.5 mm；花柱3枚，长约0.5 mm，柱头小头状。瘦果椭圆状三棱形，有时卵椭圆状三棱形，长约4mm，宽约3mm，黑褐色或黑色，具光泽。花期8～10月，果期9～11月。

本种近似于细柄野荞（*Fagopyrum gracilipes*），但植株茎节密集，主茎极短或无明显主茎，多分枝；叶多形，肉质、稍肉质或厚纸质，叶面具灰白色或灰色斑块；瘦果较大，长约4 mm，宽约3 mm而与荞麦属中现有已知种类具有显著的不同。

14. 苦荞近缘野生种（*F. tataricum* ssp. *potanini*） 一年生草本植物，株高可达160cm，茎秆有棱，棱上有绒毛，植株从基部分枝，一级、二级分枝较多，株型松散。幼苗的下胚轴细长，子叶近圆形，宽约1～1.5cm，基部微凹，两侧近对称。叶片多为宽三角形，基部心形或戟形，一般叶脉正面为红色，反面为绿色。花序不分枝或分枝呈伞房状，聚伞花序簇较密集，顶生或腋生；花梗无关节，花淡绿色，花柱等长，雌蕊3枚，雄蕊8枚，花药红色，雄蕊基部之间有蜜腺。瘦果主要有两种类型：一类籽粒具三棱，每棱上有1～3个大小不等的刺，有纵沟3条，表面粗糙，长4～5mm，宽3～4mm，露出于宿存的花被约2.5倍，呈棕色或灰色。另一类籽粒具三棱，棱角钝，有纵沟3条，表面光滑，长4～5mm，宽3～4mm，露出于宿存的花被约2.5倍，呈黑色或褐色，无光泽。

15. 甜荞近缘野生种（*F. esculentum* ssp. *ancestralis*） 一年生草本植株，株高可达150cm，基部分枝多。幼苗的下胚轴长，子叶片近肾形，宽约0.8～1.2cm，基部微凹，两侧极不对称。叶片卵状三角形，基部心形或戟形，主要集中在中部，上部叶片较小而少，下部叶柄极长，向上逐渐变短至无柄。花序分枝成伞房状或圆锥状，聚伞花序簇密集；花白色或淡红色，花梗细，有关节，雄蕊基部之间有蜜腺，花柱异长或等长。果长大于2～5mm，露出于宿存花被2倍以上。瘦果形状变化大，主要有四种类型：一类呈三棱锥，三棱基部棱角微尖，棱锐，瘦果长约4～4.5mm，宽3～4mm，呈黑褐色，外皮光滑，无光泽；二类呈三棱锥，棱锐，三棱基部极尖，瘦果长约4～4.5mm，宽3～4mm，呈褐色，外皮光滑，无光泽；三类呈三棱锥，棱钝，瘦果长而细，长4～4.5mm，宽3～4mm，呈褐色，外皮光滑，带细条纹，无光泽；四类呈三棱锥，棱钝，瘦果长3～4mm，宽2～3mm，呈黑褐色，外皮光滑，无光泽。

16. 皱叶野荞麦（*F. crispatofolium*） 一年生草本植物。株高65～88.5cm，直立、斜生或平卧，基部或中下部多分枝。茎枝圆柱形，具细纵棱纹，绿色、绿褐色或紫褐色，被白色短毛和疏长毛，从基部至顶端均具叶；节稀疏或较密集，节间长（0.5～）1.4～6.2（～8.2）cm。单叶互生，叶片纸质，阔卵形、卵形，有时近圆形或长卵形，长(2.0～)2.7～7.7cm，宽（1.5～）2.1～6.8cm，先端短渐尖、锐尖或有时渐尖，基部深心形或阔心形，两侧耳状基部圆形或钝形，上面深绿色或绿色，泡状突起，下面绿色，两面疏被直立长毛，基生脉7～9条，侧脉5～8对，在上面和网脉一起凹陷，下面凸起，边缘皱波状，具不规则深波状、波状、浅波状圆齿或小圆齿；叶柄长（2.2～）2.9～7.8（～8.3）cm，绿色或绿褐色，疏被白色长柔毛，或上面具细凹槽，疏被直立长毛，下面圆凸，无毛。托叶鞘半膜质，斜生，一侧开口，长4～8mm，具7～16条绿色脉纹，密或疏被长毛，先端渐尖、长渐尖至尾状渐尖。总状花序腋生或顶生，长（1.5～）2.5～4.7cm，花序轴绿色、褐绿色或绿褐色，四棱状，密或疏被长毛和短毛；苞片斜漏斗状，长2.5～3mm，具3～7条绿色脉纹，中脉凸出呈小尖头，每苞片内有小花3～5朵；花密集或较密集，着生于花序轴上部至顶部；小花梗线形，长2～4mm，无色，无毛，在顶端具明显或不明显关节；花被片5（外面2片较小，内面3片较大），椭圆形、阔卵形、阔卵状椭圆形、阔倒卵形，长1.8～2mm，宽（1～）1.2～1.8（～2）mm，除基部绿色或淡绿色外，白色、淡粉红色，先端钝或圆形；雄蕊8，排为2轮（外轮5，内轮3），花丝长1～1.5mm，无色，无毛，花药椭圆形，长0.2～0.3mm；雌蕊子房卵状三棱形，长

0.5～0.7mm，淡绿色或黄绿色，花柱长约1mm，无色，无毛，柱头小头状。瘦果圆状三棱形、卵圆状三棱形或阔卵圆状三棱形，长（2.5～）2.7～3mm，直径2.4～2.7mm，成熟后黄褐色、黑褐色至黑色，被宿存花被紧裹；花柱宿存，向下弯曲。花期9～11月，果期10～11月。

17. 密毛野荞麦（*F. densovillosum*） 一年生草本。株高17～70cm，基部或中下部多分枝，全株密被白色直立长毛，从基部到顶部均具叶。茎通常直立，有时斜生或近平伸，圆柱形，具多条纵细棱纹和细凹槽，红褐色，密被白色直立长毛；节较密集，节间较短，通常长1～4.5（～6.8）cm。单叶互生，纸质，阔卵形、心形、阔心形、阔卵状心形、卵形、长卵形、三角状卵形或卵状三角形，长（0.9～）1.7～5.5（～6）cm，宽（0.7～）1.2～4.6（～5.1）cm，先端渐尖、短渐尖、锐尖，基部心形、阔心形，有时截平或心状截平，两侧耳状裂片通常不下垂，两面密被白色直立长毛，上面具细皱纹，明显小泡状突起，绿色或深绿色，下面绿色或灰绿色，基生叶脉7～9条，侧脉（5～）6～9对，和网脉一起上面凹陷，下面突起，边缘全缘，有时微波状；叶柄长（0.5～）2.6～5.3（～7.5）cm，红褐色、绿褐色，密被白色直立长毛，上面具细凹槽，下面近圆凸或三角状突起；叶鞘厚膜质，斜筒状，长6～9 cm，具绿色脉纹9～15条，密被长毛，先端长渐尖至尾尖，或有时近芒状尾尖，通常单一，有时二裂。总状花序腋生和顶生，长2～12cm；花序轴四棱状，绿色、绿褐色或淡褐色，密被白色长毛或短毛，具浅凹槽，有时在中部或中上部具一叶状苞叶；苞叶阔卵形或卵形，长0.7～1.4 cm，宽0.5～1.2cm，密被短毛，先端渐尖、短渐尖或锐尖，基部心形，基生叶脉7～9条，边缘全缘，具长1～2.5 mm的柄，密被短毛。花在花序轴上排列疏散或较密集，每轮间距（0.15～）0.2～1.8 cm；苞片斜漏斗状，长2～3mm，被短毛，明显具三条绿色脉纹，中部一脉较粗，向上突起呈先端渐尖，每苞片内有小花2～4朵；小花梗线形，长1.5～2.5 mm，淡绿色或无色，无毛，顶端关节不明显；花被片5，椭圆形、卵形、卵状椭圆形，长1.3～2 mm，宽1.1～1.5（～1.8）mm，白色、粉红色，先端钝形，锐尖，基部圆形；雄蕊8，花丝线形，长约1mm，无色，花药红褐色或褐色，椭圆形；子房卵状三棱形，长约0.5 mm，淡绿色或黄绿色，花柱3，长0.5～0.6 mm，无色，无毛，株头小头状。瘦果黑褐色或黑色，阔卵状三棱形、卵圆状三棱形、椭圆状三棱形，长（1.8～）2～2.5 mm，直径（1.5～）1.8～2 mm，中下部或中部膨大，表面光滑，具光泽，先端钝形，基部圆形，棱脊突起。花被片紧包裹果实，厚膜质，宿存，花柱向下紧贴果实弯曲，宿存。花期7～10月；果期8～11月。

18. 大野荞麦（*F. megaspartanium*） 多年生半灌木，二倍体，$2n=2x=16$。球状根茎，木质。茎平卧，被蜡粉，无毛，光滑，坚实。秆长50～150 cm，有时长可达200～300 cm。枝条较少而粗。叶三角形，全缘；中下部叶较大，约为（52～83）mm×（61～94）mm；叶柄长约45～135 mm；叶正面无毛，叶背、叶柄、枝条无毛或稀被毛；托叶鞘筒状，端部钝，褐色，较长，为10～12 mm。总状花序。花梗2.5～3.5 mm，有关节。花白色，直径约7.0～7.5 mm。花被5深裂，被片椭圆形，长约3.5～4 mm。蜜腺发达，黄色。花柱异长。子房三棱。花柱3，柱头头状。雄蕊8，内轮3、外轮5。自交不育。长花柱花，雌蕊长约4.5 mm，雄蕊长约1.5 mm；短花柱花，雌蕊长约1.5 mm，雄蕊长约

3 mm。瘦果长出宿存被片 1 倍以上，三棱形，尖锐，光滑，黑色，大小约为（6～8）mm ×（5～6）mm，于成熟前自然落粒。该种植株形态变异较大，有直立、半直立、平卧等类型；花期有春秋开花，也有仅秋季开花的；果实有棱尖和钝两种类型，果实颜色有黑色和褐色等。其共有特征是植株十分繁茂，再生力很强，分枝较粗，叶、花、果都较大，叶及叶柄等柔毛较少。这是金荞麦的主要种类和最常见种类。

本种极类似于 *F. cymosum* Meisn，但本种为二倍体，球状根茎，茎平卧，叶、花、果较大。本种也极类似于 *F. pilus* Q. F. Chen，但茎平卧、坚实、被蜡粉，叶、花、果都较大，叶背、叶柄、枝条稀被毛或无毛，成熟果实光滑、富有光泽。

该种分布较为广泛，主要分布于中国陕西以南、云贵高原、青藏高原，以及尼泊尔、不丹、印度、越南、泰国等地。

19. 左贡野荞（*F. zuogongense*）　一年生草本。四倍体，$2n=4x=32$，株型铺散，有疏松、细长而平展的枝条。根细。茎平卧，低位分枝，无毛或稀被短柔毛，秆长约 50～100 cm。叶三角形，全缘，两面均无毛。中部叶较大，长约 42～71 mm，宽约 44～93 mm，叶柄长 38～115 mm。往上部，叶变小，叶柄变短。托叶鞘筒状，膜质，端部圆钝，较短，为 3～5 mm。总状花序。花梗长 2.5～3.0 mm，有关节。花白色，直径约 4.5～5.0 mm。蜜腺黄色，8 个。花被 5 深裂，花被片椭圆形，长约 3.0 mm。雄蕊 8，内轮 3、外轮 5，短于花被片，长 2.0 mm。子房三棱，花柱 3，柱头头状。花柱同长，自交可育。瘦果黑褐色，三棱形，表面密被白色短柔毛，长约等于宽，为 4～5 mm，超出宿存花被片 1 倍以上，于成熟前自然落粒。本种极类似于甜荞（*F. esculentum* Moench），但本种为天然四倍体，植株枝条细长、平卧，花小，花柱同长，自交可育，种子外被短柔毛。该品种主要分布于西藏左贡等地。

20. 毛野荞（*F. pilus*）　多年生半灌木，二倍体，$2n=2x=16$。球状根茎，木质。茎直立，红色，秆长 50～120 cm。分枝较多，枝条较细长，纵沟明显。叶三角形，全缘，中下部叶较大，为（27～53）mm×（26～61）mm，叶柄长 40～145 mm。枝条、叶背、叶柄密被短柔毛。托叶鞘筒状，端部钝，褐色，较短，2～9 mm。总状花序。花梗长约 2～3 mm，有关节。花白色，直径约 4～5 mm。花被 5 深裂，被片椭圆形，长约 3 mm。蜜腺 8，发达，黄色。花柱异长，柱头头状。雄蕊 8，外轮 5、内轮 3。长花柱花，雌蕊长约 2.5 mm，雄蕊长约 1 mm。短花柱花，雌蕊长约 1.2 mm，雄蕊长约 2.5 mm。瘦果长出宿存被片 1 倍以上，三棱形，尖锐，光滑，黑褐色，大小约为（5～6）mm×（3～4）mm，于成熟前常自然落粒。

该种的植株之间形态变异较小，植株与大野荞相比较矮小，最主要的识别特征是植株直立，分枝较细，叶、花、果较小，叶背面和叶柄上密被柔毛。主要分布于西藏的工布江达、米林、林芒、波密、察隅等地。

21. *F. esculentum*　陈庆富等（2004）认为，*F. homotropicum* Ohnishi 实际上是栽培甜荞的变种 *F. esculentum* var. *homotropicum*（Ohnishi）Q-F Chen。

22. *F. pleioramosum*　该种首先在四川茂县一村路边发现。似乎是茂县、汶川等岷江流域上游的本地种，常常生长在路边或农田边缘，有很多从基部节发出的分枝，水平伸展其长达 1m，分枝匍匐于地上。该种花柱异长，但自交可育，在 10～11 月可以结很多小

（长3.1～3.6mm）的种子于聚伞花序上。形态学上，该种类似于 *F. gracilipes* Hemsl，但是可以通过非直立和长分枝进行区分。该种托叶鞘被柔毛，与 *F. gracilipes* 和 *F. capillatum* 相似，但是该种托叶鞘上柔毛较稀，茎上无柔毛，从而区别于茎均被柔毛的 *F. gracilipes* 和 *F. capillatum*。该种分布局限于岷江上游山谷。

23. *F. callianthum* 该种在叶片形态上稍微不同于其他已知荞麦种类。从同工酶和ctDNA分析上看，该种也近缘于 *F. gracilipes*。该种叶片上有5个主脉，不同于通常的7个主脉。该种的托叶鞘透明，具有几个绿色的条纹，这种特征在 *F. gracilipes*、*F. callianthum* 和 *F. pleioramosum* 中常见。但该种托叶鞘无柔毛，而区别于其他种类。正如名称所显示的那样，该种的花相对大（3.8～4.5mm长），而且在野生荞麦种中最漂亮。植株不高，通常小于50cm，而且常常直立。该种也是花柱异长，但是自然条件下自交可育，而且所结种子相对大，并被宿存花被片完整覆盖。该种首先发现于岷江上游四川汶川县的雁门山村，在杂谷脑河谷相对普遍分布。生长于干旱的山坡或悬崖，偶尔见于农田。

24. *F. capillatum* 该新种形态学上类似于 *F. gracilipes*，但严格直立，常常高于1m。该种为二倍体（$2n=16$），与大多数其他野生种类一样是花柱异长，自然状况下为异花传粉，秋季在聚伞花序上结很多种子。托叶鞘和茎上的柔毛没有 *F. gracilipes* 明显。叶片卵形，不同于叶片心形或箭形的 *F. gracilipes*。到目前为止，该种仅发现于云南的永胜县和丽江县，与 *F. esculentum* ssp. *ancestralis* 的分布区相同。从同功酶和ctDNA分析上看，该种近缘于 *F. gracilipes*。

25. *F. rubifolium* 该新种近缘于 *F. gracilipes*，仅发现于四川的马尔康。其成熟期以红色的叶子为特征，特别是在像马尔康那样的冷环境下更是如此。该种有小而厚的叶片、细长而且密被柔毛的茎，叶片仅可见主脉，不同于 *F. gracilipes*。在 *F. gracilipes* 中小脉连接侧脉是很明显的。

26. *F. macrocarpum* 该新种与 *F. pleioramosum* 和 *F. callianthum* 近缘。该种植株的营养器官（叶和分枝）类似于 *F. pleioramosum*，但繁殖器官（花和果）类似于 *F. callianthum*。该种的子叶形状是圆形，叶反面被柔毛，不同于 *F. callianthum* 的长圆形子叶和叶反面无柔毛特征；托叶和叶片正面均无柔毛，而不同于 *F. pleioramosum* 托叶和叶片正面均有毛的特征。该种花柱异长，但自交可育。分布于四川岷江上游的马尔康、理县、汶川、茂县等地区。

27. *F. gracilipedoides* 该新种在形态上类似于 *F. gracilipes* Dammer 和 *F. capillatum* Ohnishi，但不同于 *F. gracilipes* 的特征是花柱异长、自交不亲和，不同于 *F. capillatum* 的特征是叶、花、瘦果较小。一年生，花柱异长，异花授粉。植株高20～50cm，矮于 *F. capillatum*（60～150cm），产生很多小白花。叶缘箭形至卵形。茎、托叶鞘和叶与 *F. gracilipes* 一样密被柔毛。瘦果长不到3mm。染色体数 $2n=16$。该种分布主要局限在云南丽江地区。该物种首先在云南丽江地区宝山村由 T. Ohsako 于1997年10月30日发现，现保存于日本京都大学植物种质资源研究所标本室（标本号 Ohsako＃97-55）。

28. *F. jinshaense* 该物种在形态学上类似于 *F. gilesii* Hemsl. 和 *F. leptopodum* Diels.，但区别于 *F. gilesii* 的特征是类穗状花序，区别于 *F. leptopodum* 的特征是肉质的

无光泽的叶。一年生，植株高5～30cm，产生很多稀疏的白色花朵，花柱异长、异花授粉。叶缘箭形，肉质，无光泽和无柔毛。植株基部的茎稍微有丝状物，植株上部茎尤其是花枝光滑有蜡质。瘦果长小于1.5mm。染色体数$2n=16$。该种主要分布于云南德钦地区，四川得荣和巴塘地区，西藏芒康地区。该物种由Ohnishi于1997年10月4日首先在云南德钦地区奔子栏村发现，现保存于日本京都大学植物种质资源研究所标本室（标本号Ohnishi＃97-60）。

第三节　荞麦的分布

荞麦在我国农业生产中占有重要的地位，分布极为广泛，从南到北，从东到西，从平原到山区，从亚热带到温带寒冷地区都有种植。海拔垂直分布自几十米的东海之滨到超过4 400m的青藏高原都有荞麦的踪迹。特别是山区、高寒冷凉地区，在不能种植水稻、小麦、玉米等大宗高产作物的地区，荞麦是该地区的重要农作物之一，因其抗逆性强、适应性广、耐瘠薄耐粗放等许多优点，成为生产条件较差的广大地区大量种植的作物。荞麦虽不是禾本科作物，但其籽粒饱满，含有淀粉、糖、氨基酸和多种微量元素等人体所需的营养物质，因此被视为粮食作物。

据史书记载，我国东北、华北的辽宁、吉林、黑龙江、山西等省历史上以种植甜荞为主；西南、西北的云南、四川、贵州、青海、甘肃和西藏等省、自治区以种植苦荞为主；气候温热的广东、广西、海南及台湾等省、自治区的山区也有零星甜荞种植。荞麦的种植区域比较集中，这与当地的自然气候、生态环境、人文地理和饮食文化有着密切的关系。

一、苦荞的分布

苦荞主产区的云南、四川、西藏、贵州、青海等省、自治区是荞麦的起源中心地，同时也是荞麦的集中产区，从《中国荞麦品种资源目录》第一辑和第二辑（截至1995年），共收集的2 749份荞麦品种资源（其中不包括野生种）看，苦荞资源占到荞麦资源总数45%以上的有四川、贵州、云南、西藏、青海、甘肃，该6省、自治区的荞麦资源占参加征集入库21个省、自治区及中国农业科学院荞麦资源的28.57%；苦荞资源占到荞麦资源总数33.5%的有宁夏、陕西、湖北、湖南，该4省、自治区荞麦资源占总体的19.04%；完全没有或只有1～2份苦荞资源的有6个省份（表3-1）。据此足以表明中国的西南、西北地区荞麦资源极其丰富（图3-5）。

苦荞能成为这些地区的主要栽培作物之一是因为：一是苦荞抗逆性和适应性强。栽培苦荞多分布在海拔2 000m以上的地区，高的可达3 500m（云南），最高的西藏达4 400m，野生苦荞可达4 900m。二是耐粗放栽培。苦荞主产区的云贵高原、黄土高原和青藏草垫冻土高原海拔高、气温低、土地瘠薄，加之高寒山区地广人稀、劳力紧缺、耕作技术落后、粗放生产、广种薄收，导致不能种植高产作物。但这些地区如云南的宁蒗、香格里拉；四川的布拖、盐源；贵州的威宁、兴义；西藏的许多县(区)，苦荞的播种面积仍占该地

表 3-1　中国苦荞种质资源统计分布表

项目	荞麦资源总数（份）			占比（%）		备注
	合计	甜荞	苦荞	甜荞	苦荞	
黑龙江	24	24	0	100	0	
吉林	164	164	0	100	0	
辽宁	75	74	1	98.6	1.33	
内蒙古	297	289	8	97.3	2.69	
中国农业科学院	140	42	98	30.0	70.0	
西藏	46	14	32	30.4	69.6	**
山西	396	283	113	71.4	28.59	
陕西	298	205	93	68.8	31.2	*
甘肃	206	112	94	54.3	45.6	**
青海	90	39	51	43.3	56.6	**
新疆	30	30	0	100	0	
四川	210	39	171	18.5	81.42	**
安徽	90	85	5	94.4	5.55	
江西	66	64	2	96.9	3.0	
贵州	98	29	69	29.5	70.4	**
云南	189	58	131	30.6	69.3	**
湖北	110	75	35	68.1	31.8	*
河北	124	124	0	100	0	
宁夏	18	11	7	61.1	38.8	*
湖南	14	9	5	64.2	35.7	*
广西	64	58	6	90.6	9.3	
合计	2 749	1 828	921	66.4	33.5	

资料来源：林汝法，2000 年。**：苦荞占 45%以上；*：接近或超过 33.5%。

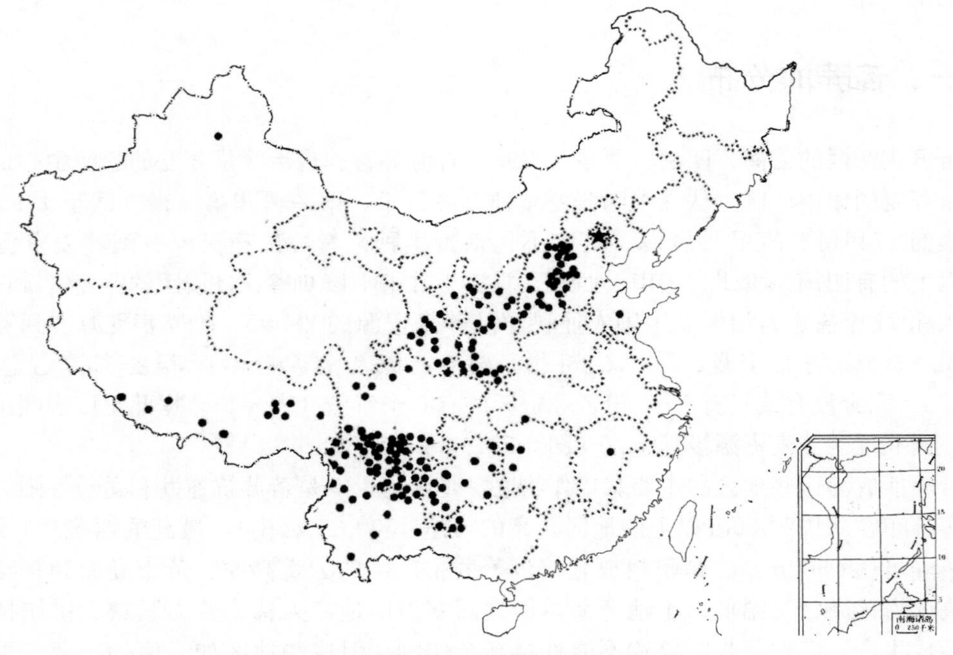

图 3-5　中国苦荞种质资源分布示意图
（仿林汝法，2000）

区粮食种植面积的20%～40%，产量占15%～30%。苦荞成为当地的主要粮食作物之一。

在苦荞主产区中，云南省苦荞栽培历史悠久，面积大，品种资源丰富，生产潜力大。据统计，云南的苦荞生产，1946年种植面积为4.74万hm^2，总产7 700t，单产162.4kg/hm^2；新中国成立后生产得到了很大的发展，1956年苦荞面积发展到20.09万hm^2，占全省总面积的6%，10年增加了4.24倍；总产145 084t，单产722kg/hm^2，分别增加了18.8倍和4.5倍。1963年全省苦荞种植面积21.547万hm^2，总产121 929t，单产659kg/hm^2。自1966年以来，云南苦荞生产经过几起几落的动荡，面积锐减，产量下降，多年处于低谷徘徊状态。至1980年，随着全省农业生产的好转，主要粮食作物产量稳定增加，苦荞生产也走出低谷，面积、产量逐步回升，苦荞生产摆脱了多年的停滞状态，到1995年，已恢复到10.818 0万hm^2，总产量113 890t，单产达到1 053kg/hm^2。近年来，在改革开放和市场经济的推动下，苦荞生产呈现出飞速发展的势头，1998年种植面积、产量更上一层，达到13.386 0万hm^2，总产155 096t、单产1 158kg/hm^2，面积、总产和单产分别比1995年又增长了23.74%、36.18%和9.97%。初步形成了在稳定面积的基础上提高单产，在提高单产的基础上增加总产的良性循环，较好地突出云南苦荞生产的优势。

四川凉山彝族自治州气候冷凉，低温多雨，土壤瘦薄，粮食作物以马铃薯、苦荞、燕麦为主。全州常年种植苦荞4.33万hm^2，主要分布在海拔2 200～3 555m的高寒山区。1977年以前，单产在600～900kg/hm^2，后来在合理密植、增施肥料、加强田间管理技术措施下，平均单产达2 250kg/hm^2，比原来翻了2.5～3.5倍。布拖县高产示范81.3hm^2，平均单产3 090kg/hm^2，其中3.5hm^2平均单产达3 645kg/hm^2，说明苦荞增产潜力巨大。

二、甜荞的分布

甜荞属小宗作物，但分布较广，在欧洲和亚洲一些国家，特别是在食物构成中蛋白质匮缺的发展中国家和以素食为主的亚洲国家是重要的粮食作物。据联合国粮农组织统计，目前全世界甜荞总面积约700万～800万hm^2，总产量500万～600万t。

甜荞主产国是俄罗斯、中国、乌克兰、波兰、法国、加拿大和美国等。法国和加拿大甜荞种植面积各约10万hm^2；美国种植面积约5万～6万hm^2，平均公顷产量约800～900kg，总产约8.9万～9万t；日本种植面积约3万hm^2，平均公顷产量约750kg，总产约2万～3万t。

甜荞在我国分布极其广泛，主要分布在内蒙古、陕西、山西、甘肃、宁夏、云南等省、自治区（图3-6）。但主产区比较集中，其中面积较大的是以武川、固阳、达尔罕茂明安联合旗为主的内蒙古后山白花甜荞产区，以奈曼旗、敖汉旗、库伦旗、翁牛特旗为主的内蒙古东部白花甜荞产区和以陕西定边、靖边、吴旗，宁夏盐池，甘肃华池、环县为主的陕甘宁红花甜荞产区。我国出口的甜荞主要来自这三大产区。除此之外，云南曲靖也是我国甜荞产区之一。我国甜荞常年种植面积约70万hm^2，总产量约75万t，面积和产量居世界第二位。

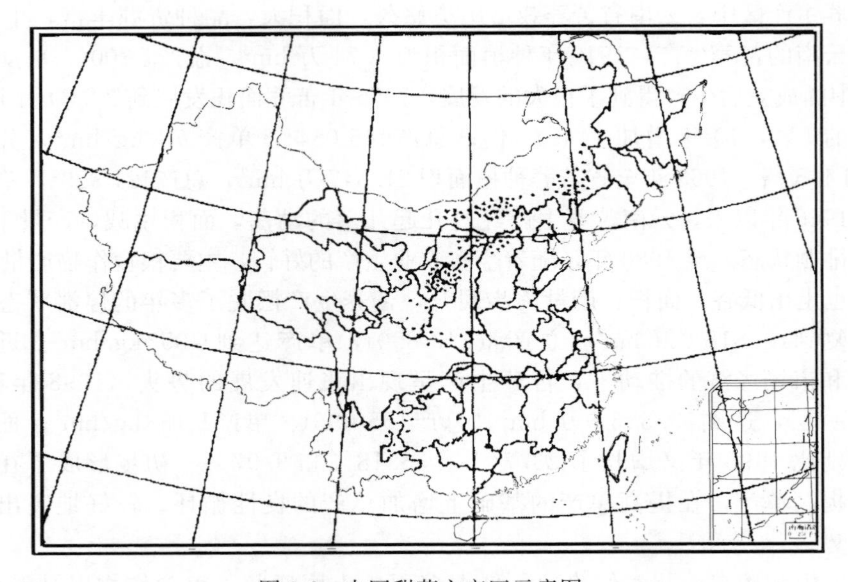

图 3-6　中国甜荞主产区示意图

（注：此书中所附产区示意图仅为有关杂粮作物的主产区示意，而非严格意义上的行政区图）

三、荞麦近缘野生种的分布

中国荞麦近缘野生种主要分布于云南、四川、贵州和西藏。近年来，随着荞麦科研力量的加强、科研手段的提高和科学研究的深入，对荞麦近缘野生种的考察研究已更全面、更系统和更深入。王莉花等（2000、2003、2004）多次对云南省的荞麦近缘野生种进行了全面、系统、深入的考察和搜集，详尽报道了云南荞麦近缘野生种的植物学特征和种类之间的亲缘关系。王安虎等（2008a、2008b）详尽考察了四川省 3 个州和 3 个地区荞麦近缘野生种的地理分布和生态环境。Chen Q. F. 等（1999）对西藏和四川的荞麦近缘野生种进行了考察研究。Ohnishi 等（1991、1995、1998、2002）在中国云南、西藏和四川等地考察了荞麦近缘野生种。通过大量翔实的科学考察，明确我国荞麦近缘野生种的主要分布规律。

（一）四川野生荞麦的地理分布

王安虎等（2005—2008）对四川野生荞麦资源进行了考察研究，夏明忠、王安虎（2008）详细阐述了四川野生荞麦资源的分布特性和分布规律。

1. 四川野生荞麦的分布特点　四川地形地貌、生态环境和气候类型复杂多样，在不同气候环境条件下野生荞麦资源分布的种类、数量和密度有较大区别，其分布的主要特点：一是四川野生荞麦分布范围极广，几乎遍及各地（市、州）；二是每个种分布范围不同，有些种分布范围相当窄；三是四川野生荞麦呈两个主要分布中心，即川西南和川北部分布中心（图 3-7）。

2. 四川野生荞麦的分布中心　四川野生荞麦呈两个分布中心，即川西南和川北部分

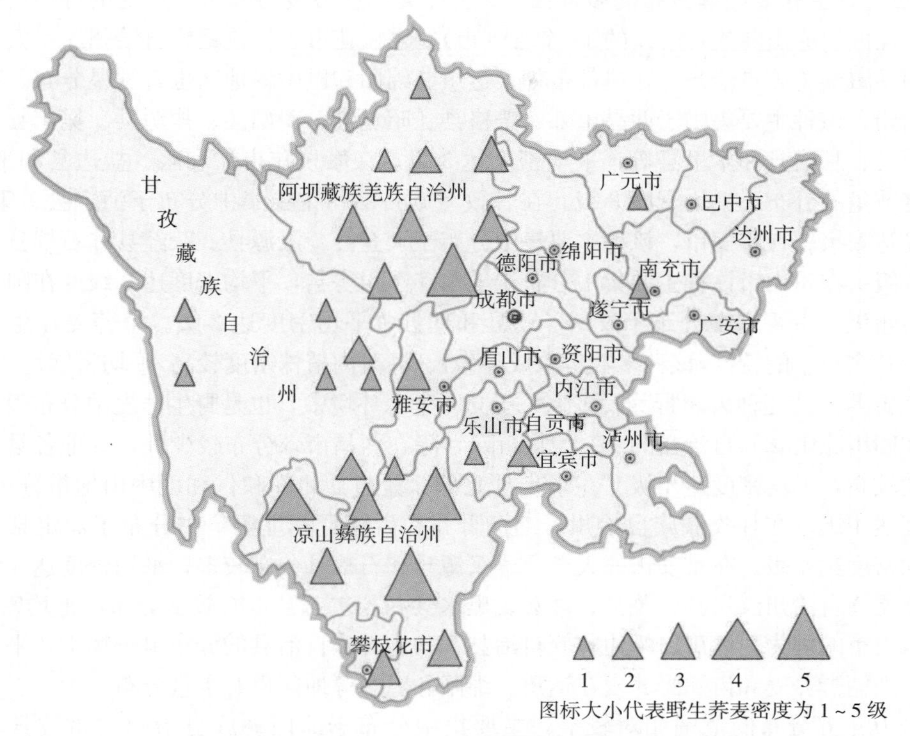

图 3-7　四川省野生荞麦资源地理分布的两个主要中心

布中心（3-7），每个分布中心野生荞麦资源的种类多，每个野生荞麦种的生长密度高。

第一个中心是川西南（包括攀枝花地区的攀枝花市、米易、盐边和凉山彝族自治州的会理、会东、宁南、布拖、金阳、雷波、盐源、冕宁、喜德、甘洛等），是四川多数已知野生荞麦资源的分布地带，分布有7个种、2个变种和2个亚种，即金荞麦（*F. cymosum*）、硬枝万年荞（*F. urophyllum*）、线叶野荞麦（*F. lineare*）、细柄野荞（*F. gracilipes*）、抽葶野荞麦（*F. statice*）、小野荞麦（*F. leptopodum*）、岩野荞麦（*F. gilesii*）、齿翅野荞麦（*F. graclipes* var. *odontopterum*）、疏穗小野荞麦（*F. leptopdum* var. *grossii*）、苦荞野生近缘种（*F. tataricum* ssp. *potanini*）、尾叶野荞麦［*F. caudatum*（Sam.）A. J. Li，comb. nov.］和甜荞野生近缘种（*F. esculentume* ssp. *ancestralis*）。该地区抽葶野荞麦、尾叶野荞麦、线叶野荞麦和苦荞近缘野生种的群落数很少，群落内植株密度小。

第二个中心是四川北部的阿坝藏族羌族自治州（包括茂县、汶川、理县、黑水、松潘、红原、金川、阿坝等县），分布有6个种、2个变种和2个亚种，即金荞麦（*F. cymosum*）、硬枝万年荞（*F. urophyllum*）、细柄野荞（*F. gracilipes*）、小野荞麦（*F. leptopodum*）、尾叶野荞麦［*F. caudatum*（Sam.）A. J. Li，comb. nov.］和花叶野荞麦（*F. polychromofolium* A. H. Wang，M. Z. Xia，J. L. Liu & P. Yang，sp. nov.），齿翅野荞麦（*F. graclipes* var. *odontopterum*）、疏穗小野荞麦（*F. leptopodum* var. *grossii*），以及苦荞野生近缘种（*F. tataricum* ssp. *potanini*）和甜荞野生近缘种（*F. esculentume* ssp. *ancestralis*）。该地区小野荞麦、疏穗小野荞麦、硬枝万年荞和齿翅野荞麦的群落数很少，群落内植株密度小。

3. 四川野生荞麦地理分布的多样性 金荞麦是野生荞麦分布最为广泛的种类之一，其主要分布在四川凉山彝族自治州的17个县（市）、攀枝花市、甘孜藏族自治州、雅安市、乐山市和阿坝藏族羌族自治州。在成都市郊、达川、绵阳和巴中等地区也有零星分布。在凉山彝族自治州，该种主要集中于西昌市郊、普格县、昭觉县、美姑县、盐源县、冕宁县、喜德县、越西县、甘洛县和木里县等，平均密度达3级。在攀枝花市仁和区、盐边县和米易县，也有一定数量的分布，平均密度3级。在甘孜藏族自治州主要集中分布于泸定县、康定县，平均密度达3级。在雅安市，该种主要集中分布于天全县、汉源县、荥经县和石棉县，平均密度达3级。在乐山市该种主要集中分布于犍为和沐川等县，平均密度达2级。在阿坝藏族羌族自治州该种主要集中分布于汶川、茂县和理县，平均密度达2级。金荞麦在生长过程中，由于其多年生的特性，该种多数集中成片生长，群落内植株密度较高，平均密度达3级。

细柄野荞及其变种齿翅野荞大多生长于同一生态环境中，也是野生荞麦中分布很广泛的种类，在四川凉山彝族自治州的17个县（市），除在西昌市郊分布较少外，其他各县分布的平均密度较高，平均密度达4级。在米易县北部、盐边县北部和仁和区中山地带分布较多，平均密度达4级。在甘孜藏族自治州，细柄野荞和齿翅野荞主要集中分布于泸定县和康定县，平均密度达4级。在雅安市的天全县、汉源县和石棉县分布较多，平均密度达4级。在阿坝藏族羌族自治州汶川县、茂县、理县、黑水县和若尔盖县也有较多分布，平均密度达3级。在乐山市的犍为、沐川、峨边彝族自治县和马边彝族自治县的分布也较集中，平均密度达3级。细柄野荞麦和齿翅野荞麦在达川、绵阳和巴中等地区也有少量分布。

硬枝万年荞分布的范围相对较窄，主要集中分布于凉山彝族自治州的雷波县、金阳县、普格县、会东县、会理县、冕宁县、喜德县、盐源县和木里县，平均密度达2级。在木里县，硬枝万年荞分布在2 500m左右的海拔范围，开红花，叶片蜡质层较厚，籽粒较大，长、宽约3～4mm。在盐边县北部区域也有一定数量的分布，平均密度达3级。在阿坝藏族羌族自治州，硬枝万年荞的分布范围较窄。

小野荞和疏穗小野荞的分布具有一定的地域性，在凉山彝族自治州金沙江沿岸的会东县、会理县、宁南县、金阳县和雷波县分布较多，平均密度达4级；在普格县和冕宁县也有较多分布。在攀枝花市的仁和区北部、东区、金沙江峡谷和雅砻江峡谷区域有分布，平均密度达3级。在雅安市的汉源县和石棉县大渡河边也有零星分布。在乐山市和阿坝藏族羌族自治州分布数量极少，分布区域很窄。

苦荞近缘野生种主要分布在甘孜藏族自治州和阿坝藏族羌族自治州，在甘孜藏族自治州的康定县和雅江县有较多分布，平均密度达4级。在阿坝藏族羌族自治州的理县、小金县、若尔盖县、九寨沟县和松潘、茂县和汶川等县分布较多，平均密度达3级。在凉山彝族自治州有零星分布。苦荞近缘野生种主要有两种类型：一种籽粒带刺，表面粗糙；另一种不带刺，表面较光滑。两种类型的分布范围较广，群落数较多，群落内植株的密度大。

甜荞近缘野生种主要分布在凉山彝族自治州、甘孜藏族自治州和阿坝藏族羌族自治州。在凉山彝族自治州的雷波县、金阳县、盐源县和冕宁县有较多分布，平均密度3级。在甘孜藏族自治州的康定县有分布，平均密度达2级。在阿坝藏族羌族自治州的若尔盖县和九寨沟县也有一定数量分布，平均密度达2级。甜荞野生近缘种的籽粒有两种类型：一类果棱锐，三棱基部极尖；另一类果棱钝，瘦果带灰色花纹。

岩野荞麦、抽葶野荞麦和线叶野荞麦主要分布于金沙江沿岸的雷波和金阳等县，分布的范围很窄，但群落内植株数量较多。花叶野荞麦是西昌学院野生荞麦资源研究课题组成员新发现的荞麦属一新种，主要分布于汶川县，群落内植株的数量较多，平均密度达4级。

（二）云南荞麦近缘野生种的地理分布

王莉花等（2004）对云南省的野生荞麦资源进行了详细考察研究后，对该省野生荞麦的分布特点和生态环境的多样性提出了较为系统的理论。

1. 云南野生荞麦的分布特点 云南地理环境和生态气候的多样性，孕育了云南荞麦野生种、亚种和变种地理分布和生长习性的多样性，但云南野生荞麦资源分布总体呈如下三个特点：①云南野生荞麦资源分布范围极广，群体较大，全省海拔 500～3 500m 的广大地区均有分布，尤其在2 000m 左右的冷凉山区分布最多，无论田埂、路边、山坡和水边随处可见，并且许多分布地已形成较大的野生荞麦群落，甚至成为当地的主要植物群，有些还是地方特有种。②不同的荞麦野生种在云南分布范围不尽相同，有些种分布范围相当广，几乎遍及全省各地市（州），有些种分布范围相当窄，只在个别地方找到 1～2 处。③虽然野生荞麦资源在云南分布范围很广、分布数量很多，但其种数的分布和分布点却又比较集中，主要集中分布在滇中的昆明、玉溪和滇西的高海拔冷凉山区。而且多数种主要生长在干旱、贫瘠、无其他杂草丛生的碎石堆上。

2. 云南野生荞麦的地理分布中心 不同的野生荞麦种、亚种和变种在云南地理分布的范围不同，但从其种数和分布点上来看，却集中为两个主要的地理分布中心（图 3-8）。第一个分布中心是滇西（主要包括大理、丽江、德庆等地）。该分布中心是云南野生荞麦资源种数分布最多、分布点最多的一个中心，是云南省苦荞主产区。该中心野生荞麦资源的丰富性和优异性居世界之首，备受国内外专家的关注。全省 12 个种、2 个变种和 2 个亚种在该中心就分布有 9 个种、2 个变种、2 个亚种，占全省野生荞麦资源种类的 3/4，即包括金荞麦（*F. cymosum*）、硬枝万年荞（*F. urophyllum*）、小野荞麦（*F. leptopodum*）、疏穗小野荞麦（*F. leptopodum* var. *grossii*）、细柄野荞麦（*F. gracilipes*）、齿翅野荞麦（*F. gracilipes* var. *odontopterum*）、线叶野荞麦（*F. lineare*）、尾叶野荞麦（*F. caudatum*）、岩野荞麦（*F. gilessi*）、*F. homotropicum*、*F. capillatum*、*F. esculentum* ssp. *ancestralis*、*F. tataricum* ssp. *potanini*。其中疏穗小野荞麦、岩野荞麦、尾叶野荞麦、线叶野荞麦、红花型硬枝万年荞、*F. capillatum*、*F. homotropicum*、*F. esculentum* ssp. *ancestralis* 和 *F. tataricum* ssp. *potanini* 是该分布中心的特有种和主要植物群落。该分布中心的金荞麦多以茎秆直立、株型高大、分枝较少的类型为主，可能是由于其适应生长在灌木丛中的缘故。

第二个分布中心是滇中（主要包括昆明、玉溪等地），该分布中心的野生荞麦资源的种数、分布点相对都比较少，全省 12 个种、2 个变种、2 个亚种仅分布有 5 个种、1 个变种，即包括金荞麦（*F. cymosum*）、硬枝万年荞（*F. urophllum*）、抽葶野荞麦（*F. statice*）、小野荞麦（*F. leptopodum*）、细柄野荞麦（*F. gracilipes*）、齿翅野荞麦（*F. gracilipes* var. *odontopterum*）。其中抽葶野荞麦是该分布中心的特有种。其他地区如滇西南、滇南、滇东、滇东南及边境线也有野生荞麦资源的分布，但分布的种类和数量相对都比较少，多以金荞麦、硬枝万年荞、细柄野荞麦及其变种分布为主。

3. 云南野生荞麦分布范围的多样性 金荞麦和细柄野荞麦及其变种（齿翅野荞麦）

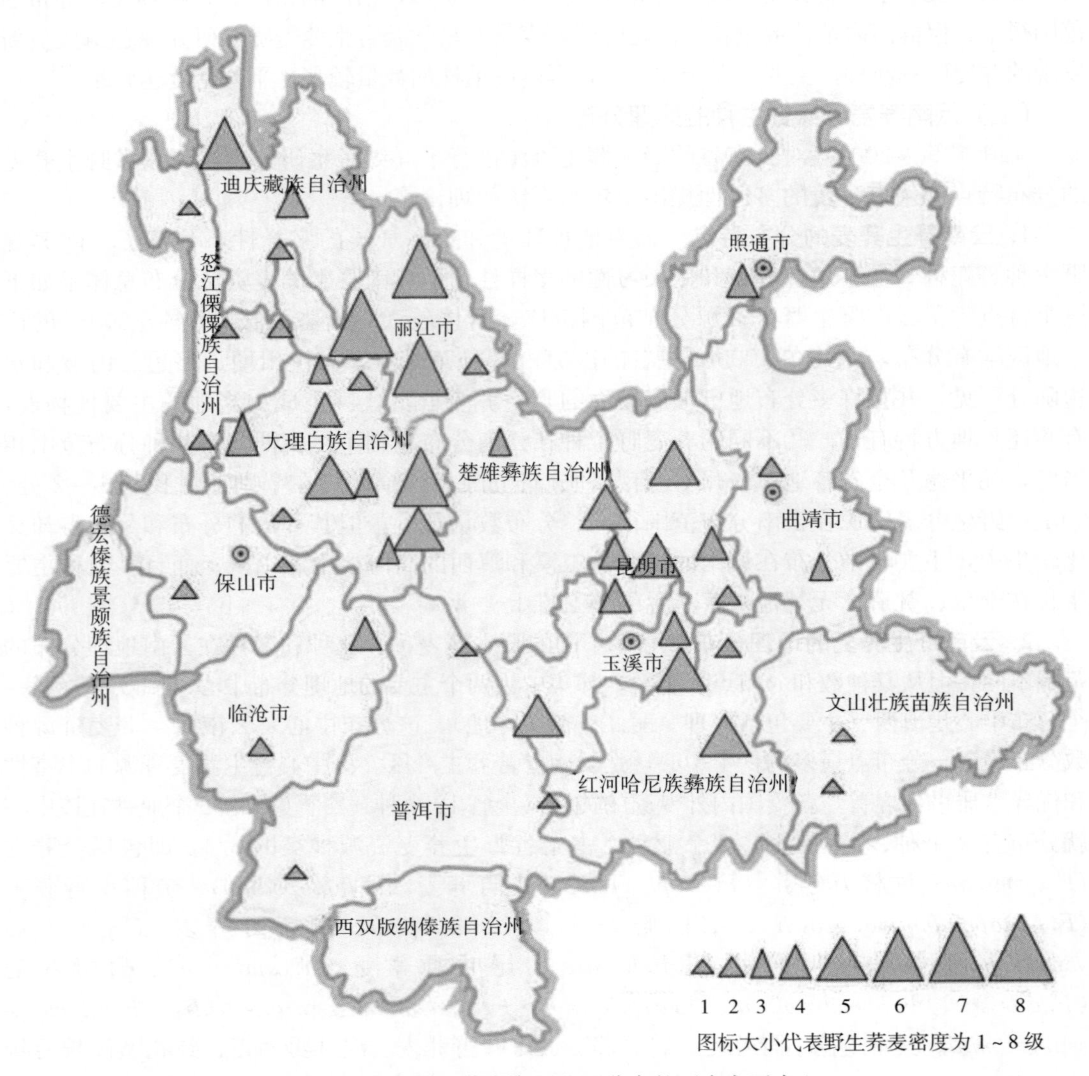

图 3-8 云南野生荞麦资源地理分布的两个主要中心

是荞麦近缘野生种中分布范围最广的两个种，几乎在全省 17 个地市（州）均有分布。但它们各自的生态环境又完全不同，金荞麦较喜阴凉潮湿的生态环境，所以主要分布在水边、旷野、田埂、阴坡、路边和灌丛中，常与多年生的草本或半灌木伴生。细柄野荞麦及其变种多分布在干旱、贫瘠的荒地、农田和山坡上，是玉米地、荞麦地等旱地作物的主要杂草，是野生荞麦种中分布数量最多、群体最大的一个种。原因是它为自花授粉，结实率高，后代繁殖快，尤其是其变种（齿翅野荞麦）除了具有自花授粉的特性外，其种子的三个棱上均有翅易于随风传播，所以分布的数量更多、范围更广。

硬枝万年荞的分布范围也广，仅次于前两种，以滇中、滇西和滇南部分地区分布为主。它属于多年生的半灌木，常以山地、丘陵地为主要分布地，多生长在灌木丛中。由于硬枝万年荞是多年生，所以它的根系比较发达，枝叶旺盛。虽是异花授粉，但却能产生较多的种子，因而它的分布量也比较多，群体比较大，有的分布地整个山坡都是硬枝万年荞，如昆明西山等。

小野荞麦分布范围也较广，仅次于前三种。主要分布在滇西的洱源、大理、鹤庆、宾川、祥云，滇西北的丽江、永胜、宁浪、中甸、德钦及滇东的个别地方。主要生长在石灰岩山坡和山崖上，尤其是新开采的无其他杂草丛生的石堆上，也生长于荒地、路边等。小野荞麦是异花授粉，产生的种子比较少，但它的种子却小而轻，易于随风传播，所以它在分布地的群体也比较大。

疏穗小野荞麦（小野荞麦的变种）和尾叶野荞麦，两者的生长环境与小野荞麦极相似，但它们的分布范围远小于小野荞麦，仅分布在滇西的部分地区，如丽江。疏穗小野荞麦和尾叶野荞麦的种子比小野荞麦的大，枝条比小野荞麦的细弱，所以它们的种子不易于随风传播，因而分布的数量就比较少，群体比较小，分布范围也比较窄。其余野生种多数具有地方特色，均有相对比较小的特定分布范围。岩野荞麦仅发现分布在滇西北海拔2 100～2 400m的金沙江和澜沧江边的一些地方，但分布地的分布数量却比较多，群体比较大，主要生长在无其他杂草生长的荒坡上。*F. esculenturn* ssp. *ancestralis*、*F. capillatum* 及 *F. homotropicum* 发现仅分布在滇西北海拔1 800～2 800m 的金沙江边的山坡上。*F. esculentum* ssp. *ancestralis*、*F. capillatum* 比 *F. homotropicum* 分布的范围广，数量多，群体大。它们的生长环境很相似，几乎都生长在特别干旱、贫瘠、无其他杂草生长的碎石堆上或崖石上，是滇西北的主要植物群和地方特有种。由于 *F. homotropicum* 的落粒性比较强，所以其数量多，群体大；仅分布在滇西北海拔2 300～3 000m 气候比较冷凉的高海拔山区，分布范围比较窄，是当地田间、路边、墙头和山坡的主要杂草。该种属于花柱等长、自花授粉型，结实率比较高，所以它的分布地的群体很大。抽葶野荞麦分布范围很小，主要集中分布在滇中和滇南的一些地方，生长环境为石灰岩山的灌木丛中。是多年生的野生种，它的根系比较发达，分布地的群体比较大。线叶野荞麦是荞麦野生种中分布范围最窄、分布数量最少的一个种，只在滇西找到，而且主要生长在新开采的无杂草生长的碎石堆上，植株比较弱小。

（三）贵州野生荞麦的地理分布

贵州省野生荞麦资源丰富，类型多种多样。宋志诚等的考察发现，野生荞麦资源以威宁县的种类最多，从水平分布看，毕节地区、六盘水市及遵义地区靠西的几个县，野生荞麦资源的种类较多，其中球状根多年生野生甜荞和一年生苦荞适应范围较其他广。从垂直分布看，野生荞麦资源分布的下限为海拔 400m，上限为2 900m，高差达2 500m。野生荞麦在贵州省既零星分布，也形成群落，最大群落面积达几十平方米（图 3-9）。

（四）西藏野生荞麦的地理分布

多年生小叶荞分布范围与多年生大叶荞相同，植株形态也大致相近，但长势差。茎基部多分枝，主茎不明显，近丛生，株高 80cm。叶片瘦小，叶长 3cm，宽 2. 5cm。花白色，异花授粉，结实率比大叶荞低，但开花结实期要早 1 个月左右。

西藏位于我国西南边陲，地势高耸，自然环境复杂，气候多样，生态条件比较特殊，分布有较多的野生荞麦资源。南至喜马拉雅山南坡的亚东、樟木，北至丁青、类乌齐，东至芒康，西至札达，即在北纬 27°30′～31°30′、东经 79°30′～98°30′的范围内，除藏东和藏西北纯牧区以外，在东西狭长的农林区、农区和半农牧区都有野生荞麦，垂直分布的海拔达4 900m（图 3-10）。

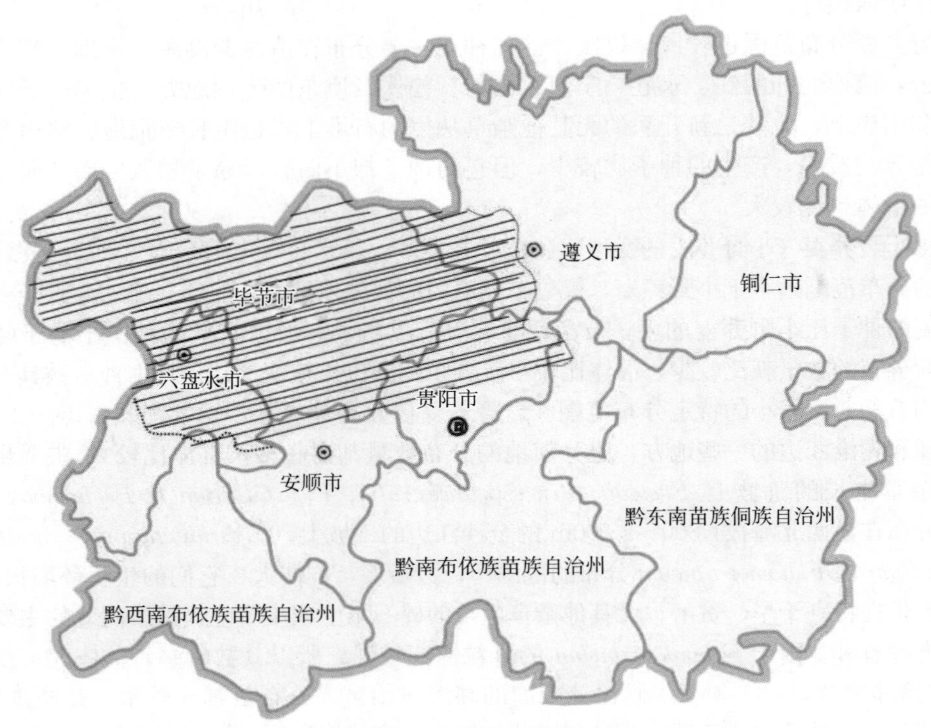

图 3-9　贵州野生荞麦资源地理分布区域示意图

（注：阴影部分为野生荞麦资源区）

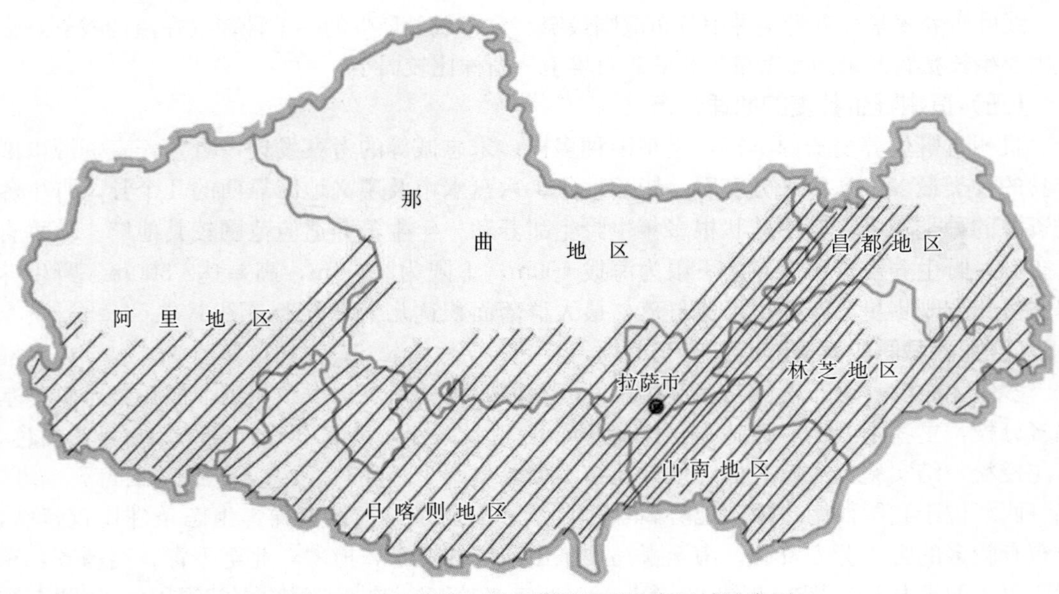

图 3-10　西藏野生荞麦资源地理分布区域示意图

（注：阴影部分为野生荞麦资源区）

第四节　中国荞麦生态区的划分

我国的多数省份均分布有荞麦，有的省份荞麦分布比较集中，有省份荞麦分布比较分散，有的省份分布面积较广，有的省份分布面积较窄，有的省份是苦荞的集中产区，有的省份是甜荞的集中产区。

一、苦荞生态区划

林汝法、柴岩等（2002）将全国荞麦栽培生态区划分为4个大区，即北方春荞麦区，北方夏荞麦区，南方秋、冬荞麦区和西南高原春、秋荞麦区。其中西南高原春、秋荞麦区是苦荞主产区，本区包括西藏、青海高原、甘肃甘南、云贵高原、川鄂湘黔边境的山地丘陵和秦巴山区南麓。西南高原春、秋荞麦区属低纬度、高海拔地区，穿插以丘陵、盆地和平坝、盆地沟川或坡地。该区栽培作物以荞麦、燕麦、马铃薯等喜凉作物为主，辅以其他耐寒喜冷小宗粮豆作物。由于本地区活动积温持续期长而温度强度不够，加上云雾多，日照不足，气温日较差不大，适于喜冷凉作物——苦荞的生长，是我国苦荞的主要产区。苦荞一般一年一作，适宜春播；在低海拔的河谷平坝地区为两年两熟制，适合秋播。我国西北、西南、湘鄂等苦荞主产区，大多适宜种植秋荞，这是高原生态环境与抗逆性强、适应性广的苦荞生物学特性有机结合的结果，是中国及世界的苦荞主产区。

二、苦荞生态区特征

中国苦荞较集中的产区是中国西南的高海拔贫瘠地区，这些地区温度低，湿度大，气候凉爽，很适合喜温、短日照的荞麦生长发育。

从地区范围及自然区界来看，青藏高原、黄土高原、云贵川高原、川鄂湘边境山地丘陵和台巴山区南麓有分布。苦荞多生长于海拔2 000～3 000m的丘陵、盆地、沟谷或山顶坡地上。全年无霜期150～210d，年平均气温7～15℃，年降水量900～1 300mm，是苦荞最适宜的生态环境。如四川省凉山彝族自治州昭觉、布拖、美姑、盐源、木里5个县，地处东经100°48′～103°16′，北纬27°27′～28°23′，海拔2 080～2 666m，年平均温度10.9～12.6℃，4～8月降水量578～777mm、相对湿度57%～76%，优越的自然气候特点很适合苦荞的生长发育，并能获得高产，苦荞大面积单产都在1 500kg/hm^{2}以上，个别高产地区达到3 750kg/hm^2。

苦荞由于生长在高寒冷凉山区，又是喜温、喜光作物，生育期短，出苗30多天便边生长发育边开花结实。根据各地生态环境、气候冷暖，选择当地雨水适中、气候温暖的季节播种，苦荞主产区便有夏荞和秋荞之分。海拔2 000m以上、无霜期短的地区，夏季土壤5cm深度地温到达10℃以上，断霜后的4～5月开始播种的称为夏荞；海拔1 600～1 900m地区，无霜期210d以上，有足够的温度和光照，充沛的雨量，可于初夏或立秋播种的称为秋荞。

三、甜荞生态区划

我国甜荞主产区在北方，总面积和总产量较大。南方部分区县有零星分布，产量和面积较小。林汝法等（1994）将我国甜荞分为4个主要生态区：

1. 北方春荞麦区 本区包括长城沿线及以北的高原和山区，包括黑龙江西北部大兴安岭山地、大兴安岭岭东、北安和克拜丘陵农业区，吉林白城，辽宁阜新、朝阳、铁岭山区，内蒙古乌兰察布盟、包头、大青山，河北承德、张家口，山西西北，陕西榆林、延安，宁夏固原、宁南，甘肃定西、武威地区和青海东部地区。本区地多人少，耕作粗放，栽培作物以甜荞、燕麦、糜子、马铃薯等作物为主，辅以其他小宗粮豆，是我国甜荞主要产区，甜荞种植面积约占全国面积的80%～90%。一年一熟，春播（5月下旬到6月上旬）；东北部多垄作条播，中西部多平作窄行条播。

2. 北方夏荞麦区 本区以黄河流域为中心，北起燕山沿长城一线，与春荞麦区接壤，南以秦岭、淮河为界，西至黄土高原西侧，东濒黄海，其范围北部与北方冬小麦区吻合，还包括黄淮海平原大部分地区以及晋南、关中、陇东、辽东半岛等地。本区人多地少，耕作较为精细，是我国冬小麦的主要产区。甜荞是小麦后茬，一般6～7月播种，种植面积约占全国面积的10%～15%。本区盛行二年三熟，水浇地及黄河以南可一年两熟，高原山地间有一年一熟。甜荞多为窄行条播或撒播。

3. 南方秋、冬荞麦区 本区包括淮河以南、长江中下游的江苏、浙江、安徽、江西以及湖北、湖南的平原、丘陵水田和岭南山地及其以东的福建、广东、广西大部、台湾、云南南部高原、海南等地。本区地域广阔，气候温暖，无霜期长，雨量充足，以稻作为主，甜荞为稻—稻的后作，多零星种植，种植面积极少。一般在8～9月或11月播种，多为穴播或撒播。

4. 西南高原春、秋荞麦区 本区包括青藏高原、甘南、云贵高原、川鄂湘黔边境山地丘陵和秦巴山区南麓。本区地多人少，耕作粗放，栽培作物以甜荞、燕麦、马铃薯等作物为主，辅以其他小宗粮豆作物。低海拔河谷平坝为二年三熟制地区，甜荞多秋播，一般在6～7月播种。

主要参考文献

蔡光泽，夏明忠．2007. 四川凉山地区野生荞麦资源的原生境和主要分布中心研究［J］．西昌学院学报，21（2）：16-19.

陈庆富．2012. 荞麦属植物科学［M］．北京：科学出版社．

胡银岗，冯佰利，周济铭，等．2006. 荞麦遗传资源利用及其改良研究进展［J］．荞麦动态（1）：7-12.

华劲松，夏明忠，戴红燕，等．2007. 攀枝花市野生荞麦种质资源考察研究［J］．现代农业科技（9）：136-138.

林汝法．1994. 中国荞麦［M］．北京：中国农业出版社．

林汝法．2013. 苦荞举要［M］．北京：中国农业科学技术出版社．

林汝法，柴岩，等．2002. 中国小杂粮［M］．北京：中国农业科学技术出版社．

李安仁．1998. 中国植物志［M］．北京：科学出版社．

潘家驹．1994. 作物育种学［M］．北京：中国农业出版社．

王安虎．2007. 凉山地区野生荞麦资源的特征特性与地理分布研究［J］．成都大学学报，26（2）：97-100.

王安虎，夏明忠．2006a. 四川凉山州东部野生荞麦资源的特征特性和地理分布研究［J］．作物（5）：25-27.

王安虎，夏明忠．2006b. 凉山州普格县野生荞麦资源的特征与地理分布［J］．西昌学院学报：自然科学版（1）：10-13.

王安虎，夏明忠，蔡光泽，等．2008b. 栽培苦荞的起源及其与近缘种亲缘关系［J］．西南农业学报，21（2）：282-285.

王安虎，夏明忠．2008. 四川野生荞麦资源的特征特性与地理分布多样性研究［J］．西南农业学报，21（3）：575-580.

王莉花，叶昌荣，肖卿．2004. 云南野生荞麦资源地理分布的考察研究［J］．西南农业学报，17（2）：156-159.

王莉花．2000. 云南野生荞麦资源的特征特性和地理分布［J］．荞麦动态（2）：1-3.

王英杰，Rachael Scarth，G. Clayton Campbell. 2005. 落粒性在荞麦远缘杂种（*Fagopyrum esculentum*×*F. homotropicum*）中的遗传研究［J］．河南农业科学（10）：14-18.

夏明忠，王安虎．2007. 中国四川荞麦属（蓼科）一新种——花叶野荞麦［J］．西昌学院学报，21（2）：11-12.

夏明忠，王安虎．2008. 野生荞麦资源研究［M］．北京：中国农业科学技术出版社．

杨坪，王安虎．2006. 冕宁县荞麦属植物环境特征分布分析［J］．西昌学院学报：自然科学版（4）：14-16.

叶能干，苟光前．1993. 中国荞麦属的分类、起源与演化［J］．荞麦动态（1）：3-11.

赵佐成，周明德，王中仁，等．2002. 中国苦荞麦及其近缘种的遗传多样性研究［J］．遗传学报，29（8）：723-734.

赵佐成，周明德，罗定泽，等．2000. 中国荞麦属果实形态特征［J］．植物分类学报，38（5）：486-489.

周忠泽，赵佐成，汪旭莹，等．2003. 中国荞麦属花粉形态及花被片和果实微形态特征的研究［J］．植物分类学报，41（1）：63-79.

赵钢，陕方．2009. 中国苦荞［M］．北京：科学出版社．

Chen Q F. 1999a. A study of resources of *Fagopyrum*（Polygonaceae）native to China［J］. Botanical Journal of the Linnean Society，130（1）：53-64.

Chen Q F，Hsam S L K and Zeller F J. 2004. A studay of cytology，isozyme and interspecific hybridization on the big-achene group of buckwheat species（*Fagopyrum*，Polygonaceae）［J］. Crop Sci.，44（5）：1511-1518.

Koji Tsuji，Yasuo Yasui，Ohmi Ohnishi. 1996. Search for *Fagopyrum* species in eastern Tibet［J］. *Fagopyrum*（16）：1-7.

Koji Tsuji，Ohmi Ohnishi. 2001. Phylogentic relationships among wild and cultivated Tartary buckwheat（*Fagopyrum tataricum* Gaert.）populations revealed by AFLP analyaes［J］. Genes Genet. Syst.（76）：47-52.

Kyoko Yamane，Ohmi Ohnishi. 2003. Morphological variation and differentiation between diploid and tetraploid cytotypes of *Fagopyrum cymosum*［J］. *Fagopyrum*（20）：17-25.

Lin Rufa，Chai Yan. 2007. Production，research and academic exchanges of China on buckwheat. roceedings of the 10th International Symposium on buckwheat［J］. Advances in Buckwheat Research，7-12.

Liu Jianlin，Tang Yu，Xia Mingzhong，et al. 2007. Morphological Characteristics and the Habitats of Three new Species of the *Fagopyrum* (Polygonaceae) in Panxi Area of Sichuan, China. Rroceedings of the 10th International Symposium on Buckwheat [J] . Advances in Buckwheat Research, 46-49.

Mitsuyuki Tomiyoshi, Ohmi Ohinshi. 2004. Morphological and gentetic characteristics of *Fagopyrum homotropicum* plants with red-winged seeds discovered in Changbo village, Batang district of Sichuan province in China [J] . *Fagopyrum* (21): 7-13.

Ohmi Ohnishi, Yoshihiro Matsuoka. 1996. Search for the wild ancestor of buckwheat II. Taxonomy of *Fagopyrum* (Polygonaceae) species based on morphology, isozymes and cpDNA variability [J] . Genes Genet. Syst. (71): 383-390.

Ohmi Ohnishi, Mitsuyuki Tomiyoshi. 2005. Distribution of cultivated and wild buckwheat species in the Nu river valley of southwestern China [J] . *Fagopyrum* (22): 1-5.

Ohnishi O. 1991. Discovery of the wild ancestor of common buckwheat [J] . *Fagopyrum* (11): 5-10.

Ohnishi O. 1995. Discovery of new *Fagopyrum* species and its implication for the studies of evolution of *Fagopyrum* and of the origin of cultivated buckwheat [J] . Proc. 6th Intl. Symp. Buckwheat at Ina. (5): 175-181.

Ohnishi O. 1998a. Search for the wild ancestor of buckwheat I. Description of new *Fagopyrum* sepecies and their distribution in China [J]. *Fagopyrum* (15): 18-28.

Ohnishi O. 1998b. Search for the wild ancestor of buckwheat III. The wild ancestor of cultivate common buckwheat and of Tatary buckwheat [J] . Econ. Bot. (52): 123-133.

Ohnishi O. 2002. Wild Buckwheat species in the border area of Sichuan, Yunnan and Tibet and allozyme diversity of wild Tartary buckwheat in this area [J] . *Fagopyrum* (19): 3-9.

Ohnishi O, N Asano. 1999. Genetic diversity of *Fagopyrum homotropicum*, a wild species related to common buckwheat [J]. Genet. Res. Crop Evol. (46): 389-398.

Ohnishi O, T Konishi. 2001. Cultivated and wild buckwheat species in eastern Tibet [J] . *Fagopyrum*, (18): 3-8.

Ohnishi O, Y Yusui. 1998. Search for the wild species in high mountain regions of Yunnan and Sichuan provinces of China [J] . *Fagopyrum* (15): 8-15.

Ohsako T, Ohnishi O. 1998. New *Fagopyrum* species revealed by morphogical and molecular analyses[J]. Genes Genet. syst. (73): 85-94.

Steward A N. 1930. The Polygoneae of eastern Asia, Contrib. Gray Herb. Harv. Univ. (88): 1-129.

Takanori Ohsako, Kyoko Yamane, Ohmi Ohnishi. 2002. Two new *Fagopyrum* (Polygonaceae) species, *F. gracilipedoides* and *F. jinshaense* form Yunnan, China [J] . Genes Genet. Syst. (77): 399-408.

Wang Anhu, Xia Mingzhong, Cai guangze, et al. 2007. Investigation and Study on the Geographical Distribution of Wild Buckwheat Resources in Sichuan. Rroceedings of the 10th International Symposium on Buckwheat [J] . Advances in Buckwheat Research, 41-45.

Ye N G, Guo G Q. 1992. Classification origin and evolution of genus *Fagopyrum* in China. [M] //Lin R, Zhou M, Tao Y, et al. Rroceedings of the 5th International Symposium on Buckwheat, Taiyuan. Beijing: Chinese Agricultural Publishing House, 19-28.

第四章

荞麦种质资源

荞麦是原产于我国的重要作物，在我国已有 3 000 多年的栽培历史，荞麦栽培种有甜荞（*Fagopyrum esculentum* Moench.）和苦荞［*Fagopyrum tataricum*（L.）Gaertn.］两个种，甜荞主要分布在长江以北地区，苦荞主要分布在长江以南地区。荞麦种质资源是荞麦品种改良、遗传理论研究、生物技术研究以及农业生产利用的重要物质基础，丰富的种质资源可以使育种目标的制定与实现更具有可行性与可靠性。

种质资源是育种研究的物质基础，在育种研究中，育种目标确定后，就要从种质资源中选择亲本材料，如果没有适宜的亲本材料，就不可能选育出适应生产需要的优良品种。因此，从某种意义上说，育种工作实际上就是对种质资源的科学加工，对种质资源了解得越透彻，就越容易选出适宜的亲本材料，遗传资源的多样性越大，育种家的天地就越宽阔。纵观其他作物的育种历史，凡是突破性的成就，都与关键性遗传资源的研究和利用密切相关。20 世纪 50～60 年代研究和利用了矮秆基因，使小麦育种进入了一个新的阶段，对小麦生产产生了革命性的变革，大幅度提高了小麦的产量，被称之为“绿色革命”。70 年代花粉不育的野生稻种质资源的发现更是奠定了“三系法”杂交水稻育种研究的物质基础。正因为如此，有些育种家认为，50 年代以来作物育种取得的重大进展，是基于种质资源工作的巨大成就。现代生物技术的发展更使种质资源的利用水平得到进一步提升，体现出更快、更彻底、针对性更强等特点。例如，分子标记辅助选择育种对种质性状的高选择性利用、优异基因转化对种质的改良等，这些研究已经在促进种质资源遗传改良中表现出很多优势，因此种质资源的收集、研究与利用一直是农业研究领域中的重要工作任务。

第一节　中国荞麦种质资源的收集、整理和保存

一、荞麦种质资源的收集

（一）我国荞麦种质资源的分布与收集历史

我国地域辽阔，气候变化显著，兼有寒、温、热三种气候带，多样化的地理生态类型和悠久的农业生产历史创造了丰富的荞麦种质资源。在岁月历史的长河中，伴随着自然选择和人工选择，大量新的荞麦种质资源在不断地产生，同时原有的资源有些也逐渐消失，因此种质资源的收集是一项长期而艰巨的工作。

荞麦种质资源在我国分布极其广泛，全国各地都有，甜荞种植区域以黄土高原为主，华北、西北、东北地区的内蒙古、陕西、山西、甘肃、宁夏各省、自治区都有种植。苦荞种植区以西南地区的云南、贵州、四川等省以及周边省、自治区为主，垂直分布上限为 4 400m（西藏吉隆、拉孜县），下限为 400m 左右，一般分布在海拔1 000～1 500m 以上。

广泛的分布地域使得荞麦产生了诸多的生态类型，为荞麦种质资源的研究提供了丰富的物质基础。

回顾荞麦种质资源的发展史，可大致分为3个阶段：第一阶段为自发阶段。人类从定居生活开始，就不断驯化野生植物，并经过漫长岁月的自然选择和人工选择，创造出丰富的荞麦栽培品种，这些荞麦品种也就成为人类发展荞麦生产的物质基础。在这个阶段荞麦种质资源都分散在农户手里，靠一代又一代的种植、繁衍而传承下来。第二阶段是作为育种原始材料的阶段。在这个阶段，随着荞麦育种研究的出现和发展，育种家根据需要收集部分品种作为育种的原始（亲本）材料，加以保存和利用。这时候荞麦的种质资源仍分散在农民手中，少部分能得到育种家的保存。第三阶段是集中保存和研究利用阶段。在现代，由于人类对自然界的开发和集中使用高产品种，导致众多老品种在生产上逐渐被淘汰，并面临消失可能。在这种形势下，许多国家都成立了作物遗传资源研究的专门机构，并且国际上也建成了一批农业研究组织，以加强作物遗传资源的收集和集中保存及研究利用。

（二）荞麦种质资源收集方法与要求

收集工作是种质资源研究的基础和先行，只有不断地收集荞麦资源并集中管理，才能减少资源材料的损失。广义的种质资源收集包括考察收集、征集和国外引进三种。三种方式有所不同，考察收集指科技人员到农作物种质资源的原生环境，实地调查农作物种质资源的分布、丰富程度、利用和濒危物种情况，并采集种质资源样本、标本和记录相关信息的过程。征集一般是指通过国家行政部门或全国各农作物种质资源研究的组织协调单位，向省（自治区、直辖市）或科研单位、种子公司发通知或征集函，由当地人员采集本地区（本单位）的种质资源，送往指定的主持单位。国外引种系指从国外引入农作物种质资源（种子、苗木或营养体等），通过检疫、试种，在本国种植的过程。我国是荞麦的原产国，种质资源的收集工作以考察收集为主，下面简单介绍荞麦资源的收集方法与要求。

考察收集一般由准备工作、考察收集、初步整理和临时保存四部分组成。准备工作包括制订计划和报批、组建考察队（组）与技术培训、物资准备；考察收集包括野外实地调查，种质资源样本、标本及相关信息的采集；初步整理与技术总结，包括种质资源样本、标本及数据资料整理和技术总结；临时保存包括收集的种质材料短期保存，编写考察收集名录及建立数据库。

考察之前需做好充足的准备工作，首先应确定考察的地点。考察应优先放在以下五类地区：①特有资源的分布中心；②荞麦资源最大多样性中心；③尚未进行考察的地区；④荞麦种质资源损失威胁最大的地区；⑤具有珍稀、濒危种质资源的地区。考察收集必须制定详细、周密的工作计划。

考察计划的内容包括：①考察的目的和任务；②考察地区和时间；③考察队队员组成；④考察地点和路线；⑤考察和采集技术方法；⑥样品和标本的整理和保存；⑦样品和标本的运输和检疫；⑧考察资料建档以及物资准备、经费预算等。

考察计划制定的同时，还需要提出与考察地区农技部门的协调和配合方案。考察之前必须做好充足的物资准备工作，考察工作地点大多偏远，很多物资当地无法提供，因此必须提前准备。需要准备的物资包括：采集箱，装标本用，采集到的标本应放入箱内，待回到住处再压制成标本；标本夹，压制标本用，中间放吸水纸压标本，用背带或尼龙绳系好；吸水纸，用来压制标本，规格比标本夹稍小一些，草纸、报纸等都可应用；照相机，用以拍摄作物种质特征、群体结构、生态环境等；全球定位系统（GPS），用以定位考察和取样地点或居群的地理方位、海拔高度、坡地的坡度及计算面积和导航；标签牌，记载样本和标本的采集号等用，用硬纸或塑料板制成，上部中央打一小圆孔，拴上细绳，以便挂在种子袋和标本上；种子袋，纱网袋或粗白布袋，种子应及时晾晒干燥，用纱网晾晒，既方便又干燥得快，同时还可防治鸟害。

在荞麦种质资源的考察收集过程中，必须及时填写考察收集数据采集表，考察收集表的项目分为三个部分。第一，共性信息，此次采集工作中所有样本的共有信息；第二，特定信息，指特定的种质类型填写的信息，如选育品种的育成年份、野生资源的伴生植物等；第三，主要特征特性信息，每一份种质的主要特征特性，根据已掌握的或采集过程中可随即观察、测量的信息填写。荞麦种质资源考察收集数据采集表的格式、内容和填写说明，可按照荞麦种质资源收集描述规范执行。所有填写项目，数据采集表上均应印好。

在荞麦种质资源的采集中，取样策略、取样频率和大小、取样地点的确定非常重要，应根据荞麦种质类型的不同和繁殖方式的差异，采取适宜的种质样本。原则上，种质样本应包含群体内所有的遗传变异类型，混合群体一般按比例采集。需要指出的是，荞麦的地方品种往往是混合群体，应在随机取样的基础上，尽力将各种类型采集齐全，使收集到的荞麦种质资源样本尽可能代表该品种的基因型。种子样本的数量，一般每份样本3 000～5 000粒。

我国是荞麦的起源中心，有着丰富的野生荞麦资源，与栽培品种不同，野生荞麦样本和标本的采集点应根据居群（亚居群）大小、生态环境和繁殖特性而定。对于分布于同一地区不同生态环境的荞麦种质资源应设计不同的采集点，阴坡、阳坡各设一个采集点，土壤不同、植被不同、湿度差异大时分别设采集点，海拔每升高 100～300m 设一个采集点。荞麦野生近缘植物样本的采集，除了要根据实际情况设置采集点进行，还应该保证采集到足够的数量，对于每个采集点采集样本的多少，应根据荞麦种质资源居群的大小、繁殖特性和遗传特点而定。对于异花授粉的甜荞，当其为待采集点的大居群种或优势种，应在500～1 500m^2范围内随机采集，条件允许的情况下，采集 100 个样本或从 100 个植株上收获种子（每株取一穗），株间距 10m 以上；对于特大居群或优势种，可先分为亚居群然后采集。对于自花授粉的苦荞，当其为待采集点的小居群或伴生种，应在一定范围内随机采集，采集范围应在 500～1 000m^2以内，采集 20 个样本或从 20 个植株上收获种子（每株取一穗），株间距大于 10m。总的原则是在条件允许的前提下，采集的居群、采集的个体稍多为好。

在荞麦种质资源的采集过程中，应注意以下事项：第一，为防止采集荞麦种质资源的遗传丢失，每个采集点应多采集一些样本；第二，每个居群（亚居群）的样本可以单独或混合分放，应根据需要而定，而他们的采集编号只有一个，不得分别编号，以免混淆；第三，在濒危物种或稀有种类的居群很小或居群内个体数量不多的情况下，应尽量采集植株分蘖或其他繁殖器官，确保不影响原居群的正常繁衍。与此同时，调查其群落结构，记载其生态环境条件及伴生植物，为分析所调查荞麦种质资源的濒危原因及制定保护措施积累数据。

（三）我国荞麦种质资源收集进展

国际上有组织地收集荞麦种质资源始于20世纪80年代，由当时的国际植物遗传资源委员会（IBPGR）资助，在喜马拉雅山地区考察收集荞麦资源，从尼泊尔、不丹分别收集了304份和48份；印度国家植物遗传资源局收集了500余份，尼泊尔国家山地研究处/国家农业研究中心收集了250余份；日本在其国内收集了约200份甜荞资源，并在IBPGR资助下，从尼泊尔、巴基斯坦和其他国家收集了138份；朝鲜收集了200份本国荞麦资源；韩国收集了95份地方荞麦品种，并从加拿大、日本、美国引进了146份荞麦资源。在我国，对荞麦种质资源的收集工作可以追溯到20世纪50年代，但是国家有组织地收集荞麦资源是在进入20世纪80年代以后，除了IBPGR资助的项目以外，荞麦种质资源的收集是通过一些国家级的资源收集项目完成的，这些项目包括全国农作物品种资源补充征集项目、云南作物品种资源考察项目、西藏作物品种资源考察项目、神农架及三峡地区作物种质资源考察项目、云南及周边地区农业生物资源调查项目以及农业部作物种质资源保护项目等。这些考察征集基本摸清了我国荞麦种质资源分布情况，奠定了我国荞麦种质资源研究的物质基础。目前，中国农业科学院共收集保存荞麦种质资源约2 800份。与此同时，积极开展国外引种工作，从日本、尼泊尔等国引进资源100多份，使我国收集的荞麦资源总数达到3 043份，其中甜荞1 886份，苦荞1 019份，其他荞麦138份。

国家种质库保存的荞麦资源的来源全国范围内并不均衡，华北和西南地区占据了保存数量的大部分（图4-1），其他地区资源数量明显偏少，这与荞麦在这些地区的分布密度低、地理条件复杂和搜集工作比较困难有关。

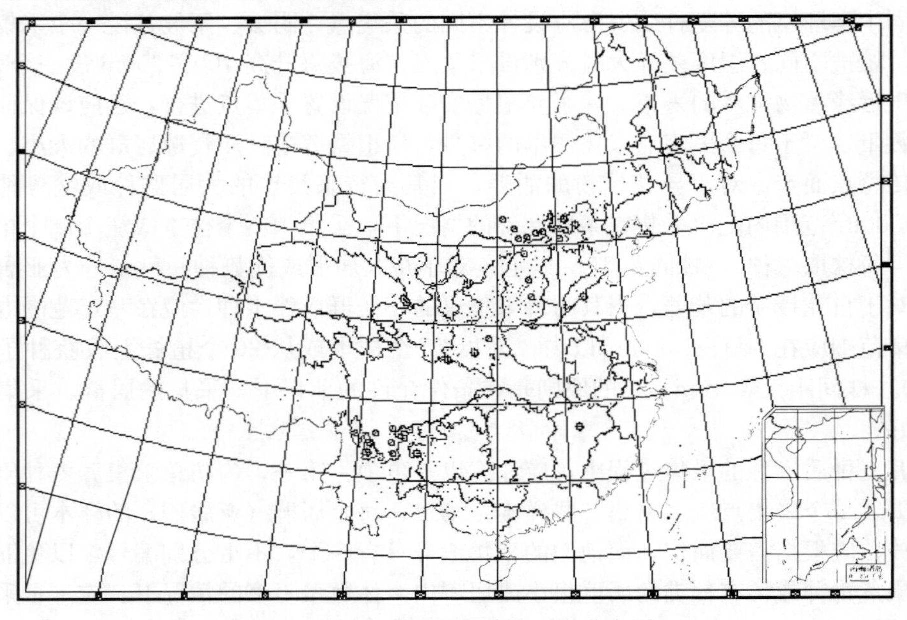

图4-1　中国荞麦种质资源地理分布图

二、荞麦种质资源的整理整合与共享利用

种质资源的整理工作是资源有效利用的基础，整理工作包括对荞麦种质实物整合和相关数据整理，目的是摸清家底，全面掌握全国荞麦种质资源情况，从而进行科学分类，统一编目，集中有效保存。数据整理是对国家种质库所保存资源和整合资源进行共性数据和特性数据整理，并逐年进行缺项数据补充采集，随着荞麦种质资源鉴定、评价工作的不断深入，逐渐完善数据整理与采集工作。荞麦种质资源整理整合是一项长期的任务，实物整合和相关数据整理需要不断对分散保存在国家种质库以外的科研教学单位的资源进行整合，通过鉴定分类后进行编目保存，最终达到已收集资源全部安全保存和有效利用。

我国荞麦种质资源的整理工作可以分为两个阶段（方面）：第一阶段的工作主要是我国荞麦品种资源目录的编制工作，这项工作开始于20世纪80年代初期，按照农业部和国家科委的要求，全国许多省自治区、直辖市先后开展了荞麦品种资源的征集、整理和研究工作，1980年在广西南宁召开的全国品种资源工作会议上，中国农业科学院决定在资源征集、整理、鉴定研究的基础上，开展《中国荞麦品种资源目录》的编写工作，同时组成了全国荞麦品种资源科研协作组，由内蒙古农业科学院和中国农业科学院为协作组的牵头单位，分设南方、北方及中原三个片区，采用集中与分散相结合的方法开展工作。1980年以后，协作组多次召开会议，对资源研究和编目中的有关问题进行了共同协商与探讨，经各参加单位的共同努力，终于在1986年完成了《中国荞麦品种资源目录》的编写工作。迄今为止，《中国荞麦品种资源目录》一共出版了两辑，共收录荞麦种质资源2 795份，其中栽培荞麦2 697份，包括甜荞1 814份，苦荞883份，还包括一些野生荞麦资源。

第二阶段是利用信息技术对荞麦种质资源进行标准化管理，实现资源共享的阶段。在这个阶段，利用统一描述规范标准对荞麦资源进行数字化表达，建立相应数据库，运用网络技术实现信息共享，以信息共享带动荞麦种质资源实物共享，通过资源信息的整合和服务，促进实物资源的利用和共享。

长期以来，由于我国各个荞麦育种研究单位对荞麦种质资源进行独立收集、各自保存、各自鉴定，缺乏统一、完整的资源整理技术规程、数据描述规范与标准，虽然在种质资源收集、鉴定、保存及筛选利用方面做了大量工作，积累了丰富的资料和经验，但因工作分散，观测的项目、测试方法和评价的标准不尽一致，影响了可比性、可靠性和系统性，致使大量荞麦资源信息数据难于实现有效整合，严重影响了资源实物和数据的原初质量，限制了资源潜能的发挥，妨碍了资源实物与信息的共享，无法为荞麦选育种研究提供准确可靠的参考依据，阻碍了我国荞麦新品种选育进程。为了解决这一问题，进一步促进全国荞麦资源整合与共享，中国农业科学院作物科学研究所主持编写了《荞麦种质资源描述规范和数据标准》一书，从描述规范、数据标准以及数据质量控制范围3个方面制定了荞麦种质资源数据记载标准，为荞麦种质资源研究的数字化、标准化提供了科学依据。荞麦种质资源描述规范规定了荞麦种质资源的描述符及其分级标准，以便对荞麦种质资源进行标准化整理和数字化表达。荞麦种质资源数据标准规定了荞麦种质资源各描述符的字段名称、类型、长度、小数位、代码等，以便建立统一、规范的荞麦种质资源数据库。荞麦

种质资源数据质量控制范围规定了荞麦种质资源数据采集全过程中的质量控制内容和质量控制方法，以保证数据的系统性、可比性和可靠性。它的编制规范了全国荞麦种质资源的描述符和数据标准质量，是荞麦资源研究工作走向标准化、信息化和现代化的重要步骤，对全国荞麦种质资源整合、鉴定、评价、共享体系建立和优异种质利用具有十分重要的作用。

荞麦种质资源种类繁多，特征特性各异，为了能根据荞麦具备的共同特点确定不同种质的描述方法，制定了荞麦种质资源的描述符及其分级标准，以便对荞麦种质资源进行标准化整理和数字化表达。在荞麦种质资源描述规范制定的原则上，主要考虑以下几点：①优先采用现有荞麦种质资源数据库中的描述符和描述标准；②以种质资源研究和育种需求为主，兼顾生产与市场需要；③立足国内现有基础，考虑将来发展，尽量与国际接轨。

荞麦种质资源特性描述规范中的描述符分为 6 大类共 123 项（表 4-1）：

（1）基本信息，如全国统一编号、种质库编号、采集号等 25 项；

（2）形态特征和生物学特性，如出苗期、生长习性、株高、叶型等 46 项；

（3）品质特性，如出米率、皮壳率、叶片干物质含量等 35 项；

（4）抗逆性，如苗期抗霜冻性、耐高温性、耐旱性、耐涝性等 6 项；

（5）抗病虫性，如蚜虫抗性、轮纹病抗性等 7 项；

（6）其他特征特性，如核型、分子标记等 4 项。

描述符性质分为 3 类：

（1）必选描述符，指所有种质必须鉴定评价的描述符，用“M”表示；

（2）可选描述符，指可选择鉴定评价的描述符，用“O”表示；

（3）条件描述符，指只对特定种质进行鉴定评价的描述符，用“C”表示。

描述符的代码是有序的，如数量性状从细到粗、从低到高、从小到大、从少到多排列，颜色从浅到深，抗性从强到弱等。

表 4-1 荞麦种质资源描述简表

序号	代号	描述符	描述符性质	单位或代码
1	101	全国统一编号	M	
2	102	种质库编号	M	
3	103	引种号	C/国外种质	
4	104	采集号	C/野生资源或地方品种	
5	105	种质名称	M	
6	106	种质外文名	M	
7	107	科名	M	
8	108	属名	M	
9	109	学名	M	
10	110	原产国	M	
11	111	原产省	M	
12	112	原产地	M	
13	113	海拔	C/野生资源或地方品种	m

（续）

序号	代号	描述符	描述符性质	单位或代码
14	114	经度	C/野生资源或地方品种	
15	115	纬度	C/野生资源或地方品种	
16	116	来源地	M	
17	117	保存单位	M	
18	118	保存单位编号	M	
19	119	系谱	C/选育品种或品系	
20	120	选育单位	C/选育品种或品系	
21	121	育成年份	C/选育品种或品系	
22	122	选育方法	C/选育品种或品系	
23	123	种质类型	M	1：野生资源　2：地方品种　3：选育品种　4：品系　5：遗产材料　6：其他
24	124	图像	O	
25	125	观测地点	M	
26	201	播种期	M	
27	202	出苗期	M	
28	203	幼苗叶色	M	1：浅绿　2：绿　3：深绿
29	204	株型	M	3：紧凑　5：半紧凑　7：松散
30	205	生长习性	M	3：无限型　5：中间型　7：有限型
31	206	株高	M	cm
32	207	主茎节数	M	节
33	208	主茎分枝数	M	个
34	209	茎色	M	1：浅绿　2：绿　3：深绿　4：红绿　5：淡红　6：红　7：紫红　8：紫
35	210	主茎长	M	cm
36	211	主茎粗	M	mm
37	212	主茎壁厚	M	mm
38	213	倒伏性	M	1：高抗倒伏　3：抗倒伏　5：中抗倒伏　7：倒伏　9：严重倒伏
39	214	叶色	M	1：浅绿　2：绿　3：深绿
40	215	叶缘色	O	1：浅绿　2：绿　3：深绿　4：粉　5：红
41	216	叶脉色	O	1：浅绿　2：绿　3：深绿　4：红
42	217	叶片数	O	片
43	218	叶柄长	O	cm
44	219	叶柄色	O	1：浅绿　2：绿　3：深绿　4：红
45	220	叶片长	O	cm
46	221	叶片宽	O	cm
47	222	叶型	M	1：卵形　2：戟形　3：剑形　4：心形
48	223	开花期	M	
49	224	花序形状	M	3：伞状疏松　5：伞状半紧密　7：伞状紧密
50	225	花序分枝	M	0：无　1：有

（续）

序号	代号	描述符	描述符性质	单位或代码
51	226	花序梗颜色	M	1：绿　2：红
52	227	花序长度	M	cm
53	228	单花序花簇数	M	个
54	229	单株花序数	M	个
55	230	花色	M	1：白　2：绿黄　3：淡绿　4：绿　5：粉白 6：粉　7：红
56	231	花型	M	1：雄蕊短于雌蕊　2：雄蕊与雌蕊同长 3：雄蕊长于雌蕊
57	232	成熟期	M	
58	233	生育日数	M	d
59	234	单花序结籽数	M	粒
60	235	粒色	M	1：浅灰　2：灰　3：深灰　4：浅褐　5：褐 6：深褐　7：灰黑　8：黑　9：杂
61	236	种皮颜色	M	1：灰白　2：黄绿　3：浅绿　4：绿　5：浅褐 6：褐
62	237	种子形状	M	1：长锥　2：短锥　3：心形　4：三角形　5：楔形
63	238	籽粒表面特征	M	1：光滑　2：皱褶
64	239	籽粒腹沟	M	0：无　1：有
65	240	籽粒翅刺	O	0：无　1：有翅　2：有刺　3：有翅刺
66	241	籽粒长度	M	mm
67	242	籽粒宽度	M	mm
68	243	千粒重	M	g
69	244	脱粒性	M	3：易　5：中　7：难
70	245	单株叶重	M	g
71	246	单株粒重	M	g
72	301	出米率	M	%
73	302	皮壳率	M	%
74	303	叶片干物质含量	M	%
75	304	面条加工品质	O	%
76	305	叶片蛋白质含量	M	%
77	306	籽粒蛋白质含量	M	%
78	307	籽粒脂肪含量	M	%
79	308	天冬氨酸含量	O	%
80	309	苏氨酸含量	O	%
81	310	丝氨酸含量	O	%
82	311	谷氨酸含量	O	%
83	312	甘氨酸含量	O	%
84	313	丙氨酸含量	O	%
85	314	胱氨酸含量	O	%
86	315	缬氨酸含量	O	%
87	316	蛋氨酸含量	O	%
88	317	异亮氨酸含量	O	%
89	318	亮氨酸含量	O	%
90	319	酪氨酸含量	O	%
91	320	苯丙氨酸含量	O	%
92	321	赖氨酸含量	O	%

（续）

序号	代号	描述符	描述符性质	单位或代码
93	322	组氨酸含量	O	%
94	323	精氨酸含量	O	%
95	324	脯氨酸含量	O	%
96	325	色氨酸含量	O	%
97	326	铜含量	O	μg/g
98	327	锌含量	O	μg/g
99	328	铁含量	O	μg/g
100	329	锰含量	O	μg/g
101	330	钙含量	O	μg/g
102	331	磷含量	O	μg/g
103	332	硒含量	O	μg/g
104	333	维生素 E 含量	M	%
105	334	维生素 P 含量	M	%
106	335	维生素 PP 含量	M	%
107	401	苗期抗霜冻性	O	3：强　5：中　7：弱
108	402	耐高温性	O	3：强　5：中　7：弱
109	403	芽期耐盐性	O	3：强　5：中　7：弱
110	404	苗期耐盐性	O	3：强　5：中　7：弱
111	405	耐旱性	O	3：强　5：中　7：弱
112	406	耐涝性	O	3：强　5：中　7：弱
113	501	蚜虫抗性	O	1：高抗（HR）　3：抗（R）　5：中抗（MR）　7：感（S）　9：高感（HS）
114	502	轮纹斑病抗性	O	1：高抗（HR）　3：抗（R）　5：中抗（MR）　7：感（S）　9：高感（HS）
115	503	褐斑病抗性	O	1：高抗（HR）　3：抗（R）　5：中抗（MR）　7：感（S）　9：高感（HS）
116	504	细菌角斑病抗性	O	1：高抗（HR）　3：抗（R）　5：中抗（MR）　7：感（S）　9：高感（HS）
117	505	霜霉病抗性	O	1：高抗（HR）　3：抗（R）　5：中抗（MR）　7：感（S）　9：高感（HS）
118	506	立枯病抗性	O	1：高抗（HR）　3：抗（R）　5：中抗（MR）　7：感（S）　9：高感（HS）
119	507	花叶病毒病抗性	O	1：高抗（HR）　3：抗（R）　5：中抗（MR）　7：感（S）　9：高感（HS）
120	601	用途	M	1：粮用　2：菜用
121	602	核型	O	
122	603	分子标记	O	
123	604	备注	O	

荞麦种质资源描述规范、数据整理、整合及共享试点建设是充分运用信息、网络等现代技术，对荞麦种质资源进行充分的整理、整合，实现荞麦种质资源相关信息数据的有效共享，为我国荞麦相关研究工作提供重要的参考依据，并依此带动资源实物共享，这将对促进我国荞麦选育种研究具有重要的现实意义。

三、荞麦种质资源的保存

种质资源的保存是指通过人工创造的适宜环境使种质较长时间保存其遗传完整性，从而为使用者提供有价值的种质材料。种子在贮藏期间的主要生命活动是呼吸，呼吸作用越强，消耗的营养物质就越多，也就越不利于种子生命力的保存。因此，贮藏种子时，必须创造适宜的环境条件，使种子的新陈代谢处于最微弱的状态，以便最大限度地保存种子的生命力。种子的生命力受内外两个方面的影响，一方面，遗传性、发育环境决定了种质固有寿命的长短；另一方面，收获、干燥、加工情况、贮藏条件决定了种子的老化速度。

按照种子的贮藏特性划分，荞麦的种子属于正常型种子，对于这类种子，其生活力一般会随着贮存期的延长而逐渐丧失。要防止荞麦种子贮藏过程中的劣变现象，就必须掌握各种变化规律和影响条件，采用安全的管理措施，从而保证荞麦种子安全贮藏。对于荞麦种子的贮藏，关键在于控制种子水分和贮藏温度，较低的水分和贮藏温度能够显著延长荞麦种子的寿命。

在进入国家种质库贮藏前，荞麦种子必须经过前期处理，包括清选、生活力检测、编码、干燥等过程。种子清选即剔除破碎种子、空粒、瘪粒、霉粒、受病虫侵害粒及其混杂种子，以及灰尘等其他物质。对需清选的种子将根据质量状况，可采用机器清选或人工清洗。清洗过程中应注意以下事项：①用清选机清选种子时，应将种子含水量控制在安全含水量的范围内，以减少机械损伤。②无论是进行人工清选还是采用清选机清选，都要注意防止混杂。每当清选完一份种子之后，都必须将所用清选器具清理干净后方能进行下一份种子的清选。③不浪费好种子，把样品损失降到最低。④应将清选出的病虫种子、空秕粒及其他混杂的种子和杂质进行集中烧掉或填埋，防止病虫害蔓延。

荞麦种子初始发芽力的检测应按照国家标准《农作物种子检验规程　发芽试验》(GB/T3543.4) 执行。每份荞麦资源种子取 100 粒，用医用酒精对每个发芽皿进行消毒后，将种子所需要的发芽基质，如滤纸、蛭石或海绵等置于发芽皿中，并加入至所需水量，将每袋种子倒入发芽皿中并均匀地摆放在湿润的发芽床上，粒与粒之间应保持一定距离，然后盖上盖子放入已经调节好的发芽箱中。荞麦种子的发芽试验持续时间按GB/T 3543.4 执行，如果样品在规定试验时间内只有几粒种子发芽，则试验时间可以延长 1 周或延长规定时间的一半，并根据试验情况增加计数的次数。反之，如果在规定试验时间结束前，样品已达到最高发芽率，则试验可以提前结束。鉴定种子是否发芽的标准是根据种子能否发育成正常幼苗，即每份种质材料的正常幼苗数为发芽数。鉴定幼苗时要在其主要构造已发育到一定时期进行。在初次计数或其他中期计数时，应将正常幼苗取出，并记录数量。对可疑或损伤、畸形或有其他缺陷的幼苗保留到末次计数时再判别并记录数量。严重腐烂和发霉的种子应尽早从发芽床上清理出去并计数。

当荞麦种子的含水量超过 17%时需要进行预干燥，先在低温湿润的干燥间（20～25℃，20%～30%RH）进行干燥，使荞麦种子水分降至 13%左右，然后再加热干燥。干燥时间长短可用减重法计算。待种子重量为最后目标含水量时停止干燥。

荞麦种质要进入国家种质库保存，必须符合国家种质库种质保存数量和入库初始发芽率标准。种质保存数量指各种作物种质材料入库贮藏的数量要求。在实际操作中，一般是作为繁种者向种质库提交种质数量的最低要求。入库初始发芽率标准是种质材料入库保存的初始发芽率的最低限度要求。由于甜荞和苦荞繁殖方式不同，入库保存的要求也不同。一般而言长期库入库保存的要求是需达到200g的保存量，发芽率≥70%～80%，野生材料可以低一些，发芽率≥50%；中期库要求提供的保存量要少一些，苦荞要求达到150g，甜荞80g。

在我国，20世纪80年代国家作物种质库的建成，为荞麦种质资源收集工作提供了可靠的保障，使我国的荞麦种质资源研究进入了一个新的阶段，30多年来，荞麦种质资源研究工作取得了显著成绩。

（一）国际荞麦资源收集保存情况

各国荞麦遗传资源，一般保存在长期库和中期库中。前苏联的瓦维洛夫研究所保存荞麦资源2 100份；德国的布拉斯克维保存62份；美国国家种子贮藏研究室保存132份；前南斯拉夫的莱古布加拿保存36份；日本共保存638份，其中中心库保存390份，次级库保存248份；韩国收集的241份荞麦资源分别保存在农村振兴厅和韩国水原市作物试验站的低温种质库。印度保存荞麦资源561份，包括荞麦属的6个种，其中250份由印度植物遗传资源局在中长期库保存；全印植物遗传资源局西姆拉地区站保存的荞麦资源（中期保存）539份，其中地方种453份，国外引进种86份。尼泊尔收集的300份荞麦资源，绝大部分保存在克马尔塔的中期库。我国长期保存的种质约2 360份，其中甜荞1 528份，苦荞754份，野生荞麦78份（杨克里，1995）。

（二）原生境保存

野外搜集和种质库保存是植物遗传资源异生境保存（*ex situ* conservation）的一种形式，相对而言，自然条件下的原生境（*in situ* conservation）能够不断地积累遗传变异，使资源能够动态地得到保存。原生境保存一般指在植物原来的生态环境中建立保护地或保护区，使植物野生品种及野生近缘品种能就地自我繁殖、自我保存。该方式一般以国家级公园、国家级自然保护区等为主体。近年来，我国也加强了对植物原生境的保护工作。

野生荞麦种质资源大多分布于农、牧区，由于近些年来，随着人口增加和经济社会的发展，加上当地群众资源保护意识淡薄，严重破坏了野生荞麦生长地的生态环境，使我国野生荞麦面积正在迅速减小，如不尽快采取有效保护措施，有些现存的野生荞麦资源将濒临灭绝。因此，在野生荞麦分布相对集中、原生态环境保存较完整的地区建设野生荞麦原生境保护点显得尤为紧迫和重要。而我国的荞麦野生资源群落分布面积一般较小，不宜以保护区方式进行管理。为了保证野生荞麦遗传资源不致在自然环境中消失，2001年起，农业部开始进行荞麦野生资源原生境保护点建设，制定了原生境保护点建设技术规范、管理技术规范和监测预警技术规范，从而使作物野生近缘植物原生境保护工作步入科学化、规范化和制度化的轨道。目前我国安徽霍山、湖北房县、重庆黔江等地都已建立起荞麦原生境保护区，这些保护区的建立将有效保护野生荞麦这一重要的农业野生植物资源，也将为今后合理开发野生荞麦、拓宽农民增收渠道，进而促进荞麦产业可持续发展奠定良好基础。需要指出的是，即便是原位保护也时刻受到自然灾害的威胁，所以还应该定期不断地对保护区内的野生荞麦资源开展收集工作。

第二节 荞麦的优异种质资源

自20世纪50年代以来，全国各有关单位通过考察收集、鉴定筛选出了大量的荞麦资源，并且通过物理、化学诱变等方法对现有的资源进行了改良，创制了一批优异的种质资源，为荞麦的育种研究和生产推广做出了重要贡献。

1. 九江苦荞 江西省吉安地区农业科学研究所选育。株高100～120cm，株型紧凑，一级分枝5.2个。主茎节数16.6个，幼茎绿色，叶小呈淡绿色，叶茎部有明显的花青素斑点。花小，黄绿色，无香味，自花授粉。籽粒褐色，果皮粗糙，果棱呈波状，中央有深的凹陷。单株粒重4.26g，千粒重20.15g，单产可达2 175kg/ hm^2。粗蛋白含量10.5%，粗淀粉含量69.83%，赖氨酸含量0.696%。生育期80d左右。九江苦荞株型紧凑、早熟、抗逆、耐瘠、丰产性好、适应性强，是多轮全国荞麦良种区试苦荞组中的统一对照品种。

2. 黑丰1号 系山西省农业科学院作物品种资源研究所选育而成。1999年通过山西省品审委认定。该品种在山西太原地区6月中旬播种，全生育期110 d左右。植株高度为110～140cm。籽粒黑色，千粒重20g左右，产量可达3 750 kg/hm^2。氨基酸总量为14.64%，赖氨酸含量0.83%，硒含量每100g为0.319μg。属国家特优苦荞品种（国家优异苦荞品种标准氨基酸总量≥10.0%，赖氨酸含量≥0.6%，硒含量每100g≥0.2μg）。

3. 西农9920 由西北农林科技大学选育。株高107.5cm。主茎分枝5. 9个，主茎节数16. 3个，幼茎绿色。花黄绿色，无香味，自花授粉。籽粒灰褐色，单株粒重3.6g，千粒重17.9g。籽粒粗蛋白含量13.1 %，淀粉含量73.43 %，粗脂肪含量3.25 %，芦丁含量1.334 %。生育期88 d左右。株型紧凑，抗倒伏，抗旱耐瘠薄，落粒轻，适应性强，平均产量1578.5kg/ hm^2。

4. 信州大荞麦 中国农业科学院作物品种资源研究所选育。1988年从日本引进鉴定选育而成。信州大荞麦为普通荞麦与野生荞麦杂交，经过人工加倍而育成的四倍体品种。该品种茎秆呈微红色，叶色深绿，白花，籽粒灰黑色，株高100cm左右，一、二级分枝数多在5个以上。籽粒大，千粒重≥45g，丰产性突出，单产一般可达1 500kg/hm^2。生长势强，适应性较广，具有抗倒伏、抗病、耐肥水的特点。

5. 茶色黎麻道 内蒙古农业科学院小作物研究所选育。1979年内蒙古农业科学院从河北省丰宁县引进的农家种黎麻道中选育而成。该品种生育期75d左右，属中晚熟种。幼苗绿色，茎秆紫红色，花粉白色，株高70cm左右，株型紧凑，分枝力强，一级分枝3.2个。籽粒整齐，呈茶褐色，异色率1%～3%。千粒重30～32g，皮壳率18.2%，出米率75%左右。籽粒含蛋白质10.66%，脂肪2.59%，淀粉54.60%，赖氨酸0.59%。单产一般可达1 096kg/hm^2，具有抗旱、抗倒、抗病的特性，对土壤肥力要求不严，适应性强。

6. 美国甜荞 宁夏固原地区农业科学研究所选育。1988年从美国引进鉴定选育而成。该品种全株绿色，株高60cm左右，主茎节数6～9个，分枝5～6个，株型紧凑。白花，籽粒灰褐色，三棱形，棱角突出。籽粒含蛋白质16.78%，粗淀粉60.1%，粗脂肪3.1%，赖氨酸0.57%。千粒重26～32g。生育期60～66d，属早熟品种，生长整齐，抗倒伏，结实率较高，结实部位集中，易落粒，产量820kg/hm^2。美国甜荞在不同年份生长发育均表现为随着气温的升高，生育进程加快，生育天数缩短，是麦后复种及救灾备荒的理想品种。美国甜荞具有早熟、高产、适应性广等特点，适宜北方春荞麦区的河北北部、山西北部、内蒙古西部和宁夏南部推广种植。

第三节 荞麦近缘野生种

一、荞麦近缘野生种的种类

荞麦近缘野生种在我国分布的范围比较广泛，主要分布在四川、云南、西藏和贵州等省、自治区，内蒙古、甘肃、重庆等省、自治区有零星分布。金沙江流域是线叶野荞麦、小野荞麦、疏穗小野荞麦遗传多样性最丰富的地区，是金荞麦、苦荞麦、细柄野荞麦、硬枝万年荞遗传多样性丰富的地区之一。荞麦近缘野生种在金沙江流域表现出最丰富的物种多样性、生态多样性和遗传多样性，在上游的中甸、木里、宾川、永胜、宁蒗、鹤庆等县表现尤为丰富。因此，金沙江流域是苦荞麦及野生荞麦的分布中心和起源中心。王安虎、夏明忠（2008c）认为中国荞麦属植物已发现 23 个种、3 个变种和 2 个亚种，其中栽培种 2 个。除栽培苦荞和栽培甜荞两个种外，荞麦近缘野生种有 26 个（表 4-2）。近几年来，由于国家对荞麦科研经费的投入力度加大，研究人员队伍比较稳定，并且研究人员的数量在不断增加，特别是人们对荞麦营养成分和营养品质的认知程度加深，食用荞麦的人群数量增多，荞麦加工企业如雨后春笋般增加，荞麦科研工作有了后劲，对荞麦近缘野生种的收集、评价、研究与保护做了深入细致的工作。

表 4-2 荞麦近缘野生种类

序号	种名	学 名	主要分布
1	细柄野荞麦	*F. gracilipes*（Hemsl.）Dammer ex Diels	云南、四川、贵州
2	线叶野荞麦	*F. lineare*（Sam.）Haraldson	云南
3	岩野荞麦	*F. gilesii*（Hemsl.）Hedberg	云南
4	小野荞麦	*F. leptopodum*（Diels）Hedberg	云南、四川
5	金荞麦	*F. cymosum*（Trev.）Meisn	云南、四川、贵州
6	硬枝万年荞	*F. urophyllum*（Bur. et Fr.）H. Gross	四川、云南、贵州
7	抽葶野荞麦	*F. statice*（Lévl.）H. Gross	云南
8	尾叶野荞	*F. caudatum*（Sam.）A. J. Li，comb. nov.	四川
9	齿翅野荞	*F. graclipes*（Hemsl.）Damm. ex Diels var. *odontopterum*(Gross)Sam.	云南、四川、贵州
10	疏穗小野荞麦	*F. leptopodum*（Diels）Herdberg var. *grossii*（Lévl.）Sam.	云南、四川
11	左贡野荞	*F. zuogongense* Q-F Chen	西藏、云南
12	大野荞	*F. megaspartanium* Q-F Chen	云南、四川、贵州
13	毛野荞	*F. pilus* Q-F Chen，Takanori Ohsako	西藏
14	纤梗野荞麦	*F. gracilipedoides* Ohsako et Ohnishi	云南
15	金沙野荞麦	*F. jinshaenes* Ohsako et Ohnishi	云南
16	苦荞近缘野生种	*F. tataricum* ssp. *potanini* Batalin	云南、四川
17	栽培甜荞变种	*F. esculentum* var. *homotropicum*（Ohnishi）Q-F Chen	西藏、云南、四川
18	花叶野荞麦	*F. polychromofolium* A. H. Wang, M. Z. Xia, J. L. Liu & P. Yang	四川
19	密毛野荞麦	*F. densovillosum* J. L. Liu	四川

（续）

序号	种名	学名	主要分布
20	皱叶野荞麦	*F. crispatofolium* J. L. Liu	四川
21		*F. pleioramosum* Ohnishi	四川
22		*F. capillatum* Ohnishi	云南
23		*F. callianthum* Ohnishi	四川
24		*F. rubifolium* Ohsako et Ohnishi	四川
25		*F. macrocarpum* Ohsako et Ohnishi	四川
26	甜荞近缘野生种	*F. esculentum* ssp. *ancestralis* Ohnishi	西藏、云南、四川

二、荞麦近缘野生种资源

四川省境内金沙江流域的攀枝花地区，凉山彝族自治州的会理、会东、宁南、布拖、金阳和雷波等县有丰富野生荞麦资源，甘孜藏族自治州和阿坝藏族羌族自治州苦荞近缘野生种和甜荞近缘野生种的类型丰富。长期以来，吸引了国内外荞麦研究专家前来考察，并收集了大量荞麦近缘野生种资源，对荞麦的起源和亲缘关系作了较系统研究。2005—2007年，西昌学院野生荞麦资源研究课题组王安虎（2006a、2006b、2007、2008a、2008b、2008c）、杨坪（2006）、华劲松（2007）和蔡光泽等（2007）分3个考察小组对四川野生荞麦资源进行了多次实地考察，明确了四川荞麦近缘野生种的种类、特征和分布。2011年开始，西昌学院与中国农业科学院作物研究所合作，在全国燕麦荞麦现代农业产业体系项目资金的支助下，分3年对四川凉山彝族自治州、阿坝藏族羌族自治州和甘孜藏族自治州的荞麦近缘野生种资源进行广泛收集。荞麦近缘野生种的落粒性极强，在资源收集时，尽量按种质资源入库对数量和质量的要求开展工作。2011—2013年，收集了大量的荞麦近缘野生种种质资源（表4-3）。

表4-3 荞麦近缘野生种种质资源

资源编号	品种名称	地点	经度	纬度	海拔（m）	样品重（g）	粒数
WCHY2013102201	花叶野荞	汶川	1033252	313115	1 365	27.99	3 050
WCHY2013102202	花叶野荞	汶川	1033230	313101	1 325	26.27	3 050
LXHY2013102301	花叶野荞	理县	1032266	313430	1 589	20.66	3 050
LXYK2013102302	野苦荞	理县	1031503	313138	1 668	29.70	3 050
LXYK2013102303	野苦荞	理县	1030835	312446	1 948	30.87	3 050
LXYK2013102304	野苦荞	理县	1025755	313021	2 239	36.94	3 050
MXYK2013102402	野苦荞	茂县	1024815	314555	1 584	42.9	3 050
MXYK2013102404	野苦荞	茂县	1034354	320712	2 314	40.33	3 050
JZYK2013102602	野苦荞	九寨沟	1035604	331815	1 876	41.88	3 050
JZYK2013102607	野苦荞	九寨沟	1035741	331847	1 844	35.56	3 050
JZYK2013102610	野苦荞	九寨沟	1040008	331932	1 822	43.47	3 050
JZYK2013102612	野苦荞	九寨沟	1040944	331806	1 486	42.44	3 050
JZXB2013102701	九寨野荞	九寨沟	1041504	331040	1 285	14.16	3 050
JZXB2013102703	九寨野荞	九寨沟	1041403	330715	1 383	7.82	3 050

（续）

资源编号	品种名称	地点	经度	纬度	海拔（m）	样品重（g）	粒数
PWXB2013102704	细柄野荞	平武	1042502	324147	1 589	8.61	3 050
PWXB2013102801	细柄野荞	平武	1043901	322221	763	7.81	3 050
LDXB2013103001	细柄野荞	泸定	1021225	295851	1 485	6.58	3 050
LDCC2013103002	齿翅野荞	泸定	1021225	295851	1 485	5.85	3 050
KDYK2013103004	野苦荞	康定	1015827	300103	2 707	39.93	3 050
KDYK2013103101	野苦荞	康定	1015959	300338	2 425	42.26	3 050
LDXB2013103103	细柄野荞	泸定	1021001	293706	1 131	6.56	3 050
SMXY2013110101	小野荞	石棉	1021935	291418	894	2.92	3 050
XDJQ201210002	金荞麦	喜德	1021448	280522	1 732	87.06	3 100
XDKQ201210017	金荞麦	喜德	1022238	281851	1 823	98.91	3 500
XDKQ201210018	金荞麦	喜德	1022238	281851	1 823	106.06	3 200
YXJQ201211043	金荞麦	越西	1023003	284344	1 779	107.38	3 137
XDJQ201211045	金荞麦	喜德	1021838	282120	1 752	106.03	3 500
MNXB201210006	细柄野荞	冕宁	1020339	281141	1 620	8.13	3 500
YYXB201210012	细柄野荞	盐源	1015138	273916	1 642	7.29	3 500
XDXB201210014	细柄野荞	喜德	1022238	281851	1 823	5.61	3 230
XDXB201211028	细柄野荞	喜德	1021448	280522	1 732	7.83	3 500
YXXB201211031	细柄野荞	越西	1022744	283144	1 893	10.15	3 600
YXXB201211041	细柄野荞	越西	1023142	284337	1 710	5.65	3 230
XDXB201211046	细柄野荞	喜德	1021838	282120	1 752	6.27	3 140
YYCC201210012	齿翅野荞	盐源	1015138	273916	1 642	6.83	3 360
XDCC201210021	齿翅野荞	喜德	1022036	282752	2 277	8.58	3 500
MNCC201210023	齿翅野荞	冕宁	1020903	281220	1 630	6.02	3 500
XDCC201211027	齿翅野荞	喜德	1021448	280522	1 732	8.47	3 500
YXCC201211030	齿翅野荞	越西	1022744	283144	1 893	9.01	3 500
YXCC201211040	齿翅野荞	越西	1023142	284337	1 710	6.39	3 430
YXCC201211044	齿翅野荞	越西	1023003	284344	1 779	6.2	3 220
YXSS201211036	疏穗小野荞	越西	1023613	285120	1 455	4.33	3 500
GLSS201211037	疏穗小野荞	甘洛	1024534	291247	1 357	4.89	3 500
GLSS201211038	疏穗小野荞	甘洛	1023822	285307	1 434	4.09	3 500
GLSS201211050	疏穗小野荞	甘洛	1024113	290732	1 386	4.19	3 500
YXSS201211051	疏穗小野荞	越西	1023602	285736	1 432	3.96	3 500
GLSS201211052	疏穗小野荞	甘洛	1023805	281314	1 405	3.88	3 500
BTCC2012102705	齿翅野荞	布拖	1024934	274151	2 420	12.74	3 500
BTCC2012102706	齿翅野荞	昭觉	1025106	273848	2 573	14.25	3 500
MGCC2012102902	齿翅野荞	美姑	1032511	281817	1 564	8.65	3 500
ZJCC2012102603	齿翅野荞	昭觉	1022827	275118	2 988	14.46	3 500
HLCC2012110305	齿翅野荞	会理	1021653	264951	1 651	10.79	3 500
HDCC2012110502	齿翅野荞	会东	1023708	264109	2 280	8.91	3 500
ZJCC2012102803	齿翅野荞	昭觉	1030035	280127	1 969	12.24	3 500
ZJCC2012102704	齿翅野荞	昭觉	1024640	275135	2 223	13.70	3 500
ZJCC2012102702	齿翅野荞	昭觉	1024630	275844	2 510	12.88	3 500
HDCC2012110503	齿翅野荞	会东	1024450	264958	2 075	9.28	3 500
HDCC2012110402	齿翅野荞	会东	1022905	263523	2 042	8.14	3 500
ZJCC2012102801	齿翅野荞	昭觉	1025337	280334	2 109	16.06	3 500
LBCC2012103002	齿翅野荞	雷波	1033619	281710	1 412	8.14	3 500
HLCC2012110304	齿翅野荞	会理	1021534	265146	1 719	8.34	3 500

（续）

资源编号	品种名称	地点	经度	纬度	海拔（m）	样品重（g）	粒数
ZJXB2012102703	细柄野荞	昭觉	1024640	275135	2 223	9.07	3 500
ZJXB2012102605	细柄野荞	昭觉	1023058	275336	2 584	12.49	3 500
ZJXB2012102602	细柄野荞	昭觉	1022827	275118	2 988	13.84	3 500
ZJXB2012102802	细柄野荞	昭觉	1030035	280127	1 969	11.59	3 500
HDXB2012110401	细柄野荞	会东	1022905	263523	2 042	8.73	3 500
MGXB2012102901	细柄野荞	美姑	1032511	281817	1 564	8.16	3 500
HLXB2012110301	细柄野荞	会理	1021653	264951	1 651	7.37	3 500
HDXB2012110501	细柄野荞	会东	1023708	264109	2 280	10.01	3 500
HDXB2012110504	细柄野荞	会东	1024450	264958	2 075	7.48	3 500
HDXB2012110404	细柄野荞	会东	1023729	263502	1 669	7.46	3 500
HDJQ2012110403	金荞麦	会东	1023632	263629	1 687	77.08	3 500
DCJQ2012110202	金荞麦	德昌	1020738	272522	1 682	81.62	3 500
PGJQ2012110601	金荞麦	普格	1022635	273525	1 890	81.90	3 500
LBMM2012103003	密毛野荞	雷波	1033619	281710	1 412	10.18	3 500
MGMM2012102804	密毛野荞	美姑	1030025	280838	1 451	7.65	3 500
LBYZ2012103004	硬枝万年荞	雷波	1033629	281754	1 420	27.89	3 500
MGYZ2012102903	硬枝万年荞	美姑	1032448	281744	1 386	31.20	3 500
LBTJ2012103001	野甜荞	雷波	1033503	281454	862	57.01	3 500
LBYZ20111028011	硬枝万年荞	雷波	1033638	221118	1 389	28.46	3 500
LBMM20111028012	密毛野荞麦	雷波	1033037	281648	1 324	9.13	3 500
ZJXB20111026004	细柄野荞麦	昭觉	1022826	275118	2 956	10.14	3 500
ZJCC20111026003	齿翅野生荞	昭觉	1022826	275118	2 956	9.67	3 500
LBYZ20111028009	硬枝万年荞	雷波	1033638	281755	1 251	27.32	3 500
ZJCC20111026005	齿翅野荞麦	昭觉	1023413	275245	2 889	9.14	3 500
ZJXB20111026006	细柄野荞麦	昭觉	1023413	275245	1 642	10.32	3 500
ZJXB20111026002	齿翅野荞麦	昭觉	1022603	275126	2 537	9.47	3 500
LBXB20111028010	细柄野荞麦	雷波	1033055	281729	1 316	10.21	3 500

注：本表经度×××××××指×××°××′××″；纬度××××××指××°××′××″。

由表 4-3 可知，西昌学院荞麦课题组对收集的种质资源进行整理，数量方面符合入国家种质资源库的荞麦近缘种中，花叶野荞 3 份，苦荞近缘野生种 11 份，九寨野荞 2 份，细柄野荞 24 份，齿翅野荞 21 份，小野荞 1 份，金荞麦有 8 份，疏穗小野荞 6 份，密毛野荞 3 份，硬枝万年荞 4 份，甜荞近缘野生种 1 份。

三、荞麦近缘野生种的主要生物学特性

2012—2013 年，西昌学院荞麦课题组在西昌学院农场内栽种了苦荞近缘野生种、金荞麦、细柄野荞、齿翅野荞、甜荞近缘野生种、硬枝万年荞、小野荞、疏穗小野荞、密毛野荞和花叶野荞，并对其主要生物学特性进行了测定（表 4-4）。

表 4-4　几种荞麦近缘野生种的主要生物学特性

名称	出苗期（月/日）	初花期（月/日）	盛花期（月/日）	成熟期（月/日）	千粒重（g）	单株粒重（g）	种子颜色	生育期（d）
苦荞近缘野生种	3/26	5/6	5/15	6/26	13.61	1.32	灰色	102
金荞麦	4/5	6/15	6/26	9/12	33.69	1.63	褐色	160
细柄野荞	3/26	5/9	5/20	7/6	2.81	0.31	褐色	112
齿翅野荞	3/26	5/9	5/20	7/6	3.66	0.48	褐色	112
甜荞近缘野生种	3/25	4/29	5/8	6/27	19.21	0.30	褐色	103
硬枝万年荞	3/26	6/25	7/18	10/12	9.73	0.24	褐色	190
小野荞	3/26	5/19	5/27	7/17	1.41	0.034	褐色	123
疏穗小野荞	3/26	5/19	5/27	7/17	1.41	0.035	褐色	123
密毛野荞	3/26	5/9	5/20	7/6	3.11	0.39	褐色	112
花叶野荞	3/26	5/10	6/2	7/26	8.32	0.47	褐色	132

从表 4-4 可看出，金荞麦的千粒重较高，为 33.69g，其次分别是甜荞近缘野生种和苦荞近缘野生种，千粒重分别是 19.21g 和 13.61g，其余荞麦近缘野生种的千粒重均较低。此外，荞麦近缘野生种的落粒性比较强，要获得单株的全部种子，必须边成熟边收获，因此，受多种自然因素的影响，其单株粒重的数据准确性较低。不同荞麦近缘野生种的生育天数差异也比较大，从表 4-4 可看出多年生荞麦近缘野生种的生育期较长，一年生荞麦近缘野生种的生育期较短。

四、荞麦近缘野生种的营养成分

（一）荞麦近缘野生种的黄酮含量

黄酮是荞麦属植物中的一类重要的生理活性物质，在荞麦的生理过程中有重要作用，如吸引昆虫进行传播花粉和调节一些重要的生理过程。另外，在荞麦的药用疗效如对心血管病、高血压等疾病的治疗等方面起重要作用。2007 年 3 月，西昌学院荞麦课题组在西昌学院农场内开展试验，测定了苦荞野生近缘种、金荞麦、细柄野荞、齿翅野荞、甜荞近缘野生种、硬枝万年荞等 6 种野生荞麦在苗期、现蕾期、盛花期和成熟期的叶、茎、花、种子等器官的黄酮含量。野生荞麦黄酮含量测定参照彭德川等（2006）方法，测定材料的取样时间见表 4-5。

表 4-5　野生荞麦黄酮含量测定材料的取样时期

野生荞麦	苗期（月/日）	现蕾期（月/日）	盛花期（月/日）	成熟期（月/日）
苦荞野生近缘种	3/31	4/30	5/13	6/8
金荞麦	4/19	6/5	7/13	9/3
细柄野荞	4/1	5/8	6/3	7/4
齿翅野荞	3/31	4/29	5/12	6/18
甜荞野生近缘种	4/3	5/6	5/24	6/17
硬枝万年荞	4/12	5/18	6/7	7/13

1. 野生荞麦叶片黄酮含量　苦荞野生近缘种、金荞麦、细柄野荞、齿翅野荞、甜荞

野生近缘种、硬枝万年荞等 6 种野生荞麦在不同生育时期叶片黄酮含量见图 4-2。从图 4-2 可看出，在苗期，野生荞麦叶片黄酮含量最高的种类是苦荞野生近缘种，每 100g 含量为 3.56g；硬枝万年荞叶片黄酮含量最低，每 100g 含量为 1.56g，6 种野生荞麦叶片在苗期的黄酮含量高低变化顺序依次是苦荞野生近缘种>金荞麦>细柄野荞>齿翅野荞麦>甜荞野生近缘种>硬枝万年荞。在现蕾期，6 种野生荞麦中苦荞野生近缘种叶片黄酮含量最高，每 100g 含量为 5.42g；硬枝万年荞的含量最低，每 100g 含量为 2.52g，各种野生荞麦叶片黄酮含量高低变化趋势与苗期一致。在盛花期，6 种野生荞麦中苦荞野生近缘种的叶片的黄酮含量最高，每 100g 含量为 6.34g；含量最低的种类是硬枝万年荞，每 100g 含量为 2.63g，各种野生荞麦叶片黄酮含量高低变化趋势与苗期和现蕾期一致。在成熟期，6 种野生荞麦叶片黄酮含量最高的种类是苦荞野生近缘种，每 100g 含量为 3.43g；含量最低的种类是硬枝万年荞，每 100g 含量为 1.14g。各种野生荞麦叶片黄酮含量高低变化趋势与苗期、现蕾期和盛花期一致。

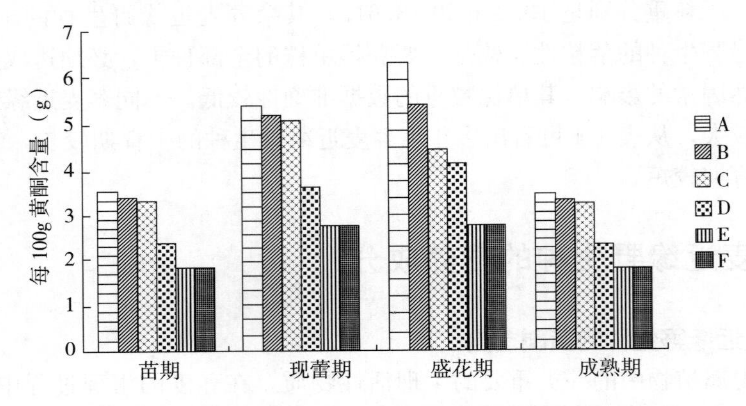

图 4-2　野生荞麦不同生育时期叶片黄酮含量

A. 苦荞野生近缘种　B. 金荞麦　C. 细柄野荞　D. 齿翅野荞　E. 甜荞野生近缘种　F. 硬枝万年荞

图 4-2 也表明，6 种野生荞麦叶片黄酮含量在苗期、现蕾期、盛花期和成熟期的变化基本稳定，即呈现从苗期至盛花期，黄酮含量表现为由低到高逐渐增加并达到最大值，盛花期至成熟期黄酮含量逐渐递减的低—高—低变化规律。从图 4-2 叶片黄酮含量的变化图形看，6 种野生荞麦叶片黄酮含量从苗期至现蕾期增加幅度较大，现蕾期至盛花期黄酮含量增加幅度相对较小，盛花期至成熟期黄酮含量递减幅度较大。

2. 野生荞麦茎秆黄酮含量　苦荞野生近缘种、金荞麦、细柄野荞、齿翅野荞、甜荞野近缘生种、硬枝万年荞等 6 种野生荞麦在不同生育时期茎黄酮含量见图 4-3。从图 4-3 可看出，在苗期，6 种野生荞麦中苦荞近缘野生种茎黄酮含量最高，每 100g 含量为 2.13g；硬枝万年荞茎黄酮含量最低，每 100g 含量为 1.21g，含量高低变化顺序依次是苦荞野生近缘种>金荞麦>细柄野荞>齿翅野荞麦>甜荞野生近缘种>硬枝万年荞。现蕾期，6 种野生荞麦中细柄野荞茎黄酮含量最高，每 100g 含量为 3.22g；硬枝万年荞茎黄酮含量最低，每 100g 含量为 1.44g，各种野生荞麦茎黄酮含量高低变化顺序依次是细柄野荞>苦荞野生近缘种>金荞麦>齿翅野荞麦>甜荞野生近缘种>硬枝万年荞。盛花期，6

种野生荞麦中齿翅野荞麦茎黄酮含量最高，每 100g 含量为 3.32g；硬枝万年荞茎黄酮含量最低，每 100g 含量为 1.32g，各种野生荞麦茎黄酮含量高低变化顺序依次是齿翅野荞麦＞细柄野荞＞苦荞野生近缘种＞金荞麦＞甜荞野生近缘种＞硬枝万年荞。成熟期，6 种野生荞麦中齿翅野荞茎黄酮含量最高，每 100g 含量为 2.30g，硬枝万年荞茎黄酮含量最低，每 100g 含量为 1.12g，各种野生荞麦茎黄酮含量高低变化顺序依次是齿翅野荞麦＞细柄野荞＞苦荞野生近缘种＞甜荞野生近缘种＞金荞麦＞硬枝万年荞。

从图 4-3 可以看出，各种野生荞麦在苗期、现蕾期、盛花期和成熟期茎的黄酮含量在一定程度上略显低—高—低的变化趋势，其中苦荞野生近缘种、金荞麦、细柄野荞、齿翅野荞表现相对较明显，甜荞野生近缘种和硬枝万年荞表现不明显。在整个生育期，虽然 6 种野生荞麦茎的黄酮含量略显低—高—低的变化趋势，但其峰值出现的时期与野生荞麦叶片黄酮含量峰值出现的时期不太一致，如苦荞野生近缘种、细柄野荞、齿翅野荞和甜荞野生近缘种茎中黄酮含量最高值出现的时期是盛花期，而金荞麦和硬枝万年荞最大值出现的时期是现蕾期。出现这种变化的主要原因可能是苦荞野生近缘种、细柄野荞、齿翅野荞和甜荞野生近缘种茎木质化程度较低，且出现的时期较晚，有利于黄酮类物质合成，而金荞麦和硬枝万年荞的木质化程度高，且木质化出现的时期较早，不利于黄酮类物质合成。图 4-3 还表明，硬枝万年荞茎在整个生育时期的黄酮含量均较低，以及其他几种野生荞麦之间在不同生育时期茎黄酮含量的规律不稳定，这也可能与其茎的木质化程度和木质化出现的时期不同有关。

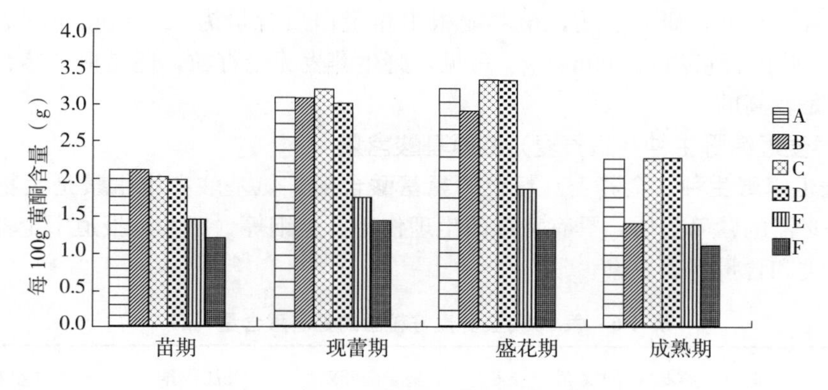

图 4-3　野生荞麦不同生育时期茎黄酮含量

A. 苦荞野生近缘种　B. 金荞麦　C. 细柄野荞　D. 齿翅野荞　E. 甜荞野生近缘种　F. 硬枝万年荞

3. 野生荞麦花的黄酮含量　苦荞野生近缘种、金荞麦、细柄野荞、齿翅野荞、甜荞野生近缘种、硬枝万年荞等 6 种野生荞麦，在盛花期以苦荞野生近缘种花黄酮含量最高，每 100g 含量为 7.11g，金荞麦每 100g 含量为 6.51g，细柄野荞每 100g 含量 4.63g，齿翅野荞每 100g 含量 4.50g，甜荞野生近缘种每 100g 含量 3.12g，硬枝万年荞花的黄酮含量最低，每 100g 含量为 2.77g。野生荞麦花黄酮含量的高低与彭德川等（2006）的研究基本相吻合，苦荞野生近缘种与甜荞野生近缘种花的黄酮含量变化类似于苦荞和甜荞栽培种花的黄酮含量变化。

4. 野生荞麦籽粒黄酮含量　苦荞野生近缘种、金荞麦、细柄野荞、齿翅野荞、甜荞野生近缘种、硬枝万年荞等6种野生荞麦种子每100g黄酮含量依次为：苦荞野生近缘种2.41g>金荞2.12g>细柄野荞2.03g>齿翅野荞1.95g>甜荞野生近缘种1.12g>硬枝万年荞1.10g。

(二) 荞麦近缘野生种（金荞麦）的蛋白质含量

尹迪信等（2006）报道了金荞麦与油克紫花苜蓿、苏丹草、墨西哥玉米、菊苣和维多利亚紫花苜蓿等牧草的营养成分与适口性表明，金荞麦、菊苣、紫花苜蓿粗蛋白含量丰富。经测定，金荞麦籽粒的粗蛋白含量为197.60mg/g，其含量与菊苣相似，接近紫花苜蓿的含量，是一种蛋白质含量较高的优良牧草。张政等（2000）分别选用湖南湘西的金荞麦籽粒和贵州威宁的金荞麦籽粒为材料，对金荞麦籽粒的蛋白质组分进行测定，结果表明两种金荞麦籽粒的蛋白质含量均高达126.00mg/g，达到优质禾谷类粮食的蛋白质含量水平。金荞麦籽粒总蛋白质含量中以球蛋白含量为最高，70.9mg/g占蛋白质含量的56.3%；依次为白蛋白含量23.8mg/g，占蛋白质含量的18.9%；谷蛋白含量12.3mg/g，占蛋白质含量的9.8%；醇蛋白含量4.7mg/g，占蛋白质含量的3.7%。另外，不溶蛋白含量14.4mg/g，占总蛋白含量的11.4%。

金荞麦籽粒粗蛋白含量普遍高于栽培苦荞和栽培甜荞。据唐宇等（2006）报道，栽培苦荞品种额洛乌且籽粒蛋白质含量为82.00mg/g，另一栽培苦荞品种西荞1号蛋白质含量为91.50mg/g。赵钢等（2002）测定了取自四川昭觉、云南永胜、贵州威宁金荞麦籽粒的粗蛋白含量，分别是131.00mg/g、12.8mg/g和125.00mg/g。

吕桂兰等（1996）研究表明，金荞麦根中粗蛋白质含量为42.00mg/g，茎中含量为51.00mg/g，叶内含量为87.00mg/g。可见，野生荞麦无论籽粒，还是根、茎、叶中的蛋白质含量都是较高的。

(三) 荞麦近缘野生种（金荞麦）的氨基酸含量

1. 荞麦近缘野生种（金荞麦）籽粒的氨基酸含量 氨基酸和维生素是生物体维持生命和生长所必需的营养物质，具有特殊的生理作用。赵钢等（2002）报道了金荞麦籽粒中氨基酸的种类和含量（表4-6）。

表4-6 每100g金荞麦籽粒中的氨基酸含量（g）

氨基酸	昭觉金荞麦	永胜金荞麦	威宁金荞麦	九江苦荞	小花荞
天门冬氨酸	1.13	1.09	1.04	0.98	1.01
苏氨酸	0.46	0.48	0.45	0.38	0.41
丝氨酸	0.60	0.56	0.58	0.57	0.51
谷氨酸	2.17	2.19	2.15	2.16	2.13
甘氨酸	0.71	0.67	0.69	0.68	0.71
丙氨酸	0.54	0.55	0.51	0.53	0.50
胱氨酸	0.26	0.24	0.21	0.22	0.21
缬氨酸	0.66	0.65	0.63	0.61	0.57
蛋氨酸	0.11	0.08	0.09	0.07	0.06
异亮氨酸	0.47	0.45	0.43	0.44	0.41
亮氨酸	0.81	0.78	0.79	0.78	0.77
酪氨酸	0.39	0.37	0.34	0.37	0.34

（续）

氨基酸	昭觉金荞麦	永胜金荞麦	威宁金荞麦	九江苦荞	小花荞
苯丙氨酸	0.57	0.54	0.55	0.51	0.53
赖氨酸	0.64	0.62	0.61	0.59	0.62
色氨酸	0.21	0.19	0.20	0.19	0.17
组氨酸	0.30	0.28	0.27	0.26	0.26
精氨酸	1.21	1.19	1.20	1.11	1.06
脯氨酸	0.27	0.24	0.26	0.24	0.25
总量	11.51	11.17	11.00	10.69	10.52

从表 4-6 可知，云南、四川、贵州 3 个不同地区每 100g 金荞麦籽粒中 18 种氨基酸的总量分别是 11.51g、11.17g、11.00g，平均为 11.25g，分别比苦荞栽培种九江苦荞高 5.24%和甜荞栽培种小花荞高 6.94%。18 种氨基酸中，多数种类的含量明显高于九江苦荞和小花荞。3 个不同地区来源的金荞麦的必需氨基酸含量较高，其中亮氨酸含量最高，每 100g 含量分别为 0.81g、0.78g 和 0.79g，平均为 0.79g，均高于栽培苦荞和栽培甜荞。芳香族氨基酸（苯丙氨酸、酪氨酸）、含硫氨基酸（胱氨酸、蛋氨酸）、赖氨酸及色氨酸的含量明显高于或略高于栽培苦荞和甜荞。张政等（2000）研究表明，金荞麦籽粒中含有多种氨基酸，且各种氨基酸含量较高，籽粒中氨基酸构成比例接近于 FAO/WHO 的氨基酸含量建议模式。

2. 荞麦近缘野生种（金荞麦）根、茎、叶、花的氨基酸含量　金荞麦是一种重要的药用植物，籽粒和根、茎、叶、花中富含多种氨基酸，且含量高。吕桂兰等（1996）报道了金荞麦不同入药器官中结合性氨基酸和游离氨基酸的种类及含量（表 4-7）。

表 4-7　每 100g 金荞麦不同器官中氨基酸含量（g）

氨基酸	结合性氨基酸				游离氨基酸			
	根	茎	叶	花	根	茎	叶	花
天门冬氨酸	0.18	0.17	1.19	0.95	0.026	4.178×10^{-3}	0.043	—
苏氨酸	0.07	0.08	0.59	0.31	0.043	0.026	0.262	0.766
丝氨酸	0.09	0.10	0.60	0.33	0.017	8.974×10^{-2}	0.050	0.177
谷氨酸	0.31	0.32	0.87	1.14	0.013	9.864×10^{-3}	0.032	0.071
甘氨酸	0.09	0.10	0.70	0.56	—	—	3.4×10^{-3}	7.847×10^{-3}
丙氨酸	0.12	0.11	0.83	0.73	0.026	0.017	0.077	0.055
半胱氨酸	0.04	—	—	—	—	—	—	—
缬氨酸	0.13	0.12	0.79	0.76	9.977×10^{-3}	6.127×10	0.050	0.073
蛋氨酸	0.07	0.06	0.18	0.19	7.619×10^{-3}	9.544×10	5.5×10^{-3}	6.266×10^{-3}
异亮氨酸	0.10	0.09	0.63	0.60	0.014	7.573×10^{-3}	0.01	0.039
亮氨酸	0.16	0.15	1.16	0.98	0.022	5.837×10^{-1}	0.023	0.036
酪氨酸	0.04	0.04	0.51	0.42	0.028	8.371×10^{-3}	0.018	0.029
苯丙氨酸	0.15	0.09	0.70	0.58	0.029	7.991×10^{-3}	0.052	0.123
赖氨酸	0.16	0.13	0.78	0.77	0.152	5.845×10^{-3}	0.016	0.029
组氨酸	1.07	0.05	0.31	0.29	0.011	—	0.016	0.053
精氨酸	1.13	0.11	0.69	0.65	1.004	0.026	0.029	0.097
脯氨酸	0.14	0.21	0.70	0.60	0.073	0.193	0.041	0.075
总量	4.05	1.93	11.23	9.86	1.458	0.262	0.719	1.623

从表4-7看出，每100g金荞麦根、茎、叶、花等不同入药器官的17种结合性氨基酸总量为27.07g，游离氨基酸总量为4.06g；根、茎、叶、花中结合性氨基酸含量大小依次为叶＞花＞根＞茎，所占比例分别是41.49%、36.42%、14.96%和7.13%；根、茎、叶、花中游离氨基酸含量大小依次为花＞根＞叶＞茎，所占比例分别是39.90%、35.96%、17.73%和6.40%。通过比较，金荞麦植株叶、花和根器官中氨基酸含量较高，有很好的开发利用价值。

（四）荞麦近缘野生种（金荞麦）的矿质元素含量

金荞麦籽粒中含有丰富的矿质元素，赵钢等（2002）报道了金荞麦籽粒矿质元素的含量（表4-8）。

表4-8　金荞麦籽粒中的营养矿质元素含量（%）

矿质元素	昭觉金荞麦	永胜金荞麦	威宁金荞麦	九江苦荞	小花荞
K	0.381	0.383	0.374	0.411	0.291
Na	0.041	0.043	0.036	0.033	0.032
Ca	0.031	0.039	0.029	0.016	0.037
Mg	0.212	0.201	0.191	0.224	0.142
Fe	0.087	0.077	0.083	0.086	0.027
Cu	4.007×10^{-6}	3.961×10^{-6}	3.845×10^{-6}	4.585×10^{-6}	4.012×10^{-6}
Mn	12.01×10^{-6}	11.471×10^{-6}	11.387×10^{-6}	11.693×10^{-6}	10.311×10^{-6}
Zn	17.831×10^{-6}	17.69×10^{-6}	17.439×10^{-6}	17.902×10^{-6}	17.167×10^{-6}
Se	0.407×10^{-6}	0.413×10^{-6}	0.401×10^{-6}	0.371×10^{-6}	0.213×10^{-6}
小计	0.752	0.743	0.713	0.77	0.529

从表4-8可看出，来源于四川昭觉、云南永胜和贵州威宁地区的金荞麦籽粒中Na、Ca、Se的含量略超过栽培苦荞九江苦荞和栽培甜荞小花荞，K、Mg、Fe和Mn的含量接近九江苦荞而高于小花荞，Zn的含量与九江苦荞、小花荞相接近，而Cu的含量低于九江苦荞和小花荞。3个不同地区来源的金荞麦籽粒中K等矿质元素的含量之和的平均值为0.735，略低于栽培品种九江苦荞，但明显高于小花荞。

（五）荞麦近缘野生种（金荞麦）的药理成分

1. 双聚原矢车菊苷元含量　刘光德等（2006）报道，从金荞麦根茎中分离得到化合物甲、乙、丙三种成分，甲为其主要有效成分，通过鉴定，证实化合物甲是双聚原矢车菊苷元（dimeric procyanidin），其化学结构为5，7，3′，4′-四羟基黄烷-3-醇的C4～C8双聚体；化合物乙和丙分别鉴定为海柯皂苷元和β-谷甾醇。在分析了威宁金荞麦的化学组成后，进一步对其酚性成分进行了研究，经葡聚糖凝胶和大孔吸附树脂柱层析反复分离得到6个酚性化合物，鉴定为一类原花色素的缩合性单宁化合物，主要成分包括：(－)表儿茶素[(－)epicatechin](Ⅰ)，(－)表儿茶素-3-没食子酸酯［*3-galloyl*（－）*epicatechin*］(Ⅱ)，原矢车菊素（*procyanidin*）*B*-2（Ⅲ）、*B*-4（Ⅳ）及原矢车菊素*B*-的3，3′-二没食子酸酯（3，3′-*digallnyl procyanidin B*-2）（Ⅴ），其中原矢车菊素*B*-2为主要成分，该混合物具有抗癌活性。

Pui. Kwong Chan（2003）报道，金荞麦提取物包括原矢车菊素（*procyanidine dimmers B*2、*B*4和*C*2）、表儿茶素（*EC*）、表没食子儿茶素没食子酸酯（*EGCG*）、海柯

皂苷元（*hecogenin*）、槲皮素、β-谷甾醇（*beta-sitosteral*）、对-香豆酸（*P-coumaric*）及阿魏酸（*ferulicacid*）等成分。原矢车菊素属于浓缩鞣酸，是一种植物异聚体，具有多种抗癌生物活性。对金荞麦成分的高压液相色谱（*HPLC*）分析表明，可从金荞麦中析取并鉴别出大约 4 种主要成分和 20 种次要成分。为研究金荞麦的活性与上述化合物之间的关系，用 *MTT* 分析方法检测了部分化合物的活性，发现（－）*EC* 和槲皮素对 *H*460 细胞无活性，而 *EGCG* 具有一定的活性（*G*50＝80*μg/mL*），但其活性低于金荞麦。金荞麦含有的原花色素缩合性单宁的混合物，性质很不稳定，但具有多方面的生理活性，例如，抗氧化、降低血脂、抑制某些病毒及酶、抑制肿瘤、抗炎等，因而引起国际上的重视。

吕桂兰等（1995）研究表明，金荞麦不同物候期、植株不同部位双聚原矢车菊苷元含量不同（表 4-9）。

表 4-9 金荞麦生长物候期双聚原矢车菊苷元含量比较

采样时间（月/日）	物候期	根（%）	茎（%）	叶（%）	花（%）
5/12	苗期	7.53	2.32	1.49	—
6/17	营养生长	7.69	2.05	2.01	—
7/18	营养生长	7.82	3.12	3.65	—
8/18	营养生长	7.77	2.57	3.53	—
9/18	花期	8.06	4.44	3.95	4.31
10/17	花果期	7.61	4.46	3.76	4.53
11/4	地上部枯萎	7.74	4.05	3.12	4.14

从表 4-9 可知，不同生育期根的双聚原矢车菊苷元含量变化较小，苗期 7.53%，花期最高为 8.06%；茎、叶生长初期含量最低，分别为 2.05% 和 1.49%，现蕾后明显增高，花期分别达到 4.44%和 3.95%；花的含量变化较小，花果期最高为 4.53%。而到 10 月霜冻后，地上部枯萎，茎、叶、花含量有所下降，因此地上部茎、叶宜在枯萎前采收，根则枯萎后采收即可。

2. 维生素含量 张政等（2000）选用湖南湘西和贵州威宁的金荞麦籽粒为研究材料，测得每 100g 金荞麦籽粒维生素 B_1 的含量为 0.40mg，维生素 B_2 的含量为 0.25mg，烟酸的含量为 3.85mg，维生素 E 的含量在 1.66mg 以上。经比较，每 100g 金荞麦籽粒中烟酸的含量高于甜荞（3.11mg）和苦荞（3.42mg），显著高于小麦粉（2.0mg）和小米（1.5mg）的平均水平；维生素 E 的含量高于甜荞（1.42mg）和苦荞（0.99mg）。

吕桂兰等（1996）报道了金荞麦根、茎、叶、花等器官中维生素 A、维生素 E、维生素 B_1、维生素 B_2 及维生素 D_3 等几种维生素的含量（表 4-10）。

表 4-10 金荞麦不同入药器官中的维生素含量

器官	维生素 A(IU/kg)	维生素 D_3(IU/kg)	维生素 E(mg/kg)	维生素 B_1(mg/kg)	维生素 B_2(mg/kg)
根	12 500		3.32	3.0	13.5
茎	37 750		微量	1.0	13.2
叶	225 000	487	108.0	5.8	13.7

从表4-10可知，金荞麦叶的维生素含量均高于根和茎的含量，除如维生素B_2的含量略高于根和茎外，维生素A的含量叶比根、茎分别高18倍和6倍，维生素E的含量叶比根、茎分别高32倍和100多倍，维生素B_1的含量叶也明显高于根和茎。

3. 其他成分含量 国内外学者对金荞麦中的主要有效成分如缩合性单宁物质的混合物研究较多，并取得了一定的研究成果。邵萌等（2005a）报道，从金荞麦中分离并鉴定了4个酚酸类成分，分别为反式对羟基桂皮酸甲酯（transp-hydroxy cinnamic methyl ester，Ⅰ）、3，4-二羟基苯甲酰胺（3，4-dihydroxy benzamide，Ⅱ）、原儿茶酸（protocatechuic acid，Ⅲ）、原儿茶酸甲酯（protocatechuic acid methyl ester，Ⅳ），其中化合物Ⅰ、Ⅱ、Ⅳ为首次从荞麦属植物中分离得到。邵萌等（2005b）运用多种色谱方法分离金荞麦根、茎化学成分，依据理化性质、波谱（NMR、EI-MS）数据分析鉴定了5个化合物，分别为赤杨酮（glutinone）、赤杨醇（glutinol）、棕榈酸单甘油酯（glycerol monopalmitate）、木犀草素（luteolin）、正丁醇-β-D-吡喃型果糖苷（π-butyl-β-D-fructopyronoside），5个化合物均为首次从荞麦属植物中分离得到。

金荞麦蛋白质、脂肪、纤维素及维生素的含量均较丰富，但受遗传多样性和环境因素的共同影响，不同类型之间有所差异。研究表明金荞麦籽粒粗蛋白含量高达12.5％以上，高于栽培种的甜荞和苦荞；脂肪含量高达1.74％～1.89％，多为不饱和的油酸和亚油酸；维生素B_1和维生素PP的含量均高于苦荞和甜荞，维生素B_2和维生素P的含量低于苦荞，而远高于甜荞。在无机元素方面，金荞麦籽粒中含有丰富的营养矿质元素，Na、Ca、Se的含量超过苦荞栽培品种和甜荞栽培品种，K、Mg、Fe、Mn的含量接近于苦荞而高于甜荞，Zn的含量与苦荞、甜荞相接近，而Cu的含量低于苦荞和甜荞。其籽粒中含有18种氨基酸，苏氨酸、亮氨酸、赖氨酸等人体所必需的8种氨基酸均齐全而丰富，配比适当。多数氨基酸的含量超过或接近栽培苦荞品种和甜荞品种，高于小麦、玉米、水稻等主要粮食作物的含量。

刘光德等（2006）报道，金荞麦是一种具有明确抗癌活性的中草药，有较广泛的抗瘤谱，且能干预肿瘤细胞侵袭及转移扩散，没有明显毒性。金荞麦对来源于某些特定器官的肿瘤细胞系的生长具有抑制作用。金荞麦主要抗癌药物活性成分为双聚原矢车菊苷元［5，7，3'，4'-四羟基黄烷-3-醇双聚体（5，7，3'，4'-tetrahydroxyflavan-3-oldimer)］，以及一类原花色素的缩合性丹宁混合物，主要存在于金荞麦的根茎中，地上部分含量甚微。

金荞麦与黑麦草相似，粗纤维含量比黑麦草略低，但粗灰分含量比黑麦草高，说明其所含矿物质和微量元素较多，有利于提供各种动物需要的营养，是一种与黑麦草相似或略优的优质饲草作物。紫花苜蓿、苏丹草、墨西哥玉米含粗纤维丰富，金荞麦的粗纤维含量与之相比较低，但高于菊苣；粗纤维的含量与紫花苜蓿相似。金荞麦的主要营养成分与其他几种推广牧草基本相似，加之适口性好，是喂养畜禽的好饲料。

综上所述，野生荞麦资源富含生物类黄酮、维生素、双聚原矢车菊苷元等，蛋白质组分全，必需氨基酸含量高，具有独特的营养价值和医疗保健功效。在药品、保健品、功能食品与饲料牧草方面具有巨大的开发利用潜力。

第四节 荞麦育成品种

一、荞麦品种的类型

所谓品种（variety），是人类在一定生态和经济条件下，根据自己的需要而创造出来的某种作物的一种群体；它具有相对稳定的特定遗传性，具有生物学上、经济学上、形态学上的相对一致性，在一定地区和一定栽培条件下，其产量、品质、适应性等方面，符合生产的需要，并且能够用普通的繁殖方法保持其原有状态和使用价值。

品种是经济学类别，不是植物分类学类别，是具有重要经济价值的农业生产资料。

荞麦品种可根据来源分为2个大类，即育成品种和地方品种。荞麦育成品种是指按照一定育种目标，通过一定的育种方法培育出来的新品种。一般情况下，这些育成品种需要在完成省级以上区域试验后被省级以上品种审定委员会审定通过后才能成为正规的品种，这样也更加便于广泛推广。根据《种子法》规定，对于大作物如水稻、小麦、玉米、油菜等，必须通过省级以上品种审定委员会审定通过以后才能推广，但是对于小作物如荞麦等小杂粮，可以不经过审定，只要足够优异，在生产上能被接受，即可推广。地方品种是当地人民自发栽培的品种，一般未经过审定。

根据染色体倍性，可把荞麦品种分为二倍体品种、多倍体品种。目前生产上的荞麦品种主要是二倍体品种（diploid variety），少数为同源四倍体荞麦品种，尚无异源四倍体荞麦品种。由于荞麦种间杂交十分困难，极少能获得异源多倍体材料。目前已知的为四倍体金荞麦与四倍体苦荞杂交产生的巨荞，是异源四倍体，但其种子不饱满而且农艺性状也很差，难以生产上应用。此外，天然存在的四倍体金荞麦也是异源四倍体。目前生产上的四倍体荞麦品种都是同源四倍体的。这类品种因为染色体加倍带来形态巨大化，使得种子变大，在一定条件下可获得增产效果，甚至提升品质。一般栽培荞麦都是二倍体的，加倍后将形成同源四倍体荞麦类型。对于苦荞，由于是纯系，加倍后形成高度同源的四倍体苦荞类型。遗传上由于减数分裂中期Ⅰ同源的四个染色体可形成四价体、三价体+1个单价体、2个二价体、4个单价体等多种情况，导致配子染色体数遗传不稳定或不正常，使得后代遗传稳定性较差，育性、结实率、饱满度、适应性等有所下降，从而对产量、品质和适应性造成不利影响。目前还没有四倍体苦荞品种问世。但是对于甜荞，由于遗传杂合性，加倍后所得同源四倍体不仅种子变大，种子饱满度也常常下降不明显，遗传较为稳定，同源四倍体的不良效应在不同品种中是不一样的。其中杂合度较大的四倍体甜荞品种具有一定的增产优势。日本、俄罗斯和我国都曾培育出四倍体甜荞品种，并在生产上使用。

栽培荞麦品种还可根据遗传特点分为：纯系品种、异交品种、杂交品种等类型。

（1）纯系品种（inbred variety） 是指自花传粉自交可育、遗传纯合、自交后代不发生遗传分离的品种。苦荞是高度自花授粉的作物，其常规品种都是遗传纯合的，自交后代不发生分离，在无机械混杂的情况下可较长期地稳定保持其遗传特性不发生变化。目前所有苦荞育成品种都是纯系品种，如黑丰1号，黔苦1、2、3、4、5、6号，六苦1、2、3

号等。但是栽培甜荞是自交不亲和的借助虫媒传粉的典型异花授粉作物。最近10年来，野生甜荞中的自交可育基因已被导入栽培甜荞品种中，预计不远的将来将会有自交可育纯系甜荞品种问世。

（2）异交品种（outbred variety） 是指遗传上、形态上和经济性状上相对稳定，但是由于自交不亲和、异花传粉导致遗传上总是存在一定异质性的品种。一般栽培甜荞因为自交不亲和，需要借助虫媒传粉，其后代常有一定的遗传分离，个体间存在一定的遗传差异。常规的甜荞品种都是这个类型，如丰甜1号、威甜1号、定甜1号等。

（3）杂交品种（hybrid variety）是指通过自交或近交所获得的遗传较纯合亲本之间杂交所得的有相当遗传杂合性的杂种在产量、品质、适应性等方面表现优异的品种。该类品种需要有较纯合的亲本并通过亲本间杂交进行制种生产杂交种子，以提高杂种的杂合性和杂种优势。其主要的优点是利用杂种优势可获得较高的产量和适应性，也可以控制种子，给生产商带来效益。榆荞4号甜荞品种是利用2个近交系品种相间栽培，彼此天然授粉生产杂交种子，由于授粉的花粉可能来自另一亲本，也可能来自相同的亲本，因此理论上可能有50%的种子是杂交种子。这种生产用种中杂交种子（杂种型植株）和亲本种子（亲本型植株）各占一定比率的杂交品种称为部分杂交品种（partly hybrid variety）。而相应的，生产用种中基本上都是杂交种子（杂种型植株）的杂交品种称为完全杂交品种（fully hybrid variety）。目前完全的荞麦杂交品种还没有问世。

根据品种的一年生和多年生特点，还可以分为一年生品种和多年生品种。

（1）一年生品种 是指播种栽培一季收获后，植株死亡，下一季仍需要再次播种栽培的作物品种。一般的甜荞和苦荞品种都是一年生品种。该类品种每个生长季节都需要进行耕地和播种栽培。

（2）多年生品种 是指栽培一季收获后，植株不死亡，下一季会自行生长并获得收成的作物品种。目前还没有多年生荞麦品种。如果能成功驯化多年生金荞麦，使之像栽培荞麦那样收获种子，则可以培育成新型多年生粮食作物金荞麦品种。

二、主要的荞麦育成品种

目前，国家和各省（自治区、直辖市）已审定的部分荞麦品种见表4-11。1987—2013年全国共审定约65个荞麦品种，其中甜荞24个，苦荞41个。已审定的65个荞麦品种中，国家审定品种26个，省审定品种39个。其中，系统育种法育成品种47个，占72.3%；诱变育种法育成品种12个，占18.5%；多倍体育种法育成品种1个，占1.5%。杂交育种法育成品种6个，占9.2%。

甜荞最早从1987年开始有审定品种，至今27年，合计审定24个品种。而苦荞从1995年开始有审定品种，至今19年，合计审定41个品种。显然，已审定的苦荞品种数高于甜荞。苦荞系统选育品种28个，占68.3%；诱变选育10个，占24.4%；杂交选育3个，占7.3%。甜荞系统选育品种16个，占66.7%；诱变选育3个，占12.5%；杂交选育2个，占8.3%；杂种优势利用1个，占4.2%；多倍体育种1个，占4.2%。总的说来，无论是甜荞还是苦荞，育种手段都主要以系统育种和诱变育种为主。甜荞已有多倍体育种和杂种优势利用育种，相比之下，苦荞尚无这类育成品种。

从表4-11和表4-12还可以看到，甜荞国审品种仅4个，占国审品种总数的15.4%，占甜荞审定品种总数的16.7%，省级审定品种20个，占甜荞审定品种总数的83.3%。但是苦荞国审品种有22个，占苦荞审定品种总数的53.7%，占国审品种总数的84.6%，大大超过甜荞，而苦荞省审定品种19个，占苦荞审定品种总数的46.3%。说明甜荞育种效益较低，遗传改良程度不高，在国审区域试验中很难有较大的产量提高，不容易达到国审标准。而苦荞则相对较为容易。虽然这可能与设定的对照有关，但也可能与甜荞遗传杂合性有关，由此导致品种内遗传基础丰富而品种间遗传差异小，一些有利的隐性优良突变基因不易表现而不能发挥作用。因此，甜荞仅依靠系统育种和诱变育种很难有较大的遗传改进。而苦荞是自交可育自花授粉的作物，各种突变基因都可纯合而得到表达，自然条件下是纯系的混合物，而且自然界长期的自然突变使得苦荞纯系间遗传差异越来越大，多样性也越来越强，选育其中优良突变纯系可较大地提高产量，而且突变性状容易稳定遗传，选择有效，从而极大地提高了苦荞育种效益，使得苦荞品系在国家区域试验中容易脱颖而出形成新的品种。

表4-11　国内目前育成的部分荞麦品种

品种名称	种类	选育单位	审定	审定年份	选育方法	来源、特点
茶色黎麻道	甜荞	内蒙古农业科学研究所	内蒙古	1987	混合选择法	农家种黎麻道
榆荞1号	甜荞	陕西榆林农业学校	陕西	1988	多倍体育种	陕西靖边荞麦
榆荞2号	甜荞	陕西榆林农业科学研究所	陕西	1988	株系集团法	地方品种榆林荞麦
榆荞2号	甜荞	宁夏固原市农业科学研究所	宁夏	1992	系统选育	地方品种榆林荞麦
北海道	甜荞	宁夏固原市农业科学研究所	宁夏	1992	系统选育	日本引入
平荞2号（甘荞2号）	甜荞	甘肃平凉地区农业科学研究所	甘肃	1994	混合选择法	云南白花荞，适应性较好
吉荞10号	甜荞	吉林农业大学	吉林	1995	混合选择法	当地品种
美国甜荞	甜荞	宁夏固原地区农业科学研究所	宁夏	1995		美国
蒙822	甜荞	内蒙古农业科学研究所	内蒙古	1995	混合选择法	当地品种小棱荞麦
岛根荞麦	甜荞	宁夏种子站/宁夏固原市农业科学研究所	宁夏	1998	系统选育	日本岛根县品种
晋荞1号	甜荞	山西省农业科学院	国家	2000	辐射诱变育种	甜荞83-230
榆荞3号	甜荞	陕西省榆林农业学校	陕西	2001	回交选育	信农1号
蒙-87	甜荞	内蒙古自治区农牧业科学研究院	内蒙古	2002	混合选择法	内蒙古地方农家品种，小棱荞麦
宁荞1号	甜荞	宁夏固原市农业科学研究所	宁夏	2002	辐射诱变育种	混选3号
定甜荞1号	甜荞	定西市旱作农业科研推广中心	国家	2004	系统选育	定西甜荞混合群体
晋荞3号	甜荞	山西省农业科学院	山西	2006	辐射诱变育种	用^{60}Co-γ射线处理甜荞品系83-230
信农1号	甜荞	宁夏固原市农业科学研究所	宁夏	2008	系统选育	来自日本

（续）

品种名称	种类	选育单位	审定	审定年份	选育方法	来源、特点
榆荞4号	甜荞	陕西省榆林农业学校	陕西	2009	杂种优势利用	大粒、抗倒伏矮变系与“恢3”杂交
定甜荞2号	甜荞	甘肃定西市旱作农业科研推广中心	甘肃	2010	系统选育	日本大粒荞麦
丰甜荞1号	甜荞	贵州师范大学	贵州	2011	杂交育种	德国品系 Sobano × 贵州沿河甜荞
威甜荞1号	甜荞	贵州威宁县农业科学研究所/贵州师范大学	贵州	2011	系统选育	高原白花甜荞
平荞7号	甜荞	甘肃省平凉市农业科学研究所	国家	2012	系统选育	通渭红花荞
庆红荞1号	甜荞	陇东学院农林科技学院	国家	2012	系统选育	环县红花荞
延甜荞1号	甜荞	陕西省延安市农业科学研究所	国家	2013	系统选育	地方品种
吉荞9号	苦荞	吉林农业大学	吉林	1995	系谱法	九江苦荞
西荞1号	苦荞	四川西昌农业专科学校	国家	1997	物理、化学诱变	地方品种额洛乌且
川荞1号	苦荞	四川凉山彝族自治州	国家	1997	混合选择法	老鸦苦荞，耐热
榆6-21	苦荞	陕西省榆林市农业科学研究所	陕西	1998	单株选择育种	来自榆林地方品种
黑丰1号	苦荞	山西省农业科学院	山西	1999	单株选择育种	榆6-21
九江苦荞	苦荞	江西吉安地区农业科学研究所	国家	2000	单株选择育种	九江苦荞混杂群体，耐热，适应性广
晋荞2号	苦荞	山西省农业科学院	山西	2000	辐射诱变育种	五台苦荞诱变，高黄酮
凤凰苦荞	苦荞	湖南省凤凰县农业局	国家	2001	单株选择育种	当地苦荞混杂群体
塘湾苦荞	苦荞	湖南省凤凰县农业局	国家	2001	单株选择育种	当地苦荞混杂群体
川荞2号	苦荞	四川省凉山彝族自治州西昌农业科学研究所高山作物研究站	四川	2002	系统选育	九江苦荞
黔黑荞1号	苦荞	贵州威宁农业科学研究所	贵州	2002	系统选育	高原黑苦荞，耐热，早熟
黔苦2号	苦荞	贵州威宁农业科学研究所	国家	2004	单株选择育种	高原苦荞
黔苦4号	苦荞	贵州威宁农业科学研究所	国家	2004	单株选择育种	高原苦荞
西农9920	苦荞	西北农林科技大学	国家	2004	混合选择法	陕南苦荞混合群体
宁荞2号	苦荞	宁夏固原农业科学研究所	宁夏	2005	辐射诱变	额落乌且苦荞
昭苦1号	苦荞	云南省昭通市农业科学研究所	国家	2006	系统选育	地方农家品种
六苦2号	苦荞	贵州六盘水职业技术学院	国家	2006	系统选育	六盘水地方苦荞
西荞2号	苦荞	四川西昌学院	四川	2008	辐射诱变	地方苦荞品种苦刺荞
西农9909	苦荞	西北农林科技大学农学院	国家	2008	单株选择育种	陕西蓝田苦荞
西荞3号	苦荞	四川西昌学院	四川	2008	辐射诱变	川荞2号
黔苦3号	苦荞	贵州威宁农业科学研究所	国家	2009	系统选育	威宁凉山苦荞
米荞1号	苦荞	四川成都大学/西昌学院	四川	2009	物理、化学诱变选育	地方苦荞品种旱苦荞，壳薄，可脱壳成荞米
黔黑荞1号	苦荞	宁夏固原市农业科学研究所	宁夏	2009	系统选育	高原黑苦荞
川荞3号	苦荞	四川凉山彝族自治州西昌农业科学研究所	国家	2009	杂交选育	九江苦荞×额拉

（续）

品种名称	种类	选育单位	审定	审定年份	选育方法	来源、特点
平荞 6 号	苦荞	甘肃平凉地区农业科学研究所	甘肃	2009	辐射诱变	川荞 1 号诱变
西农 9940	苦荞	西北农林科技大学农学院	陕西	2009	单株选择育种	定边黑苦荞
黔苦 5 号	苦荞	贵州威宁农业科学研究所	国家	2010	系统选育	威宁雪山地方品种小米苦荞，高黄酮
云荞 1 号	苦荞	云南省农业科学院生物技术与种质资源研究所	国家	2010	系统选育	云南曲靖地方苦荞
昭苦 2 号	苦荞	云南省昭通市农业科学研究所	国家	2010	系统选育	昭通地方品种青皮荞
川荞 4 号	苦荞	四川凉山彝族自治州西昌农业科学研究所	四川	2010	杂交选育	额 02×川荞 1 号
川荞 5 号	苦荞	四川凉山彝族自治州西昌农业科学研究所	四川	2010	杂交选育	额拉×川荞 2 号
迪苦 1 号	苦荞	云南省迪庆藏族自治州农业科学研究所	国家	2010	系统选育	迪庆高原坝区地方农家品种
黔苦荞 6 号	苦荞	贵州威宁县农业科学研究所/贵州师范大学	贵州	2011	系统选育	麻乍苦荞黄皮荞
晋荞麦 6 号	苦荞	山西省农业科学院	山西	2011	系统选育	山西地灵丘县农家种蜂蜜
晋荞麦 5 号	苦荞	山西省农业科学院	山西	2011	等离子诱变育种	黑丰（苦）1 号
六苦 3 号	苦荞	贵州六盘水职业技术学院/贵州师范大学	贵州	2011	系统选育	八担山细米苦荞
凤苦 3 号	苦荞	湖南省凤凰县政协	国家	2012	系统选育	地方农家品种
云荞 2 号	苦荞	云南省农业科学院生物技术与种质资源研究所	国家	2012	系统选育	地方农家品种
西荞 3 号	苦荞	四川西昌学院	国家	2013	辐射诱变	川荞 2 号
凤苦 2 号	苦荞	湖南省凤凰县政协	国家	2013	系统选育	地方农家品种
黔苦 7 号	苦荞	贵州省威宁县农业科学研究所	国家	2013	系统选育	威宁地方品种冷饭团

表 4-12　全国历年审定的荞麦品种数

年度	1986—1990	1991—1995	1996—2000	2001—2005	2006—2010	2011 年至今	合计	国审	省(自治区、直辖市)审
甜荞	3	6	2	4	3	5	23	4	19
苦荞	0	1	6	8	18	9	42	22	20

第五节　荞麦的主要农艺及经济性状

一、苦荞的主要农艺及经济性状

林汝法（2005）报道，在中国苦荞麦产区征集了 30 个高产、高黄酮含量、易脱粒性状的苦荞麦遗传资源，分别是固原苦荞、海源苦荞、威宁苦荞、镇巴苦荞Ⅱ、威宁 3 号、六荞 1 号、六荞 2 号、六荞 3 号、凤黄苦荞、西 3-1、西 1-2、西 2-2、西 3-2、西 4-2、西

5-2、西 6-2、西 7-2、YT 灰苦荞、YT 黑苦荞、YT-5、YT-37、昆明灰苦荞、滇宁 1 号、定 98-1、昭苦 1 号、西农 9909、黑丰、晋荞 2 号、威 93-8 和九江苦荞。通过种植，观察记载了苦荞品种的生物学和经济学性状（表 4-13）。

（一）苦荞麦的生育期

不同的苦荞品种，其生育期不同，一般生育期不到 80d 的为早熟，80～90d 的为中熟，90d 以上的为晚熟。从表 4-13 可知，苦荞不同品种中，早熟品种有 6 个，占 20%；中熟品种有 17 个，占 56.7%；晚熟品种有 6 个，占 20%，特晚熟品种有 1 个，占 3.3%。这与张宗文（2006）报道，从四川、云南和贵州等 11 个不同地区来源的国家苦荞资源生育期为 73～119d 基本一致。中国苦荞麦中熟品种所占的比例较高，适合选育出适应性广、具有推广价值的苦荞推广品种。

表 4-13　苦荞品种的农艺及经济学性状

品种	生育类型	株高（cm）	主茎节数(个)	株重（g）	产量(kg/hm²)	千粒重（g）	粒色	粒型
固原苦荞	晚熟	110	20	4.59	1 308.0	23.3	灰	圆锥形
海源苦荞	中熟	130	17	1.28	1 183.5	19.4	灰	卵形
威宁苦荞	中熟	90	15	0.91	1 390.5	18.0	灰	卵形
镇巴苦荞Ⅱ	早熟	125	19	2.97	1 770.1	18.0	灰	圆锥形
威宁 3 号	中熟	110	17	4.04	2 121.0	22.2	灰	圆锥形
六荞 1 号	特晚	110	18	4.83	2 026.5	25.3	褐	圆锥形
六荞 2 号	中熟	115	20	2.15	1 353.0	20.5	灰	其他
六荞 3 号	晚熟	128	18	3.18	1 209.0	23.7	灰	其他
凤黄苦荞	中熟	125	14	1.03	2 050.5	21.6	褐	圆锥形
西 3-1	中熟	115	18	2.30	1 885.5	19.5	褐	三角形
西 1-2	中熟	108	18	3.86	2 088.0	21.0	褐	其他
西 2-2	中熟	130	19	2.64	2 121.0	20.8	灰	其他
西 3-2	中熟	140	17	0.91	1 956.0	19.2	灰	三角形
西 4-2	中熟	140	17	2.48	2 392.5	20.2	褐	圆锥形
西 5-2	中熟	130	17	0.88	1 213.5	21.0	灰	其他
西 6-2	中熟	130	17	3.01	1 827.0	20.2	褐	圆锥形
西 7-2	中熟	110	16	1.39	2 433.0	18.5	灰	其他
YT 灰苦荞	中熟	90	17	0.90	859.5	18.7	灰	圆锥形
YT 黑苦荞	晚熟	100	18	2.68	1 143.0	21.0	黑	其他
YT-5	中熟	90	17	1.74	1 354.5	23.4	灰	其他
YT-37	晚熟	105	20	2.77	1 543.5	24.3	灰	其他
昆明灰苦荞	晚熟	130	20	1.21	1 087.5	20.8	灰	其他
滇宁 1 号	晚熟	102	18	2.60	1 886.0	22.2	灰	圆锥形
定 98-1	早熟	130	18	2.21	2 159.5	19.5	灰	圆锥形
昭苦 1 号	中熟	117	18	2.03	1 399.5	16.2	灰	圆锥形
西农 9909	中熟	128	18	1.68	2 196.0	17.8	褐	卵形
黑丰	早熟	130	19	4.56	2 312.0	21.0	黑	圆锥形
晋荞 2 号	早熟	122	20	6.36	2 199.0	17.5	褐	圆锥形
九江苦荞	早熟	120	18	3.44	1 893.0	19.6	褐	圆锥形
威 93-8	早熟	100	19	4.36	2 192.0	19.6	褐	圆锥形
平均	—	117	17.9	2.63	1 751.9	20.5	—	—

（二）苦荞麦的产量性状

从表4-13可知，30个苦荞品种的平均产量为1 751.8kg/hm²，高于平均产量的品种有18个，比例为60%，低于平均产量的品种有12个，比例为40%。九江苦荞是国家品种区域试验的对照品种，大面积种植，其平均产量为1 988.25kg/ hm²，30个试验品种中，高于九江苦荞平均产量的品种有11个，分别是威宁3号、凤凰苦荞、西2-2、西3-2、西4-2、西7-2、西农9909、黑丰、晋荞2号、威93-8和定98-1，其中部分品种比对照九江苦荞增产显著，如西7-2比对照增产22.36%，晋荞2号比对照增产10.60%，西农9909比对照增产10.45%，威93-8比对照增产10.3%，定98-1比对照增产8.61%。

（三）苦荞麦的千粒重

苦荞种质资源以中、小粒为主，千粒重20g以下的为中、小粒种，20g以上的为大粒种。张宗文（2007）报道，从四川、云南和贵州等11个不同地区来源的国家苦荞资源的千粒重平均为19.7g。从表4-13可知，苦荞麦资源千粒重平均为20.5g。试验种植的30个苦荞品种中约有18个为大粒品种，其中接近特大粒的品种有5个，它们是六荞1号（千粒重为25.3g）、YT-37（千粒重为24.3g）、六荞3号（千粒重为23.7g）、YT-5（千粒重为23.4g）和固原苦荞（千粒重为23.3g）。

（四）其他特性

1. 不同来源地苦荞经济性状 我国苦荞种质资源株高平均为104.66cm，最高达200cm，最低为36.2cm。西藏材料的植株最高，平均约为156cm；而宁夏的材料最低，平均仅有56.2cm。苦荞主茎节数平均为17个，最多34个，最少4个。主茎节数以西藏材料最多，平均达到了26.2节；而湖北的材料最低，平均仅有12节。主茎分枝数平均5.5个，最多的13个，最少的仅2个。主茎分枝数以来自甘肃的材料最多，达到了6.9个；而来自四川和贵州的材料最少，平均仅有4.3个。株粒重平均3.95g，最大值31.6g，最小值0.08g。来自内蒙古的材料最高，为12.93g；来自四川的较低，平均仅1.45g；而来自尼泊尔的材料更低，平均仅为1.09g。苦荞资源千粒重差异也较大．平均为19.3g，千粒重最高的为33.5g，而最低的仅为8.5g，其中来自广西的材料最高，平均24.57g；而来自甘肃的材料最低，平均仅为15.83g。

2. 苦荞主要质量性状 通过对一些质量性状的鉴定数据分析，荞麦种质在株型、茎色、叶色、花色、籽粒颜色、籽粒形状等性状上都有一定差异。苦荞株型主要有两种，即紧凑型和松散型。苦荞茎色变异较大，包括淡红、粉红、红、红绿、黄绿、绿、绿红、浅绿、深绿、微紫、紫、紫红、棕等颜色。其中具有绿色茎秆的品种较多，占50%以上；其次是淡红色，其他颜色的品种较少。苦荞叶色也有差异，主要有浅绿、绿、深绿3种颜色，其中，以绿色为主，占60%以上。苦荞花色较多，主要分白绿、淡绿、黄绿、黄、绿等颜色，也有部分粉红和白色花。苦荞籽粒颜色也非常丰富，最主要颜色包括浅灰、灰、深灰、浅褐、褐、深褐、灰黑、黑等颜色，也有少量杂色品种。苦荞籽粒形状主要包括长锥形、短锥形、长方形。

3. 苦荞资源趋早熟性 苦荞的生育期较短，具有超早熟性。通过鉴定发现，我国苦荞资源的生育期平均为87.5d。其中，有72份苦荞的生育天数少于70d，最短的生育期仅58d。由于荞麦具有早熟性，所以，被用于救荒作物，一旦遭遇干旱或降雨较晚年份，再播种其他作物无法成熟时，种植荞麦仍可以获得收成，对高海拔和无霜期极短的山区，如四川凉山彝族自治州，苦荞也是重要的粮食来源。

4. 苦荞资源耐冷凉性 苦荞种质的特点之一是耐冷凉性。苦荞种子在5℃可发芽，在生长期间对20～25℃的温度要求不严格，总积温不超过2 000℃。如果积温过高反而不利于苦荞生长，导致严重倒伏，产量降低。我国具有冷凉气候条件的山地面积较大，主要分布在西北、华北、西南高原地区，这些山区常年温度较低，有效积温更低，有些大作物如水稻、小麦和玉米不能成熟，而苦荞显示出了巨大优势，对保障这些地区人们的粮食安全和农民的收入有重要作用。

5. 苦荞资源富营养性 我国苦荞种质富含各种营养成分，包括蛋白质、脂肪、各种氨基酸、脂肪酸、膳食纤维、矿物质及微量元素。根据对我国200份苦荞资源的品质分析，发现蛋白质含量平均为8.4%，最高的品种为11.7%，最低的为6.5%。蛋白质含量较高的品种主要来自山西，主要是改良品系，如岭西苦荞（11.62%）、灵丘苦荞（11.07%）。脂肪平均含量约为2%，最高为3.2%，含量高的品种主要来自山西和湖北的改良品种，如岭东苦荞（3.2%）、高山苦荞（2.86%）。赖氨酸含量平均为0.6%，最高含量为1.86%，含量高的主要来自云南的地方品种，如元谋苦荞（1.08%）、文山团荞（1.07%）。我国苦荞还富含微量元素和矿物质，如锌、锰、铁等。根据对我国530份苦荞资源的分析，锌的含量平均为28.3mg/kg，最高达82.8mg/kg；锰的含量平均为11.9mg/kg，最高为39.7mg/kg；铁的含量平均为120.2mg/kg，最高为2 105mg/kg。高含量的材料主要来自贵州。

二、甜荞的主要农艺及经济性状

甜荞在我国分布极其广泛，东南西北都有种植，但主要产区比较集中，其中面积较大的是以武川、固阳、达尔罕茂明安联合旗为主的内蒙古后山白花甜荞产区，以奈曼旗、敖汉旗、库伦旗、翁牛特旗为主的内蒙古东部白花甜荞产区和以陕西定边、靖边、吴起，宁夏盐池，甘肃华池、环县为主的陕甘宁红花甜荞产区。我国出口的甜荞主要来自这三大产区，除此之外，云南曲靖也是我国甜荞产区之一。目前，我国甜荞育种研究单位比较多，分别有内蒙古自治区农业科学院、山西省农业科学院、陕西省榆林市农业科学研究所、榆林市农业学校、甘肃省平凉地区农业科学研究所、西北农林科技大学等，这些育种单位已育成了多个甜荞新品种，并分别在甜荞主产区得到了大面积推广应用。几个甜荞品种的主要农艺及经济性状见表4-14。

甜荞籽粒的大小以千粒重表示，小料品种，千粒重小于25g；中粒品种，千粒重25.1～30克；大粒品种，千粒重30.1～35克；特大粒品种，千粒重大于35克。从表4-14可看出，新育成的甜荞品种多数为大粒品种，也有部分为特大粒品种。多数品种为中晚熟品种，晚熟甜荞品种的产量较高，大于1 500 kg/hm^2，如榆荞2号。林汝法等（2004）分析表明，在现有甜荞资源中，中粒品种最多，占40.1%；其次为小粒品种，占36.8%；大粒品种占21.7%，特大粒品种仅占1.4%。小粒品种以陕西南部、甘肃、江西、安徽、云南等省较多，这些地区分布有全国76%的小粒品种；中粒品种分布范围较广，

表 4-14　甜荞的主要农艺及经济性状

品种名称	株型	株高（cm）	主茎分枝（个）	主茎节数（个）	株粒重（g）	千粒重（g）	粒色	粒型	产量（kg/hm²）	生育期（d）
定甜荞 1 号	紧凑	70～90	3～5	7～9	4～6	28	黑褐	三棱	1 020	90～100
蒙-87	紧凑	72	3.8	10.6	2.1	30～33	褐色	三棱	1 008	75
晋甜 1 号	紧凑	85～100	2～3	8～10	2.5	32	深褐	三棱	1 482	70
榆荞 2 号	松散	90	3～4	14	3～4	35	棕色	长形	2 400	85～90
宁荞 1 号	紧凑	90	10	4	2.6	38	褐色	三棱	1 670	80
岛根荞麦	紧凑	70	4	8	2.0	30	黑色	三棱	1 125	76

比较多的是内蒙古、山西、陕西、新疆和江西等省、自治区，占全国中粒品种的 76.3%；大粒品种以辽宁、内蒙古、晋西北、陕北为主，占全国的 94%；特大粒品种分布在辽宁和山西，约占 70%。

主要参考文献

蔡光泽，吴昊，夏明忠，等 . 2007. 四川凉山地区野生荞麦资源的原生境和主要分布中心研究［J］. 西昌学院学报：自然科学版（4）：14-16.

董玉琛，郑殿升 . 2006. 中国作物及其野生近缘植物［M］. 北京：中国农业出版社 .

华劲松，夏明忠，戴红燕，等 . 2007. 攀枝花市野生荞麦种质资源考察研究［J］. 现代农业科技（9）：136-138.

刘光德，李名扬，祝钦泷，等 . 2006. 资源植物野生金荞麦的研究进展［J］. 中国农学通报，22（10）：380-389.

林汝法 . 2013. 苦荞举要［M］. 北京：中国农业科学技术出版社 .

林汝法，柴岩 . 2005. 中国小杂粮［M］. 北京：中国农业科学技术出版社 .

吕桂兰，张荫麟，李英，等 . 1996. 金荞麦营养成分的研究Ⅱ. 金荞麦不同部位及制剂中蛋白质、氨基酸及维生素含量的测定及分析［J］. 中国兽药杂志，30（1）：9-21.

吕桂兰，张荫麟，赵葆华，等 . 1995. 金荞麦引种栽培与其产量和有效成分含量［J］. 中国兽药杂志，29（4）：19-22.

卢新雄，陈叔平，刘旭，等 . 2008. 农作物种质资源保存技术规程［M］. 北京：中国农业出版社 .

彭德川 . 2006. 苦荞和几种野生荞麦中黄酮含量的测定［J］. 荞麦动态（2）：19-22.

Pui-Kwong Chan. 2003. 金荞麦体外抑制肿瘤细胞生长的研究［J］. 中西医结合学报（2）：128-131.

邵萌，杨跃辉，高慧媛，等 . 2005a. 金荞麦中的酚酸类成分［J］. 中国中药杂志，30（20）：1591-1593.

邵萌，杨跃辉，高慧媛，等 . 2005b. 金荞麦的化学成分研究［J］. 沈阳药科大学学报，22（2）：100-102.

唐宇 . 2006. 四川省苦荞的营养价值及开发利用［J］. 荞麦动态（2）：19-22.

王安虎，夏明忠，蔡光泽，等 . 2006a. 四川凉山州东部野生荞麦资源的特征特性和地理分布研究［J］. 作物杂志（5）：25-27.

王安虎，夏明忠，蔡光泽，等 . 2006b. 凉山州普格县野生荞麦资源的特征与地理分布［J］. 西昌学院学报：自然科学版（1）：10-13.

王安虎，吴昊，夏明忠，等 . 2007. 凉山地区野生荞麦资源的特征特性与地理分布研究［J］. 成都大学学报，26（2）97-100.

王安虎，夏明忠，蔡光泽，等 . 2008a. 四川野生荞麦资源的特征特性与地理分布多样性研究［J］. 西南农业学报（3）：575-580.
王安虎，夏明忠，蔡光泽，等．2008b. 栽培苦荞的起源及其与近缘种亲缘关系［J］．西南农业学报（2）：282-285.
王安虎，夏明忠，蔡光泽，等．2008c. 凉山地区金沙江河野生荞麦种质资源的特征与分布规律研究[J]. 杂粮作物(2) 77-79.
夏明忠，王安虎．2008. 野生荞麦资源研究［M］．北京：中国农业出版社．
杨克理．1995. 我国荞麦种质资源研究现状与展望［J］．中国种业（3）：11-13
杨坪，王安虎，马德华，等．2006. 冕宁县荞麦属植物环境特征分布分析［J］．西昌学院学报：自然科学版（4）：14-16.
尹信迪．2006. 野生牧草草金荞麦与贵州省推广牧草栽培效益比较试验初报［J］．草业科学（7）：45-48.
张宗文，林汝法．2007. 荞麦种质资源描述规范［J］．北京：中国农业出版社．
张政，王转花，林汝法，等．1999. 金荞麦籽粒的营养成分分析［J］．营养学报（4）：112-114.
郑殿升，刘旭，卢新雄，等．2007. 农作物种质资源收集技术规程［M］．北京：中国农业出版社．
赵钢，唐宇．2002. 金荞麦的营养成分分析及药用价值研究［J］．中国野生植物资源，1（5）：39-41.
赵钢，陕方．2009. 中国苦荞［M］．北京：科学出版社．

第五章

荞麦遗传育种

第一节　荞麦主要性状的遗传

荞麦属蓼科（Polygonaceae）荞麦属（*Fagopyrum* Mill）植物，有23个种类（陈庆富，2012），其中甜荞（*F. esculentum* Moench）和苦荞（*F. tataricum* Gaertn.）为荞麦的栽培种，其余荞麦种及亚种都是野生种。甜荞又称普通荞麦（common buckwheat），花朵为白色或粉红色，花柱异长或花柱同长，自交不亲和、虫媒异花传粉；果实三棱形，无沟槽，表面较光滑，黑色、褐色、灰色或杂色。苦荞，又称鞑靼荞麦（tartary buckwheat），花朵黄绿色，籽粒较小，外壳较厚而坚硬，略有苦味，花柱同短，自交可育、自花授粉。

在遗传规律方面研究较多的是甜荞。由于甜荞是花柱异长自交不亲和的异花授粉作物，一般个体都是遗传杂合的，因此为了研究其遗传规律就需要以植株为单位，有相对性状的两个植株成对杂交配制组合，由此构建一系列谱系分离群体。由于亲本是杂合的，杂交一代群体就是分离群体，可以用于遗传分析。这种方法曾在玉米等异花授粉作物遗传研究上被广泛采用（邓林琼等，2005）。Ohnishi（1986b）等曾做过一些形态性状的遗传研究，发现在普通荞麦群体中存在大量形态变异。但是，到目前为止，关于普通荞麦形态性状的遗传研究仍很不系统和深入。

一、主要质量性状的遗传

Zeller等（2001）用FE16与*F. esculentum* var. *homotropicum*杂交，发现粉红花与白花的分离比例为9∶7，认为这一性状为互补基因遗传。邓林琼等（2005）以甜荞（*F. esculentum*）25个具有不同相对性状的植株为亲本，成对进行人工杂交，构建了13个杂交子一代分离群体。通过对这些群体各植株进行形态性状考察，探讨了甜荞8对形态性状的遗传规律。结果发现花被片正面颜色（白对粉红）由互补基因控制，与Zeller（2001）的报道一致。另外，在此研究中还发现，瘦果棱形状（圆、尖）、瘦果棱初期颜色（红、绿）、瘦果初期颜色（浅红、浅绿）3对性状均为显性互补基因遗传；花果落粒性（落粒、不落粒）、花药大小（正常、小）、主茎木质化3对性状均表现出单基因遗传模式（邓林琼等，2005）。Katsuhiro Matsui et al.（2003）也认为，果的落粒是易脆的花梗与弱小的花梗造成的。Ohnishi（1999）报道，*F. esculentum* ssp. *ancestralis*的易脆花梗由一个单显性基因控制。Yasui等（2001）研究也表示，*F. esculentum* var. *homotropicum*的易脆花梗的落粒性也是由一个单显性基因控制的，与S位点连锁。邓林琼等（2005）发现在主茎木质化基因与落粒基因、瘦果棱初期颜色基因、瘦果初期颜色基因、瘦果棱形状基因之间，落粒基因与瘦果棱初期颜色基因、瘦果初期颜色基因、瘦果棱形状基因之间，瘦果初期颜色基因与瘦果棱形状基因之间，以及瘦果棱形状基因与花药大小基因、花被片正面颜色基因之间，均表现为独立遗传。

甜荞由于花柱异长、自交不亲和而表现为异花受精（Zeller 等，2001）。其同型自交可育野生种的发现，为利用可育杂种进行甜荞遗传分析奠定了基础。研究表明该自交亲和基因是一个显性基因。

Man Kyu Hum 等（2001）利用同工酶电泳对甜荞和苦荞遗传多样性进行了分析，发现苦荞的遗传多样性比甜荞高得多，并进一步对其交配系统的进化进行了初步分析。

甜荞是花柱异长的自交不亲和种。Sharma 等（2001）研究认为其自交不亲和性是由单位点控制的，即短花柱型为杂合的 thrum（*Ss*）基因型，长花柱为隐性纯合的 pin（*ss*）基因型。Compbell 等（Wang et al.，2005）通过有性杂交获得了一个自交亲和的杂种（甜荞×*F. esculentum* var. *homotropicum*），遗传分析表明其 F_2代的同型花类型和自交亲和性状是由一个显性基因控制，表明在 S 位点存在多个等位基因。Woo 等（1998）认为 *F. esculentum* var. *homotropicum* 的基因型为 S^hS^h，他们之间的显隐性关系为 $S>S^h>s$。Aii 等（1998）对甜荞、苦荞及 *F. cymosum* 的叶绿体 DNA 利用 RFLP 技术进行了分析，认为甜荞的叶绿体基因组与苦荞和 *F. cymosum* 有显著差异，进一步分析发现甜荞与多年生的荞麦 *F. cymosum* 有较近的关系，均为自交不亲和型。Aii（1999）利用 RAPD 标记对甜荞和 *F. esculentum* var. *homotropicum* 的杂种 F_2群体进行了分析，找到了 3 个与该位点连锁的标记，并将其转化为 SCAR 标记，其中一个标记为共显性。Nagano 和 Aii（2001）用 AFLP 标记对荞麦的自交亲和位点进行了分子标记研究，发现了 9 个与其连锁的片段，并对其进行了克隆、测序和 Southern 杂交验证，结果表明其中的 2 个片段 N2 和 N7 可以用于该基因的分子标记辅助选育和该位点的精细作图。

二、主要数量性状的遗传

对荞麦主要数量性状遗传的研究主要涉及生育期、花期、分枝性、单株产量、芦丁含量、氨基酸含量、微量元素含量等（胡银岗等，2005）。

孟第尧等（1998）对 24 个甜荞品种的 7 个主要农艺性状的研究表明，千粒重的遗传力为 98.6%，单株籽粒数的遗传力为 90.56%，第一分枝茎数的遗传力为 63.04%。相关分析表明单株籽粒数与单株籽粒重的相关系数为 0.9944，千粒重与单株籽粒重的相关系数为 0.804。甜荞一级分枝数与茎粗，二级分枝数与株高、茎粗、千粒重，生育期与株高、茎粗、二级分枝数、千粒重，一级分枝数与产量之间呈极显著相关性。其中，株高与生育期相关性最大（尹春等，2009）。郭玉珍（2007）以甜荞品系 Sibano（ES2004062003，种子蛋白质含量 18.64%）和遵义甜荞（ES2004010102，种子蛋白质含量 9.51%）为亲本配置杂交组合，发现这两个蛋白质含量差异较大的甜荞品种杂交时，其 F_1 代植株的蛋白质平均值接近于两亲本的平均值，且杂种 F_2、F_3 代的种子蛋白质含量遗传分离表现为连续分布，不符合正态分布，以中亲类型最多，分离出部分超亲高蛋白植株。其广义遗传率为54.17%，狭义遗传率为41.15%，表明高蛋白的遗传受加性效应影响较大，不宜在早期进行选择，在较高世代进行选择时效果较好。

唐宇、赵刚（1990）估算了苦荞主要性状的广义遗传力（表5-1）。从表5-1可看出，生育期、千粒重的遗传力最高，均在80%以上，育种选择较为有效。主茎节数和株高次之，而株粒数和株粒重的遗传性状最低，低于40%，暗示受环境影响较大，选择不可靠。苦荞株高、花序数、千粒重等遗传力较高，株粒重等遗传力低（杨明君等，2005）。杨玉霞等（2008）将来自5个国家的55份苦荞品种（系）资源引种至四川栽培，对苦荞的主要性状进行分析，结果表明，9个相关性状对单株籽粒产量影响的顺序：有效花序数＞千粒重＞生育期＞总分枝数＞主茎节数＞一级分枝数＞茎粗＞株高。多元回归分析表明，主茎节数、一级分枝数、总分枝数、有效花序数、千粒重是影响株粒重的主要因素。通径分析表明，有效花序数、千粒重对株籽粒产量的直接效应较大。吴渝生（1996）对昆明地区9个荞麦栽培品种，进行了10个主要性状遗传相关和通径分析，表明：荞麦育种中，选择生育期长，其中营养生长期较长，千粒重较高，且分枝数、株粒数、单株叶面积适当的材料，容易获得高产品种。选择株粒数和生育期时要注意环境条件的影响。综合考虑，有效花序数、千粒重是荞麦品种选育的主要目标性状和高产栽培的主攻方向，尽量降低主茎节数和总分枝数，缩短生育期，选择株高和一级分枝数适中的品种。

表5-1　苦荞主要性状的广义遗传力

（唐宇等，1990，昭觉）

性状	遗传变量（σ_g^2）	环境变量（σ_e^2）	遗传力 h^2（%）	位次
生育期	41.32	3.19	92.84	1
千粒重	4.30	1.04	80.55	2
主茎节数	0.64	0.22	74.46	3
株高	62.95	25.17	71.44	4
单株重	31.49	22.12	58.74	5
花序数	15.15	13.62	52.65	6
分枝数	0.67	0.69	49.43	7
株粒重	0.60	0.72	33.47	8
株粒数	1 382.34	3 535.54	28.11	9

第二节　荞麦的细胞遗传

一、荞麦属植物的染色体

荞麦属植物的染色体基数为8，绝大多数物种为二倍体，即$2n=2x=16$。少数种类为四倍体，$2n=4x=32$。

核型是指某一物种所特有的一组染色体或一套染色体的形态学（刁英，2004）。不同物种具有不同的核型，且具有很高的稳定性和再现性，所以核型是区别物种的基本遗传学依据。核型研究对于细胞遗传学和分子生物学的研究工作都有指导作用。核型分析是指对细胞染色体的数目、形态、长度、带型和着丝粒位置等内容的分析研究（张贵友，2003）。

它是研究染色体的基本手段之一，可以用来鉴别真假杂种，对研究染色体结构变异、染色体数目变异、B染色体、物种起源、遗传进化、基因定位等有较大的参考价值。

核型分析的染色体，一般以体细胞分裂中期浓缩的染色体作为基本形态。在核型分析的表述格式中，一般包括染色体数目和染色体形态特征。形态特征主要包括绝对（实际）长度、相对长度、臂比、着丝点位置和随体的有无。进行核型分析可以利用有丝分裂染色体或减数分裂染色体，其中最常用的是有丝分裂染色体（刘永安等，2006）。

在植物核型分析领域，我国的陈瑞阳和李懋学等做出了很大的贡献。他们制定了中国植物核型分析标准，对我国95个科、331个属、2 834种植物染色体数目进行了研究，完成了1 045种植物核型分析，并对植物染色体核型分析的方法进行了创新和标准化（陈瑞阳等，2003）。

（1）核型参数的计算公式：染色体实际长度（μm）＝放大的染色体长度（mm）/放大倍数×1 000；染色体相对长度（%）＝染色体长度/染色体组总长度×100；染色体臂比＝染色体长臂长度/染色体短臂长度；臂比值大于2∶1的染色体比例＝臂比值大于2∶1的染色体数/染色体总数。

（2）按四点四区系统命名规定（Levan，1964），将染色体按着丝粒位置命名如下：正中着丝粒染色体（M），中着丝粒染色体（m），近中着丝粒染色体（sm），近端着丝粒染色体（st），端着丝粒染色体（t），正端着丝粒染色体（T），参见表5-2。

表5-2 臂比值、着丝粒位置和染色体类型的关系

臂比值	着丝粒位置	染色体类型
1.00	正中部	M
1.01～1.70	中部	m
1.71～3.00	近中部	sm
3.01～7.00	近端部	st
7.01～	端部	t
∞	端部	T

（3）根据核型中的最大和最小染色体的长度比和臂比大于2∶1的染色体所占的比例，将核型划分为12个类型（Stebbins，1971），见表5-3。

表5-3 染色体组的核型分类

（Stebbins，1971）

最长与最短染色体长度比	臂比大于2∶1的染色体占比			
	0.00	0.01～0.50	0.51～0.99	1.00
＜2∶1	1A	2A	3A	4A
2∶1～4∶1	1B	2B	3B	4B
＞4∶1	1C	2C	3C	4C

注：表中1A为最对称核型，4C为最不对称核型。

（4）植物染色体的大小是通过绝对长度来定义的。1～4μm为小染色体，4～12μm为中染色体，12μm以上为大染色体，＜1μm为微小染色体（姚世鸿，2001）。一般荞麦属植物染色体属于小染色体类型。

二、荞麦属植物染色体核型分析

Stevens 于 1912 年首次报道了甜荞染色体数为 $2n=2x=16$（Morris M. R.，1951）。朱凤绥等（1984）报道，甜荞、米荞、翅荞根尖细胞都为二倍体，甜荞有 1 对随体染色体，但米荞和翅荞有 2 对随体；苦荞为二倍体，有 1 对随体染色体；金荞为四倍体，也为 1 对随体染色体。同时他还发现，甜荞根尖细胞染色体数有二倍体和四倍体 2 种，即存在混倍性。朱必才等（1988）报道，普通荞麦的核型公式为 $2n=2x=16=14m+2m$（2SAT），均为中部着丝点染色体，1 对随体，位于第六号染色体的长臂上。同源四倍体甜荞的核型公式为 $2n=4x=32=28m+4m$（4SAT），同样为 m 染色体，2 对随体。何凤发等（1992）报道，荞麦（甜荞）染色体的核型公式为 $2n=2x=16=8m+8sm$（4SAT），染色体相对长度和臂比的变化范围分别为 14.16%～10.77%及 1.12～2.77，有明显的 2 对随体，分别位于 2 号和 6 号的近中部着丝粒染色体（sm）上。林汝法（1994）报道，甜荞都为 m 染色体，有 2 对随体染色体，苦荞有 6 对 m 染色体和 2 对 sm 染色体，这其中有 1 对随体染色体。雷波和景仁志（2000）研究了甜荞、苦荞、米荞、花荞、陕西大甜荞的染色体，结果显示甜荞和四倍体荞麦（陕西大甜荞）只具中部着丝粒染色体。除苦荞为 2A 型外，其余均为 1A 型，所有试材间最长染色体相对长度变化在 16.24%～15.01%之间，最短染色体相对长度变化在 0.36%～8.64%之间，其差异分别为 5.88%和 6.37%。在各供试材料的染色体核型中，相对长度变幅较大，差值在 4.82%～8.64%之间，其中相对长度变幅最大的为米荞，其差值为 6.48%；相对长度变幅最小的为普通荞麦。不对称系数（As. K%）在 51.67%～59.16%之间，最对称的是甜荞，最不对称的是苦荞。张宏志（2000）以甜荞和苦荞为材料，对荞麦染色体核型进行分析，结果表明：小红花甜荞染色体核型为 $2n=2x=16=12m+4sm$（4SAT）；日本甜荞和山西甜荞染色体核型均为 $2n=2x=16=16m$（4SAT）；威宁苦荞染色体核型为 $2n=2x=16=12m$（2SAT）$+4sm$。小红花甜荞、日本甜荞、山西甜荞和威宁苦荞的染色体臂比变化范围分别为 1.10～1.86、1.11～1.57、1.06～1.52 和 1.20～2.89。王健胜等（2005）报道，甜荞和苦荞染色体核型都是由 16 条染色体构成的，甜荞有 2 对随体，而苦荞有 1 对随体，它们的核型公式分别为 12m+4m（SAT）、12m+2sm+2sm（SAT）。种内各品种在染色体相对长度、染色体长度比、随体染色体数目和形态等方面差异较小，但在种间的差异明显。杜幸（2005）对高荞 3 号和溪荞 5 号的研究认为，甜荞的核型类型为 2A，都较对称，属于较原始的类型，并观察到 1 对着丝粒位置为 st 的染色体。

Chen（1999）、陈庆富（2001）、Chen et al.（2004）用去壁低渗法对甜荞、苦荞、左贡野荞（*F. zuogongense* Q. F. Chen）、大野荞（*F. megaspartanium* Q. F. Chen）、毛野荞（*F. pilus* Q. F. Chen）、金荞（*F. cymosum*）、巨荞（*F. giganteum*）等大粒组荞麦种和细柄野荞（*F. gracilipes*）的根尖和茎尖有丝分裂和花粉母细胞减数分裂染色体进行了观察，结果见表 5-4 至表 5-10，图 5-1 至图 5-6。下面对这些研究报道中的主要结果总结如下（陈庆富，2012）。

甜荞、苦荞、野苦荞、毛野荞、大野荞、*F. pleioramosum* 均为二倍体，$2n=2x=$

16；而 *F. cymosum*、*F. giganteum*、左贡野荞、细柄野荞均为四倍体，$2n=4x=32$。此外，在二倍体甜荞根尖中还发现二倍体细胞和四倍体细胞的嵌合现象较普遍，而且种子越陈旧，其四倍体比率就越高。有时四倍体细胞可达30%以上。但是，在茎尖细胞中不存在这种现象。这表明在荞麦中茎尖细胞染色体数相对较稳定和可靠。

甜荞、苦荞、大野荞、毛野荞4个二倍体荞麦种都属于对称核型，都有2对随体，都以m染色体为主。从绝对长度上看，大野荞和甜荞染色体相对较大，而苦荞和毛野荞则相对较小。但是由于染色体浓缩程度及时期不完全相同，这种大小上的差异程度尚不能准确测定。从相对长度来看，它们都是比较接近的。它们之间的主要差异在臂比和随体染色体上。甜荞无sm染色体，其2对随体染色体都为m染色体；苦荞和毛野荞都有1对sm随体染色体和1对m随体染色体，而大野荞则有2对m随体染色体和2对sm非随体染色体。甜荞、苦荞、大野荞、毛野荞的核型公式分别为 $2n=2x=16=12m+4m$（SAT），$2n=2x=16=12m+2sm$（SAT）$+2m$（SAT），$2n=2x=16=8m+4sm+4m$（SAT），$2n=2x=16=12m+2m$（SAT）$+2sm$（SAT）。它们的核型类型分别属于Stebbins的1A、2A、2A、2A。总的来说，苦荞和毛野荞的核型较类似，而甜荞与大野荞的核型较接近。

四倍体 *F. cymosum* 和人工合成的 *F. giganteum* 都是由大小不同的两类染色体所组成。由于可识别二倍体物种中的染色体都是大小类似的，本结果暗示 *F. cymosum* 和 *F. giganteum* 是异源四倍体，含有两个大小不同的基因组。

对于 *F. cymosum* 的两个不同基因组，较大者暂时称为X基因组、较小者称为Y基因组。基因组X和Y的平均绝对长度分别为2.18μm和1.53μm。前者的标准差（*SD*）、变异系数（*CV*,%）和长度比（*L/S*）分别为0.19μm、8.58%和1.30。而后者的相应参数分别为0.14μm、9.42%和1.34，与前者极为相似。在基因组X和Y中，基因组X和Y的相对长度分别为6.17%～8.03%和4.45%～5.95%。

F. giganteum 的两个基因组中，较大的和较小的分别被指定为M和T。在基因组M和T中，平均绝对长度为1.95μm，标准差为0.71，变异系数为36.31%。显然，其绝对长度变异大于 *F. cymosum*。基因组M的平均绝对长度为2.58μm，长于基因组X（2.18μm）、基因组Y（1.53m）和基因组T（1.32μm）。基因组M的标准差（*SD*）、变异系数（*CV*,%）和长度比（*L/S*）分别为0.32μm、12.49%和1.51，类似于基因组T、X或Y。基因组绝对长度的顺序大致为：M>X>Y>T。

在基因组M和T中，基因组M的相对长度为6.69%～10.11%，具有2对sm染色体。基因组T的相对长度为3.48%～5.60%，具有1对sm染色体。此外，基因组T有2对随体染色体。

F. cymosum 中基因组X和Y及 *F. giganteum* 中基因组M和T的核型公式分别为：$3m+4sm+1m$（SAT），$7m+1sm$，$6m+2sm$，$5m+1sm+2m$（SAT）。

正如上述，荞麦属大粒组有6个自然物种和1个人工合成种，即甜荞、苦荞、大野荞、毛野荞、左贡野荞、*F. cymosum*、*F. giganteum*。其中，前4个是二倍体种，后3个是四倍体种。二倍体种的核型分析表明，在同一个物种中，染色体大小相差很小，彼此极为类似，但是不同物种间差异大。四倍体的 *F. cymosum*、*F. giganteum* 都由大小明显不同的两个基因组组成。Nagano et al.（2001）报道，不同荞麦种间DNA含量存在极大变异，Chen（1999）也暗示荞麦属大粒组存在不同基因组。林汝法（1994）研究发现，甜荞的染色体比苦荞的大。本研究的核型分析表明，甜荞、苦荞、大野荞、毛野荞都有自己的核型特点，而且甜荞、苦荞的核型分别较类似于大野荞和毛野荞。其基因组在这里分别被命名为E、T、M和P。M和P可能分别是E和T的原始基因组。由于目前不知道*F. cymosum*中的两个大小不同的基因组的来源，其基因组暂定为X和Y。根据Chen et al.（2004）报道的荞麦属植物谷草转氨酶的特点，*F. cymosum*中较小的那个基因组可能来源于毛野荞基因组P。Ujihara et al.（1990）报道，四倍体甜荞与*F. cymosum* complex杂交所得杂种染色体配对良好，即有16个二价体，暗示*F. cymosum* complex中可能还存在同源四倍体类型。由于*F. giganteum*是由四倍体苦荞与*F. cymosum* complex杂交形成（Krotov and Dranenko，1973），而且其谷草转氨酶同工酶分析表明其酶谱覆盖苦荞和大野荞所有谱带，因此*F. giganteum*应含有基因组T（较小基因组）和M（较大基因组），即来源于苦荞与大野荞的种间杂种。对于左贡野荞，由于其形态及谷草转氨酶等方面都与甜荞和*F. esculentum* var. *homotropicum*（= *F. homotropicum*）相似，他们应具有同一基因组E。考虑左贡野荞及其与四倍体甜荞的杂种植株的花粉母细胞减数分裂形成16个二价体，暗示左贡野荞有2个有一定分化的基因组，因此左贡野荞的基因组应为E和E′。荞麦属大粒组物种基因组符号见表5-4。

表5-4　荞麦研究材料及其基因组符号

（陈庆富，2012）

资源	产地	倍性	编号	代号	来源	基因组符号
甜荞（*F. esculentum*）	德国	$2x$	Sibano	E2	Zeller F. J.	E
甜荞（*F. esculentum*）	贵州	$2x$	GNU-B15	E15	Zeller F. J.	E
甜荞（*F. esculentum*）	人工加倍	$4x$	BW79	E4	陈庆富	EE
野甜荞（*F. escu.* ssp. *ancestrale*）	云南	$2x$	BW100	EA	Ohnishi O.	E
野甜荞（*F. esculentum* var. *homotropicum*）	云南	$2x$	BW101	H或Homo	Ohnishi O.	E
苦荞（*F. tataricum*）	贵州	$2x$	BW20	T2	陈庆富	T
苦荞（*F. tataricum*）	贵州	$2x$	GNU-B11	T11	陈庆富	T
苦荞（*F. tataricum*）	人工加倍	$4x$	BW80	T4	陈庆富	TT
左贡野荞（*F. zuogongense*）	西藏	$4x$	BW21	Z	颜济	EE′
毛野荞（*F. pilus*）	西藏	$2x$	BW50	P	王天云	P
大野荞（*F. megaspartanium*）	贵州	$2x$	BW72	M	陈庆富	M
金荞（*F. cymosum*）	云南	$4x$	BW102	C	Ohnishi O.	ME
巨荞（*F. giganteum*）	人工合成	$4x$	BW103	G	Zeller F. J.	MT

表 5-5　4 个二倍体荞麦种茎尖细胞有丝分裂染色体核型参数

(陈庆富，2012)

染色体序号		1	2	3	4	5	6	7	8
F. esculentum	AL	2.37	2.26	2.14	2.10	1.98	1.80	2.02	1.89
甜荞	RL	14.27	13.64	12.92	12.72	11.94	10.89	12.21	11.42
	AR	1.23	1.26	1.28	1.20	1.08	1.24	1.16	1.01
	PC	m	m	m	m	m	m	m*	m*
F. tataricum	AL	1.72	1.63	1.53	1.49	1.48	1.46	1.61	1.25
苦荞	RL	14.15	13.45	12.57	12.24	12.14	11.96	13.15	10.36
	AR	1.62	1.49	1.14	1.38	1.17	1.55	2.01	1.71
	PC	m	m	m	m	m	m	sm*	sm*
F. megaspartanium	AL	3.00	2.88	2.84	2.78	2.71	2.36	2.57	2.49
大野荞	RL	13.85	13.31	13.14	2.83	12.54	10.93	11.90	11.53
	AR	1.11	1.18	2.13	1.18	1.44	2.30	1.14	1.36
	PC	m	m	sm	m	m	sm	m*	m*
F. pilus	AL	1.91	1.80	1.76	1.68	1.66	1.61	1.44	1.31
毛野荞	RL	14.50	13.65	13.40	12.77	12.58	12.17	11.01	9.94
	AR	1.31	1.56	1.37	1.23	1.44	1.22	1.65	2.25
	PC	m	m	m	m	m	m	m*	sm*

注：AL=绝对长度（μm）；RL=相对长度；AR=臂比；PC=着丝点位置；*=随体染色体。

表 5-6　左贡野荞茎尖细胞有丝分裂染色体核型参数

(陈庆富，2012)

染色体序号	AL	RL	AR	PC	染色体序号	AL	RL	AR	PC
1	3.64	7.24	1.31	m	9	3.08	6.11	1.26	m
2	3.56	7.08	1.08	m	10	3.07	6.09	1.21	m
3	3.47	6.90	1.26	m	11	3.00	5.96	1.73	sm
4	3.36	6.68	1.12	m	12	2.78	5.53	1.07	m
5	3.32	6.58	1.19	m	13	2.71	5.39	1.38	m
6	3.22	6.39	1.74	sm	14	2.58	5.12	1.58	m
7	3.20	6.36	1.23	m	15	3.15	6.25	1.26	m*
8	3.15	6.25	1.25	m	16	3.09	6.13	1.40	m*

注：AL=绝对长度（μm）；RL=相对长度（%）；AR=臂比；PC=着丝点位置；*=随体染色体。

表 5-7　4 个荞麦种核型比较

(陈庆富，2012)

参　　数	甜荞	苦荞	大野荞	毛野荞
最长染色体长度/最短染色体长度	1.3380	1.3052	1.2615	1.4280
臂比值大于 2∶1 的染色体占比（%）	0.00	12.50	25.00	12.50
核 型 类 型	1A	2A	2A	2A

表 5-8　金荞中 X 和 Y 基因组的核型参数

（陈庆富，2012）

X	AL	RL_X（RL_{XY}）	AR	PC	Y	AL	RL_Y（RL_{XY}）	AR	PC
1	2.38	13.67（8.03）	1.07	m（SAT）	1	1.76	14.43（5.95）	1.44	m
2	2.38	13.65（8.02）	1.95	sm	2	1.63	13.39（5.52）	1.14	m
3	2.33	13.42（7.89）	1.12	m	3	1.61	13.22（5.45）	1.18	m
4	2.17	12.43（7.31）	1.32	m	4	1.53	12.52（5.16）	1.06	m
5	2.12	12.20（7.17）	1.17	m	5	1.51	12.35（5.09）	1.84	sm
6	2.12	12.18（7.16）	2.13	sm	6	1.46	12.00（4.95）	1.56	m
7	2.08	11.96（7.03）	2.50	sm	7	1.38	11.30（4.66）	1.17	m
8	1.83	10.49（6.17）	2.31	sm	8	1.32	10.79（4.45）	1.58	m
Σ	17.40			3m＋4sm ＋1m(SAT)		12.20			7m＋1sm

注：AL＝绝对长度（μm）；RL_{XY}，在基因组 X 和 Y 中的相对长度（%）；RL_X＝在基因组 X 中的相对长度（%）；RL_Y＝在基因组 Y 中的相对长度（%）；AR＝臂比；PC＝着丝点位置；SAT＝随体染色体。

表 5-9　巨荞染色体核型参数

（陈庆富，2012）

M	AL	RL_M（RL_{MT}）	AR	PC	T	AL	RL_T（RL_{MT}）	AR	PC
1	3.14	15.24（10.11）	2.70	sm	1	1.74	16.57（5.60）	1.28	m
2	2.84	13.78（9.01）	1.13	m	2	1.57	14.95（5.05）	1.31	m
3	2.72	13.18（8.74）	1.21	m	3	1.32	12.53（4.24）	1.58	m（SAT）
4	2.55	12.36（8.20）	1.07	m	4	1.27	12.12（4.10）	1.29	m
5	2.46	11.95（7.92）	1.07	m	5	1.23	11.72（3.96）	1.67	m
6	2.42	11.74（7.79）	1.04	m	6	1.19	11.31（3.82）	1.19	m
7	2.40	11.66（7.74）	1.57	m	7	1.10	10.51（3.55）	1.89	sm
8	2.08	10.09（6.69）	2.27	sm	8	1.08	10.30（3.48）	1.68	m（SAT）
Σ	20.61			6m＋2sm		10.50			5m＋1sm ＋2m(SAT)

注：AL＝绝对长度（μm）；RL_{MT}＝在基因组 M 和 T 中的相对长度（%）；RL_M＝在基因组 M 中的相对长度；RL_T＝在基因组 T 中的相对长度（%）；AR＝臂比；PC＝着丝点位置；SAT＝随体染色体。

表 5-10 金荞和巨荞基因组核型参数比较

（陈庆富，2012）

种类	F. cymosum			F. giganteum		
基因组	X	Y	X+Y	M	T	M+T
平均长度（μm）	2.18	1.53	1.85	2.58	1.31	1.95
标准差（μm）	0.19	0.14	0.37	0.32	0.23	0.71
变异系数（%）	8.58	9.42	20.11	12.49	17.50	36.31
长度比（L/S）	1.30	1.34	1.80	1.51	1.61	2.91
核型公式	3m+4sm +1m（SAT）	7m+1sm	10m+5sm +1m（SAT）	6m+2sm	5m+1sm +2m（SAT）	11m+3sm +2m（SAT）

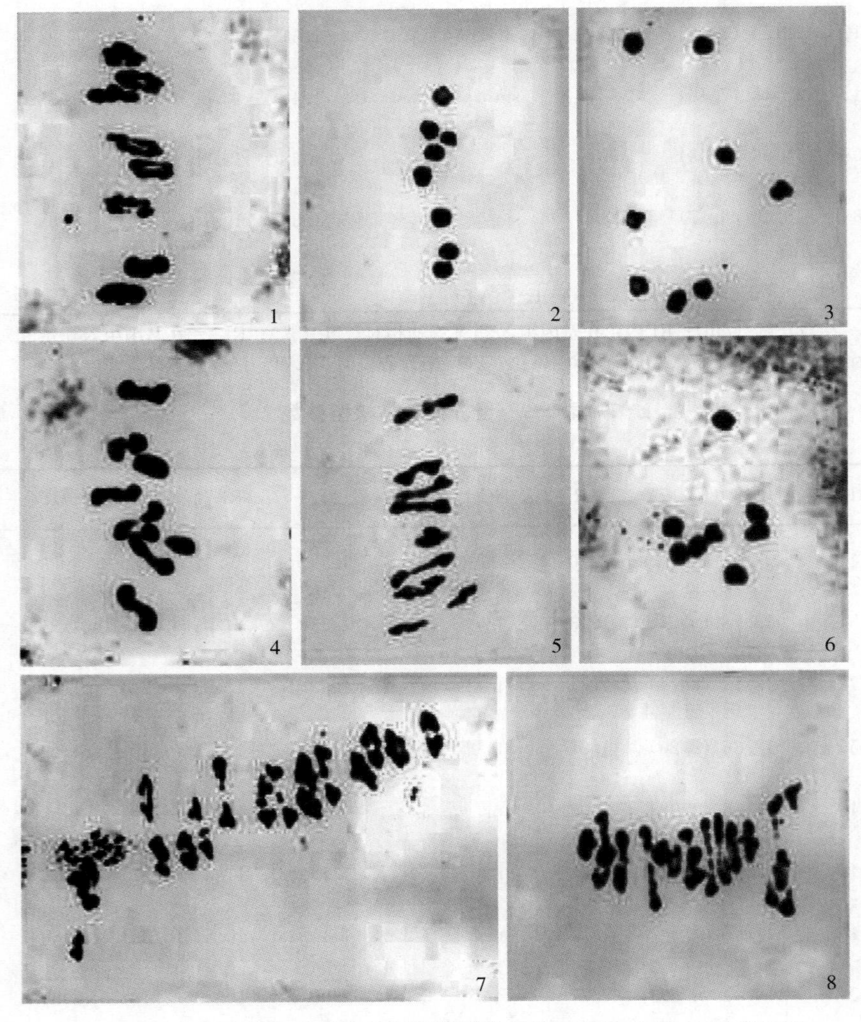

图 5-1　8个中国荞麦种的花粉母细胞减数分裂染色体中期 I 配对构型

1. 甜荞　2. 苦荞　3. 野苦荞　4. 大野荞　5. 毛野荞

6. *F. pleioramosum*　7. 左贡野荞　8. *F. gracillipes*

（陈庆富，2012）

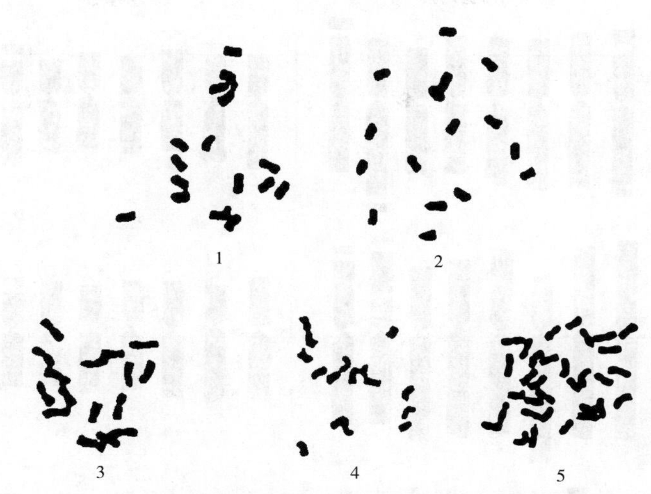

图 5-2　5 个中国荞麦种的茎尖细胞有丝分裂中期染色体
1. 甜荞　2. 苦荞　3. 大野荞　4. 毛野荞　5. 左贡野荞
（陈庆富，2012）

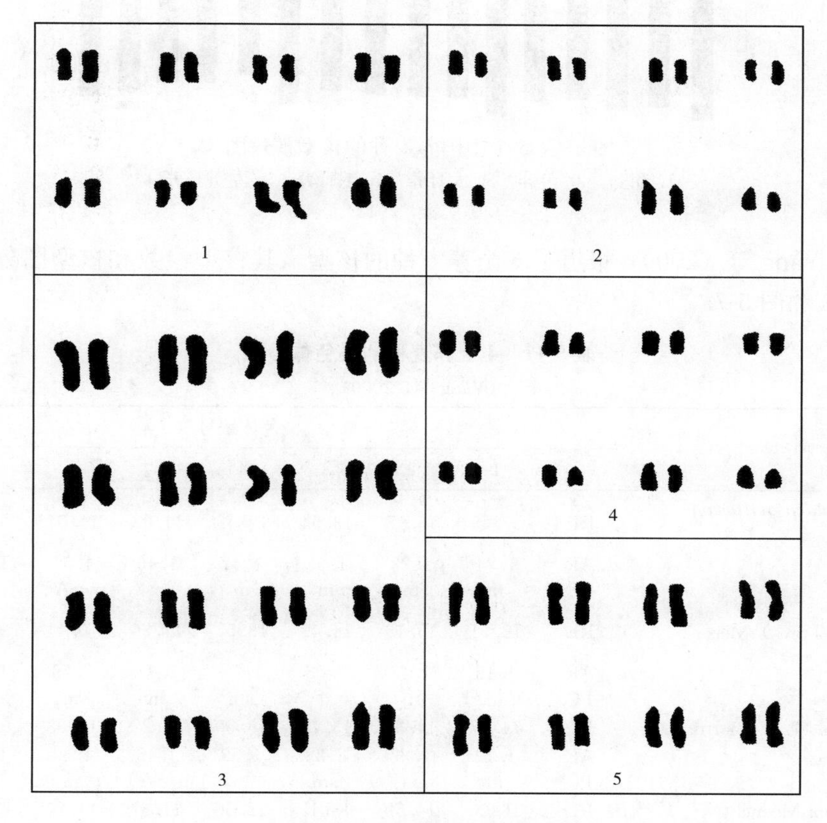

图 5-3　5 个中国荞麦种的核型图
1. 甜荞　2. 苦荞　3. 左贡野荞　4. 毛野荞　5. 大野荞
（陈庆富，2012）

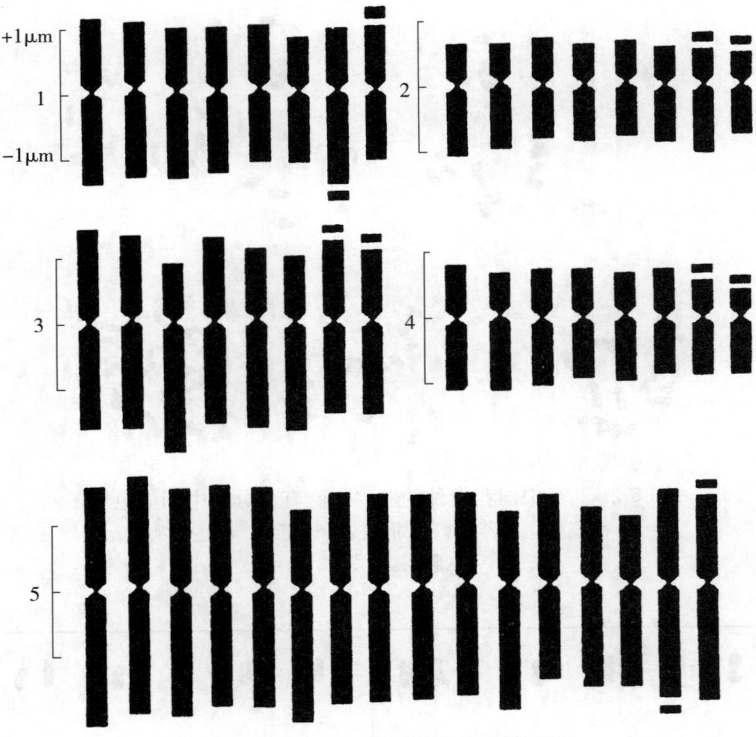

图 5-4　5 个中国荞麦种的核型模式图

1. 甜荞　2. 苦荞　3. 大野荞　4. 毛野荞　5. 左贡野荞

（陈庆富，2012）

最近，Yang 等（2009）报道了 6 个荞麦种的核型，其核型参数和核型图分别见表 5-11、表 5-12 和图 5-7.

表 5-11　4 个荞麦种的染色体参数

（Yang 等，2009）

种类		染色体编号							
		1	2	3	4	5	6	7	8
Fagopynum densovillosum J. L. Liu	RL	17.48	15.15	13.54	12.48	11.63	11.01	9.92	8.79
	AR	1.34	1.28	1.38	1.42	1.46	1.51	1.45	1.36
	PC	m	m	m	m	m	m-SAT	m	m
F. cymosum（Trev.）Meisn	RL	16.51	15.18	14.42	13.52	11.66	10.41	9.53	8.47
	AR	1.15	1.43	2.08	1.71	1.33	1.59	1.42	1.40
	PC	m	m	st	sm	m	m	m	m
F. tataricum（L.）Gaertn.	RL	14.97	14.30	13.76	13.50	12.32	11.38	10.53	9.23
	AR	1.13	1.22	2.23	1.59	1.43	1.34	1.19	1.52
	PC	m	m	sm	m	m-SAT	m	m	m-SAT
F. esculentum Moench	RL	16.00	14.59	13.45	12.66	11.87	11.20	10.49	9.74
	AR	1.58	1.82	1.40	1.46	1.66	1.48	1.42	1.14
	PC	m	sm	m	m	m	m	m	m

注：*F. cymosum*=*F. cymosum* complex；RL=相对长度；AR=臂比；SAT=随体染色体。

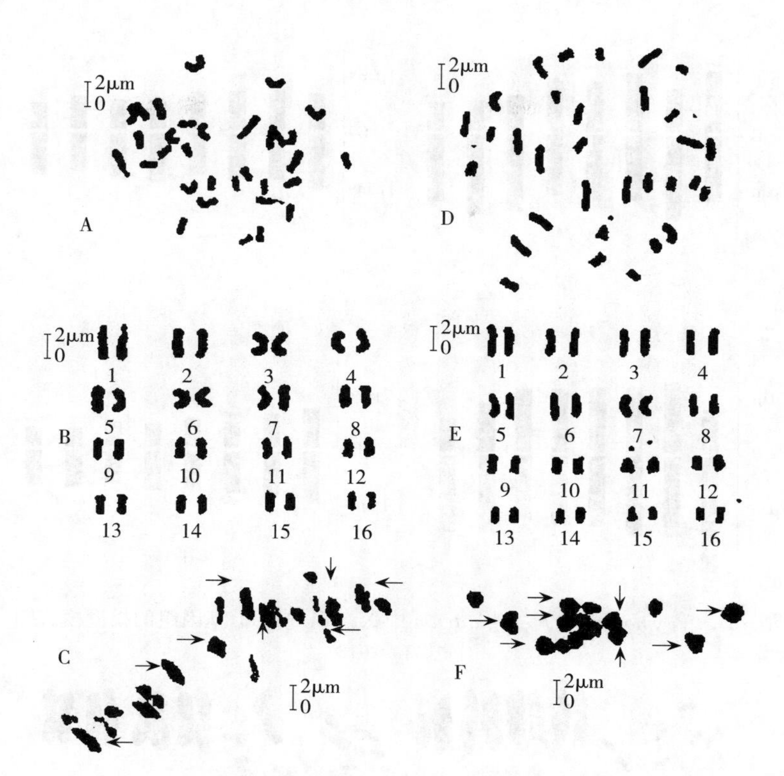

图 5-5　*F. cymosum* 和 *F. giganteum* 细胞有丝分裂染色体（A、D)、核型图（B、E）和减数分裂中期 Ⅰ 染色体（C、F）

（A、B、C 是 *F. cymosum*；D、E、F 是 *F. giganteum*。箭头示较大二价体）

（陈庆富，2012）

表 5-12　小粒组 2 个细野荞类群的染色体参数

（Yang 等，2009）

染色体编号	*F. gracilipes* var. *odontopterum*（Gross）Samuelss			*F. gracilipes*（Hemsl.）Damm. ex Diels		
	RL	AR	PC	RL	AR	PC
1	9.99	1.23	m	9.62	2.06	sm
2	7.79	1.39	m	8.46	1.18	m
3	7.64	1.47	m	7.88	1.45	m
4	7.58	1.06	m	7.42	1.20	m
5	7.42	1.24	m	7.00	1.16	m
6	6.85	1.68	m	6.69	1.26	m
7	6.65	1.35	m	6.45	1.33	m
8	6.39	1.43	m	6.27	1.50	m
9	6.04	1.13	m	6.06	1.44	m
10	5.84	1.17	sm	5.83	1.56	m
11	5.66	1.20	m	5.39	1.54	m
12	5.29	1.37	m	5.21	1.10	m
13	4.61	1.49	m	5.08	1.18	m
14	4.42	1.20	m	4.74	1.56	m
15	3.98	1.64	m	4.31	1.34	m
16	3.84	1.14	m	3.60	1.57	m

注：RL=相对长度；AR=臂比；SAT=随体染色体。

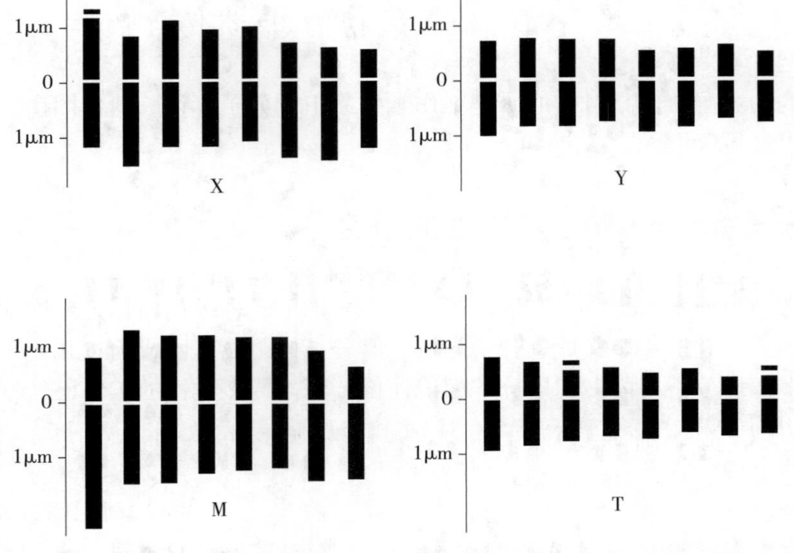

图 5-6　*F. cymosum* 和 *F. giganteum* 中 X、Y、M、T 基因组的核型模式图

（陈庆富，2012）

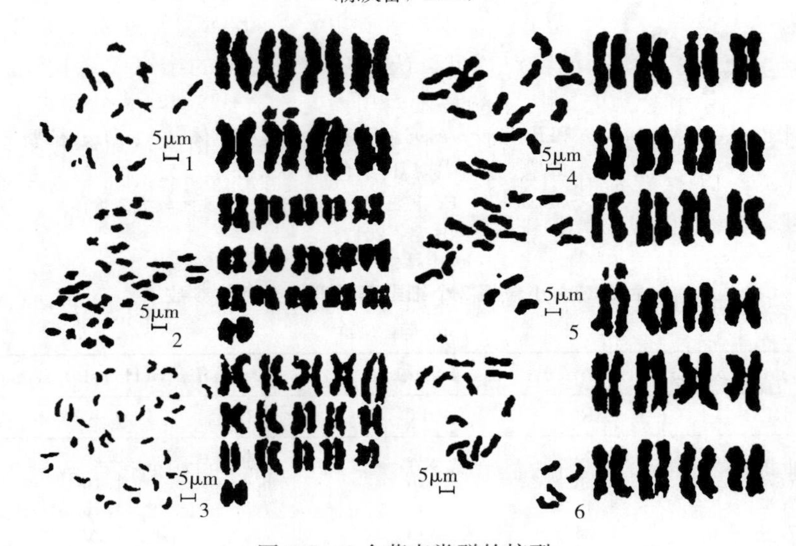

图 5-7　6 个荞麦类群的核型

1. *F. densovillosum*　2. *F. gracilipes* var. *odontopterum*　3. *F. gracilipes*

4. *F. cymosom* complex；　5. *F. tataricum*　6. *F. esculentum*

（Yang 等，2009）

根据已有文献，关于荞麦的核型分析报道主要是关于栽培荞麦的，野生荞麦的核型分析较少，而且已进行染色体核型分析的荞麦种类基本上都是大粒组荞麦，小粒组荞麦的核型报道很少。据已有报道，一些荞麦属种类的染色体核型特征差异显著。由于不同作者使用材料和方法不同，细胞相所处时期不同，染色体浓缩程度有明显差异，又存在测量误差，由此导致不同报道的结果相差甚大。

第三节　荞麦的分子遗传

关于荞麦的分子遗传，目前的研究工作主要集中于分子标记、遗传图谱、基因结构与功能、转录组分析等方面。

一、分子标记与遗传多样性的研究

尽管过去国内外学者采用形态学标记、细胞学标记、种子蛋白标记和同功酶标记等方法对荞麦亲缘关系及遗传多样性进行了分析，但分子标记技术已成为近几年来最主要的种质资源遗传多样性分析手段。利用分子标记评价苦荞遗传多样性的工作已经逐步开展，国内外广泛使用的分子标记多为RAPD、AFLP、SSR标记。

（一）RAPD标记

在荞麦种间系统关系研究方面有不少报道。王莉花等（2004）利用筛选出的19个随机引物对云南荞麦资源的9个种、1个变种、2个亚种的26份材料进行RAPD扩增反应。结果表明，云南荞麦资源种间比种内具有更丰富的多样性；聚类分析的结果显示，26份供试资源聚为三大类群：第Ⅰ大类群是小粒种类群，第Ⅱ大类群是甜荞类群，第Ⅲ大类群是苦荞类群，结合三大类群的特点，可以认为金荞与甜荞的亲缘关系比与苦荞的更近。杨小艳等（2007）采用RAPD和同工酶技术对川西北具有代表性的10份荞麦材料进行分析，所得结论与王莉花等（2004）相似，即与金荞亲缘关系相比，甜荞较近而苦荞较远。任翠娟等（2009）以10个随机引物对荞麦属（*Fagopyrum*）11个种（含大粒组7个种，小粒组4个种）共50份栽培及野生荞麦资源进行RAPD研究，系统聚类分析表明，荞麦属大粒组与小粒组组间以及不同荞麦种间在DNA水平上差异极大。在大粒组中，苦荞DNA与其他种之间有较大的差异。大野荞和毛野荞分别与甜荞和苦荞在RAPD水平上较近缘，支持它们分别是甜荞和苦荞祖先种的假说。

在多样性研究方面，Sharma & Jana（2002）采用RAPD标记对来自中国和喜马拉雅山地区的52份苦荞居群材料进行了遗传多样性分析。结果表明，苦荞的RAPD多态性变异与它们的地理分布一致，中国的栽培苦荞居群与野生苦荞的相似度系数最大，据此认为栽培苦荞起源于中国的西南部云南一带。Senthilkumaran等（2008）利用RAPD标记对来自喜马拉雅西北地带的苦荞和甜荞的种质遗传多样性进行了分析。结果表明，荞麦种内遗传多样性和其地理分布有极大关系，苦荞种质的遗传变异较甜荞丰富。邓林琼（2011）对甜荞和苦荞品种遗传多样性进行RAPD分析，结果表明，供试品种彼此均有一定的差异，遗传变异性程度以种间差异最大，其次是甜荞种内不同品种间，而苦荞种内不同品种间的遗传变异性最小。利用RAPD技术，谭萍等（2006）、Sharma等（2002）和Kump等（2002）对苦荞种质资源的遗传多样性进行了分析表明，苦荞品种间存在一定的遗传多样性，并利用多种引物从DNA水平上对苦荞的基因型进行了划分。张春平等（2009）通过RAPD技术对不同地理生态区的7个野生金荞麦复合物植物居群共87个个体进行遗传多样性分析，结果表明金荞麦种内具有较高的遗传多样性，遗传变异主要存在于居群内部，遗传多样性与地理分布表现出明显的相关性。

（二）AFLP标记

Tsuji等（2001）利用AFLP标记揭示了野生和栽培苦荞居群之间的系统发育关系。结果表明：栽培苦荞很可能起源于中国云南西北部或西藏的东部，这一结论与Sharma & Jana（2002）所揭示的栽培苦荞起源于中国的西南部云南一带的一致。Konishi等（2005）利用AFLP技术对甜荞的7个栽培居群和8个野生居群的遗传关系进行了分析。结果表明，栽培甜荞的祖先种是位于三江流域的野生荞麦。Zhang等（2007）利用AFLP标记对中国的79份苦荞种质进行了遗传多样性评价。结果表明，所有居群在遗传学上有明显区别，具有较高的遗传多样性。侯雅君等（2009）用筛选出的20对AFLP引物，对14个不同地理来源的165份苦荞种质进行遗传多样性分析。结果表明，云南和四川资源的群体结构最复杂，苦荞类群的亲缘关系以及遗传多样性与其地理分布有一定相关性。

（三）SSR标记

SSR标记具有揭示遗传变异多、共显性、结果稳定、操作简单等优点，已成为遗传多样性研究的重要手段。关于荞麦SSR引物开发（Konishi et al.，2006；Li et al.，2007）和SSR-PCR反应体系优化（王耀文等，2011；高帆等，2012）方面均有报道。Iwata等（2005）应用5个SSR标记对19个日本甜荞品种的遗传多样性进行了分析，结果显示等位基因丰富性与花期有密切关系。Konishi等（2006）采用文库富集法开发了180对甜荞SSR引物，检测结果显示PIC（多态性信息量）值比其他作物都高，将有助于甜荞分子育种。Ma等（2009）开发了136对甜荞的SSR引物，并利用其中19对有多态性的SSR引物对41个来自不同生态区的甜荞的遗传多样性进行了分析，还利用所开发的SSR引物对金荞麦和硬枝野荞麦的适用性进行了探讨。Li等（2007）设计了半特异性简并引物锚定PCR法开发了4对SSR引物，扩增结果表明，开发的SSR引物适用于苦荞遗传多样性研究。高帆等（2012）用正交设计法筛选适用于苦荞SSR标记分析的PCR反应体系，并将优化的SSR分子标记体系用于中国苦荞种质资源遗传多样性分析，19对引物共检测到157个等位变异，平均多态性信息量（PIC）为0.888，平均鉴定力（DP）为，TBP5和Fes2695为2对苦荞SSR骨干引物，能较好地显示出苦荞的遗传多样性。50份苦荞品种聚为5个组群，聚类结果与苦荞地理分布相关性不大，表明中国苦荞种质资源的遗传关系与区域分布间没有明显的相关性。这一研究结果与侯雅君等（2009）和Senthilkumaran等（2008）所述的苦荞遗传多样性与地理类型有一定的相关性的结论不一致，这可能与国内苦荞遗传变异幅度较小，近年来不同地区间频繁传种、换种有关。莫日更朝格图等（2010）利用25对SSR引物对中国苦荞主产区陕西、云南、四川、西藏等地的82份苦荞地方种质的遗传多样性进行了分析，25对SSR引物中有13对在苦荞地方品种中具有多态性，且扩增条带的稳定性较好，200条多态性条带占总数的96.2%。82份材料被聚为10大类群，表明82份苦荞品种间遗传多样性明显，具有丰富的遗传基础。

（四）ISSR标记

ISSR不像SSR具有物种特异性，且其产物多态性远比RFLP、SSR、RAPD丰富，现已广泛应用于种质资源鉴定。赵丽娟等（2006）采用ISSR分子标记对来自甘肃、贵州、湖北、湖南、江西、山西、陕西、四川、云南9个省的66份苦荞地方品种和改良品种的遗传多样性进行分析。结果表明，18 条 ISSR 引物共扩增出 531 条带，多态率高达 96.8%，平均每对引物可获得 26.6 个位点数。高于高帆等（2012）和侯雅君等（2009）用 SSR 及 AFLP 所得的 8.3 和 15.7 个位点数。聚类分析显示，贵州地方品种、湖北地方品种和云南地方品种之间有明显的遗传差异，而来自不同省的改良品种在遗传上有较高的相似性。张春平等（2010）通过 ISSR 技术对 8 个野生金荞麦居群的共 92 个个体进行遗传多样性分析，12 个随机引物共扩增出 103 条清晰条带，其中 90 条具多态性，平均多态性位点比率为 87.38%。金荞麦种内具有较高的遗传多样性，遗传变异主要存在于居群内部，遗传多样性与地理分布表现出明显的相关性。这一结果与对不同生态地理类型野生金荞 RAPD 标记的研究结果一致（张春平等，2009）。以上结果表明 ISSR 可以作为研究遗传多样性及遗传分化的有效标记。

此外，利用 SRAP 标记（Li 等，2009；张文芳等，2012）进行荞麦遗传多样性的分析也偶有报道。

二、分子标记与遗传图谱构建

遗传连锁图谱构建对作物优良基因、重要农艺性状的 QTL 定位、基因组研究及开展分子标记辅助育种等均具有重要的理论指导与实践意义。由于荞麦的基因组信息稀缺，关于荞麦遗传连锁图谱研究方面的报道几乎空白。近年来，随着分子生物学和生物信息学的迅猛发展，尤其是模式植物和主要农作物基因组信息的大量公布及各种分子标记技术的成熟运用，国内外对荞麦的遗传图谱构建的研究也逐渐增多，但大多都集中在甜荞和野生荞麦。Ohnishi 与 Ohta（1987）以 70 份形态突变系的甜荞为群体，绘制了由 30 个形态学标记和 7 个同工酶标记、7 个连锁群组成的第一个甜荞遗传图谱，为甜荞性状基因的分子标记和比较遗传学研究奠定了基础。Yasui 等（2004）以甜荞 *F. esculentum* 及其野生近缘种 *F. esculentum* var. *homotropicum* 杂交产生的 85 个 F_2 代单株为作图群体，利用 20 对 AFLP 引物组分别构建了甜荞 *F. esculentum* 及其野生近缘种 *F. esculentum* var. *homotropicum* 遗传图谱，两图谱都含有 8 个连锁群。*F. esculentum* 图谱包含 223 个 AFLP 标记，总长度为 508.3cM；*F. esculentum* var. *homotropicum* 包含 211 个 AFLP 标记，总长度为 548.9cM。3 个形态学标记：花柱同长、落粒性和瘦果棱型被整合在 AFLP 遗传图谱上。花柱同长和落粒性标记紧密连锁位于第一连锁群中央，瘦果棱型标记位于第四连锁群。Konishi 等（2006）基于母本（*F. esculentum* ssp. *esculentum*）与父本（*F. esculentum* ssp. *ancestral*）杂交产生的 80 个 F_1 代单株为作图群体，利用 AFLP 和 SSR 2 种标记构建了甜荞的遗传连锁图谱。父、母本均含有 12 个连锁群，其中，母本含 131 个标记（54 个 SSR 和 77 个 AFLP），遗传距离为 911.3 cM；父本含 71 个标记（37 个 SSR 和 34 个 AFLP），遗传距离为 909.0 cM。Pan 等（2010）以异长型自交不亲和品种 Sobano 与野生的自交亲和品种 Homo 杂交产生的 225 个 F_2 代为作图群体，构建了一张甜荞的连锁图谱。该图谱包含 87 个 RAPD 标记，12 个 STS 标记，4 个种子蛋白亚基标记及 3 个形态等位基因，图谱总长 655.2cM。与 Konishi 等（2006）结论基本一致，即花柱同长和落粒性标记位于第一连锁群中央，瘦果棱型标记位于第四连锁群。

Pan & Chen（2010）以普通荞麦、*F. esculentum* var. *homotropicum*（Homo）及其杂交所建立的238株F_2代分离群体为材料，进行了RAPD与STS标记分析和重要形态性状遗传分析，初步构建了包含RAPD、STS、形态性状标记在内的普通荞麦和Homo遗传标记连锁图谱。发现Homo的连锁图谱有8个连锁群，共含有54个DNA分子标记位点、3个形态性状标记位点，覆盖基因组总长度526.6cM；普通荞麦的遗传连锁图谱也有8个连锁群，共包括50个标记位点，其中，DNA分子标记位点48个，形态标记位点2个，覆盖基因组总长度为443.1cM。发现花柱同长、落粒性和瘦果棱型这3个性状属于单基因遗传，并且是完全显性的。通过与分子标记结合分析，这3个性状标记可成功地整合在F_2分离群体父本Homo的遗传连锁图谱上。其中，控制花柱同长的*Ho*基因和控制落粒性的*Sht*基因均定位在其连锁群Group 1上，控制瘦果棱形状的*Ac*基因定位在其连锁群Group 4上。Homo遗传连锁图上有一些与形态标记位点连锁关系较紧密的RAPD标记，如与*Ho*基因座紧密连锁的S64-601和与*Ac*基因座紧密连锁的S52-1106两个标记，可以通过克隆测序转化成STS标记或是SCAR标记进一步对这两基因定位与克隆。而在*Ho*、*Sht*两基因座位点周围的S64-601、S64-819、S73-1198、S20-1213等标记位点也可用于自交亲和（*Ho*）基因的分子标记辅助选择。通过研究RAPD和STS标记引物在两亲本中稳定扩增的316条谱带，分析在两者间相同和特异的谱带情况，首次建立了包括变种Homo在内的普通荞麦RAPD和STS标记指纹图谱。这些指纹图谱可以应用于这两个荞麦品系的鉴定。

岳鹏等（2012）通过对自交可育的甜荞Lorena-3与Homo杂交获得的F_2代分离群体进行RAPD、STS标记分析，构建了自交可育甜荞RAPD和STS的遗传标记连锁图谱，为培育自交可育的荞麦新品种奠定了理论基础。该图谱包含有71个DNA分子标记位点，共有7个连锁群，长度为515.5cM。其中，落粒基因*Sht1*和*Sht2*分别与标记S1182-1160和S1182-1048紧密连锁。

由于地理和生态等因素的制约，苦荞的种植面积较甜荞少，同时苦荞为严格的自花授粉作物，花朵小，杂交构建子代群体的难度较大，因此限制了苦荞遗传图谱构建的研究进度。相对于甜荞而言，苦荞的图谱构建研究方面，国内外鲜有报道。王耀文（2011）以滇宁1号与野苦荞杂交得到的136株F_2代为作图群体，构建了由37个SRAP标记、1个SSR标记，10个连锁群组成的连锁图，该图谱总长725.1cM，标记间最大图距为46.6cM。这是第一张苦荞遗传连锁图谱，为苦荞产量相关性状QTLs定位、杂种优势机理等研究提供了一个良好的平台，同时也为综合利用苦荞相关研究信息奠定了基础。

三、基因定位与性状的研究

荞麦种质资源丰富，且遗传多样性丰富，近年来随着荞麦遗传图谱研究的发展，国内外对荞麦的农艺性状基因定位的报道也在增多。落粒是造成荞麦严重减产的主要因素之一。在以甜荞不同亲本的分离群体为材料的调查中发现落粒性源于野生种，由单显性基因控制（Ohnishi，1999；Pan et al.，2010；邓林琼等，2005）。岳鹏等（2012）和

Katsuhiro Matsui 等（2003）研究发现，甜荞落粒性是由 2 对显性互补基因控制。Wang 等（2005）研究发现，落粒性是由 3 对显性基因控制，其中 2 对显性基因互补即可表现为落粒性。Matsui 等（2004）通过 F_2群体的遗传作图，虽然没有确定 *Sht1* 所在的连锁群，但找到了 2 个与落粒基因 *Sht1* 紧密连锁的 AFLP 标记并将其转化为 STS 标记，为分子辅助育种提供了依据。

甜荞是典型的花柱异长的作物，具有自交不亲和性，在其开花受精过程中，常常受到气候条件以及传播媒介的影响，从而影响产量。早在 1961 年 Sharma 等就曾研究发现甜荞的花柱异长可能是由单个基因或是一组相紧密连锁的基因控制决定的，其中短花柱是由杂合基因型（*Ss*）决定的，而长花柱类型是由隐性的纯合基因型（*ss*）控制的。Woo 等（1999）研究发现甜荞的自交不可育和 *F. esculentum* var. *homotropicum* 的自交可育性是由相同的基因控制的，*F. esculentum* var. *homotropicum* 的基因型是 S^hS^h，而且基因 S^h 对基因 S 来说是隐性的，而相对基因 *s* 是显性的。Yasui 等（2004）和潘守举（2007）在以花柱同型、自交亲和的 *F. esculentum* var. *homotropicum* 和花柱异型、自交不亲和的 *F. esculentum* 为亲本的遗传作图的研究中还发现花柱同长（*Ho*）和落粒性（*Sht* 基因）紧密连锁。

Chen 等（2004）利用栽培甜荞与花柱同长自交可育的野生甜荞进行杂交，获得了大量的花柱同长自交可育纯系材料，为甜荞高产品种的改良和杂交荞麦产业开发研究提供了新材料和新途径。

邓林琼等（2005）报道，以甜荞（*F. esculentum*）25 个具有不同相对性状的植株为亲本构建的 13 个杂交子一代分离群体为材料，探讨了甜荞 8 对形态性状的遗传规律。结果发现花药大小（正常、小）、主茎木质化表现出单基因遗传模式，花被片正面颜色（粉红、白）、瘦果棱形状（圆、尖）、瘦果棱初期颜色（红、绿）、瘦果初期颜色（浅红、浅绿）4 对性状均表现为显性互补基因遗传，且形态性状均表现为独立遗传。岳鹏等（2012）以甜荞 3 个花柱同长自交可育纯系甜自 21-1、Lorena-3 和甜自 100 为亲本，进行杂交配置获得其 F_2代群体，探讨甜荞尖果、红色茎秆的遗传规律。研究表明，尖果性状（尖—钝）受单基因遗传控制；主茎颜色（红—绿）为 2 对显性互补基因的遗传模式。尖果性状基因、落粒性基因和红色茎秆基因之间均表现为彼此独立遗传。

四、基因克隆与功能蛋白的研究

黄酮是荞麦的主要药用成分。模式植物和禾本科作物类黄酮的生物合成代谢途径已经得到了比较充分的研究，其中涉及类黄酮生物合成途径中重要的关键酶有：查尔酮合成酶（CHS）、查尔酮异构酶（CHI）、黄烷酮 3-羟化酶（F3H）、二氢黄酮醇-4-还原酶（DFR）、无色花色素还原酶（LAR）和花色素合成酶（ANS）等。参与调控类黄酮次生代谢途径的三类转录因子有：MYB 类转录因子、b-HLH（basic-helix-loop-helix）类转录因子和 WD40 类转录因子。近年来，已有大量在荞麦黄酮生物合成代谢途径中发挥重要作用的结构基因及转录调控因子被逐渐克隆并进行了功能验证，这将对分子辅助选育高黄酮含量的苦荞品种提供重要的理论和实践意义。

张艳等（2008）以苦荞品种西农 9920 和甜荞品种西农 9976 为材料，用同源基因克隆法从 2 种荞麦基因组中克隆出了长度均为 860 bp 的 CHS 基因片段，序列分析表明这 2 个片段含有 CHS 基因的 N 端和 C 端的结构域，分别为苦荞和甜荞的 CHS 基因片段，命名为 *FtCHS* 和 *FeCHS*。序列比较分析表明，2 种荞麦 CHS 基因间丰富的单碱基多态性可能是苦荞和甜荞种子中类黄酮含量差异的重要原因之一。氨基酸序列的进化分析表明，苦荞和甜荞 CHS 与同为蓼科的掌叶大黄和石竹科的满天星的同源性较近。李成磊等（2011）利用 RT-PCR 技术从甜荞中克隆得到 CHS 的 cDNA 开放阅读框（ORF）序列，命名为 *FeChs*，NCBI 登录号为 GU172166.1。该序列长 1 179 bp，编码 392 个氨基酸，与其他植物 CHS 基因的同源性为 78%～92%，其推导的氨基酸序列含有 CHS 高度保守的活性位点及 CHS 的标签序列 GFGPG。高帆等（2011）用 RACE 法获得苦荞 CHS 基因的 cDNA 全长及完整的开放性阅读框（ORF），并确定了苦荞中该酶的进化地位和方向。苦荞 CHS cDNA 全长为1 250bp，含 241bp 的 3′-UTR 和 185bp 的 5′-UTR；ORF 全长为 975bp，编码含 325 个氨基酸残基的蛋白。氨基酸同源比对结果表明，苦荞 CHS 与蓼科的虎杖相似性很高；临接法构建的系统发生树结果表明，苦荞 CHS 与其他双子叶植物有共同的起源，与蓼科的金荞麦、甜荞、虎杖及石竹科的满天星亲缘关系较近。Liu 等（2012）应用 RACE 技术结合 codehop 引物设计方法克隆苦荞中 CHS cDNA 序列，通过电子合并获得其全长。生物信息学分析表明，该基因全长1 906bp，具有一个 463bp 的内含子序列，编码区长度为1 188bp，编码 395 个氨基酸。Blastn 序列比对发现该试验所获得的 CHS 基因序列与蓼科中的大黄（*Rheum palmatum*）的同源性达 86%。蒙华等（2010）采用同源基因法、染色体步移法和 RT-PCR 技术克隆到金荞麦 CHS 基因的全长 DNA 序列和 cDNA 开放阅读框（ORF）序列。金荞麦 CHS 基因 DNA 全长1 650bp，含一个 462bp 的内含子；其 cDNA 编码区全长1 188 bp，编码 395 个氨基酸，命名为 FdCHS，NCBI 登录号为 GU169470。该氨基酸序列与同为蓼科的掌叶大黄、虎杖 CHS 的氨基酸序列同源率分别达到 94%和 93%，且含有 CHS 活性位点和底物结合口袋位点等保守位点。

雒晓鹏等（2013）利用同源克隆技术获得了金荞麦总黄酮合成途径的关键酶查尔酮异构酶基因（*FdCHI*）的 cDNA 序列。结果发现：金荞 CHI 基因 cDNA 包含一个 750 bp 的 ORF，编码 249 个氨基酸。生物信息学分析表明，该编码蛋白与其他植物 CHI 氨基酸序列同源率较高，与苦荞和甜荞相似度达 97%和 92%，说明金荞麦与苦荞的同源关系最近，和甜荞次之。*FdCHI* 在金荞麦花、叶和茎的表达与总黄酮量变化趋势一致，表明在这些组织中其表达可能与金荞麦总黄酮的合成和积累密切相关。

李成磊等（2011）采用同源克隆和 RT-PCR 技术扩增金荞苯丙氨酸解氨酶基因（*FdPAL*）的 DNA 序列和全长 cDNA 序列并对其进行生物信息学分析。金荞麦 PAL 基因 DNA 序列全长 2 583 bp，由 2 个外显子、1 个内含子构成；cDNA 序列包含 1 个 2 169 bp 的 ORF，编码 722 个氨基酸。重组的 *FdPAL* 基因表达载体能有效地在大肠杆菌 *E. coli* 中表达，并形成具有一定催化功能的酶。

赵海霞等（2012）利用 RT-PCR 技术，从苦荞中克隆得到类异黄酮还原酶基因（*IRL*）的开放阅读框（ORF）序列，命名为 *FtIRL*。序列分析表明：*FtIRL* 含一个长

942bp 的 ORF，编码 313 个氨基酸，其氨基酸序列与金荞异黄酮还原酶 *FcIFR* 同源性最高，达到 97%；与其他植物 IRL 同源性为 44%～73%。生物信息学分析表明：*FtIRL* 推导的蛋白质含有典型的底物结合口袋和保守的 NADPH 结合位点，符合短链脱氢酶家族的结构特征。系统发育树表明，苦荞 *FcIFR* 虽然在氨基酸序列上与其他植物的异黄酮还原酶（IFR）有较高的同源性，但其生物学功能可能更接近落叶松脂醇还原酶（PLR）。

祝婷（2010）采用同源基因克隆的方法获得其二氢黄酮醇-4-还原酶基因（*DFR*）cDNA 序列。序列分析表明，获得的苦荞和甜荞 *DFR* 的全长 cDNA 编码序列，其1 026bp 的全长开放阅读框（ORF）均编码 341 个氨基酸，并具典型的 DFR 结构特征和功能模块。同源性分析显示，苦荞和甜荞与其他植物的 DFR 基因核苷酸相似性为 71%～98%。根据氨基酸序列构建系统进化树表明，两者与豆科、桑科和蔷薇科聚为一类。

马婧等（2012）通过简并 PCR 结合 RACE 的方法，获得了金荞麦无色花色素还原酶基因 *FdLAR*，序列全长 1 581 bp，其中开放阅读框长 1 176 bp，编码 391 个氨基酸的蛋白质，在 N 端存在 1 个保守结构域，属于 RED 蛋白家族。将该基因重组到表达载体 pET-32a（+）中进行原核表达，经 IPTG 诱导、SDS-PAGE 检测，结果表明金荞麦无色花色素还原酶基因能在大肠杆菌 BL21（DE3）中表达。基因表达分析表明，*FdLAR* 基因的表达量与类黄酮积累之间的关系在营养生长和生殖生长阶段呈现出不同的变化趋势，据此推测该基因可能在金荞麦类黄酮次生代谢产物积累中起作用。

赵海霞等（2012）采用 RACE 技术，从苦荞中克隆得到一个谷胱甘肽转移酶（FtGST）基因。序列分析表明，*FtGST* 基因全长 DNA 序列和 cDNA 序列编码区分别为 746 bp 和 666 bp，DNA 序列含有一个长度为 80 bp 的内含子；ORF 长 666 bp，编码 221 个氨基酸。生物信息学分析表明，*FtGST* 基因推导的蛋白质含有 Tau 家族典型的底物结合口袋、谷胱甘肽结合位点（G-site）和疏水性底物结合位点（H-site）氨基酸残基，表明 FtGST 为 Tau 家族蛋白。

马婧等（2009）采用 RACE 结合 cDNA 文库筛选的方法，首次从金荞麦 cDNA 文库中克隆 MYBP1 基因（*FdMYBP1*）；通过 Southern 杂交分析，推测 *FdMYBP1* 基因是 1～2 个拷贝基因；*FdMYBP1* 基因编码 1 个长 256 个氨基酸的蛋白质，具有 MYB 同源基因的典型特征，可能在金荞麦类黄酮代谢途径中起作用。

Li 等（2011）采用同源克隆和 RACE 扩增苦荞黄酮醇合成酶基因（*FtFLS*）全长 cDNA 序列。重组的 FtFLS 蛋白表达载体能有效地在大肠杆菌 *E. coli* 中表达 BL21（DE3）。RT-PCR 结果表明，*FtFLS* 的表达具有组织特异性，与组织黄酮醇含量有一定相关性，因此认为 *FtFLS* 基因是苦荞芦丁合成代谢中的关键基因。

五、转录组测序

随着测序技术的发展及测序成本的降低，在非模式植物中通过转录谱测序，不仅能分析特定物种的基因组成的类别和数目，不同组织和发育时期基因调控表达的差异和基因可变剪切的模式，还能分析不同品种或物种间存在于基因内的 SNP 位点，开发 SSR、SNP 等分子标记。Logacheva 等（2011）基于 454 高通量测序对甜荞和苦荞花序转录组进行了从头组装和分析，这一研究填补了荞麦转录组的研究空白。甜荞和苦荞获得片段大小介于341～349bp的Read分别有267 000和229 000条；经组装甜荞和苦荞Contig序列为均有25 000条，覆盖度为7.5～8.2×；甜荞和苦荞花序的unigene进行相似性比对分析表明，一些反转录子及参与蔗糖生物合成代谢的基因的表达存在差异。

贵州师范大学荞麦产业技术研究中心于2012年（数据未发表）基于Hiseq2000测序平台的RNA-SEQ测序方法，完成了苦荞和甜荞种子的转录谱测序，拼接得到甜荞38 663个和苦荞40 221个unigene，基本上包括了甜荞和苦荞种子发育期表达的所有基因。通过Blast序列比对程序，发现来自酿酒葡萄（*Vitis vinifera*）、蓖麻（*Ricinus communis*）和杨树（*Populus*）的基因分别注释了71.73%和72.24%的甜荞和苦荞unigenes，这有利于利用丰富的测序物种的基因的功能信息来进行荞麦的基因序列的研究。在表达差异显著的基因中，有21个参与到类黄酮合成代谢相关的基因。其中，查尔酮合成酶（CHS）、二氢黄酮醇-4-还原酶（DFR）在苦荞种子中的表达量显著高于甜荞，而催化消耗黄酮及黄酮醇底物的酶的表达显著低于甜荞，这一结论初步揭示解释了苦荞与甜荞黄酮含量差异产生的机理。测序所得的SSR和SNP位点将为大量开发SSR和SNP等分子标记提供序列信息。

第四节　荞麦育种目标

所谓育种目标，就是对品种的要求，也就是在一定自然、栽培、经济条件下，要求所要选育的品种应该具有的那些优良特征特性。

开展育种工作时，首先必须制定出具体的育种目标，有了明确而具体的育种目标，才有可能有目的地搜集品种资源，确定品种改良的对象和方法，有计划地选配亲本，确定对育种材料的选择标准、鉴定方法和栽培条件。因此，制订育种目标是开展育种工作的第一步。育种目标的正确与否是育种工作成败的关键。

一般而言，高产、稳产、优质、生育期适当、适应节约型规模化农业生产需要是国内外作物育种的主要目标，也是现代农业对荞麦品种的要求。

一、高产

栽培荞麦的产量一般是指农业生产上收获荞麦籽粒（植物学上称瘦果）的数量。有单产和总产两个概念。通常荞麦育种目标中的产量是指单产。

高产是指在一定栽培条件下与对照品种相比有较高的单产，是现代农业对荞麦品种的基本要求。荞麦品种的产量是受多个因素支配的，既是品种遗传因素的综合表现，又是品种遗传性与外界环境相互作用的结果。丰产性只是一种高产潜力，一种可能性，要实现丰产需要荞麦品种与自然栽培条件的良好配合。

荞麦品种的高产性状大致可分为产量因素、理想株型和高光效三方面的内容。

1. 产量因素　荞麦产量最终决定于产量构成因素，即公顷株数（株）、株粒数（粒）、千粒重（g），又称产量三要素。其中株粒数和千粒重可合并为株粒重（单株产量，g）。

荞麦产量是受多基因控制的数量性状，既受遗传控制，也显著受到环境影响。荞麦产量要素决定了荞麦籽粒单产的多少，即产量（kg/hm^2）＝公顷株数×株粒重＝公顷株数（株/hm^2）×株粒数（粒/株）×千粒重（g）×10^{-6}。产量三要素彼此相互作用并相互影响，只有它们搭配合理时才能获得高产。

荞麦高产类型可分为三种：

（1）密植型　单株产量不很高，但株型紧凑而且耐密植抗倒伏，通过增加密度可获得高产。此类品种播种量要比一般品种多。

（2）株重型　植株粗壮繁茂，单株产量高，主要通过增加株粒重的途径来获得高产。此类品种播种量要比一般品种低，但肥力要求较高。甜荞品种如丰甜1号、榆荞4号等属于此类。

（3）密植-株重型　是介于上述两个类型之间的中间类型，通过适当密植、增加单株粒重两条途径同时提升单产。此类品种播种量中等。

上述三种类型的划分是相对的。同一品种在不同的栽培条件下可能会成为不同的类型，在同一地区也可以同时种植上述三种类型。这种划分有助于育种中理清思路、关注重点相关性状，提高育种效益。值得一提的是，在丰产潜力达到一定水平时，各个产量因素之间常常呈负相关关系，即一个产量因素增长时，另外的产量因素常常下降。在荞麦育种中既要注重单株粒重的选择，也要注意株型是否耐密植和抗倒。

2. 合理株型　合理株型是高产的基础，是高产品种的形态特征。它能很好地协调源、库关系，有利于获得最有效的光能利用率和高光合效率。荞麦的合理株型相关研究极少，根据主要作物的研究结果，推论荞麦的合理株型大致是：中秆或半矮秆（株高100cm左右），秆基部木质、较粗、坚实，整体株型紧凑，较低位分枝，主茎分枝较粗、近直立，主分枝数7个左右，叶片中等、颜色较深等。矮秆品种，不仅抗倒伏能力强，可以加大密度，而且还能提高经济系数，有效地利用肥水条件，因而增产潜力很大。但是植株太矮，叶片密集，通风透光性差，易发生病虫害，而且容易早衰。研究表明，荞麦株高、株粒数和粒重与产量呈正相关。植株较高的荞麦较繁茂，分枝多，生活力较强，花朵开得多，结实也较多，产量较高。因此，不主张选育过度矮秆的荞麦生产用品种。适宜的株高是需要的，因为这样不仅抗倒伏、肥水利用率高，而且通风透光性良好，植株生长健壮、繁茂，产量较高。

3. 高光效　高光效是高产品种的生理保证。高光效品种主要表现为有较强的光合能力来合成碳水化合物及其他营养物质，并能更多地运送到籽粒中去。高光效和合理株型密切相关，两者经常被合并在一起，称为株型及高光效育种，是现代植物育种学的一个重要发展方向。在合理株型的基础上，一个高光效品种应具有光能利用率高、光合效力高、补偿点低、光呼吸少、光合产物转运率高、对光不敏感等特性。从高光效育种来看：经济产量＝生物学产量×经济系数＝（光合能力×光合面积×光合时间－呼吸消耗）×经济系数。

其中，经济系数是经济产量与生物学产量的比值，反映了光合产物的分配情况。据报道，荞麦经济系数一般为0.3～0.5（魏太忠等，1995）。矮秆育种可使经济系数上升。

农作物生育期间的光能利用率一般为0.1%～1.0%（郑丕尧，1992）。太阳辐射能利用率的理论值为5%～6%（Loomis R. S. et al，1967）。作物光能利用率的理论值一般为

9%～14%。因此，通过提高光能利用率可极大地提高产量潜力。利用理想株型和较高的光合速率，在适合的密度下，可获得较高的产量。

二、稳产

品种产量的稳定性与品种的特殊适应性和广泛适应性密切相关。所谓特殊适应性是指品种对特定环境因素的适应性，例如，抗病性、抗虫性、抗旱性、抗寒性、耐盐碱等各种抗逆性。所谓广泛适应性是指品种对气候、土壤、栽培条件等各种因素构成的整个环境的适应性。特殊适应性常常被称为抗逆性，广泛适应性则常常简称为适应性。

一般来说，抗逆性强、适应性强、适应性广的品种，具有较好的稳产性。

1. 抗病虫性 病虫害的蔓延与危害是造成农作物减产的重要原因之一，是品种高产、稳产的严重威胁，尤其是随着矮秆品种的大面积推广、增施肥料、加大密度后，作物病虫害增多，危害加重。如大量施用农药，不仅提高成本，而且严重污染环境。因此，农业生产对品种的抗病虫性要求更迫切，抗病虫育种是现代育种学的重要方向。目前，品种的抗病性已成为作物新品种必须具备的优良特性。栽培荞麦的主要病害是立枯病、轮纹病、褐斑病、白粉病等。不同荞麦品种的抗病性存在明显的差异，通过抗病育种，培育抗病荞麦品种是荞麦无公害生产的重要步骤。荞麦主要害虫为地下害虫、蚜虫和红蜘蛛等。荞麦品种间对蚜虫和红蜘蛛等虫害的敏感性有一定的差异，也可以开展荞麦抗虫育种。但是，由于荞麦育种尚处于初级阶段，荞麦抗病虫育种目前还没有广泛开展。

2. 抗旱、耐瘠性等 我国幅员辽阔，气候条件复杂，土壤条件多样。据不完全统计，具有不良环境条件的中、低产地区在全国占70%左右。荞麦是较抗旱耐瘠薄的作物，常常作为先锋作物在新开荒地上栽培。农业生产上常常将荞麦栽培在较瘠薄土壤中，这是荞麦单产较低的原因之一。在中、低产地区，干旱、瘠薄等因素是荞麦品种产量的重要限制因素。因此，选育出适于中、低产地区的高产荞麦品种，是农业增产的途径之一。一般来说，根系发达，吸收能力强，叶面积相对较小，蒸腾系数小，光合作用能力强的品种，抗旱耐瘠性较强。

3. 广泛适应性 对于主要作物，育种工作者非常重视所培育品种的广泛适应性，并把它作为育种目标之一。因为广泛适应性好的品种，不仅可以在不同的地区种植，也可以在不同的季节种植。因此，可以种植更大面积，更能充分地发挥优良品种的增产效益，经济效益可得到显著提高。栽培荞麦中，甜荞适应较温暖气候，而苦荞适应较冷凉气候。它们在广泛适应性上存在一定差异，其中以甜荞的适应性较广，而苦荞很不适应较热气候环境，温度在30℃以上常常花而不实，而遗传杂合性较高的甜荞品种较能耐受异常环境。一些自交可育的纯系由于遗传纯合性增加，对环境的适应性相应下降，也常常不耐受高温和干旱等环境。无论是甜荞和苦荞品种，广泛适应性都是有必要加强的。因此荞麦育种上应将广泛适应性纳入育种目标。

三、优质

随着社会经济的发展和人民生活水平的提高，对营养和健康的追求将成为人们的基本目标，相应地对作物品种优质的要求越来越迫切。荞麦是具有较强保健功能的粮食作物，但不同品种的品质存在显著差异。在荞麦育种中应该高度重视荞麦品质。荞麦的品质可分为营养品质、加工品质、保健品质三个方面。

1. 荞麦营养品质特征　荞麦是蓼科作物，其籽粒相对主要作物而言的优点是蛋白质含量较高，蛋白质的氨基酸组成接近联合国粮农组织推荐的标准，即人体必需的氨基酸组成及其比例。而主要粮食作物都是禾本科作物，在赖氨酸、甲硫氨基酸、色氨酸等必需氨基酸含量上偏低。荞麦蛋白质主要为清蛋白和球蛋白，醇溶蛋白和谷蛋白含量较少，不同于主要粮食作物以醇溶蛋白和谷蛋白为主。荞麦中有不少清蛋白表现出耐消化性，还含有一些胰蛋白酶抑制剂和胃蛋白酶抑制剂等成分，会延长消化时间。荞麦品种籽粒蛋白含量一般在7%～18%，不同品种间有显著的差异，因此选育高蛋白的荞麦品种，可提高荞麦的营养品质。此外，荞麦籽粒的淀粉平均含量低于主要作物，其淀粉结构也不同于主要粮食作物，食用后升糖指数明显低于主要作物，适合糖尿病人群对食品的需要，因此可针对糖尿病人群培育专用品种。

2. 荞麦的加工品质特征　荞麦初加工主要是将荞麦籽粒脱壳制成米或磨成粉。甜荞和苦荞都可以像小麦那样方便地被磨成粉，用于制作各种糕点、面包、面条等产品。不同荞麦品种籽粒的出粉率存在明显差异，一般60%～70%，甜荞的出粉率高于苦荞，可通过育种培育皮壳薄的高出粉率的荞麦品种，提高荞麦籽粒出粉率和荞粉产量。对于甜荞，由于皮壳较薄、籽粒有棱易于直接脱壳形成完整生荞米，新鲜时米粒表皮为绿色，可像稻米一样用来制作各种米饭，适应人们的生活习惯，在初加工上没有难点。而大多数苦荞品种籽粒皮壳较厚而坚韧，通常难以直接脱壳形成生米，常用蒸汽处理后再干燥使壳与籽粒分离而脱壳，或者先制粉熟化后重新机械制粒，所生产的是熟米或半熟米，而且米粒常常不完整，颜色变黑或变褐，品质明显不理想。生产上不同苦荞品种在初加工上的易脱壳性存在极大差异，少数品种如小米荞皮壳很薄甚至比甜荞的皮壳还薄而极易脱壳，因此改进苦荞品种的易脱壳性，培育易脱壳的苦荞新品种是目前急需解决的重要课题。

3. 荞麦的保健品质特征　荞麦由于有较高含量的黄酮类成分、D-手性肌醇、膳食纤维等，具有主要作物所不具备的较强保健品质。作物品种的品质要求各不相同，因此品质育种的重要方向是选育出适宜于不同用途的优质专用品种。荞麦是作物中用途最广泛的作物，如有面粉制品用途（面包、面条、糕点、烙饼等）、饲料用途（秸秆饲料、麸皮饲料等）、发酵用途（白酒、啤酒、黄酒、酱油、醋等）、蔬菜用途（香菜、芽菜等）、饮品用途（荞麦叶茶、花茶、种子茶、麸皮茶等）、护理用途（抗氧化、防紫外线护肤霜等）、保健品用途（黄酮提取物、黄酮胶囊）等，有目的地针对这些不同的需要培育专用品种，不仅能提高产品的品质，也可以提高生产效益和目标物质的产量。

四、适宜生育期

适宜的生育期也是荞麦品种高产、稳产的重要条件，它有利于充分利用当地的温光资源，提高复种指数，而且还有利于避免或减轻各种自然灾害，降低生产成本，提高经济效益。作物品种的生育期，主要由当地光、温条件所决定。由于我国高纬度地区如新疆，无霜期短，一般荞麦品种难以在那里正常成熟，而且易受早霜和晚霜的影响，需要培育早熟、耐低温、抗旱、抗晚霜和早霜的荞麦品种；东北地区常有周期性的低温冷害；南方荞麦栽培区，荞麦生长后期常有干热风天气；有的地区为了提高复种指数等，都需要早熟品种。但早熟和高产性状是矛盾的。因此，早熟程度应以能充分利用当地作物生育期，获得全年高产为原则，不要片面追求早熟。

五、适应节约型规模化生产需要

荞麦品种必须适应农业机械化生产和降低栽培成本的要求，尤其在东北、西北、华北等机械化程度较高的地区更是如此。为了便于荞麦农业机械化生产，应选育株型紧凑、秆硬不倒、生长整齐、成熟一致等相应性状的品种。

由于生产条件及生产、生活要求的多样化，生产上对荞麦品种的要求也是多方面的。同时，植物各性状之间又彼此联系，相互影响，因此育种工作中，不能孤立片面地追求某一性状而忽视其他性状，而应根据各地区不同时期的特点，在解决主要问题的基础上，选育综合性状优良的荞麦品种。

上述表明，荞麦育种总的目标为高产、稳产、优质、早熟、适应农业机械化，高产、稳产是最主要的目标。荞麦的高产性能主要由单株产量和种植密度所组成；单株产量又是由单株粒数和粒重（千粒重）所构成。

甜荞和苦荞由于繁殖方式和用途上的差异,在产量组成及其具体育种目标上有明显的不同。

甜荞相对苦荞的优点是蛋白质含量较高，易脱壳，适口性好，D-手性肌醇含量较高。甜荞的蛋白质含量与籽粒大小有显著相关性，即籽粒大的，蛋白质含量也常常较高。

甜荞是花柱异长异花传粉作物，遗传杂合，品种的遗传基础较广泛，对环境的适应性较好。甜荞结实率由于自交不亲和和对蜜蜂的依赖性，自然条件下的平均结实率较低，通常10%～20%。低结实率是甜荞品种产量低而不稳的主要因素。

甜荞的育种目标为：高产、稳产、大粒、高蛋白、半矮秆、秆坚实抗倒伏等。

高产甜荞的主要参数：天然结实率20%以上；单株粒数70粒以上；千粒重30g以上；公顷株数为75万～120万株；公顷产量1500kg以上。

苦荞自花传粉、自交可育，苦荞结实率常常比甜荞结实率高出1倍以上，在正常生长条件下苦荞产量比甜荞高50%以上。但是苦荞由于自花授粉、遗传纯合，对环境的适应性较差，尤其是不耐热，在30℃以上常常表现为种子败育，是苦荞产量的主要影响因素。

苦荞的主要育种目标为：高产、高黄酮、壳较薄、易脱壳、耐热、耐早霜、高蛋白、大粒、早熟、中矮秆、秆坚实抗倒伏、不易落粒等。

高产苦荞的主要参数：在温湿度等环境适宜的条件下，自交结实率达50%以上；单株粒数130粒以上；千粒重20g以上；公顷株数105万～150万株；株高1m左右；公顷产量2 250kg以上。

第五节　荞麦育种的常用程序

荞麦育种大体可分为以下4个时期：

地方品种时期：1987年以前，全国尚无荞麦审定品种，各地都为地方品种。农民自留种子，品种种子混杂退化严重。

甜荞选择育种时期：1987—1997年甜荞育种广泛开展，主要方法是选择育种。先后培育11个甜荞品种，如茶色黎麻道、北海道、平荞2号、蒙822、榆荞1号、榆荞2号、吉荞9号、吉荞10号、美国甜荞等。这些品种都是北方荞麦产区（内蒙古、陕西、甘肃、宁夏、吉林）的研究机构培育的。其中以前4个品种影响较大，推广面积也较大。推广面积超过10万 hm^2 的品种有茶色黎麻道、蒙822。

甜荞和苦荞选择育种与诱变育种时期：1997—2008年。1997年苦荞育种工作开始起步。甜荞和苦荞采用的育种方法主要是选择育种和诱变育种。此阶段培育的甜荞审定品种9个，即榆6-21、岛根荞麦、晋荞1号、榆荞3号、蒙-87、宁荞1号、定甜荞1号、宁荞2号、信农1号；培育出9个苦荞品种，即黔黑荞1号、黔苦2号、黔苦4号、六苦2号、川荞1号、川荞2号、黑丰1号、西农9920、昭苦1号、晋荞3号。

杂交育种和杂种优势利用时期：2008年以后，甜荞和苦荞育种的方法除了选择育种和诱变育种外，开始出现杂交育种，并育成部分品种。以榆荞4号为部分杂种优势利用甜荞品种的代表，丰甜1号为甜荞杂交育种的代表，由德国甜荞Sobano与贵州沿河甜荞杂交后代选育而成。苦荞以川荞3号、川荞4号、川荞5号为苦荞杂交育种的代表。川荞3号的亲本为九江苦荞与地方品种额拉；川荞4号亲本为新品系额02和川荞1号；川荞5号亲本为新品系额拉和川荞2号。此阶段培育出苦荞品种21个（其中有2个品种为重复审定），即黔苦3号、黔苦5号、黔苦6号、黔苦7号、西荞2号、西荞3号、川荞3号、川荞4号、川荞5号、米荞1号、云荞1号、云荞2号、昭苦2号、迪苦1号、晋荞麦5号、晋荞6号、六苦荞3号、凤苦3号、凤苦2号。这是苦荞育种大发展阶段，年审定苦荞品种平均3～4个。而此阶段培育出8个甜荞品种，即信农1号、榆荞4号、定甜荞2号、丰甜荞1号、威甜荞1号、平荞7号、庆红荞1号、延甜荞1号，保持着一个较稳定的发展速度，即平均每年大约审定1个品种。

近年来荞麦育种的发展明显加速，年审定品种数在快速增加。这得益于国家对科技投入的增加，带动了对荞麦科技的投入增加。荞麦保健功能的广为人知，进一步促进了荞麦产业的发展，同时也推进荞麦科技的发展。

目前，荞麦育种常用方法有选择育种、诱变育种、多倍体育种、杂交育种、杂种优势利用育种等。其基本程序如下。

一、选择育种程序

选择育种是国内外荞麦育种中应用最广泛、选育出的荞麦品种最多的基本育种方法，也是最简单易行的方法。预计未来仍将发挥重要作用，或作为其他育种方法的重要环节。

选择育种是指根据育种目标，在大田荞麦群体中选择性状优良、有别于原品种的变异植株，经后代鉴定和品种比较试验，从而选育出新品种的方法。

选择育种有两种基本的选择方法，即单株选择和混合选择，分别适合于苦荞和甜荞。

无论是哪种选择都需要初始群体的建立。初始群体可以是农户大田荞麦栽培地，也可以是种质资源圃或种子繁殖田。只要是有变异的荞麦栽培群体都可以用于育种。需要注意的是这个群体最好密度较低，选择的最佳时间是个体遗传性都能最充分展现时期。对于遭受自然灾害如干旱、早霜或晚霜、病虫害等的栽培大田或种质资源圃，是进行抗性和适应性选择的良好机会，可以筛选出抗旱、抗寒、抗病虫害的特殊材料，或培育出具有特殊抗性的优良品种。

（一）苦荞单株选择育种程序

苦荞由于自花授粉，在长期自交下，个体遗传性高度纯合，其自然群体常常是纯系的混合物，用此法从地方品种中选育产量、品质、适应性等均高于原品种的变异纯系，培育成新品种，已成为苦荞育种的常用方法。主要特点是简单而且有效。目前绝大多数苦荞品种，都是采用此法育成。

苦荞单株选择育种的基本程序：第一阶段：单株选择　在成熟期，从大田群体中选择优良单株，按株收获。

根据育种目标和室内考种结果，进一步对单株进行选优去劣。

此阶段需要1季。

第二阶段：株行（系）试验　各入选的优良单株的种子单独种成株行（2～3行），并以原品种和当地推广品种作对照。

表现差的株行，全部淘汰；

表现分离的，继续选单株，下季再进行株行试验；

稳定的优良株行，经室内考种，均显著优于对照的，入选优良株系。

此阶段需要1～2季。

第三阶段：品系比较　将上一季入选的优良株系升级为品系，各品系种成小区，每小区行长2米、5行，行间距约33cm，每小区约4m^2，重复3次。以当地推广品种作对照，进行田间与室内鉴定，选出优良品系。小区大小可根据具体情况自定。

此阶段需要1～2季。

第四阶段：区域试验及品种审定　表现优良的品系可作为候选新品种，参加省级或国家级区域试验。一般要进行2～3年。

区试表现突出的新品系，可申报有关种子和品种管理部门进行审定、命名，作为新品种在适宜区域推广种植。

上述程序（其他育种程序也是一样）是应遵循的基本程序。但是当某些株系表现极为突出时，可直接进入区试，甚至直接进入推广阶段。

（二）甜荞混合选择育种程序

甜荞是花柱异长、自交不亲和的虫媒传粉作物，群体植株间遗传差异大，植株基因型常常是杂合的，单株选择后代会发生分离，而且由于自交不亲和，必然再次进行植株间杂交。如果单株后代群体进行遗传相似植株间杂交，则会导致近交衰退，植株农艺性状越来越差，难以培育出优良品种。因此，一般采用混合选择的方式。

甜荞混合选择的基本程序：

第一阶段：混合选择、构建初始品系　在成熟期，从大田群体中选择明显有别于原品种的优良单株，按株收获。根据室内考种结果，进一步对单株进行选优去劣，将若干优良单株种子混合成初始品系。此阶段需要1～2季。

第二阶段：后代鉴定、提升品系的优良程度　选择一个在地理上相对隔离（周边未栽培任何甜荞）的地块作为选种-繁殖圃，将初始品系播种在一个相对隔离的环境中，进行后代鉴定试验。多次选择、淘汰劣株，提升优良单株在群体中的比率；

该阶段可持续 2～5 季，直至形成明显优良的品系。

第三阶段：品系比较、确立品系的优良特性　将优良品系的部分种子种成小区，每小区行长 2m、5 行，行间距约 33cm，每小区面积约 $4m^2$，重复 3 次。以当地推广品种作对照，进行田间与室内鉴定，选出优良品系。此工作在品比试验圃中进行（图 5-8）。此阶段需要 1～2 季。

图 5-8　品种比较试验

优良品系的其余种子，在选种-繁殖圃中，仍按第二阶段的方法继续汰劣，进一步提升品系中优良单株的比率，同时繁殖种子，为区试、栽培示范和推广做准备。

第四阶段：区域试验及品种审定　表现优良的品系可作为候选新品种，参加省级或国家级区域试验，一般要进行 2～3 年（图 5-9）。

图 5-9　荞麦区域试验大田

同时，优良品系在选种-繁殖圃中，仍按第二阶段工作继续汰劣，进一步提升品系中优良单株的比率，同时繁殖种子，为示范和推广做准备。

区试表现突出的新品系，可申报有关种子和品种管理部门进行审定、命名，作为新品种在适宜区域推广种植。

（三）甜荞和苦荞育种比较

甜荞和苦荞的育种方法不同，育种效率也有很大的差异。苦荞的育种效率明显高于甜荞。

苦荞单株选择育种是基于纯系混合物群体，而且在同一地块可同时进行大量的不同的单株选择和品系试验，所培育的品种自花授粉、遗传相对纯合，不易生物学混杂，遗传相对较稳定。而甜荞育种由于隔离条件、防止自交衰退的需要，在同一地块常常 3～5 年只能进行一个品系的选育，而且由于其虫媒异花传粉的繁殖特性，新品种很容易被生物学混杂而退化。

二、诱变育种程序

诱变育种是指利用物理和化学因素诱导农作物发生基因突变等遗传变异，从其诱变后代群体中选择优良突变体单株形成株系，经后代鉴定和品种比较试验，从而选育出新品种的育种方法。

类型：根据诱变的手段分为物理诱变和化学诱变两种。

物理诱变：是目前最常采用的方法，一般以种子作为处理材料，以伽玛射线等辐射进行处理。参考剂量为 200～600Gy，以半致死剂量效果最佳。

运用此法育成的品种有：四川西昌学院的西荞 1 号，山西省农业科学院育成的晋荞 1 号，成都大学的米荞 1 号等。

化学诱变：通常用甲基磺酸乙酯、乙烯亚胺、亚硝酸钾、叠氮化钠等进行种子处理诱变。

化学诱变试剂具体的处理浓度和处理时间需要具体试验确定，一般以半致死量（LD_{50}）处理较好。

目前，尚无化学诱变荞麦品种育成（张玉金等，2008）。

（一）苦荞诱变育种程序

第一阶段：诱变处理、单株选择　选择某优良品种的健康饱满种子 6～8kg，按推荐剂量（或半致死剂量）进行辐射处理。处理完后，及时播种。播种面积约 0.133hm^2，精细管理，形成突变一代群体。在成熟期，从群体中选择变异单株，按株收获和脱粒保存，这些入选的变异单株进入第二阶段。其余植株混合收获，下一季扩种至 0.333～0.667hm^2，形成突变二代群体，成熟期时再次从中进行突变体的单株选择。突变一代群体中突变株通常较少，而突变二代群体中的突变株会更多一些，应进行重点和仔细选择。入选的突变株进行第二阶段。

此阶段通常需要 2～3 季。

第二阶段：株行（系）试验　上述入选突变株分别种植成株系，观察突变性状的表现和是否稳定遗传。将其中稳定遗传、单株产量和品质及农艺性状比较优良的株系升级为品系，进入第三阶段。对遗传不稳定的株系，再次进行单株选择，下一季继续种植成株系，直到遗传稳定，即可成为新品系。其中产量不高的但具有独特性状的新品系可以作为遗传育种研究材料。

第三阶段：品系比较　即进行品系比较试验，筛选出优异的品系进入第四阶段。

第四阶段：区域试验及品种审定　对优异品系进行种子繁殖，同时提交区试组织单位进行区域试验和生产试验，向品种审定委员会提请品种审定。

第三、第四阶段，同苦荞单株选择育种程序。

（二）甜荞诱变育种程序

第一阶段：诱变处理、相同变异单株间近交　选择某优良品种的健康饱满种子约10kg，按推荐剂量（或半致死剂量）进行辐射处理，然后播种，种植面积约0.133hm^2，精细管理，形成诱变一代群体。

在诱变一代群体中，对于花期就表现出的突变性状，在花期时（最好是初花期，越早越好）从群体中选择变异单株，或对有相似变异的植株，移栽到一个隔离地块进行人工辅助授粉、增加近交，所结种子混合收获后进入第二阶段。对于成熟期才表现出的突变性状，同样对有突变性状的单株，如有花朵还在开花时，也可以在相同突变体植株之间进行人工辅助授粉，这些有相同突变性状的植株可混合收获和脱粒保存，所得种子进入第二阶段。其余植株混合收获，下一季扩种至0.333～0.667hm^2，形成诱变二代群体。诱变二代群体按上述方法针对突变性状进行选择和辅助授粉增加近交，再次从中针对突变性状进行混合选择。入选的有相同突变性状的单株可混合脱粒，进入第二阶段。本阶段相似突变性状的植株可混合收获，形成突变系。

此阶段需要2～3季。

第二阶段：突变系内近交，形成稳定突变体品系　由于甜荞是虫媒异花传粉作物，为了避免混杂，需要在隔离防虫网室中进行。按突变性状不同，分别种成不同的突变系，系内进行人工辅助授粉，使其近交。目的是促进突变基因逐渐纯合而稳定遗传。

近交种子的下一代种植成近交一代群体，从中选择相同突变性状的单株进行人工辅助授粉，按不同突变性状分组进行近交，各近交组合分别混合收获。下一季种植成一系列近交二代群体，继续从中选择相同突变性状的单株进行人工辅助授粉，按不同突变性状分组继续近交，各近交组合分别混合收获。依此类推，直到近交系中突变性状及其他性状都基本稳定为止。此时可进行突变株系内混合授粉、混合收获，形成具有突变性状的新品系。对于综合性状良好、产量和品质较好的品系，可进入第三阶段。而其他品系可作为遗传育种研究材料。

此阶段需要2～4季。

第三阶段：品系比较、确立品系的优良特性。

第四阶段：区域试验及品种审定。

第三、第四阶段，同甜荞混合选择育种程序。

三、多倍体育种程序

多倍体育种是利用秋水仙素等处理种子或植株生长点，通过诱导染色体数目加倍形成新材料，经后代鉴定和品种比较试验，从而选育新的优良品种和创造新材料的育种方法。

最常用、最有效的荞麦多倍体诱导方法是用秋水仙素或低温诱导处理萌发的种子或幼苗生长点。

荞麦由于染色体加倍后形态巨大化，细胞变大、叶变厚、种子变大、黄酮含量增加，对产量和品质有一定正效应。但是由于是同源四倍体，细胞遗传不稳定，育性和繁殖系数有些下降，种子也常常不饱满。这些问题主要是由于减速分裂时期，染色体配对构型多样化，即4个同源染色体可以配对形成1个四价体Ⅳ，也可以形成1Ⅲ+1Ⅰ、2Ⅱ、1Ⅱ+2Ⅰ、4Ⅰ等多种构型。其中四价体、单价体和三价体在分配到子细胞时不能保证实现均等分离，从而使子细胞的染色体数目发生变异和遗传的不平衡，由此引起后代植株的遗传不稳定和发育不正常等问题。

这种不稳定的四倍体材料将向2个方向演化：第一个方向是二倍体化，即恢复到正常二倍体水平。这主要是与二倍体植株传粉受精后降低倍数，非正常二倍体植株由于育性下降和生长不良被自然淘汰，能结实的就逐渐变成正常二倍体。第二个方向是异源四倍体化，即染色体组发生分化和歧异，从原来相同的染色体组，形成彼此有差异的两个染色体组。自然存在的四倍体物种左贡野荞（*F. zuogongense*）就是这种典型品种。该四倍体是由自交不亲和花柱异长的二倍体栽培甜荞（EE）与自交可育花柱同长的二倍体野生甜荞（E′E′）杂交后，染色体加倍而形成的。两亲本基因组是同源的，但是本身也有一定的遗传差异，在各自进一步增加分化后，形成了染色体配对的16个Ⅱ的类似于异源四倍体的配对构型，其育性和生长都完全正常。当它与同源四倍体普通荞麦杂交后，仍能形成16个Ⅱ的正常配对构型（Chen，1999）。因此，可以推论增加异质性可提高同源四倍体的遗传稳定性和育性。

同源四倍体的遗传不稳定和育性下降问题在苦荞中表现非常明显，并成为苦荞多倍体育种的主要限制因素。苦荞是纯系，遗传纯合，加倍后形成的四倍体是典型的同源四倍体，具有同源四倍体的上述典型不良特征，其减数分裂时期染色体配对大多数形成四价体。上述问题在甜荞中表现不是很明显，主要原因是甜荞为虫媒传粉的异花授粉作物，遗传杂合性较高，染色体加倍后形成的同源四倍体在减数分裂时期染色体配对时二价体比例较苦荞高，遗传稳定性要好于苦荞，而且由于甜荞的遗传基础比苦荞宽，较能耐受一定的遗传异常。因此，多数甜荞的同源四倍体植株所结种子是饱满的，培育四倍体甜荞品种比培育四倍体苦荞品种较容易取得成功。如要克服四倍体苦荞的遗传不稳定问题，需要将不同四倍体苦荞品系之间进行杂交，以增加其异质性，由此可提高遗传的稳定性和种子饱满度，最终提高产量和品质。

（一）苦荞多倍体育种程序

第一阶段：诱变处理、单株选择

方法：选择某优良品种健康种子，用0.1%～0.2%秋水仙素溶液浸泡24h，播种到花盆或大田中，精细管理。二叶期时，用棉花包裹生长点，每天早上和傍晚，滴加0.1%～0.2%秋水仙素溶液于棉花上，保持湿润。持续1周后，取下棉花。

形态鉴定：若处理后植株新生叶变厚、花和果变大，则该植株可能加倍成功，其后代可能是四倍体品系。

细胞学鉴定：将形态上判断可能是四倍体的荞麦植株所结种子做发芽培养，取根尖或茎尖进行体细胞染色体数鉴定，或采用花粉母细胞减数分裂中期Ⅰ染色体配对构型观察方法，均可鉴定是否为四倍体。鉴定方法可参考陈庆富（2012）的方法。

此阶段需要1～2季。

第二阶段：除了极少数同源四倍体苦荞种子饱满，可直接进行产量比较试验外，绝大多数同源四倍体苦荞种子不饱满，育性下降，产量较低（图 5-10）。因此需要做进一步的改良。方法是将第一阶段产生的不同品种的大量同源四倍体苦荞品系进行有性杂交，对所得四倍体苦荞杂种进行后代鉴定，对育性较正常、遗传较稳定的杂种四倍体苦荞品系进行产量鉴定。表现好的杂种四倍体苦荞品系进入第三阶段，而表现一般的可作为遗传育种材料供进一步研究使用。

图 5-10　苦荞染色体加倍试验及其所得种子的比较

第三、第四阶段：同苦荞单株选择育种程序。

（二）甜荞多倍体育种程序

第一阶段：诱变处理、辅助杂交、混合选择　同苦荞多倍体育种程序第一阶段。此阶段需要 1～2 季。

不同的地方是，甜荞是异花授粉作物，在加倍处理时需要使用较多的材料，并使较多的植株同时加倍，这样可获得短花柱的同源四倍体和长花柱的同源四倍体植株，这些植株彼此授粉才能获得四倍体后代。因此，四倍体甜荞品系需要在隔离条件下繁殖。也可以让他们彼此杂交，使不同甜荞品种的四倍体系间自然杂交、混合选择形成初始四倍体品系。

第二阶段：为了进一步增加杂合性，提高育性和遗传稳定性，可将不同甜荞品种的四倍体植株任其天然杂交，混合选择其中的优良植株，混合播种和收获形成初始四倍体甜荞品系。

通常需要 3～5 季才能使其繁殖系统逐步趋于稳定，育性趋于正常。

第三、第四阶段：与甜荞混合选择育种相似。

图 5-11 为同源四倍体甜荞大甜 1 号种子及其大田表现。

图 5-11　同源四倍体甜荞大甜 1 号的种子（$4x$ 及其亲本 $2x$）和大田表现

四、杂交育种

杂交育种是指通过品种间或种间杂交创造新变异，从其后代群体进行多次连续的单株选择或混合选择，经后代鉴定和品种比较试验，而选育新品种的育种方法。近年来，甜荞和苦荞在杂交育种上都已有审定品种问世，如丰甜荞 1 号、川苦荞 3 号、川苦荞 4 号、川苦荞 5 号。杂交育种将成为未来荞麦育种的主要方法。

杂交育种的关键是亲本选配。亲本选配得当，则培育出新品种的概率较大。亲本选配的一般原则如下：

（1）双亲必须具有较多的优点、较少的缺点，其优缺点能互补，不能有严重的缺点；

（2）亲本之一最好为当地推广的优良品种，适应当地自然和栽培条件，丰产性好；

（3）亲本间的遗传差异（不同生态型和不同系统来源品种）较大，由此可导致杂交后代分离广泛，有可能出现超亲类型；

（4）杂交亲本应具有较好的配合力。优良品种不一定是优良亲本。在这里，配合力是指某亲本和其他亲本杂交，在杂种后代中产生优良个体的能力。

（一）甜荞杂交育种程序

一般甜荞品种是花柱异长的虫媒传粉植物，由两种花型的植株所组成，即长花柱短雄蕊型植株和短花柱长雄蕊型植株（图 5-12）。同型植株间授粉不结实，因此也是自交不亲和的。杂交授粉时只要遵循长雄蕊授粉长花柱、短雄蕊授粉短花柱的授粉方式（被称为合法授粉，lawful pollination），便能正常结实。因此，自然条件下，不同甜荞品种间时时刻刻地在进行着天然的植株间杂交、品种间杂交。一些甜荞的混合选择育种本质上可能也是杂交育种。

为了控制天然杂交，实现特定品种间的杂交，可以在防虫网室内种植各种不同的品

图 5-12　甜荞植株花柱异长的两种花型

种，然后进行人工有性杂交。也可以在大田采用玻璃纸或羊皮纸套袋方式进行隔离和有性杂交。

常用的甜荞杂交方法：

1. 大田纸袋隔离杂交授粉法　在亲本初花时，对若干不同亲本品种植株的主花序或生活力较强的分支花序进行套袋。套袋前先去除已结种子和已开花朵，只保留花蕾。次日上午 9～11 时或下午 4～6 时开始开花、花药开始破裂时，摘取做父本的套袋植株的一花序，将父本长雄蕊短雌蕊花的花粉涂抹在母本长花柱短雄蕊的刚开花的柱头上，即可杂交结实。建议的杂交方式为：母本为长花柱短雄蕊，父本为短花柱长雄蕊，这种杂交组合方式的结实率较高。主要原因是长雄蕊花粉较容易涂抹到长花柱柱头上。如果相反的话，做父本的短雄蕊花粉由于有自己花朵长花柱的遮挡和做母本的花朵长雄蕊遮挡而不便于与短花柱柱头直接接触，所以授粉结实较低。此时，需要用镊子将做母本的花朵长雄蕊去除后，再行授粉，则可大大提高这种组合的杂交结实率。授粉完成后，应及时套袋保持隔离，同时在袋子上写下杂交组合的名称和日期、杂交组合配制人。杂交组合名称为母本×父本。

2. 网室中的杂交方法　如果在隔离网室中采用盆栽方式栽培普通荞麦，可按以下方式进行杂交，即待初花时，将某品种的长花柱植株与另一品种的短花柱植株花盆比邻，去掉已开花朵和已结实果实；于上午 9～11 时、下午 4～6 时，将一植株刚开花朵花柱柱头与另一植株刚开花朵的花粉进行相互接触，即可实现有性杂交。做父、母本的植株所结种子分别为正、反交种子。进行杂交的 2 个亲本植株都要挂牌，记录杂交组合、杂交日期、杂交配制人。杂交次数取决于杂交所需要的种子量，如果一次杂交就已获得足量杂交种子，则一次杂交即可；如杂交种子不足，可持续杂交 1 周，这样可获得较多的杂交种子。

甜荞杂交育种的基本程序如下：

第一阶段：第一季是亲本选配、有性杂交　按照亲本选配原则，选定好亲本以后，即可按上述甜荞杂交方法进行有性杂交。可进行单交，也可进行复交。第二季是杂交组合筛选、优良杂交组合后代混合选择，形成初始育种群体。即将不同组合杂交种子进行种植，每组合可种成一个小区，稀播，任其天然杂交，对其中杂种优势显著、表现较好的 1 个组合或几个相似的优良组合，混合选择其中的优良植株，混合收获和播种形成初始品系。而对于杂种优势较差、农艺性状不理想的杂种组合，可在初花期就进行淘汰（删除不良组合，越早越好，以免与优良组合发生生物学混杂）。

第二、三、四阶段：与甜荞混合选择育种类似。

（二）苦荞杂交育种程序

苦荞由于花小，常常闭花受精，非常不便于进行人工去雄和有性杂交工作，苦荞的品种间杂交工作很难开展。这是目前很少有苦荞杂交育成品种的主要原因，也是限制苦荞育种水平提高的关键因素。

目前我国运用杂交育种技术育成的苦荞新品种很少，但已有审定品种，主要为四川西昌农业科学研究所培育的川荞 3 号（九江苦荞×额拉）、川荞 4 号（额 02×川荞 1 号）、川荞 5 号（额拉×川荞 2 号）。

预计杂交育种将逐渐成为苦荞创造新类型和选育新品种的重要途径。

1. 苦荞杂交技术Ⅰ：花蕾人工去雄授粉法（Wang and Campbell，2007）

（1）盆栽各苦荞品种。

（2）植株整理：待初花期时，选择特定健康植株作为父、母本，二者花盆比邻，去掉已开花朵和已结实果实。

（3）去雄：将整理好的花序，在开花前一天，逐个挑开花蕾去掉雄蕊，立即套袋隔离。此过程可以在解剖镜下完成。

（4）授粉：在去雄后 1～2d，于上午 9～11 时、下午 4～6 时，将父本植株的刚开花朵的花粉，轻轻涂抹在已去雄的母本柱头上，授粉完毕，立即套袋，并在母本植株上挂牌，写明父、母本名称和授粉日期。

此法的主要难点是在对花蕾进行去花药处理时常常导致花被片或柱头受伤，致使花朵不开放或枯萎或半枯萎，难以进行授粉或授粉不结实。

2. 苦荞杂交技术Ⅱ：刚开花朵人工去雄授粉法（Chen，1999） 盆栽或大田栽培苦荞各品种。虽然苦荞是自花授粉作物，常常闭花授粉，但是不同品种闭花授粉的比率有所不同，而且总是有少数花朵会开花授粉的。初花期时，不同苦荞品种开花时间不同、开放的花朵数目也不同，绝大多数苦荞品种各花朵常常只有中间的 3 个花药是有正常育性的，而且在湿度较大、温度较低的清晨，通常开花的花朵刚打开的数十秒内，花药是不开裂的，此时是最佳去雄的时间，可用牙签直接去除花药，等待父本花药开裂，即可将父本刚开裂的花药花粉涂抹在刚去雄的苦荞花朵柱头上。在授粉花朵上用记号笔做上标记，最好也把其他已结果实、已开花朵、未开花蕾去掉，挂上标签牌，写上杂交组合名称、杂交制作人及杂交日期。由于苦荞花小、不艳丽，很少有蜜蜂来传粉，因此可以不用套袋隔离，这样果实发育正常些。这种杂交方法的结实率较高，但是必须随时关注和观察苦荞各品种花朵的开放情况，及时抓住开花后的短暂时间。所以杂交种子的数量常常不可能很大，但是只要能杂交成功，并不需要很多的杂交种子，此法对苦荞杂交育种来说是可行的。Chen（1999）使用该杂交方法进行荞麦种间杂交试验，取得预期结果。

3. 苦荞杂交技术Ⅲ：温汤杀雄授粉法（Mukasa 等，2007） 用 44℃温水处理苦荞花序 3min，使雄蕊败育，直接对败育花朵授粉，从而获得杂交种子。此法的最大难点在于很难处理得当，常常会导致花序发育不良或死亡，或者花药未败育形成假杂种。

除了上述方法之外，还可以使用化学杀雄法。该方法的主要难点是选择合适的药剂和浓度及使用时期。

上述任何一种去雄杂交方法只要使用得当，都可以获得杂交苦荞种子。

苦荞杂交育种程序：

第一阶段：苦荞杂交和杂种后代群体的获得

第一步骤，亲本选配、有性杂交。此阶段需要1～2季。按照亲本选配原则，选定好亲本以后，即可按上述苦荞杂交方法进行有性杂交。可进行单交，也可进行复交。

第二步骤，杂交组合后代单株选择。将不同组合杂交种子进行种植，每组合可种成若干行，稀播，得杂种 F_1。淘汰表现明显不好的组合。表现较好的组合混合收获，所得种子，再次播种，每组合种成1个小区，获得杂种 F_2 代分离群体。从杂种 F_2 群体，选择优良单株，单独收获。此阶段需要2季。

第二阶段：株系试验。各组合杂种后代群体选出的单株，下一季播种成株系。比较株系的优劣，从优良株系中选择优良单株，下一季再次播种成株系，再次从优良株系中选择优良单株，依次类推，直到性状稳定、获得极为优良的株系为止。此阶段需要2～4季。

第三、第四阶段：类似于苦荞单株选择育种程序。

五、杂种优势利用育种

（一）杂种优势利用的基本条件

杂种优势利用育种是指利用 F_1 杂种表现出强烈杂种优势现象进行杂交品种培育的育种方法。

利用杂种优势培育杂交品种是作物育种的最高境界，在玉米、水稻、高粱、油菜等很多作物上已取得了显著成功（尹经章，2002；曹文伯，2002；周仕春等，2000；祝静静等，2006）。荞麦中也存在杂种优势。杂种优势利用也必将在荞麦育种中获得突破。

杂种优势利用的基本条件：

（1）强优势的杂交组合；

（2）亲本繁殖与杂交制种技术简单、易行、可靠，异交结实率高，可以大批量、低成本生产杂交种子；

（3）亲本和杂交种子在产量和纯度上均达到要求。

几乎所有作物均有一定的杂种优势，均可以筛选出强优势的杂交组合。但是不是所有作物都可以方便地利用杂种优势，通常后两个条件是限制杂种优势利用的主要方面。

（二）荞麦杂种优势利用难易分析

由于苦荞是严格的自花授粉作物，花朵小，常常闭花受精，在杂种优势利用上难度极大，这里暂不介绍其杂种优势利用程序。

甜荞是花柱异长、虫媒传粉的自交不亲和的异花授粉作物，杂种优势强，近交衰退显著。甜荞群体由两种花型植株组成，比例大约1∶1。同型花朵内自交、同型花之间杂交均不能正常结实，只有上述两种类型花朵之间传粉才能正常结实。因此，若某甜荞群体拔除一种花型植株，留存的同一种花型植株就很容易地与另一甜荞品种群体的另一花型植株之间进行天然杂交，其所得种子就是杂交种子。因此，甜荞可利用花柱异长特点实现杂种优势利用，在培育杂交荞麦上可以取得突破。

（三）杂交种亲本选配原则

荞麦杂种优势利用中，亲本选配原则如下：

（1）亲本遗传纯合度高。亲本遗传纯合度高是杂交种高度一致性和稳定性的基础，因此杂交种的亲本一般为纯系、自交系或近交系，不直接用于生产。

（2）亲本一般配合力高，是产生强优势杂交种的遗传基础。

（3）亲本农艺性状好，亲本优缺点互补，彼此有相当的遗传差异。

（4）亲本（尤其是母本）产量高，开花习性符合制种要求。

（四）甜荞杂交种选育的基本程序

（1）第一阶段，亲本选育与杂交组合筛选

第一步骤：亲本近交系选育。此阶段需要3～4季。

将若干特定甜荞品种种植在一个防虫网室或温室中，最好盆栽，每盆栽2～3株，以方便人工辅助授粉。初花期，将同品种的性状相似的2个优良植株配对进行人工有性杂交（近交）。每品种可设立多组近交。近交所得种子，下一季播种产生近交后代群体，继续选择性状相似的优良植株进行近交，直到性状不再发生分离、遗传基本纯合为止。由此可得很多近交系。显然，近交系选育需要在防虫网室中或在隔离条件下借助人工授粉才能实现，并扩大繁殖。

在野生甜荞资源中有花柱同长自交可育的类型（*F. esculentum* var. *homotropicum*）。其自交可育特性由一个单显性基因控制（*H*）。Chen（1999）将该类型与栽培甜荞进行杂交，杂种表现花柱同长、自交可育特性，但同时也表现出野生型特征，如高度落粒、果实小而尖等。进一步从其杂种后代单株选择，培育出了大量的不落粒自交可育纯系（图5-13）。但是这些纯系中常常含有落粒性基因，当它与一般花柱异长普通荞麦品种杂交时，其杂种常常表现出高度落粒性。这与落粒性受显性互补基因控制有关。然而仍有少数纯系与一般普通荞麦品种杂交，不表现落粒性，这些纯系在普通荞麦杂种优势利用中将发挥重要作用。

图5-13　花柱同长自交可育普通荞麦品系纯甜7号的花（左）和果枝（右）

如果有花柱同长自交可育纯系材料，则可以将该纯系与自交不亲和品种的长花柱短雄蕊植株进行杂交，其后代在隔离条件下，可筛选出不落粒的杂交组合，杂种后代连续筛选优良植株，经自交繁殖形成一系列的纯系。这些纯系可作为父本亲本，与花柱异长的普通甜荞品种中的长花柱短雄蕊型植株配置杂交组合。

第二步骤：杂交组合筛选。此阶段需要2季。

根据亲本选配原则，选择其中较好的近交系，两两间在防虫网室中进行人工杂交，获得大量的杂交组合。甜荞不同组合杂种间杂种优势相差很大，见图5-14。

在大田，对所得杂交种，按组合播种成小区，以当地品种为对照，筛选出强优势的杂交组合。

同时，在防虫网室中，对强优势组合的亲本进行人工辅助授粉、扩繁。

（2）第二阶段，大田亲本扩繁和杂交种制种。此阶段需要1季。

图5-14　不同杂交组合荞麦杂种的表现

对强优势的杂交组合，要建立大田制种圃1个和大田亲本隔离繁殖圃2个。无论是亲本繁殖圃还是杂交制种圃，栽培地要选用上季未种过荞麦，没有荞麦种子残留的地块，以免造成机械混杂和生物学混杂。2个亲本圃要求彼此地理隔离500m以上，附近500m以内无其他任何甜荞品种栽培。制种圃中，将两亲本按2∶2或4∶4的比例相间栽培。初花期，在亲本1中人工拔除一种花型（如长花柱短雄蕊型）植株，亲本2中拔除另一种花型（如短花柱长雄蕊型）植株，留存的植株彼此天然杂交授粉，所得种子均为杂交种子。

甜荞杂交种子生产有两种常见方法（图5-15），即移栽法和拔除法。前者是从亲本圃中把初花期父、母本特定花柱型植株分别按比例移栽到一个新的隔离地块（制种圃），让

图5-15　杂交荞麦种子生产模式（左为移栽式，右为拔除式）

其相互授粉。后者是直接将父、母本播种到制种圃，初花期时父、母本分别拔除特定花型植株，剩下的父、母本特定花型植株间相互授粉。

如果父本为花柱同长自交可育的纯系，则只需拔除母本中的短花柱长雄蕊类型植株，长花柱短雄蕊植株所结种子即为杂交种子。此时，母本/父本的比例可调整为4/2或6/2，这样可增加杂交种子的产量。

（3）第三阶段，品种比较试验，确立杂交种的优良特性。将强优势组合的杂交种子，与对照品种进行品种比较试验。此阶段需要1季。

同时，继续扩繁亲本和扩大制种规模。

（4）第四阶段，区域试验及品种审定：同甜荞混合选择育种程序。

第六节　荞麦种子生产与合理利用

一、种子生产的目的和任务

种子是农业生产最基本的生产资料，也是农业再生产的基本保证和农业生产发展的重要条件。现代农业生产水平的高低在很大程度上取决于种子的质量，只有生产出高质量的种子供农业生产使用，才可以为丰产丰收提供保证。优质种子的生产取决于优良品种和先进的种子生产技术。

一个新品种经审定批准后，根据生产需要，应不断地组织扩大繁殖，并在扩大繁殖过程中，保持其原有的优良种性。按照生产技术规程，迅速地生产出适应市场需要的种子，供大田生产用，这种繁殖、生产良种的过程就叫种子生产或良种繁育。

种子生产是育种工作的延续，是种子工作的一个重要组成部分，是育种成果在实际生产中进行推广转化的重要技术措施，是连接育种与农业生产的核心技术，没有科学的种子生产技术，育种家选育的优良品种的增产特性将难以在生产中得以发挥；没有种子生产，在生产上已经推广的优良品种就会很快发生混杂退化现象，造成品种短命，良种不良，失去增产作用。

目前，我国荞麦主产区甜荞和苦荞栽培仍以传统技术为主，比较落后，田间管理粗放，品种混杂退化严重，单产低。荞麦种子生产体系不完善，大多数是育种家自繁种子，缺乏公司规模化种子经营、推广，产业化生产不足。

荞麦种子生产的任务主要有以下几个方面：

（1）加速繁育生产已经审定的确定推广的新育成或新引进的优良品种种子，为生产提供足够数量的优质新品种种子，充分发挥优良品种的增产作用。

（2）对已经在生产中大量应用推广而且继续具有推广价值的品种，有计划地利用育种家种子生产出遗传纯度变异最小的生产用种加以代替，进行品种更换。

（3）在实施品种更新的过程中，要采用最新的科学技术防杂保纯，保持或提高品种的纯度和优良特性，延长使用年限。

（4）新品种的引进、试种、示范等。

二、种子生产体系和种子的分类

经审定合格的荞麦新品种，必须加速繁殖并保持纯度，使新品种在种子数量和质量上能满足生产的需要。

荞麦品种目前主要是常规品种，其种子繁殖可按常规作物品种的繁育体系进行，栽培技术与规范的大田生产相似。

不同国家的农业体制和种子经营方式不同，种子生产体系有多种形式。如美国、法国等将农作物原种和亲本种子的繁殖安排在种子公司的农场，对商品种子的生产则采取特约繁殖的方法，建立种子生产基地，为公司生产商品种子。日本建立了一套完整的水稻良种生产体系，当新品种育成后，由政府、县农业试验场负责原原种、原种的繁育与保存，县农业试验场每年负责向农协所属的种子中心提供原种，由各种子中心根据预约的种子数量，委托特约的种子户繁殖生产用种。但各个国家种子的生产类型均是按照一个品种的繁殖世代进行划分的。美国划分为育种家种子、基础种子、登记种子和认证种子。英国根据种子繁殖世代划分为：育种家种子、前基础种子、基础种子、认证一代种子和认证二代种子。

目前我国种子生产实行育种家种子（原原种）、原种和良种三级生产程序。也就是说我国荞麦品种种子可分为原原种、原种、良种 3 个层次。为了保障种子的纯度，无论哪个层次的种子，无论是甜荞还是苦荞，都需要在完全没有任何荞麦种子残留的地块进行繁种。甜荞良种繁种还需要地理隔离距离 500m 以上。

1. 原原种　是育种单位提供的最原始的一批种子，一般由育种单位或由育种单位的特约单位（原种场）生产。原原种生产时，需要选择特定品种的典型单株，种成株行，根据品种的典型特性将整齐一致的典型株行混收即为原原种。在混收原原种之前，可从中选择单株供次年种植株行，以生产次年的原原种种子。苦荞是自花授粉作物，群体主要是纯系组成，只需在成熟期进行单株选择、分别脱粒保存即可。甜荞是异花授粉作物，群体遗传性不纯，需要在初花期和盛花期严格淘汰非典型个体，再在成熟期进行典型单株选择、混合脱粒保存。

2. 原种　是指用原原种直接繁育出来的，或推广品种经提纯后达到原种质量标准的种子。原种生产一般在原种场，按原种生产技术操作规程，由原原种直接繁殖，严格防杂保纯。可进行典型选择，去杂去劣，但无需种植成株行。

3. 良种　是指用原种再繁殖一、二代的种子，是提供给农户种植的生产用种。要求达到良种（含杂交种）的质量标准，种子具有较高的品种品质和播种品质，纯度高，健壮、饱满。只有这样，良种的生产潜力才能充分发挥。一般在良种场，由原种直接隔离繁殖，防杂保纯。

三、种子的质量标准

良种应符合纯、净、壮、健、干的要求。

纯：指的是种子纯度高，没有或很少混杂有其他作物种子、其他品种或杂草的种子；特征特性符合该品种种性和国家种子质量标准中对品种纯度的要求。

净：指的是种子净度好，不带有病菌、虫卵，不含有泥沙、残株和叶片等杂质，符合国家种子质量标准中对品种净度的要求。

壮：指的是种子饱满充实，千粒重和容重高；发芽势、发芽率高，种子活力强，发芽、出苗快而健壮、整齐，符合国家种子质量标准中对种子发芽率的要求。

健：指的是种子健康，不带有检疫性病虫害和危险性杂草种子，符合国家检疫条例对种子健康的要求。

干：指的是种子干燥，含水量低，没有受潮和发霉变质，能安全贮藏，符合国家种子质量标准中对种子水分的要求。

为了使生产上能获得优质的种子，依据《农作物种子检验规程》(GB/T 3543—1995)和《农作物种子质量标准》，根据种子质量的优劣，将良种划分为大田用种一代、大田用种二代；杂交种子分为一级、二级。

随着《中华人民共和国种子法》的实施，种子体制改革的逐步深入，为保护荞麦生产，保障种子生产者、经营者和使用者的利益，避免不合格种子用于生产所带来的损失，国家发布了GB4404.3－2010《粮食作物种子　荞麦》标准。该标准规定了甜荞和苦荞种子的质量要求、检验方法和检验规则（表5-13）。

表5-13　荞麦种子质量标准

(GB 4404.3—2010)

作物种类	种子类别	品种纯度不低于（%）	净度（净种子）不低于（%）	发芽率不低于（%）	水分不高于（%）
苦荞麦	原种	99.0	98.0	85	13.5
	大田用种	96.0			
甜荞麦	原种	95.0	98.0	85	13.5
	大田用种	90.0			

四、品种的防杂保纯

（一）品种混杂退化的原因

一个新育成的优良荞麦品种具有相对稳定的形态特征和生态特性，这些特征特性综合起来构成一个品种的种性，且具有相对稳定的遗传性。但品种经一定时间的生产繁殖，会逐渐发生纯度降低、种性变劣等不良变异，导致品种失去原有形态特征、抗逆性减弱、产量和品质下降等混杂退化现象。

品种混杂和退化是两个既相互联系又相互区别的概念。品种混杂，是指一个品种中混进了其他作物品种或其他荞麦品种的种子。品种退化是指品种原有的生物学特性丧失和某些经济性状变劣，生活力下降，抗逆性减退，以致产量和品质下降。苦荞品种的混杂和退化，表现为植株生长不整齐，花色、粒色、粒型不一致，经济性状变劣，失去了品种固有的优良特性。

在荞麦生产中，品种混杂退化是经常发生和普遍存在的现象。因此，必须采取适当措施，防止品种混杂退化，充分发挥良种在生产中的作用。而要做到这一点，必须充分了解品种混杂退化的原因。

1. 机械混杂　是指不同品种和类型的混杂。荞麦品种在种子生产过程中，包括从种到收，再从收到种，要经播种、收割、脱粒、扬晒、装袋、运输、储藏、出库等很多环节，操作稍有不严，常使繁育的品种中混入异品种、异作物或杂草，从而造成品种混杂。这种人为造成的混杂，叫机械混杂。另外，不合理的轮作和田间管理，致使前茬荞麦或杂草种子在田间自然脱落产生自生苗，或施用未腐熟的厩肥和堆肥中含有能发芽的种子，均可造成大田机械混杂。苦荞的混杂退化主要是由于人为的机械混杂造成。对甜荞而言，机械混杂还会进一步引起生物学混杂，其不良影响常比苦荞更为严重。

2. 生物学混杂　有性繁殖荞麦种子生产中，由于品种间或种间一定程度的天然杂交，使异品种的配子参与受精过程而产生一些杂合个体，在继续繁殖时会产生许多重组类型，致使原品种的群体遗传结构发生变化，造成品种混杂退化。生物学混杂在异花授粉类型的甜荞中最易发生，其影响会随世代的增加而增大，因而一旦发生，混杂发展速度极快。苦荞是自花授粉作物，异交率极低，但也有一定的天然杂交率存在，不同品种相邻种植，也可能会造成生物学混杂，导致原有品种优良种性的改变，群体中杂株、劣株比率增高，产量和品质下降。

由于环境等因素影响，苦荞群体内也会出现基因变异个体，引起混杂。但是由于这种变异发生率极低，由此导致的混杂退化速度极慢。

3. 栽培技术不良和选择不当　品种优良性状的表现必须以良好的栽培技术为前提。如果优良品种长期处于不良的栽培条件之下，自然选择和人工选择不当的结果是群体中优良个体不能充分繁殖，优良率下降，逐步导致良种种性变劣、退化。

4. 遗传变化　对于自花授粉的苦荞来说，优良品种是一个纯系，但绝对的纯系是没有的。苦荞的新选品系自交代数不够，基因型未完全纯合，会继续发生分离，使品种群体不整齐；甜荞在育种过程中，不同系之间常发生天然杂交，延缓了个体纯合过程。尤其是采用复合杂交、远缘杂交育成的品种，遗传背景复杂，若育种者把尚未完全稳定的品种过早推向生产，就会很快发生退化现象。

品种在繁殖过程中还会发生自然突变，而突变在多数情况下是表现为劣变。自然突变的频率虽然很低，但会随着繁殖代数增多而使劣变性状不断积累，导致品种退化。

遗传漂移一般发生在小群体采种中。留种株数过少，会导致遗传学上的基因漂移，而这种基因漂移可能导致一些优良基因的丢失。在良种繁殖中，若采种群体过小，由于随机抽样误差的影响，会使上下代群体间的基因频率发生随机波动，从而改变群体的遗传组成，导致品种退化。一般个体间差异越大，采种个体数越少，遗传漂移就越严重。

综上所述，荞麦品种的混杂退化是一个很复杂的问题，任何改变遗传平衡的因素，都可能使品种群体的性状表现发生变化，导致混杂退化。因此，在防杂保纯时应综合考虑。

（二）品种防杂保纯措施

对荞麦品种进行防杂保纯、提纯复壮，是防止其混杂退化的有效途径。防杂保纯涉及良种繁育的各个环节，必须高度重视，认真做好下列工作。

1. 严格种子繁育规则 在种子繁殖过程中，首先要对播种用种严格检查、核对、检测，确保亲代种子正确、合格。从收获到脱粒、晾晒、清选加工、包装、贮运和处理，均严格分离，杜绝混杂。同时要合理安排大田轮作和耕作，不可重茬连作，防止种子残留造成田间混杂。

2. 建立严格的种子入库制度 在荞麦的良种繁育过程中，任何一个环节发生混杂，都会使整个工作前功尽弃。为防止发生机械混杂，无论繁育哪一级荞麦良种，都必须把好"五关"，即出库关、播种关、收割关、脱粒干燥关、入库关。收获时必须认真执行单收、单运、单打、单晒、单藏的"五单"原则。种子袋上应有标签，种子要有专人保管，定期检查，注意防止虫害、鼠害和霉变。

3. 严格隔离 防止种子繁殖田在开花期间的自然杂交，是减少生物学混杂的主要途径。特别是对甜荞，繁殖田必须进行严格隔离，栽培地块前作不能是荞麦，而且栽培地周围500m以内无其他甜荞品种栽培。苦荞也要适当隔离，主要是轮作，防止大田混杂。隔离的方法有空间隔离、时间隔离、自然屏障隔离和设施隔离（套袋、罩网、温室等），可因时、因地、因荞麦品种、因条件而定。

4. 典型选择、去杂去劣 去杂是指去掉非本品种的植株。去劣则指去掉生长不良或感染病虫的植株。去杂去劣应及时、彻底，最好在初花期、成熟期、收获期分别进行。

典型选择是指选择品种的典型特征特性植株，淘汰其他植株，是使品种典型性得以保持的重要措施。选择人应具有一定的遗传育种知识，且熟悉品种的典型性状特点，选择性状优良而典型的优株采种。要严防不恰当选择造成混杂。

5. 选用或创造适合种性的生育条件 选择或创造适宜的繁育条件进行繁育种苗，可有效地减少品种退化。依据荞麦品种的种性特点，选用气候适宜的种植地点或采用有利于保持和增强其种性的栽培措施，可减少遗传变异。

6. 用优质种子（原种）定期更新生产用种 用纯度高、质量好的原种或原种苗，及时更新生产用种，亦是防止荞麦品种混杂退化和长期保持其优良种性的重要措施。一般而言，对于甜荞，由于混杂退化非常迅速，一般2～3年需要更新1次；而苦荞是自花授粉作物，一般可以5年更新1次。

五、荞麦的繁殖方式与种子生产技术

（一）荞麦的繁殖方式

在长期的进化过程中，荞麦适应环境条件，加上对栽培荞麦的人工选择，形成了各种不同的授粉方式以繁衍后代。由于繁殖方式的不同，其后代群体的遗传特点各异，因此，不同荞麦的育种方法、种子生产方式也就不同。

（二）自花授粉荞麦

自花授粉荞麦一般雌、雄蕊同花，花柱同长（短），自交可育，雌、雄蕊基本同时成熟，有的在开花之前就已完成授粉，即闭花授粉，其自然异交率不超过4%。典型代表是苦荞。

自花授粉荞麦常规种种子的生产比较简单，可以采用由上而下逐代扩繁的方法生产。也可以从原始群体中，采用单株选择、分系比较、混合繁殖的程序。用以改良混合选择法为基础的“三季三圃制”和“二季二圃制”的提纯复壮方法来生产原种。在种子生产过程中，主要是防止各种形式的机械混杂。先进的种子生产应采取适当的隔离，以防止天然杂交和机械混杂。田间进行去杂去劣，可起到保纯作用。

三季三圃制：是农作物育种工作中生产原种的一种标准制度，包括株行圃、株系圃、原种圃的三季三个试验圃。即在良种生产田选择典型优良单株，下季种成株行圃进行株行比较，将典型株行下一季继续繁殖成株系，形成株系圃，将其中典型株系所收种子作为原原种种子，进入原种圃进行繁殖，生产原种。对于易混杂退化或混杂退化较大的品种可以采用此法。

二季二圃制：在良种生产田选择典型优良单株，下季种成株行圃进行株行比较，将入选株行混合收获，所收种子作为原原种，下季进入原种圃生产原种。

（三）异花授粉荞麦

异花授粉荞麦是指不同植株的花朵彼此传粉而繁殖后代的荞麦。一般甜荞品种就是典型异花授粉类型。甜荞由于花柱异长等原因，造成自交不亲和、异花授粉，天然异交率在50%以上。

异花授粉荞麦品种是由许多异质结合的个体组成的群体，其后代产生分离现象，出现多样性。花柱异长特点可用于进行杂种优势利用，生产杂交种子。基本方法是先通过多代近交，使其基因型逐渐趋于同质结合，育成稳定的近交系，再利用近交系配置杂交种。在亲本繁育和杂交制种过程中，严格的隔离措施和控制花粉是防杂保纯的最主要工作。同时要注意及时拔除异株劣株，以防发生不同类型的非目标的天然杂交。此外，对杂交制种的亲本也要严格防止机械混杂，才能生产出高质量的杂交种。

（四）种子生产程序

1. 隔离技术

（1）授粉方式与隔离的关系　不论是苦荞还是甜荞，在种子生产过程中都必须采取不同程度隔离措施，以保证生产种子的遗传纯度和种性。根据荞麦的授粉方式，在种子生产时采取不同的隔离条件，甜荞要严于苦荞。

（2）种子生产隔离的方法

①空间隔离。不同荞麦品种，种子生产的空间隔离距离不同。甜荞是虫媒传粉，要求隔离距离在500m以上。苦荞是自花授粉作物，对地理隔离要求不严格。轮作本身也是一种隔离方式，防止上季荞麦与本季栽培荞麦发生大田混杂和生物学混杂。

②时间隔离。在种子生产中利用花期不同防止其他品种花粉的干扰。

③自然屏障隔离。利用山体、河沟、树林、果园和建筑等自然障碍物隔离，防止其他品种花粉的干扰。

④人为屏障隔离。人为设置一些障碍物，防止其他品种花粉的干扰，如搭建纱网、人工套袋等。

2. 提纯复壮技术　提纯复壮就是使种子由杂转化为纯，由退化转化为复壮，以获得相对纯的、生活力强的、无混杂退化的种子。复壮技术在种子生产中应用较广泛。

提纯复壮的一般程序为三圃制。即：

（1）选择优良单株　在要复壮的品种群体中，选择性状典型、丰产性好的单株。

（2）株行比较　将选择的单株种成株行，形成株行圃，根据性状表现，在生长期间评比，在初花期和收获前分别决选，淘汰杂劣株行，分行收获。

（3）株系比较　上年入选的株行各成为一个单系，分别栽培形成株系圃，每系一区，对其典型性、丰产性、适应性等进一步比较试验。去杂去劣后混合收获，成为复壮种子（相当于原原种种子）。

（4）混系繁殖　将典型株系圃内混合所收种子作为原原种种子，用于原种圃栽培，繁殖原种。

一般甜荞和混杂较重的苦荞，可采用上述三圃制。对于一般苦荞品种，由于其植株遗传纯合特性，采用二级提纯法（二圃制）即可获得预期效果，可以省去株系圃，由株行圃选出的典型株行混合，即可作为原原种，用于原种圃栽培。

3. 杂交制种关键技术　对于甜荞，生产上已经开始有部分杂种优势利用的杂交品种，如榆荞4号。其杂交制种技术主要包括以下几个方面：

（1）确定亲本的播期　亲本的播期是杂交制种成败的关键，尤其是花期短的荞麦，一般如父、母本花期相差3d之内，可同期播种。如两者花期相差较大时，为了保证花期相遇，父本可分两期播种，相隔5～7d，以延长父本开花时间。

（2）确定亲本行比　在保证父本花粉的前提下，应尽量增加母本行数，以便多收杂种种子。如果互为父、母本，则采用1∶1即可。

（3）去杂去劣　为提高制种质量，在亲本繁殖田严格去杂的基础上，对制种区的父、母本也要严格去杂去劣，以获得纯正的杂种种子和保持父本的纯度。

（4）辅助授粉　如果双亲都是花柱异长虫媒异花授粉品种，则可以利用蜜蜂，来增加其结实率和提高产量。为了提高杂交种子的比例，还可以在初花期从双亲中分别拔除对应的花形植株（如亲本1可拔除短花柱长雄蕊型植株，亲本2可拔除长花柱短雄蕊型植株），这样可大幅度增加杂交种子在所收获种子中的比例，从而提高杂交种子的纯度。如果父本是花柱同长的自交可育纯系，这时只需拔除母本中的短花柱长雄蕊植株即可。植株拔除最好在初花期以最快的速度完成，以减少生物学混杂比例。

第七节　我国荞麦育种现状与展望

（一）我国荞麦育种现状

目前我国在荞麦育种中采用的主要方法有：系统育种、杂交育种、辐射诱变育种、多倍体育种等。

1. 系统育种　系统育种本质是选择育种，是一种选择自然变异植株，培育新品种的方法。根据选择方法可分为单株选择育种和混合选择育种。前者在苦荞育种中常用，后者在甜荞育种中常用。

荞麦新品种茶色黎麻道的选育为单株混合选择，是由河北省丰宁县从引进农家种黎麻道中选择褐色的籽粒进行单株混合选育而成。与原黎麻道品种比较，籽粒变大，株粒数增多，纯度增高，生育期75d左右，熟期早2～8d。幼苗绿色，茎秆紫红色，花色粉白。株高70cm左右，株型紧凑，分枝力强，一级分枝3.2个。籽粒整齐，粒色呈茶褐色，异色率1%～3%。千粒重30～32g，皮壳率18.2%，出米率75%左右。籽粒含蛋白质10.66%，脂肪2.59%，淀粉54.60%，赖氨酸0.59%。具有抗旱、抗倒、抗病的特性，对土壤肥力要求不严，适应性强。1987年12月经内蒙古农作物品种审定委员会审定通过，是一个有一定推广价值的优良品种。

优质、高产苦荞品种黔苦2号的选育由贵州省威宁县农业科学研究所完成，由老鸦苦荞变异单株混合群体选育而成。具有矮秆、分枝少、花序柄较短等特点，既缩短了同化物质运输到籽粒的距离，又能减少因成熟后植株间相互攀牵造成收割时的部分产量损失。可适用于各种播种方式和密植，适宜在贵州、四川、陕西、云南、湖南等地种植。其芦丁含量特别高，籽粒含量2.6%，麸皮含量6.31%，相当于一般苦荞品种的2倍左右。于2004年3月通过了全国小宗粮豆鉴定委员会鉴定。2000年，在韩国召开的国际荞麦协会上，将选育高芦丁含量和有限花序的品种拟定为新的荞麦育种方向。贵州省威宁县农业科学研究所选育的2010年国审品种黔苦荞5号，其粗蛋白含量12.72%，粗淀粉含量62.72%，不易落粒，抗病、抗旱、抗寒，适应性强。特别是籽粒总黄酮（芦丁）含量2.70%，在一些地区表现出黄酮含量大于3%，是目前苦荞审定品种中黄酮含量较高的品种之一。

九江苦荞也是由系统育种方法选育出的。1981年通过对征集来自江西省各地54个荞麦品种进行种植观察比较，从九江荞麦混杂复合群体中筛选出25株优良单株；1982年通过春、秋两季选择和室内品质评价，选育出了九江苦荞。该品种株高108.5cm，株型紧凑，一级分枝5.2个，主茎节数16.6。幼茎绿色，叶小呈淡绿色，叶茎部有明显的花青素斑点，花小、黄绿色、无香味，自花授粉。籽粒褐色，果皮粗糙，棱呈波状，中央有深的凹陷。株粒重4.26g，千粒重20.15g，单产可达2 175kg/hm²。粗蛋白含量10.50%，粗淀粉含量69.83%，赖氨酸含量0.70%。出苗至成熟80d，抗倒伏、抗旱、耐瘠，落粒轻，适应性强。1984—1986年，参加全国荞麦良种区试，3年平均产量居苦荞第一位，试点最高产量3 907.5kg/hm²。1987年开始在全国各地进行生产试验示范，四川、贵州、山西、广西、陕西、湖南、甘肃等地纷纷引种九江苦荞扩大其荞麦生产。九江苦荞的推广面积已超过20万hm²。九江苦荞的一个最大特点是适应性强，较为耐受高温的影响。绝大多数苦荞在30℃以上的环境下都会表现出高度低育或不育特点，而九江苦荞仍能保持一定的结实率。

2. 杂交育种和杂种优势利用 杂交育种开始于10年以前。目前已有杂交育种甜荞品种丰甜荞1号和苦荞品种川荞3号、川荞4号、川荞5号。

由于普通荞麦是花柱异长的异花传粉作物。一个品种群体中有两种花型植株即长花柱短雄蕊型和短花柱长雄蕊型，两型植株之间彼此授粉才能正常结实。因此，如果利用两个品种成厢相邻栽培，其中一个品种拔除其中一种花型植株，另一品种拔除另一花型植株，则两品种分别留存了不同花型植株，即分别为长花柱短雄蕊型和短花柱长雄蕊型植株，只有这样两品种之间才能授粉结实，从而可以用于生产杂交种子。高立荣等经过十多代的集团选择和单株筛选，选育成了普通荞麦矮变系A近交系。该系为自交不亲和，植株整齐一致，遗传基础稳定，植株高度75cm左右，比正常植株矮40cm左右，茎秆粗壮，抗倒性强。利用上述方法配制普通荞麦近交系杂交组合，培育出部分杂种优势利用品种榆荞4号。该杂交种株高95cm左右，茎秆粗壮，生长势强，结实率高，抗倒性较强；白花，籽粒黑色，千粒重34克；生育期85d，公顷产量3 000kg左右，增产潜力大。2003—2005年，参加全国区试，在17个试验点中，有11试验点产量居第一位，在参试的6个品种中，3年平均产量第一位，比对照增产达到显著水平。生产试验比对照增产21%。2006—2008年在陕北榆林、延安的旱地和滩水地进行了多点试验，榆荞4号品种经过多年试验表明，性状稳定，增产潜力大，2009年被陕西省农作物品种审定委员会审定为推广品种，2010年通过了由陕西省科学技术厅组织的成果鉴定。榆荞4号是国内培育出的第一个优良的部分杂种优势利用的荞麦杂交种。2007年贵州师范大学陈庆富教授申请了一项生产杂交荞麦的方法的专利。该技术是利用花柱同长自交可育基因进行普通荞麦纯系生产，再利用纯系与普通荞麦进行杂交，筛选强优势的杂交组合，由此培育普通荞麦杂交品种的新方法。但是由于绝大多数纯系与一般甜荞品种杂交后会表现出落粒特性，因此首先需要筛选出无落粒基因的纯系，然后才是进行杂交组合筛选。

3. 多倍体育种　多倍体育种是近代作物育种的一种新方法，它是通过染色体倍数性及数目上的各种变化来选育新的优良品种和创造新类型及新物种，是利用人工手段使作物的染色体加倍的方法。作为植物遗传基因的主要载体细胞染色体，其倍数性的变化是导致植物产生较大遗传变异和性状变化的重要途径。多倍体植株由于染色体的加倍，使植株的器官和细胞表现出“巨型性”的显著特征，对于提高作物产量和有效成分含量具有重要意义。同时，多倍体类型对不利的自然环境有较高的适应能力，即具有较强的抗逆性。多倍体育种的基本方法是利用秋水仙素作为诱变剂处理生长点或种子，使植株染色体数目加倍。

我国诱导荞麦多倍体的研究，最早开始于20世纪40年代，郑丕尧和崔继林利用秋水仙素诱导成功甜荞多倍体，但因故未能在生产上应用。直到1982年，高立荣才重新开展甜荞多倍体育种。1987年赵刚和唐宇又相继开展了苦荞多倍体育种。在已有的研究中，对苦荞麦推广品种九江苦荞做了染色体加倍处理，获得了同源四倍体苦荞新品系。同时在甜荞的多倍体后代中也选育出同源四倍体榆荞1号。

由于多倍体植株普遍存在着育性下降的缺点，所以曾经认为对于收获籽粒的农作物来说，应用前景不大。但是，杨敬东等对4个苦荞品种进行多倍体诱导研究发现，苦荞麦染色体在减数分裂时能形成2个二价体，使配子的形成有很高的成功率。这就表明，对苦荞育种来说，多倍体育种也是一条切实可行的方法（宋晓彦，2009）。近年来，通过组织培养与秋水仙碱相结合培育多倍体的技术手段日趋成熟，并被应用到野生金荞麦多倍体育种中。吴清等对野生金荞麦进行离体快繁和同源四倍体的诱导试验表明，在组织培养条件下，将其带绿色芽点的愈伤组织和无菌苗浸泡在不同浓度的秋水仙素溶液中或接种于添加一定浓度秋水仙素的培养基中，均可诱导金荞麦多倍体的产生，但以浸泡愈伤组织的效果较好，最高的诱导率可达43.3%。通过试管苗茎尖染色体显微观察，鉴定出同源四倍体。野生金荞麦同源四倍体诱导的成功为开展荞麦栽培种的离体多倍体诱导奠定了基础。

开展多倍体育种为进一步培育高产优质新品种，尤其是多倍化导致种子变大，黄酮含量提高，可较大地提升品种的品质，对于荞麦茶等保健产业可提供优质原料。因此，多倍体育种对于荞麦优质专用品种的选育是一条重要的途径。

4. 辐射诱变育种　对于苦荞这类进行杂交育种较难成功的作物，采用物理诱变、化学诱变是一种十分有效的育种方法。

采用^{60}Co-γ射线和秋水仙碱与二甲基亚砜混合水溶液，对四川地区的苦荞品种额落乌且进行处理，选育获得苦荞新品种西荞1号。辐射剂量以300～400Gy为最佳，而秋水仙碱的浓度以0.1%为适宜，二甲基亚砜的使用，能增强细胞的渗透性，使秋水仙碱能较好地发挥作用。西荞1号品种具有结实率高、抗落粒性强、千粒重高、株粒数多等优点。此外，它还是一个早熟、适应能力强的品种。其蛋白质含量为12.6%，人体所必需的8种氨基酸均较丰富，还含有丰富的脂肪酸和纤维素、维生素B_1，维生素B_2、维生素P的含量充足（1.21%），比原品种增加了7.1%。不仅可以作为食品，而且可以开发成为营养保健产品以及药品，以满足各类消费者的需要。多年的试验示范及推广应用表明，西荞1号的产量在2 000 kg/hm^2以上，推广面积超过4.25万hm^2。1997年和2000年，先后通过四川省和国家农作物品种审定委员会的审定。

苦荞麦新品种平荞6号（品系名03-192）也是利用辐射育种方法从川荞1号的变异单株中经多年选育而成的。该品种株高110.3 cm，株型紧凑，适宜密植。主茎节数15.2节，一级分枝6.2个。茎秆紫绿色，叶片浅绿色，花淡绿色。籽粒长锤形，黑色，有腹沟，千粒重26.6 g，株粒重2.6 g。生育期春播112 d，夏播复种平均81 d，较抗倒伏。2009年1月通过甘肃省农作物品种审定委员会审定。

成都大学和西昌学院于2004年采用300～500Gy辐射剂量的^{60}Co-γ射线和化学诱变剂甲基磺酸乙酯（EMS）对地方苦荞品种旱苦荞种子进行化学诱变处理，从变异群体中选择优良变异单株而育成。该品种籽粒短锥形、褐色、饱满，种壳簿，易脱壳制米，千粒重14.9g。抗病性强，抗倒伏，不易落粒，耐旱、耐寒性强。籽粒芦丁含量2.40%，粗蛋白含量13.70%，出粉率75%～80%。其主要优点是壳较薄，较易脱壳，是能脱壳生产生或半生荞米的少数品种之一。

（二）中国荞麦育种的展望

近20年来，我国在荞麦育种中取得了一定的成绩，选育出甜荞和苦荞新品种57个。但到目前为止，一些品种已开始退化、适应能力下降，致使我国目前荞麦新品种的推广应用效果并不理想，新品种的播种面积仅占荞麦栽培面积的30%～40%，远不能满足生产发展的需要，各地仍以种植地方农家品种为主。而随着人们膳食结构的变化，市场需求逐年提高，专家预测今后还将保持明显的增长势头。同时荞麦又是我国传统的出口商品。因此，尽快培育出适应不同地区的高产、优质、抗逆性强的荞麦新品种，积极研究其先进育种技术，是进一步发展我国荞麦生产的当务之急。

1. 挖掘和利用优异荞麦种质资源，使荞麦育种上一个新台阶　历史上，农业革命都是得益于特异种质资源的挖掘和利用。水稻中的矮秆基因的利用，成就了第一次绿色革命。野生水稻的雄性不育细胞质基因的利用，培育出了三系杂交水稻，使水稻产量上了一个新的台阶。美国曾遭受大豆胞囊线虫的严重危害，大豆生产濒临崩溃，是北京黑豆的抗性基因挽救了美国的大豆生产。

荞麦属植物有23个物种（陈庆富，2012），分为大粒组和小粒组。大粒组荞麦的主要识别特征是瘦果较大，明显长于宿存花被片，花朵蜜腺发达，包括甜荞、苦荞、大野荞、毛野荞、金荞、左贡野荞、巨荞等7个生物学物种。小粒组荞麦种类大约有16个，其中以细野荞、硬枝万年荞为主。我国荞麦资源收集始于20世纪50年代。到目前为止，以中国农业科学院为主进行的荞麦资源收集和保存工作取得显著进展，收集和保存在国家种质资源库的荞麦资源约3 034份（张宗文，2006），其中普通荞麦1 886份，苦荞1 019份，野生荞麦138份。在全国范围内，实际上还有大量的种质资源未被统计在内和纳入国家种质资源库。据估计，到目前为止，各地高等院校和研究机构如贵州师范大学植物遗传育种研究所、云南农业科学院生物技术研究所，以及四川西昌学院、威宁县农业科学研究所等所收集到的荞麦野生资源材料合计超过1 000份，栽培荞麦材料也在1 000份以上。这些资源材料未纳入国家种质资源库。过去，收集荞麦资源的重点在甜荞和苦荞，以收集地方品种为主。未来几年，栽培种类的野生类型及其他荞麦属种类的收集和开发利用工作将被加强。

在大量栽培和野生荞麦资源中蕴藏着许多的优异基因资源，如自交可育基因、抗旱耐瘠薄基因、抗白粉病基因、抗倒伏基因、高黄酮含量基因、高蛋白含量基因、薄壳基因、易脱壳基因等。这些基因资源的挖掘和利用，将有助于解决荞麦生产上急需克服的问题，如苦荞易脱壳性、甜荞低结实率所致的产量不高不稳、种子黄酮含量不高等问题。推动荞麦育种工作迈上一个新台阶。

2. 广泛应用先进的育种技术，提高荞麦育种水平　要加快荞麦新品种的选育，应开展以下几个方面的育种工作：

（1）加强理化诱变育种　利用辐射方法、染色体加倍技术选育新品种是荞麦育种的一条有效途径。山西、陕西、四川的育种工作者，曾通过辐射诱变育种技术选育荞麦新品种，但至今未见成功的报道。可见，在诱变育种方面还需进一步加大研发力度。

（2）继续开展荞麦杂交育种　到目前为止，国际上在荞麦种间杂交上已取得较大的进展（陈庆富，2012），甜荞与苦荞、金荞与苦荞、甜荞与左贡野荞等组合均取得成功。但是其他组合种间杂交还未成功。我国有丰富的荞麦资源，应加强荞麦的杂交育种工作，利用现代技术手段探索荞麦品种和种间的杂交育种，利用杂种优势，培育杂交品种，并取得较大的突破。

（3）加强荞麦多倍体育种研究　在荞麦多倍体品种中，存在着营养生长期过长，导致生殖生长量不足和结实率低、种子不够饱满等缺点，需要在以后的工作中找到解决的办法。伴随组织培养技术的成熟和普及，在离体组织水平上诱导细胞内染色体加倍受到青睐。同时，由于原生质体和体细胞融合技术不仅可以实现植物倍性的提高，还可有效克服有性杂交不亲和的生殖障碍，将倍性育种和杂交育种的优势结合起来，在植物多倍体育种工作中的应用前景广阔，值得进一步深入研究。

（4）探索生物技术在荞麦育种中的应用　在未来荞麦育种工作中，应探索一些生物技术新方法的应用，如体细胞培养、花药培养、体细胞杂交以及转基因技术，为适应市场需求培育出更多的荞麦新品种。

3. 选育具荞麦功能特性的高产与优质专用品种　荞麦的营养成分全面，富含蛋白质、淀粉、脂肪、粗纤维、维生素、矿物元素等，与其他的大宗粮食作物相比，具独特的优势。荞麦种子的蛋白质含量较高，维生素 B 含量高于其他粮食 4～24 倍，并且含有其他禾谷类粮食所没有的叶绿素、维生素 P 等（林汝法，1994；张以忠和陈庆富，2004；潘守举等，2008），具较高营养和保健价值。荞麦主要生长在污染少的边远山区，还是一种天然的绿色保健食品资源（赵秀玲，2011）。

荞麦除食用外还具有较高的药用价值，是典型的“药食同源”作物，主要药用保健功效有以下几个方面：

（1）降血脂、降胆固醇，防止心血管疾病　荞麦中槲皮素和芦丁等黄酮类化合物，具有强化血管，增加毛细血管通透性，降低血脂和胆固醇的作用，对高血脂和心脑血管疾病有较好的预防和治疗作用（祁学忠，2003；王敏，2005）。

（2）降血糖、抗糖尿病　荞麦中含有抗性淀粉，对降低饭后血糖的升高有明显的效果，能影响胰岛素的分泌，还能改善脂质结构，因此具有控制和治疗糖尿病的作用（张月红等，2006）。抗性淀粉的摄入还会增强胃肠蠕动，对便秘、盲肠炎等病有一定的疗效。

（3）降血压、溶血栓、抗动脉硬化　荞麦多肽对血管紧张素转移酶具有很强的抑制作用，从而具降血压的功效（徐怀德，2001）。荞麦中槲皮素和芦丁等黄酮类化合物对凝血因子有较强的抑制作用，有利于防止动脉粥样硬化（周新妹等，2006）。其中，槲皮素还能明显抑制血小板聚集，选择性地与血管壁上的血栓结合，起到抗血栓形成的作用（Deschner 等，1991）。综合研究表明，荞麦具有软化血管，改善微循环，活血化瘀等功效（朱瑞，2003）。

（4）抗氧化、除自由基、抗癌　荞麦中槲皮素和芦丁等黄酮类抗氧化物质，能有效地清除体内的自由基，具有较好的抗氧化和抗脂质过氧化作用（王转花等，1999）。另外，相关研究表明，荞麦对抑瘤、抗癌具有重要的意义，可减少或阻止肺腺癌细胞（陈小锋和顾振纶，2000）、乳腺癌细胞（Kayashita 等，1999）、直肠癌细胞（Liu Zhihe 等，2001）、白血病细胞（王宏伟等，2002）的增殖。

（5）其他功效　荞麦还具有抗炎、止咳、祛痰，抗病毒、护肝、抑制胆结石，以及治疗骨病和骨质疏松等功效。

因此，在荞麦育种中，应注意优质专用品种的选育，选育用于荞麦饮料、荞麦酸奶、荞麦化妆品、荞麦保健茶、荞麦芽苗菜生产以及对各类疾病疗效显著的黄酮类专用品种，有效提高荞麦的经济价值，满足各类消费者的需求。

4. 加强多年生金荞麦药粮两用的育种研究，推动高效农业的发展　目前的农业粮食生产主要是频繁耕地、频繁播种栽培的高投入、水土流失严重的不可持续农业模式。“低投入生态农业”的可持续粮食作物生产模式，就是培育出抗旱耐瘠薄的多年生粮食作物，只种植一次，以后多次收获。这样既减少了反复耕地和播种导致水土流失、生态失衡问题，又大幅度地减少了人力、资金等投入，是旱地农业粮食作物生产的最佳模式。

荞麦属植物有甜荞、苦荞等一年生栽培作物，还有多年生的金荞麦作物。多年生的金荞麦具有较高的丰产性能，品质优于栽培荞麦，不仅可用作中药材，还可以用作蔬菜和种子生产。由于其独特的多年生特性，可以在高效农业上发挥作用。但其存在强烈的野生性，即落粒性很强，难以收获到种子。因此，针对性地将其驯化并培育成新品种，可以开启低投入生态农业事业。目前国家燕麦荞麦现代农业产业技术体系陈庆富研究队伍已经成功驯化金荞麦，正在进行生产试验和栽培技术研究。

5. 加强协作、促进荞麦良种的繁育与推广应用 荞麦主要种植在我国的民族地区、高寒山区、边远落后地区。这些地区存在荞麦育种科研单位与种子生产部门脱节、种子生产部门与农业生产脱节，以及农业生产与荞麦加工企业和外贸出口部门脱节的现象，致使荞麦良种在繁育、推广应用及开发利用方面与其他主要作物相比显得落后。荞麦由于既能食用又能防病治病，为其他主要食物所不及，在国内外市场很受欢迎。今后应加强协作，促进荞麦良种的推广和加工利用，把边远地区的荞麦资源优势转化为经济优势，推动边远地区的经济发展。

主要参考文献

曹文伯 . 2002. 在甜高粱上利用杂种优势的探讨 [J] . 植物遗传资源科学（3）.

曹新佳，罗小林，潘美亮，等 . 2011. 饲料用苦荞麦秸秆的化学成分研究 [J] . 安徽农业科学，39（23）：14144-14145，14148

蔡金兰 . 1991. 略述荞麦生产的现状和开发利用 [J] . 云南农业大学学报（6）：105-109.

陈利红，张波，徐子勤 . 2007. *AtNHX1* 基因对荞麦的遗传转化及抗盐再生植株的获得 [J] . 生物工程学报 . 23（1）：51-60.

陈庆富 . 2001. 五个中国荞麦（*Fagopyrum*）种的核型分析 [J] . 广西植物，21（2）：107-110.

陈庆富 . 2008. 荞麦生产 100 问 [M] . 贵阳：贵州民族出版社 .

陈小锋，顾振纶 . 2000. 金荞麦抗肿瘤作用研究进展 [J] . 中草药，31（9）：715-718

邓林琼，黄云华，刘拥军，等 . 2005. 普通荞麦（*Fagopyrum esculentum*）形态性状的遗传规律研究[J]. 西南农业学报，18（6）：705-709.

冯佰利，姚爱华，高金峰，等 . 2005. 中国荞麦优势区域布局与发展研究 [J] . 中国农学通报，21（3）：375-377.

河南农业大学 . 1989. 作物育种学 [M] . 郑州：河南科学技术出版社 .

黄云华 . 2009. 不同倍性甜荞（*Fagopyrum esculentum* Moench）的遗传比较及快速繁殖研究 [D] . 贵阳：贵州师范大学 .

盖钧镒 . 1997. 作物育种学总论 [M] . 北京：中国农业出版社 .

顾尧臣 . 1997. 小宗粮食加工（四）——荞麦加工 [J] . 粮食与饲料工业（7）：19-22.

郭梅 . 1992. 苦荞麦的化学成分与特殊功能 [J] . 食品研究开发（1）：30.

郭玉珍，陈庆富 . 2007. 染料结合法测定荞麦种子蛋白质含量的研究 [J] . 广西植物，27（6）：952-957.

郭平仲 . 1987. 作物育种学 [M] . 北京：高等教育出版社 .

郭平仲 . 1993. 群体遗传学导论 [M] . 北京：中国农业出版社 .

付宗华，等 . 2003. 农作物种子学 [M] . 贵阳：贵州科技出版社

何嵋，王锐，周云 . 2011. 荞麦研究进展综述 [J] . 现代农业科技（2）：46-47.

姜忠丽，赵永进 . 2003. 苦荞麦的营养成分及其保健能 [J] . 食品科技（4）：33-35.

蒋和平，孙炜琳 . 2004. 我国种业发展的现状及对策 [J] . 农业科技管理（02）：7-8.

金红，贾敬芬，郝建国，等 . 2000. 发根农杆菌 A4 对荞麦的遗传转化 [J] . 西北大学学报：自然科学版，30（3）：235-238.

金红，贾敬芬，郝建国 . 2002. 荞麦高频离体再生及发根农杆菌转化体系的建立 [J] . 西北植物学报，22（3）：611-616.

孔凡真．2006. 欧美种业的特点及发展趋势［J］．现代种业（2）：4-6.
雷波，景仁志．2000. 不同类型荞麦的核型研究［J］．四川大学学报：自然科学版，37（1）：142-143.
李志远．李尚红．2006. 农业生产组织方式创新及发展模式的选择［J］．经济问题（6）：45-47.
李光，周永红，陈庆富．2011. 荞麦基因工程育种研究进展［J］．种子，30（8）：67-70.
李毓芳．1979. 陕西咸阳马泉西汉墓［J］．考古（2）：125-135.
李建辉，陈庆富．2007. 荞麦种子蛋白亚基研究的现状及展望［J］．种子，26（7）：47-51.
廉立坤．2009. 苦荞四倍体诱导及其遗传变异研究［D］．贵阳：贵州师范大学．
林汝法．1994. 中国荞麦［M］．北京：中国农业出版社．
林汝法．2008. 发展苦荞种植优势　做大做强苦荞产业［J］．作物杂志（5）：1-4.
林汝法，李永青．1984. 荞麦栽培［M］．北京：农业出版社．
林汝法，魏太忠，柴岩．1984. 种好荞麦的技术措施［J］．农业科技通讯（6）：8.
林汝法，周小理，任贵兴．2005. 中国荞麦的生产与贸易、营养与食品［J］．食品科学，26（1）：259-263.
刘后利．2011. 农作物品质育种［M］．湖北：湖北科学技术出版社．
刘纪麟．1991. 玉米育种学［M］．北京：农业出版社．
陆大彪，王天云，史锁达．1986. 荞麦［M］．北京：科学普及出版社．
陆小平，小岛峰雄．2003. 整体植株转化法在荞麦上的应用［J］．作物学报，29（1）：159-160.
罗林广．1997. 分子标记及其在作物遗传育种中的应用［J］．江西农业学报，9（1）：45-54.
罗庆林，邵继荣，胡建平，等．2008. 荞麦中类黄酮的研究进展［J］．食品研究与开发，29（2）：160-164.
马海渊，张金凤，李志丹．2008. 植物多倍体育种技术方法研究进展［J］．防护林科技（1）：43-46.
欧仕益．2000. 荞麦的营养价值和保健作用［J］．粮食与饲料工业（11）：44-46.
潘守举，陈庆富，冯晓英，等．2008. 普通荞麦资源的耐铝性研究［J］．广西植物，28（2）：201-205.
卜连生．2003. 种子生产简明教程［M］．南京：南京师范大学出版社．
祁学忠．苦荞黄酮及其降血脂作用的研究［J］．山西科技，2003（6）：70-71。
山东农业大学作物育种教研室．1991. 作物育种学各论［M］．北京：中国农业科学技术出版社．
史冬平．2007. 生物技术在作物育种上的应用［J］．农业与技术（5）．
宋晓彦，杨武德，张黎．2009. 荞麦多倍体育种研究进展［J］．山西农业科学，37（5）：81-83.
汤圣祥，闵绍楷．1997. 水稻育种目标的制定［J］．中国稻米（2）：38-39.
谭萍，王玉株，李红宁，等．2006. 十种栽培苦荞麦的随机扩增多态性 DNA（RAPD）研究［J］．种子，25（7）：46-49.
万丽英，穆建稳．2004. 贵州苦荞的营养保健功能与开发利用价值［J］．贵州农业科学，32（2）：74-75.
王宏伟，乔振华，任文英，等．2002. 苦荞胰蛋白酶抑制剂对 HL60 细胞增殖的抑制作用［J］．山西医科大学学报．33（1）：3-5
王敏．2005. 苦荞调脂功能物质及作用机理研究［D］．杨陵：西北农林科技大学．
王转花，张政，林汝法．1999. 苦荞叶提取物对小鼠体内抗氧化酶系的调节［J］．药物生物技术，6（4）：208-211
王建华，张春庆．2006. 种子生产学［M］．北京：高等教育出版社．
魏太忠，陈学才，余世学．1995. 多效唑对苦荞麦的增产效应（简报）［J］，西南农业大学学报（6）：22-25.
魏建美，吴罗发，徐光耀，等．2010. 江西省绿色农业 SWOT 分析［J］．河北农业科学，14（1）：110-112.

王安虎，熊梅，邓建平.2002.发展荞麦的机遇与挑战［J］.中国种业（12）：25-26.
王转花，马文丽.1998.荞麦同工酶多态分析［J］.山西农业科学，26（2）：24-26.
吴崇明，马欣荣，杨宏，等.2009.鞑靼荞麦离体再生体系的建立［J］.应用与环境生物学报，15（6）：786-789.
吴清，向素琼，闫勇，等.2001.金荞麦的离体快繁及同源四倍体的诱导［J］.西南农业大学学报，23（2）：108-110.
吴渝生.1996.荞麦主要农艺性状的遗传相关分析［J］.云南农业大学学报，11（4）：258-262.
谢庆观.1982.作物育种［M］.西安：陕西科学技术出版社.
徐怀德.2001.杂粮食品加工工艺与配方［M］.北京：科学技术文献出版社.
肖彦德，张艳伟，高景秀，等.1998.荞麦性状对产量影响的通径分析［J］.哲里木畜牧学院学报，8（3）：28-44.
鄢家俊，白史且，马啸，等.2007.老芒麦遗传多样性及育种研究进展［J］.植物学通报，24（2）：226-231.
阮景军，陈惠，吴琦，等.2008.荞麦中的蛋白质［J］.生命的化学，28（1）：111-113.
杨敬东，郭露穗，邹亮，等.2007.高药用价值多倍体荞麦诱导及特性研究［J］.成都大学学报：自然科学版，26（3）：180-182.
杨明君，郭忠贤，陈有清，等.2005.苦荞麦主要经济性状遗传参数研究［J］.内蒙古农业科技，（5）：19-20.
杨小艳，陈惠，邵继荣，等.2007.川西北荞麦种间亲缘关系初步研究［J］.西北植物学报，27（9）：1752-1758.
杨纪珂，赵伦一.1987.作物育种［M］.合肥：安徽科学技术出版社.
杨克理.1995.我国荞麦种质资源研究现状与展望［J］.作物品质资源（3）：11-13.
尹经章.2002.油菜杂种优势利用的现状与展望［J］.新疆农业大学学报：增刊：40-46.
张璟，欧仕益.2000.荞麦的营养价值和保健作用［J］.粮食与饲料工业（11）：44-45.
张以忠，陈庆富.2011.荞麦研究的现状与展望［J］.种子，2004，23（3）：39-42.
张以忠，陈庆富.2004.荞麦研究的现状与展望［J］.种子，23（3）：39-42.
张以忠，陈庆富.2008.几种荞麦的过氧化物酶同工酶研究［J］.种子，27（1）：17-19.
张以忠，陈庆富.2008.荞麦属植物三叶期幼叶过氧化物酶同工酶研究［J］.武汉植物学究，26（2）：213-217.
张以忠，陈庆富.2008.荞麦属种质资源的谷草转氨酶同工酶研究［J］.种子（5）.
张月红，郑子新，刘英华，等.2006.苦荞提取物对餐后血糖及α-葡萄糖苷酶活性的影响［J］.中国临床康复，10（15）：111-113.
张振福，罗文森.1998.苦荞麦的化学成分与特殊功能［J］.粮食与饲料工业（2）：40-41.
赵钢.2002.苦荞新品种西荞1号及其栽培技术［J］.作物杂志（5）：25.
赵钢，唐宇，王安虎.2001.苦荞的成分功能研究与开发应用［J］.四川农业大学学报，12（19）：355-358.
赵钢，唐宇，王安虎.2002.发展中国的苦荞生产［J］.作物杂志（4）：10-11.
赵钢，唐宇，王安虎.2002.中国荞麦的育种现状与展望［J］.种子世界（7）：3-4.
赵钢，唐宁，王安虎.2002.金荞麦的营养成分分析及药用价值研究［J］.中国野生植物资源，21（5）：39-41
赵钢，陕方.2008.中国苦荞［M］.北京：科学出版社.
赵秀玲.2011.荞麦的功效因子与保健功能的研究进展［J］.食品工程，（3）：16-18.

中国农业科学院作物品种资源研究所．1996. 中国荞麦遗传资源目录（第二辑）[M]．北京：中国农业出版社．

中华人民共和国国家质量监督检验检疫总局，中国国家标准化管理委员会．2011. 粮食作物种子第 3 部分：荞麦 [M]．北京：中国标准出版社．

周新妹，姚慧，夏满莉，等．2006. 槲皮素与芦丁对离体大鼠主动脉环的舒张作用及机制 [J]．浙江大学学报：医学版，35（1）：29-33.

周仕春，何光华，裴炎．2000. 水稻杂种优势利用的现状、问题与对策 [J]．乐山师范学院学报（3）：52-53.

祝静静，靳亮，李新征，等．2006. 玉米杂种优势分子基础研究进展 [J]．生物技术通报：增刊：53-57.

朱必才，高立荣．1988. 同源四倍体荞麦的研究 [J]．遗传，10（6）：6-8.

朱瑞．2003. 苦荞麦的化学成分和药理作用 [J]．中国野生植物资源，22（2）：7-9.

庄巧生，杜振华．1996. 中国小麦育种研究进展：1991-1995 [M]．北京：中国农业出版社．

Adachi T，et al. 1989. Plant regeneration from protoplasts of common buckwheat（*Fagopyrum esculentum*）[J]. Plant Cell Reports，8（4）：247-250.

Amelchanks SL，Kreuzer M，Leiber F. 2010. Utility of buckwheat（*Fagopyrum esculentum* Moench）as feed：Effects of forage and grain on in vitro ruminal fermentation and performance of dairy cows [J]．Animal Feed Science and Technology，155（2-4）：111-121.

Bojka Kump，Branka Javornik. 2002. Genetic diversity and relationships among cultivated and wild accessions of artary buckwheat（*Fagopyrum tataricum* Gaertn.）as revealed by RAPD markers [J]．Genetic Resources and Crop Evolution，49：565-572.

Chen Qing-Fu. 2001. Discussion on the Origin of Cultivated Buckwheat in Genus *Fagopyrum* [J]．Advances in Buckwheat Research，206- 213.

Chen Qing-Fu，SaiL K Hsam，Friedrieh J Zeller. 2007. Cytogenetic studies on diploid and autotetraploid common buckwheat and their autotriploid and trisomics [J]．Crop Sci，47：2340-2345.

Chen Qing-Fu，Sai L K Hsam，Friedrich J Zeller. 2004. A study of cytology，isozyme and interspecific hybridization on the big-achene group of buckwheat species（*Fagopyrum*，Polygonaceae）[J] Crop Sciences，44：1511-1518.

Chen Qing-Fu. 1999. A study of resources of *Fagopyrum*（Polygonaceae）native to China [J]．Botanical Journal of the Linnean Society. 130：54-65.

Chen Qing-Fu. 1999. Wide hybridization among *Fagopyrum*（Polygonaceae）species native to China [J]．Botanical Journal of the Linnean Society，131：177-185.

Clayton Campbell. 2003. Buckwheat crop improvement [J]．Fagopyrum，20：1- 6.

Deschner E E，Ruperto J，Wong G，et al. 1991. Quercetin and rutin as inhibitiors of azoxymethanol induced colonic neoplasia [J]．Carcinogenesis，12（7）：1193

Dvoracek V，P Cepkova，A michalova，et al. 2004. Seed storage protein polymorphism of buckwheat varieties [*F. esculentum* Moench；*F. tataricum*（L.）Gaertn.]．Proceedings of The Ⅷ International Symposium on Buckwheat，Chunchon，Korea [J]．Advances in Buckwheat Research. 412-418.

Fesenko N V. 1990. Research and breeding work with buckwheat in USSR（Historic Survey） [J]．Fagopyrum，10：47- 50.

Fesenko N，Martynenko G. 1995. Contemporary buckwheat breeding work in Russia [J]．Current Advances in Buckwheat Research，3- 5.

Friedrich J Zeller，Heidi Weishaeupl，Sai L K Hsam. 2004. Identification and genetics of buckwheat

(*Fagopyrum*) seed storage protein [C]. Proceedings of The Ⅷ International Symposium on Buckwheat, Chunchon, Korea. Advances in Buckwheat Research, 195-201.

Honda Y, Mukasa Y, Suzuki, et al.. 2009. Remove from marked records the breeding and characteristics of a common buckwheat cultivar, "Kitanomashu" [J]. Research Bulletin of the National Agricultural Research Center for Hokkaido Region, (191): 41-52.

Honda Y, Inuyama S, Kimura M, et al.. 1994. The breeding and characteristics of a buckwheat (*Fagopyrum esculentum*) cultivar, "Kitayuki" [J] Research Bulletin of the Hokkaido National Agricultural Experiment Station (Mar 1994), (159): 11-21.

Honda Y, M Kimura, S Inuyama. 1991. A new buckwheat variety "Kitayuki" [J]. J. of Agr. Sci., 46.

Honda Y, SuzukiT, Sabitov A, et al. 2006. Collaborative exploration and collection of resources crops including Tartary buckwheat, *Fagopyrum tataricum* L., in Sakhalin, Russia [J]. Plant inheritance resource search investigation report, 22: 1-99.

Honda Y, Mukasa Y, Suzuki T, et al. 2010. Breeding and characteristics of a tartary buckwheat, 'Hokkai T No. 8' Res [J]. Bull. Natl. Agric. Res. Cent. Hokkaido Region 192: 1-13.

Inuyama S. 1989. A new buckwheat variety "Kitawasesoba" [J]. J. of Agr. Sci., 44: 33.

Ito Seiji. 2004. Breeding of a new buckwheat variety "Toyomusume", high yield and high rutin content[J]. Agriculture and Horticulture, 79 (8): 869-874.

Ito S. 2004. A new common buckwheat variety 'TOYOMUSUME' and new Tartary buckwheat lines. Hokuriku Crop Sci., 40: 146-149.

Ivan Kreft. 1983. Buckwheat breeding perspectives. Proc. 2nd International Symposium of Buckwheat in Miyazaki [J]. Buckwheat Research, 3-12.

Joshi B K. 2005. Correlation, regression and path coefficient analyses forsome yield components in common and Tartary buckwheat in Nepal [J]. Fagopyrum, 22: 77-82.

Kayashita J, Shimaoka I, Nakajoh M, et a1. Consumption of a buckwheat protein extract retards 7, 12-dimethyl benzanthracene -induced mammary carcinogenesis in rats [J]. Biosci. Biotechno1. Biochem, 1999, 63 (7): 1837-1839

Kreft I, Fabjan N, Germ M. 2003. Rutin in buckwheat: Protection of plants and its importance for the production of functional food [J]. Fagopyrum, 20: 7-11.

Koji Tsuji, OhmiOhnishi. 2000. Origin of cultivated Tatary buckwheat (*Fagopyrum tataricum* Gaertn.) revealed by RAPD analyses [J]. Genetic Reources and Crop Evolution, 47: 431-438.

Koji Tsuji, Ohmi Ohnishi. 2001. Phylogenetic relationships among wild and cultivated Tartary buckwheat (*Fagopyrum tataricum* Gaert.) populations revealed by AFLP analyses [J]. Genes Genet. Syst., 76: 47-52.

Konishi T, Yasui Y, Ohnishi O. 2005. Laboratory of Crop Evolution, Graduate School of Agriculture, Kyoto University, Nakajo 1, Mozume-cho, Muko, Kyoto 617-0001, Japan [J]. Genes & Genetic Systems, 80 (2): 113-119.

Lee B S, Ujihar A, Minami M, et al. 1994. Breeding of interspecific hybrids in genus *Fagopyrum*. 4. Production of interspecific hybrid ovules culture among *F. esculentum*, *F. tataricum* and *F. cymosurn* [J]. Breeding Science, 44 (1): 183.

Li Chunhua, Kiwa Kobayashi, Yasuko Yoshida, et al. 2012. Genetic analyses of agronomic traits in Tartary buckwheat [*Fagopyrum tataricum* (L.) Gaertn.] [J]. Breed Sci., 62 (4): 303-309.

Li J H, Chen Q F, F J Zeller. 2008. Variation in seed protein subunits among species of the genus

Fagopyrum Mill [J] . Plant Systematics and Evolution, 273: 1-10.

Lin Rufa. 2004. The Developmrnt and Utilization of Tartary Buckwheat. Advnaees in buckwheat research [J] . Resources, Proceedings of the 9 International Symposium on Buckwheat. 252-257.

Lin Rufa, Chai Yan. 2007. Production, Research and Academic Exchanges of China on Buckwheat [J] . Proceedings of the 10th International Symposium on Buckwheat. 7-12.

Liu Zhihe, Ishikawa W akako, Huang Xux in. 2001. A buckwheat protein product suppresses 1, 22D im ethylhydrazine 2 induced colon carcinogenesis in rats by reducing cell proliferation [J] . J Nutr. 131: 1850-1853.

Loomis R S, et al. 1967. Community Architecture and the Productivity of Terrestrial Plant Communities [M] . Harvesting The Sun. New York: Acad Press, 191-308.

Minani M. 2004. Tartary buckwheat cultivar, buckwheat cultivar [J] . Japan Noodle Association President Award. Tokyo, 92-94.

Mineo Kojima, Yukie Arai, Narumi Iwase, et al.. 2000. Development of a Simple and Efficient Method for Transformation of Buckwheat Plants (*Fagopyrum esculentum*) Using Agrobacterium tumefaciens [J]. Bioscience, Biotechnology, and Biochemistry, 64 (4) : 845-847.

Morris M R. 1951. Cytogenetic studies on buckwheat [J] . Journal of Heredity , 42: 85-89.

Buckwheat. http: //www. hort. purdue. edu/newcrop/afcm/buckwheat. html

Stan Skrypetz, 2007. Buckwheat: Situation and outlook [J] . Bi-weekly Bulletin, 20 (19): 1-3.

Tahir I and S Farooq. 1988. Review article on buckwheat. Fagopyrum , 33-53.

Tatiana N. Lazareva, Ivan N Fesenko. 2004. Electrophoresis Spectra of Total Seed Protein of Artificial Amphidiploid *Fagopyrum giganteum* Krotov and its Parental Species *F. tartaricum* Gaertn and *F. cymosum* Meisn [C] . Proceedings of The Ⅷ International Symposium on Buckwheat, Chunchon, Korea. Advances in Buckwheat Research, 195-201.

Vos P, Hogers R, Bleeker M, et al. 1995. AFLP, a new techenique for DNA fingerprinting [J] . Nucletic Acids Research, 23 (21): 4407-4414.

Wang Yingjie, Rachael Scarth, G Clayton Campbell. 2005. Inheritance of Seed Shattering in Interspecific Hybrids between *Fagopyrum esculentum and F. homotropicum* [J] . Crop Sci. , 45: 693-697 .

Wang Y, Campbell C. 2007. Tartary buckwheat breeding (*Fagopyrum tataricum* Gaertn.) through hybridization with its rice-tartary type [J] . Euphytica, 156: 399-405.

Wang Z, Weber J L, Zhong G, et al. 1994. Survey of plant short tandem DNA repeats [J] . Theor. Appl. Genet. , 88: 1-6.

Wang Qingrui, Takao Ogura, Li Wang. 1995. Research and Development of New Products from Bitter-Buckwheat [J] . Current Advances in Buckwheat Research, 873-879 .

Welsh J, et al.. 1990. Fingerprinting genomes using PCR with arbitrary primers [J] . Nucleic Acids Research, 18: 7213 -7218.

Williams J G K, Kubelik A R, Livak K J, et al.. 1990. DNA polymorphisms amplified by arbitrary primers are useful as genetic markers [J] . Nucleic Acids Res, 18 : 6531-6535.

Xin Z Y, He Z H, Ma Y Z, et al.. 1999. Crop Breeding and Biotechnology in China [J] . Journal of new seeds, 11 (1): 67-80.

Yongsak Kachonpadungkitti, Wanna Mangkita, Supot Romchatngoen, et al.. 2003. Possibility of Cross Breeding of Buckwheat (*Fagopyrum esculentum* Moench) in vitro, 植物工场学会誌, 15 (2): 98-101.

Zhang Zongwen, Lijuan Zhao, Ramanatha V Rao. 2007. Assessment of Genetic Diversity of Tartary

Buckwheat (*Fagoprum tataricum*) Collections in China Using AFLP Markers [J] . Proceedings of the 10th International Symposium on Buckwheat, 68-69.

Zheng PY. 1992. Introduction to Crop Physiology [M] . Beijing: Agricultural University Press.

Zotikov V I, T S Naumkina, V S Sidorenko. 2010. State of the art and prospects of buckwheat production in Russia. In: Editors: VI Zotikov, NV Parakhin. Advances In Buckwheat Research [J] . Proceedings of the 11th International Symposium on Buckwheat, Orel, Russia. Kartushe Limited, Orel, Russia, 16-22.

第六章

荞麦的生理

第一节　种子生理

种子是重要的农业生产资料，种子质量优劣不仅影响农作物的产量，而且影响农作物的品质。只有优良的种子配合适宜的栽培技术，才能获得高产、稳产和优质的农产品。种子作为一个独立的生命个体而存在，其内部进行着一系列极为复杂的生理生化过程，它们既受基因的控制，又受周围环境因素的影响。种子生理是研究种子生命活动的规律，即探索并阐明种子生活过程中各个生理阶段的变化模式和机理。种子的形态及内部的成分和结构物质都会影响种子的生理生化过程。当种子吸水萌发时，生命活动从静止状态转变为活跃的状态，出现一系列的生理生化变化。

为此，本节将系统论述荞麦种子从萌发、发育到成熟各个阶段的生理生化变化机制，为荞麦高效种植，提高荞麦产量提供理论基础。

一、荞麦种子

荞麦是蓼科（Polygonaceae）荞麦属（*Fagopyrum* Mill.）双子叶植物，是我国种植的粮食作物之一。荞麦种子多数呈三角形，包被一层坚硬的外壳。荞麦种子富含各种营养成分，具有很高的营养价值，与其他谷类作物具有较好的互补性（尹礼国等，2002）。

荞麦种子中主要包含淀粉、蛋白质、脂肪、B族维生素、芦丁类、矿物营养素等。荞麦种子中淀粉含量因品种而异，其变化幅度较大。Soral Smietana 等（1984）发现荞麦籽粒中淀粉含量为 58.5%～73.5%。Gespintchenke 和 Anikanova（1994）报道，不同荞麦种子中的淀粉含量不同，且随着品种的不同而在 37%～70%之间变化。荞麦淀粉中直链淀粉含量为 21.3%～26.4%，与大多数谷物类淀粉类似（钱建亚，2000），且含有适量的蛋白质、脂肪以及灰分（Lorenz K.、Dilsaver W.，1982）。

荞麦种子中含有大量的蛋白质，其含量随着品种的不同而有差异。尹春等（2010）测定了 22 个甜荞品种种子主要营养成分（表 6-1），蛋白质含量平均值达到 11.87%。魏益明等（2000）研究 4 种荞麦蛋白组成，结果表明荞麦籽粒中蛋白含量更是高达 14.96%。荞麦种子蛋白质主要包括清蛋白、谷蛋白、球蛋白和醇溶蛋白 4 种组分，清蛋白和球蛋白含量最高（Pomeranz，1983；Kayashita et al.，1995）。荞麦蛋白质中氨基酸组成均衡，谷氨酸含量最高。

维生素 P，又称芦丁，具有降低毛细血管脆性，提高毛细血管通透性，抗炎、抗过敏等药理活性以及降血糖血脂等药效。荞麦中含有大量的维生素 P，每 100g 平均含量高达

19.37mg，是黄酮类化合物的重要膳食来源（王安虎，2003）。据《本草纲目》记载，苦荞“实肠胃，益气力，续精神，能练五脏滓秽”，以及“降气宽肠，磨积滞，消热肿风痛”（韩雍，2008）。由此，荞麦作为“三降”的主要保健食品之一受到广泛的重视，掀起了我国荞麦食品研究和医学研究的新高潮。

荞麦种子中还含有大量的矿质元素，主要包含铁、硒、钾、钠、镁、锌、锰等。荞麦籽粒中钾、镁、钠含量较高，锌、锰含量较低。各种矿物质元素在蛋白质组分中有较大差异。钾、锌在清蛋白中富集；钠富集于醇溶蛋白和谷蛋白中；球蛋白中钙、镁、锰的含量较高。

表 6-1　22 个甜荞品种种子每 100g 主要化学成分含量

（引自尹春等，2010）

品种名称	粗蛋白（%）	脂肪（%）	铁（mg）	维生素 E（mg）	硒（mg）	维生素 P（mg）
乌 0003	11.87	3.61	21.54	4.03	0.04	12.76
乌 0004	11.76	4.70	10.80	3.78	0.05	21.04
乌 0005	11.38	5.12	11.61	4.56	0.02	24.89
伊 0001	12.21	4.74	11.98	2.13	0.02	19.93
伊 0002	12.06	4.61	11.66	2.75	0.02	17.49
伊 0003	12.41	5.13	22.47	2.96	0.04	11.41
固 0001	12.21	4.18	10.58	4.64	0.01	15.88
固 0002	11.33	3.62	7.78	3.47	0.03	16.69
固引 1 号	11.28	4.19	6.16	3.72	0.02	20.75
赤 0001	12.10	4.55	11.89	5.02	0.08	23.09
赤 0002	11.61	3.18	8.54	5.34	0.03	19.86
赤 0003	12.15	3.58	12.16	4.52	0.03	12.40
赤 0004	12.24	3.06	10.34	8.38	0.09	13.36
通 0002	11.11	4.70	11.05	3.97	0.02	24.35
通 0003	13.39	3.90	12.78	3.72	0.06	13.87
呼 0003	10.96	4.72	15.01	1.84	0.02	25.26
六荞 1 号	11.54	3.83	8.22	2.99	0.02	19.30
平荞 2 号	11.48	3.51	8.37	2.99	0.03	17.53
103	12.13	4.10	10.82	5.73	0.06	24.36
88027	11.48	3.88	13.78	3.38	0.06	15.07
88021	11.30	3.17	8.94	7.65	0.05	23.36
8714	12.28	4.83	20.91	3.98	0.05	14.82

二、荞麦种子萌发

荞麦种子质量是决定荞麦种植收成的关键。影响种子质量最重要的因素之一是种子的发芽率，即种子能不能萌发。种子萌发的过程经历着一系列生理生化变化，研究荞麦种子萌发就是研究荞麦种子萌发过程中的生理生化变化以及影响这些变化的因素。种子萌发（seed germination）是指种子从吸水到胚根突破种皮期间所发生的一系列生理生化变化过程。但在农业生产实践中，种子萌发是指从播种到幼苗出土之间所发生的一系列生理生化变化。种子能否正常萌发，与许多因素有关，其中种子的内部因素起决定性作用。内部因素主要是种子是否具有活力，以及是否处于休眠状态。一般情况下，高活力的种子在适宜的条件下一定能发芽，而且发芽快，出苗整齐，也一定有高的生活力；能发芽的种子都是具有生活力的种子，但有生活力的种子不一定能发芽。影响种子活力的遗传因素十分复杂，遗传上讲，杂交种比其亲本在产量和抗性上具有优势，其种子活力较高（刘树立等，2008）。因此，可以通过杂交手段，获得高纯度的优势个体，从而充分发挥杂种优势，获得高活力的种子。环境条件同样影响荞麦种子的活力，主要表现在以下几个方面：

1. 种子成熟度和采收时间 充分成熟的种子，其种胚在细胞学上的结构完整度最好，质膜渗透性最差，种子活力处于最高峰。然而，荞麦属于有限和无限的混生花序，不同部位的种子，同一时间其成熟度不尽相同，其活力也有差异。若等所有种子完全成熟再收获，则早熟的种子会因为过度成熟而自然老化，其活力会大受影响。因此，要适时收割，才能获得尽可能多的高活力的荞麦种子。

2. 种子加工 对收获后的荞麦种子进行合适的加工可以获得更多高活力的种子，如清洗可以除去质量差的种子以及杂质，提高种子净度和储存的稳定性（郑光华，1990）。然而不适当的加工则会造成机械损伤，加速种胚老化、劣变进程，同时给微生物的侵染提供方便，使种子活力大大降低。

3. 储存条件 储存期间是种子的衰老阶段，种子活力会逐渐降低直至死亡。一般而言，种子的耐藏性和寿命在很大程度上受环境作用的影响。绝大多数种子在低温干燥的储存环境下，其活力下降最慢。郭克婷（2003）研究了不同储存条件对荞麦种子活力的影响，结果表明在室温下用干燥器储存比室温下自然储存的荞麦种子发芽率高，种子活力强。

测定荞麦种子的生活力可采用发芽试验，也可以采用一些简单、快速的化学、物理方法。其中，最被广泛使用的是 TTC 法，具有快速、简便等优点。

（一）荞麦种子萌发过程

有生活力且完成了休眠作用的荞麦种子在适宜的环境条件下，就会进入种子萌发的过程。荞麦种子萌发过程主要分为：吸胀、萌动、发芽、幼苗的形态建成四个阶段。

1. 吸胀作用 荞麦种子在成熟后期及收获以后经历强烈的脱水过程，这一过程使得干燥后的种子含水量降到 14%以下，细胞内含物呈浓缩的凝胶状态，代谢十分微弱。即使已解除休眠的种子，具备其他萌发的条件，若无充足的水分仍然不能萌发。因此，种子萌发的第一阶段是对水分的吸收。荞麦种子内的大量淀粉、蛋白质、纤维素等亲水性大分子物质，在外界大量的水分条件下，能迅速吸收水分，使水分子充塞于各物质分子之间，从而增大了分子间的距离，整个种子膨胀起来。这个过程称为吸胀作用。这个过程的吸水是靠种子内部的胶体物质的吸胀作用引起的，其速度和吸水量由种子的化学组分来决定。蛋白质含量高的种子其吸水量及吸水能力比高淀粉含量的种子强（赵琳，2012）。除了种子化学组分外，种子大小、种皮厚度以及吸水时的温度等都影响着种子吸水量的大小和强度。种子越大、种皮越薄且吸水时温度适宜时，种子吸水量大。

2. 萌动阶段 干燥的荞麦种子通过吸胀作用后，种子中水分含量急剧增加，种子内代谢活动明显旺盛起来，转入新的生理状态。荞麦子叶中储藏的物质在酶的作用下，分解为简单的可溶性物质。与此同时，胚吸收这些分解产物，在各种酶的作用下，合成新的结构物质，使胚细胞增多，体积增大。当种胚体积增加到一定程度后，胚根鞘突破种皮，这一现象称作种子的萌动。

3. 发芽阶段以及幼苗的形态建成 种子萌动后，胚部细胞继续分裂，胚根突破种皮，形成根系。在胚芽鞘伸长出土后，形成叶片，开始进行光合作用。幼苗的形态建成是由遗传基因决定的，但同时受到外界条件的影响，其中光的影响最大。张益锋等（2010）研究了不同的光照强度对金荞麦幼苗的形态建成的影响，发现强光下生长的金荞麦幼苗部分的生物量显著高于弱光处理，弱光下幼苗部分生物量减少，金荞麦通过增加根、叶柄和叶生物量来适应光照变化。幼苗时期，适当遮阴更利于金荞麦的生长。

（二）影响荞麦种子萌发的外界因素

具有生活力且已打破休眠的种子需要在适宜的外界条件下才能萌发。这些条件主要包括充足的水分、适宜的温度和足够的氧气。

1. 水分 水分是影响荞麦种子萌发的重要因素。干燥的荞麦种子中含水量极低，一般在13%左右，绝大部分以束缚水的形式存在。在种子萌发的过程中水分的影响体现在两个方面：一是种子萌发过程中一系列的生理变化是在一系列酶的作用下完成的，而很多酶是以没有活性的酶前体存在于干燥种子中，只有在充足的水分条件下，原生质从凝胶状态转变为溶胶状态，这些酶前体才能转化为有活性的酶参与代谢作用。二是水分可以使种皮软化，氧气容易通过种皮，增强胚的呼吸作用，使胚根易于突破种皮。

2. 氧气 在种子萌发过程中，需要进行旺盛的物质代谢，包括原来物质的分解和新物质的合成。这些过程所需的能量主要由有氧呼吸提供。因此，氧气是种子萌发的必要条件。一般荞麦种子正常萌发要求空气含氧量在10%以上，如果土壤水分过多或者土壤板结，就会造成缺氧。已经萌动的种子在缺氧条件下进行无氧呼吸，无法得到充足的能量，而且无氧呼吸所产生的酒精能够使组织中毒，从而导致种子死亡、腐烂。因此，在荞麦播种之前，要注意整地质量，改善土壤供氧能力。

3. 温度 种子萌发过程是由酶催化完成的，酶促反应与温度密切相关。因此，温度也是影响种子萌发的一个重要外界因素。温度对种子萌发的影响在于三基点：即最适、最低和最高温度。荞麦种子萌发的最适温度为15～25℃。不同品种、不同地区的荞麦，其温度的三基点不同。一般而言，北方品种种子萌发的最低温度相对较低，南方品种种子萌发的所需温度较高。梁剑等（2008）研究了温度对西荞1号、金荞麦、细柄野荞、川荞麦种子发芽的影响，结果表明荞麦种子要在适宜的温度范围内才能萌发，最适温度在15℃。李海平等（2009）以苦荞黑丰1号为研究对象，研究温度对其发芽率的影响，结果表明最适温度为25℃，此时种子发芽率最高。何俊星研究温度对金荞麦和荞麦种子萌发的影响，结果表明，金荞麦和荞麦种子萌发的最适温度是25℃。

4. 矿质元素 矿质元素是植物生长所必需的，特别是许多金属离子，它们或是参与种子萌发时新酶的合成，或者是酶发挥催化功能的必要条件。但种子萌发时，不同植物的种子所需要的矿质元素以及浓度不尽相同，过高或者过低的浓度对种子萌发有抑制作用。程玉杰等（2009）研究不同浓度的NaCl浸泡对荞麦种子萌发的影响。结果表明，低浓度的NaCl能够促进种子的萌发，高浓度的NaCl对种子萌发有抑制作用，并且随着NaCl浓度的增高，抑制作用则进一步加强。南益丽等（2006）、李朝苏等（2006）研究铝离子对荞麦种子萌发及幼苗形态建成的影响，结果也表明低浓度的铝离子能够降低荞麦种子细胞膜透性，减少细胞内营养物质外渗，提高荞麦发芽指数和活力指数。刘柏玲等（2009）研究铜离子对荞麦种子发芽的影响，结果表明，低浓度的铜离子能够提高荞麦种子发育指数，但并不明显。相反，高浓度铜离子对荞麦种子萌发有强烈抑制作用。因此，对待萌发的荞麦进行人工处理时，尽量减少铜离子浓度。

综上所述，在荞麦播种时，首先整改土质，适当深耕，改善土壤供氧能力，保证氧气充足。其次，保证土壤中水分含量。第三，在合适的气温条件下播种，如遇到冰冻等降温天气，加盖薄膜，提高土壤温度。并且在荞麦萌发前，利用加有适量矿质元素的培养液进行人工处理，能够获得较高的出苗率和发芽势，提高种子活力。

（三）荞麦种子预处理与种子萌发的调节

影响荞麦种子萌发的因素除了水分、氧气和温度外，还包括植物生长调节剂、矿质元素等。此外，对种子进行人为加工也可以影响种子的萌发。因此，除了满足种子萌发所需要的外界条件外，在播种前利用植物生长调节剂、矿质元素、人为处理等对荞麦种子进行预处理，既能改善种子萌发，还能提高幼苗抗逆能力。对种子进行预处理的目的是人为控制种子发芽的外部条件，达到尽快出芽的目的。预处理包括电场处理、水浸种、酸碱处理、喷施生理活性物质等。

（1）电场处理可使膜结构与功能在水分亏缺下得到保护，促进了种子和幼苗的代谢水平，从而提高了荞麦的抗旱性。陈花等（2004）研究表明，适宜电场处理能够促进荞麦幼苗水分胁迫条件下体内可溶性糖的积累，提高超氧化物歧化酶的活性，减少了膜脂过氧化产物丙二醛的积累。

（2）水浸种作为种子预处理的手段在农业栽培实践中具有悠久历史。在种子萌发前，对种子进行浸泡能够加速种子萌发前代谢活动，促使种子发芽整齐，出苗率高。此外，在浸种的同时，加入适量的矿质元素，能够提高种子发芽率、发芽势以及种子活力。

（3）适量的赤霉素能够有效打破种子休眠，提高种子发芽率。戴红燕等（2006）通过不同浓度的植物生长调节剂浸泡荞麦种子发现，低浓度的生长激素类似物α-萘乙酸能够促进出苗和幼苗的生长，高浓度的赤霉酸（100～500mg/L）降低出苗率，但能促进地上部分的生长和干物质的积累。李文华等（2013）研究不同浓度赤霉素对荞麦种子萌发的影响，结果表明，0.2mg/L 的赤霉素最能够提高荞麦种子的发芽率。

（4）种子引发，又称渗透调节，是在播种前根据种子的性质和吸水速率，来控制吸水量，是种子慢速或少量吸水，以提高活力，改善种子抵抗逆境的能力，从而使发芽迅速整齐，幼苗生长健壮。尹礼国等（2002）和梁剑等（2008）的研究表明，用聚乙二醇（PEG）、硝酸钾、沙子、蛭石等处理荞麦种子，均可以提高荞麦种子的发芽率和整齐度。

三、种子成熟生理

（一）种子成熟概念

种子成熟包括生理成熟和形态成熟两种。生理成熟的种子，其特点是含水量较高，内部物质仍处于易溶状态，种皮不够致密，保护性能不好，采后常因种仁收缩，使种子不饱满，这样的种子不耐贮藏，同时其种胚也未完成全部生长发育过程，因而发芽率低。形态成熟的种子，含水量低，内部物质已转化为固态状，种仁饱满，种皮坚硬致密，并有一定颜色。此时，呼吸作用微弱，种子开始进入休眠状态，易于贮藏。因此，在农业生产实践上是以形态成熟作为确定收获的标志。

（二）种子成熟过程中的生理变化

荞麦种子的贮藏物质以淀粉为主。在成熟过程中，可溶性糖含量逐渐降低，而淀粉的积累迅速增加。在淀粉形成的同时，还形成构成细胞壁的不溶性物质，如纤维素和半纤维素。荞麦种子中蛋白质含量占种子干重的10%～13%，其中大部分为贮藏蛋白。与谷物类种子不同，荞麦种子中水溶性清蛋白和盐溶性清蛋白占总蛋白的50%以上，近似于豆类蛋白组成。荞麦种子在成熟过程中叶片或其他营养器官的氮素以氨基酸酰胺态的形式运送到种子中，最后合成蛋白质贮藏于种子。贮藏蛋白的生物合成在种子发育的中后期开始，至种子干燥成熟阶段终止。

（三）外界条件对种子成分及成熟过程的影响

种子主要化学成分和饱满度、成熟期等受光照、温度、土壤水分等影响。

1. 光照　光照强度直接影响种子内有机物质的积累。吉牛拉惹等（2009）通过对不同光照对荞麦生物学性状的影响的研究，表明：自然光照下的荞麦种子数量多而饱满，产量高；弱光下的荞麦空壳率高，种子质量差。此外，光照还影响种子中物质的积累。荞麦种子中含大量的黄酮类化合物，谭萍等（2008）的研究表明，黄酮是一类天然的抗氧化剂，其对自由基DPPH的清除作用强于同浓度下的维生素C、维生素E。通过研究温度、光照强度对幼苗品质的影响发现，光照影响幼苗中黄酮的积累，进而影响种子中黄酮的含量。

2. 温度　温度过高，呼吸消耗大，籽粒不饱满；温度过低，不利于有机物质的运输和转化，种子瘦小，成熟推迟；适宜的温度利于物质积累，促进成熟。昼夜温差大有利于种子成熟并能增产。

3. 土壤水分　土壤水分是影响种子成熟的一个重要因素。土壤干旱会造成荞麦植物体内水分平衡的破坏，严重影响灌浆，造成籽粒不饱满。土壤水分过多，造成土壤中缺氧，严重影响根系的呼吸作用，光合作用下降，种子不能正常成熟。

四、荞麦种子的休眠

在长期对自然环境的适应中，植物种子在生理成熟以后对适宜发芽的外界条件，表现出了不同的反应。一些植物的种子成熟以后，遇到适宜的外界条件就开始萌发。一些植物的种子成熟以后，即使给予适宜的外界条件，种子也不能萌发。荞麦属于弱休眠性植物，其休眠性不强。引起荞麦休眠的原因可能是：

1. 种皮限制　荞麦拥有坚厚的果皮包裹，不透水，不透气，外界氧气不能进入种子中，CO_2 积累在种子中，抑制胚的生长而呈休眠状态。

2. 抑制物的存在　某些小分子物质，如氰化氢（HCN）、NH_3、乙烯、脱落酸等能够抑制种子的萌发。这些物质存在于荞麦果皮中。

五、荞麦种子的贮藏

干燥种子的贮藏与呼吸作用密切相关。当非油料种子含水量一般低于14%时，种子中所含水分都是束缚水，其呼吸速率微弱，可以安全贮藏。当种子中含水量超过15%，呼吸速率显著加强，如果含水量继续增加，则呼吸速率直线上升。风干状态下的荞麦种子含水量在10%～13%，在安全含水量以下，能够长期贮藏。根据种子呼吸作用的特点，荞麦种子贮藏的首要问题就是控制进仓种子中的含水量，不得超过安全含水量。否则，由于呼吸作用旺盛，引起大量贮藏物质的消耗，并且由于呼吸散热，利于微生物生长，导致种子变坏，失去生活力和食用价值。为了做到安全贮藏，应该注意仓库通风，以便散热和水分蒸发。同时可以对仓库中空气成分加以控制，增加二氧化碳的量，减少氧气含量。

第二节　荞麦水分生理

一、荞麦的水分需求

（一）荞麦的含水量

荞麦是需水量相对较大的杂粮作物，一生中约需要水760～840m^3，比多数禾本科作物需水量更大。同一植株，不同器官和不同组织的含水量的差异也甚大。荞麦的耗水量在各个生育阶段也不同。种子发芽耗用水分约为种子重量的40%～50%，水分不足会影响发芽和出苗；现蕾后植株体积增大，耗水剧增；从开始结实到成熟耗水约占荞麦整个生育阶段耗水量的89%。由此可见，凡是生命活动较旺盛的部分，水分含量都较多。荞麦的需水临界期是在出苗后17～25d的花粉母细胞四分体形成期，如果在开花期间遇到干旱、高温，则影响授粉，花蜜分泌量也少。当空气湿度低于30%左右而又有热风时，会引起植株萎蔫，花和子房及形成的果实也会脱落。荞麦在多雾、阴雨连绵的气候条件下，授粉结实也会受到影响。

（二）荞麦体内水分存在的状态

水分在荞麦体内的作用，不但与其含量多少有关，也与它的存在状态有关。水分在荞麦细胞内通常呈束缚水和自由水两种状态，它们与细胞质状态有密切联系。但在荞麦上，有关这方面的研究相对较为薄弱，报道较少。

（三）水分在荞麦生命活动中的作用

水分在荞麦生命活动中的作用是很大的，在光合作用、呼吸作用、有机物质合成和分解的过程中，都需要水分的参与。但有关水分在荞麦生命活动中的具体作用目前报道较少，值得深入的研究和探讨。

二、荞麦细胞对水分的吸收

一切生命活动都是在细胞内进行的，吸水也不例外。与其他作物一样，荞麦细胞的吸水主要有三种方式：扩散、集流和渗透作用，最后一种方式是前两种的组合，在细胞吸水中占主要地位。不同的细胞或组织的水势变化很大。在同一荞麦植株中，地上器官的细胞水势比根部低。虽然同是叶子，但它的水势随着距离地面高度的增加而降低，在同一叶子距离主脉越远越低；根部则内部低于外部。土壤或大气湿度小、光线强，都使细胞水势降低。由于细胞水势高低说明细胞水分充足与否，故可利用水势为指标，确定荞麦灌溉适宜的时期。

三、荞麦的根系吸水和水分向上运输

（一）根系吸水

荞麦的叶片被雨水或露水湿润时，也能吸水，但数量很少，在水分供应上没有重要意义。根系是荞麦吸水的主要器官，它从土壤中吸收大量水分，满足荞麦的需要。

荞麦根系的吸水主要在根尖进行。在根尖中，根毛区的吸水能力最大，根冠、分生区和伸长区较小。后3个部分之所以吸水差，与细胞质浓厚，输导组织不发达，对水分移动阻力大的因素有关。根毛区有很多根毛，增大了吸收面积；同时根毛细胞壁的外部由果胶质组成，黏性强，亲水性也强，有利于与土壤颗粒黏着和吸水；而且根毛区的输导组织发达，对水分移动的阻力小，所以根毛区吸水能力最大。由于根部吸水主要在根尖部分进行，所以在移植荞麦幼苗时应尽量避免损伤细根。根系吸水有两种动力：根压和蒸腾拉力，后者较为重要。根压和蒸腾拉力在根系吸水过程中所占的比重，因荞麦蒸腾速率而异。通常荞麦的吸水主要是由蒸腾拉力引起的，只有叶片未展开，蒸腾速率很低的情况下，根压才会成为主要的吸水动力。

土壤条件直接影响荞麦的根系吸水，包括土壤中的可用水分、土壤的通气状况、土壤温度、土壤溶液浓度等。

（二）水分向上运输

荞麦根系从土壤中吸收的水分，必须经过导管或管胞向上运输到茎、叶和其他器官，供荞麦各种代谢的需要或者蒸腾到体外。一般情况下，蒸腾拉力才是水分上升的主要动力。

四、蒸腾作用

荞麦吸收水分，较少部分用于新陈代谢，绝大部分会散失到植株体外。水分从荞麦散失到体外的方式有两种：一是以液体状态散失到体外，包括吐水和伤流；二是以气体状态散失到体外，便是蒸腾作用，这是主要的方式。荞麦在进行光合作用的过程中，必须和周围环境发生气体交换；在气体交换的同时，又会引起荞麦大量丢失水分。荞麦在长期进化中，对这种生理过程形成了一定的适应性，以调节蒸腾水量。适当降低蒸腾速率，减少水分损耗，在生产实践上是有意义的。但是，人为地过分抑制蒸腾，对荞麦反而有害，因为蒸腾作用在荞麦生命活动中有重要意义。影响蒸腾作用的因素较多，如光照、空气相对湿度、温度、风以及气孔开闭等。另外，蒸腾作用的昼夜变化是由外界条件决定的。在天气晴朗、气温不太高、水分供应充足的情况下，随着太阳的升起，荞麦气孔逐渐张大；同时，温度增高，叶内外蒸汽压差变大，蒸腾渐快。但在光照变化无常的情况下，荞麦蒸腾作用的变化则无规律，受外界条件综合影响，其中以光照为主要影响因素。

五、合理灌溉的生理基础

在生产实践上，应尽可能地维持荞麦的水分平衡。在正常情况下，植物一方面蒸腾失水，另一方面又不断地从土壤中吸收水分，这样就在植物生命活动中形成了吸水与失水的连续运动过程。一般把植物吸水、用水、失水三者的和谐动态关系叫做水分平衡（water balance）。荞麦体内的水分平衡是有条件的、暂时的和相对的，而不平衡是经常的和绝对的。水分平衡破坏时，常发生萎蔫现象，农业上一般采用灌溉来保证荞麦的水分供应，目的就在于保持水分平衡。灌溉的基本要求是：用最少量的水取得最好的效果。如果灌水太少或不及时，则满足不了荞麦的需要；相反，灌水太多，不仅浪费水源，甚至可能引起许多不良后果。要充分发挥灌溉的作用，就要了解荞麦对水分的需求情况，进行合理灌溉。

（一）荞麦的需水规律

荞麦在不同生长发育时期对水分的需要量也有很大的差别。随着荞麦的个体不断长大，蒸腾面积不断增大，需要的水分就相对增多。荞麦是典型的旱作，但其生育过程抗旱能力较弱，需水较多，以开花灌浆期需水为最多，因此现蕾开花期遇到干旱要及时灌水。荞麦一生中约需要水 760～840m^3。用来满足其生理需要的水分，称为生理需水，这部分水分直接用于维持荞麦体内水分平衡；用来满足荞麦生态需要的水分，称为生态需水，这部分水分用来维持荞麦正常生长发育所需要的外部环境，如土壤湿度、土壤溶液浓度、大气湿度的需要等。生态需水的数量变化很大，与大气温度、湿度、土壤性质有关。因此，灌溉时不仅要考虑生态需水，还要考虑径流等灌溉用水数量，往往是根据需水量计算出的水分数量的 2～3 倍。

荞麦的耗水量在各个生育阶段也不同。种子发芽耗用水分约为种子重量的 40%～50%，水分不足会影响发芽和出苗；现蕾后植株体积增大，耗水剧增；从开始结实到成熟耗水约占荞麦整个生育阶段耗水量的 89%。荞麦一般生育期需水比较少，开花结实期需水最多。没有灌溉条件的苗期靠降水，开花结实期的需水，主要靠调节播种期，使荞麦开花结实期能正处于雨季为最好。如果在开花期间遇到干旱、高温，则影响授粉，花蜜分泌量也少。一般荞麦在花粉母细胞四分体期对水分缺乏最敏感，最易受到缺水的危害，这个时期称为水分临界期。这个时期缺水，造成花粉不育。因此，这个时期一定要确保水分供应。花粉母细胞四分体形成期也需要有较高水分，这个时期缺水，会使籽粒不饱满。在成熟后期，灌浆基本结束，叶片衰老死亡，叶面积降低，这个时期需水量很少，不用灌溉。

（二）合理灌溉的指标

生产中多从作物外形来判断它的需水情况，这些外部性状可称为灌溉形态指标。一般来说，缺水时，幼嫩的茎叶就会凋萎（水分供应不上）；叶、茎颜色暗绿（可能是细胞生长缓慢，细胞累积叶绿素）或变红（干旱时，糖类的分解大于合成，细胞中积累较多可溶性糖，就会形成较多红色花色素）；生长速度下降（代谢减慢，生长也慢）。灌溉形态指标易观察，但要多次实践才能掌握好。

第三节　荞麦的营养生理

在荞麦的生长过程中，营养过程就是与外界环境相互作用的生理生化过程。了解荞麦的需肥特点以及各种养分之间的关系，及时供给所需各种肥料，对于实现荞麦的高产优质具有重要意义（林汝法，1994）。

荞麦在生长发育过程中，需要吸收的营养元素有碳、氢、氧 3 种非矿质元素和氮、磷、钾、硫、钙、镁、钠、铁、锰、锌、钼和硼等元素。碳、氢、氧约占荞麦干物重的 95%，主要从空气和水中吸收，一般不缺乏，而氮、磷、钾、硫、钙、镁、钠为大量元素，其含量占 4.5%左右；还有铜、铁、锰、锌、钼和硼等元素需要量少。大量元素和微量元素主要靠根系从土壤中吸收，虽然量不多，但是在荞麦生长发育过程中起重要作用。在必需元素中，无论是大量元素还是微量元素，对荞麦的生长发育及产量品质都有不同的作用，不能替代，缺乏或者配合失当，都会导致荞麦生长异常，正常发育受到影响，造成不同程度的减产和品质下降（林汝法，1994）。

一、荞麦与氮肥

氮是蛋白质、核酸和磷脂的组成成分，在细胞内担负遗传信息传递的核酸以及参与生物氧化和能量代谢的物质，如 ATP（三磷酸腺苷）、NAD（烟酰胺腺嘌呤二核苷酸）、NADP（烟酰胺腺嘌呤二核苷酸磷酸）、FAD（黄素腺嘌呤二核苷酸）等都是含氮物质。叶绿素、生物素、细胞分裂素、维生素 B_1、维生素 B_2、维生素 B_6 和辅酶 A 也是含氮化合物，氮是构成生命的物质基础（任永波等，2001；王三根等，1997）。提高氮效率不仅是增加粮食单产、解决我国粮食问题的必然途径，而且还可降低农业生产成本和保护生态环境，促进农业可持续发展。合理施用氮肥是目前植物营养界研究的热点，氮肥的施用时期和数量对作物产量及氮肥利用率有显著的影响。荞麦对氮肥有极高的敏感性（Н. А. Колосов 等，1985）。适量的施氮肥能提高甜荞麦籽粒产量，提高甜荞麦对氮素的吸收和累积（侯迷红等，2013）。早在 1992 年，王永亮等就对荞麦施肥指标进行研究，根据荞麦产量与幼苗期（出苗后 10d）植株含氮量的相关关系，确定了荞麦诊断施氮指标，即在荞麦幼苗期植株含氮量变化在 2.44%～3.47%之间，最适含氮量为 2.84%。近年来，有关荞麦栽培和施肥方面的报道越来越多，李佩华（2007）研究得出，就单因子氮肥的响应度而言，齿翅野荞、金荞麦的最佳氮肥施用量为 105kg/hm^2，金荞麦的最佳氮肥施用量 75kg/hm^2。赵永峰等（2010）、穆兰海等（2012）相关研究表明，在一定范围之内荞麦籽粒产量随施氮量的增加而提高。侯迷红等（2013）以内蒙古库伦旗主栽的甜荞麦品种和日本大粒荞为试验材料，研究了氮肥用量对甜荞麦产量和氮素利用率的影响。其结果表明，施氮（N）30、60 和 90kg/hm^2 与不施氮相比，平均籽粒产量分别增加 52.6%、83.0%和 63.7%，籽粒含氮量增加 7.0%、10.8%和 6.9%，植株地上部氮素总累积量提高 66.9%、119.3%和 109.5%。施氮 60kg/hm^2 时，甜荞籽粒产量、氮含量和氮素累积量均达到最高。

适量追施苗肥和花前肥，一方面可以促进荞麦营养器官的生长，同时也可提高其营养器官的芦丁和黄酮含量。但偏施氮肥，施氮水平过高，则会造成产量下降，肥料浪费，进而影响种植收益（臧小云，2006；侯迷红等，2013）。张福锁等（2008）指出肥料的高投入虽然能在一定程度上提高作物的产量，但也大大增加了养分损失的可能性，超过一定限度后再增加施氮量时籽粒产量增加不显著，甚至降低（赵永峰等，2010；穆兰海等，2012）。何萍等（2004）指出，过量供氮使营养体氮素代谢过旺，导致运往籽粒的氮素减少。氮素生理效率、氮素利用率、氮收获指数、氮肥农学利用率、氮肥效率和生理利用率均随氮肥用量的增加而下降。施氮 30kg/hm^2 时，甜荞麦氮肥利用率最高。侯迷红等（2013）用不同浓度硝酸铵处理离体荞麦幼苗的第一片子叶和下胚轴，随氮素处理浓度的提高，荞麦离体器官中黄酮含量均出现下降（Margna U. 等，1989）。刘朝秀（2010）研究表明，出苗率的高低和成熟期的早迟与公顷施氮肥量成反比，即氮肥少的出苗率高，成熟早；氮肥多的出苗率低，成熟晚。抗逆性方面，每公顷施 150kg 氮肥的后期接近倒伏。

要充分发挥荞麦的生产潜力，获得较高的经济产量，氮肥用量必须适宜。因此，引导合理施肥，是荞麦生产中亟待解决的问题。

二、荞麦与磷肥

相关资料显示，以磷素营养为主时，对荞麦产量、产量构成和籽粒蛋白质含量均无积极的影响，但淀粉含量略有增加。Н. А. Колосов 等（1985）在研究作物磷素营养时指出，了解其中肥料磷的进入数量是非常重要的。С. Н. Ианов，А. И. Бондариук 等（1983）试验中应用放射性 ^{32}P 标记，把进入植株的磷分为肥料磷和土壤磷。研究表明，植株吸收肥料磷的数量随施肥量而增加。肥料磷的吸收量，大约比土壤磷高 1～3 倍。并且生长期间，肥料磷和土壤磷进入荞麦植株依施肥量的不同而异。在低施肥下肥料磷和土壤磷进入植株的数量大体相同，仅在提高施用量及施用高量磷肥时，肥料磷才占优势。对磷进入荞麦体内的动态研究表明，植株生育前半期含磷量最高。后半期由于营养体强烈增长、开花及果实形成，植株体内发生磷的“稀释”，致使每克干物质中磷量减少。这样一来，到生育末期，含磷量随营养水平的不同而异。在荞麦生长发育的各个时期和各种试验处理中，生殖器官每克干物质中的磷素含量都显著地高于营养器官。

荞麦喜磷，对磷的反应非常敏感，不仅现蕾和开花期，而且在果实形成和籽实成熟期，对肥料磷的吸收都很强烈。这个情况说明，荞麦对磷肥有很高的生物学要求。С. Н. Ианов，А. И. Бондариук 等（1983）研究表明，磷肥的施用，能够促进植株根系的生长，增强荞麦对土壤氮素的吸收利用，可明显提高产量，特别在缺磷少钾地区表现尤为突出（冯文武等，1984；赵更生等，1989）。赵更生等（1989）研究表明，不施肥的实验区荞麦植株生长矮小，呈单枝生长，粒少，产量极低，而施用磷肥后，千粒重达到 32.8g，产量为 417.7～574.5kg / hm^2，比对照增产 110%～198%。可以看出，适当的施用磷肥对提高荞麦品质与产量具有一定的积极作用。在此基础上，如何使以施磷为主的肥料管理技术得到发展，不至于导致土壤含磷量逐年增加，土壤养分含量失衡，造成荞麦减产，是亟待解决的一个问题（刘朝秀，2009）。

三、荞麦与钾肥

钾是植物生长必需的营养元素，它对作物产量及品质影响较大，缺钾时苗木的生长细弱，根系生长受到抑制，叶片发黄进而变褐等。在荞麦生产中，刘纲等（2012）发现施钾肥可提早现蕾开花，增加荞麦主茎分枝数，有利于增产。

四、荞麦与肥料配比

氮、磷、钾肥对荞麦的生长发育及最终的产量、品质都有不同的作用，不能替代，缺乏或者配合失当，都会导致荞麦生长异常，正常发育受到影响，造成不同程度的减产和品质下降。但是受传统观念的影响，认为荞麦是耐贫瘠的填闲作物，加上受种植地区的影响，在实际生产中有机肥很少被利用，同时有关肥料配比条件下荞麦营养生理的研究甚少。

五、荞麦与微肥

微量元素肥料简称微肥，是指含有植物生长所必需的微量元素的肥料。有硼肥、锌肥、锰肥、铁肥、钼肥、铜肥等。李海平等（2005）发现，硼砂浸种降低了苦荞种子的活力指数和种子中相关酶的活性，对苦荞芽菜的生长有促进效应，可以提高苦荞芽菜黄酮含量；硫酸锌浸种可以提高苦荞种子的活力指数和种子中相关酶的活性，对苦荞芽菜的生长有一定的促进作用，可以提高黄酮的含量。李灵芝、李海平（2008）发现硫酸锌浸种还具有提高苦荞芽产量和品质的作用。帅晓艳等（2008）发现，添加铁素的营养液培养苦荞芽菜，可以提高苦荞芽菜的营养品质，改善了苦荞芽菜的营养价值。

第四节　呼吸作用

呼吸作用是生物体细胞把有机物氧化分解并产生能量的化学过程，又称为细胞呼吸。生物的新陈代谢可以概括为两类反应：同化作用和异化作用。光合作用是将二氧化碳和水转变成为有机物，把日光能转化为可贮存在体内的化学能，属于同化作用；而呼吸作用是将体内复杂的有机物分解为简单的化合物，同时把贮藏在有机物中的能量释放出来，属于异化作用。呼吸作用是一切生活细胞的共同特征，呼吸停止，也就意味着生命的终止。了解荞麦呼吸作用的转变规律，对于调控植株生长发育，指导荞麦生产有着十分重要的意义。

一、荞麦种子及幼苗的呼吸作用

（一）种子形成与呼吸作用

在种子形成初期，随着种子内细胞数目的增多，细胞体积的增大，原生质含量、细胞器和呼吸酶的增多，呼吸逐步升高，到了灌浆期呼吸速率达到高峰，然后再下降。

（二）种子的安全贮藏与呼吸作用

干燥种子的呼吸作用与粮食贮藏有密切关系。含水量很低的风干种子呼吸速率微弱，一般荞麦种子含水量在12%～14%时，种子中原生质处于凝胶状态，呼吸酶活性低，呼吸微弱，可以安全贮藏，此时的含水量称之为安全含水量。当荞麦种子含水量达到15%～16%时，呼吸作用就显著增强。如果含水量继续增加，则呼吸速率几乎成直线上升。

（三）萌发种子

种子萌发的主要条件是水分、空气和温度，其中水分的充分吸收是种子萌发的先决条件。因此，农业生产上播种时首先进行浸种以利于种子萌发。另外，干旱地区播种时期的选择依据当地的气候条件也正是这个原因。种子如果播种过深或长期淹水缺氧，则会影响正常的有氧呼吸，对物质转化和器官的形成都不利，特别是根的生长和分化会受到明显的抑制。

二、呼吸作用对荞麦生产的意义

呼吸作用对荞麦生命活动具有十分重要的意义，包括为荞麦生命活动提供能量，为有机物质的合成提供原料等。同时，在荞麦抗病免疫方面也有着重要的作用。董新纯（2006）进行的苦荞呼吸抑制剂实验证明，紫外线（UV）胁迫下戊糖磷酸（PPP）途径增强，UV胁迫通过上调PPP途径的关键酶G-6-PDH（葡萄糖-6-磷酸-脱氢酶）的活性而提高PPP途径的比重，PPP途径产生的赤藓糖-4-磷酸（E-4-P）经关键酶DAHPS转化成莽草酸，而进入莽草酸途径，利于类黄酮等次生代谢物的合成。苦荞体内碳代谢的其他相关酶［如转化酶、蔗糖合成酶（SS）、蔗糖磷酸合成酶（SPS）］、氮代谢相关酶［如硝酸还原酶（NR）、谷氨酰胺合成酶（GS）、谷氨酸合成酶（GOGAT）］等也作出了适应这种代谢变化的调整。三羧酸循环（TCA）途径中的关键酶NADH-苹果酸脱氢酶（NADH-MDH）活性在紫外胁迫下也有所提高，但提高幅度小于G-6-PDH。杨洪兵（2011）以耐盐荞麦品种川荞1号和盐敏感荞麦品种TQ-0808为试验材料，采用50mmol/L和100mmol/L的NaCl胁迫和等渗PEG处理，发现相同盐度胁迫下，盐敏感品种呼吸速率增加幅度明显大于耐盐品种，2个荞麦品种在高盐度胁迫下呼吸速率增加幅度大于等渗PEG处理，盐敏感品种表现得更为明显。这可能是Na^{+}毒害效应的结果。

三、呼吸作用在荞麦生产中的具体应用

呼吸作用在作物的生长发育、物质吸收、运输和转变方面起着十分重要的作用，因此许多栽培措施是为了直接或间接地保证作物呼吸作用的正常进行。例如荞麦浸种催芽时，用温水淋种，利用种子的呼吸热来提高温度，加快萌发。露白以后，种子进行有氧呼吸，要及时翻堆降温，防止烧苗。在大田栽培中，适时中耕松土，防止土壤板结，有助于改善根际周围的氧气供应，保证根系的正常呼吸。在荞麦灌浆期，如雨水较多，容易造成高温

高湿逼熟，植株提早死亡，籽粒不饱满，此时要特别注意开沟排渍，降低地下水位，增加土壤含氧量，以维持根系的正常呼吸和吸收活动。由于光合作用的最适温度比呼吸的最适温度低，因此种植不能过密，封行不能过早，在高温和光线不足情况下，呼吸消耗过大，净同化率降低，影响产量的提高。

第五节　荞麦的光合生理

光合作用是绿色植物利用叶绿素等光合色素，在可见光的照射下，将二氧化碳和水转化为有机物，并释放出氧气的生化过程。叶片是荞麦光合作用的主要器官，而叶绿体是光合作用最重要的细胞器。一般来说，光合色素主要有两种类型，分别为叶绿素、类胡萝卜素。其他作物叶片中叶绿素与类胡萝卜素的比值约为3∶1，所以正常的叶子总呈现绿色。荞麦叶子正常情况下也呈绿色，但叶绿素与类胡萝卜素的比值目前尚不清楚。

有研究认为，干旱胁迫降低了植物叶绿素a/叶绿素b的比值，解释为叶绿素b比叶绿素a稳定，在活性氧的作用下叶绿素a更容易被分解。但也有研究表明，随干旱程度和光强的增加有升高的趋势，有人认为这可以减少叶片对光能的捕获，降低光合机构受光氧化破坏的风险，是一种植物适宜干旱胁迫的光保护调节机制。另一种解释是某些植物叶片中含有较多的花青素类物质可保护叶绿素a免受活性氧的伤害，使叶绿素a降解速度变缓，或者是在叶绿素合成过程中，叶绿素a转化到叶绿素b的过程受阻，使叶绿素b含量下降，从而导致叶绿素a/叶绿素b比值上升（Xiang等，2013）。类胡萝卜素不仅能够拓宽光合作用中的吸收光谱并将所吸收的光能传递给叶绿素a，而且能够通过散失高光强下多余能量来保护叶绿素，还有利于清除植物组织内部因干旱诱导产生的活性氧。有不少研究表明，干旱胁迫使植物叶片类胡萝卜素含量降低。王瑞波（2009）认为，类胡萝卜素含量的升高有利于清除植物组织内部的活性氧，是对干旱胁迫的一种保护性反应。类胡萝卜素/叶绿素比值的高低与植物忍受逆境的能力有关，比值越大其抗逆性越强。李芳兰等（2009）认为，干旱胁迫下类胡萝卜素/叶绿素比值降低可能与叶片中自由基代谢所产生的活性氧的积累有关，因为干旱环境中氧胁迫使光系统受到伤害。

一、影响叶绿素形成的条件

（一）光

光是影响叶绿素形成的主要条件。王雯等（2012）用盆栽试验测定金荞麦在不同程度干旱胁迫和UV-B辐射处理下光合色素的含量，发现金荞麦叶绿素a含量、叶绿素b含量、总叶绿素含量、叶绿素a/叶绿素b、类胡萝卜素含量都随干旱程度的加重而降低，类胡萝卜素/叶绿素在处理中后期基本随干旱程度的加深而有升高的趋势，并在后期达到显著水平。在水分充足的状况下，增强UV-B辐射降低了叶绿素a、叶绿素b和总叶绿素含量，显著提高了类胡萝卜素含量和类胡萝卜素/叶绿素的比值；在干旱胁迫下，增强UV-B辐射提高了叶绿素b和总叶绿素含量。金荞麦光合色素对干旱胁迫敏感，且在一定程度上能指示反映叶片受伤害程度，反映土壤干旱水平，增强UV-B辐射能减少由干旱胁迫带来的金荞麦光合色素变化。董新纯（2006）报道，在UV胁迫下，苦荞叶绿体色素降解加剧，用草甘膦阻断莽草酸途径导致叶绿体色素含量更大幅度下降。外源类黄酮、芦丁缓解叶绿体色素的下降，类黄酮缓解UV胁迫和草甘膦阻断莽草酸途径后，表现量子效率（AQY）、羧化效率（CE）、净光合速率（Pn）的下降，表明类黄酮利于维持相对较高的光合作用。低辐照度UV胁迫提高苦荞类胡萝卜素含量，使叶黄素循环库（V＋A＋Z）（V：紫黄质；A：单环氧玉米黄质；Z：玉米黄质）和（A＋Z）/（V＋A＋Z）提高，从而加强叶黄素循环而耗散过剩光能；高辐照度UV胁迫使类胡萝卜素含量、（V＋A＋Z）和（A＋Z）/（V＋A＋Z）降低，抑制叶黄素循环而加重强光抑制。类黄酮合成与类胡萝卜素合成存在一定关联性，类黄酮抑制过氧化从而保护膜组分类胡萝卜素及叶黄素循环库，这可能是UV胁迫下类黄酮减轻过剩光能对光合机构损伤的重要方式。

（二）温度和营养元素

叶绿素的生物合成是一系列酶促反应，受温度影响。叶绿素形成的最低温度约2℃，最适温度约30℃，最高温度约40℃。秋天叶子变黄和早春寒潮过后秧苗变白，都与低温抑制叶绿素形成有关。

叶绿素的形成必须有一定的营养元素。氮和镁是叶绿素的组成成分，铁、锰、铜、锌等则在叶绿素的生物合成过程中有催化功能或其他间接作用。因此，缺少这些元素时都会引起缺绿症，其中尤以氮的影响最大，因而叶色的深浅可作为衡量植株体内氮素水平高低的标志。钼有利于提高叶绿素的含量与稳定性，有利于光合作用的正常进行，能提高冬小麦、玉米、荞麦等的光合作用强度。杨利艳等（2005）以甜荞82-230为材料，研究了不同浓度的多效唑对荞麦生长、生理及产量的影响，发现多效唑可提高叶绿素含量，延缓叶片衰老过程中SOD活性的下降。

（三）氧和水

据报道，缺氧能引起Mg-原卟啉IX或Mg-原卟啉甲酯的积累，影响叶绿素的合成。缺水不但影响叶绿素生物合成，而且还促使原有叶绿素加速分解，所以干旱时叶片呈黄褐色。但荞麦上有关这方面的研究甚少。

二、光能利用率

通常把植物光合作用所积累的有机物中所含的化学能占光能投入量的百分比作为光能利用率（efficiency for solar energy utilization）。目前高产田的年光能利用率为1%～2%，而一般低产田块的年光能利用率只有0.5%左右。实际的光能利用率比理论光能利用低的主要原因有两方面：一是漏光损失。作物生长初期植株小，叶面积不足，日光的大部分直射于地面而损失。有人估算水稻与小麦等作物漏光损失的光能可在50%以上，如果前茬作物收割后不立即种植后茬，土地空闲时间延长，则漏光损失就会更大。二是环境条件不适。作物在生长期间，经常会遇到不适于作物生长与进行光合作用的逆境，如干旱、水涝、低温、高温、阴雨、强光、缺二氧化碳、缺肥、盐渍、病虫草害等。在逆境条件下，作物的光合生产率要比顺境条件下低得多，这会使光能利用率大为降低。

三、体内同化物的运输和分配

叶片是同化物的主要制造器官，它合成的同化物不断地运至根、茎、芽、果实中去，用于这些器官的生长发育和呼吸消耗，或者作为贮藏物质而积累下来。而贮藏器官中的同化物也会在一定时期被调运到其他器官，供生长所需要。同化物的运输与分配，无论对植物的生长发育，还是对农作物的产量和品质的形成都是十分重要的。杨武德等（2002）利用同位素示踪法，并结合改变库源比率研究了甜荞光合产物的分配规律及其与结实率的关系。结果表明，甜荞叶片的光合产物在植株上呈倒塔形分布，与结实率的空间分布结构相一致；在结实器官之间存在着对营养物质的吸收竞争，竞争能力大小依次为大籽＞小籽＞幼籽＞花，结果使发育较晚的结实器官因得不到足够的营养而枯萎；相对地增源减库和减源增库可以大幅度提高或降低结实率；光合产物的相对不足是甜荞结实率低的主要原因。

四、光合作用对荞麦生产的指导意义

荞麦的产量主要靠光合作用转化光能得来的，其光合产量（photosynthetic yield）可用下式表示：光合产量＝净同化率×光合面积×光照时间

杨坪等（2011）研究了野生荞麦的生长发育及苗期、现蕾期、开花盛期、成熟期叶片叶绿素含量，以及从苗期起每 20d 光合速率的变化情况。结果表明：野生荞麦株高呈“S”形生长曲线，真叶数、分枝数、单株叶片面积随生长发育进程呈“单峰”的曲线变化。除金荞麦叶片的叶绿素含量呈“高—低”的变化趋势外，其余品种都呈“低—高—低”的单峰曲线变化趋势。在 6 种野生荞麦中，硬枝万年荞整个生育期光合速率平均值最高，为 15.32mg/(dm^2 · h)，金荞麦最低，为 8.92mg/(dm^2 · h)。具有午休现象的植物，光合利用率相对较低，不利于作物的产量形成。金荞麦的净光合速率日变化进程比较平稳，不存在明显的午休现象，因此有利于光合产物的高效积累。野生金荞麦主要分布在温带、亚热带地区的高海拔环境中，长期受高温、低湿和强光照辐射等胁迫环境的影响，在生理功能等方面具有某些特殊的适应方式，如叶绿素含量较低（可减少叶片对光的吸收，使植株免受强辐射的损伤等）和类胡萝卜素含量增加（可以耗散叶绿素吸收的过多光能，使叶绿素不致光氧化而遭到破坏），同时类胡萝卜素还可以吸收紫外线辐射，减少紫外线辐射对植株的伤害。此外，植株的形态结构如根系发达、地下茎呈块状木质、叶片表面蜡质等也有利于植株耐受高温、低湿和土壤干旱等不利生态条件的影响。气孔导度、光合有效辐射和蒸腾速率是影响金荞麦叶片净光合速率的主要环境因子，不同品种金荞麦的光合特性存在差异。贾彩凤等（2008）发现金荞麦贵州 Ⅰ 号叶片的气孔导度、光合有效辐射、蒸腾速率和水分利用效率等值均高于江苏 Ⅱ 号，促使叶片的净光合速率增加，从而引起叶片的最大光合速率、光饱和点和光补偿点等值升高，说明贵州Ⅰ号金荞麦具有较高的核酮糖 1，5-二磷酸羧化酶加氧酶（Rubisco）活性和电子传递速率，有利于干物质的积累，进而提高生物学产量。这可能与金荞麦的基因型、解剖构造和生态环境等因素有关，有待进一步研究与探讨。金荞麦是短日照喜光植物，对光照高度敏感，因此栽培地应选择光照

条件好的地块，合理安排种植密度，适当稀植，以满足其对光的需求。在育种研究方面，应注重选育叶片上冲、株型紧凑、生育期较短的高光效品种，以提高叶片的光合能力，增加光合产物的积累，从而提高金荞麦的质量和产量。

荞麦生产中，通过提高净同化率，增加光合面积，延长光照时间，可以提高荞麦产量。王安虎（2009）研究表明，光照强弱对苦荞的叶绿素指数、净光合速率、黄酮含量都具有较大的影响。遮光后较短时间内叶片叶绿素指数随光强的增加而降低，遮光后较长时间内苦荞叶片叶绿素指数随光强的减弱而减弱。这可能是遮光后的短时间内自然光强对叶片叶绿素的破坏作用比弱光对叶绿素的破坏作用大，当遮光时间较长时，强光对苦荞叶片叶绿素的破坏作用小于弱光对叶绿素的破坏作用，在遮光的较短时间内，一定程度上弱光能保护叶绿素不被破坏。因此，苦荞栽培中应注意光照条件，尽可能将苦荞种植于阳光充沛的生态区。从光照强度对净光合速率变化的影响来看，现蕾期各程度遮光处理叶绿素指数依次为40%光强>60%光强>80%光强>CK，而同期的净光合速率依次为CK>80%光强>60%光强>40%光强，表现为叶绿素指数与净光合速率呈相反趋势。这表明光照比叶绿素对光合速率的影响更大，因为光合作用过程中有一步很重要的过程就是光合磷酸化，光合磷酸化必须是叶绿体在光下才能完成。开花结实期和成熟期，苦荞净光合速率的变化与叶绿素指数的变化趋势一致，也与光照强度的变化一致。

浇水、施肥（含叶面喷施）是作物栽培中最常规的管理措施，其主要目的是促进光合面积的迅速扩展，提高光合机构的活性。戴红燕等（2008）发现野生荞麦的光合速率值比川荞1号低且高峰值出现时期比川荞1号迟，这也充分表现出了栽培荞麦在生育期和产量上的优势；通过对在不同肥力条件下生长的野生荞麦光合速率、叶绿素含量和叶面积的测定分析，发现它们都有随着土壤肥力的升高而增加的规律。蔡妙珍等（2008）用营养液培养法研究了钙、硅对荞麦根长、光合作用和叶绿素荧光的影响。结果表明，15d时0.5mmol/L和5mmol/L铝离子（Al^{3+}）处理降低了荞麦根长、叶绿素含量、净光合速率（P_n）、胞间二氧化碳浓度（C_i），对叶绿素荧光F_v/F_m（PSⅡ原初光能转化效率）、F_v/Fo的影响不大，30d后以上伤害均加重。配施钙或硅的处理，能促进根的伸长和提高叶绿素含量，并使叶片的P_n、C_i保持在较高的水平。施硅能明显提高荞麦叶片的叶绿素荧光F_v/F_m、F_v/F_o，而钙的影响不大。硅对铝胁迫的缓解效果好于钙。

大田作物间的CO_2浓度虽然目前还难以人为控制（主要靠自然通风来提供），然而，通过增施有机肥，实行秸秆还田，促进微生物分解有机物释放CO_2以及深施碳酸氢铵（含有50%CO_2）等措施，也能提高冠层内的CO_2浓度。以上的措施因能提高净同化率，因而均有可能提高作物产量。

（一）增加光合面积

光合面积，即植物的绿色面积，主要是叶面积，它是对产量影响最大，同时又是最容易控制的一个因子。通过合理密植或改变株型等措施，可增大光合面积。

1. 合理密植　所谓合理密植，就是使作物群体得到合理发展，使之有最适的光合面积，最高的光能利用率，并获得最高收获量的种植密度。种植过稀，虽然个体发育好，但群体叶面积不足，光能利用率低；种植过密，一方面下层叶子受到光照少，处在光补偿点以下，成为消耗器官，另一方面，通风不良，造成冠层内CO_2浓度过低而影响光合速率；

此外，密度过大，还易造成病害与倒伏，使产量大减。张茜等（2011）报道，苦荞各生理特性指标从苗期到开花结实期不断增加，到开花结实期时，苦荞的营养生长与生殖生长同时进行，茎尖不断进行营养生长，叶面积迅速增大，植株高度提高，植物干物质量增加，最后可产生大量的开花分枝和节位。此期的叶片叶绿素指数、光合速率和总黄酮质量分数也达到最大水平。密度对苦荞的影响主要表现在光能利用上，强光照有减弱叶片叶绿素指数升高的趋势，弱光照条件下叶绿素指数有所增加，有利于植物更好地吸收光能和更有效地进行光合作用。黎磊等（2012）以一年生荞麦为材料研究了自疏种群地下部分生物量，包括地下部分的个体总生物量以及各构件生物量与密度的关系，发现光合产物在地上和地下构件的生物量分配格局以及构件生物量与地上生物量之间特异的异速生长关系导致不同构件具有不同的自疏指数。无论对于地上生物量还是个体总生物量，荞麦种群能量均守恒，而对于地下生物量，荞麦种群能量不守恒。

2. 改变株型 种植秆矮、叶挺而厚的品种可增加密植程度，提高叶面积系数，并耐肥抗倒，因而能提高光能利用率。

（二）延长光合时间

在不影响耕作制度的前提下，适当延长生育期能提高产量。另外，在小面积的栽培试验中，或要加速重要的材料与品种的繁殖时，可采用生物灯或日光灯作人工光源，以延长光照时间。

（三）选择合适的品种

荞麦营养生长和生殖生长的重叠期较长，因此引起光合作用产物的竞争，常出现光合作用活性高但产量却不高的现象。高产品种不但要求光合器官发达、光合产物充足，还需要受精胚获得光合产物的能力强。有研究报道，不同基因型、不同品种荞麦的光合作用存在显著差异。巩巧玲等（2008）在大田条件下试验观测甜荞西农 9976 和苦荞西农 9920 两种不同基因型荞麦开花至成熟期间主茎叶片衰老特性。结果表明，不同基因型荞麦叶片衰老进程存在着明显差异。与甜荞西农 9976 相比，苦荞西农 9920 生育后期功能叶片的叶绿素含量和可溶性蛋白质含量下降幅度小，超氧化物歧化酶（SOD）、CAT 活性下降缓慢，丙二醛（MDA）含量增加幅度小，叶片功能期长，衰老慢，有助于光合产物的积累。李佩华等（2007）研究探讨了不同肥料梯度下中国荞麦属 1 个种及 1 变种的生理特性，研究发现：齿翅野荞在低氮（0～45kg/hm^2）水平下，净光合速率（P_n）、气孔导度（G_s）、叶绿素（Chl）含量均较西荞 1 号、金荞麦高；前期的蒸腾速率（T_r）齿翅野荞＜西荞 1 号＜金荞麦，后期三者之间则看不出明显差异；细胞间隙 CO_2浓度（C_i）齿翅野荞＜金荞麦＜西荞 1 号。在中氮（75kg/hm^2）、高氮（105～135kg/hm^2）水平下，齿翅野荞、金荞麦净光合速率（P_n）、气孔导度（G_s）、叶绿素（Chl）含量均较西荞 1 号高。野生荞麦和栽培苦荞叶片的净光合速率（P_n）、气孔导度（G_s）、叶绿素（Chl）含量、蒸腾速率（T_r）、细胞间隙 CO_2 浓度（C_i）对氮肥的施用量反应差异较大。在低氮（0～45kg/hm^2）、中氮（75kg/hm^2）、高氮（105～135kg/hm^2）水平下，齿翅野荞、金荞麦的净光合速率（P_n）、气孔导度（G_s）、叶绿素（Chl）含量高于栽培苦荞西荞 1 号，蒸腾速率（T_r）前期高于西荞 1 号，细胞间隙 CO_2浓度（C_i）则相反。野生荞麦具有适应不同氮肥水平的高光效基因型，氮、磷、钾配合施用对栽培荞麦、野生荞麦提高净光合速率（P_n）、气孔导度（G_s）、叶绿素（Chl）含量、根长、须根数、茎粗、茎叶重、地下重（块茎和根）、株粒重、生物学产量有较好的作用。王安虎（2009）比较了苦荞麦同源四倍体和原种二倍体在苗期、现蕾期、开花结实期和成熟期的叶片叶绿素含量、光合速率，发现苦荞麦同源四倍体叶片平均叶绿素含量比二倍体高3.5%，叶片平均光合速率比二倍体高10.4%。兰金旭等（2010）为了探讨金荞麦变异株系在快速生长期的光响应和光合日变化规律，以^{60}Co-γ射线辐射绿茎金荞麦根茎（对照）及得到的红茎、红叶诱变株系植株为试验材料，连续2年进行了光合参数测定，发现红叶和红茎株系在弱光下具有较好的光利用能力，而绿茎株系在强光下具有较强的光合能力；3种金荞麦的净光合速率日变化均呈双峰曲线，但由于气孔限制的影响，具有"光合午休"现象；日光合进程中，绿茎的光合速率高于红茎和红叶；光照和温度是影响金荞麦光合作用的主要因素；红茎的光合作用需要高环境CO_2浓度，而高环境CO_2浓度却抑制了绿茎和红叶的光合作用，低湿也是影响红叶光合作用的重要因子。研究结果说明金荞麦变异株系的光合能力明显弱于绿茎对照植株。因此，在实际生产中，因地制宜地选择合适的品种对保障荞麦产量至关重要。

（四）增强荞麦对逆境的适应能力

由于历史的原因，当前我国荞麦主要种植在一些生长环境不佳的地方。荞麦生长过程中面对有各种环境胁迫，如水分胁迫、盐浓度过高、铝胁迫、UV-B辐射等。国内外对此也进行了大量研究。

部分研究关注了逆境下荞麦的光合生理和生长发育。田学军等（2008）研究高温胁迫对荞麦生长发育的影响，以距茎尖第三节叶片为材料，用40℃和44℃水浴模拟高温胁迫2h，22℃处理为对照，测定离体叶片电导率、丙二醛（MDA）含量、抗坏血酸（AsA）含量以及幼苗下胚轴长度。荞麦离体叶片经40℃和44℃高温胁迫2h后，电导率、MDA含量、抗坏血酸含量均高于对照，且胁迫温度越高，差别越大。荞麦离体叶片高温胁迫2h后转移到22℃培养室内培养48h，对照、40℃组和44℃组幼苗的下胚轴长度差异达到极显著水平。高温胁迫对荞麦生理的不利影响主要表现为：细胞膜完整性受损，更多的膜脂被过氧化，根系的生长受到严重抑制。夏明忠等（2006）通过测定野生荞麦和栽培苦荞麦叶片光合速率对光照、温度、土壤含水量变化的反应，发现野生荞麦与栽培苦荞麦对光照、温度和水分变化的反应差异明显，野生荞麦叶片在利用光能和叶片光合速率的温度适宜范围，以及对水分胁迫适应力等方面都强于栽培苦荞麦，表现出较高的光合生产能力和较好的抗逆性。唐兰（2006）研究发现，高浓度的盐碱胁迫对金荞麦的生理功能有较大的影响，同时光合作用受到了一定影响。干旱处理下出现了一定程度的脱水，且对光合作用有较大的影响。杨洪兵（2011）以耐盐荞麦品种川荞1号和盐敏感荞麦品种TQ-0808为试验材料，采用50mmol/L和100mmol/L的NaCl胁迫和等渗PEG处理，结果表明：低盐度胁迫明显促进耐盐品种的光合速率，而高盐度胁迫时盐敏感品种的光合速率显著下降。战伟龑等（2009）以甜荞（平荞2号）和苦荞（黔苦2号）为试验材料，研究NaCl和等渗PEG对荞麦根系活力、质膜透性、MDA含量及净光合速率的影响，发现低盐度处理时两种荞麦根系活力明显增强，苦荞增加幅度较大，甜荞根部和叶片质膜透性及MDA含量明显增加，苦荞叶片净光合速率明显增加；高盐度处理时两种荞麦根系活力仍保持较高的水平，甜荞根部和叶片质膜透性及MDA含量增加幅度明显大于苦荞，甜荞叶片净光合速率明显下降且下降幅度明显大于等渗 PEG 处理，而苦荞叶片净光合速率与对照无明显差异。说明质膜透性、MDA 含量和净光合速率是荞麦抗逆性敏感生理指标，苦荞的耐胁迫性大于甜荞。陈微微等（2007）报道，荞麦和金荞麦对低铝胁迫（＜0.2g/kg）有一定的适应，当土壤铝处理浓度达到 0.4g/kg 时，荞麦和金荞麦叶片光合作用受到严重抑制，生长表现出明显的铝毒害症状。崔东亮（2001）研究发现，除草剂禾耐斯与速收对荞麦的叶绿素含量、光合速率、蒸腾速率等生理指标总的影响趋势是随用药量的增大，抑制率增加。

近年来，国内对金荞麦资源愈加重视，其中西南大学对金荞麦的光合生理进行了研究。何俊星（2010）以金荞麦和荞麦为研究对象，主要研究了增强 UV-B 辐射和酸雨胁迫处理对金荞麦和荞麦的生长和生物量分配，以及叶片光合色素含量和保护酶等保护物质的影响，比较了两个物种在增强 UV-B 辐射和酸雨胁迫处理下的可塑性差异。研究发现，增强 UV-B 辐射和酸雨胁迫处理影响了金荞麦和荞麦光合色素含量，在处理后期，两个物种叶绿素 a、叶绿素 b 以及总叶绿素含量从高到低依次为：CK＞单一 UV-B 辐射＞单一轻度酸雨＞UV-B 辐射和轻度酸雨复合处理＞单一重度酸雨＞UV-B 辐射和重度酸雨复合处理。处理前期，单一 UV-B 辐射和单一轻度酸雨处理对两个物种叶绿素 a、叶绿素 b 含量影响不大，单一重度酸雨与 UV-B 辐射和酸雨复合处理显著降低了叶绿素 a、叶绿素 b 的含量；处理中后期，所有胁迫处理都降低了叶绿素 a、叶绿素 b 的含量，且单一重度酸雨与 UV-B 辐射和酸雨复合处理对两个物种叶绿素 a 和叶绿素 b 含量影响更为严重，并且叶绿素 a 含量下降幅度大于叶绿素 b；增强 UV-B 辐射与酸雨胁迫对金荞麦和荞麦类胡萝卜素含量影响较小，在处理后期 UV-B 辐射和重度酸雨复合处理降低了类胡萝卜素含量。UV-B 辐射与酸雨对金荞麦和荞麦光合色素影响较大，重度酸雨与 UV-B 辐射和酸雨复合处理对两个种光合色素影响严重，随着处理时间的增加，UV-B 辐射和酸雨处理对两个物种的光合色素影响加重。张益锋（2010）研究了模拟增强 UV-B 辐射及干旱胁迫下的金荞麦和荞麦生物量积累与分配、叶光合色素、叶保护物质和保护酶的响应。金荞麦和荞麦叶叶绿素 a、叶绿素 b 和总叶绿素含量都随干旱程度的加重而降低。在充足水分状况下，增强的 UV-B 辐射降低了金荞麦和荞麦叶绿素 a、叶绿素 b 和总叶绿素含量；在干旱胁迫下，除金荞麦叶绿素 a 含量对增强的 UV-B 辐射不敏感外，增强的 UV-B 辐射能提高荞麦叶绿素 a、金荞麦和荞麦叶绿素 b 及总叶绿素含量。金荞麦叶绿素 a/叶绿素 b 的比值随干旱胁迫程度的加重而降低，在处理中期最为明显：中度干旱胁迫在处理中期提高了荞麦叶绿素 a/叶绿素 b 的比值；无论是充足水分还是干旱胁迫条件下，叶绿素 a/叶绿素 b 比值对增强的 UV-B 辐射都不敏感。金荞麦和荞麦叶类胡萝卜素含量均随干旱胁迫加重而降低，只在充足水分状况下，增强的 UV-B 辐射才提高了金荞麦类胡萝卜素含量，而在其他水分状况下，金荞麦和荞麦叶类胡萝卜素含量对增强的 UV-B 辐射不甚敏感。金荞麦和荞麦类胡萝卜素/叶绿素比值在处理中后期基本有随干旱程度的加深而呈升高的趋势，到后期达到显著水平；在充足水分状况下，增强的 UV-B 辐射显著提高了金荞麦类胡萝卜素/叶绿素比值，而在其他水分状况下，金荞麦和荞麦类胡萝卜素/叶绿素比值对增强的 UV-B 辐射不甚敏感。从光合色素可塑性指数来看，UV-B 辐射或干旱处理中金荞麦光合色素可塑性比荞麦要高，金荞麦在光合色素方面表现出比荞麦更高的可塑性。

有一些比较深入的研究试图通过一些人工手段提高荞麦对逆境胁迫的抵御能力。镁是叶绿素的主要成分，植物体内约20%的镁存在于叶绿素中，镁还是植物光合作用中许多酶的激活剂。杨洪兵（2012）以盐敏感荞麦品种TQ-0808为试验材料，在100mmol/L NaCl胁迫下进行不同浓度的外源镁离子（Mg^{2+}）处理，探讨外源Mg^{2+}对荞麦耐盐生理特性的效应。结果表明，40mmol/L外源Mg^{2+}处理能显著降低NaCl胁迫下荞麦叶片质膜透性和丙二醛（MDA）含量，明显增加NaCl胁迫下荞麦叶片超氧化物歧化酶（SOD）活性和净光合速率，使NaCl胁迫下荞麦叶片SOD活性接近对照水平，荞麦叶片净光合速率达到对照水平，说明适当浓度的外源Mg^{2+}处理可明显改善盐胁迫下荞麦幼苗的生理特性，对盐胁迫具有较好的缓解作用；而外源Mg^{2+}浓度过高可能会加剧胁迫。杨洪兵（2012）、陈晓云（2012）等以盐敏感荞麦品种TQ-0808幼苗为材料，采用100mmol/L NaCl并添加不同浓度水杨酸（SA）、茉莉酸（JA）、蔗糖及钙离子（Ca^{2+}）的处理方法，测定荞麦耐盐生理指标。外源SA、JA、蔗糖及Ca^{2+}均能明显增加盐胁迫下荞麦叶片超氧化物歧化酶（SOD）和抗坏血酸过氧化物酶（APX）活性及叶片净光合速率，对盐胁迫具有较好的缓解作用。外源Ca^{2+}处理的增加效果明显好于蔗糖处理。叶绿素荧光动力学是以光合作用理论为基础，用于研究和探测植物体内光合器官的运转状况及分析植物对环境胁迫的响应机理。与传统的“表观性”的气体交换指标相比，叶绿素荧光参数更能反映植物光合的“内在性”特点，可以用它快速、灵敏和非破坏性地分析逆境因子对光合作用的影响机理。朱美红等（2010）采用水培法，以不同耐铝品种江西荞麦（耐性）和内蒙古荞麦（敏感）为材料，研究磷、铝交替处理下荞麦叶面积、叶绿素含量和叶绿素荧光参数的变化。结果表明：200μmol/L铝胁迫下，两品种荞麦的叶面积减小，叶绿素a（Chla）、总叶绿素（Chl T）含量降低，最大荧光（F_m）和电子传递速率（ETR）下降，内蒙古荞麦叶片初始荧光（F_o）显著升高，PSⅡ（PhotosystemⅡ）最大光化学效率（F_v/F_m）降低，江西荞麦F_o和F_v/F_m变化均不显著。磷、铝交替处理下，两荞麦品种的叶绿素a和总叶绿素含量较单铝处理组显著升高，F_v/F_m值略上升，F_o值降低，其中内蒙古荞麦F_o下降显著，两品种荞麦叶片的F_m和电子传递速率值有不同程度上升。说明磷处理能部分削弱铝毒对光合作用的光抑制和对光合机构的损伤，有利于植株光合作用的进行。

主要参考文献

蔡妙珍，刘鹏，徐根娣，等．2008. 钙、硅对铝胁迫下荞麦光合生理的影响[J]. 水土保持学报，22（2）：206-208.

陈花，王建军．2004. 电场对荞麦种子抗旱性影响［J］. 价值工程（4）：328-330.

陈微微，陈传奇，刘鹏等．2007. 荞麦和金荞麦根际土壤铝形态变化及对其生长的影响［J］. 水土保持学报，21（1）：176-179，192.

陈晓云，刘洪庆，李发良，等．2012. 外源蔗糖和Ca^{2+}对荞麦幼苗耐盐性的影响［J］. 植物生理学报，48（12）：1187-1192.

程玉杰，肖华，李晓娜．2009. NaCl胁迫对荞麦种子萌发的影响［J］. 内蒙古民族大学学报，15（2）：83-84.

褚天铎．2002. 化肥科学使用指南［M］. 北京：金盾出版社．

崔东亮．2001. 禾耐斯和速收对荞麦的安全性和药效研究［D］. 太谷：山西农业大学．

崔晓星，魏英勤，刘鑫欣，等 . 2010. "3414" 设计研究氮磷钾施肥量对半夏产量及品质的影响 [J] . 中国农学通报，26 (15)：257-261.
戴红燕，王安虎，华劲松 . 2006. 植物生长调节剂浸种对苦荞幼苗的影响 [J] . 种子，25 (9)：24-29.
戴红燕，蔡光泽，华劲松，等 . 2008. 不同土壤肥力对野生荞麦光合特性的影响 [J] . 西昌学院学报：自然科学版，22 (1)：11-13.
董新纯 . 2006. UV 胁迫下苦荞类黄酮代谢及其防御机制研究 [D] . 泰安：山东农业大学 .
冯文武 . 1984. 荞麦施磷肥效果好 [J] . 农业科学实验 (4)：22.
巩巧玲，冯佰利，高金锋，等 . 2008. 不同基因型荞麦生育后期叶片衰老特性研究 [J] . 干旱地区农业研究，26 (5)：27-31，35.
顾晓刚 . 2003. 提高磷肥肥效的途径 [J] . 农家科技 (10)：25.
郭建伟，李保明 . 2008. 土壤肥料 [M] . 北京：中国农业出版社 .
郭克婷 . 2003. 不同储藏条件对作物种子生活力的影响 [J]. 韶关学院学报：自然科学版，24(6)：85-87.
韩雍 . 2008. 荞麦芦丁和蛋白质的近红外光谱分析 [D] . 杨陵：西北农林科技大学 .
何俊星 . 2010. 金荞麦和荞麦对增强 UV-B 辐射和模拟酸雨处理的生长和生理可塑性响应 [D] . 重庆：西南大学 .
何萍 . 2004. 高油玉米子粒灌浆期间氮素的吸收与分配 [J] . 植物营养与肥料学报，26 (5)：116-125.
侯迷红，范富，宋桂云，等 . 2013. 氮肥用量对甜荞麦产量和氮素利用率的影响 [J] . 作物杂志 (1)：102-105.
吉牛拉惹 . 2008. 不同光照强度对苦荞麦主要生物学性状的影响 [J] . 安徽农业科学，36 (16)：6638-6639.
贾彩凤，李艾莲 . 2008. 药用植物金荞麦的光合特性研究 [J] . 中国中药杂志，33 (2)：129-132.
兰金旭，陈彩霞，杨念婉，等 . 2010. 金荞麦变异株系光合参数变化及其与环境因子关系 [J] . 中国农学通报，26 (11)：92-98.
郎桂常 . 1996. 苦荞麦的营养价值及其开发利用 [J] . 中国粮油学报，11 (3)：9-14.
黎磊，周道玮，盛连喜 . 2012. 植物种群自疏过程中构件生物量与密度的关系 [J] . 生态学报，32 (13)：3987-3997.
李朝苏，刘鹏，徐根娣，等 . 2006. 铝浸种对荞麦种子萌发和幼苗生理的影响 [J] . 生态学报，26 (6)：2041-2047.
李芳兰，包维楷，吴宁 . 2009. 白刺花幼苗对不同强度干旱胁迫的形态与生理响应 [J] . 生态学报，29 (10)：5406-5410.
李海平，李灵芝，任彩文，等 . 2009. 温度、光照对苦荞麦种子萌发、幼苗产量及品质的影响 [J] . 西南师范大学学报：自然科学版，34 (5)：158-161.
李海平，李灵芝，郑少文，等 . 2005. 硼、锌对苦荞芽菜生长和品质的影响 [C] //中国园艺学会 . 中国园艺学会第十届会员代表大会暨学术讨论会论文集 .
李合生 . 2006. 现代植物生理学 [M] . 第 2 版 . 北京：高等教育出版社 .
李灵芝，李海平 . 2008. 微量元素锌对苦荞种子萌发及生理特性的影响 [J] . 西南大学学报：自然科学版 (3)：80-83.
李佩华，蔡光泽，华劲松，等 . 2007. 不同供氮水平对野生荞麦与栽培苦荞的表现型差异性比较 [J] . 西南农业学报，20 (6)：1255-1261.
李文华，崔波，丁烽 . 2013. 赤霉素对荞麦萌发的影响及小分子活性成分的测定 [J] . 商品与发酵科技，49 (1)：70-72.
梁剑，蔡光泽 . 2008. 不同温度处理对几种荞麦种子萌发的影响 [J] . 现代农业科技 (1)：97-98.

刘柏玲，张凯，聂恒林，等.2009. 铜对荞麦种子萌发及幼苗生长的影响［J］. 山东农业科学，9：30-32.

刘朝秀.2009. 盐源县荞麦氮、磷肥配合施用量比较试验［J］. 四川农业科技（10）：52.

刘朝秀.2010. 盐源县荞麦氮、磷肥配合施用量比较试验［J］. 四川农业科技（3）：51.

刘纲，熊仿秋，钟林，等.2012. 苦荞麦氮磷钾“3414”肥料效应试验初报［J］. 农业科技通讯（5）：94-97.

刘克锋.2006. 土壤、植物营养与施肥.［M］北京：气象出版社.

刘树立，高恩广，梁萍，等.2008. 影响种子活力的因素与控制［J］. 种子世界，7：33-34.

刘媛媛，李廷轩，余海英，等.2009. 有机无机肥交互作用对设施土壤钾素变化的影响［J］. 土壤通报（5）：1139-1146.

穆兰海，剡宽江，陈彩锦，等.2012. 不同密度和施肥水平对苦荞麦产量及其结构的影响［J］. 现代农业科技（1）：63-64.

南益丽，陈丽，刘鹏，等.2006. 铝对荞麦种子萌发的影响［J］. 安徽农业科学，34（22）：5788-5789.

钱建亚，Manfred Kuhn. 2000. 荞麦淀粉的性质［J］. 西部粮油科技，25（3）：42-45.

任永波，任迎虹.2001. 植物生理学［M］. 成都：四川科学技术出版社.

帅晓艳，陈尚钘，范国荣，等.2008. 不同浓度铁素营养液对苦荞芽菜品质的影响［J］. 安徽农业科学（17）：7190-7191，7377.

谭萍，方玉梅，王毅红，等.2008. 苦荞种子黄酮类化合物清除 DPPH 自由基的作用［J］. 食品研究与开发. 12：20-22.

林汝法.1994. 中国荞麦［M］. 北京：中国农业出版社.

汤凤冈，夏立恒.1983. 肥料［M］. 长春：吉林人民出版社.

唐继伟，林治安，许建新，等.2006. 有机肥与无机肥在提高土壤肥力中的作用［J］. 中国土壤与肥料（3）：44-47.

唐兰.2006. 金荞麦［*Fagopyrum dibotrys*（D. Don）Hara］模拟逆境下的生理和形态适应性及开花物候研究［J］. 重庆：西南大学.

田学军，陶宏征.2008. 高温胁迫对荞麦生理特征的影响［J］. 安徽农业科学，36（31）：13519-13520.

王雯，张益锋.2012. 干旱及增强 UV-B 胁迫对金荞麦光合色素的影响［J］. 安徽农业科学，40（11）：6463-6467.

王安虎，熊梅，耿选珍，等.2003. 中国荞麦的开发利用现状与展望［J］. 作物杂志，3：7-8.

王安虎.2009. 不同光照强度对苦荞主要生理特性的影响［J］. 安徽农业科学，37（21）：9920-9921，9924.

王安虎.2009. 苦荞麦同源四倍体与原种二倍体主要生理指标比较分析［J］. 江苏农业科学（2）：93-95.

王红育，李颖.2004. 荞麦的研究现状及应用前景［J］. 食品科学，25（10）：388-391.

王瑞波.2009. 中国特有植物南川百合（*Lilium rosthornii* Diels）保护生物学研究［D］. 重庆：西南大学.

王三根，王西瑶.1997. 植物生理学［M］. 成都：成都科技大学出版社.

王学辉，薛风照.2013. 苦荞麦萌发过程中营养物质的变化及分布研究［J］. 农业机械，4：63-66.

王忠.2009. 植物生理学［M］. 第 2 版. 北京：中国农业出版社.

魏益明，张国权，胡新中，等.2000. 荞麦蛋白质组分中氨基酸和矿物质研究［J］. 中国农业科学，33（6）：101-103.

夏明忠，华劲松，戴红燕，等.2006. 光照、温度和水分对野生荞麦光合速率的影响［J］. 西昌学院学报：自然科学版，20（2）：1-3，6.
谢建昌．2000. 钾与中国农业［M］．南京：河海大学出版社．
杨洪兵．2011. NaCl 胁迫与等渗 PEG 处理对荞麦光合速率和呼吸速率的影响［J］．作物杂志（4）：38-39.
杨洪兵．2012. 外源 Mg^{2+} 对荞麦耐盐性的影响［J］．华北农学报，27（6）：130-133.
杨洪兵，孙萍．2012. 外源水杨酸和茉莉酸对荞麦幼苗耐盐生理特性的效应［J］．植物生理学报，48（8）：767-771.
杨利艳，杨武德．2005. 多效唑对荞麦生长、生理及产量影响的研究［J］．山西农业大学学报，25（4）：328-330.
杨坪，夏明忠，蔡光泽．2011. 野生荞麦的生长发育与光合生理研究［J］．西昌学院学报：自然科学版，25（4）：1-5.
杨武德，郝晓玲，杨玉．2002. 荞麦光合产物分配规律及其与结实率关系的研究［J］．中国农业科学，35（8）：934-938.
尹春，尹东房，张雄杰，等．2010. 甜荞种质资源种子化学成分比较研究［J］．种子，29（1）：4-7.
尹礼国，种耕，刘雄，等．2002. 荞麦营养特性、生理功能和药用价值研究进展［J］．粮食与油脂，5：32-34.
臧小云，刘丽萍，蔡庆生．2006. 不同供氮水平对荞麦茎叶中黄酮含量的影响［J］．南京农业大学学报，29（3）：28-32.
战伟龑，邱念伟，赵方贵，等．2009. 盐和水分胁迫对不同荞麦品种生理特性的影响［J］．中国农学通报，25（17）：129-132.
张福锁，王激清，张卫峰，等．2008. 中国主要粮食作物肥料利用率现状与提高途径［J］．土壤学报，45（5）：915-924.
张茜，王安虎，杨继勇．2011. 不同锌质量分数和密度对苦荞生理特性和产量的影响［J］．西南大学学报：自然科学版，33（6）：49-53.
张淑民．1982. 肥料［M］．北京：科学普及出版社．
张益峰，何平，李桂强．2010. 光强对金荞麦幼苗部分生理指标和生物量的影响［J］．西南大学学报：自然科学版，32（4）：6-11.
张益锋．2010. 金荞麦和荞麦对增强 UV-B 辐射及干旱胁迫的生理生态响应［D］．重庆：西南大学．
赵更生，郑剑英．1989. 氮磷配合施用荞麦增产显著［J］．陕西农业科学（1）：33-45.
赵琳．2012. 苦荞萌发期生理活性及其蛋白抗细菌的研究［D］．上海：上海师范大学．
赵永峰，穆兰海，常克勤，等．2010. 不同栽培密度与 N、P、K 配比精确施肥对荞麦产量的影响［J］．内蒙古农业科技（4）：61-62.
郑光华．1990. 实用种子生理学［M］．北京：农业出版社．
朱美红，饶米德，吴韶辉，等．2010. 磷、铝交替作用下荞麦的叶绿素荧光特性变化［J］．科技通报，26（3）：380-384.
H A Колосов，任胜云．1985. 营养条件对荞麦代谢、产量和品质的影响［J］．国外农学：杂粮作物（3）：44-46.
Dabing Xiang，Lianxin Peng，Jianglin Zhao，et al. Effect of drought stress on yield，chlorophyll contents and photosynthesis in tartary buckwheat（*Fagopyrum tataricum*）［J］. Journal of Food，Agriculture & Environment，2013，11（3，4）：1358-1363.
Kayashit J，Shimaoka I，Nakajyoh. 1995. Hypocholesterolemic effect of buckwheat protein extract in rats fed cholesterol enriched diets［J］. Nutrition Research，15（5）：691-698.

Lorenz K，Dilsaver W. 1982. Buckwheat (*Fagopyrum esculentum*) Starch-Physico-chemical Properties and Functional Characteristics [J]. Starch/Starke，34 (7)：217-220.

Margna U，Margna E，Vainjarv T. 1989. Influence of nitrogen nutrition on the utilization of L-Phenylalanine for building flavonoid in buckwheatseedling tissues [J]. Journal of Plant Physiology，134：697-702.

Perry D A. 1978. Report of the vigor test committee 1974-1977 [J]. Seed Sci. Technol：159-181.

Pomeranz Y. 1983. Buckwheat：structure，composition，and utilization [J]. Critical Review s in Food Science Nutrition，19：213-258.

Soral-Smietana M，Fornal J. 1984. Characteristics of buckwheat grain starch and the effect of hydrothermal processing upon its chemical composition，properties and structure [J]. Starch/Starke，36 (5)：153-158

第七章

荞麦栽培技术

荞麦起源于中国，荞麦栽培历史，最早开始于西汉时期，经过西汉、魏、晋、南北朝的逐步发展，到唐朝初期荞麦的栽培应用已有一定的规模。宋、元以后继续发展，南、北方都有荞麦栽培，并在一些地方成为主食。但是，由于我国的荞麦大多分布于偏远山区、少数民族地区，交通、信息长期闭塞，多数地区处于长期自我发展的状态，粗放种植，品种退化，产量低，品质差。据FAO统计，2000—2010年，我国荞麦平均产量仅为985.1kg/hm^2，远低于世界其他国家的平均单产水平，表现出我国荞麦生产发展落后的一面。

近年来，随着科学技术的发展，研究的不断深入，尤其是荞麦营养保健功能开发，在荞麦生产及产业链的形成方面取得了长足的发展，使得更多的人认识到荞麦的重要性和发展的必要性。尤其是2010年把荞麦纳入国家现代农业产业技术体系之后，全国各大主产区从荞麦育种、栽培、病虫害防治、加工及产品研发等各个领域开展了一系列的技术研究，取得了一定成绩，形成了一批高产优质品种，探索了与产区相适宜的荞麦高产栽培技术措施。但是，研究与生产还存在一定的脱节，形成的一系列新成果、新品种、新技术，都必须通过生产来检验评定和组装配套，才能在生产中显示出巨大的效益。继续加强和开展荞麦栽培技术研究，是目前发展荞麦生产最重要的任务，也必将是未来最重要的课题之一。

第一节　荞麦的种植制度

一、种植制度现状

粮食安全问题一直是我国农业的主要问题，随着我国耕地面积逐年减少，土地缺乏，耕地面积有限，作物争地矛盾突出，实质上已成为农业生产的主要困境。在这种背景下，全国各地都在寻求合适的种植制度，以期充分发挥各地光热资源优势。通过采用间、套、混作等种植方式，提高复种指数以增加粮食产量，将成为未来研究的重点和方向之一。由于荞麦历来种植于高寒、边远山区，地广人稀，生产条件限制，不存在与主要粮食作物（水稻、玉米、小麦）争地的情况。但随着开发的深入，荞麦市场潜力的增大，原有的种植方式和面积将不能满足市场对荞麦原料的需求。开拓新的种植方式，通过复种扩大荞麦种植面积将成为重要的解决途径之一。

事实上，我国大多数地区光热资源丰富，适合多熟种植模式的应用和推广。尤其是我国南方地区，光热资源十分丰富，而荞麦生育期短，非常适宜与其他作物进行间套轮作，利于发展多熟种植模式。在我国多数地区，已积极开始探索和尝试，并取得了一些重要的研究成果。如在江苏，蒋植才等（2005）探索出青蚕豆—玉米/胡萝卜—荞麦一年四熟的种植模式，提高了复种指数，增加了单位土地面积的产出率。马铃薯（毛春等，2012），西瓜、玉米（孙绪刚等，1994），食荚甜豌豆、夏大豆（叶剑华，2007），杂交水稻（何建清等，2009），小麦、烤烟（刘正伟，2000）和幼龄茶园（江宗丽，2012）等作物也有与荞麦进行间套轮作的报道，极大地丰富了荞麦的种植制度。

二、荞麦多熟种植技术的应用原则

近年来，随着对荞麦产品研发力度的加大，越来越多的荞麦产品推向市场，走进人们的生活，为荞麦产业的发展带来了极大的契机。然而，随着社会的进步和人民生活水平的提高，消费者对农产品，特别是食品的质量安全要求进一步提升，对作为食品的农产品中农药残留、重金属污染等更为关心。因此，在推广荞麦多熟种植技术时更应考虑以下五个原则：

1. 保证荞麦产品安全 与荞麦间、套种的其他作物应能保证荞麦的正常生长发育不受影响，尤其是开花结实期，这样才能获得高产。同时，要保证荞麦收获时产品的安全，尤其应避免其他作物喷施农药时的污染。

2. 以荞麦生长为主 无论荞麦间、套种何种作物，在设计种植方案时，都要以荞麦为主栽作物，突出荞麦间、套其他作物立体种植模式的同时，保证荞麦高产。

3. 种植收益最大化 荞麦地套种其他农作物时，应通过市场调研，考虑市场需求，种植一些收益高的作物，保证立体种植的高效益。

4. 用地和养地相结合 由于荞麦需肥量大，加之与其他作物共同生长，养分消耗严重。因此，荞麦地的立体种植需注意用地和养地相结合，特别要注意加大有机肥的应用，既保证高肥力土壤变化不大，又有利于生产的持续发展。

5. 注意科学种植技术的应用 荞麦间、套作宜尽量扩大行距，不宜与高秆作物如玉米等间作。适当调整畦幅，合理配置株行距，放宽畦面，扩大行距，缩小株距。可采用地膜、育苗等手段缩短共生期，保证荞麦的正常生长不受影响。

三、荞麦的种植方式

（一）荞麦单作

单作，也称为纯种、清种或净种，是指在同一块土地上，一个完整的植物生育期内只种植一种作物的种植方式。在我国荞麦生产中，由于生产管理的粗放，荞麦大多采用单作的种植方式。单作荞麦在整个生长发育过程中，植株个体之间只存在种内关系，对光、温、水、肥、气等因子的竞争也仅仅限于种内竞争。单作方式的优点是荞麦群体结构单一，便于管理和机械化作业，有利于提高劳动生产率。缺点是在时间和空间（包括地下）上对资源的利用不充分。

（二）荞麦轮作

轮作是指在同一块田地上，有顺序地在季节间或年间轮换种植不同的作物或复种组合的一种种植方式。轮作是用地养地相结合的一种生物学措施，也是作物根本的栽培制度。轮作也称换茬或倒茬。荞麦对轮作换茬的茬口要求较低，但为了获得高产，最好选择豆科类作物。采用轮作换茬这种种植方式有诸多优点：由于荞麦与其他作物对土壤中营养元素的种类和数量需求不同，通过轮作可充分利用土壤养分。同时，通过轮作可改变病原菌和害虫的生活环境，可减少和调节土壤中有害物质和气体的积累，最终减轻对荞麦的污染，有利于保证荞麦产品安全。

（三）荞麦连作

连作是指在同一块土地上连续两季以上种植同一种作物的种植方式。在荞麦的生产中，连作将造成土壤养分偏缺，导致荞麦株高降低，千粒重下降，单株粒数减少，最终导致产量和品质下降，不利于土地的合理利用。所谓“荞子连续种，变成山羊胡”，充分说明了荞麦连作由于土壤养分消耗严重，两三年内地力难以恢复，将影响其产量和质量。荞麦最忌连作，生产上应该尽量避免重茬种植。

（四）间作

间作是指在一个生长季内，在同一田地上分行或分带间隔种植两种或两种以上作物的种植方式。荞麦由于生育期短，与其他作物间作较为理想，全国较多地区都有与荞麦间作的生产习惯。根据不同地区栽种作物的不同，采取的间作模式存在一定的差异，种植和收获的时间也各不相同。如在陕西地区，当地群众采用糜黍与荞麦间作的方式，在保证糜黍产量的同时，又可增收一季荞麦。在生产上，还有采用烤烟、幼龄茶园与荞麦间作的模式（刘正伟，2000；江宗丽，2012）。云南迪庆藏族自治州一季大春种植区采用荞麦、马铃薯间作模式，在提高光能利用率的同时，可降低马铃薯晚疫病（杨再清，2013）。间作极大地丰富了荞麦的种植模式，但应避免与高秆作株间作，以减少对荞麦的遮阴，影响荞麦的产量。同时，间作时，荞麦种植密度不宜过大，应尽量缩小密度，增加田间通风透光条件，有利于获得高产。

（五）套种

套种是指在前季作物生长后期在其行间播种或移栽后季作物的种植方式。在我国的作物布局中，南方光热资源丰富，多采用间套复种。如在我国的云南、四川、贵州，常采用荞麦与玉米、烤烟和马铃薯等作物套种的模式。在部分地区，荞麦与大豆套种成为新的形式，因大豆能够生物固氮，是良好的养地作物，可减少荞麦的施肥，达到节本增效的目的。如在成都地区，可通过与夏大豆套作，实现荞麦/大豆/荞麦的种植方式，收获两季荞麦和一季大豆，效益较高。套种时应该掌握几个主要的原则：

（1）尽量缩短两种作物的共生期　根据作物的生长习性及生育期，尽量选择共生期较短的作物，使两种作物均能获得较高的光能利用，利于获得双高产。

（2）注意空间的搭配　在不影响生长的情况下，选择高低错位的作物进行搭配，包括地下部根系（根层不同）。

（3）注重幅宽带比的选择　采取合适的幅宽带比来套种荞麦，既可保证荞麦的正常生长，又不至于影响与之搭配的作物，促进双高产的获得。

（六）混作

混作是指把两种或两种以上作物，不分行或同行混合在一起种植的方式。在农业生产水平较低的地区，苦荞生产中还有为数不多的与其他作物混作现象。混作的作物有生育期较短的油菜、糜黍等。贵州威宁等地常用兰花籽（一种油料）与苦荞混作，4 月中、下旬混种，7 月下旬混收。在生产上，混作的种植方式较为粗放，产量不高。

第二节　荞麦高产田的土、肥、水条件

在作物生产中，作物生长发育所必需的光、温条件主要依靠适应自然条件而得到满足。而土壤、水分和养分则可通过栽培措施得到改良和调节，土壤的物理性质和化学性质影响农作物的产量表现。近年来，有关水稻、小麦、玉米等作物的高产土肥水条件已作了较多的研究，并取得了一定的研究成果。明确高产田的土肥水条件，对促进主要粮食作物高产优质栽培将起到重要的作用。而在荞麦上，有关高产田的土肥水条件，节水、节肥利用等方面的研究甚少，通过研究提出高产田土肥水技术指标对发展荞麦生产具有重要的现实意义。

一、荞麦高产田的土壤条件

荞麦对土壤的适应性较强，只要气候条件适宜，对土壤的要求并不严格，因为荞麦可以增加土壤中的有机质和养分，可以将土壤中不易溶解和难以溶解的磷、钾转化为可溶性磷、钾供吸收利用，因此只要有耕作层的土壤均能种植和生长。但是，要获得荞麦的高产，还是需要很好的土壤肥力条件。与其他作物一样，高产栽培应该选择有机质丰富，土壤结构良好，养分充足，保水能力强和通气性较好的土壤。从土壤条件看，壤土有较强的保水保肥能力，排水良好，含磷、钾较高，适宜荞麦的生长，增产潜力较大。荞麦耐酸性土壤，在土壤 pH4～5 时也能生长，但以 pH5.5～6.5 最适宜。荞麦喜湿润的土壤条件，较耐干旱不耐集水，土壤水分过多或长期积水，容易造成根腐；长期干旱容易制约营养生长，单株生长发育不良，分枝少。荞麦对土壤温度的要求不太严格，但温差不宜过大，土壤温度的升高缓和为好。

二、荞麦高产田的肥力条件

在荞麦的生长发育过程中，需要吸收大量的营养元素才能满足其生长需求。从荞麦的生长来讲，对碳、氢、氧的需求量较多，约占整个植株干物重的 90%以上，主要从空气和水中吸收。氮、磷、钾、钙、镁、硫、钠为大量元素，其含量约占 4.5%，还需铜、锌、铁、锰、钼和硼等少量的微量元素。在这些营养元素中，无论是大量元素还是微量元素，对荞麦的生长发育都有着重要的作用，缺少或过多都会影响荞麦的正常生长，造成不同程度的减产。一般来讲，土壤中都含有作物所需要的营养元素，尤其是微量元素，多数情况下不会缺乏，若缺少则可通过外源叶面喷施或根外追肥等方式给予弥补。但对于需求量大的氮、磷、钾大量元素，土壤中的自然供给量一般不能满足荞麦的生长需求，必须通过施肥来补充，以满足荞麦的生长发育需要，从而获得高产。

总而言之，高产荞麦需要的肥沃的土壤，有机质含量高，能够最大限度地满足荞麦生长发育的需求，尤其是微量元素。大量元素中氮、磷和钾的有效性较高，荞麦容易吸收，同时还可减少化肥的投入，降低成本，获得较好的经济收益。

三、荞麦高产田的水分条件

荞麦的高产稳产对土壤水分条件也有较高的要求，尤其是荞麦生长的关键生育时期，过多水分或水分亏缺均不利于荞麦生长和产量形成。从总体上说，荞麦是比较耐旱的作物，可抵御一般的干旱。荞麦生长全过程都需要大量的水分，种子萌发需吸水达干重的40%～50%；幼苗期要求土壤持水量需保持在70%左右，开花结实期80%。水分过多，阴雨连绵会使根系生长不良和影响授粉结实。荞麦属直根系，根层一般为25～30cm，须根较少，根系不深，吸水能力并不强。因此，在荞麦的高产栽培过程中，需要进行水分的大量补充，才能保证荞麦的高产和稳产。在耕作层较深、土体较厚的情况下，荞麦根系活动范围大，容易获得更多的水分满足生长发育的需求。在耕作层浅、土体薄的情况下，根系活动范围较小，要求土壤墒情较好，才能满足荞麦对水分的正常需求。土壤墒情欠好，亦可选择镇压土壤，减少土壤大孔隙，增加毛管孔隙，促进毛管水分上升，防治土壤水分蒸发，达到蓄水保墒的目的。因此，在荞麦的种植过程中，尤其是高产田块，应采用深耕，这样既利于蓄水保墒和防止土壤水分蒸发，又有利于荞麦生长，获得正常的水分供应。

第三节　荞麦高产稳产制约因素分析及对策

随着荞麦市场开发力度的增大，荞麦原料的供应必将成为未来影响荞麦产业发展的重要因素。提高荞麦的总产量，增大原料的供应主要有两个方面的措施：一是扩大种植面积；二是提高荞麦的单产。我国耕地面积有限，且在逐年缩减，加之农民种植积极性的下降，提高荞麦单产成为发展荞麦生产最重要的选择。实践表明：农作物的高产、稳产取决于外因和内因共同作用，即一个高产、优质、抗逆性强的品种和一套与环境条件相适宜的栽培技术措施，二者相互影响，相互作用，缺一不可。与主要粮食作物相比，我国荞麦高产、稳产限制因素突出，应对策略出新。

一、荞麦高产稳产制约因素

作物的高产稳产受两个因素的影响，一个是品种自身的遗传特性，另一个是外在环境条件及配套技术措施。由于荞麦研发起步较晚，各项研究及新技术的应用也较为匮乏。因此，目前荞麦高产稳产制约因素主要体现在以下几个方面。

（一）高产优质、适应性强的品种少

相比其他主要粮食作物，我国荞麦的育种工作滞后严重，从20世纪80年代起，我国荞麦的新品种选育工作才正式开启。截止到目前，我国已选育出一批优良的荞麦新品种，

包括现在生产上使用得比较多的苦荞新品种川荞 1 号、九江苦荞、西荞 1 号、川荞 2 号、凤凰苦荞、黔苦系列、黑丰 1 号、晋荞 2 号等；甜荞新品种丰甜 1 号、赤峰 1 号、定甜 2 号、平荞 2 号、榆荞 1 号、榆荞 2 号、茶色黎麻道、晋荞 1 号等。从国外也引进了一些品种，如信农 1 号、温莎（美国甜荞）、牡丹荞等。这些荞麦优良品种的推广应用，改善了我国长期沿用地方品种的现状，使荞麦产量和品质都有了一个新的突破，奠定了荞麦发展的良好基础。尽管我国的荞麦育种工作取得一定成绩，但仍然存在一些问题：特别突出的优质品种缺乏，高产优质品种不多，广适品种较少，且各品种参差不齐，类型杂乱。苦荞杂交育种还未取得突破性进展，杂交育种还处于探索阶段。从种类或用途上看，各种专用品种研究也还处于起步阶段，易脱壳等特殊加工用途的品种极度匮乏。荞麦的优质高产品种选育任重道远。

（二）传统劳作、栽培技术措施落后

荞麦历来被种植在偏远山区，属填荒救灾的特色杂粮作物，生产种植不受重视，农民大多采用传统方式种植，广种薄收，耕作管理粗放，施肥、病虫害防治等意识淡薄，产量低、效益差，极大地限制了荞麦的高产稳产和产业发展。传统劳作主要体现在以下几个方面：

（1）选用地方性品种或自留种。这使得荞麦品种的遗传退化较为严重，稳定性差，不易获得高产。

（2）喜多连作。连作使得荞麦土地难以得到修整，加之连作增加土壤病原微生物，病虫草害严重，影响荞麦的生长和获得丰产。

（3）土地整理粗糙。荞麦的根系发育要求土壤有良好的结构、一定的空隙度，以利于水分、养分和空气的贮存及微生物的繁殖。重黏土或黏土，结构紧密，通气性差，排水不良，不利于荞麦的生长。深耕有利于蓄水保墒和防止土壤水分蒸发，又有利于荞麦发芽、出苗和生长发育，同时可减轻病虫草对荞麦的危害。而传统管理大多翻耕后撒播或条播，一般不进行深耕，土壤整理较差，出苗较低，用种量大。

（4）施肥较少或不施肥。荞麦属耐瘠作物，但是荞麦同时也是一种需肥较多的作物，要取得高产必须提供充足的肥料以供其生长，尤其是高寒山区和土地瘠薄的地区。但这些地区种植荞麦往往不重视施肥，或过多地依赖单一的肥料，不增施有机肥，导致土壤贫瘠产量低。

（5）播种密度过大。由于大多采用撒播，种子用量不易控制，导致田间用种量过大，基本苗过多，又不匀苗和定苗，使得群体密度过大，严重影响生长和产量的提高。

（6）未进行种子处理。荞麦高产不仅要有优良品种，而且要选用高质量成熟饱满的新种子。播种前的种子处理，包括晒种、选种、浸种和药剂拌种，是提高荞麦种子质量、全苗、壮苗的关键。

（7）田间管理不到位，尤其是中耕除草、病虫害防治、灌水及花期辅助授粉等措施不到位。

（三）种植分散、缺乏统一规划

在我国荞麦的生产中，通过历史沉淀、长期人为活动与自然选择过程，至今逐渐形成以秦岭为界，秦岭以北为甜荞，秦岭以南为苦荞的生产格局。总体来说，我国荞麦主要分

布于内蒙古、陕西、甘肃、宁夏、山西、云南、四川、贵州，其次是西藏、青海、吉林、辽宁、河北、北京、重庆、湖南、湖北等地。甜荞主要分布于内蒙古东部的库伦旗、奈曼旗、敖汉旗、翁牛特旗和后山的固阳、武川、四子王旗，以及山西大同、朔州，河北张家口等地的白花甜荞产区，陕甘宁相邻的定边、靖边、吴旗、志丹、安塞，宁夏盐池、固原、彭阳和甘肃环县、华池交界的红花甜荞产区。苦荞则主要分布于云南、四川相邻的大小凉山及贵州西北的毕节等地，在青海高原、甘肃甘南、云贵高原、川鄂湘黔边境山地丘陵和秦巴山区南麓也有大量分布（冯佰利等，2005）。除四川、云南、陕西、内蒙古、甘肃、宁夏等几个大区种植成规模以外，其他地区种植都比较分散，缺乏统一规划。根据各地区光热资源特点，不同地区荞麦产量存在一定差异，光热资源丰富地区的增产潜力较大。因此，根据自然资源特点及品种的遗传潜力，把荞麦种植区域进行统一规划，“适度集中，规模种植”，建立和完善规范化的种植技术。一方面可充分发挥资源优势和品种遗传潜力，增加荞麦产量，提高农民种植荞麦的积极性；另一方面可发挥区域优势，形成规模效应，提高其附加值及产业化进程。

（四）研究经费少、科研投入力度小

随着人们对荞麦的不断重视，科学研究的不断深入，荞麦的科研投入正在逐步加大，尤其是在“十二五”期间，国家对荞麦的科研投入较以往有了大幅度的增长。尤其是农业部 2011 年设立国家燕麦荞麦产业技术体系，极大地稳定了荞麦的科研队伍，经费也得到了保障，对荞麦产业的长足发展起到了良好的推动作用。同时，从研究人员的队伍来说，以往荞麦的研究人员大多是兼职，有了经费，而今从事荞麦研究的专业人员队伍也在逐步扩大，研究整体水平也正稳步提升。政府—企业—科研院所这种政—产—学—研合作研发的方式也正成为一种常态，荞麦的产业链发展也朝着健康快速的方向前进。

二、荞麦的单产变化分析

客观分析我国荞麦单产的变化，对科学规划和调整荞麦产业布局，增强地区粮食安全，指导荞麦生产和促进产业发展具有深远的理论和现实意义。

（一）荞麦单产增加缓慢

从 FAO 数据库统计数据来看，我国荞麦近 50 年来，单产增长的过程一直是曲折发展的过程。1997 年以前荞麦单产总体呈上升的变化趋势，每 10 年的增幅分别为 44.93%、66.10%、1.81%，之后则总体表现为下降。1997 年单产最高，达到2 060.1kg/hm^2。与主要粮食作物水稻、小麦、玉米、棉花相比，2010 年水稻、小麦、玉米、棉花单产分别比 1970 年增长 92.8%、314.2%、161.4%、169.8%，而荞麦仅增长了 23.65%，增长相当缓慢（图 7-1）。

（二）我国荞麦单产跨越慢

分析我国其他主要粮食作物的单产变化，尤其是水稻和玉米等（图 7-2），目前处于高产和超高产的阶段，而我国的荞麦单产仅仅经历了一次跨越，还处于低产到中产的发展阶段，且极其不稳定，整体处于低产阶段，部分生产区已步入中产阶段。具体来看，20

图 7-1　中国荞麦近 50 年来单产变化趋势图

（数据来源于 FAO 数据库）

世纪 70 年代初，单产突破1 000kg/hm²，90 年代初突破1 500kg/hm²，但 1997 年之后则开始下滑，2005—2011 年间，单产甚至低于1 000kg/hm²，回到了 20 世纪 70 年代前的水平。由此可以看出，我国的荞麦发展相当缓慢，单产年度有起伏，跨越难度大，水平不稳定。

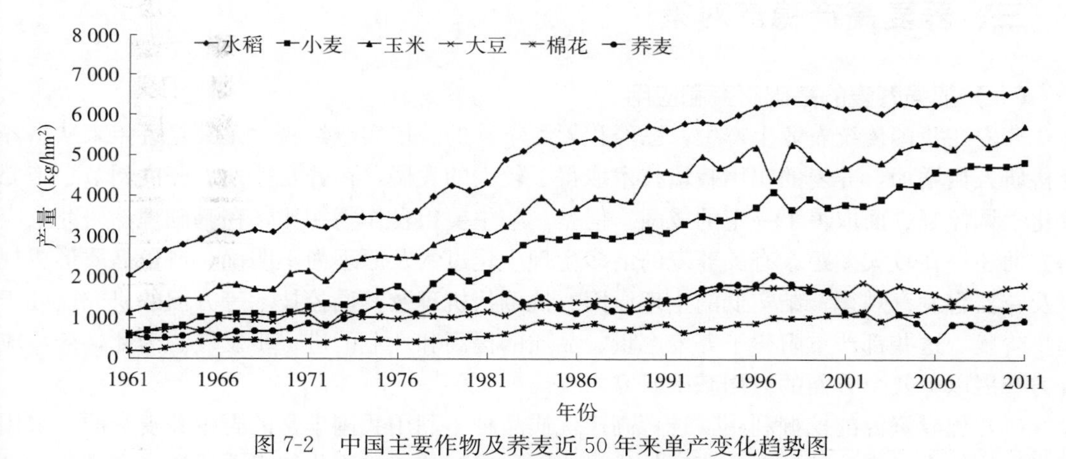

图 7-2　中国主要作物及荞麦近 50 年来单产变化趋势图

（数据来源于 FAO 数据库）

（三）我国荞麦单产与其他主产国和高产国的差距大

在全世界种植荞麦的 35 个国家中，近 50 年来，我国荞麦无论是种植总面积还是年平均种植面积均居世界第一。但是从单产来说，我国荞麦单产和世界其他国家还存在一定差距。表 7-1 表明，我国荞麦近 50 年平均单产在世界荞麦主产国中是最高的，为1 168.0 kg/hm²，比巴西、美国、波兰、加拿大、俄罗斯和世界平均水平分别高 5.7%、9.5%、18.1%、20.1%、77.3%和 35.4%。但和世界高产国相比，平均单产差距较大。其中以克罗地亚和保加利亚单产最高，分别为2 307.0kg/hm² 和2 243.0kg/hm²，是我国的 1.98 倍和 1.92 倍。

表 7-1　中国荞麦近 50 年平均单产与世界主产国和高产国的平均产量比较

世界主产国		世界高产国	
国别	单产（kg/hm²）	国别	单产（kg/hm²）
巴西	1 105.0	克罗地亚	2 307.0
美国	1 067.0	保加利亚	2 243.0
加拿大	973.6	法国	1 972.0
波兰	989.3	西欧	1 972.0
俄罗斯	658.8	捷克	1 887.0
中国	1 168.0	中国	1 168.0
世界平均	862.9		

注：数据来源于 FAO 数据库。

（四）我国荞麦单产与其他主要粮食作物单产差距大

经过几十年的发展与积累，我国主要粮食作物产量已上升到了较高的水平。从类型划分来看，单子叶作物水稻、玉米的单产已分别接近7 000kg/hm^2 和6 000kg/hm^2，单产起步水平相当低的小麦也从不足1 000kg/hm^2 增长到5 000kg/hm^2，增长相当迅速。与荞麦相同的双子叶作物棉花、大豆相比，其单产水平略高于棉花，与大豆基本持平，但增长速度远低于棉花、大豆，2000 年以后还呈现负增长的现象，前景不容乐观。

三、荞麦高产稳产对策

（一）加强荞麦的基础研究和应用

荞麦在我国传统农业生产中，已经积累了丰富的栽培实践经验，尤其是近年来从事荞麦科研人员增加，荞麦的实用栽培技术取得了较大的发展，在荞麦播期、密度调节、施肥及化学调控等方面取得了一定的成绩。但是，与主要粮食作物相比，在基础理论研究及应用方面还存在较大差距，有关荞麦的诸多生理生化过程及原理尚不明确，产量品质形成规律及花器官发育规律、结实低的生理原因、抗倒伏机理及其调控技术等方面的研究还处于起步阶段。这些都严重阻碍了荞麦产量、品质的提高和产业的进一步发展。为此，今后应着力开展以下几个方面的应用基础研究。

（1）优异资源的挖掘利用，选育高产优质品种　利用我国丰富的野生荞麦资源，采用现代生物技术，充分挖掘野生资源的优异基因，通过传统或现代技术手段选育高产优质品种，从遗传潜力方面促进荞麦增产。

（2）积极探索荞麦种植新模式，扩大荞麦种植面积　我国大多数地区光热资源丰富，适合多熟种植模式的推广应用。尤其是我南方地区，光热资源十分丰富，而荞麦生育期短，非常适宜与其他作物进行间套轮作，利于发展多熟种植模式。

（3）荞麦的水分、养分吸收利用规律研究　荞麦耐旱、耐贫瘠，但对养分需求较高，合理的水分、养分供应，对促进荞麦的优质高效生产具有重要的作用。开展水分吸收利用规律研究，明确荞麦的需水规律，对结合各生态区生态气候特点制定合理的栽培技术措施具有重要的指导作用。研究荞麦的养分吸收利用与累积规律，对明确荞麦不同生育时期养分需求状况，合理施肥，充分发挥肥料的效果，降低生产成本，减轻环境污染，也具有重要的指导作用。

（4）探索荞麦密植群体的抗倒伏机理及其化学调控技术，建立荞麦密植抗倒的栽培技术体系　荞麦在生产过程中，由于种植密度较大，加之荞麦茎秆柔弱，木质化程度较低，遇到大风、暴雨等自然灾害时，极易发生倒伏。因此，开展荞麦的抗倒伏机理及其化学调控技术研究，建立荞麦密植抗倒的栽培技术体系，对发展荞麦生产具有重要的现实意义。

（5）荞麦花器官的发育规律、开花结实机理及其促进途径研究　荞麦开花数较多，通常一株荞麦的开花数可达600～3 000朵，如果植株上所有的花都能结实、成熟，则荞麦产量巨大。然而，荞麦由于自身遗传特性，开花结实率较低，一般仅为5%～30%，严重制约了荞麦产量的增加。同时，荞麦开花时间较长，一般为40～70d，且开花与结实同步，导致成熟籽粒与花朵同株的现象，不同籽粒成熟期存在较大差异，严重影响了收获。开展荞麦花器官的发育规律、开花结实机理及其促进途径研究，对提高荞麦的开花结实率，实现荞麦增产具有重要的作用。

（6）研究不同生态区荞麦品质变异特征、栽培技术措施及化学调控技术对荞麦品质的影响，探索提高荞麦营养保健品质的栽培技术体系。

（7）易脱壳特色品种的选育及脱壳技术研究　目前，苦荞麦的脱壳大多采用熟化后进行米壳分离，严重影响了荞麦的品质（外观品质和营养品质）。探索新的荞麦脱壳技术和机械，选育易脱壳的特色品种，仍将是苦荞麦产业化进程中研究的重点和难点。甜荞麦由于较易脱壳，尚不存在此问题。

（8）开展机械的研发和推广　我国荞麦的机械化生产还处于尝试阶段。目前山西、陕西对荞麦的机械播种和收获进行了研究，采用大型拖拉机配备旋耕机、播种机等进行播种，引进自走履带式谷物收割机收获，成功实现了荞麦的机械播种和机械收获，并获得了部分与农机配套的技术参数（王树宏等，2011）。但在大多数地区，依旧进行人工播种收获，耗时费力，效率低下，极大地限制了荞麦生产力水平的提高。因此，根据各生态区的地理自然条件，借鉴其他主要粮食作物的先进经验，因地制宜地发展荞麦机械，探索机械化应用的可能性，建立配套农机农艺技术体系，对解决农村劳动力缺乏的问题，减轻农民劳动强度，提高生产效率，降低生产成本，具有重要的现实意义。

（二）加快优势产区GAP认证和有机基地建设

环境保护与发展、有机农业与生产是人民物质文化的根本需求，提高荞麦的产量和品质，满足社会化发展的市场需求，成为荞麦研究中的新课题。可以借鉴中草药GAP生产等质量管理模式，来发展荞麦规范化生产，加快荞麦GAP认证和有机生产基地建设，充分结合各生态区条件以及荞麦的特点，建立与之相配套的规范化栽培管理方法成为当务之急。由于山区、边远地区和贫困地区是荞麦的主要产区，这些地区地广人稀，环境优良，土、水、气未受污染，适于建设有机荞麦生产基地，以应对未来市场和人民健康发展的需要，也是提高荞麦产品附加值，推进荞麦产业健康持续发展的关键。

（三）充分发挥产业技术体系的作用

据联合国粮农组织统计，自1961年到2011年，我国荞麦种植面积共8 464.0万 hm^2，占世界总种植面积的45.9%，平均每年种植面积均在100万 hm^2 以上。但目前我国燕麦荞麦产业技术岗位专家15人，综合试验站16个，主要从事荞麦研究的岗位专家仅6人。

建议产业技术体系组织各区域专家和试验站开展与生产实际相关的研究，酌情增设体系岗位与试验站，以充分发挥产业技术体系的指导作用。

(四) 加大宣传力度、争取政策支持

在荞麦的生产发展过程中，除受经费限制、研究人员不足等因素影响外，宣传力度不够也是关键因素之一。目前，应当借助人们对健康营养食品的需求这一动力，通过宣传荞麦这一特色杂粮的营养保健价值，促进特色农业产业发展，提高政府对荞麦的重视程度和国民的认知程度，争取政府对荞麦的政策支持，争取荞麦主产区，尤其是贫困山区荞麦种植的良种和技术补贴政策，以调动农民种植荞麦的积极性，带动农民致富增收。

第四节　荞麦高产栽培技术要点

一、土壤耕作与整地

土壤耕作有利于熟化土壤，改善理化性质，利于农作物种子早生快发，获得优质的壮苗。改进荞麦的耕作技术，发挥耕作措施的最大效益，对实现荞麦的高产稳产具有重要的作用，还能调节培肥地力，改善土壤状况，因此精耕细作是荞麦获得高产的一项重要栽培技术措施。我国荞麦主要产区，大多处于高海拔雨养农业的边远山区，农业生产基础设施薄弱，农田抗御自然灾害能力弱，干旱成为荞麦生长的主要威胁，荞麦常因土壤干旱而不能按时播种，或因土壤墒情不好而不能正常出苗，导致缺苗断垄。因此，秋耕蓄水，春耕保墒，提高土壤含水量，保证土壤水分供应，是荞麦种植区耕作的主攻方向。在我国西南春、秋荞麦种植区，如四川凉山、贵州威宁及云南宁蒗、永胜、迪庆等地，一般土壤耕作层较浅，尤其是高寒山区缺水少肥的“火山荞”地，秋季不深耕，只结合播种进行浅耕，不利于荞麦的高产。要获得荞麦高产稳产，就必须加深耕作层，以保证土壤的蓄水保墒能力。荞麦土壤的耕作与整地一般有三种方式：

(一) 深耕

深耕在我国传统农业生产中占据着重要的地位，也是作物高产栽培的一条重要经验和措施。深耕能熟化土壤，加厚熟土层，提高土壤肥力，既利于蓄水保墒和防止土壤水分蒸发，又利于荞麦的发芽、出苗和生长发育，同时又可减轻病、虫、草对荞麦的危害。农谚有“深耕一寸，胜过上粪”。深耕能破除犁底层，改善土壤物理结构，使耕作层的土壤容重降低，孔隙度增加，同时改善土壤中的水、肥、气、热状况，耕层疏松绵软、结构良好、活土层厚、平整肥沃，使固相、液相、气相比例相互协调（左勇，2012），提高土壤肥力，使作物的根系活动范围扩大，作物能够在土壤中吸收更多的养分和水分以满足生长发育的需要。李涛等（2003）研究发现，深耕深翻增强了土壤接纳灌溉水和自然降水的能力，从而提高了田间水分利用率。并且增强了土壤通透性，改善了根系的生长条件，有利于根系下扎和吸收深层土壤水分。一般以深耕深翻 20～40cm 效果最好。

生产上，深耕结合施用有机肥料，是培肥改土的一项重要措施。马俊艳等（2011）研究发现，经深翻或施有机肥后，土壤容重显著下降，含水量增加，其中“深翻＋有机肥＋秸秆”（DOFS）处理效果最为明显，相对空白对照而言，DOFS 处理容重降低，含水量增加。施有机肥和秸秆提高了土壤有机质、全氮和速效养分含量，其中OFS处理的效果最为明显，且C/N值增加。但是，深耕要注意逐步加深，不乱土层。深耕的时间要因地制宜，华北和西北地区以秋耕和伏耕为佳。在南方大多于秋种和冬种前进行深耕，有利于晒垡、通气，改善土壤的理化性质。伏深耕晒垡时间长，接纳雨水多，有利于土壤有机质的分解积累和地力的恢复。秋深耕的效果不及伏耕，春深耕效果最差，因春季风大，气温回升快，易造成土壤水分大量损失。同时耕后临近播种，没有充分的时间使土壤熟化和养分的分解与积累，土壤的理化性状改善也较差。所以，在荞麦种植过程中，要根据当地的种植习惯和气候条件，尽量选择秋深耕，利于荞麦的生长发育，促进高产的获得。同时，深耕还应与耙耱、施肥、灌溉相结合，效果会更加明显。

（二）耙耱

耙耱都有破碎坷垃、疏松表土、平隙、保墒的作用，也有镇压的效果。生产上有顶凌耙耱的说法，一是可以抗旱保墒，保墒促苗。通过疏松表土阻止地表返浆水分耗散，保住地中墒，抗御春季干旱，促进苗子生长。另一方面可以松土增温，促进根系的发育。土壤的耙耱要根据土壤的类型进行不同的处理，一般情况下，黏土地耕翻后要耙，沙壤土耕后要耱。黏土地耕后不耙，地表和耕作层中坷垃较多，间隙大，水分既易流失又易蒸发，保水能力差。此种条件下进行播种往往会因深浅不一、下籽不匀、覆土不严，造成荞麦出苗不整齐。严重时，会因坷垃而无法播种。因此，黏重土壤翻耕后要及时耙耱，破碎坷垃，使土壤上虚下实，蓄水保墒。秋耕地应在封冻前耙耱，破碎地表坷垃，填平裂缝和大间隙，使地表形成覆盖层，减少蒸发。耙耱保墒作用非常明显，0～10cm经耙耱的土层土壤含水量比未经耙耱的土壤含水量提高3.6%，甚至更多。根据不同产区荞麦的种植时间及种植习惯，选择耕翻地、耙耱的时间，保证荞麦出苗、壮苗。

（三）镇压

镇压可以减少土壤大孔隙，增加毛管孔隙，促进毛管水分上升。同时还可在地面形成一层干土覆盖层，防止土壤水分的蒸发，达到蓄水保墒，保证播种质量的目的。赵志刚等（2011）研究发现，在油菜播种后持续干旱的情况下，镇压后出苗速度、出苗率极显著高于不镇压处理。油菜春播后镇压有利于促全苗、保高产。尽管镇压对作物生长有较好的作用，但应根据土壤类型进行选择，不可盲目镇压。镇压宜在沙壤土上进行，黏土不宜进行镇压，否则造成土壤板结，不利出苗。

二、种子处理及播种技术

（一）种子清选与处理

荞麦高产不仅要有优良品种，而且要选用纯度、净度、发芽率高的高质量的新种子。荞麦种子的寿命较短，生活力下降快，不耐贮藏。观察表明，陈化的种子内在素质如发芽和活力指数、苗重则明显降低。荞麦种子寿命较短，发芽率每隔一年平均递减35.5%，应选用新而饱满的种子（赵钢等，2003）。隔年陈种子，有可能造成大面积缺苗和弱苗。因此，播种用种宜选用新近收获的种子。新种子种皮一般为淡绿色，隔年陈种的种皮为棕黄色。种子存放时间越长，种皮颜色越暗，发芽率越低甚至不发芽。

荞麦由于边开花边结实，收获时仍有种子未成熟。因此，种子的成熟程度对荞麦种子的发芽和出苗具有重要的影响。新种子也会因成熟度不同而导致发芽率存在较大差异。据研究，成熟度不同的种子发芽率相差较大，发芽指数和活力指数也差异明显（赵钢等，2009）。为此，在荞麦收获时应清理未成熟种子，播种时尽量选用完全成熟的种子，这样才能保证荞麦的全苗和壮苗。

播种前的种子处理是荞麦栽培中的重要技术环节，对于提高荞麦种子的质量、全苗、壮苗、丰产奠定良好的基础。常用的种子处理方法有晒种、选种、浸种和药剂拌种等。

1. 晒种 晒种是种子处理中最常用的一种方式，成本低，方便且效果较好，能有效提高荞麦种子的发芽势和发芽率。晒种还可以改善荞麦种皮的透气性和透水性，提高种胚的生活力，促进种子后熟，提高酶的活力，增强种子的生活力和发芽力。通过晒种，还能杀死一部分附着于种子表面的病菌，减少某些病害的发生。晒种宜选择播种前3～5d的晴朗天气，将荞麦种子薄薄的摊在向阳干燥的地上或席子上，从10时至16时连续晒2～3d。当然，晒种时间应根据气温的高低而定。晒种时要不时翻动，使种子晒匀晒到，然后收装待播。戚桂禄（1991）研究发现，籼稻和粳稻经晒种后发芽势分别提高3.3%和4.0%，而发芽率分别提高1.1%和1.0%。陈杂交稻种晒种后发芽变化最为显著，晒种后发芽势和发芽率分别提高31.6%和15.5%，而常规稻提高幅度较小，粳稻的发芽率甚至出现负增加。在荞麦上，还未见对荞麦不同年限种子晒种后发芽率变化情况的报道。

2. 选种 即精选种子，将空粒、瘪粒、破粒、草籽和杂质剔除，通过选用大而饱满整齐一致的种子，提高种子的发芽率和发芽势。荞麦选种方法有风选、水选、筛选、机选和泥选等，以清水和泥水选种的方法比较好，比不选种的荞麦种子发芽率提高3%～7%。

（1）风选和筛选 生产中一般先进行风选和筛选。风选是借用扇车、簸箕等工具的风力，把轻重不同的种子分开，除去混在种子里的茎屑、花梗、碎叶、杂物和空瘪粒，留下大而饱满的洁净种子。筛选是利用机械原理，选择适当筛孔的筛子筛去小籽、瘪粒和杂物。利用种子清选机连续清选几个品种时，一定要注意清选机的清理，防止种子在筛选过程中的机械混杂。

（2）液体比重选 利用不同比重的溶液进行选种的方法，包括清水、泥水和盐水选种等。即把种子放入30%的黄泥水或5%盐水中不断搅拌，待大部分杂物和碎粒浮在水面时捞去，然后把沉在水底的种子捞出，在清水中淘洗干净、晾干，以作种用。这种方法在生产中可广泛采用，效果较好。经过风选、筛选之后的荞麦种子再水选，种子发芽势和发芽率有明显提高。经过水选的种子，千粒重和发芽率都有提高，在很大程度上保证了出苗齐全、生长势强，比不选种的增产7.2%，出苗期提前1～2d。

（3）人工粒选 先除尘土，后去瘪粒、碎粒和杂质，最后人工拣去石子、杂种或其他作物种子，可提高品种纯度，保证种子质量，但比较费工，除原原种和原种繁殖之外，一般大田生产较少采用。

3. 浸种（闷种） 温汤浸种也有提高种子发芽率的作用。生产中用35℃温水浸15min效果良好，用40℃温水浸种10min，能提早4d成熟。播种前用0.1%～0.5%的硼酸溶液（每公顷用种需溶液150kg）或5%～10%的草木灰浸出液浸种，能获得良好的效果。经过浸种、闷种的种子要摊在地上晾干，然后再进行播种。同时，可采用微量元素溶液进行浸种，钼酸铵（0.005%）、高锰酸钾（0.1%）、硼砂（0.03%）和硫酸镁（0.05%）浸种也可以促进苦荞幼苗的生长和产量的提高。

4. 药剂拌种 用药剂拌种，是防治地下害虫和苦荞病害极其有效的措施。药剂拌种是在晒种和选种之后，用种子量0.05%～0.1%的五氯硝基苯粉拌种，防治疫病、凋萎病和灰腐病。也可用种子重量的0.3%～0.5%的20%甲基异柳磷乳油或0.5%甲拌磷乳油拌种，种子拌匀后堆放3～4h再摊开晾干，防治蝼蛄、蛴螬、金针虫等地下害虫。

（二）播种技术

1. 播种方式 在荞麦生产中，播种方式与荞麦获得全苗、壮苗及苗匀有着巨大的关系。同时，不同的播种方式对荞麦的产量也有着重要的影响。我国荞麦种植区域广大，产地的地形、土质、种植制度和耕作栽培水平差异很大，故播种方式也存在明显的差异，但归结起来主要有以下几种播种方式：条播、点播和撒播，各自具有不同的优势和不足。

（1）条播 条播是在生产中采用相对较多的播种方式之一，四川春荞区多采用。条播主要是畜力牵引的耧播和犁播。行距25～27cm或33～40cm。优点是深浅一致，落籽均匀，出苗整齐，在春旱严重、墒情较差时，甚至可探墒播种，保证全苗。也可用套耧实现大、小垄种植。

犁播是犁开沟，人工用手溜籽，是许多地区群众采用的另一种条播形式。犁开沟深度5～10cm，行距25～27cm，按播量均匀溜籽。犁播播幅宽，茎粗抗倒，但犁底不平，覆土不匀，失墒多，在早春多雨或夏播时采用。

条播下种均匀，深浅易于掌握，有利于合理密植；有利于荞麦地上部叶片和地下根系在田间均匀分布；能充分利用土壤养分，增强田间通风透光能力，使个体和群体都能得到良好的发育；便于中耕除草和追肥田间管理，从而使得荞麦获得较高的产量。

（2）点播 点播是在生产中比较精耕细作的一种播种方式，相对比较费工，是我国苦荞普遍采用的又一种播种方式。点播的方法很多，主要是“犁开沟人抓粪籽”（播前把有机肥打碎过筛，与种子拌均匀，按一定穴距抓放），这种方式实质是条播与穴播结合、粪籽结合的一种方式。犁距一般26～33cm，穴距33～40cm，每公顷7.5万～9.0万穴，每穴10～15粒。穴内密度大，单株营养面积小，穴间距离大，营养面积利用不均匀。又由于人工“抓”籽不易控制，每公顷及每穴密度偏高是其缺点。点播也有采取锄开穴、人工点籽的，这种方式可以控制种子的用量，且每行距和穴距容易掌握，播种深度及覆土容易控制，这种方式利于控制田间种植密度和均匀度，而且在匀苗和定苗过程中容易控制有效株数。但缺点是比较费工，大面积采用工作量过大。同时，在土壤质地较差的地方，尤其是黏土中，点籽不宜太深，否则会严重影响出苗。

（3）撒播 在实际生产过程中，撒播是广大荞麦种植区农民普遍采用的一种种植方式，尤其是在我国西南春、秋苦荞种植区，如云南、贵州、四川和湖南等使用较为广泛。一般是畜力牵引犁开沟，人顺犁沟撒种子。还有一种是开厢播，整好地后按一定距离安排开沟。开厢原则，一般地为5m×10m，低洼易积水地3m×6m，缓坡滤水地为10m×20m。若土坷垃大时，还要辅以人工碎土。

采用撒播比较节本省工，劳动强度较小，播种效率高。但是，撒播容易因撒籽不匀，出苗不整齐，无株行距之分，密度难以控制，田间群体结构不合理，通风透光不良，田间管理不便，因而产量不高。同时，为了保证出苗，往往采用较大的撒种量，造成种子浪费。若遇气候较好年份，容易由于出苗率较高而使田间种植密度过大，导致后期严重倒伏，极大地影响荞麦的产量。

据成都大学试验结果，不同播种方式对荞麦发芽率有明显的影响，撒播荞麦发芽率显著低于条播和点播。据原四川省凉山州农业试验站研究，苦荞采用条播和点播均比撒播产量高，其中条播比撒播增产 20.34%，点播比撒播增产 6.89%。因此，各地应根据当地气候、土壤、劳畜力水平、种植制度和种植习惯等选择适宜于本地区的播种方式，有条件的地区尽量精耕细作，保证荞麦高产。

2. 播种量 荞麦的播种量可根据土壤肥力、品种、种子发芽率、播种方式和群体密度来确定。根据发芽试验计算播种量：播种量（kg/hm^2）＝（每公顷基本苗×千粒重）/（发芽率×田间出苗率×1 000×1 000）。荞麦种子千粒重一般为 18～24g（苦荞）和 28～35g（甜荞），千粒重和发芽率均可在荞麦播种前通过种子检验求得，田间出苗率通过常年出苗率的经验数字或通过试验求得。一般苦荞每 0.5kg 种子出苗 1.8 万～2.2 万株，播种量 45～60kg/hm^2 为宜；甜荞 0.5kg 种子出苗 1.2 万～1.6 万株，留苗密度以 90 万～120 万株/hm^2 为宜。

3. 播种深度 由于荞麦种子破土能力较差，覆土太厚出苗困难，因此播种时不宜太深。播深了难以出苗，播浅了又易风干，播种深度直接影响出苗的整齐度，是全苗的关键措施。掌握播种深度，一要看土壤水分，土壤水分充足要浅播，土壤水分欠缺时宜深播；二要看播种季节，春荞宜深些，夏荞稍浅些；三要看土质，沙质土和旱地可适当深一些，但不超过 6cm，黏土地则要求稍浅些；四要看播种地区，在干旱多风地区，要重视播后覆土，还要视墒情适当镇压，因种子裸露很难发芽。在土质黏重遇雨后易板结地区，播后遇雨，幼芽难以顶土时，可用耱破板结，或在翻耕地之后，先撒籽，后撒土杂肥盖籽，可不覆土；五要看品种类型，不同品种的顶土能力各异。李钦元（1982）在云南省永胜县对苦荞播种深度与产量关系进行了 3 年研究，结果表明，在 3～10cm 范围内，以播深 5～6cm 的产量最高，为1 431kg/hm^2，7～8cm 次之，为1 211kg/hm^2，3～4cm 又次之，为1 091 kg/hm^2，9～10cm 产量最低，为1 001kg/hm^2。播种深度对产量影响明显，产量高低相差 430.5kg/hm^2（表 7-2）。同时，甜荞和苦荞破土能力也存在较差，生产观察发现，甜荞麦的破土能力要稍强于苦荞。

表 7-2 播种深度对苦荞产量的影响

（永胜农业技术推广中心，1982）

深度（cm）	产量（kg/hm^2）			
	1968 年	1969 年	1970 年	平均产量
3～4	1 271	1 121	885	1 091
5～6	1 661	1 451	1 191	1 431
7～8	1 391	1 311	921	1 211
9～10	1 121	1 155	801	1 001

注：数据来源于永胜农业技术推广中心（云南丽江）。

三、田间管理

（一）施肥

1. 荞麦的需肥特点 在荞麦的生长发育过程中，不同的生育时期对养分的需求存在明显的差异。了解和明确荞麦的需肥规律及养分吸收分配状况，对合理掌握施肥技术，获得最佳的施肥效果，最终达到高产、优质、稳产和低成本具有重要的意义。总体来讲，相对其他粮食作物，荞麦是一种需肥量相对较多的作物，而且时间相对比较集中。在大量元素吸收方面，胡启山（2011）研究发现，一般每生产100kg荞麦籽粒，约需要从土壤中吸收氮3.3kg，五氧化二磷1.5kg，氧化钾4.3kg，与其他作物相比较，高于禾谷类作物，低于油料作物（赵钢等，2009）。根据内蒙古农业科学院研究，每生产100kg荞麦籽粒，需要从土壤中吸收氮（N）4.01～4.06kg，磷（P_2O_5）1.66～2.22kg，钾（K_2O）5.21～8.18kg，吸收比例为1∶（0.41～0.45）∶（1.3～2.02）。而王志远和毛从义（2001）则认为，生产100kg荞麦籽粒的最佳施肥量为纯氮2.84kg，五氧化二磷3.78kg，氧化钾3.70kg。在微量元素方面，铜、锌、铁、锰、钼和硼等元素需要量少，但不可缺少，对荞麦生长具有重要的影响。同时，荞麦吸收大量元素（氮、磷和钾）的数量和比例与土壤质地、栽培技术条件、气候条件及收获时间等因素具有重要的关系，但对于干旱瘠薄地、高寒山地，荞麦对氮肥和磷肥的需求量一般较大，增施氮、磷肥较易获得高产。不同时期种植的荞麦施肥方式和水平存在差异。一般情况下，春苦荞除施足底肥外，要重视施种肥，才能满足苦荞对氮素营养的需求。夏荞麦生育期短，发育快，整个生育过程处在高温多雨季节，氮素吸收的高峰来得早而迅速。所以，在施足底肥的同时，应在始花期追施一定量的氮肥，以满足苦荞中、后期的生长需要。

荞麦在各生育阶段吸收养分的数量和速度也有不同的变化趋势。苦荞在出苗至现蕾期，氮素吸收较为缓慢，日均吸收量为83～86g/hm^2。现蕾后地上部生长迅速，氮素的吸收量明显增多，从现蕾至始花期日均吸收量为230g/hm^2，约为出苗至现蕾期的3倍。当苦荞进入灌浆至成熟期时，氮素吸收量明显加快，日均吸收量达451～1 069g/hm^2。苦荞对氮素的吸收率也是随着生育日数的增加而逐渐提高，由苗期的1.58%提高到成熟期的67.72%。氮素在苦荞干物质中的比例则呈“马鞍型”趋势，始花与灌浆期吸收的氮占1.75%和1.51%。由此可见，荞麦在养分吸收上有着自己独特的规律，应该根据荞麦养分吸收的变化及最大吸收率来合理规划施肥，以获得更高的养分利用效率和产量。

2. 施肥方式 在作物生产中，往往由于需肥量大，一次施肥较难满足生长发育对养分的需要，肥效也不能很好地发挥，利用率低。因此，一般要在播种前和生长期内多次施肥。荞麦由于生育期短，生长迅速，因此应以“基肥为主、种肥为辅、追肥进补”“有机肥为主、无机肥为辅”“基肥氮、磷配合播前一次施入，追施化肥掌握时机”为原则进行施肥，才能更好地满足荞麦的生长发育需要，使其在全生育期内养分得到合理的分配，才能取得最佳收益。从施肥的时间上来看，可划分为以下几种。

（1）基肥 基肥是在荞麦播种前，结合耕作整地施入土壤深层的基础肥料，也可称为底肥。充足的优质基肥，是荞麦获得高产的重要基础。一般情况下，基肥可以结合耕作创造深厚、肥沃的土壤熟土层，可促进根系发育，扩大根系吸收范围。同时基肥养分较为全面（全肥）、持续时间长，有利于荞麦的正常生长和持续生长。在具体的操作过程中，基肥一般以有机肥为主，也可配合施用无机肥。基肥是荞麦的主要养分来源，可占到总施肥量的50%以上。在我国传统的种植中，一般常用的有机基肥有粪肥、厩肥和土杂肥。粪肥是一种养分比较完全的有机肥，是基肥的主要来源，易分解，肥效快，当年增产效果比厩肥、土杂肥好。厩肥是牲畜粪尿和褥草或泥土混合沤制后的有机肥料，养分完全，有机质丰富，也是基肥的主要肥源。土杂肥养分和有机质含量较低，不如粪肥和厩肥。在基肥的施用过程中，结合深耕施基肥，对促进肥料熟化分解、蓄水、培肥和高产，具有较好的作用。但在实际生产中，由于农村劳动力不足，加之施用有机肥需要耗费大量的人力，使得荞麦的有机肥应用普遍不足。在施用有机肥时，结合一些无机肥作为基肥，对提高苦荞产量大有好处。过磷酸钙、钙镁磷肥作基肥最好与有机肥混合沤制后施用；磷酸二铵、硝酸铵、尿素和碳酸氢铵作基肥可结合秋深耕或早春耕作时施，也可在播前深施，以提高肥料利用率。

（2）种肥　种肥是在播种时将肥料施于种子周围的一项措施，包括播前以肥滚籽、播种时溜肥以及种子包衣等。适施种肥能弥补基肥的不足，以满足荞麦生育初期对养分的需要，并能促进根系发育。施用种肥对解决我国通常基肥用肥不多或不施用基肥的荞麦种植区苗期缺肥症极为重要，已成为我国荞麦施肥的形式之一。传统的种肥是粪肥，如云南、贵州等地群众用打碎的羊粪、鸡粪、草木灰、炕灰等与种子搅拌一起作种肥，增产效果非常显著。还有的地方用稀人粪尿拌种，同样有增产作用。西南地区农民在播种前用草木灰和灰粪混合拌种，或作盖种肥，苦荞出苗迅速，根齐而健壮。以优质厩肥与牛粪、马粪混合捣碎后拌上钙镁磷肥作种肥，增产效果也明显。

生产上，用无机肥料作种肥时间虽不长，但发展迅速，特别是旱瘠地通过试验、示范，发展很快，成为作物高产的主要技术措施，尤其是在主要粮食作物水稻、玉米和小麦上应用最为广泛。在荞麦上，近年来应用也较有发展，据李钦元（1983）试验发现，用75kg/hm^{2}尿素作种肥，苦荞增产1 433kg/hm^2；用225kg/hm^{2}过磷酸钙作种肥，苦荞增产608kg/hm^2。过磷酸钙、钙镁磷肥或磷酸二铵作种肥，一般可与荞麦种子搅拌混合施用。尿素、硝酸铵作种肥一般不能与种子直接接触，否则易“烧苗”，故用这些化肥作种肥时，要远离种子。

（3）追肥　追肥是在作物生长期间为调节其营养而施用的肥料。主要作用是为了供应作物某个时期对养分的大量需要，或者补充基肥的不足。追肥施用比较灵活，要根据作物生长的不同时期所表现出来的元素缺乏症，对症追肥。荞麦不同的生育时期对营养元素的吸收积累是不同的，现蕾开花后，需要大量的营养元素，而土壤中的养分供应能力却较低，此时应及时补充一定数量的肥料。据李钦元（1982）在云南永胜试验，苦荞开花期追尿素75kg/hm^2，比未追肥的增产2 063kg/hm^2，增产65.4%。花期追肥有防早衰保丰收的作用。始花期用磷、钾肥根外追施，也有一定的增产效果。开花期喷施尿素12.75kg/hm^2，比未喷施的增产16.32%；喷施磷酸二氢钾4.5kg/hm^2，增产19.42%；喷施过磷酸钙112.5kg/hm^2，增产10.76%。然而，苦荞追肥适期因地力而异。李钦元（1982）在低肥条件下试验，苗期追肥增产效益最大，每千克尿素增产6.3kg，比花期追肥增产1.4倍。贾星（2000）认为，苦荞追肥依出苗后幼苗长势而定，壮苗不追或少追，弱苗在苗高7～10cm时可追施37.5～52.5kg/hm^{2}尿素作提苗肥。根外追肥应选择晴天进行，并注意浓度和比例，以免“烧伤”苦荞茎叶。在生产中，荞麦的追肥一般宜用尿素等速效氮肥，用量不宜过多，以45～75kg/hm²为宜，采用兑水追施。无灌溉条件的地方追肥要选择在阴雨天气进行。此外，用硼、锰、锌、钼、铜等微量元素肥料作根外追肥，也有增产效果。在追肥方式上，一般采用根外追肥或叶面喷施，视生产习惯和具体情况而定。

3. 施肥技术　荞麦的具体施肥量应因土壤质地、栽培条件、气候特点、收获时间和产能的不同而有所变化，但对于干旱瘠薄地和高寒山地，增施肥料是高产的基础。

（1）氮肥　氮素营养状况对荞麦生长发育及生理有较大影响，对其产量和品质影响较大。氮素营养各地土壤含量较低，施用氮肥都有显著的增产效果。氮肥是限制荞麦产量的主要因素，特别在瘠薄的土壤上表现更为突出。施用氮肥可以使荞麦产量成倍增长。氮素过多时会引起徒长，造成倒伏，特别是生长在水田或水分充足的土壤上的荞麦，应适当控制氮肥的施用量。安玉麟等（1989）研究发现，在旱地上通过氮、磷合理配施，不仅可提高磷肥的有效性，同时也提高了氮肥的有效性。在提高土壤磷水平的同时，也提高了土壤的氮水平，为荞麦稳产奠定了良好的基础。

王永亮等（1992）研究发现，在荞麦出苗后10d，幼苗期植株含氮量最适范围为2.73％～2.84％，产量与含氮量呈抛物线模式：$y=-402.3+354.2x-62.35x^2$；边际含氮量2.84％，低于2.73％时为氮素失调区，氮素供应不足，应补施氮肥。分析发现，施用尿素可以提高苗期含氮量，$y=2.476+0.0498x$，即增施尿素可以提高植株含氮量0.0498％。研究发现，氮肥施用对荞麦株高、分枝数、花序数、结实率、株粒数和千粒重都有明显的提高，氮肥对千粒重影响较大。但当氮肥施用量到达一定水平后，若再增加施肥量，则呈下降趋势。在施肥方式上，平衡施肥较单施氮、磷或钾肥更能提高荞麦的结实率、单株粒重、千粒重和产量。品质方面，臧小云等（2006）研究发现，经100kg/hm²、200kg/hm²的氮肥处理，盛花期叶片中芦丁和黄酮含量分别下降了36％、46％和27％、47％，成熟期分别下降了20％、56％和22％、52％；盛花期茎中黄酮含量分别下降了13％和19％，成熟期分别下降了31％和28％。高氮处理对荞麦叶片黄酮含量的负效应比对茎的更为明显。100kg/hm²的氮肥处理下单株茎叶干物质量及芦丁和黄酮产量皆最高。适量施用氮肥将有利于单株水平上的干物质产量和黄酮产量的提高（表7-3）。

表7-3　不同供氮水平下单株荞麦茎叶的干物质量、芦丁和黄酮含量

生育期	处理	干物质量（mg/株）		芦　丁（mg/株）		黄　酮（mg/株）	
		茎	叶	茎	叶	茎	叶
始花期	N0	0.22±0.03a	0.13±0.02a	0.72±0.03b	2.7±0.1b	2.8±0.2a	6.3±0.4a
	N1	0.28±0.06a	0.17±0.02a	0.92±0.05a	3.9±0.2a	3.2±0.3a	7.4±0.7a
	N2	0.25±0.03a	0.15±0.03a	0.78±0.04a	3.4±0.2a	3.1±0.2	6.9±0.5a
盛花期	N0	0.34±0.05c	0.32±0.03c	1.20±0.05c	15.3±0.2a	5.7±0.3c	23.8±0.5b
	N1	0.62±0.05	0.52±0.03	2.29±0.10a	15.8±0.6a	9.0±0.3a	27.9±0.9a
	N2	0.50±0.03b	0.40±0.03b	1.98±0.10b	10.3±0.6b	6.7±0.1b	15.8±0.7c
成熟期	N0	0.66±0.03b	0.53±0.07c	1.87±0.31b	14.6±0.6b	8.7±0.5a	24.3±0.5b
	N1	0.98±0.07a	0.98±0.20a	2.55±0.79a	21.6±1.3a	8.9±0.7a	34.8±1.5a
	N2	0.73±0.12b	0.64±0.07b	2.23±0.10a	8.8±0.6c	6.9±0.7b	14.1±1.7c

注：数据来源于臧小云等（2006）。表中不同字母表示5％水平下的显著性差异。

成都大学向达兵等（2013）研究发现，氮肥的施用对苦荞地上部农艺性状有显著的影响。随着氮肥施用量的增加，苦荞植株株高、茎粗及分枝数均呈先升高后降低的变化趋势。株高以N3处理最高，为130.0cm，极显著高于不施氮（N1）处理，比其高31.05%；植株茎粗则以N2处理最高，为4.89mm，极显著高于不施氮肥处理，但与N3处理差异不显著。施氮显著增加了苦荞的分枝数，各施氮处理均显著高于不施氮（N1）处理，以N2处理最高，但与N3、N4处理差异不显著（表7-4）。

表7-4　氮肥施用量对苦荞植株地上部农艺性状的影响

氮肥用量（kg/hm²）	株高（cm）	茎粗（mm）	分枝数（个）
0（N1）	99.2cC	3.87cB	3.67bA
40（N2）	121.3aA	4.95aA	4.22aA
80（N3）	130.0aA	4.89aA	4.0aA
120（N4）	123.9bA	4.56bA	3.89aA

注：数据来源于向达兵等（2013）。

不施氮处理的荞麦主根长、一级侧根数、根体积和主根粗均显著或极显著低于氮肥处理。主根长以N2处理最高，为7.75cm，显著高于N1和N4处理，比其分别高14.31%和11.35%。苦荞的一级侧根数以N2处理最高，极显著高于其他处理，但N1、N3和N4间差异不显著。根体积以不施肥处理N1最低，为1.48mL，极显著低于其他处理，比施肥处理低2.6%～20.0%。苦荞麦的主根粗也以N2处理最高，为4.62cm，显著高于N1和N4处理，但与N3处理差异不显著（表7-5）。

表7-5　氮肥施用量对苦荞植株根系农艺性状的影响

氮肥用量（kg/hm²）	主根长（cm）	一级侧根数	根体积（mL）	主根粗（cm）
0（N1）	6.78bA	24.33cB	1.48cB	4.11bB
40（N2）	7.75aA	26.54aA	1.85aA	4.62aA
80（N3）	7.22abA	24.43cB	1.61bcB	4.61aA
120（N4）	6.96bA	24.25cB	1.52cB	4.10bB

注：数据来源于向达兵等（2013）。
表中小写字母表示5%水平下的显著性差异；大写字母表示1%水平下的显著性差异。下同。

苦荞的单株粒数、单株粒重、千粒重和产量均随着氮肥施用量的增加呈先升高后降低的变化趋势。单株粒数、单株粒重和千粒重均以N3处理最高，分别为92.9粒、2.10g和18.3g，N3处理的单株粒数和单株粒重均极显著高于N1和N4处理，但各处理间苦荞千粒重差异不显著。产量上，苦荞麦的产量以N3处理最高，为2 008.5kg/hm²，显著高于N1和N4处理，比其分别高63.4%和34.1%，但与N2处理差异不显著（表7-6）。

表7-6　氮肥施用量对苦荞产量及构成的影响

氮肥用量（kg/hm²）	单株粒数	株粒重（g）	千粒重（g）	产量（kg/hm²）
0（N1）	55.5bB	0.98cA	17.6aA	1 229.0cC
40（N2）	91.2aA	2.09aA	18.2aA	1 972.0aA
80（N3）	92.9aA	2.10aA	18.3aA	2 008.5aA

（续）

氮肥用量（kg/hm²）	单株粒数	株粒重（g）	千粒重（g）	产量（kg/hm²）
120（N4）	62.1bB	1.12bA	18.2aA	1 497.3bB

注：数据来源于向达兵等（2013）。

氮肥的施用增加了荞麦蛋白质含量和脂肪含量，随着氮肥施用量的增加蛋白质含量和粗脂肪含量呈先升高后降低的变化趋势，两者均以 N3 处理最高，分别为 12.55% 和 2.84%。N3 处理的蛋白质含量显著高于其他处理，极显著高于不施氮处理（N1），比其高 20.1%。粗脂肪含量也以 N3 处理最高，但与其他处理差异未达显著水平。随着氮肥施用量的增加，荞麦的芦丁含量随着氮肥施用量的增加呈显著的减少趋势，但当氮肥施用量为 N3 时，再增施氮肥则变化差异不显著。苦荞麦的芦丁含量以 N1 处理最高，为 1.65%，比其他处理高 7.8%～14.6%。槲皮素含量则随着氮肥施用量的增加呈先升高后降低的变化趋势，以 N3 处理最高，但各施氮处理间的差异未达显著水平（表 7-7）。

表 7-7　氮肥施用量对苦荞品质的影响

氮肥用量（kg/hm²）	蛋白质（%）	粗脂肪（%）	芦丁（%）	槲皮素（%）
0（N1）	10.45cB	2.61bA	1.65aA	0.069aA
40（N2）	11.54bA	2.71aA	1.53bAB	0.074aA
80（N3）	12.55aA	2.84aA	1.46bcB	0.075aA
120（N4）	11.53bA	2.73aA	1.44cB	0.073aA

注：数据来源于向达兵等（2013）。

（2）磷肥　在我国，一半以上的土壤供磷不足，不仅影响着作物产量，而且降低农产品品质。在荞麦的生长发育过程，各生育阶段吸收磷的数量和速度存在明显差异。研究发现，出苗至现蕾期，磷素吸收较慢，到现蕾期随着地上部的生长，磷的吸收量逐渐增加，进入灌浆期，磷的吸收量明显加快。因此，荞麦的高产必须施用足够的磷肥以满足荞麦的正常生长发育。

由于我国大部分地区土壤缺磷，而且氮、磷比例失调。因此，磷素缺乏已成为限制荞麦产量提高的重要因素，增施磷肥是荞麦高产的重要措施之一。据蒋俊芳调查，1950 年到 1985 年四川凉山彝族自治州苦荞生产通过推广磷矿粉拌种和施磷增氮技术后，平均产量提高 5 倍多。盐源县 1981 年 400hm² 苦荞，施过磷酸钙 88.5kg/hm²，比不施磷肥的田块增产 12.5%。苦荞是喜磷作物，施磷增产已为各地群众所认识。云南昆明、澄江等地农民种苦荞施用磷肥，苦荞产量较高，籽粒大而饱满，有良好的增产效果。苦荞增施磷肥，实行氮、磷配合等施肥技术已在云南、贵州和四川等省大面积推广。另据李钦元（1982）在云南永胜试验，在开花期根外喷施磷酸二氢钾 4.5kg/hm²，增产 19.2%。

研究发现，增施磷肥可以提高荞麦的结实率、单株粒重、千粒重和产量。一般情况下，荞麦植株全磷含量的最适范围为 0.43%～0.57%，产量与苗期植株含磷量的回归方程 $y=67.96+100.49x-88.68x^2$；边际含磷量 0.567%，低于 0.43%时为磷失调区，磷素供应不足，应补施磷。施用磷肥可提高苗期含磷量，$y=0.313+0.0378x$，即公顷增施磷肥 15kg，植株苗期含磷量提高 0.0378%（王永亮等，1992）。磷还有缓解植株胁迫的作用，提高植株抵抗外界环境胁迫的能力。王宁等（2011）研究发现，外源磷供应可降低根系总Al和单核Al含量，使毒性形态的铝转化为无毒形态，以及减少Al在根尖与细胞壁的积累，缓解Al对根伸长的抑制，提高荞麦根系的抗铝毒害能力。

(3) 钾肥　钾在作物生长发育过程中具有重要的作用，与植物体内的许多代谢过程密切相关。荞麦在生长发育过程中，对钾素的需求高于其他禾本科作物，在各生育阶段钾的吸收量占干物重的比例最大，高于同期吸收的氮素和磷素。从出苗到现蕾期，钾素吸收较少，始花期开始逐渐快速增加，以灌浆期最大，总体随着生育期的推进而增加，但主要集中在始花期以后。戴庆林等（1988）研究发现，从出苗到始花期的26d中，吸收的钾素占总吸收量的10.36%；始花至灌浆期的23d中，吸收的钾素占总吸收量的23.25%，而灌浆期至成熟期的23d中，吸收的钾素占吸收总量的66.99%（表7-8）。成都大学通过"3414"试验研究发现，荞麦产量与钾存在显著相关性，可用二次回归方程 $y=1687.95+17.8618x-0.1792x^2$ ($P<0.05$) 表示。在我国长江流域和东南沿海一些地区，有的土壤缺乏钾素，特别是红、黄壤土。而荞麦又比其他作物需钾多，适当增施含钾素丰富的有机肥或无机肥，对提高苦荞产量有着重要的作用。但钾盐的氯离子对苦荞有害，常引起叶斑病的发生，因此最好避免施用氯化钾，施用草木灰最适宜。苦荞吸收氮、磷、钾素的基本规律是一致的，即前期少，中、后期多，随着生物学产量的增加而增加。同时吸收氮、磷、钾的比例相对较稳定。增施钾肥对提高荞麦结实率、单株粒重、千粒重和产量有明显的效果，尤其是千粒重影响最大。

表7-8　荞麦不同生育期对钾素的吸收量

时期		干物重（kg/hm²）	氧化钾		日平均吸收（kg/hm²）	各期吸收率（%）
			含量（%）	总量（kg/hm²）		
苗期		21	4.46	0.94	0.13	1.73
现蕾		69.8	3.29	2.3	0.12	2.5
始花		183	3.08	5.64	0.48	6.13
灌浆		810	2.26	18.31	0.63	23.25
成熟	茎秆	1 959.8	2.55	49.97	1.57	66.39
	籽粒	852	0.53	4.52		

注：数据来源于戴庆林等（1998）。

(4) 微肥　荞麦的正常生长发育除需要氮、磷和钾等大量元素外，还需要吸收微量的铁、硼、砷、锰、铜、钴、钼等元素作为养料。在荞麦研究中，有关微量元素的研究报道较少，但某些微量元素作用十分明显，尤其是在微量元素缺乏的土壤中，施用后，增产效果显著。唐宇在四川西昌试验表明，苦荞施用锌、锰、铜和硼肥时，除铜外，对株高、节数、叶片数、分枝数和叶面积都有明显的作用（表7-9），而且苗期生长速度较快。同时经锌、锰、铜和硼处理后的苦荞叶片中全氮、可溶性糖和叶绿素的含量有明显的增加，其中全氮较对照增加0.15%～1.19%，可溶性糖较对照增加0.45%～1.57%，叶绿素除硼外较对照增加0.02%～0.13%（表7-10）。

表7-9　微量元素对苦荞幼苗生长的影响

处理	主茎			分枝数	叶面积比值
	株高（cm）	节数	叶片数		
CK	23.6	5.0	7.1	2.06	100

（续）

处理	主茎			分枝数	叶面积比值
	株高（cm）	节数	叶片数		
锌	28.9	5.7	9.3	2.45	109
锰	35.8	6.7	10.7	2.43	112
铜	20.1	5.1	7.3	2.30	105
硼	30.4	6.5	10.2	2.27	108

注：数据来源于唐宇（盆栽，1986）。

表 7-10　微量元素对苦荞叶片全氮、可溶性糖和叶绿素含量的影响

处理	测定项目	测定日期（月/日）						平均
		4/25	5/5	5/15	5/25	6/4	6/14	
CK	全氮（%）	5.16	5.56	5.52	3.86	2.66	1.87	3.94
	可溶性糖（%）	1.03	1.74	2.90	3.85	3.27	3.06	2.64
	叶绿素（mg/gFW）	0.48	0.58	0.62	0.57	0.52	0.40	0.53
锌	全氮（%）	6.64	7.14	6.52	4.69	3.78	2.18	5.13
	可溶性糖（%）	1.99	2.47	2.88	4.10	3.85	3.24	3.09
	叶绿素（mg/gFW）	0.53	0.81	0.75	0.72	0.64	0.46	0.65
锰	全氮（%）	6.03	5.68	5.32	4.93	3.85	2.64	4.74
	可溶性糖（%）	2.07	2.72	3.75	4.65	4.34	4.11	3.61
	叶绿素（mg/gFW）	0.51	0.68	0.65	0.60	0.54	0.51	0.58
铜	全氮（%）	5.92	5.63	5.51	4.54	3.99	2.43	4.67
	可溶性糖（%）	3.08	3.64	4.89	5.60	4.10	3.95	4.21
	叶绿素（mg/gFW）	0.48	0.63	0.61	0.62	0.55	0.43	0.55
硼	全氮（%）	5.72	4.86	4.47	4.28	3.25	1.96	4.09
	可溶性糖（%）	1.98	2.73	3.90	5.15	3.80	3.60	3.53
	叶绿素（mg/gFW）	0.50	0.56	0.63	0.59	0.48	0.40	0.53

注：数据来源于唐宇（盆栽，1986）。

在中等肥力条件下，杨晶秋（2003）研究结果表明，不同的微肥对苦荞的作用有所不同（表 7-11），施用钼肥和锰肥明显促进苦荞苗期的生长，壮苗指数随用量的增加而提高，花期以后钼肥和锰肥中水平用量的作用日趋明显，即每盆分别施用钼酸铵 5mg 和硫酸锰 10mg，可明显改善苦荞的植株性状，继续提高施用量，作用下降。钼肥中剂量和锰肥高剂量的干物质积累速度较快。硼肥对壮苗虽有一定作用，但差异不明显，高水平硼肥对苗期生长有一定的抑制作用；锌肥高剂量不利于苦荞苗期的生长，后期也具有明显的抑制作用，并导致干物质积累变缓（图 7-3）。

表 7-11　试验处理及水平（mg/盆）

（杨晶秋等，2003）

肥料	A	B	C
锌肥	5.0	10.0	30.0
钼肥	0.5	5.0	20.0
硼肥	0.5	5.0	20.0
锰肥	1.0	10.0	30.0

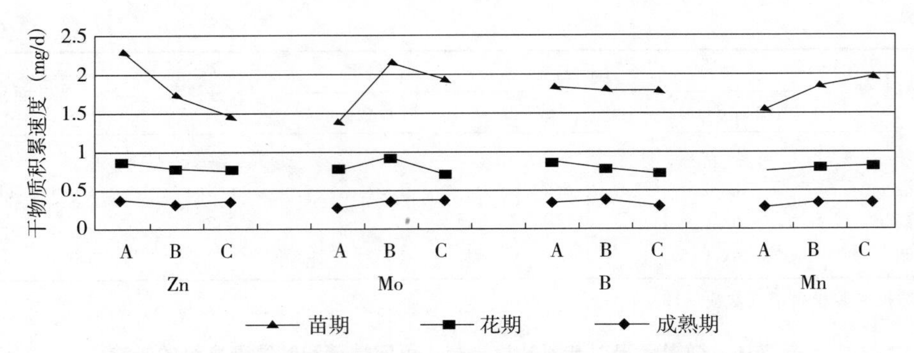

图 7-3　微肥不同施用水平对苦荞干物质累积速度的影响
（杨晶秋等，2003）

产量方面，唐宇等（1986）盆栽试验表明，经锌、锰、铜和硼元素处理后的苦荞开花数、结实率、产量都有较为明显的提高。其中株粒数增加 210～373 粒，结实率提高 8.52%～15%。锌、锰的增产效果最好，增产幅度为 82.97%～112.63%（表 7-12）。据杨晶秋（2003）试验结果，茎叶产量及籽实产量随锌肥施用水平提高而降低；钼肥则与之相反，籽实产量随用量的增加而增加，茎叶产量效应以中剂量为佳（表 7-13）。经方差分析，锌肥与钼肥对苦荞的效应均达显著水平，说明苦荞对锌肥与钼肥比较敏感。锰肥用量增加，能显著提高茎叶产量，虽然与苦荞籽粒产量也有一定关联，但未达到显著水平；硼肥用量对苦荞没有明显效果。每千克土的微肥的推荐用量为硫酸锌 1.7mg、硫酸锰 10mg、钼酸铵 1.7mg。苦荞对一些微量元素的反映较为敏感，施用时要慎重，当土壤元素水平达到 15mg/kg 时，每千克土锌肥用量应不超过 1.7mg。

表 7-12　微量元素对苦荞结实率、产量的影响

处理	1986 盆栽			1985 小区试验	
	单株开花数	单株粒数	结实率（%）	产量（kg/hm^2）	增产（%）
CK	2 780	285	10.25	910.1	0.00
锌	2 637	495	25.25	1 665	82.97
锰	2 317	658	23.36	1 935	112.63
铜	3 152	796	18.77	1 600	75.82
硼	2 487	538	21.63	1 485	63.19

注：数据来源于唐宇（盆栽，1986）。

表 7-13　微量元素不同施肥水平对苦荞产量（g/盆）的影响
（杨晶秋等，2003）

处理	茎叶产量			籽实产量			生物学产量		
	A	B	C	A	B	C	A	B	C
Zn	13.63	10.36	8.57	5.03	3.18	3.32	18.66	13.54	11.86
Mo	8.22	12.82	11.51	2.22	4.61	4.70	10.44	17.43	16.21
B	11.03	10.61	10.91	3.57	4.27	3.70	14.6	14.88	14.61
Mn	9.37	10.87	12.32	3.7	4.05	3.80	13.07	14.92	16.12

注：茎叶产量 $F_{Zn}=17.5^{**}$；$F_{Mo}=14.9^{**}$；$F_{Mn}=5.8^{**}$（查表 $F_{0.01}=6.01$，$F_{0.05}=3.55$，$F_{0.1}=2.61$）。
籽实产量 $F_{Zn}=3.58^{*}$；$F_{Mo}=6.25^{**}$。

钟兴莲（1997）研究表明，硼、锰、锌溶液浸苦荞种子，能显著提高产量，比对照平均增产18.9%，而锰的增产幅度最大，达31.5%。具体表现在株高增高，分枝位降低，一、二级分枝增多，单株实粒数增多，千粒重增加。认为硼、锰、锌浸种增产的主要原因，是叶面积增大，特别是三叶以上的叶面积增大；叶色增浓，光合作用增强。还能使根系增长，根系下扎深，从而增大植株对养分的吸收；生育期有所延长，增加养分吸收的时间和范围，而使产量提高。微量元素对苦荞成株率有较大的提高，但对苦荞出苗有不良影响（表7-14）。

表7-14　苦荞经济性状与产量

品名	株高（cm）	分枝位（cm）	主茎节数	第一次分枝数	第二次分枝数	单株粒数			单株粒重（g）	千粒重（g）	小区产量（kg）					
						总粒数	实粒数	结实率（%）			Ⅰ	Ⅱ	Ⅲ	合计	平均	公顷产量
蒸馏水（CK）	51.0	6.7	13.3	5.2	0.3	120.7	91.6	75.9	2.19	23.9	0.35	0.3	0.3	0.95	0.32	319.5
锌	55.6	6.9	14.3	6.2	0.4	164.6	122.3	74.3	3.20	26.2	0.4	0.3	0.4	1.1	0.37	370.5
锰	57.8	6.7	14.1	6.0	1.3	199.8	153.4	76.8	3.63	23.7	0.4	0.4	0.45	1.25	0.42	420.0
硼	51.9	5.6	13.0	4.9	1.4	152.7	119.9	78.5	2.81	23.4	0.4	0.3	0.3	1.05	0.35	349.5
处理合计	165.3	19.2	41.4	17.1	3.1		395.6		9.64	73.3						
平均	55.1	6.4	13.8	5.7	1.03		131.9		3.21	24.4						
与对照 增减	4.1	−0.3	0.5	0.5	0.73		40.3		1.02	0.53						
比较（%）	8	−4	3.8	9.6	243		44		46.7	2.2						

注：数据来源于钟兴莲等（1997）。

稀土微肥也是一种微量元素肥料。据何天祥（2008）在凉山彝族自治州冕宁县用100～400mg/kg的稀土溶液进行苦荞苗期处理的试验，产量结果表明，各处理间差异不显著。可能是由于冕宁县是稀土矿区，母质中含量较高，故效果不显著。

苦荞黄酮总量方差分析结果表明，锌肥、钼肥、锰肥对茎叶黄酮总量影响显著，没有明显的交互作用，以平均值189.6mg/盆为基准，评价各水平的效应，锌肥低剂量黄酮总量为正效应，钼肥以中剂量最佳，锰肥高剂量为好（表7-15）；籽粒黄酮总量受锌肥和钼肥影响较大，总量平均为35.3mg/盆，锌肥仍以低剂量为正效应，钼肥中剂量最好。

表7-15　苦荞黄酮含量测定

（杨晶秋等，2003）

处理	茎叶黄酮（mg/盆）			籽粒黄酮（mg/盆）		
	A	B	C	A	B	C
Zn	287	128	154	48	33	25
Mo	181	210	178	22	42	42
B	183	200	185	35	36	35
Mn	167	171	231	35	35	36

陕西的土壤主要缺硼、锌和锰三种微量元素，但在陕北、陕南、关中不同地区土壤中的含量也不同。其中硼的含量是由北向南递减，锌和锰的含量则由北向南递增。在陕北施用硼增产效果较差，但施用锌和锰则增产效果明显。在陕南施用锌、锰和硼则结果相反。可见，在荞麦上施用微肥，应先了解当地土壤微量元素的含量及其盈缺情况，然后通过试

验确定施用微肥的种类、数量和方法。

（5）菌肥　施用菌肥，尤其是新型微生物菌剂对提高苦荞产量与黄酮含量的研究尚少报道。据史清亮（2003）对接种不同微生物菌剂对苦荞植物学性状的影响的研究，所有供试微生物菌剂对苦荞均具有一定的促生助长作用，但不同的菌剂，其作用是有差异的（表7-16），其中5号（以磷细菌为主）、6号（以AMF菌根真菌为主）、7号（复合菌剂）菌剂的早期接种效果更为明显，和灭菌草炭比较，壮苗指数增加了9.1%～18.2%，株重提高了17.6%～29.4%，叶绿素含量增加了4.8%～21.8%。

表7-16　接种不同生物菌剂对苦荞植物学性状的影响

（史清亮，2003）

处理	株高（cm）	株叶数（个）	株干重（g）	壮苗指数	叶绿素含量（%）
空白对照CK1（不接种对照）	12.3	8.2	0.17	0.30	1.20
灭菌草炭CK2（无菌基质对照）	12.5	8.6	0.17	0.33	1.24
1号菌剂（以固氮螺菌为主）	12.2	7.0	0.17	0.34	1.07
2号菌剂（以泾阳链霉菌为主）	12.3	8.2	0.17	0.34	1.25
3号菌剂（以芽孢杆菌为主）	13.7	8.3	0.17	0.32	1.17
4号菌剂（以硅酸盐细菌为主）	13.0	9.0	0.18	0.35	1.30
5号菌剂（以磷细菌为主）	13.0	8.8	0.20	0.37	1.41
6号菌剂（以AMF菌根为主）	15.8	8.8	0.22	0.36	1.23
7号菌剂（固氮解磷解钾复合菌剂）	14.0	8.5	0.20	0.39	1.51
8号菌剂（引进乌克兰菌剂）	9.0	8.2	0.16	0.35	1.19

注：壮苗指数＝（茎粗/株高＋根重/冠重）×茎叶重。

接种不同微生物菌剂对苦荞茎叶产量与黄酮含量影响的盆栽试验结果表明，和空白对照比较，无论是施用灭菌草炭，还是接种微生物菌剂，其茎叶产量与茎叶黄酮含量均有明显提高，其中茎叶产量增加16.4%～70.1%（表7-17），而黄酮含量则成倍提高。和灭菌草炭比较，接种不同微生物菌剂，茎叶产量全部增产，增幅为11.4%～62.9%；茎叶黄酮含量有一半的菌剂高于灭菌草炭，其中茎叶黄酮百分含量提高11.0%～35.0%，茎叶黄酮总量提高40.1%～108.3%，均以3号（芽孢杆菌为主）、5号（以磷细菌为主）、6号（以AMF菌根真菌为主）菌剂为好。

表7-17　接种不同微生物菌剂对苦荞茎叶产量及黄酮含量的影响

处理	茎叶产量（g/盆）	茎叶黄酮含量（%）	茎叶黄酮总量（mg/盆）	比对照增加（倍）
空白对照	6.7	0.32	21.44	—
灭菌草炭	7.0	1.00	70.00	3.26
1号菌剂	8.0	0.60	48.00	2.24
2号菌剂	10.8	0.62	66.96	3.12
3号菌剂	10.8	1.35	145.80	6.80
4号菌剂	9.5	0.71	67.45	3.15
5号菌剂	11.4	1.13	128.80	6.01
6号菌剂	9.8	1.21	118.58	5.53
7号菌剂	9.4	1.11	104.34	4.87
8号菌剂	7.8	0，79	51.62	2.87

注：数据来源于史清亮，2003。处理菌剂同表7-16，下同。

在盆栽条件下，与灭菌草炭比较，接种不同的微生物菌剂，其生物学产量全部增产，增产13.0%～66.0%（表7-18）；黄酮百分含量有1/4的菌剂高于灭菌草炭，提高17.3%～20.0%；黄酮总量有3/4的菌剂高于灭菌草炭，提高3.3%～4.8%。分析结果还表明，施用不同的微生物菌剂具有不同的施用效果，以改善磷素供应状况为主的菌剂，自苗期开始就表现出一定的接种效果，而以固氮和防病作用为主的菌剂，则后期效果为好。与灭菌草炭相比，接种不同微生物菌剂的籽粒产量全部增产，增产16.7%～86.7%（表7-19），以6号（以AMF菌根真菌为主）、5号（以磷细菌为主）菌剂为高。籽实黄酮百分含量1/4的菌剂高于灭菌草炭，提高幅度为6.0%～15.0%；黄酮总量有半数的菌剂高于灭菌草炭，提高幅度达10.9%～120.3%，以6号（以AMF菌根真菌为主）、4号（以硅酸盐细菌为主）菌剂为佳。

表7-18 接种不同微生物菌剂对苦荞生物学产量及其黄酮含量的影响

（史清亮，2003）

处理	生物学产量（g/盆）	比灭菌草炭±（%）	黄酮含量（%）	黄酮总量（mg/盆）	比灭菌草炭±（%）
灭菌草炭	10.0	—	0.75	75.00	—
1号菌剂	11.8	18.0	0.48	56.64	−24.5
2号菌剂	14.9	49.0	0.52	77.48	3.3
3号菌剂	15.2	52.0	0.88	133.76	78.3
4号菌剂	13.8	38.0	0.62	85.56	14.1
5号菌剂	16.6	66.0	0.73	121.18	61.6
6号菌剂	15.4	54.0	0.90	138.60	84.3
7号菌剂	13.8	38.0	0.68	93.84	25.1
8号菌剂	11.3	13.0	0.60	67.80	−9.6

表7-19 接种不同微生物菌剂对苦荞籽实产量及黄酮含量的影响

（史清亮，2003）

处理	籽粒产量（g/盆）	籽粒黄酮含量（%）	籽粒黄酮总量（g/盆）
灭菌草炭	3.0	0.50	15.00
1号菌剂	3.8	0.36	13.68
2号菌剂	4.1	0.41	16.81
3号菌剂	4.4	0.33	14.52
4号菌剂	4.3	0.53	22.79
5号菌剂	5.2	0.32	16.64
6号菌剂	5.6	0.59	33.04
7号菌剂	4.4	0.24	10.56
8号菌剂	3.5	0.41	14.35

（6）综合施肥技术　在荞麦的种植过程中，单一的肥料供应往往不能满足正常生长发育对养分的需求，特别是在荞麦大面积种植过程中，土壤中养分的供应往往难以均衡。因此，综合的施肥技术对大面积生产具有重要的实际应用价值。

在氮、磷、钾混合配施方面，贵州师范大学黄凯丰等（2013）通过对甜荞麦品种丰甜1号研究发现，不同的氮、磷、钾配比对丰甜1号荞麦品种农艺性状、产量及产量构成具有重要的影响。主要表现在不同肥料处理时丰甜1号荞麦品种的主茎分枝数、主茎节数、株高存在明显的差异，主茎分枝数和主茎节数分别以 N2P2K0 和 N2P2K2 最高，均显著高于其他处理；株高则以 N1P1K2、N2P1K2 和 N2P2K0 显著高于其他处理，而这 3 个处理之间则差异不显著（表 7-20）。

表 7-20 不同肥料处理对丰甜 1 号产量的影响

处理	主茎分枝（个）	主茎节数（个）	株高（cm）	单株粒数（粒）	单株粒重（g）	千粒重（g）	产量（kg/hm²）
N0P0K0	4.3b	10.0b	53.6e	79.4f	2.86de	34.6b	705.75l
N0P2K2	3.3cd	10.0b	49.8f	67.8g	1.99g	31.4cd	1 135.65i
N1P2K2	3.0d	8.3bc	60.4b	50.6h	1.56h	29.2de	1 213.80g
N2P0K2	3.7c	9.0bc	56.6d	95.4d	3.15c	22.3f	1 063.95j
N2P1K2	4.7ab	10.7b	62.6a	116.4a	2.58ef	27.1e	1 329.60e
N2P2K2	3.0d	13.3a	60.1b	108.4c	2.59ef	32.9c	1 267.65f
N2P3K2	3.3cd	12.7ab	58.4c	80.4f	3.08c	32.6c	1 273.95f
N2P2K0	5.0a	10.0b	62.9a	115.4b	3.37b	30.5d	1 013.40k
N2P2K1	3.0d	7.0c	59.1bc	66.6g	1.29i	27.1e	1 183.50h
N2P2K3	4.3b	9.3bc	55.4d	87.6e	2.52f	28.0e	1 337.55e
N3P2K2	4.7ab	9.0bc	49.0f	89.2e	2.91d	33.5bc	1 575.00c
N1P1K2	4.0bc	8.7bc	64.0a	96.8d	2.71e	27.6e	1 899.90b
N1P2K1	3.3cd	10.3b	60.6b	105.6c	2.90d	31.5cd	1 508.10d
N2P1K1	4.3b	9.3bc	53.4e	80.0f	3.54a	36.7a	2 013.60a

研究发现，不同肥料配比条件下，丰甜 1 号单株粒数、单株粒重及千粒重存在明显差异。单株粒数以 N2P1K2 最高，显著高于其他处理；单株粒重和千粒重则均以 N2P1K1 最高，显著高于其他处理。产量方面，以 N2P1K1 产量最高，为2 013.60kg/hm²，显著高于其他施肥处理。由表 7-20 还可看出，当磷、钾肥施用量处于设计的中等水平（P2K2）时，施氮 51.75、103.5、155.25kg/hm² 的产量分别比不施氮处理提高了 6.89%、11.62%、27.90%；当氮、钾肥用量处于设计的中等水平（N2K2）时，施磷 34.50、69.00、103.50kg/hm² 的产量分别比不施磷处理提高了 24.97%、19.15%、19.74%；当氮、磷用量处于设计的中等水平（N2P2）时，施钾 2.55、5.10、7.65kg/hm² 的产量分别比不施钾处理提高了 16.79%、25.09%、31.99%。因此，丰甜 1 号的高产施肥量推荐为 N3P1K3。

在施肥类型方面，成都大学赵钢等（2013）研究发现，有机肥、无机肥和有机无机混合肥处理对荞麦的产量存在明显的影响。在不同类型肥料处理下表现为有机无机混合肥>有机肥>无机肥>对照，产量差异达显著水平（表 7-21）。由此说明，有机肥和无机肥混合施用一定程度上可以增加苦荞麦的产量。

表 7-21 不同肥料处理对苦荞产量的影响

处理	T367	T398	平均产量（kg/hm²）
CK	59.34d	45.60d	787.05d
有机肥	146.77b	94.66b	1 810.80b
有机-无机肥	151.59a	108.41a	1 950.00a
无机	129.82c	89.15c	1 641.75c
平均	121.88a	84.46b	

毛新华等（2004）研究发现，荞麦氮、磷和钾肥施用后，氮肥与磷肥为负相关，氮肥与钾肥为正相关，磷肥与钾肥为负相关。通过方程模拟，可得到 3 个单因子的降维方程，分别为：

（1）氮肥（x_1）：$y_1=169.13-14.12x_1-7.83x_{12}$

（2）磷肥（x_2）：$y_2=169.13+5.80x_2-5.46x_{22}$

（3）钾肥（x_3）：$y_3=169.13-2.50x_3+1.61x_{32}$

三因子对荞麦产量作用效应不同，大小依次为氮＞磷＞钾，磷钾互作＞磷氮互作＞氮钾互作，当氮、磷、钾肥分别每公顷施 27.75、39.45、131.55kg 时产量最高（表 7-22）。

表 7-22　试验组合处理及产量

（毛新华，2004）

区号	x_1（氮肥 kg/hm²）		x_2（磷肥 kg/hm²）		x_3（钾肥 kg/hm²）		y 产量（kg/hm²）
1	1	95.70	1	47.85	1	143.55	999.75
2	1	95.70	1	47.85	1	36.45	1 125.00
3	1	95.70	1	12.15	1	143.55	999.75
4	1	95.70	−1	12.15	−1	36.45	1 050.00
5	1	24.30	1	47.85	1	143.55	1 149.75
6	1	24.30	1	47.85	−1	36.45	1 500.00
7	1	24.30	1	12.15	1	143.55	1 200.00
8	1	24.30	1	12.15	1	36.45	1 224.75
9	1.682	120.00	0	30.00	0	90.00	1 299.75
10	−1.682	0	0	30.00	0	90.00	975.00
11	0	60.00	1.682	60.00	0	90.00	1 275.00
12	0	60.00	1.682	0	0	90.00	1 100.25
13	0	60.00	0	30.00	1.682	180.0	1 425.00
14	0	60.00	0	30.00	1.682	0	1 250.25
15	0	60.00	0	30.00	0	90.00	1 299.75
16	0	60.00	0	30.00	0	90.00	1 250.25
17	0	60.00	0	30.00	0	90.00	1 149.75
18	0	60.00	0	30.00	0	90.00	1 074.75
19	0	60.00	0	30.00	0	90.00	1 224.75
20	0	60.00	0	30.00	0	90.00	1 524.75

氮磷钾配比施肥可获得荞麦籽粒多、籽粒饱满，利于获得高产（赵永峰等，2000）。牛波等（2006）研究发现，氮肥、磷肥、钾肥、有机肥适宜配合施用可显著提高荞麦的产量。对单株产量来说，各肥料处理产量均明显高于对照，其中尤以有机肥（ORG）处理最高为 4.6650g。在氮（N）、磷（P）、钾（K）配比中以全肥（ALL）处理为最高，NPK 处理次之。NK 配合施用应比单施 N 肥有较好的增产作用，但 PK 的配合施用与单施 P、K 肥相比在荞麦产量因素中并未起到增效作用（表 7-23）。

表 7-23　不同肥料组合对百粒重和单株产量的影响

（牛波，2006）

处理	CK	N	P	K	NK	PK	NP	NPK	ORG	ALL
百粒重（g）	6.436 2cC	3.321 9cC	3.439 2cC	3.345 1dD	3.547 9bB	3.144 8eE	3.665 5aA	3.595 9bAB	3.670 4aA	3.541 4bB

（续）

处理	CK	N	P	K	NK	PK	NP	NPK	ORG	ALL
单株产量（g）	1.895 0fF	2.798 0eE	3.051 1deDE	3.160 4dDE	2.699 9eE	2.884 8eE	3.207 0dD	3.495 9cC	4.665 0aA	4.005 0bB

施肥对荞麦的生理过程也有明显的影响。牛波等（2009）研究发现，在各处理的叶绿素含量中NP处理的叶绿素含量最高，达41.38%，比对照高6.93%，且显著地高于其他处理；PK处理的叶绿素含量最低，比对照低23.37%。在光合速率中NP、NPK、ORG、ALL处理的光合速率较高，明显地高于其他处理；单施N、K的光合速率较低且低于对照。各处理的蒸腾速率均高于对照，依次为NPK>P>ALL>ORG>PK>NK>K>NP>N>CK。由此可以看出，在一定范围内多种肥料的配合施用有利于提高荞麦的光合速率和蒸腾速率，从而使植株积累有机物质速度加快，对提高产量起决定性的作用（表7-24）。

表 7-24　不同处理对荞麦生理特性的影响

（牛波，2006）

处理	叶绿素（SPAD值）	光合速率 Pn [μmol/(m² · s)]	蒸腾速率 E [mmol/(m² · s)]
CK	26.10±2.04	6.93±1.12	1.87±0.14
N	22.63±2.12	6.00±1.19	2.03±0.27
P	24.83±1.19	9.82±0.49	2.67±0.05
K	23.62±1.69	6.60±1.25	2.21±0.24
NK	21.65±1.15	9.23±0.60	2.37±0.31
PK	20.00±1.52	0.93±1.53	2.51±0.15
NP	41.38±2.25	12.97±1.14	2.19±0.21
NPK	29.53±1.89	10.33±0.57	3.00±0.12
ORG	34.20±2.15	12.93±0.58	2.54±0.09
ALL	29.57±2.02	12.27±0.62	2.57±0.16

在荞麦品质方面，研究发现氮磷肥、有机肥可提高荞麦蛋白质、脂肪和赖氨酸的含量，氮、磷、钾配施可显著提高淀粉和赖氨酸含量，全肥可以极显著地提高赖氨酸的含量。有机肥、全肥的配合施用是保证荞麦产量和品质的关键。但是，不同肥料组合对荞麦蛋白质含量、脂肪含量、淀粉含量和赖氨酸含量影响显著（表7-25）。各处理均具有提高荞麦蛋白质含量的作用，其中以NP处理和ORG处理效果最好，分别为13.92%和11.73%，与对照相比差异均达到显著水平；而其他处理虽然都提高了荞麦蛋白质的含量，但都不显著。除P和NK处理外，其他各处理均可提高荞麦脂肪的含量，以K处理的含量最高，与对照相比差异达到显著水平。从淀粉含量来看，各处理含量均低于对照，其中以N处理最低，为68.11%，与对照相比差异达到极显著水平。从赖氨酸含量来看，各处理均有提高荞麦赖氨酸含量的作用，其中NPK、ORG、ALL三处理与对照相比，差异均达到显著水平（牛波，2006）。

表 7-25　不同肥料处理荞麦品质指标含量

（牛波，2006）

处理	蛋白质（%）	脂肪（%）	淀粉（%）	赖氨酸（%）
CK	9.30dD	2.234fF	75.42aA	0.56cC
N	9.62dD	2.765dD	68.11gF	0.57cC
P	10.63cCD	2.209fF	70.46eD	0.66bB
K	10.52cCD	3.302aA	69.29fE	0.59cC
NK	9.68dD	1.158gG	73.96cBC	0.67bB
PK	9.62dD	2.543eE	73.37dC	0.59cC
NP	13.92aA	3.103bB	73.45dC	0.68bB
NPK	10.59cCD	2.942cC	75.13aAB	0.74aA
ORG	11.73bB	2.818dD	74.54bB	0.72aAB
ALL	10.78cC	2.279fF	69.29fE	0.77aA

贵州师范大学黄凯丰等（2013）分析不同氮、磷、钾施肥配比对丰甜1号荞麦籽粒品质的影响发现，不同的氮、磷、钾配比对荞麦的籽粒品质有显著的影响（表7-26）。不同的肥料处理下总淀粉含量为70.77%，其中以N3P2K3处理显著高于其他处理，以不施肥处理最低。直链淀粉含量以N2P2K3最高，为76.42%，显著高于其他处理；支链淀粉则以N1P2K2、N2P3K2、N3P2K3处理较高。蛋白质含量方面，以N2P2K2和N2P2K1处理时丰甜1号籽粒蛋白质的含量显著高于其余12个处理。黄酮含量以N2P0K2、N2P2K2、N1P1K2处理为较高，分别为0.17%，0.17%和0.18%，显著高于其他处理。总膳食纤维、不溶性膳食纤维和可溶性膳食纤维平均分别为15.29%、11.80%和3.49%，以N2P1K1处理时的总膳食纤维、不溶性膳食纤维和可溶性膳食纤维显著高于其余13个处理。适宜的氮、磷、钾水平可使总淀粉含量增加21.28%（N3）、0（P0）、15.25%（K3）；蛋白质含量增加6.25%（N2）、63.92%（P2）、26.33%（K2）；黄酮含量增加6.25%（N2）、0（P2）、41.67%（K2）；总膳食纤维含量增加44.03%（N2）、27.13%（P2）、8.107%（K2）。

表 7-26　不同氮、磷、钾处理对丰甜1号品质的影响

编号	处理	总淀粉（%）	直链淀粉（%）	支链淀粉（%）	蛋白质（%）	黄酮（%）	总膳食纤维（%）	不溶性膳食纤维（%）	可溶性膳食纤维（%）
1	N0P0K0	62.65g	24.87f	37.78e	20.38cd	0.12c	12.67de	10.15d	2.52e
2	N0P2K2	65.73f	30.05d	35.68f	23.16b	0.16b	13.24d	11.42cd	1.82fg
3	N1P2K2	73.22cd	15.37i	57.85a	22.55bc	0.15b	13.41d	11.65cd	1.76fg
4	N2P0K2	75.85bc	40.23b	35.62f	15.63e	0.17ab	15.00cd	10.51d	4.49c
5	N2P1K2	68.70e	33.70c	35.00f	19.08d	0.12c	11.09e	8.48e	2.61e
6	N2P2K2	66.02f	17.12h	48.90cd	25.62a	0.17ab	19.07b	14.91ab	4.16c
7	N2P3K2	73.59cd	14.71i	58.88a	19.92cd	0.13c	11.84de	10.49d	1.35g
8	N2P2K0	66.31f	11.25j	55.06b	20.28cd	0.12c	17.64b	14.46b	3.18d
9	N2P2K1	66.82f	39.21b	27.61g	25.50ab	0.11d	15.49c	13.87bc	1.62fg
10	N2P2K3	76.42b	47.70a	28.72g	20.68cd	0.09d	12.49de	10.46d	2.03f
11	N3P2K2	79.72a	21.50g	58.22a	20.56cd	0.13c	17.50bc	12.36c	5.14b
12	N1P1K2	71.95d	16.45hj	55.50b	21.28c	0.18a	15.93c	11.03cd	4.90bc
13	N1P2K1	74.19c	26.78e	47.41d	23.89b	0.15b	11.97de	8.92de	3.05de
14	N2P1K1	69.65e	20.25g	49.40c	22.76bc	0.16b	26.69a	16.49a	10.2a

不同的施肥类型也会严重影响荞麦的营养品质。赵钢等（2013）研究发现，不同的肥料类型对荞麦的淀粉含量、蛋白质、黄酮和总膳食纤维等有显著的影响（表 7-27）。两个苦荞 T367 和 T398 的蛋白质含量均表现为有机-无机复合处理显著高于其余 3 个处理；黄酮含量以有机肥处理显著低于其余 3 个肥料处理，但 T367、T398 间差异不显著；总膳食纤维和可溶性膳食纤维含量以有机肥处理最高，不溶性膳食纤维含量总体以有机肥处理最低。总膳食纤维和不溶性膳食纤维含量以 T367 较高，而可溶性膳食纤维含量则表现相反。

表 7-27　不同肥料处理对苦荞品质的影响

材料	处理	淀粉（%）	蛋白质（%）	黄酮（%）	总膳食纤维（%）	不溶性膳食纤维（%）	可溶性膳食纤维（%）
T367	CK	76.20b	13.06c	1.77a	17.54d	15.75a	1.79b
	有机肥	82.50a	14.07c	1.23b	19.22a	13.08b	6.14a
	有机-无机肥	82.63a	25.29a	1.83a	18.19b	16.52a	1.67b
	无机	83.85a	20.68b	1.85a	17.81c	16.39a	1.42b
	平均	81.30	18.28	1.67	18.19	15.44	2.76
T398	CK	78.23b	12.74c	1.82a	15.62c	12.66b	2.96b
	有机肥	85.67a	16.6b	1.38c	18.59a	12.78b	5.81a
	有机-无机肥	87.69a	22.59a	1.89a	17.88b	15.38a	2.50c
	无机	84.47a	22.35a	1.59b	17.54b	15.75a	1.79d
	平均	84.02	18.57	1.67	17.41	14.14	3.27

（二）播期、密度调节技术

1. 播种期　荞麦由于其独特的遗传特性，其生育期相对其他作物较短，适应性强，在高寒山区、民族地区和边远地区具有明显的生产优势。经过历史的积淀，逐渐形成了固定的生产方式，播期也基本固定下来。播种适期不仅可以保证发芽出苗所需的各种条件，而且使荞麦各个生育时期处于最佳的生育环境，荞麦生育良好，高产优质。在生产中，通过研究发现，播期对荞麦的生长发育、产量及品质都有明显的影响，播种过早或过晚都会影响荞麦的产量和品质。

成都大学李静等（2013）通过研究发现，播种期影响荞麦的生育期长短（表 7-28）。早播苗期气温低，营养生长期长，营养体大，开花期延长，养分主要消耗于营养生长。高海拔地区早播，温度过低，土壤干旱，出苗差，幼苗不整齐，造成缺苗，生长势弱，难以获得高产。晚播整个生育期处在高温和多雨季节，生长发育快，营养生长期短，营养体小，开花和灌浆期处于比较凉爽的气候条件下，虽然结实率较高，但开花期短，单株结实少，且易受早霜和大风之害，产量也低。据刘荣厚等研究（1990），春荞早播种，生育期延长；晚播种生育期缩短，同一品种生育日数变化在 80～101d 之间。播种至出苗和现蕾至始花阶段所需日数相对比较稳定，变化范围在6～8d 之间。出苗至现蕾和始花至成熟阶段所需日数变化较大，变化范围分别在 16～23d 和 54～71d 之间。各生育阶段日数变化幅度的大小是随着播种期的迟、早而变化的（表 7-29）。

表 7-28　不同播期对荞麦生育期的影响

（李静，2013）

品种	播期（月/日）	出苗（月/日）	花期（月/日）	成熟期（月/日）	播种至出苗（d）	出苗至花期（d）	花期至成熟（d）	生育期（d）
温莎 A1	B1 2/21	3/6	4/6	5/12	14	31	36	81
	B2 3/2	3/8	4/5	5/12	6	28	37	71
	B3 3/12	3/20	4/9	5/14	8	20	35	63
	B4 3/22	3/27	4/12	5/19	5	16	37	58
	B5 4/1	4/5	4/18	5/27	4	13	39	56
西荞 1 号 A2	B1 2/21	3/9	4/15	5/16	17	37	31	85
	B2 3/2	3/17	4/14	5/17	15	28	33	76
	B3 3/12	3/26	4/17	5/19	14	22	32	68
	B4 3/22	4/3	4/21	5/21	12	18	30	60
	B5 4/1	4/5	4/23	5/29	4	18	36	58

表 7-29　播期对荞麦生育期的影响

（刘荣厚，1990）

播期（月/日）	播种至出苗（d）	出苗至现蕾（d）	现蕾至始花（d）	始花至成熟（d）	出苗至成熟（d）
5/27	8	23	7	71	101
6/6	7	22	8	65	95
6/16	7	20	8	59	87
6/26	7	19	8	56	83
7/6	6	20	6	54	80
7/16	6	19	7	未熟	—
7/26	6	17	7	未熟	—
8/5	6	16	8	未熟	—
标准差	0.74	2.33	0.74	6.96	8.85

播种时间的早晚对荞麦的生长及主要经济性状也有显著的影响。据成都大学研究发现，随着播期的延迟，荞麦株粒数总体呈现先升高后降低的趋势（表 7-30）。温莎品种（A1）的株粒数差异显著，以 B3 处理株粒数最高，为 127 粒/株；以 B5 处理株粒数最低，为 93 个/株；其余表现为 B2＞B1＞B4。西荞 1 号（A2）以 B2 处理株粒数最高，为 200 粒/株；以 B5 处理株粒数最低，为 155 粒/株；与 B1、B3 和 B4 处理差异显著。温莎（A1）的千粒重差异不显著，以 B2 处理最高，为 31.36g；以 B5 处理最低，为 30.40g，两者相差 0.96g。西荞 1 号（A2）以 B2 处理最高，为 19.97g；以 B5 处理最低，为 17.76g；与 B1、B3 和 B4 处理差异不显著。

表 7-30　播期对荞麦产量及其构成的影响

（李静，2013）

品种	播期（月/日）	株粒数（粒）	千粒重（g）	产量（kg/hm^2）
温莎 A1	B1 2/21	110b	30.61a	1 515.2b
	B2 3/2	115b	31.36a	1 622.9b
	B3 3/12	127a	31.09a	1 776.8a
	B4 3/22	97c	31.07a	1 356.2c
	B5 4/1	93c	30.40a	1 272.2c

（续）

品种	播期（月/日）	株粒数（粒）	千粒重（g）	产量（kg/hm²）
西荞1号 A2	B1 2/21	189a	18.73ab	2 124.0b
	B2 3/2	200a	19.97a	2 696.0a
	B3 3/12	177b	17.90b	2 138.6b
	B4 3/22	169b	18.43b	2 101.4b
	B5 4/1	155b	17.76b	1 858.1c

播种期的迟早影响了荞麦的主要经济性状，进而影响了荞麦的产量。试验表明，各地荞麦产量随着播种期的推迟呈先升高后降低的变化趋势，以最适播期产量最高（表7-30）。吴燕等（2004）研究也认为，播期对荞麦产量有显著的影响，辽宁地区以8月1日产量最高。成都大学通过甜荞和苦荞的播期试验也发现，随着播期的推迟，荞麦产量呈现先升高后降低的变化趋势。温莎荞麦（A1）以B3处理产量最高，为1 776.8kg/hm²，显著高于其他播期处理；以B5处理最低，为1 272.2kg/hm²，与B1、B2和B4处理差异均达显著水平。西荞1号（A2）产量以B2播期最高，为2 696.0kg/hm²；B5处理最低。分析温莎荞麦和西荞1号产量可以看出，任何播期条件下西荞1号产量明显高于温莎，比其高20.4%～66.1%。原四川省凉山州农业试验站的苦荞播种期试验同样表明，适时播种产量最高，早于或晚播则产量下降（表7-31）。

表7-31　苦荞不同播期各小区产量测定结果

（吴燕等，2004）

播期（月/日）	小区（kg）			平　均	产量（kg/hm²）
	1	2	3		
7/22	6.3	6.6	6.35	6.42	1 901
7/27	6.6	7.0	6.55	6.72	2 001
8/1	7.3	6.9	6.80	7.00	2 101
8/6	5.75	5.55	6.00	5.77	1 701

品质方面，尚爱军等（1999）研究发现，播期对荞麦籽粒蛋白质及其组分含量有显著影响。在适播期含量较低，早播和晚播则提高，晚播尤甚，但早播和晚播由于籽粒产量较低，蛋白质产量也相应较低。在荞麦优质栽培中，播期以比当地最适播期略早为宜，以使籽粒产量、蛋白质及其组分含量、蛋白质产量均较高（表7-32、表7-33）。戴丽琼（2011）研究也发现，播期对荞麦品质有显著的影响，荞麦籽粒中可溶性糖含量随播期的推迟而增加，不同处理含量在8.97%～13.28%之间，籽粒中淀粉与蛋白质含量随播期的推迟而减少。不同处理籽粒中淀粉含量在55.78%～71.12%之间，蛋白质含量在8.42%～10.65%之间。

表7-32　甜荞不同播期籽粒蛋白质含量、籽粒产量和蛋白质产量

播期（月/日）	籽粒蛋白质含量（%）	差异显著性		籽粒产量（kg/hm²）	蛋白质产量（kg/hm²）
		5%	1%		
B4 7/16	10.83	a	A	1 128.3	122.25

（续）

播期（月/日）	籽粒蛋白质含量（%）	差异显著性		籽粒产量（kg/hm²）	蛋白质产量（kg/hm²）
		5%	1%		
B1 6/1	9.67	b	B	1 313.25	127.05
B2 6/16	9.38	b	BC	1 470.19	137.85
B3 7/1	8.59	c	C	1 646.70	141.45

表 7-33　苦荞不同播期籽粒蛋白质含量、籽粒产量和蛋白质产量

播期（月/日）	籽粒蛋白质含量（%）	差异显著性		籽粒产量（kg/hm²）	蛋白质产量（kg/hm²）
		5%	1%		
B4 7/16	8.02	a	A	1 715.25	137.55
B1 6/1	7.79	b	B	1 966.80	153.15
B2 6/16	7.69	b	B	2 216.85	170.55
B3 7/1	6.86	c	C	2 905.05	199.35

我国地域辽阔、幅员广大，各地自然条件、种植制度差异较大。总体来说，我国荞麦一年四季都有播种，春播、夏播、秋播和冬播，即俗称春荞、夏荞、秋荞、冬荞。我国苦荞长江以南及沿海的华东、华南地区多秋播，亚热带地区多冬播，西南高原地区春播或秋播。

选择适宜的播种期，应根据各地的气候条件、种植制度及品种的生育期来确定。一是在终霜前后 4～5d，即冷尾暖头播种；二是开花结实期处于当地阴雨天较多，空气相对湿度在 80%～90%以内，温度在 18～22℃的阶段，有利于荞麦的开花结实。播种应掌握“春荞霜后种，花果期避高温；秋荞早种霜前熟”的原则。适宜播种由于充分利用当地光、热、水资源，有利于荞麦生长发育获得最佳产量。荞麦的种植，除了需要考虑光、温、水等条件外，其当地的种植习惯及海拔高度也是主要的考虑因素。如在四川凉山地区，由于该地区气候复杂，苦荞播种时间差别较大。云南、贵州的秋荞主要在1 700m 以下的低海拔山区种植，一般在 8 月上、中旬播种。重庆石柱、丰都一带的农谚为“处暑动荞，白露见苗”，一般在 8 月下旬播种。云南西南部平坝地区、广西、广东和海南一些地方则是冬荞，一般在 10 月下旬至 11 月上、中旬播种。若是春荞麦，海拔1 700～3000m 的高寒山区，苦荞的适宜播种期则为 4 月中、下旬至 5 月上旬。海拔高度不同播种期也异，确定播种期的原则是“春荞霜后种，秋荞霜前收”。

2. 种植密度　在作物的生产过程中，调节种植密度是获得高产的重要途径之一。种植密度不同，单位面积的有效株数存在差异，植株的个体发育和群体发育也存在明显不同。在荞麦的种植过程中，往往由于播种量过大（部分地区每公顷播种量达 150kg 以上）而导致群体密度过高，个体发育受限，倒伏严重。胡继勇（2003）研究发现，苦荞的成株率与基本苗的直线回归方程为：$y=87.5-3.59x$，存在一定的极显著负相关（图 7-4）。公顷基本苗每增加 15 万株时，成株率减少 3.59 个百分点。苦荞与其他作物一样，对于个体和群体的关系都有自动调节的功能，有相对稳定的群体密度，成株和成粒构建群体的产量。试验结果表明，当每公顷基本苗在 150 万株以下时，其成株率均在 50%以上，而且随着基本苗的减少，成株率不断加大。而当基本苗在 150 万株以上时，其成株率在 50%

以下。

在不同的种植密度条件下，田间通风透光条件亦会存在较大差异。成都大学通过西荞1号研究发现，随着种植密度的增加（6×10^5～15×10^5株/hm^2），苦荞麦群体透光率呈明显下降的趋势。冠层底部（距地面0cm）和冠层中部（距地面50cm）表现趋势基本一致，距地面0cm和50cm处透光率均以低密度处理（6×10^5株/hm^2）最高，分别为20.1%和38.9%，比最高密度处理分别高3.1倍和2.4倍。由此可以看出，种植密度过大，将影响苦荞麦下层群体的透光，植株下层叶片光合效率将受到影响，不利于植株个体的生长和发育（图7-5）。

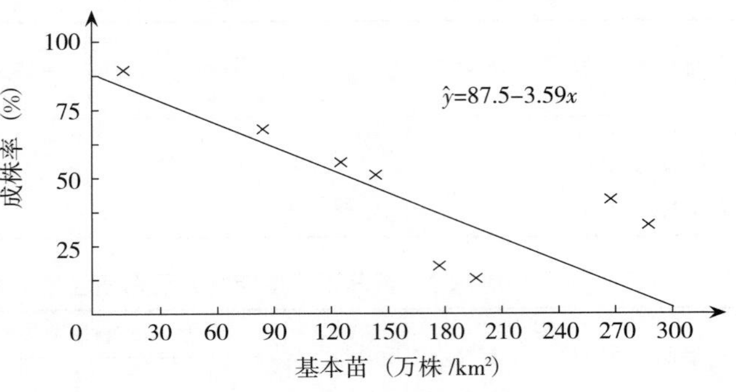

图7-4 苦荞成株率与基苯苗相关图

（胡继勇，2003）

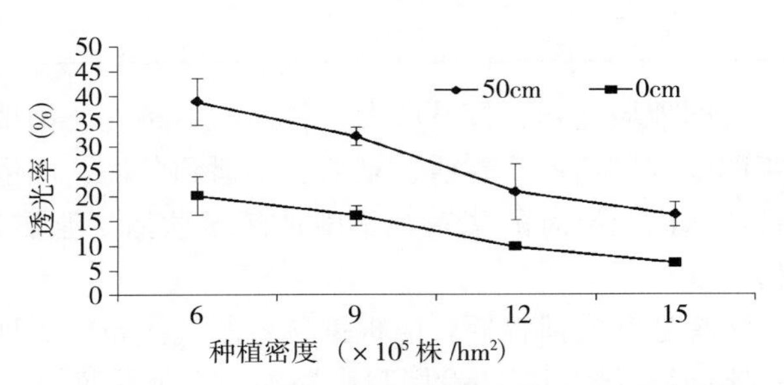

图7-5 不同种植密度对苦荞麦群体透光率的影响

农艺性状方面，种植密度对苦荞植株地上部和地下部农艺性状有显著影响。成都大学研究结果见表7-34和表7-35。随着种植密度的增加，地上部株高和节间长度呈显著增加的趋势，各密度处理均以最高密度D4最高，分别为115.2cm和4.85cm，极显著高于其他处理。D2与D3株高和节间长差异不明显，但均极显著高于低密度D1。分析茎粗和节数可以发现，苦荞主茎节数和茎粗均以低密度处理（D1）最高，分别为17.7和5.12cm，极显著高于其他密度处理；D2处理表现次之，均显著高于D3和D4；D3、D4间差异未达显著水平。地下部主根长、一级侧根数和根体积均随着种植密度的增加呈逐渐下降的变化趋势。通过方差分析可以发现，一级侧根数和根体积均以D1最高，分别为26.13cm和1.93cm^3，显著高于其他处理，比D4极显著高7.7%和28.7%。主根长和主根粗均以D4最低，分别为6.95cm和4.07cm，显著低于D1和D2，但D1、D2和D3间差异不显著。

表7-34 不同种植密度对苦荞麦植株地上部农艺性状的影响

种植密度（$\times10^5$株/hm^2）	株高（cm）	主茎节数	节间长度（cm）	茎粗（cm）
6（D1）	105.4cC	17.7aA	3.69cC	5.12aA
9（D2）	108.4bB	16.9abA	4.15bB	4.49bB
12（D3）	109.3bB	16.4bA	4.24bB	4.21cB
15（D4）	115.2aA	16.0bA	4.85aA	4.18cB

注：表中标明不同大写字母的值差异达0.01显著水平，小写字母的值差异达0.05显著水平，下同。

表 7-35 不同种植密度对苦荞麦植株根系农艺性状的影响

种植密度（$\times 10^5$株/hm^2）	主根长（cm）	一级侧根数	根体积（cm^3）	主根粗（cm）
6（D1）	7.73aA	26.13aA	1.93aA	4.63aA
9（D2）	7.33aA	25.73bA	1.67bB	4.64aA
12（D3）	7.23abA	24.73cB	1.53bcB	4.64aA
15（D4）	6.95bA	24.27dB	1.50cB	4.07bB

荞麦的产量是由单位面积的有效株数、株粒数和千粒重组成的。合理密植有利于充分有效地利于光、水、气、热和养分，协调群体与个体之间的关系，在保证个体健壮地生长发育的前提下，群体能最大限度地得到发展，使单位面积上的株数、粒数和粒重得到协调发育最终获得高产。个体的数量、配置、生长发育状况和动态变化决定了荞麦群体的结构和特性，决定了群体内部的环境条件。群体内部环境条件的变化直接影响了荞麦个体的生长发育。当种植密度较小时，植株个体发育条件相对较好，个体可以得到充分发育，有利于株高的增加，分枝数的增多，开花结实率提高。刘杰英（2002）研究发现，苦荞每公顷株数由 75 万株增加到 135 万株时，随着密度的增加，苦荞株高、主茎节数、一级和二级分枝、结实率、单株粒重呈下降趋势，反之则呈上升趋势。单位面积种植密度的变化，对株高、分枝数、花序数、粒数和粒重等有着重要的影响。产量以 105 万粒/hm^2（基本苗 111 万株/hm^2）为最高。所以，只有苦荞群体结构趋于合理，使单位面积上的群体与个体、地上部分与地下部分、营养生长与生殖生长得到健康协调发展，并使群体与个体发育达到最大限度地统一，才能获得苦荞丰产。成都大学研究也发现，苦荞结实率随着种植密度的增加呈明显的下降趋势，而败育率则表现相反（图 7-6）。通过分析发现，低密度条件下结实率最高，为 62.0%，明显高于其他处理，分别比 D2、D3 和 D4 高 7.3%、15.7%和 23.0%；败育率则以 D1 处理最低，为 35.4%。

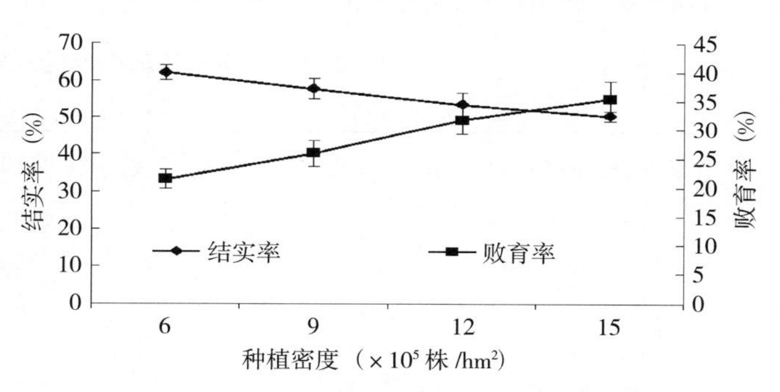

图 7-6 不同种植密度对苦荞麦结实率和败育率的影响

王迎春等（1998）对秋荞（甜荞）的产量构成因素与产量关系进行了研究。结果表明，公顷株数与株粒数、粒重皆呈极显著负相关，株粒数与粒重呈极显著正相关。单产与株粒数、粒重皆呈极显著正相关，而与公顷株数呈显著负相关。由此说明，适宜的种植密度，力争较多的株粒数和较高的粒重对增产具有显著作用，而增加株粒数对增产作用尤以显著。偏相关分析表明（表 7-36），各产量构成因素间都存在一定相互抑制作用，公顷株数与株粒数呈极显著负偏相关，与粒重呈显著负相关，株粒数与粒重间的偏相关不显著。单产与株数和结实数间偏相关均为极显著正值，而单产与粒重间偏相关未达显著水平。由此可见，密度对株粒数和粒重影响较大，通过合理密植等栽培措施，协调好各产量因素之间关系，对提高产量有显著效果。

表 7-36 苦荞单产与产量构成因素的相关系数

（王迎春，1998）

项目	株数（x_1）	株粒数（x_2）	千粒重（x_3）	产量（y）
株数（x_1）		−0.951 7**	−0.485 7**	0.966 3**
株粒数（x_2）	−0.673 1**		−0.173 9	0.995 5**
千粒重（x_3）	−0.868 6**	0.849 4**		0.241 6
产量（y）	−0.455 2**	0.963 4**	0.781 3**	

注：左下角为简单相关系数，右上角为偏相关系数。* 为 5%显著水平；* * 为 1%极显著水平。

胡继勇（2003）报道，不同播种量 15 万～330 万株/hm^{2}之间所造成的种植密度不同，其产量也异，但产量呈抛物线形，中间高两头低（表 7-37）。种植密度 195 万株/hm^2，产量最高达1 435.5kg/hm^2，宁蒗地区夏播苦荞最适的播种量应在 87～108kg/hm^2，基本苗 105 万～195 万株/hm^{2}能获得最好产量。钟林等（2012）研究也发现，种植密度对荞麦产量有明显的影响。60 万株/hm^2、120 万株/hm^2、180 万株/hm^2 的产量与 240 万株/hm^2 的产量在 5%水平上有显著差异，其余各播种密度产量间没有显著差异。说明荞麦在一定种植密度范围内能自我调节，种植密度小，加上土壤肥力充足，荞麦就多分枝，植株健壮，多结籽粒，达到高产；种植密度大，荞麦的分枝就会少一些，但植株群体长势好，同样也能达到一定的高产量。但是如果种植密度过大，就会导致荞麦植株瘦弱，长势不好反而影响产量。凉山地区荞麦种植密度在 60 万～180 万株/hm^2 都能有较高的产量。

表 7-37 苦荞不同播种量的产量

（胡继勇，2003）

种植密度（万株/hm^2）	基本苗（万株/hm^2）	一级分枝（个）	株粒数（粒）	实际产量（kg/hm^2）
15	18.0	2.8	171	990.0
60	70.5	2.0	159	1 120.5
105	117.0	1.8	157	1 269.0
150	150.0	3.2	168	1 185.0
195	187.5	2.4	161	1 435.5
240	225.0	2.6	149	1 371.0
285	276.0	1.8	88	1 176.0
330	294.0	3.8	155	1 194.0
平均 144	167.4	2.6	151	1 218.0

品质方面，不同的种植密度对荞麦的品质也有明显的影响。据张雄（1996）研究，苦荞种植密度对籽粒产量的影响同对蛋白质含量的影响不同。这是因为苦荞属淀粉质种子，在适宜密度范围内，产量较高，籽粒内氮素被稀释，相对籽粒蛋白质含量下降。苦荞种植密度影响籽粒蛋白质及其组分含量。在高密植和稀植时含量较高，高密尤甚。但密度过大或过小时，因籽粒产量下降而导致蛋白质产量也相应下降。因此，除非纯粹以改善品质为目的外，在生产上不宜采用高密植或稀植栽培来获得品质的改善。在陕西榆林地区，进行苦荞优质栽培时，密度以 90 万～120 万株/hm^2 为宜，其中 90 万株/hm^2 最佳，因为在此密度下籽粒产量、蛋白质含量均显示最优水平（表 7-38、表 7-39）。

表 7-38　苦荞不同密度的籽粒蛋白质含量、群体籽粒和蛋白质产量

（张雄，1996）

密度水平（万株/hm²）	籽粒蛋白质含量（%）	差异显著性		籽粒产量（kg/hm²）	蛋白质产量（kg/hm²）
		5%	1%		
150	8.36	a	A	2 876.70	240.45
120	8.17	b	AB	3 063.60	250.20
90	8.09	b	B	3 170.10	256.20
30	7.82	c	C	3 139.95	245.55
60	6.56	d	D	3 270.00	214.50

表 7-39　苦荞种植密度与籽粒蛋白质组分

（张雄，1996）

密度水平（万株/hm²）	清蛋白含量（%）	差异显著性		球蛋白含量（%）	差异显著性		醇溶蛋白含量（%）	差异显著性		谷蛋白含量（%）	差异显著性	
		5%	1%		5%	1%		5%	1%		5%	1%
150	1.93	a	A	1.74	a	A	0.31	a	A	1.70	a	A
120	1.89	a	A	1.69	a	A	0.28	ab	AB	1.68	a	A
90	1.80	a	AB	1.67	a	A	0.25	b	AB	1.55	b	B
60	1.65	b	B	1.48	b	B	0.22	b	B	1.54	b	B
30	1.17	c	C	1.13	c	C	0.17	c	B	1.50	b	B

在荞麦生产中，种植密度随着地区生态气候条件、土壤肥力条件及当地种植习惯存在明显的差别。影响荞麦种植密度的因素较多，主要有以下几个方面：

（1）播种量　播种量对荞麦产量有着重要影响。播种量大，出苗太密，个体发育不良，单株生产潜力不能充分发挥，单株产量较低，群体产量不能提高。反之，播种量小，出苗太稀，个体发育良好，单株生产力得到充分发挥，但由于单位面积上株数有限，群体产量同样不能提高。所以，根据地力、品种、播种期确定适宜的播种量，是确保苦荞合理群体结构的基础。

（2）土壤肥力　土壤肥力影响荞麦分枝、株高、节数、花序数、小花数和粒数。在肥沃的土壤，荞麦植株可以得到充分发育，但在瘠薄的土壤却受到抑制。肥沃地荞麦产量主要靠分枝，瘠薄地主要靠主茎。一般肥沃土壤适合稀播，贫瘠土壤适合密播，中等肥力的土壤播种密度居中。李钦元（1982）对不同肥力地块苦荞密度及产量调查后指出，在肥地应当控制密度，瘦地加大密度，中等肥力地块提高密度，苦荞才能创造合理的群体结构。

（3）播种期　荞麦生育期可塑性大，同一品种的生育日数因播种期而有很大的差异。其营养体和主要经济性状也随着生育日数而变化，同一地区春荞营养体较夏荞营养体大，春荞留苗密度应小于夏荞。

（4）品种特性　荞麦品种不同，其生长特点、营养体的大小和分枝能力、结实率有很大差别。一般生育期长的晚熟品种营养体大、分枝能力强，留苗要稀；生育期短的早熟品种则营养体小，分枝能力弱，留苗要稠。例如，凤凰苦荞生育期长、植株高大、分枝能力强，留苗宜稀，每公顷留苗 45 万株左右即可。西荞 1 号品种生育期短、植株较矮、分枝能力弱，留苗宜密，每公顷适宜留苗 60 万～75 万株。

（5）播种方式　荞麦播种方式不同，荞麦的个体生长发育也不同。条播植株营养体较大，能充分利用土壤养分，田间通风透光好，留苗密度相对较稀。点播植株穴内密度大，植株发育不良，分枝和结实受到影响，密度难于控制，相对留苗较多。撒播植株出苗不均匀，靠植株自然消长调节群体，留苗密度要稠。

（6）种植目的　生产上也可根据种植的目的，确定适宜的种植密度。

在不同的地区，荞麦的适宜种植密度不同，各地区可根据当地自然环境条件进行试验研究，最终确定适宜于本地区的种植密度。

以南方地区为例，介绍南方地区适宜的种植密度：

①南方秋、冬苦荞区。南方秋、冬苦荞区主要是插空填闲种植，在耕作和管理上比较粗放，多为撒播或点播，一般播量较大，为45～60kg/hm^2，留苗105万～135万株/hm^2。据李钦元（1982）调查，云南永胜等地苦荞留苗为150万～180万株/hm^2。鲜明卓调查，重庆丰都、石柱等地秋荞留苗为75万～120万株/hm^2。姚自强和钟兴莲（1997）调查，湖南湘西地区中等肥力地一般留苗90万～120万株/hm^2。

②西南春、秋苦荞区。在中等肥力的土壤，苦荞留苗密度在150万～225万株/hm^{2}为宜。据唐宇（1989）在四川西昌试验，苦荞每公顷留苗密度99.6万～200万株时，以180万～200万株/hm^{2}产量最高，为2 985～2 997kg/hm^2；低于180万株/hm^2，产量则下降（表7-40）。据原四川凉山昭觉农业科学研究所多点试验（1982—1983），苦荞留苗以150万～225万株/hm^{2}比较适宜。据王致调查，在四川盐源，苦荞获得高产的群体结构为：土壤肥力较高，以18万穴、150万株/hm^{2}为宜；中等肥力的土壤，以19.5万～21.0万穴、180万～210万株/hm^{2}为宜；在贫瘠瘦薄的轮歇地、荒坡地，以22.5万～24.0万穴、225万～240万株/hm^{2}为宜。魏太忠在四川凉山地区调查，苦荞公顷产量3 000kg，基本苗为180万～195万株，实际结实植株为120万～135万株，结实株占基本苗的67%～70%，有30%～33%的植株在生长过程中自然消亡。李钦元（1982）对云南省北部苦荞高产群体结构进行调查表明，目前肥力水平下，每公顷留苗肥地60万～90万株，中等肥力地90万～150万株，瘠薄地150万～240万株。宋志诚对贵州西部苦荞丰产田的群体结构调查后认为，在威宁等地每公顷留苗：中等肥力的地块150万～195万株，肥力较差的地块210万～240万株为宜。

表7-40　密度对苦荞产量及主要经济性状的影响

（唐宇，1989）

密度（万株/hm^2）	99.6	120	150	180	200
单株有效分枝	3.71	3.54	3.33	3.17	3.09
单株粒数	164.57	156.87	155.71	167.03	181.51
单株粒重（g）	3.76	3.54	3.39	3.43	3.64
产量（kg/hm^2）	2 730	2 825	2 931	2 985	2 997

荞麦从播种到出苗，再到结实，群体有较大的变化过程，所以在确定荞麦群体结构时，应当考虑播种量与基本苗、基本苗与结实株的关系。一方面应当适当控制播种量，提高出苗率；另一方面控制基本苗，加强田间管理，提高结实株，降低自然消亡植株，以减

少土壤养分的无效消耗，促进群体和个体发育。

（三）化学调控技术

荞麦在生长发育过程中，除了要求适宜的温度、光照、氧气等环境条件外，还需要一定的生理活性物质来调节作物的生长。这类物质的极少量存在就可以调节和控制苦荞的生长发育及各种生理活动。这类物质称为植物生长物质，它包括植物激素和植物生长调节剂。植物激素和生长调节剂种类很多，在其他主要粮食作物上研究和应用较为广泛，但在荞麦上研究较少。

研究发现，多效唑处理对荞麦植株生长发育有明显的影响（表 7-41），用不同浓度的多效唑处理苦荞，两个苦荞品种的植株性状发生了明显的变化。与对照相比，随着处理浓度的加大，植株高度逐渐降低，用 100mg/kg 的多效唑进行处理可使植株高度比对照降低 15～18cm，200mg/kg 的处理可使植株高度比对照降低 22～26cm，而 300mg/kg 的处理可使植株高度比对照降低 40～44cm。随着处理浓度的加大，苦荞植株的茎秆也逐渐加粗，这将有助于增强苦荞的抗倒伏能力。苦荞植株的株粒数和株粒重受处理浓度的影响明显，随着处理浓度的增加株粒数和株粒重均得到提高，以 200mg/kg 的处理效果最佳；用 300mg/kg 的处理，由于植株的高度降低幅度大，生物学产量明显减少，植株的株粒数和株粒重受到影响。试验还表明，用浓度 100mg/kg 和 200mg/kg 的处理，两个苦荞品种的结实率均有一定程度的提高，但以 200mg/kg 的处理结实率的提高最为显著，九江苦荞和额土的结实率分别比对照提高 7.3％和 10.52％。

表 7-41　多效唑对苦荞植株性状的影响

（赵钢，2003）

品种	处理浓度（mg/kg）	株高（cm）	茎粗（mm）	主茎节数（个）	一级分枝（个）	株粒数（粒）	株粒重（g）	千粒重（g）	结实率（％）
九江苦荞	0（CK）	106.4	4.1	14.1	2.71	87.1	1.80	20.7	27.1
	100	90.7	4.3	13.7	2.93	92.7	1.89	20.4	27.4
	200	83.5	4.4	13.5	3.43	116.3	2.40	20.6	29.1
	300	66.1	4.6	12.9	3.64	83.9	1.75	20.8	26.7
额土	0（CK）	112.3	4.4	15.3	3.17	92.5	1.98	21.4	32.3
	100	94.5	4.5	15.0	3.39	101.3	2.15	21.2	33.9
	200	87.1	4.7	14.5	3.83	120.7	2.60	21.5	35.7
	300	68.6	5.1	14.1	3.87	107.5	2.32	21.6	32，6

姚自强等（2004）研究表明，用矮壮素和多效唑浸种处理的苦荞植株高度明显降低，在五叶期株高比对照 12.7cm 矮 1.2～5.1cm，多效唑浸种尤为明显，矮 4.2～5.1cm。浸种处理分枝位比对照 8.2cm 降低 0.4～4.9cm，矮壮素浸种效果明显，降低幅度在 4cm 以上。一级分枝数增加，而二级分枝数部分减少（表 7-42）。株粒数，浸种处理为 582.3～632.4 粒，平均为 605.1 粒，比对照 639.2 粒少 34.1 粒；浸种处理的单株成粒数为499.8～523.3 粒，平均为 507 粒，比对照 496.0 粒多 3.5 粒。由于成粒率平均增加 7.98％，株粒重浸种处理比对照平均增重 0.34g，矮壮素 200mg/kg 处理尤为显著，增重 0.84g。千

粒重浸种处理与对照差异不大，平均增重仅 0.3g（表 7-43）。

表 7-42　矮壮素、多效唑浸种对苦荞分枝性状的影响

（姚自强等，2004）

处理		分枝位（cm）	一级分枝（个）	二级分枝（个）
清水（CK）		8.2	6.3	3.1
矮壮素（mg/kg）	200	3.9	6.3	7.3
	100	3.3	7.9	5.4
多效唑（mg/kg）	200	7.8	7.0	1.9
	100	6.0	7.4	0.3

表 7-43　矮壮素、多效唑浸种对苦荞籽粒性状的影响

（姚自强等，2004）

处理		株粒数			株粒重（g）	千粒重（g）
		总粒数	成粒数	成粒率（%）		
清水（CK）		639.2	496.0	77.6	7.96	17.1
矮壮素（mg/kg）	200	632.4	523.3	82.75	8.80	17.8
	100	612.4	502.9	82.12	8.27	17.5
多效唑（mg/kg）	200	593.1	499.8	84.27	7.98	17.1
	100	582.3	502.0	86.21	8.14	17.2

产量方面，赵钢等（2003）研究发现，现蕾期叶面喷施多效唑对苦荞产量有明显的影响（表 7-44）。用 100mg/kg 对两个苦荞品种进行处理，产量分别比对照增加 6.40%和 5.90%；用 200mg/kg 对两种苦荞品种进行处理，产量分别提高 28.50%和 20.96%，具有显著的增产效果。值得注意的是用 300mg/kg 的多效唑对两个苦荞品种进行处理，九江苦荞比对照减产 3.62%，与 200mg/kg 的处理相比较，减产达 25%；额土较对照增产 8.73%，而与 200mg/kg 的处理相比较，则减产 10.11%。多重比较发现，处理浓度为 200mg/kg 的产量与 300mg/kg 的产量差异不显著，与对照相比差异达 5%的显著水平，故 200mg/kg 为最优浓度。姚自强等（2004）研究发现，矮壮素、多效唑浸种荞麦籽粒性状出现明显差异，总粒数、成熟数和成粒率增加，荞麦平均产量为1 484.25kg/hm^2（表 7-45），比对照清水浸种的增产 3%。矮壮素浸种的增产幅度较大，平均增产 4.85%，200mg/kg 增产的 5.78%。多效唑浸种的仅增产 1%左右，效果不显著。处理平均产量为 1481.25kg/hm^2，增产 39.25kg/hm^2、2.65%。在凉山彝族自治州冕宁县用不同浓度的烯效唑液浸种 36h，并设置清水处理作对照（CK），浸种种子 0.5kg。各处理间产量结果表明，每公顷产量在 1 175～1 667kg 之间，以浓度 10g/kg 处理产量最高，较对照增产 25.79%，但方差分析表明各处理间差异不显著（何天祥，2008）。因此，植物生长调节剂的使用应根据种类和当地生产状况，进行试验研究，根据效果显著与否确定是否采用。

表 7-44　多效唑对苦荞产量的影响

（赵钢，2003）

品种	处理浓度（mg/kg）	重复			平均数	折合产量（kg/hm²）	比对照增产量（kg/hm²）	增产幅度（%）
		Ⅰ	Ⅱ	Ⅲ				
九江苦荞	0（CK）	1.37	1.41	1.33	1.38	1 380.0		
	100	1.40	1.52	1.47	1.46	1 463.3	83.3	6.40
	200	1.71	1.85	1.76	1.77	1 773.3	393.3	28.50
	300	1.34	1.36	1.29	1.33	1 330.0	−50	−3.62
额土	0（CK）	1.57	1.47	1.54	1.53	1 526.7		
	100	1.60	1.67	1.58	1.62	1 616.7	90.0	5.90
	200	1.86	1.78	1.90	1.85	1 846.7	320.0	20.96
	300	1.64	1.63	1.71	1.66	1 660.0	133.3	8.73

表 7-45　矮壮素、多效唑浸种对苦荞产量的影响

（姚自强等，2004）

处理		小区产量					单产（kg/hm²）	比较	
		Ⅰ	Ⅱ	Ⅲ	合计	平均		±	%
清水（CK）		1.44	1.48	1.41	4.33	1.44	1 441.5		
矮壮素（mg/kg）	200	1.51	1.55	1.51	4.57	1.53	1 524.8	83.25	5.78
	100	1.55	1.43	1.51	4.49	1.50	1 497.0	55.50	3.85
多效唑（mg/kg）	200	1.43	1.55	1.40	4.38	1.46	1 460.3	18.75	1.30
	100	1.47	1.46	1.44	4.36	1.46	1 455.0	13.50	0.93

（四）田间管理

在荞麦生长过程中，田间管理十分重要。农谚说“三分种，七分管”，根据苗情，做好田间管理，是荞麦获得高产的重要环节。荞麦播种后，全苗是荞麦生产的基础，也是苦荞苗期管理的关键和重点。保证荞麦全苗和壮苗，除播种前做好整地保墒、防治地下害虫的工作外，出苗前后的不良气候，也容易造成缺苗现象，因此要采取积极的保苗措施。播种时遇干旱要及时镇压。据调查，在干旱条件下苦荞播种后及时镇压可提高产量12%～17%。播种后若遇大雨造成地表板结、缺苗断垄，要注意破除地表板结，在雨后地面稍干时浅耙，以不损伤幼苗为度。低洼地、陡坡地荞麦播种前后应做好田间的排水工作，防止田间积水。一般可根据坡度或地面径流的大小、出水方向和远近开出排水沟，沟深30～40cm，沟宽50cm左右，水沟由高逐渐向低。雨水小的地方，可采用开厢播种技术，方便排水。

中耕除草是保证荞麦高产的又一重要管理措施，在荞麦第一片真叶出现后进行。据刘安林在内蒙古武川测定（1985），中耕1次能提高土壤含水量0.12%～0.38%，中耕2次能提高土壤含水量1.23%，中耕锄草能明显地促进苦荞个体发育。据调查，中耕锄草2次、1次比不中耕的苦荞单株分枝数增加0.49～1.06个，粒数增加16.81～26.08粒，粒重增加0.49～0.80g，增产38.46%和37.23%。中耕除草次数和时间根据地区、土壤、苗情及杂草多少而定。春荞2～3次，夏、秋荞1～2次。第一次中耕在幼苗第一片真叶展开后结合间苗疏苗进行。西南春秋苦荞区气温低、湿度大、田间杂草多，中耕除草除提高土壤温度外，主要是铲除田间杂草和疏苗。第一次中耕后10～15d，视气候、土壤和杂草情况再行第二次中耕。土壤湿度大、杂草又多的苦荞地可再次进行。在苦荞封垄前，结合培土进行最后一次中耕。中耕深度3～5cm。中耕锄草的同时进行疏苗和间苗，去掉弱苗、多余苗，减少幼苗的拥挤，提高苦荞植株的整齐度和结实株率。中耕除草的同时要注意培土。南方苦荞区在现蕾始花前，株高20～25cm时，把行间表土提壅茎基，称“壅蔸”。培土壅蔸可促进苦荞根系生长，减轻后期倒伏，提高根系吸收能力和抗旱能力，有提高产量的作用。云南永胜县培土壅蔸的苦荞产量3 503kg/hm^2，比不培土壅蔸产量2 633kg/hm^{2}增产33%。厢式撒播苦荞田，难于人工中耕除草，常用生物竞争的原理来控制杂草危害，即当苦荞进入始花期时，追施37.5～75.0kg/hm^{2}尿素，以加快苦荞生长和封垄速度，使杂草在苦荞遮蔽下逐渐死亡。

由于荞麦是抗旱能力较弱，需水较多的作物，特别是持续干旱对荞麦影响较大。在全生育期中，以开花灌浆期需水最多。我国春荞多种植在旱坡地，常年少雨或旱涝不匀，缺乏灌溉条件，生育依赖于自然降水，对苦荞产量影响较大。夏荞有灌溉条件的地区，在苦荞生长季节，除了利用自然降水外，苦荞开花灌浆期如遇干旱，通过灌水来满足苦荞的需水要求，可以提高苦荞的产量。灌水时以畦灌、沟灌为好，但要轻灌、慢灌，以利于根系发育和增加结实率。在低洼和多雨地方，要注意开沟，及时排水。

第五节　荞麦收获与储存

荞麦与其他粮食作物一样，收获与储存至关重要，收获时期的把握与储存的好坏直接关系到荞麦产量的高低和品质的好坏。荞麦不同于其他粮食作物，由于荞麦具有无限生长特性，边开花边结实，同株上籽粒成熟不一致，结实后期早熟籽粒易落，所以掌握适时收获是高产荞麦丰收不可忽视的最后一环。若收获时期掌握不好，极易造成荞麦籽粒的损失，严重影响荞麦的产量。生产实践中因收获失误一般会减产30%～50%。因此，收获时间的把握至关重要。

荞麦种子无休眠特性，若储存不当，很容易导致籽粒生活力下降，难以保证其原有的品质。通常认为，从荞麦种子生理成熟后，劣变就已开始，劣变过程中，种子内部将发生一系列生理生化变化，变化的速度取决于收获、加工和储存条件。劣变的最终结果导致种子生活力降低，发芽率、幼苗生长势以及植株生产性能的降低。因此，由于不同荞麦品种籽粒的化学组成、形态、结构和收获时期的不同，要根据不同地区或品种的特性，灵活地采用不同的储存方法，从而保证其营养品质，使其能够长期安全地储存。

一、收获

由于荞麦的开花期较长，一般20～40d，籽粒成熟时间极不一致，在同一植株上可以同时看到完全成熟的种子和刚刚开放的花朵。成熟的种子由于风雨及外力振动极易脱落，导致荞麦减产。因此及时和正确地收获是荞麦获得高产的关键。一般以植株70%籽粒呈现本品种成熟色泽为成熟期（也即全株中下部籽粒呈成熟色，上部籽粒呈青绿色，顶花还在开花），此时即可收获。过早收获，大部分籽粒尚未成熟；过晚收获，籽粒大量脱落，从而影响产量。

荞麦收获时应尽量在露水干后的上午进行，割下的植株应就近码放。按照云南迪庆荞麦产区的做法是：荞麦刈割后将荞麦上部紧靠在一起，茎基部向四周分开，形成锥型竖立田间，待风干 5～6d 以后，在田间进行脱粒，脱粒前后尽可能减少倒运次数。晴天脱粒时，籽粒应晾晒 3～5d，充分干燥后贮藏。通过净选工序筛出的秕粒和后熟的青籽也应收藏起来，除农家用作饲料外，也可用作酿造、提取药物或色素等的工业原料，不应废弃。收获期应注意气象预报，特别注意大风天气，防止落粒和倒伏造成的损失。荞麦种子入库的含水量以 9%～12%为宜，不得超过 15%。

二、储存

由于荞麦比一般禾谷类作物含有较高脂肪和蛋白质，对高温的抗性较弱，遇高温会造成蛋白质变性，品质变劣，生活力、发芽率下降，故荞麦的贮藏条件要求较高，对仓库要求具有良好的防潮、隔热性能，又要求仓房具有良好的通风性能和良好的密闭性能。此外，荞麦收获后要及时脱粒晾晒，降低籽粒含水量，一般苦荞籽粒的含水量降至 13%以下才可入库，适宜低温储存。

荞麦的储存与气象条件的关系也较为密切，在我国西北气候较为干燥地区储存较为容易，而南方地区由于湿度比较大，尤其是夏季，高温潮湿极易导致种子的胚芽变质。种子的生命活动影响仓库内环境的变化，同时外界环境也会影响种子堆温和湿度的变化，为了安全贮藏种子，在存放期间要定期检查影响种子安全贮藏的各种因素，以便及时处理。

一般情况下，储存种子的仓库可分为普通贮藏库、冷藏库，以及以保存种质资源为目的的种质资源库。用于储存种子的库房，应具备防水、防鼠、防虫和防菌、通风、防火等基本条件。普通库多利用换气扇调节温度和湿度，应选择在地势较高、气候较为干燥、冬暖夏凉、周围无高大建筑的场地，建造时坐北朝南，要有良好的密封和通风换气性能。入库前的荞麦，应根据荞麦的特点、用途、质量及存放时间、气候条件等，采用灵活的贮藏方式，或散装堆放，或用各式仓库，以达到长期安全储存的目的。

在荞麦种子贮藏过程中，要经常注意对种子的检查观察，若发现种子水浸、发热、霉变及虫害时，应及时处理，以免造成损失。若遇雨水打湿种子或水浸，应及时进行摊晾、暴晒或烘干。发生霉变的种子，应单独存放，及时处理。发生虫害时，应及时清理仓房，杜绝虫源，也可采用熏蒸剂杀虫，但应注意保证药剂的安全。

第六节　荞麦机械化栽培

荞麦在我国主要分布于山区或丘陵地区，作为填荒救灾的主要小杂粮之一。这些地区大多受地形条件的限制，土块较小，交通落后，机械化实施难度大。加之，这方面研发基本处于空白，荞麦的机械化栽培仍处于空白或起步阶段，尤其是南方苦荞麦种植区，荞麦机械化难度更大。生产中，荞麦主要以条播、穴播、撒播为主要播种方式，多年来主要依靠畜力或人力耕地，经过撒肥、撒种、耕地、耱地等多道工序，收获则完全采用人工收获，耗时费力，效率低下。尽管北方甜荞种植区由于地形较南方平坦，荞麦可采用机械耕地，但从总体上说，荞麦的机械化程度仍远远落后于其他作物。由于缺乏新型播种收获机械，限制了荞麦生产力水平的提高。

近年来，为了改变落后的传统种植模式和方法，北方地区（陕西靖边）农业科技人员在荞麦机械化栽培方面进行了积极的探索和研究，并取得了一系列的研究成果（王树宏等，2011）。主要通过对多功能播种机和履带式谷物联合收割机改进，结合农艺技术措施，克服了荞麦籽粒小、播种机不易播种，结实位低不易机收，种植地块有坡度等困难，先后在靖边县镇靖乡榆沟村、宁条梁镇西园则村等地试种试收超过 33.3hm^2，成功实现了荞麦机播机收作业。成都大学也在西南地区对荞麦小型机械播种进行了研究，发现机械播种深度及覆土对荞麦苗的素质影响较为显著。4cm 播深有利于培育荞麦壮苗；播深 2cm 时表现为出苗率差，基本苗和成苗率低，根系活力、茎粗、干物重、单株叶面积及叶绿素含量下降；播深 6cm 时地中茎过长导致出苗率下降，株高、干物重、单株叶面积、茎粗和叶绿素含量均降低。覆土有利于提高荞麦的出苗率和根系活力，干物重增加，地中茎适度增长，幼苗素质较不覆土高。在机械播种后进行荞麦苗素质评价时，应选择株高、根系活力、总干物重、根干重、茎粗、单株叶面积、地中茎长度和子叶节长度等指标，能够准确地反映荞麦苗素质。

在机械播种过程中，涉及较多的技术和操作要点，现就目前研究已形成的主要机械栽培技术要点作一简要介绍。

一、品种选择

采用机械播种时应该选择荞麦籽粒较大的品种。因为在荞麦的机械播种过程中，若荞麦籽粒较小，则播种时荞麦种子播种量不易控制。若选择的荞麦种子较小，则可加入颗粒状肥料来调节荞麦的播种量，此法既调节了播种量同时又可施入种肥，可谓一举两得。但在肥料的选择上，应该选用不影响荞麦种子出苗的种肥。在品种的选择上，优先选用种子颗粒大的品种，陕西地区选择榆荞 4 号、榆荞 3 号，这两品种需肥水平高，粒大高产，有利于播种。另外，榆荞 4 号、榆荞 3 号结实位比当地传统品种高，有利于机械收割（王树宏等，2011）。四川地区则可选择川荞系列、西荞系列或当地颗粒较大的品种进行机播。

二、地块选择

王树宏等（2011）在研究荞麦机播时，采用了约 66.2kW（90 马力）的大型拖拉机作牵引动力，同时配备旋耕机、播种机、耱，耕地、播种、施肥、耱地一次性作业完成，播种宽度 2.3m，适宜在坡度 15°以下，地块在 0.2hm^2 以上，无起伏状山丘、深坑洼地的地块作业。与小型机械比较，对坡度要求放宽，可适宜机播地块增加，但面积越大越好。在南方丘陵区或高山地区，由于受地形的制约，大型机械则不适宜发展，应该着力探索和发展小型机械，以适应当地的需要。

三、种植方式

机械播种一般是进行条播。荞麦机械播种也可按条播进行，行距可根据荞麦生产的需要设计机械参数，选择适宜于荞麦生长的行距。一般情况下 20～35cm 均可，根据密度进行选择。

四、适时抢墒播种

荞麦机械进行播种，若配套翻地、播种、施肥、耙耱覆土平地，四道工序一次完成，土块细碎，则能减少土壤水分消耗，失墒较轻。而且速度快，效率高，保墒抢种不误农时，能极大缓解因干旱造成的土壤失墒情况。

五、荞麦机收

王树宏等（2011）在荞麦收获时，采用自走履带式谷物收割机，每小时可收获 0.4～0.53hm^2，收获效果较好，填补了荞麦机械化收获的空白。机收荞麦每公顷需 900 元，而人工收获每公顷需收割费 1 500 元、打场归仓费 450 元，每公顷可节支 1 050 元，深受农民欢迎。山西大同雁门清高食业有限公司用“谷神”轮式收割机收割苦荞，每公顷收割费用 300 元。因此，荞麦机播机收技术的推广应用，对于进一步减轻农民劳动强度，提高生产效率，降低生产成本，促进农民增收、农业增效具有十分重要的意义。

第七节　荞麦绿色有机种植

有机食品通常是指产自于有机农业生产体系，根据有机农业的生产要求和相应的标准生产、加工的，并通过独立的第三方认证机构认证的一切可食用产品（于千等，2004）。有机食品是用于加工食品的原料在生产过程中遵循自然规律和生态学原理，采用有益于生态和环境的可持续发展的农业技术，不使用合成的农药、肥料、除草剂和生长调节剂等物质，并在加工过程中不使用化学合成的或基因工程生产的食品添加剂、加工助剂等物质，可供人类食用的产品。目前，全球的有机农业面积已经超过2400万 hm^2，有机产品总销售额达到了 500 亿美元，国际市场有机食品的占有率将以 15%～20%的年增长率发展，而有机食品在我国食品市场的占有份额不足 0.2%，中国的有机食品发展远远落后于世界发达国家。

有机农业的操作规范极其严格，对大气、土壤、水质等环境指标要求较一般的操作规范要高。有机食品原料的产地要求选择在生态环境条件良好，远离污染源并具有可持续生产能力的农业生产区域；原料的灌溉用水要求干净，符合灌溉用水的要求；原料基地与交通干线、工厂和城镇之间应保持一定的距离，附近及上风口或河流的上游没有污染源。有机食品在生产中强调采用农业内部循环的方式培肥土壤；采用生态调控、农业技术措施和物理等方法控制病虫害的危害；生产过程中强调采用有益于生态环境的技术，降低资源消耗，解决生物多样性减少、土壤肥力下降、农业环境污染等问题。这些技术的应用，避免了农药残留，提高了食品的安全卫生质量，使生产出的食品品质更优。

由于我国荞麦主要栽培在边远山区，地广人稀，很少或完全不使用化肥、农药，加之空气等环境质量较好。这类地区的荞麦，只要对其生产和管理方法进行规范，注意过程的管理、控制，通过认证，非常容易有机化。因而，发展荞麦这种有机食品具有独特的优势。

一、发展荞麦有机食品应具备的条件

由于有机食品对产地环境、生产加工技术和条件的要求较高，通常需要具备以下几个条件：

（1）荞麦原料必须来自已经建立或正在建立的有机农业生产体系（又称有机农业生产基地），或采用有机方式采集的野生天然产品；

（2）荞麦的原产地无任何污染，种植过程中不使用任何化学合成的农药、肥料、除草剂和生长调节剂等；

（3）荞麦产品在整个生产过程中必须严格遵循有机食品的加工、包装、贮藏、运输等要求和标准，在生产加工过程中不使用任何化学合成的食品防腐剂、添加剂和人工色素等，并不采用有机溶剂提取；

（4）在荞麦的生产加工中不采用基因工程获得的生物及其产物；

（5）荞麦的贮藏、运输和销售过程中未受有害化学物质的污染；

（6）荞麦产品必须符合国家食品卫生法的要求和食品行业质量标准；

（7）荞麦生产者在有机食用的生产加工和流通过程中，有完善的跟踪审查体系和完整的生产、加工和销售档案记录；

（8）必须通过独立的有机食品认证机构的认证。

二、荞麦有机栽培的基本要求

（一）生产基地的基本要求

1. 基本要求 禁止在有机生产体系或有机产品中引入或使用转基因生物及其衍生物。存在平行生产的农场，常规生产部分也不得引入或使用转基因生物。

选择有机种子或种苗；采用作物轮作和间套作等形式以保持区域内的生物多样性，保持土壤肥力；限制使用人粪尿，禁止使用化学合成肥料和城市污水污泥。

采取积极的、切实可行的措施，防止水土流失、土壤沙化、过量或不合理使用水资源等。在土壤和水资源的利用上，应充分考虑资源的可持续利用。提倡运用秸秆覆盖或间作的方法避免土壤裸露。应重视生态环境和生物多样性的保护，应重视天敌及其栖息地的保护。充分利用作物秸秆，禁止焚烧处理。基本要求可归结为如下几点：

（1）种植荞麦的周围没有明显和潜在的污染源，尤其是没有化工类企业、水泥厂、石灰厂、矿场等；

（2）种植荞麦的地方有清洁的灌溉水源，清洁水源可以通过水生植物净化获得；

（3）荞麦种植基地周围或基地内有较丰富的有机肥源；

（4）基地的经营者有良好的生产技术基础，也可以通过培训取得技术经验；

（5）种植荞麦的土壤背景状况较好，最好没有严重的化肥、农药和重金属污染的历史；

（6）种植基地离交通要道要有一定的距离，没有明显的尘土污染；

（7）若荞麦有机种植基地较大，要有足够的劳动力资源；

（8）新开垦的基地要有长期使用权，同时要考虑其可耕性的好坏，有适应的生产条件。

2. 产地环境　为了确保荞麦有机食品产品质量，有机原料产地的环境监测（土壤、大气、水质）的各项检测结果都应该在标准允许的范围之内。评价方法采用单项污染指数法。为了促进生产者增施有机肥，提高土壤肥力，规定转化后的耕地土壤肥力要达到土壤肥力分级的一、二级指标。基地的环境质量应符合以下要求：

（1）土壤环境质量符合《土壤环境质量标准》（GB15618—1995）中的二级标准。

（2）农田灌溉用水水质符合《农田灌溉水质标准》（GB5084）的规定。

（3）环境空气质量符合《环境空气质量标准》（GB3095—2012）中二级标准和《保护农作物的大气污染物最高允许浓度》（GB9137）的规定。

3. 环境污染物分析　第一次申请认证的基地或在检查时怀疑被检查地块可能使用禁用物质或过去曾经使用过禁用物质而受到污染时，应对土壤、水和作物进行取样，分析禁用物质和污物的残留状况。对于临近工业区的生产基地，应当采集大气样品进行污染物分析，污染物浓度必须低于我国相应的环境质量标准和食品卫生标准规定的浓度。

（二）荞麦有机原料生产和管理的要求

1. 缓冲隔离带　若荞麦有机种植的地块可能受到邻近的常规地块或其他污染源的污染，则可以在有机种植地块和常规地块或其他污染源间设置缓冲地带或物理障碍，保证有机种植地块不受污染。在设置缓冲地带时，在其间至少要留出 8m 以上的隔离带，并且此隔离带的作物生产管理与荞麦有机种植地块相同，但不能作为有机荞麦原料来进行收获。如果有天然的灌木隔离带，则更为理想。

2. 转换期　将荞麦的常规生产体系转变为有机生产体系时，需要一定的转换期，经过转换期后播种或收获的荞麦原料，可作为有机产品销售。若转换时间仅一年，则这一年内生长的荞麦原料仅作为有机转换作物销售。转换期一般从申请认证之日开始计算，荞麦这种一年生作物的转换期不少于 2 年，若是多年生荞麦则不少于 3 年。土地是新开垦地或撂荒多年的也至少需要经历一年的转换期。同时，若已通过有机认证的农场一旦回到常规生产方式，则需要重新经过有机转换才有可能再次获得有机认证。

3. 荞麦品种的选择　不同国家对种子的规定存在一定的差异，但均有明确的要求。我国规定从 2005 年 1 月 1 日起禁止使用非有机种子，但在生产者有证据证明，至少在两个种子销售商处无法购得有机种子的情况下，可以例外。在荞麦的生产中，使用种子的要求必须符合国家标准，种子质量应符合《粮食作物种子　第3部分：荞麦》（GB4404.3）的规定。同时，在种子的选择上，应根据地区的土壤和气候环境特点，选择对病虫害具有抗性的荞麦品种。还要在种子选择时充分考虑保护荞麦种子的遗传多样性。荞麦播种前应该剔除带病和有虫蚀的种子．必要时用温水、盐水、石灰水等物理方法处理种子，杀死病菌和虫卵。严禁使用化学药品等禁用物质来处理荞麦种子。若出现转基因荞麦品种或繁殖材料，也应禁止使用。

4. 有机荞麦种植方式和培肥地力　在荞麦的有机生产系统中，为了保持和改善土壤的肥力，减少病虫害和杂草的发生，必须根据当地的生产实际制订荞麦的轮作计划。在轮作中，尽可能与豆科作物包括在内的至少三种作物进行轮作。轮作和培肥地力可有机结合，优先选择来自本生产系统内的有机物，尽可能将本系统内的所有有机质归还土壤，尽可能减少对农场外肥料的依赖。

5. 有机荞麦生产的病虫害防治及污染控制　在有机荞麦的生产系统中，应该尽可能地采用包括农业措施、生物及物理防治的方法。通过如翻耕、灌水、轮作等，创造不利于害虫生存而利于害虫天敌生存的环境，利用引诱、捕杀、隔绝等物理方法，通过人工、机械和生物除草等，这一系列的方法来进行病虫害的防治，禁止使用化学除草剂和基因工程产品防治杂草。在污染控制方面，应避免农业生产活动对土壤或荞麦的污染及破坏，如机械作业前充分清洗，地膜等聚乙烯或聚碳酸酯类产品使用后及时从土地中清除，禁止使用植物生长调节剂等。

6. 有机荞麦农药及肥料使用要求　在有机荞麦生产中，允许使用有机食品标准或规范规定的农药类产品。有机荞麦在不能满足有效控制病虫害的情况下，允许使用以下农药及方法：

（1）中等毒性以下植物源杀虫剂、杀菌剂和增效剂，如除虫菊素等；

（2）在害虫捕捉器中可使用昆虫信息素及植物源引诱剂来捕杀害虫；

（3）允许使用矿物源或植物源制剂；

（4）允许使用矿物源农药中的硫制剂、铜制剂；

（5）经专门机构核准，允许有限度地使用活体微生物及其制剂，如杀螟杆菌等；

（6）经专门机构核准，允许有限度地使用农用抗菌素，如多抗霉等。

禁止使用有机合成的化学杀虫剂、杀菌剂、除草剂和植物生长调节剂；禁止使用生物源、矿物源农药中混配有机合成农药的各种制剂；禁止使用基因工程品种（产品）及制剂。

在有机荞麦的生产中，肥料的使用也较为严格。允许使用的肥料种类主要有：

（1）就地取材、就地使用的农家肥。这类肥料含有大量的生物物质、动植物残体、排泄物和生物废弃物等物质，包括堆肥、厩肥、沼气肥、绿肥和作物秸秆肥等；

（2）以各类秸秆和落叶为主要原料，并与人畜粪便和少量泥土混合堆制，经微生物分解而成的堆沤肥；

（3）以猪、牛、马、羊等的粪尿为主，与秸秆等堆积并经微生物作用而形成的厩肥；

（4）在沼气池中，厌氧条件下经微生物发酵取得沼气后的副产物，由沼气水肥和渣肥两部分组织的沼气肥。

7. 质量控制及过程管理　在荞麦有机产品的生产、加工、经营期间，生产者应有合法的土地使用权和合法的经营证明文件。有机生产、加工、经营管理体系的文件应包括：

（1）生产基地或加工、经营等场所的位置图；

（2）有机生产、加工、经营的质量管理手册；

（3）有机生产、加工、经营的操作规程；

（4）有机生产、加工、经营的系统记录。

生产者除具有相应资质和证明文件外，为保证有机生产完整性，生产者必须建立完善的内部质量保证体系即内部管理体系，以实施从田间到餐桌的全过程控制。保存能追溯实际生产全过程的详细记录，如地块图、农事活动记录、加工记录、仓储记录、出入库记录、销售记录等，以及可跟踪的生产批号系统。这些记录具有充分的衔接性和完整性，以便对生产过程进行跟踪审查，发现不合格的产品，可以明确生产责任，及时查明原因。

三、荞麦有机栽培基础

（一）农场准备

农场应边界清晰、所有权和经营权明确；也可以是多个农户在同一地区从事农业生产，这些农户都愿意根据本标准开展生产，并且建立了严密的组织管理体系。建立完善的追踪系统，保存能追溯实际生产全过程的详细记录；建立可跟踪的生产批号系统。

苦荞有机种植需建立并保护记录。记录至少保存 5 年，主要包括以下内容：

（1）土地、作物种植历史记录及最后一次使用禁用物质的时间及使用量；

（2）种子、种苗等繁殖材料的种类、来源、数量等信息；

（3）施用堆肥的原材料来源、比例、类型、堆制方法和使用量；

（4）控制病、虫、草害而施用的物质的名称、成分、来源、使用方法和使用量；

（5）加工记录，包括原料购买、加工过程、包装、标识、储藏、运输记录；

（6）加工厂有害生物防治记录和加工、贮存、运输设施清洁记录；

（7）原料和产品的出入库记录，所有购货发票和销售发票；

（8）标签及批次号的管理。

对农场进行环境评价，应由当地农业部门或环保部门按以下标准进行：

（1）土壤环境质量符合 GB15618—1995 中的二级标准。

（2）农田灌溉用水水质符合 GB5084 的规定。

（3）环境空气质量符合 GB3095—2012 中二级标准和 GB9137 的规定。

在有机生产过程中应随时监控环境、气候的变化，与当地环保部门保持经常性联系，了解可能的污染源，特别是在城市化进程中，各种建设设施对有机基地的影响。

（二）荞麦种植农户培训

在荞麦播种之前，根据《有机食品认证标准》结合传统农业技术，编制《荞麦有机生产管理技术方案》《有机质量管理手册》《有机作业规程和有机记录表格》，并对基地种植农户进行必要的业务培训。

按照基地的分布区域、种植面积以及当地农家肥来源等情况，采集当地不同的鸡粪、羊粪、牛粪、猪粪等农家肥进行检测，选择制订出合格的农家肥品种和农家肥制备技术要求，指导农户做好生产前准备，为农户生产进行前期技术服务和指导，使其能严格按照有机管理系统进行管理。若有条件的地区，培训农民专家能手、专用技术指导员等，以规范有机荞麦的种植过程。

（三）荞麦的收获及检测

按当地气候条件及实际生长情况确定收获期，及时进行收获，避免营养物质倒流损失。脱粒时，禁止在沥青路面或已被化工、农药、工矿废渣、废液污染过的场地上脱粒、碾压和晾晒。收获期应统一分发附有有机标识图案的标准包装袋，详细记录收获信息：收获地块、收获人、收获时间、品种、施肥记录、病虫害防治记录等。注意在包装和运输过程中可能的污染源。最后对收获的苦荞进行抽样检测，保证完全达到有机食品的标准。

主要参考文献

安玉麟，刘安林，范计珍，等．1989．氮磷配合施用对荞麦产量和蛋白质含量的影响［J］．内蒙古农业科技，5：25-26.

戴丽琼．2011．农艺措施对荞麦产量和品质形成的影响［D］．呼和浩特：内蒙古农业大学．

戴庆林，任树华，刘基业，等．1988．半干旱地区荞麦吸肥规律的初步研究［J］．内蒙古农业科技，4：11-13.

冯佰利，姚爱华，高金峰，等．2005．中国荞麦优势区域布局与发展研究［J］．中国农学通报，21（3）：375-377.

何建清，罗春华．2009．杂交水稻制种-荞麦种植模式与栽培技术［J］．作物杂志，6：75-77.

何天祥，王安虎，李大忠，等．2008．稀土肥料对秋苦荞麦生长发育及产量的影响［J］．西昌学院学报：自然科学版，3：15-16.

胡继勇．2003．苦荞的品种量与产量相关性研究［J］．荞麦动态（1）：18-19.

胡启山．2011．荞麦施肥少，施肥贵在巧［J］．科学种养，1：15.

江宗丽．2012．幼龄茶园间作荞麦技术［J］．中国茶业，2：22-23.

蒋植才，钱忠贵，钱厚根．2005．青蚕豆—玉米/胡萝卜—荞麦一年四熟高效栽培技术［J］．上海蔬菜，3：47-48.

李静，刘学仪，向达兵，等．2013．不同播期对荞麦生长发育及产量的影响［J］．河南农业科学，42（10）：15-18.

李钦元．1982．高寒山区荞子高产栽培技术的探讨［J］．云南农业科技，4：42-45.

李钦元．1983．羊坪公社荞麦肥料试验初步总结［J］．云南农业科技，3：30-31.

李涛，李金铭，赵景辉，等．2003．深耕对小麦发育及节水效果影响的研究［J］．山东农业科学，3：18-20.

林汝法．1994．中国荞麦［M］．北京：中国农业出版社．

刘杰英．2002．旱地荞麦播量试验初报［J］．荞麦动态（1）：21-22.

刘荣厚，封山海，柴岩．1990．播种期对荞麦主要性状的影响［J］．陕西农业科学，1：31-32.

刘正伟．2000．小麦—烤烟//荞麦模式栽培［J］．云南农业科技，5：22-23.

马俊艳，左强，王世梅，等．2011．深耕及增施有机肥对设施菜地土壤肥力的影响［J］．土壤与肥料，24：186-190.

毛春，蔡飞，程国尧，等.2012.马铃薯套作秋播苦荞栽培试验研究［J］.现代农业科技，8：61-62.
毛新华，石高圣，倪松尧.2004.氮肥、磷肥、钾肥与荞麦产量关系的研究［J］.上海农业科技，4：52-53.
牛波，冯美臣，杨武德.2006.不同肥料配比对荞麦产量和品质的影响［J］.陕西农业科学，2：8-10.
戚桂禄.1991.晒种对不同稻种发芽的影响［J］.种子科技，4：14.
尚爱军，张雄，柴岩.1999.播期对荞麦籽粒蛋白质及其组分含量的影响［J］.榆林高等专科学校学报，9（4）：49-51.
史清亮，陶运平，杨晶秋，等.2003.苦荞接种微生物菌剂的试验初报［J］.荞麦动态，1：20-23.
唐宇，任建川，卢昌平.1989.微量元素拌荞麦种的效果［J］.作物杂志，11：24-25.
王宁，郑怡，王芳妹，等.2011.铝毒胁迫下磷对荞麦根系铝形态和分布的影响［J］.水土保持学报，25（5）：168-171.
王树宏，杜建军.2011.荞麦机播机收技术要点［J］.农民科技培训，3：38.
王迎春，叶爱莲，郭金平.1998.南方地区秋荞高产栽培技术［J］.上海农业科技，(1)：35-36.
王永亮，刘基业，戴庆林.1992.荞麦植株氮磷含量与施肥指标的研究［J］.华北农学报，7（2）：71-76.
王志远，毛从义.2011.对荞麦养分吸收及平衡施肥的初探［J］.青海农技推广，3：58-59.
向达兵，赵江林，胡丽雪，等.2013.施氮量对苦荞麦生长发育、产量及品质的影响［J］.广东农业科学，40（14）：57-59.
杨晶秋.2003.微肥对苦荞影响初报［J］.荞麦动态（2）：17-19.
姚自强，钟兴莲，彭大让，等.2004.矮壮素、多效唑浸种对苦荞植株性状和产量的影响［J］.荞麦动态（1）：24-26.
叶建华.2007.食荚甜豌豆—夏大豆—荞麦高产高效栽培模式［J］.农技服务，24（9）：22-23.
臧小云，刘丽萍，蔡庆生.2006.不同供氮水平对荞麦茎叶中黄酮含量的影响［J］.南京农业大学学报，29（3）：28-32.
赵钢，陕方.2009.中国苦荞［M］.北京：中国科学出版社.
赵钢，唐宇，王安虎.2003.多效唑对苦荞产量的影响［J］.杂粮作物（1）：38-39.
赵钢，唐宇，王安虎.2003.无公害苦荞麦生产技术［J］.农业环境与发展，20（3）：7-8.
赵永峰，穆兰海，常克勤，等.2000.不同栽培密度与N、P、K配比精确施肥对荞麦产量的影响［J］.内蒙古农业科技，4：61-62.
赵志刚，徐亮，余青兰，等.2011.春油菜播后镇压效果分析［J］.青海大学学报：自然科学版，29（5）：31-34.
钟林，熊仿秋，刘纲，等.2012.荞麦品种、播期、密度、施肥多因素正交旋转试验［J］.农业科技通迅（6）：52-55.
钟兴莲，姚自强.1997.微量元素浸种对苦荞植株性状和产量的影响［J］.荞麦动态，2：22-26.
左勇.2012.农作土壤深耕深松机械化技术［J］.湖南农机，39（1）：1-2.

第八章

荞麦病虫草害及其防治

荞麦生育期较短，且多种植在冷凉、干旱、土壤瘠薄地区，病、虫、草危害较其他作物相对少，且发生较轻；又由于荞麦的生产多处于管理粗放、广种薄收状态，杂草危害在一定程度上已成为影响荞麦产量的重要因素之一。

1. 危害荞麦的病害 文献显示，危害荞麦的病害有真菌病害、病毒病害、细菌病害和线虫病等，其中真菌病害较多，其次是病毒病。Hohrjakova（1969）报道，荞麦上主要有30种真菌病害，分属22个属；Klinkowski（1968）报道，荞麦上有18种病毒病；细菌病害相对较少（Wang Rui、Zhang Dianbin，1989）。

真菌病害主要有：荞麦霜霉病（*Peronospora fagopyri* Elen）、白粉病（*Erysiphe polygoni* D.C.）、白霉病（*Cercospora fagopyri* Nakata et Takimoto）、褐斑病（*Ascochyta fagopyri* Bres.）、叶斑病（*Phyllosticta fagopyri* Miura）、白绢病（*Sclerotium rolfsii* Sacc）、菌核病（*Sclerotinia* spp.）、立枯病（*Rhizoctonia solani* Kühn）、枯萎病（*Fusarium* spp.）、黑斑病（*Alternaria* spp.）、灰霉菌（*Botrytis cinerea* Pers.）、根腐病［*Bipolaris sorokiniantenuis*（Sacc.）Nees］、斑枯病（*Septoria polygonorum* Desm）。其中荞麦霜霉病（*P. fagopyri* Elen）分布最广，是危害荞麦最严重的一种病害。1910年法国学者首次对其进行了报道，原南斯拉夫、日本、印度、加拿大等较多国家也有该病发生和危害的报道（Mondal K K，Bhar L，Rana S S，2005）。

病毒病主要由TMV、CMV等引起。

细菌病害有叶枯病（*Xanthomonas heteroceae*）和细菌性叶斑病（*Pseudomonas angulata*）等。

在印度，霜霉病（*P. fagopyri* Elen）、菌核病（*Sclerotinia* spp.）、叶斑病（*C. fagopyri*）等危害较重（R.C.Zimmer，1984）。中国报道的病害有9种（Mondal，K K，S.S.Rana and P.Sood.2002，2003）：包括立枯病（*R.solani* Kuhn）、黑斑病（*A.tenuis*Nees）、轮纹病（*A. fagopyri* Nakata et Takimoto）、白霉病（*Ramularia* spp.）、斑枯病（*S. polygonorum* Desm）、白粉病（*E. polygoni*）、枯萎病（*Fusarium* spp.）、灰霉病（*B.cinerea*）（Sung Kook Kim，Deug Yeong Song，2001）。

荞麦上也发生根结线虫病（*Meloidogyne* spp.）。

2. 危害荞麦的害虫 根据文献记载，不同时期、地区危害荞麦的害虫约有60多种，其中以鳞翅目、鞘翅目昆虫为主，直翅目、同翅目、半翅目、双翅目昆虫也占有一定比例。另外，蛛形纲蜱螨目的红蜘蛛和腹足纲异鳃目的蛞蝓（俗称鼻涕虫、蜒蚰）也有广泛分布。分属3个纲、8个目、20余科。

常见种类有：华北蝼蛄（*Gryllotalpa unispina* Saussure）、非洲蝼蛄（*Gryllotalpa africana* Palisot de Bcauvois)、多种土蝗、飞蝗［*Locusta migratoria*（Meyen）］、蟋蟀（*Gryllus tesiaceus* Walter）、小青花金龟（*Oxycetonia jucunda* Faldermann）、大灰象甲（*Sympiezomias velatus* Chevrolat）、龟象甲（*Rhinoncus sibiricus* Faust）、双斑长跗萤叶甲［*Monolepta hieroglyphica*（Motschulsky）］、黄曲条跳甲［*Phyllotreta striolata*（Fabricius）］、黑蚤跳甲（*Psylliodes* sp.）、二纹柱萤叶甲（*Gallerucida bifasciata* Motschulsky）、苜蓿盲蝽［*Adelphocoris lineolatus*（Goeze）］、绿盲蝽（*Lygus lucorum* Meyer-Dur）、甜菜蚜（*Aphis fabae* Scopli.）、棉叶蝉（*Empoasca biguttula* Shiraki）、小绿叶蝉［*Empoasca flavescens*（Fab.）］、大青叶蝉［*Cicadella viridis*（Linnaeus）］、白粉虱［*Trialeurodes vaporariorum*（Westwood）］、种蝇（*Hylemyia platura* Meigen）、荞麦钩翅蛾（*Spica parallelangula* Alpharaky）、草地螟（*Loxostege sticticalis* L.）、黏虫［*Mythimna separata*（Walker）］、小地老虎［*Agrotis ipsilon*（Hufnagel）］、大地老虎（*Agrotis tokionis* Butler）、黄地老虎［*Agrotis segetum*（Denis et Schiffermuller）］、斜纹夜蛾（*Prodenia litura* Fabricius）、甜菜夜蛾（*Spodoptera exigua* Hiibner）、烟夜蛾［*Pyrrhia umbra*（Hufnagel）］、甘蓝夜蛾［*Barathra brassicae*（L.）］、菜粉蝶（*Pieris rapae* L.）木橑尺蠖（*Culcula panterinaria* Bremer et Grey），以及朱砂叶螨［*Tetranychus cinnarinns*（Boisduval）］、蛞蝓（*Limax maximus*）等。害虫天敌除了鸟类、蛙类外，还有瓢虫、步甲、虎甲、草蛉、蜻蜓、食蚜蝇、寄蝇、绒茧蜂等 30 多种。

3. 危害荞麦的草害　荞麦生长过程中有很多草害，由于其幼苗对多种除草剂敏感，因此现今荞麦生产中尚无可利用的除草剂。Jim Beuerlein（2001）报道，美国荞麦生产上没有可以利用的除草剂。Sung Kook Kim、Deug Yeong Song（2001）等报道，几种除草剂利谷隆、甲草胺、噻唑隆可用于荞麦田除草。

Tohru Tominaga、Takako Uezu（1995）、Heie O. E.（1983）等波兰和日本学者报道，荞麦苗本身含有产生抑制杂草生长的化学物质，可开发用于生物除草。

4. 中国荞麦主产区病虫草害调查　2010—2013 年全国荞麦主产区病虫草害调查表明：

（1）发生现状　在荞麦产区危害荞麦的病害主要有荞麦褐斑病、黑斑病、叶斑病、白粉病、霜霉病、立枯病、根腐病、锈病、病毒病、根结线虫病等。虫害主要有钩刺蛾、草地螟、甜菜蚜、黄曲跳甲、黑蚤跳甲、二纹柱萤叶甲、黏虫、蝗虫、朱砂叶螨、小地老虎、金龟子、斜纹夜蛾、甘蓝夜蛾等。草害主要有 10 科 41 种，包括禾本科杂草和阔叶类杂草两类，禾本科杂草主要有稗草、马唐、牛筋草、狗尾草、芦苇、野稷、早熟禾、虎尾草、茅等；阔叶类杂草主要有红蓼、水蓼、萹蓄、荠菜、泥胡菜、苣荬菜、三叶鬼针草、长叶紫菀、风轮草、宝盖草、打碗花、天蓝苜蓿、大巢菜、龙葵、曼陀罗、苍耳、苋菜、土荆芥、土大黄、黎、刺黎、马齿苋、反枝苋、卷茎蓼、田旋花、猪毛菜、牻牛儿苗、黄花蒿、艾蒿、草地凤毛菊、蒲公英等。

（2）危害状况　各地因播种时期和生态环境条件不同，病虫草害发生的时期和种类各有差异。西南荞麦产区常年发生的病害主要有褐斑病、叶斑病、黑斑病、白粉病、霜霉病、立枯病、根结线虫、锈病等；常年发生的虫害主要有荞麦钩翅蛾、双斑长跗萤叶甲、象甲、草地螟、黏虫、甜菜蚜、黄曲跳甲、黑蚤跳甲、二纹柱萤叶甲、多种土蝗、亚洲飞蝗、朱砂叶螨、蝼蛄、蛴螬、金针虫、地老虎等；常年发生的草害主要是稗草、马唐、狗尾草、荠菜、藜、龙葵和苍耳等。由于西南荞麦产区主要是坡耕地，耕作管理较为粗放，病虫草害发生危害相对较重，特别是秋播和冬播的荞麦，由于雨水多、昼夜温差较大等，白粉病、霜霉病等发生比较普遍，危害损失也较重，一般损失在30%～60%。西北和华北荞麦产区发生的病害主要有褐斑病、黑斑病、叶斑病、根腐病、立枯病、病毒病等；发生的虫害主要有草地螟、甜菜蚜、二纹柱萤叶甲、蝗虫等；发生的草害主要有稗牛筋草、狗尾草、芦苇、红蓼、萹蓄、苣荬菜、风轮草、宝盖草、小旋花等。西北荞麦产区较西南荞麦产区和华北荞麦产区病虫草害危害相对较轻，一般危害损失在10%～15%。

（3）防治现状　荞麦产区病虫害防治在我国南方部分地区主要依赖化学农药，其次是应用农业措施。而在北方地区，虫害防治主要通过农业措施和生物间自然调控等进行的，很少使用化学农药。滥用农药是现阶段部分地区荞麦生产的现状，也是当前突出问题，而且高毒农药使用量多。据调查，目前在病虫害防治水平相对落后的地区，农药市场上存在高毒农药大量销售的状况，同时农药的使用剂量偏大，造成了环境污染、农药残留超标、病虫抗药性加剧和生产成本增加等一系列问题。

①对生态环境的危害。长期大量使用化学农药不仅误杀了害虫天敌，还杀伤了对人类有益的昆虫，由此破坏了农田生态系统平衡。

②化学残留危害。随着农药的大量使用，对水、土和空气等生态环境的污染也日趋严重，人类处在食物链的最顶端，所受农药残留生物富集的危害也最严重，容易产生急性毒性和慢性毒性。

③病虫产生抗药性和病虫再猖獗。对病虫害过量使用农药除导致产生抗药性外，还可引起病虫再猖獗。因为使用大量高毒化学农药，对田间害虫天敌杀伤严重，害虫失去自然控制作用，导致害虫再猖獗。

④生产成本增加。荞麦病虫害防治都有一个防治适期问题，适期内用药，用药量少、效果好、成本低，但大部分荞麦产区对病虫草害缺乏系统的调查和监测，造成未能适时用药。

（4）存在问题　由于荞麦种植面积的扩大和气候变化等原因，病虫草害的危害程度也逐渐加重，总体趋势为发生种类增多、区域扩大、时间延长、程度趋重，增加了防治难度和防治成本。

①由于荞麦种植面积的不断扩大，有的地方连年重茬种植，导致土传病害逐渐加重，给防治带来了困难。

②防治意识不强。由于荞麦本身是小杂粮，目前，大部分地区生产规模小，农民对其重视程度也不够，有的地方即使发生比较严重的病虫害，农民也不急于防治，而在种植规模较大的地区，仍然存在“应急防治为重、化学防治为主”的现象，不能统筹考虑各种病虫草害防治及栽培管理的作用，主要依赖化学防治，并且存在着药剂选择不当、用药剂量不准、用药不及时、用药方法不正确等诸多问题。

③忽视预防工作。在荞麦生产中常常忽略栽培措施及经常性管理中的防治措施，如合理密植、配方施肥、合理灌溉、中耕等常规性防治措施，而是在病虫大规模发生时才进行防治，往往造成事倍功半的效果。

④防治技术较落后。由于长期以来对荞麦重视程度不够，在其病虫草害防治方面研究和推广乏力，致使生产中荞麦病虫害防治技术较为落后，许多地方缺乏专用于荞麦的防治技术，目前仍在参考大麦和小麦上的防治技术，经常出现药害等问题。

综合防治是有识之士于20世纪中叶提出来的观点：认为有害生物不是以“消灭”为目标，而是将其种群数量控制到不致造成危害的水平。

1975年农业部制定了“预防为主，综合防治”的植物保护工作方针，综合防治技术开始在全国推广应用。综合防治的核心是：在可持续发展的农业生产中，从农业生态系统的整体功能出发，最大限度地利用自然控制因素，达到对有害生物的最佳防治和对环境的最小破坏。

综合防治是可持续农业生产的一个重要组成部分，是一个十分复杂的系统工程，是从农业生产的全局，在调查研究作物生长发育与有害生物的发生规律、种群数量的消长与环境、天敌等因子的关系基础上，综合使用包括综合防治措施在内的各种生态控制手段，将其融为一体，对农田生态系统及其作物—有害生物—天敌之间的关系进行合理的调节和控制，以充分发挥生态系统自然因子的调控作用，变对立为利用，变控制为调节，化害为利。在制定综合防治措施时，必须从综合防治的整体观念出发，注意整体与部分及环境间的相互关系，既要考虑有害生物和作物，又要考虑作物品种、土壤、农田管理等农业生产中的各个环节；既要考虑到现阶段有害生物的发生危害和有效控制，又要考虑到环境的保护和改善。

第一节　荞麦各生态区病虫草害及其危害

一、主要病害及其危害

依托国家燕麦荞麦产业技术体系的荞麦病虫草害防控岗位，2011—2013年对全国荞麦主产区病害发生情况进行了系统调查，全国荞麦主产区的荞麦病害主要有10多种，其中南方荞麦产区病害有9种，即轮纹病、褐斑病、黑斑病、叶斑病、白粉病、霜霉病、立枯病、根结线虫病、锈病等；北方荞麦产区病害有8种，即轮纹病、褐斑病、黑斑病、叶斑病、立枯病、根腐病、病毒病、细菌性叶斑病等。其中，轮纹病、褐斑病、叶斑病、黑斑病是南北方荞麦产区发生最普遍和最主要的病害；白粉病、霜霉病、立枯病、根腐病、根结线虫病、锈病、病毒病主要在南方荞麦产区特殊环境条件下发生。

不论南方还是北方，不同荞麦产区荞麦病害种类和发生危害程度不同。

（一）南方荞麦产区

对云南安宁、嵩明、香格里拉和宣威，贵州贵阳及江苏泰兴等不同产区不同荞麦品种在自然条件下病害发生情况调查发现：安宁荞麦产区发生的病害主要有轮纹病、白粉病、霜霉病和褐斑病等，其中发生最严重的是轮纹病和白粉病，其他病害危害相对较轻；嵩明荞麦产区发生的病害主要有轮纹病、白粉病、褐斑病等，其中轮纹病较为严重；香格里拉荞麦产区发生的病害主要有轮纹病、叶斑病、褐斑病等，其中轮纹病、叶斑病发生比较严重；宣威荞麦产区发生的病害主要有叶斑病、褐斑病、黑斑病和轮纹病等，其中叶斑病对叶片的危害较大，主要发生在荞麦植株下部叶片，而褐斑病、黑斑病和轮纹病相对较轻；贵阳荞麦产区发生的病害主要有锈病、轮纹病、褐斑病等，其中锈病发生普遍，而且较为严重，尤其在金荞麦上；泰兴荞麦主产区发生的病害主要有根结线虫病、轮纹病、叶斑病等，发病品种由于感病较重，导致植株较矮，长势相对较差。另外，昆明、贵阳温室盆栽的不同荞麦品种苗期和开花期发生的病害主要有立枯病、根腐病、白粉病、轮纹病等，其中苗期的立枯病、花期的白粉病发病非常严重，根腐病和轮纹病发生相对较轻。

（二）北方荞麦产区

对吉林的白城，内蒙古的呼和浩特、武川、通辽、乌兰察布和赤峰，河北的张家口，山西的榆次、大同和右玉，陕西的榆林，青海的西宁，新疆的奇台等不同产区不同荞麦品种在自然条件下病害发生情况调查发现：白城荞麦产区发生的病害主要有叶斑病、白粉病，总体上发生较轻；呼和浩特、武川和乌兰察布产区发生的病害主要有叶斑病、轮纹病等，其中叶斑病发生相对较严重；赤峰荞麦产区发生的病害主要有叶斑病、白粉病和霜霉病，其中苦荞上叶斑病比较严重，甜荞上白粉病和霜霉病比较严重；通辽荞麦产区发生的病害主要有叶斑病、立枯病，其中立枯病发生较重；张家口荞麦产区发生的病害主要有叶斑病、轮纹病等，其中叶斑病发生比较普遍；榆次荞麦产区发生的病害主要有褐斑病、叶斑病等，其中褐斑病发生比较严重；大同荞麦产区发生的病害主要有叶斑病、褐斑病、轮纹病等，其中叶斑病发生比较普遍；右玉产区发生的病害主要有褐斑病、轮纹病等，发病较轻，只是零星发生；榆林荞麦产区发生的病害主要有轮纹病、褐斑病、叶斑病等，其中发生最为严重的是轮纹病；西宁荞麦产区发生的病害主要有叶斑病、褐斑病、轮纹病等，其中发生最为普遍的是叶斑病；奇台荞麦产区发生的主要病害为立枯病，只是在试验地的局部地势低洼积水的地方零星分布。

荞麦叶斑病、褐斑病、白粉病、霜霉病、立枯病等主要病害的危害特征和在不同产区的甜荞、苦荞上危害情况如下：

1. 叶斑病 危害时期主要在荞麦成熟期前后，危害部位是叶片。

（1）危害症状 初在叶片上产生红褐色病斑，病斑呈圆锥或近圆形，后内部变为灰色，病斑外围红褐色，病斑中央有黑色小点，即病菌的分生孢子器。

（2）危害规律 病菌以菌丝体和分生孢子在病株残体上越冬，成为翌年的初侵染菌源，后借风雨进行传播危害。

（3）发生情况 安宁荞麦生产区，不同甜荞品种的病情指数为12.89～46.46，发病率为31.25%～100%；不同苦荞品种的病情指数为2.90～35.33，发病率为9.36%～85.33%。嵩明荞麦生产区，不同苦荞品种的病情指数为25.53～36.59，发病率为41.84%～81.82%。香格里拉荞麦生产区，不同甜荞品种的病情指数为17.79～43.75，发病率为44.23%～82.05%；不同苦荞品种的病情指数为6.25～47.02，发病率为20.00%～80.95%。陕西榆林荞麦生产区，不同甜荞品种的病情指数为19.87～45.51，发病率为60.26%～100%；不同苦荞品种的病情指数为4.98～32.56，发病率为14.63%～69.77%。

2. 褐斑病　危害时期为整个生长期，危害部位是叶片。

（1）危害症状　最初在叶面上生有大小不一的近圆形病斑，病斑边缘不明显，病斑中央灰白色，四周略带浅褐色至灰白色，后期病斑上生出黑色小粒点，即病原菌分生孢子器。

（2）危害规律　病菌在病残体上越冬，翌年产生分生孢子，通过风雨进行传播蔓延，8月普遍发生。个别地块因此病而早期落叶。

（3）发生情况　香格里拉荞麦生产区，不同甜荞品种的病情指数为3.85～37.15，发病率为3.29％～79.17％；不同苦荞品种的病情指数为0.78～23.85，发病率为3.13％～95.40％。榆次荞麦生产区，不同苦荞品种发病率为2.1％～60.1％，不同甜荞品种发病率为0～11.5％。呼和浩特荞麦生产区，不同甜荞品种的病情指数为14.39～25.91，发病率为37.12％～65.45％；不同苦荞品种的病情指数为0.84～6.47，发病率为3.36％～22.83％。赤峰荞麦生产区，不同甜荞品种的病情指数为2.62～8.65,发病率为17.32％～22.12％；不同苦荞品种的病情指数为0.16～5.00，发病率为0.63％～8.00％。西宁荞麦生产区，不同甜荞品种的病情指数为1.40～9.24，发病率为3.91％～20.17％；不同苦荞品种的病情指数为20.72～25.00，发病率为82.89％～100％。

3. 白粉病　危害时期为苗期至收获期，危害部位是叶片。

（1）危害症状　最初在叶面或背面出现白色近圆形的星状小粉点，后期向四周扩展成边缘不明显的连片白粉，严重时，整张叶片布满白粉，病叶枯黄变脆。

（2）危害规律　病菌以菌丝体在寄主上越冬，翌年春季，产生分生孢子，成为初次侵染源。分生孢子主要通过气流传播蔓延，与寄主接触后，孢子萌发，直接从表皮细胞侵入。

（3）发生情况　安宁荞麦生产区，不同甜荞品种的病情指数为10.63～36.22，发病率为33.33％～69.29％；苦荞上很少侵染。嵩明荞麦生产区，不同甜荞品种的病情指数为1.12～36.76，发病率为4.49％～85.06％，苦荞上未发病。昆明温室不同甜荞品种病情指数为64.76～98.56，发病率为95.14％～100％。

4. 霜霉病　危害时期为幼苗及花蕾期与开花期，危害部位是叶片。

（1）危害症状　叶片出现水渍状、淡绿色小斑点，后病斑逐渐扩大，病斑变黄褐色，受叶脉限制，病斑呈多角形。在潮湿条件下，病斑背面出现紫褐色或灰褐色稀疏霉层。

（2）危害规律　病菌主要靠气流和雨水传播；人为的农事生产活动是霜霉病的主要传染途径。适宜的发病相对湿度为85％以上，特别在叶片有水膜时，最易受侵染发病。

（3）发生情况　嵩明荞麦生产区，不同甜荞品种的病情指数为12.55～67.26，发病率为52.95％～85.26％。

5. 立枯病　危害时期为苗期，危害部位是茎基部。

（1）危害症状　病苗茎基部出现赤褐色病斑，逐渐扩大凹陷，严重时扩展到茎的四周，幼苗萎蔫枯死。

（2）危害规律　菌丝体或菌核在土中越冬，且可在土中腐生2～3年。少数在种子表面及组织中越冬。菌丝能直接侵入寄主，通过水流、农具传播。

（3）发生情况　通辽生产田发病率可达60％左右；昆明温室甜荞品种立枯病的病情

指数为76，发病率达86%。

二、主要害虫及其危害

荞麦害虫的发生和危害，在一定程度上影响了荞麦的产量和产业的发展。依托国家燕麦荞麦产业技术体系荞麦病虫草害防控岗位，2011—2013年对全国荞麦主产区虫害发生情况进行了系统调查，结果表明：危害荞麦的害虫主要分为食叶性害虫、吮吸性害虫、蛀茎性害虫、地下害虫四类。

食叶性害虫主要有：荞麦钩翅蛾（*Spica parallelangula* Alpheraky）、双斑长跗萤叶甲［*Monolepta hieroglyphica*（Motschulsky）］、草地螟（*Loxostege sticticalis* Linneus）、黏虫［*Mythimna separata*（Walker）］、黄曲条跳甲［*Phyllotreta striolata*（Fabricius）］、黑蚤跳甲（*Psylliodes* sp.）、二纹柱萤叶甲（*Gallerucida bifasciata* Motschulsky）、蝗虫（土蝗、飞蝗）等。

吮吸性害虫主要有：甜菜蚜（*Aphis fabae* Scopoli）、小绿叶蝉［*Empoasca flavescens*（Fab.）］、大青叶蝉［*Cicadella viridis*（Linnaeus）］、白粉虱［*Trialeurodes vaporariorum*（Westwood）］、朱砂叶螨（*Tetranychus cinnabarinus*）。

蛀茎性害虫主要有：象甲（*Rhinoncus sibiricus* Faust）。

地下害虫主要有：蝼蛄、蛴螬、金针虫、地老虎、土蝽、根蛆等六类数十种的害虫。

发生危害的种类因地区间地缘、生态、气候等多重因素影响，差异较大。正常情况下，荞麦受害后，轻者营养传导受阻、生长发育缓慢、减产，重者造成缺苗断垄、毁种重播，甚至整株连片枯死、绝收。据联合国粮农组织统计，每年由于虫害造成的产量损失在15%～30%。危害荞麦的虫态主要是成虫、幼虫（若虫）；危害方式可分为四类：食叶类、吮吸类、蛀茎（干）类和地下害虫类。

在荞麦生产中危害较严重的有荞麦钩翅蛾、双斑长跗萤叶甲、象甲、草地螟、黏虫、甜菜蚜等；其次为小绿叶蝉、大青叶蝉、白粉虱、朱砂叶螨等；危害较轻的有多种土蝗、飞蝗、短肩棘缘蝽、黄曲条跳甲、二纹柱萤叶甲、黑蚤跳甲等。

全国不同荞麦产区的害虫种类、危害时期、危害程度差异很大。主要与纬度、积温、降水、风速、海拔等自然因子和耕作制度以及前茬作物和播种时期有较大关系。另外，荞麦害虫的消长与周边自然生态环境也密切相关。

西南荞麦产区特有的地理位置、样性、栽培方式、粗放的管理，害虫种类相对较多，危害较重。常年发生的害虫主要有荞麦钩翅蛾、黏虫、草地螟、甜菜蚜、小绿叶蝉、大青叶蝉、白粉虱、飞蝗、短肩棘缘蝽、黄曲条跳甲、二纹柱萤叶甲、植物的多黑蚤跳甲等。

西北荞麦产区由于其土壤瘠薄、干旱少雨等地理特征，所以害虫整体危害较轻。发生较多的害虫主要为双斑长跗萤叶甲、大青叶蝉、小绿叶蝉、白粉虱、甜菜蚜、荞麦钩翅蛾和多种土蝗。

华北、东北荞麦产区发生的害虫主要有双斑长跗萤叶甲、龟象、大青叶蝉、甜菜蚜、小绿叶蝉、白粉虱，以及黏虫、草地螟、多种土蝗和朱砂叶螨等。

总体来看，西南荞麦产区害虫种类多，危害较重；西北、华北、东北较西南荞麦产区害虫种类相对较少、危害轻。

荞麦产区几种主要害虫如荞麦钩翅蛾、黏虫、草地螟、甜菜蚜、朱砂叶螨的危害特点和发生规律如下。

1. 荞麦钩翅蛾　在陕西延安、定边，宁夏固原、宁南山区、隆德，甘肃陇南等地年发生 1 代，以蛹越冬。成虫一般 7 月下旬开始羽化，幼虫 8 月上、中旬开始危害，9 月上、中旬达到危害高峰期，9 月下旬幼虫老熟后入土化蛹越冬。危害特点：初孵幼虫取食荞麦嫩叶叶肉，残留表皮，叶片受害处呈薄膜状，后幼虫吐丝卷叶，藏在其中，把叶片食穿。荞麦钩翅蛾发生原因主要与 7～9 月的降水量有密切关系，降水充沛、湿度大、气温适宜的情况下发生严重。由于钩刺蛾主要是通过幼虫取食荞麦叶片下表皮，并且幼虫有假死现象，幼虫受惊吓易掉落地面，防控难度相对较大。一般受害株率 20%～30%，减产 25%左右。在西南的云南、四川、贵州危害较为严重，在西北的陕西、甘肃、宁夏等地也有危害。

2. 草地螟　是一种杂食性害虫，主要危害荞麦叶片、嫩茎、花和未角质化的果实。危害特点：初龄幼虫取食叶肉组织，残留表皮或叶脉，3 龄后可食尽叶片，是间歇性大发生的重要害虫。一般年发生 1～2 代，以老熟幼虫在土中做茧越冬。成虫一般 5 月上、中旬出现，6 月上、中旬盛发，一代幼虫危害期 6 月中旬至 7 月中旬，第二代幼虫危害较轻。

由于草地螟是我国北方地区的迁飞性害虫，做好草地螟预测预报和田间监测调查尤为重要。降低第一代虫口基数，也是减轻草地螟危害的有效措施。

3. 黏虫　因其群聚性、迁飞性、杂食性、暴食性，成为全国性重要农业害虫。除新疆未见报道以外，全国各地均有分布。黏虫成虫是一种远间隔迁飞、暴食性害虫，危害主要以幼虫咬食叶片，大发生时将荞麦叶片吃光，造成严重减产，甚至绝收。每年发生世代数各地不一，从北至南世代数为：东北、内蒙古年发生 2～3 代，华北中南部 3～4 代，江苏淮河流域 4～5 代，长江流域 5～6 代，华南 6～8 代。在内蒙古中东部、河北北部、山西北部，通常是二代黏虫于 7 月下旬至 8 月上旬危害荞麦；在云南，第一代黏虫危害春播荞麦，第二代黏虫危害夏播荞麦，而第三代黏虫危害秋播荞麦。5 月中下旬、8 上中旬以及 10 月上中旬是黏虫危害的高峰期。黏虫的天敌较多，有蛙类、蚂蚁、步行虫、蜘蛛、草蛉、黏虫绒茧蜂、黏虫触须寄生蝇、索线虫及黏虫白星姬蜂等。药剂防治应在幼虫三龄前进行，效果最好。

4. 甜菜蚜　又名荞麦蚜、黑豆蚜，是世界广布性害虫，为刺吸式口器，其繁殖力强，又群聚危害，常造成叶片卷缩、变形，植株生长不良。同时蚜虫可传播多种病毒，引起病毒病的发生。甜菜蚜是一种周期性、多食性的种类，寄主非常广泛。荞麦田的甜菜蚜在西南地区，4 月下旬至 5 月上旬在田间出现，6 月上、中旬达到危害高峰。主要危害夏播荞麦，待夏播荞麦收获后，以有翅蚜迁飞至秋播荞麦上成为秋播荞麦的虫源，9 中旬至 10 月上旬达到危害的二次高峰期。因此，治理好夏播荞麦甜菜蚜的种群数量，对控制秋播荞麦蚜虫有积极作用。防治蚜虫宜将其控制在点片发生阶段，一旦扩散开来，将很难控制。

5. 朱砂叶螨　又名棉花红蜘蛛、红叶螨，属蛛形纲真螨目叶螨科。是一种广泛分布于温带的农作物害虫，在全国各地均有发生。可危害的植物有 32 科 113 种，包括蔬菜、荞麦、花卉、林木等。以成、若螨在叶背吸取汁液。叶片受害后，叶面初现灰白色小点，后变灰白色或形成枯黄色细斑，严重时全叶干枯脱落，缩短生长期，影响产量。在北方，朱砂叶螨一年可发生20代左右，以授精的雌成虫在土块下、杂草根际、落叶上越冬，来年3月下旬成虫出蛰。首先在田边的杂草取食、生活并繁殖1～2代，然后由杂草上陆续迁往农田中危害。朱砂叶螨种群在田间呈马鞍形变化，5月份田间很难见到，进入6月后，数量逐渐增加。在正常年份，于麦收前后，田间朱砂叶螨的种群数量会迅速增加，田间危害加重。7月份是朱砂叶螨全年发生的猖獗期，常在7月中、下旬种群达到全年高峰期。危害至7月末至8月上旬，由于高温的原因，种群数量会很快下降，8月中、下旬以后，种群密度维持在一个较低的水平上，不再造成危害，并一直维持至秋季。在秋季，虫体陆续迁往杂草上生活，于11月上旬越冬。朱砂叶螨发育起点温度为7.7～8.5℃，最适温度为25～30℃，最适相对湿度为35％～55％，因此高温低湿的6～7月危害重，尤其干旱年份易于大发生。但温度达30℃以上和相对湿度超过70％时，不利其繁殖，暴雨有抑制作用。

三、杂草及其危害

荞麦田间杂草是制约荞麦生产的重要因素，与荞麦争水、肥，争地上、地下空间，影响荞麦的光合作用，干扰生长；妨碍荞麦收割脱粒等农事操作；传播农作物病虫害，降低荞麦品质和产量，同时降低土壤的利用价值，尤其是在有优势杂草分布的地区，如果分布有株型较高的杂草，则防控难度加大，危害更加严重。

2011—2013年，通过对云南（昆明、安宁、嵩明、宣威、香格里拉）、贵州（贵阳）、江苏（泰兴）、山西（太原、榆次、大同、右玉）、内蒙古（呼和浩特、武川、赤峰、通辽）、河北（张家口、张北）、陕西（榆林、靖边）、吉林（白城）、青海（西宁）、新疆（奇台）等荞麦产区杂草种类和危害情况调查表明，荞麦地分布较广的杂草有：虎尾草、稗草、早熟禾、马唐、狗尾草、茅、野稷、牛筋草、反枝苋、牛筋草、茅、红蓼、水蓼、卷茎蓼、萹蓄、荠菜、泥胡菜、牻牛儿苗、苣荬菜、三叶鬼针草、长叶紫菀、风轮草、宝盖草、天蓝苜蓿、大巢菜、龙葵、曼陀罗、藜、刺黎、田旋花、野稷、打碗花、猪毛菜、黄花蒿、艾蒿、苍耳、蒲公英、草地凤毛菊、土荆芥、土大黄等。

由于生态条件、土壤类型、耕作制度、播种季节等不同，南、北方荞麦主产区的杂草种类和群落组成差别很大。南方荞麦产区的杂草主要分属于9科（禾本科、蓼科、十字花科、菊科、唇形科、旋花科、豆科、茄科、苋科和牻牛儿苗科）23个种；华北荞麦产区的杂草主要分属于8科（禾本科、蓼科、菊科、旋花科、豆科、茄科和苋科）20个种；西北荞麦产区的杂草主要分属于3科（禾本科、唇形科和苋科）9个种。

不论是南方还是北方，荞麦主要种植在高海拔冷凉地区，全年降水较少，一般情况，5月中、下旬才开始陆续有雨，杂草开始陆续出苗，直到6月中旬，大部分杂草出苗，正好与春播区的荞麦出苗期吻合，所以荞麦苗期杂草的危害较病虫害要严重。生长期间如遇雨则杂草种子成批萌发，长势加快，危害会更重。

第二节　荞麦主要病害及其防治

一、荞麦立枯病及其防治

1. 症状　荞麦立枯病俗称腰折病，是荞麦苗期主要病害。一般在间苗后半月左右发生，有时也在种子萌发出土时就发病，常造成烂种、烂芽、缺苗断垄等现象，受害的种芽变黄褐色腐烂，初在茎基部生红褐色凹陷斑，严重时扩展到茎的四周，幼苗萎蔫枯死。子叶受害后出现不规则黄褐色病斑，而后病部破裂脱落穿孔，边缘残缺，影响荞麦生长发育，严重时引致死亡。

2. 病原　*Rhizoctonia solani* Kühn，称立枯丝核菌，属半知菌亚门真菌。该菌分为三大群，其中一群是多核的立枯丝核菌，具 3 个或 3 个以上的细胞核，菌丝较大型，直径 6～10μm，其有性态为 *Thanatephorus cucumeris*（Frank）Donk，称瓜亡革菌。在土壤中形成薄层蜡质状或白粉色网状至网膜状子实层，产生的担子筒形至亚圆筒形，比支撑担子的菌丝略宽一些。担子具 3～5 个小梗，其上着生担孢子。担孢子椭圆形至宽棒状，基部较宽，大小 7.5～12μm×4.5～5.5μm。担孢子能重复萌发，在担子上形成 2 次担子。

3. 发病规律　以菌丝体或菌核在土中越冬，且可在土中腐生 2～3 年。菌丝能直接侵入寄主，通过水流、农具传播。病菌发育适温 24℃，最高 40～42℃，最低13～15℃，适宜 pH3～9.5。播种过密、间苗不及时、温度过高易诱发本病。病菌除危害荞麦外，还可危害多种农作物。

4. 防治方法　①选用抗病品种。②施用日本酵素菌沤制的堆肥。③深耕轮作。秋收后及时清除病残体并进行深耕，可将土壤表面的病菌埋入深土层内，减少病菌侵染。合理轮作，适时播种，精耕细作，促进幼苗生长健壮，增强抗病能力。④药剂拌种。用 50%的多菌灵可湿性粉剂 250g，拌种 50kg 效果较好，还可用 40%的五氯硝基苯粉剂拌种，100kg 种子加 0.25～0.50kg 药剂拌种。⑤喷药防治。提倡施用移栽灵混剂，杀菌力强，且能促进植物根系对不良条件抵抗力。幼苗在低温多雨情况下发病较重，因此，苗期喷药也是防病的有效措施。发病初期喷淋 20%甲基立枯磷乳油（利克菌）1 200倍液，或 30%倍生乳油1 000倍液，或 5%井冈霉素水剂1 000倍液，或 95%恶霉灵精品4 000倍液，均有较好的防病效果。

二、荞麦叶斑病及其防治

1. 症状　主要危害叶片。叶上生大小不一的近圆形病斑，病斑边缘不明显，病斑中央灰白色，四周略带浅褐色至灰白色，整体病斑色浅多呈灰白色，后期病斑上生出黑色小粒点，即病原菌分生孢子器。

2. 病原　*Cercospora fagopyri* Nakata et Takimoto，称荞麦尾孢，属半知菌亚门真菌。分生孢子梗暗黄色，大小 73～96μm×5.5μm。分生孢子无色，稍弯曲，大小 46～101μm×4.6μm。

3. 发病规律 病菌在病残体上越冬，翌年产生分生孢子，通过风雨进行传播蔓延，8月普遍发生。个别地块因此病而早期落叶。

4. 防治方法 ①收获后注意清除病残体，以减少菌源。②必要时喷洒 40%百菌清悬浮剂 600 倍液，或 50%多菌灵可湿性粉剂 800 倍液，或 50% 腐霉利（速克灵）可湿性粉剂1 000倍液。

三、荞麦褐斑病及其防治

1. 症状 又称轮纹病。叶片病斑圆形至不规则形，边缘深褐色，微具轮纹，病斑中央灰绿色至褐色，严重时病斑连成一片呈不规则形，叶片早枯，有的脱落。叶背病斑在潮湿条件下密生灰褐色或灰白色霉层，即病原菌分生孢子梗和分生孢子。该病在甘肃多雨年份发病率达 8%～15%，危害呈上升态势。

2. 病原 *Ascochyta fagopyri* Bres.，称荞麦壳二孢，属半知菌亚门真菌。病斑上的分生孢子梗浅色至淡褐色，单生或 2～12 根丛生，1～5 隔膜，曲膝状，1～5 个膝状节，不分枝,大小 53.8～160.3μm×30.8～5.5μm。分生孢子顶生，披针形，端尖，基部平截，无色，具孢痕，1～9 个隔膜，大小 70～142μm×2.1～3.4μm。20℃时分生孢子萌发率高。

3. 发病规律 病菌以菌丝块和分生孢子在荞麦等病残体上越冬，翌年由此引起本病。

4. 防治方法 ①收获后注意清除病残体，以减少菌源，并及时深耕，将表土翻入深处。②必要时喷洒 36%甲基硫菌灵悬浮剂 600 倍液，或 50%多菌灵可湿性粉剂 800 倍液，或 50%速克灵可湿性粉剂1 000倍液。

四、荞麦黑斑病及其防治

1. 症状 主要危害叶片。病斑褐色，有轮纹。本病有时随褐斑病病菌 *Cercospora fagopyri* 后侵入，在褐斑病病斑的周围引起具有轮纹的褐斑。东北地区 9 月发生 ，长江以南地区 6 月可见。

2. 病原 *Alternaria tenuis* Nees，称链格孢，属半知菌亚门真菌。分生孢子梗分枝或不分枝，淡榄褐色至绿褐色，稍弯曲，顶端孢痕多个，大小 5～125μm×3～6μm。分生孢子 10 个呈长链生，有喙或无，椭圆形至卵形或圆筒形至倒棍棒形，平滑或有瘤，具横膈膜 1～9 个，纵隔 0～6 个，淡榄褐色至深榄褐色，大小 7～70.5μm×6～22.5μm，喙 1～58.5μm×1.5～7μm。该病菌寄生性不强，但寄主范围很广。

3. 发病规律 病菌以菌丝体和分生孢子在病残体上或随病残体遗落土中越冬，翌年产生分生孢子进行初侵染和再侵染。该菌寄生性不强，但寄主种类多，分布广泛，在其他寄主上形成的分生孢子也是该病的初侵染和再侵染来源。一般成熟老叶易感病，雨季或管理粗放、植株长势差，利于该病的发生和扩展。

4. 防治方法 ①选用抗病品种。②按照施肥要求，充分施足基肥，适时追肥，并在荞麦生长期及时用磷酸二氢钾，或硼、钼、锰等微肥进行根外追肥，提高植株抗病能力。

③药剂防治。发病初期可喷洒75%百菌清可湿性粉剂600倍液，或50%扑海因可湿性粉剂1 000倍液，或50%速克灵可湿性粉剂1 500倍液，或70%代森锰锌可湿性粉剂500倍液等，隔7～15d喷1次，防治2～3次。

五、荞麦斑枯病及其防治

1. 症状　主要危害叶片。病斑圆形至卵圆形，褐色，四周有淡黄色晕圈。病斑中心灰白色，病斑大小5～10 mm，轮纹不明显，中间褪色部分生有小黑粒点，即病原菌的分生孢子器。

2. 病原　*Septoria polygonorum* Desm.，称蓼属壳针孢，属半知菌亚门真菌。分生孢子器散生，褐色，壁薄。分生孢子梗短。分生孢子线形，无色，多胞。

3. 发病规律　病菌以菌丝体或分生孢子器在病残体上越冬。翌年条件适宜时，分生孢子器吸水后，溢出分生孢子，借风雨传播蔓延，进行初侵染。经几天潜育显症后，又产生新的分生孢子进行再侵染。高温季节、高湿条件下易发病。肥料不足、管理粗放、杂草丛生，植株长势弱发病重。

4. 防治方法　①加强田间管理，及时拔除杂草，必要时使用除草剂灭草。②发病初期喷洒75%百菌清可湿性粉剂600倍液，或70%代森锰锌可湿性粉剂500倍液，或50%多菌灵可湿性粉剂600倍液。

六、荞麦白粉病及其防治

1. 症状　病害主要发生在下部将近成熟的叶片表面，严重时可造成全株发病。发病初期叶表面出现近圆形白斑，后病斑上面有一层白色粉状物，叶片逐渐退绿或表面出现皱缩现象，最后叶片变黄变褐枯死。

2. 病原　*Erysiphe polygoni* DC.，属子囊菌亚门核菌纲白粉菌目白粉菌属。荞麦白粉病由半知菌亚门的荞麦粉孢菌（*Oidium buckwheat* Thǖm.）侵染所引起。有性态很少发现。病菌菌丝具分隔，无色。无性态的分生孢子梗与菌丝垂直，丝状，较短，无分枝，大小80～120μm×12～14μm，顶生分生孢子。分生孢子串生，由上而下顺次成熟，无色，单胞，圆筒形，大小30～32μm×13～15μm。病菌生长适温22～28℃。分生孢子萌发最适温度23～25℃，最适相对湿度60%～80%。在相对湿度20%以下仍有少数孢子可以萌发，但在相对湿度100%或水滴中却极少能萌发。病菌属专性外寄生菌，全部菌丝体长在寄主表面，以吸胞伸入寄主表皮细胞内吸取养分。病菌存在生理分化现象，有许多不同致病型的生理小种，它们对不同寄主的致病力差异较大。病菌寄主范围广，除荞麦外，还能侵染茄科、葫芦科、菊科等100多种植物。

3. 发病规律　病菌随病株、病叶落入土中，以子囊孢子在土壤中越冬，翌年再随风雨、昆虫传播危害。分生孢子发芽的最高温度为32℃，最适温度为23～25℃，最低温度为7℃，最适相对湿度为60%～80%。

4. 防治方法　发病初期可用75%百菌清600倍液，或50%托布津、70%甲基托布津

500倍液，或20%粉锈宁乳油400倍液喷雾防治，每隔7d防治1次，连防2～3次，均有良好的防治效果。

七、荞麦霜霉病及其防治

1. 症状 主要危害荞麦叶片，叶面病斑不规则，黄褐色；霉层灰白色，疏生于叶背面。受害的叶片正面初期可见不规则形失绿病斑，其边缘界限不明显，扩展后由于受叶脉限制，呈现多角形病斑。病斑的背面产生淡灰白色的霜状霉层，即病原菌的孢囊梗与孢子囊。叶片从下而上发病，受害严重时，叶片卷曲枯黄，最后枯死，导致叶片脱落，造成荞麦减产。

2. 病原 *Peronospora fagopyri* Elenev，称荞麦霜霉菌，属半知菌亚门真菌。孢囊梗自气孔伸出，单枝或多枝，无色，264～487μm×7.0～10.5μm，基部不膨大，主轴占全长2/3～3/4，上部叉状分枝4～7次，末枝直，长4.6～16μm。孢子囊椭圆形、近球形，具乳突，无色或淡褐色，16～21μm×14～18μm，平均18.6μm×16.3μm。孢子球形，黄褐或黑褐色，外壁平滑，成熟后不规则皱缩，直径25～30μm（刘惕若、白金铠，1982；伊藤，1936）。

3. 发病规律 霜霉菌以卵孢子在土壤中、病残体或种子上越冬，或以菌丝体潜伏在茎、芽或种子内越冬，成为次年病害的初侵染源，生长季由孢子囊进行再侵染。在中国南方温湿条件适宜的地区可周年进行侵染。霜霉菌主要靠气流或雨水传播，有的也可以靠介体昆虫或人为传播。

4. 防治方法

（1）农业防治 荞麦收获后，清除田间病残植株，并进行深翻，将枯枝落叶等带病残体翻入深土层内，以减少来年的侵染；实行轮作倒茬，减少病原；加强田间苗期管理，促进植株生长健康、提高自身的抗病能力。

（2）药剂防治 可用40%五氯硝基苯或70%敌克松粉剂800～1 000倍液拌种，用量为种子量的0.5%。也可在植株发病初期，用瑞毒霉800～1 000倍液、代森锌500～600倍液或75%百菌清800倍液喷防。

八、荞麦白霉病及其防治

1. 症状 主要侵害叶片。初发病时在叶面产生浅绿色或黄色无明显边缘的斑驳，病斑扩展有时受叶脉限制。叶背面生白色霉层，即病菌分生孢子梗和分生孢子。

2. 病原 *Ramularia anomala* Peck，称异形柱隔孢，属半知菌亚门真菌。子实体生在叶背，子座仅数个细胞。分生孢子梗无色、密集，无隔膜，顶端偶尔分枝，无膝状节，顶端圆形，大小15～60μm×2～3μm。分生孢子数个串生，单胞端尖，无色透明，最上部的分生孢子顶端呈钝圆形，大小12～18μm×3～4μm。

3. 发病规律 南方该病终年存在，病部产生分生孢子借风雨或水滴溅射辗转传播，不存在越冬问题。北方则以菌丝体和分生孢子随病残体遗落土表越冬。翌年以分生孢子进行初侵染，病部产生的孢子又借气流及雨水溅射传播进行再侵染。湿度是该病发生扩展的决定性因素，雨水频繁的年份发病重。

4. 防治方法　①施用充分腐熟有机肥。②适当密植，避免浇水过量。③喷洒 75%百菌清可湿性粉剂 600 倍液，或 50%福·异菌（灭霉灵）可湿性粉剂 800 倍液，或 40%多·硫（好光景、灭病威）悬浮剂 600 倍液，50% 速克灵可湿性粉剂 2 000 倍液，隔 7～10d 喷 1 次，连续防治 2～3 次。

九、荞麦病毒病及其防治

1. 症状　荞麦病毒病的发生年份与蚜虫的发生密切相关，蚜虫是该病的传媒，受侵染的植株出现矮化、卷叶、萎缩等症状，叶缘周围有灼烧状，不整齐，叶片凹凸不平，叶面积缩小近 1/3 。

2. 病原　荞麦病毒病由多种病毒侵染引起，已报道主要有 TMV 和 CMV 两种病毒侵染荞麦。TMV 病毒的寄主范围很广，约有 36 科 200 多种植物都可被侵染，并且是一种抗性最强的植物病毒，主要由汁液接触传染，土壤亦可传播。CMV 病毒寄主范围也很广，约有 39 科 117 种植物能被侵染，通过汁液、蚜虫传播。

3. 发病规律　荞麦蚜虫是植物病毒的主要传播者。高温、干旱，蚜虫危害重，植株长势弱，以及重茬等，易引起该病的发生。可通过摩擦、人工除草等作业接触传播，也可通过蚜虫、机械传播。

4. 防治方法　①用 70%艾美乐水分散粒剂4 000倍液杀灭病毒传媒蚜虫，早发现，及早防治。②喷施叶面复合肥料，增强植株抗病性，可缓解或减轻病毒病的危害。③用病毒灵 300 倍液喷施叶面，可防止病毒病在相邻叶片上和植株间的摩擦感染。

十、荞麦根结线虫病及其防治

荞麦根结线虫病是荞麦上的重要病害，在我国局部地区发生。据调查在江苏泰州地区有发现，并且危害严重。荞麦受害后，不仅直接影响生长发育、降低品质，而且还可以造成复合侵染，加剧其他土传真菌和部分细菌性病害的发生。

1. 症状　根结线虫主要危害植株根部，尤其以侧根和须根受害严重。新根上根结单个或呈念珠状串生，须根稀疏；老根重复侵染，形成较大的不规则瘤状突起，初期呈白色，后期变黑、腐烂，易脱落，裸露出白色的木质部。在显微镜下，剥开根结或瘤状突起，可见白色、球形或洋梨形根结线虫雌虫，或有线形雄虫或幼虫从根部游离出来。植株地上部的症状可因根部受害程度不同表现差异，受害轻时植株地上部症状不明显，但受害重时造成发育不良，生长衰弱，矮化、叶片褪绿黄化，并枝叶稀疏，结实少而小，最后整株死亡。发病严重的地块，发病株达 90%，缺行断垄现象十分严重。

2. 病原　由 *Meloidogyne* sp. 引起，为线虫门异皮总科根结线虫属。目前已知根结线虫的种类为 81 种，但引起荞麦根结线虫病的线虫种类不清楚。根结线虫的形态为雌雄异形，雌虫成熟后膨大呈梨形或柠檬形，虫体白色；雄成虫线状，尾端钝圆，无色透明。

幼虫呈细长蠕虫状。

3. 发病规律 根结线虫常以二龄幼虫或卵随病残体遗留在土壤或粪肥中越冬，可存活1～3年。初侵染虫态是二龄幼虫，翌年条件适宜，越冬卵孵化为幼虫，继续发育并侵入寄主，刺激根部细胞增生，形成根结。线虫发育至四龄时交尾产卵，雄虫离开寄主进入土中，不久即死亡。卵在根结里孵化发育，二龄后离开卵壳，进入土中进行再侵染或越冬。土温25～30℃，土壤持水量40%左右，病原线虫发育快；10℃以下幼虫停止活动，55℃经10min线虫死亡。地势高燥、土壤质地疏松、盐分低的条件适宜线虫活动，有利发病。连作地发病重。

4. 防治措施 ①选用抗病品种。②合理轮作。一般与禾本科作物轮作2～3年，尤其是水旱轮作效果更好。③田间管理。收获后彻底清除病残体、田间杂草，耕翻晒土；条件允许可灌水淹地，使线虫丧失侵染能力；施用腐熟有机肥，增施磷、钾肥，提高作物抗病能力。④药剂防治。近年推广的高效低毒杀菌剂有必速灭、威百亩、硫酰氟、欧杀灭、米乐尔、灭克磷以及植物源杀虫剂植安灵等，可按使用说明选择使用。

第三节　荞麦主要虫害及其防治

由于荞麦特有的栽培地位，加之荞麦本身病虫害相对较少的特点，所以国内尚无专门从事荞麦害虫系统研究的部门、人员。依托国家燕麦荞麦产业技术体系荞麦病虫草害防控岗位，相关人员在田间调查和开展害虫防治工作服务的同时，积累了一些经验和资料，从而为荞麦害虫综合治理与系统研究奠定了基础。

一、钩翅蛾及其防治

钩翅蛾属于鳞翅目钩蛾科。分布于云南、贵州、四川、陕西、宁夏、新疆、甘肃等省、自治区。寄主是荞麦、大黄、萹蓄、酸模、叶蓼等蓼科植物。

1. 形态特征 成虫：体长10～13mm，翅展30～36mm。头及胸腹部和前翅均淡黄色，肾形纹明显，顶角不呈钩状突出，从顶角向后有一条黄褐斜线，有3条向外弯曲的“>”形黄褐线。后翅黄白色。中足胫节有一对距，后足胫节有两对距。卵椭圆形、扁平，表面颗粒状。幼虫体长20～30mm，污白色，背面有淡褐色宽带，有腹足4对，尾足1对，有少数趾钩。蛹体长约11mm，红褐色，梭形，两端尖。臀棘上有4根刺。

2. 生活习性 成虫昼伏夜出，白天在荞麦叶背栖息，晚上取食，补充营养、交配、产卵，午夜时分停止活动。卵集中产于植株第三至第五片真叶背面，卵粒平铺、圆形、块产，每块30～50粒不等，最多每块可达130多粒。卵表面被有一层白色绒毛。成虫具很强的趋光性。

3. 发生规律 陕西延安、定边，宁夏固原、宁南山区、隆德，甘肃陇南等地年生1代，以蛹越冬。6月下旬至8月中旬为成虫羽化期，7月中旬最盛。成虫寿命10～15d。羽化后即行交尾产卵，成虫有趋光性。7月下旬至8月上旬为产卵期，卵期7～10d，成虫把卵产在叶片背面，卵数十粒至百余粒排列成块，上覆有白色长毛。8月上、中旬进入孵化盛期，初孵幼虫喜群居，后分散危害，幼虫活泼，稍触动即吐丝下垂。幼虫期 25～28d，幼虫共 5 龄，老熟幼虫入土化蛹越冬，盛期在 9 月中、下旬。

4. 危害特点 初孵幼虫集中于卵块附近，主要危害荞麦嫩叶叶肉。二龄后分散危害，取食叶肉及下表皮，残留上表皮，叶片受害处呈窗膜状和孔洞，后幼虫吐丝卷叶，藏在其中，把叶片食穿。三龄后食量猛增，沿叶缘吐丝将叶片卷成饺子形，白天隐藏其中，夜晚危害，黎明时分停止取食，再行卷叶隐藏。幼虫不仅危害叶片，还危害花和籽粒，对产量和品质影响较大。老熟幼虫入土后在 5～25cm 土中作室化蛹越冬。一般受害株率 20%～30%，减产 25%左右，大发生的减产 40%以上。

5. 防治关键技术 ①做好害虫预测预报。利用荞麦钩翅蛾的趋光性，在荞麦集中成片地区架设黑光灯诱集成虫，通过蛾量聚集数量和雌蛾抱卵量及卵发育情况，指导防治工作。②秋收后及时深耕，消灭越冬蛹。③成虫发生期用灯光诱杀蛾子。④药剂防治。一般年份，尽量选用植物源、矿物源或微生物杀虫剂，如 Bt 杀虫剂，避免危及蜜源昆虫和农药残留问题产生。聚集暴发时，可选用阿维菌素等杀虫剂，迅速剿灭害虫，把损失降到最低。

二、草地螟及其防治

草地螟属于鳞翅目螟蛾科，别名：网锥额野螟、甜菜网螟、黄绿条螟等。草地螟是一种杂食性害虫，主要危害荞麦、甜菜、苜蓿、大豆、马铃薯、亚麻、向日葵、胡萝卜、葱、玉米、高粱、蓖麻，以及藜、苋、菊等科植物。在中国的东北、华北、西北和西南地区均有分布。

1. 形态特征 成虫淡褐色，体长 8～12mm，翅展 20～26mm，触角丝状。前翅灰褐色，具暗褐色斑点，沿外缘有淡黄色点状条纹，翅中央稍近前缘有一淡黄色斑，顶角内侧前缘有不明显的三角形浅黄色小斑；后翅淡灰褐色，沿外缘有 2 条波状纹。卵椭圆形，长 0.8～1.2mm，乳白色，一般为 3～5 粒或 7～8 粒串状黏成复瓦状的卵块。幼虫体长 19～21mm，共 5 龄，老熟幼虫 16～25mm。一龄淡绿色，体背有许多暗褐色纹；三龄幼虫灰绿色，体侧有淡色纵带，周身有毛瘤；五龄多为灰黑色，两侧有鲜黄色线条。蛹长 14～20mm，淡黄色，背部各节有 14 个赤褐色小点，排列于两侧，尾刺 8 根。

2. 生活习性 成虫白天在草丛或作物地里潜伏，于天气晴朗的傍晚，成群随气流远距离迁飞，成虫飞翔力弱，喜食花蜜。卵多产于野生寄主植物的茎叶上，常 3～4 粒在一起，以距地面 2～8cm 的茎叶上最多。初孵幼虫多集中在枝梢上结网躲藏，取食叶肉。幼虫有吐丝结网习性。三龄前多群栖网内，三龄后分散栖息。在虫口密度大时，常大批从草滩向农田爬迁危害。一般春季低温多雨不适发生，如在越冬代成虫羽化盛期气温较常年高，则有利于发生。孕卵期间如遇环境干燥，又不能吸食到适当水分，产卵量减少或不产卵。天敌有寄生蜂等 70 余种。分布于我国北方地区，年发生 2～4 代，以老熟幼虫在土内吐丝作茧越冬。翌春 5 月化蛹及羽化。

3. 危害特点 初龄幼虫取食叶肉组织，残留表皮或叶脉。三龄后可食尽叶片，使叶片呈网状。大发生时也危害花和幼苗，能使作物绝产。每年发生 1～4 代，以老熟幼虫在土中作茧越冬。在东北、华北、内蒙古主要危害区一般每年发生2代，以第一代危害最为严重。越冬的成虫始见于5月中、下旬，6月为盛发期。6月下旬至7月上旬是严重危害期。第二代幼虫发生于8月上、中旬，一般危害不大。草地螟是一种间歇性暴发成灾的害虫。

4. 防治关键技术 ①做好预测预报工作。准确预报是适时防治草地螟的关键。防治应在卵孵化始盛期后10d左右为宜。②药剂防治应在幼虫三龄之前。当幼虫在田间分布不均匀时，一般不宜全田普治，应在认真调查的基础上实行挑治。还要特别注意对田边、地头草地螟幼虫喜食杂草的防治。这样既可减少防治成本，提高防效，又减轻了药剂对环境的污染。当田间幼虫密度大，且分散危害时，应实行联防，大面积统治。③防治策略是"以药剂防治幼虫为主，结合除草灭卵，挖防虫沟或打药带阻隔幼虫迁移危害。"④防治后需对不同类型防治田进行防效调查。防治田于防后3d，封锁带、隔离沟于药剂失效开始，检查幼虫密度并与防前同一类型田的虫量对比，计算防效。如幼虫密度仍大于30头/㎡，则需进行再次防治。

三、黏虫及其防治

黏虫属鳞翅目夜蛾，又称剃枝虫、行军虫，俗称五彩虫、麦蚕，是一种以危害粮食作物和牧草的多食性、迁移性、暴发性害虫。除西北局部地区外，其他各地均有分布。大发生时可把作物叶片食光，而在暴发年份，幼虫成群结队迁移时，几乎所有绿色作物被掠食一空，造成大面积减产或绝收。

1. 形态特征 成虫体长17～20mm，翅展36～45mm，呈淡黄褐至淡灰褐色，触角丝状。前翅环形纹圆形，中室下角处有一小白点，后翅正面呈暗褐色，反面呈淡褐色，缘毛呈白色。卵半球形，直径0.5mm，白至乳黄色。幼虫6龄，体长35mm左右，体色变化很大，密度小时，四龄以上幼虫多呈淡黄褐至黄绿色不等；密度大时，多为灰黑至黑色。头黄褐至红褐色。有暗色网纹，沿蜕裂线有黑褐色纵纹，似"八"字形，有5条明显背线。蛹长20mm，第五至第七腹节背面近前缘处有横脊状隆起，上具刻点，横列成行，腹末有3对尾刺。

2. 生活习性 成虫有迁飞特性，从北到南一年可发生2～8代，3～4月由长江以南向北迁飞至黄淮地区繁殖，4～5月危害麦类作物，5～6月先后化蛹羽化成成虫危害，后又迁往东北、西北和西南等地繁殖危害，6～7月危害荞麦、小麦、玉米、水稻和牧草，7月中下旬至8月上旬化蛹羽化成虫向南迁往山东、河北、河南、苏北和皖北等地繁殖。成虫对糖醋液和黑光灯趋性强，幼虫昼伏夜出危害，有假死性和群体迁移习性。黏虫喜好潮湿而怕高温干旱，相对湿度75%以上、温度23～30℃，利于成虫产卵和幼虫存活。但雨量过多，特别是遇暴风雨后，黏虫数量又显著下降。在荞麦苗期，卵多产在叶片尖端，边产卵边分泌胶质，将卵粒黏连成行或重叠排列黏在叶上，形成卵块。

3. 危害特点 黏虫成虫是一种远距离迁飞、暴食性害虫，危害荞麦、麦类、玉米、谷子、青稞等作物，主要以幼虫咬食叶片，大发生时将荞麦叶片吃光，造成严重减产，甚至绝收。特别是前作为麦田，荞麦播迟的田块，稍不留意，因苗小棵少，可迅速全田被毁。

4. 防治关键技术　①从黏虫成虫羽化初期开始，用糖醋液或黑光灯或枯草把可大面积诱杀成虫或诱卵灭卵。②黏虫天敌有蛙类、鸟类、蝙蝠、蜘蛛、螨类、捕食性昆虫、寄生性昆虫、寄生菌和病毒等多种。其中步甲可捕食大量黏虫幼虫，麻雀、蝙蝠可捕食大量黏虫成虫，瓢虫、食蚜虻和草蛉等可捕食低龄幼虫，可根据当地天敌情况充分利用。③药剂防治。在幼虫三龄以前，每公顷用灭幼脲1号有效成分15～30g，或灭幼脲3号有效成分5～10g，加水后常量喷雾或超低容量喷雾；也可用90%敌百虫1 000倍液，或80%敌敌畏乳油1 000倍液，或50%辛硫磷乳油1 500倍液，或25%氧乐氰乳油2 000倍液均匀喷雾。

四、蚜虫及其防治

蚜虫属同翅目蚜科，有名甜菜蚜、蜜虫、腻虫等，是世界广布性害虫，主要危害荞麦、甜菜、蚕豆、玉米等农作物。蚜虫是一种周期性、多食性的种类，寄主非常广泛，在我国荞麦产区是荞麦的重要害虫之一，广泛分布于全国各地。

1. 形态特征　体长1.5～4.9mm，多数约2mm。触角6节，少数5节，罕见4节，感觉圈圆形，罕见椭圆形，末节端部常长于基部。眼大，多小眼面，常有突出的3小眼面眼瘤。喙末节短钝至长尖。腹部大于头部与胸部之和。前胸与腹部各节常有缘瘤。腹管通常管状，长常大于宽，基部粗，向端部渐细，中部或端部有时膨大，顶端常有缘突，表面光滑或有瓦纹或端部有网纹，罕见生有或少或多的毛，罕见腹管环状或缺。尾片圆锥形、指形、剑形、三角形、五角形、盔形至半月形。尾板末端圆。表皮光滑，有网纹或皱纹，或有由微刺或颗粒组成的斑纹。体毛尖锐或顶端膨大为头状或扇状。有翅蚜触角通常6节，第三或第三及第四或第三至第五节有次生感觉圈。前翅中脉通常分为3支，少数分为2支。后翅通常有肘脉2支，罕见后翅变小，翅脉退化。翅脉有时镶黑边。

2. 生活习性　蚜虫繁殖力强，全国各地均有发生。华北地区每年可发生10多代，长江流域一年可发生10～30代，多的可达40代。只要条件适宜，可以周年繁殖和危害。主要以卵在越冬作物上越冬，温室等保护设施内冬季也可繁殖和危害。蚜虫还可产生有翅蚜，在不同作物、不同设施间或不同地区间迁飞，传播快。蚜虫繁殖的最适温是18～24℃，25℃以上抑制发育，空气湿度高于75%不利于蚜虫繁殖。因此，在较干燥季节危害更重。北方等地常在春末夏初及秋季各有一个危害高峰。蚜虫对黄色、橙色有很强的趋向性，但银灰色有避蚜虫的作用。

3. 危害特点　蚜虫为刺吸式口器的害虫，常群集于叶背、茎秆、心叶、花序上，刺吸汁液，使叶片皱缩、卷曲、畸形，严重时引起枝叶枯萎甚至整株死亡。嫩茎和花序受害，影响生长、开花和结实。蚜虫分泌的蜜露还会诱发煤污病、传播病毒病并招来蚂蚁危害等。

4. 防治关键技术　①物理防治。荞麦生长期间，清除田间及周围杂草阻断食料，结合田间管理，拔除有蚜中心株，防治有翅蚜的迁飞和传播繁殖危害。播种前用药土覆盖，喷一次芽前除草剂。同时合理密植，增加田间的通风透光度。②黄色板诱杀蚜虫。利用蚜虫对黄色有很强的趋性，生产中可制作大小 15cm×20cm 的黄色纸板，最好在纸板上涂一层凡士林或防治蚜虫常用的农药，插或挂于荞麦行间与荞麦持平，引诱杀蚜虫。③植物灭蚜和驱蚜。把辣椒加水浸泡一昼夜，过滤后喷洒；把桃叶加水浸泡一昼夜，加少量生石灰过滤后喷洒；把烟草磨成细粉，加少量生石灰撒施，可收到良好的防治效果。④消灭越冬虫源。荞麦地附近的枯草以及荞麦收获后的残株病叶，都是蚜虫的主要越冬寄主。因此，在冬前、冬季及春季要彻底清洁田间和荞麦地附近杂草，消灭虫源，提高防治效果。⑤利用蚜虫天敌的自然控制作用。在生产中对天敌应注意保护并加以利用，使蚜虫的种群控制在经济危害的指标之内。在使用化学农药防控时，应避开天敌的高峰期。⑥化学防治。目前，荞麦生产中完全不用农药、化肥还难以做到，但必须严格控制使用，允许有限度地使用高效、低毒、低残留的有机化学农药，严禁使用剧毒、高毒、高残留及具有“三致（致癌、致畸、致突变）”作用的农药。提倡使用高效、低毒、低残留农药的精准用药及减量化技术，并与其他防治措施配合使用，对化学农药进行科学筛选、试验，并优化组合。严格农药安全使用标准，特别是要严格掌握作物收获前农药使用的安全间隔期。

五、白粉虱及其防治

白粉虱　主要危害荞麦、燕麦、花卉、果树、药材、牧草、烟草、黄瓜、菜豆、茄子、番茄、辣椒、冬瓜、莴苣等 600 多种植物，是一种世界性害虫。该虫 1975 年发现于北京，之后遍布全国。是温室、大棚内种植作物的重要害虫。

1. 形态特征　成虫体长 1.4～4.9mm，淡黄白色或白色，雌、雄均有翅，全身披有白色蜡粉，雌虫个体大于雄虫，其产卵器为针状。卵长椭圆形，长 0.2～0.25mm，初产淡黄色，后变为黑褐色，有卵柄，产于叶背。若虫椭圆形、扁平，淡黄或深绿色，体表有长短不齐的蜡质丝状突起。蛹椭圆形，长 0.7～0.8mm，中间略隆起，黄褐色，体背有 5～8 对长短不齐的蜡丝。

2. 危害特点　在北方温室一年发生 10 余代，冬天室外不能越冬；华中以南以卵在露地越冬。成虫羽化后 1～3d 可交配产卵，平均每雌成虫产 142.5 粒。也可孤雌生殖，其后代雄性。成虫有趋嫩性，在植株顶部嫩叶产卵。卵以卵柄从气孔插入叶片组织中，与寄主植物保持水分平衡，极不易脱落。若虫孵化后 3d 内在叶背做短距离行走，当口器插入叶组织后开始营固着生活，失去了爬行的能力。白粉虱繁殖适温为 18～21℃。春季随秧苗移植或温室通风移入露地。大量的成虫和幼虫密集在叶片背面吸食汁液，使叶片萎蔫、退绿、黄化甚至枯死，还分泌大量蜜露，引起霉污病的发生，覆盖、污染了叶片和果实，严重影响光合作用。同时白粉虱还可传播病毒，引起病毒病的发生。

3. 防治关键技术　白粉虱在一些地区发生情况重、代数多、抗性强，特别是露地生产田，一旦掌握不好，用药后容易反复发生，所以按要求用药在生产中是十分关键的技术。①使用功夫、菊马乳油、氯氰锌乳油、灭扫利、天王星等喷雾，一周内连续喷雾 2～3 次效果很好。目前在生产上使用较多的生物药剂有 0.12%藻酸丙二醇、24.5%烯啶噻啉，可杀死虫卵，而且持效期长；30%啶虫脒防治效果也很好。②成虫对黄色有较强的趋性，可用黄色板诱捕成虫。但不能杀卵，易复发。

六、红蜘蛛及其防治

红蜘蛛别名：朱砂叶螨、红叶螨，属于蜱螨目叶螨科。分布于全国各地，主要危害荞麦、玉米、高粱、粟、豆类、棉花、向日葵、桑树、柑橘、黄瓜等。

1. 形态特征　成螨雌体长0.48～0.55mm，宽0.32mm，椭圆形，体色常随寄主而异，多为锈红色至深红色，体背两侧各有1对黑斑，肤纹突三角形至半圆形。雄体长0.35mm，宽0.2mm，前端近圆形，腹末稍尖，体色较雌浅。卵长0.13mm，球形，浅黄色，孵化前略红。幼螨有3对足，若螨4对足与成螨相似。

2. 生活习性　年生10～20代（由北向南逐增），越冬虫态及场所随地区而不同，在华北以雌成螨在杂草、枯枝落叶及土缝中越冬；在华中以各虫态在杂草及树皮缝中越冬；在四川以雌成螨在杂草或豌豆、蚕豆等作物上越冬。翌春气温达10℃以上，即开始大量繁殖。3～4月先在杂草或其他寄主上取食，每雌产卵50～110粒，多产于叶背，卵期2～13d。幼螨和若螨发育历期5～11d，成螨寿命19～29d。可孤雌生殖，其后代多为雄性。幼螨和前期若螨不甚活动。后期若螨则活泼贪食，有向上爬的习性。先危害下部叶片，而后向上蔓延。繁殖数量过多时，常在叶端群集成团，滚落地面，向四周爬行扩散，或被风刮走。朱砂叶螨发育起点温度为7.7～8.8℃，最适温度为25～30℃，最适相对湿度为35%～55%。因此，高温低湿的6～7月危害重，尤其干旱年份易于大发生。但温度达30℃以上和相对湿度超过70%时，不利其繁殖，暴雨有抑制作用。天敌有30多种。

3. 危害特点　幼螨和前期若螨不甚活动，后期若螨则活泼贪食，有向上爬的习性。先危害下部叶片，而后向上蔓延。若螨、成螨群聚于叶背吸取汁液，使叶片呈灰白色或枯黄色细斑，严重时叶片干枯脱落，并在叶上吐丝结网，严重地影响荞麦植株生长发育。

4. 防治方法　①农业防治。铲除田边杂草，清除残株败叶。②此螨天敌有30多种，应注意保护，发挥天敌自然控制作用。③药剂防治。当前对朱砂叶螨和二斑叶螨有特效的是仿生农药1.8%农克螨乳油2 000倍液，持效期长，并且无药害。此外，可采用20%灭扫利乳油2 000倍液，或40%水胺硫磷乳油2 500倍液，或20%双甲脒乳油1 000～1 500倍液，或10%天王星乳油6 000～8 000倍液，或10%吡虫啉可湿性粉剂1 500倍液，或1.8%爱福丁（BA-1）乳油抗生素杀虫杀螨剂5 000倍液，或15%哒螨灵（扫螨净、牵牛星）乳油2 500倍液，或20%复方浏阳霉素乳油1 000～1 500倍液，防治2～3次。

七、双斑萤叶甲及其防治

双斑萤叶甲，又名二斑萤叶甲，属鞘翅目叶甲科。分布范围广，主要危害荞麦、粟（谷子）、高粱、大豆、花生、玉米、马铃薯、向日葵等。

1. 形态特征 成虫体长3.6～4.8mm，宽2～2.5mm，长卵形，棕黄色具光泽。触角11节，丝状，端部色黑，为体长2/3。复眼大，卵圆形。前胸背板宽大于长，表面隆起，密布很多细小刻点。小盾片黑色，呈三角形。鞘翅布有线状细刻点，每个鞘翅基半部具一近圆形淡色斑，四周黑色，淡色斑后外侧多不完全封闭，其后面黑色带纹向后突伸成角状，有些个体黑带纹不清或消失。两翅后端合为圆形，后足胫节端部具一长刺。腹管外露。卵椭圆形，长0.6mm，初棕黄色，表面具网状纹。幼虫体长5～6mm，白色至黄白色，体表具瘤和刚毛，前胸背板颜色较深。蛹长2.8～3.5mm，宽2mm，白色，表面具刚毛。

2. 生活习性 河北、山西年发生1代，以卵在土中越冬，翌年5月开始孵化。幼虫共3龄，幼虫期30d左右，在3～8cm土中活动或取食作物根部及杂草。7月初始见成虫，一直延续到10月，成虫期3个多月，初羽化的成虫喜在地边、沟旁、路边的苍耳、刺菜、红蓼上活动，约经15d转移到荞麦、豆类、玉米、高粱、谷子上危害，7～8月进入危害盛期。大田收获后，转移到十字花科蔬菜上危害。成虫有群集性和弱趋光性，在一株上自上而下地取食，日光强烈时常隐蔽在下部叶背或花穗中。成虫飞翔力弱，一般只能飞2～5m，早晚气温低于8℃或风雨天喜躲藏在植物根部或枯叶下，气温高于15℃成虫活跃。成虫羽化后经20d开始交尾，把卵产在田间或菜园附近草丛中的表土下或寄主的叶片上。卵散产或数粒黏在一起，耐干旱。幼虫生活在杂草丛下表土中，老熟幼虫在土中作土室化蛹，蛹期7～10d。干旱年份发生重。

3. 危害特点 以成虫群集危害荞麦、豆类、玉米、高粱、谷子、向日葵、马铃薯等植物的叶片、花丝等，顺叶脉取食叶肉，将叶片吃成孔洞或残留网状叶脉。发生始期群集点片危害，发生量大时扩散迁移危害。由于此害虫具有短距离迁飞的习性，相邻的农田同时发生时，其中一块地进行防治而其他地不防治，则过几天防治过的地又呈点片发生，加大防治难度，危害程度更重。

4. 防治关键技术 ①及时铲除田边、地埂、渠边杂草，秋季深翻灭卵，均可减轻受害。②发生严重的可喷洒50%辛硫磷乳油1 500倍液，每公顷喷药液750L。③干旱地区可选用27%巴丹粉剂，每公顷用药30kg，采收前7d停止用药。

八、甜菜夜蛾及其防治

甜菜夜蛾属于鳞翅目夜蛾科，是一种世界性顽固害虫。已知寄主171种之多，主要危害十字花科、茄科、豆类及菠菜、芦笋、葱等蔬菜，以及许多大田作物、药用植物等。该虫分布很广，在我国长江流域、西南及北方各省均有发生。

1. 形态特征 幼虫体长约22mm。幼虫体色变化较大，有绿色、暗绿色、黄褐色、黑褐色等，腹部体侧气门下线为明显的黄白色纵带，有时呈粉红色。大龄幼虫有假死性，老熟幼虫入土吐丝化蛹。成虫昼伏夜出，有强趋光性和弱趋化性，体长10～14mm，翅展25～34mm，体灰褐色。前翅中央近前缘外方有肾形斑1个，内方有圆形斑1个。后翅银白色。卵馒头形，白色，表面有放射状的隆起线。蛹体长10mm左右，黄褐色。

2. 生活习性 甜菜夜蛾卵多产在荞麦叶中上部，成块状，卵粒少则几粒，多则百粒以上。初产卵乳白色，后变淡黄色，近孵化时呈灰黑色，一般卵期2～5d，室温32.2℃

时，卵块经36h左右孵化完毕，清晨7时前孵虫最多。初孵幼虫啮食卵壳仅留茸毛，多数群集静伏卵处，一旦受惊便潜逃或吐丝飘移至邻株。孵后1d左右啮食荞麦嫩叶，残留白色透明外表皮。幼虫昼伏夜出，下午6时开始外出活动，凌晨3～5时活动虫量最多，晴天清晨随光照强弱提前或推迟潜入荞麦阴凉处。低龄幼虫食量小，随虫龄增加，食量大增，抗药性增强，四至五龄幼虫常将荞麦叶片吃成缺刻，甚至吃光。幼虫具多食性，畏强光，具有转株取食、假死性和喜旱惧湿习性，老熟幼虫在浅土层内化蛹，蛹期5～9d。成虫具趋光性和趋化性，对黑光灯趋性强，趋化性较弱，白天潜伏草丛或荞麦叶背面，受惊可短距离频繁迁飞，夜间20～23时活动最盛，进行交尾、产卵。

3. 危害特点　初龄幼虫在叶背群集吐丝结网，食量小。三龄后，分散危害，食量大增，昼伏夜出，危害叶片成孔缺刻，严重时，可吃光叶肉，仅留叶脉，甚至剥食茎秆皮层。幼虫可成群迁飞，稍受震扰吐丝落地，有假死性。三至四龄后，白天潜于植株下部或土缝，傍晚移出取食危害。在西南一年发生6～8代，华北3～4代，华南、西南7～8月发生多，高温、干旱年份更多，常和斜纹夜蛾混发，对荞麦威胁甚大。

4. 防治关键技术　①结合田间管理，及时摘除卵块和虫叶，集中消灭。②此虫体壁厚，排泄效应快，抗药性强，防治上一定要掌握及早防治，在初孵幼虫未发生危害前喷药防治。在发生期每隔3～5d田间检查一次，发现有点片发生时要重点防治。喷药应在傍晚进行，可选用卡死克、抑太保、农地乐、快杀灵1 000倍液，或万灵、保得、除尽1 500倍液，及时防治，将害虫消灭于三龄前。对三龄以上的幼虫，用20%米满1 000～1 500倍液喷雾，每隔7～10d喷1次。也可选用50%高效氯氰菊酯乳油1 000倍液加50%辛硫磷乳油1 000倍液，或加80%敌敌畏乳油1 000倍液喷雾，防治效果均在85%以上。

九、荞麦地下害虫及其防治

1. 地下害虫种类　荞麦地下害虫种类很多，主要有蝼蛄、蛴螬、金针虫、地老虎，各地均有分布。发生种类因地而异，一般以旱作地区普遍发生。荞麦受害后轻者萎蔫，生长迟缓，重的干枯而死，造成缺苗断垄，以致减产。有的种类以幼虫危害，有的种类成虫、幼（若）虫均可危害。危害方式可分为三类：长期生活在土内危害植物的地下部分；昼伏夜出在近土面处危害；地上、地下均可危害。

2. 防治关键技术　防治荞麦地下害虫要采取地上与地下防治相结合、幼虫和成虫防治相结合、播种期与生长期防治相结合的策略，因地制宜地综合运用农业防治、化学防治和其他必要的防治措施，达到保苗和保产的效果。①农业措施。合理轮作、做好翻耕暴晒，减少越冬虫源，是最有效的方法。加强田间管理，清除田间杂草，减少食物来源。②物理措施。利用地下害虫（如地老虎、沟金针虫、蝼蛄等）的趋光性，采用灯光诱杀。在开始盛发和盛发期间在田间地头设置黑灯光，诱杀成虫，减少田间卵量。③药剂防治。播种或定植时每公顷用5%辛硫磷颗粒剂22.5～30kg拌细干土1 500kg撒施在播种田中，然后播种。严重时可用50%辛硫磷乳油1 000倍液灌根防治。

第四节　荞麦田主要杂草及防除

一、荞麦田主要杂草

（一）狗尾草

狗尾草［*Setaria viridis*（L.）Beauv］，又称绿狗尾草、谷莠子。禾本科杂草。主要分布于东北、华北及西北地区。为常见主要杂草，发生极为普遍。主要危害荞麦、麦类、谷子、玉米、棉花、豆类、花生、薯类、蔬菜、甜菜、马铃薯、苗圃等旱作物。

生物学特性和发生规律：一年生草本植物。种子繁殖，种子萌发的温度范围为10～38℃，适宜温度15～30℃。种子出土适宜深度为2～5cm，土壤深层未发芽的种子可存活10年以上。种子经越冬休眠后萌发。在我国北方4～5月出苗，以后随浇水或降水还会出现出苗高峰，6～9月为花果期。单株可结数千至上万粒种子。种子借风、灌溉水及收获物进行传播。适生性强，耐旱、耐贫瘠，酸性或碱性土壤均可生长。生于农田、路边、荒地。

（二）野稷

野稷（*Panicum miliaceum* L. var. *ruderale* Kit.），又称野糜子。禾本科杂草。多生于旱作物田间，以及果园、菜地、路边及休闲地。

生物学特性和发生规律：一年生草本植物。花果期为6～9月。种子繁殖，种子渐次成熟落地，经冬季休眠后萌发。

（三）马唐

马唐［*Digitaria sanguinalis*（L.）Scop.］，又称抓地草、鸡爪草、须草。禾本科杂草。在全国均有分布，以秦岭、淮河以北地区发生面积最大。旱地作物恶性杂草，发生数量、分布范围在旱地杂草中均居首位，以作物生长的前中期危害为主。

生物学特性和发生规律：一年生草本，苗期4～6月，花果期6～11月。种子繁殖，种子发芽的适宜温度为25～35℃，适宜的土层深度是1～6cm，1～3cm土层中的种子发芽率最高。种子随成熟随脱落，并可随风力、流水和动物活动传播扩散。

（四）虎尾草

虎尾草（*Chloris virgata* Swartz），又名棒槌草、刷子头、盘草。在全国各地均有分布，多群生，主要危害旱地作物，生于农田、路旁或荒地，以沙质地居多，果园苗圃受害较重。

生物学特性和发生规律：一年生草本。种子繁殖。华北地区4～5月出苗，花期6～7月，果期7～9月，借风力和黏附动物体传播。

（五）藜

藜（*Chenopodium album* L.），又名灰菜、灰条菜、落藜。为藜科植物。分布于全球温带、热带及中国各地，生长于海拔50～4 200m的地区。主要危害荞麦、小麦、棉花、花生、玉米、谷子、高粱、豆类、薯类等旱作物及果树，常形成单一群落。也是地老虎和棉铃虫的寄主。

生物学特性和发生规律：一年生草本。种子繁殖，种子发芽的最低温度是10℃，最适温度为20～30℃，适宜土层深度在4cm以内。适应性强，抗寒、耐旱，喜肥、喜光。在华北及东北地区3～5月出苗，6～10月开花结果，种子落地或借外力传播。每株可结种子2万多粒。

（六）猪毛菜

猪毛菜（*Salsola collina* Pall.），为藜科植物。分布于我国东北、华北、西北、西南及河南、山东、江苏、西藏等地区。朝鲜、蒙古、巴基斯坦、中亚细亚、前苏联东部及欧洲等国家和地区均有分布。

生物学特性和发生规律：一年生草本。种子繁殖。5月开始返青，7～8月开花，8～9月果熟。果熟后，植株干枯，于茎基部折断，随风滚动，从而散布种子。猪毛菜适应性、再生性及抗逆性均强，为耐旱、耐碱植物，有时成群丛生于田野路旁、沟边、荒地、沙丘或盐碱化沙质地，为常见的田间杂草。

（七）苣荬菜

苣荬菜（*Sonchus brachyotus* DC.），又称取荬菜、甜苣菜、甜芭英。属于菊科。全国各地均有分布。主要危害荞麦、小麦、燕麦、玉米、胡麻、蔬菜、马铃薯、果树等作物，常以优势种群单生或混生危害。

生物学特性和发生规律：多年生草本植物。以地下根茎繁殖为主，种子也可繁殖。以根茎或种子越冬。在我国中北部地区，4～5月出苗，6～10月为花果期，7月种子开始渐次成熟。根茎多分布在5～20cm的土层中，耕翻土地切断的根茎可以成新的植株。种子有冠毛，可随风传播。种子经越冬休眠后萌发。

（八）卷茎蓼

卷茎蓼（*Polygonum convolvulus* L.），又称荞麦蔓、野荞麦秧、旱辣蓼。为蓼科植物。分布于东北、华北地区及陕西、甘肃、新疆等地。主要危害小麦、大麦、大豆、苗圃等旱作物，是农田恶性杂草，常混生于各类作物中。该草出苗早、密度大、生长快，不仅消耗地力和遮光，而且缠绕作物，引起倒伏，影响机械收割。种子混入作物种子中，降低粮食的品质。

生物学特性和发生规律：一年生草本植物。种植繁殖，种子发芽最适温度15～20℃。种子出土深度在6cm以内，土壤深层未发芽的种子可存活多年。4～5月出苗，6～7月开花，8～9月成熟。一株卷茎蓼可结数百至数千粒种子，成熟的种子在全株枯死后才脱落，易混入作物种子中。种子通过机械、风力、灌溉水及混入收获物中传播。种子经越冬休眠后萌发。适生于田边、地头及沟渠旁。

（九）打碗花

打碗花（*Calystegia hederacea* Wall.），又称小旋花、喇叭花。属旋花科。全国各地均有分布，适生于湿润而肥沃的土壤，亦耐贫瘠干旱。主要危害荞麦、小麦、玉米、棉花、蔬菜、薯类、苗圃和果树等作物。发生普遍，常成片生长，形成优势种群或单一群落危害。打碗花消耗地力强，缠绕荞麦抑制生长，不仅影响产量，而且还妨碍机械收割。是小地老虎的寄主。

生物学特性和发生规律：多年生草本植物，以地下根茎和种子繁殖。田间以无性繁殖为主，地下茎质脆易断，每个带节的断体都能长出新的植株。根茎可伸展到 50cm 深的土壤中，绝大多数集中在 30cm 以内的耕作层中。华北地区 4～5 月出苗，花期 7～9 月，果期 8～10 月。单株可结数百至数千粒种子，种子成熟后不易脱落，因而易混入收获物中传播。夏秋季根茎产生新的越冬芽，冬前地上部枯死。

（十）田旋花

田旋花（*Convolvulus arvensis* L.），又称箭叶旋花、中国旋花。属旋花科。分布于东北、西北、华北地区及河南、山东、四川、江苏、西藏等地区。为常见主要杂草，主要危害荞麦、小麦、玉米、棉花、蔬菜、苗圃和果树等作物。是小地老虎和盲椿象的寄主。

生物学特性和发生规律：多年生草本植物。以根茎和种子繁殖，地下根状茎横走。在我国中、北部地区，根芽 3～4 月出苗，种子 4～5 月出苗，5～8 月陆续现蕾开花，6 月以后果实渐次成熟，9～10 月地上茎叶枯死。种子主要通过灌水及混杂于收获物中传播。

（十一）反枝苋

反枝苋（*Amaranthus retroflexus* L.），又称野苋菜、西风谷、人苋菜。属苋科。分布于华北、东北、西北、华东、华中及贵州和云南等地。主要危害棉花、花生、薯类、麦类、玉米、蔬菜、果树等。

生物学特性和发生规律：一年生草本植物。种子繁殖。华北地区早春萌发，4 月初出苗，4 月中旬至 5 月上旬出苗高峰期，7～8 月花期，8～9 月果期，种子渐次成熟落地，经越冬休眠后萌发。种子发芽的适宜温度为 15～30℃，适宜土层深度在 2cm 以内。

（十二）马齿苋

马齿苋（*Portulaca oleracea* L.），全国各地均有分布，肥沃的土地危害较重，为秋熟旱作物田的主要杂草。

生物学特性和发生规律：一年生草本植物。春夏季都有幼苗的发生，盛夏开花，夏末秋初果熟。果实种子量极大。

（十三）刺藜

刺藜（*Chenopodium aristatum* L.），属藜科。分布于东北、华北、西北及山东、河南、四川等地。多生于沙地农田，对蔬菜、果树等作物危害较重。

生物学特性和发生规律：一年生草本植物。种子繁殖，种子量极大。华北地区早春萌发，5 月中旬出苗，7～8 月花期，8～9 月果期，种子渐次成熟落地，经越冬休眠后萌发。

（十四）萹蓄

萹蓄（*Polygonum aviculare* L.），又称地蓼、扁竹、猪牙菜、踏不死。为蓼科植物。全国各地均有分布，以东北、华北地区发生较为普遍。主要危害麦类、棉花、蔬菜、苗圃和果树等旱地作物。

生物学特性和发生规律：一年生草本植物。种子繁殖，种子萌发最适温度 10～20℃，种子出土深度 4cm 以内。在我国中北部地区集中于 3～4 月出苗，6～9 月开花结果。种子成熟后即可脱落，借风、灌溉水及收获物传播。种子落地经越冬休眠后萌发。适生性强，酸性和碱性土壤均可生长。生于耕地、田边、地头、道路旁和沟渠旁。

（十五）红蓼

红蓼（*Polygonum orientale* Linn.），又名东方蓼。为蓼科植物。除西藏外，广泛分布于全国各地。生沟边湿地、村边路旁。主要危害荞麦、小麦、大豆、马铃薯、甜菜等作物。

生物学特性和发生规律：一年生草本。茎直立，多分枝，高1～3 m，密生长毛。叶互生，具长柄；叶片卵形或宽卵形，先端渐尖，基部圆形或浅心形，全缘，两面疏生长毛；托叶鞘筒状或杯状，下部膜质、褐色，上部草质、绿色。花穗红色，总状花序顶生或腋生，下垂。瘦果近圆形，扁平，两面微凹，先端具小柱状突起，黑褐色，有光泽。种子繁殖。喜温暖湿润的环境，喜光照充足，宜植于肥沃、湿润之地，也耐瘠薄，适应性强。花期6～9月，果期8～10月。

（十六）土大黄

土大黄（*Rumex madaio* Makino.），又名红筋大黄、金不换、血三七、化雪莲、鲜大青。属蓼科。分布于四川、贵州、江苏、福建、湖南、云南等地。

生物学特性和发生规律：多年生草本。根肥厚且大，黄色。茎粗壮直立，高约1m，绿紫色，有纵沟。叶长大，具长柄；托叶膜质；叶片卵形或卵状长椭圆形，长15～30cm，宽12～20cm，先端钝圆，基部心形、全缘，下面有小瘤状突起；茎叶互生，卵状披针形，至上部渐小，变为苞叶。圆锥花序，花小，紫绿色至绿色，两性，轮生而作疏总状排列。种子1粒。原生于野山坡边，喜湿润环境，耐寒也耐干旱。

（十七）风轮草

风轮草（*Clinopodium chinensis* O. Kze.），又名风轮菜、蜂窝草、落地梅花、九塔草、红九塔花、野凉粉草、苦刀草等。属唇形科。主要分布于贵州、云南等地。

生物学特性和发生规律：多年生草本，高20～60cm。茎四方形，多分枝，全体被柔毛。叶对生，卵形，长1～5cm，宽5～25cm，顶端尖或钝，基部楔形，边缘有锯齿。花密集成轮伞花序，腋生或顶生；苞片叶状，线形；花萼筒状，外被粗毛；花冠淡红或紫色，基部筒状，上唇2裂、半圆形，下唇3裂；雄蕊4；花柱伸出花冠外，2裂。小坚果，棕黄色。花期7～8月，果期9～10月。生于山野草坡、路旁。

二、荞麦田杂草防除技术

近年来，随着农业生产的发展和耕作制度的变化，荞麦田杂草的发生也出现了很多变化。农田水肥的不断提高，杂草滋生蔓延的速度也不断加快，生长量大。如山西右玉县，荞麦地大量的芦苇滋生；内蒙古武川县，大量的稗草滋生，严重影响了荞麦的生长。目前，不同地区、不同地块荞麦的栽培方式、管理水平和肥水差别比较大，在荞麦地杂草防治中应区别不同情况，选用不同的防治措施。

荞麦田除草遵循“预防为主，综合防除”的策略，运用生态学的观点，从生物、环境关系的整体出发，本着安全、有效、经济、简易的原则，因地因时制宜，合理运用农业、生物、化学、物理的方法，以及其他有效的生态手段，把杂草控制在不足以造成危害的水平，以实现优质高产和保护人畜健康的目标。

（一）农业措施防除

1. 轮作倒茬　通过与不同的作物轮作倒茬，可以改变杂草的适生环境，创造不利于杂草生长的条件，从而控制杂草的发生。

2. 合理耕作 采取深浅耕相结合的耕作方式，既控制了荞麦田杂草，又省工省时。播前浅耕10cm左右，可促使表层土中的杂草种子集中萌发整齐，化学除草效果好。在多年生杂草重发区，冬前深翻，使杂草地下根茎暴露在地表而被冻死或晒死。常年精耕细作的田块多年生杂草较少发生。

3. 施用充分腐熟的农家肥 农家堆肥中常混有许多杂草种子，因此，肥料必须经过高温腐熟，以杀死杂草种子，充分发挥肥效。

4. 加强田间管理 可在荞麦封垄前人工除草一次，以苗压草，充分发挥生态控制效应。

（二）化学除草剂

对荞麦田除草，目前主要采用机械或人工除草的方法，劳动强度大，成本高。有的地区也通过一些栽培管理措施，如荞麦封垄前进行促水、促肥，增强荞麦的生长势来抑制杂草的生长，降低杂草危害，但除草效果有限。化学除草以其省工、省时、防效高的优势，目前在很多作物上应用，但在荞麦上还少应用。化学除草分苗前和苗后两个阶段。

荞麦苗前除草，即在播种后出苗前使用除草剂，优点是可以将杂草防除于萌芽期和造成危害之前。由于早期控制了杂草，可以推迟或减少中耕次数；同时，播种出苗前，地中没有作物，施药较为方便，对于北方便于机械化操作；加之，荞麦尚未出土，可选择的苗前除草剂，对荞麦较为安全，除草剂成本也相对较低。缺点是除草剂使用剂量与防效受土壤质地、有机质含量、土壤pH影响；同时，施药后遇降水可能将某些除草剂淋溶到荞麦种子上而产生药害。苗前除草剂土壤处理，土壤必须保持湿润才能使除草剂发挥作用，在干旱的荞麦地苗前施药，除草效果相对较差。

荞麦苗期除草，即在荞麦苗2～3叶期喷施除草剂。优点是受土壤类型、土壤湿度的影响相对较小，根据杂草种类、密度施药，针对性较强。其缺点是：有很多除草剂选择性较强、杀草谱较窄；施药时对荞麦幼苗敏感或对周围作物易造成飘移；多数除草剂对荞麦幼苗易产生药害，特别是干旱少雨、空气湿度较小和杂草生长缓慢的情况下，除草效果较差。在苗后只能喷施针对禾本科杂草的除草剂，目前还没有苗期使用的针对阔叶草的除草剂。在荞麦实际栽培过程中，由于荞麦撒播或条播后，气候适宜，荞麦生长较快，其根系自身就能分泌抑制杂草生长的化学物质，因此，通常不建议使用苗期防除阔叶草的除草剂。

1. 苗前荞麦田使用的除草剂 禾耐斯（用量为1 200～1 500mL/hm^2）、速收（用量为75～150g/hm^2）是荞麦田苗前较好的除草剂，对阔叶杂草和禾本科杂草均有较高的防除效果，对阔叶杂草的防除率可达90%，对禾本科杂草的防除率可达95%以上，且对荞麦有较高的安全性。利谷隆、甲草胺、噻唑隆等除草剂也可用于荞麦田苗前除草，荞麦田苗前禁止使用田普、氟乐灵等除草剂。

（1）禾耐斯 又名乙草胺。90%禾耐斯（乳油）是迄今为止活动性最高的一种旱地土壤处理或播后苗前土表封闭的选择性除草剂，以其高效、低毒、安全、低成本成为世界上土壤处理除草剂的主要品种。可防除一年生禾本科杂草，如稗草、狗尾草、马唐、牛筋草、早熟禾、看麦娘、千金子、野黍、画眉草等；对荠菜、苋菜、藜、龙葵、马齿苋、鸭跖草、繁缕、菟丝子等也有很好的防效。在土壤中的持效期一般为8～10周，施用禾耐斯后再长出的杂草多是零星分布，同时因为被作物覆盖，不会酿成草害。

（2）速收　是一种接触褐变型苗前土壤处理除草剂，残留期短，对后茬作物非常安全。对一年生阔叶杂草和部分禾本科杂草，用低剂量即可表现出很高的防治效果。是一种杀草谱很广的土壤接触型除草剂，杂草发芽时，幼芽接触药剂处理层就会枯死。为了保证杀草效果，药剂喷洒后要注意不要破坏药土层。

2. 苗期荞麦田使用的除草剂　苗期荞麦地可以利用精禾草克和精稳杀得除荞麦田禾本科杂草，防效达95%以上，而且可以增加产量。荞麦苗期禁止使用的除草剂有一遍净、莠去津、豆轻闲、双草除、烟嘧磺隆、玉乐宝、百草枯、玉草克、使它隆、立清乳油、苯磺隆、2甲4氯等。

（1）精禾草克　又名精喹禾灵，是一种芳基苯氧基丙酸类选择性、内吸传导型除草剂。在禾本科杂草与双子叶作物之间有高度选择性，茎叶可在几小时内完成对药剂的吸收作用，在植株体内向上部和下部移动。一年生杂草受药后，2～3d新叶变黄，停止生长，4～7d茎叶呈坏死状，10d内整株枯死。多年生杂草受药后，药剂迅速向地下根茎组织传导，使之失去再生能力。精喹禾灵主要用于大豆、棉花、花生、甜菜、番茄、甘蓝、葡萄等作物田，防除稗草、马唐、牛筋草、看麦娘、狗尾草、野燕麦、狗牙根、芦苇、白茅等一年生和多年生禾本科杂草。属于低毒除草剂。

（2）精稳杀得　又称精吡氟禾草灵，是一种内吸传导型茎叶处理除草剂，是脂肪酸合成抑制剂，通过叶面迅速吸收，富集在多年生杂草的根茎和匍匐枝，以及一年生和多年生杂草的分裂组织。适用范围广，目前在大豆、花生、油菜、马铃薯等60多种作物上可安全使用。对禾本科杂草具有较强的选择性，对阔叶作物安全性高，可防除稗草、野燕麦、狗尾草、金狗尾草、牛筋草、看麦娘、千金子、画眉草、雀麦、大麦属、黑麦属、稷属、旱熟禾、狗牙根、双穗雀稗、假高粱、芦苇、野黍、白茅、匍匐冰草等一年生和多年生禾本科杂草。可防除出苗后不同生育期的杂草，是一种高效、低毒、低残留除草剂，对后茬作物安全。

（三）荞麦田除草剂使用注意事项

1. 对症下药　要做到对症下药，首先要弄清楚防除田块中杂草种类。如果田间禾本科杂草分布较多，可以使用精稳杀得和精禾草克等防除禾草的除草剂。还要了解除草剂的适用作物，不能误用，禁止使用对荞麦有毒害作用的除草剂。

2. 适量用药　用好除草剂的标准就是用最少的药量达到最好的防除杂草的效果和对环境影响最小，即高效、安全、经济。因此，使用除草剂时，必须按照使用说明，准确称量，均匀喷洒。用药量过多，不仅浪费药物，而且极易造成作物的伤害，虽防除了杂草，却达不到增产的目的。相反，若用药量不足，防除杂草的效果较差、不彻底，甚至最终造成草荒，同样也达不到增产的目的。

3. 适时用药　生长期叶面施药，必须选择在荞麦安全期（苗期）和杂草敏感期（1～3叶期），这时草龄小，抗药性弱，对作物安全性高。过早或偏晚施药都会降低药效，甚至会产生药害。

4. 了解环境　要用好除草剂，还必须注意环境因素，如光、温度、降雨和土壤性质等对药效的影响。因为杂草、除草剂和环境因素三者是相互制约的。

有些除草剂的药效和光照有关，在有强光的条件下易发生光解和挥发。

温度不仅影响杂草的发生和生长，而且还影响除草剂的药效。一般来说，温度高有利于除草剂药效的发挥，除草剂见效快。但是，30℃以上施药，也增加了出现药害的可能性，所以施药时必须根据具体情况而定。

不论是苗前土壤施药还是生长期茎叶喷雾，土壤湿度均是影响药效高低的重要因素。苗前施药若表土层湿度大，易形成严密的药土封杀层，且杂草种子发芽出土快，因此防效高。若生长期土壤潮湿，杂草生长旺盛，利于杂草对除草剂的吸收和在体内运转，因此药效发挥快，除草效果好。

土壤有机质和团粒结构状况对土壤处理类除草剂的除草效果影响较大。一般来说，有机质含量高的土壤颗粒细，对除草剂吸附量大，且土壤微生物量大、活动旺盛，易被降解，在推荐用药剂量下对作物安全，但是除草效果差，可适当增加用量。沙质土壤颗粒粗，有机质含量低，对药剂的吸附能力小，药剂分子活性强，容易发生药害，用药量可适当减少。多数除草剂在碱性土壤中保持稳定，不易降解，残效期长，容易对后茬作物产生药害，若碱性土壤施药，用药量可降低，并尽量提早施药期。

5. 合理混用 荞麦田除草，由于荞麦幼苗对多种除草剂敏感，为了降低药害，扩大除草范围，提高防除效果，可考虑除草剂的混用，尤其是苗前土壤喷雾使用的除草剂应是选用的重点。合理混用，可在降低用药量的同时，能扩大杀草谱，增加防效，将杂草消灭在萌芽和幼苗期，降低药害。

6. 正确使用 施药时要均匀稀释除草剂，最好用二次稀释法，先配成母液，再稀释成药液。喷施要均匀，做到不重喷、不漏喷，达到着药均匀一致。要在无风或微风时喷洒除草剂，以免药液漂移到相邻地块而引起其他作物的药害。喷药结束后，应注意把喷雾器洗干净，以免引起不良后果。施药后45d内不宜中耕松土，也不宜漫水灌溉，以保护药膜层，提高药效。除草剂要随配随用，不可久放，以免降低药效。使用过的喷雾器要冲洗干净，最好是专用，以免伤害其他作物。

主要参考文献

常庆涛，谢吉先．2008. 优质小杂粮［M］．南京：江苏科学技术出版社．

陈世服，王书永．1986，丝跳虫甲的中国种类［J］．动物分类学报，1986，11（3）：283-290.

崔东亮．2001. 禾耐斯与速收对荞麦的安全性和药效研究［D］．太谷：山西农业大学．

郭荣华．1999. 石万成．荞麦甜菜蚜的发生与危害研究［J］．西南农业大学学报，21（1）：52-54.

李隆术，李云瑞．1988. 蜱螨学［M］．重庆：重庆出版社．

李琼，杨子祥，李瑞涛，等．2011. 昭通市荞麦白霉病的病原鉴定和生物学特性研究［J］．云南农业大学学报，26（2）：168-172.

刘康成．1997. 吉安荞麦害虫种类及防治［J］．江西植保，20（4）：21.

刘生瑞，陈兰珍．1995. 荞麦波纹蛾的发生与防治［J］．昆虫知识，32（6）：329-330.

马永年．2007. 荞麦钩翅蛾在环县的发生与防治［J］．甘肃农业科技（7）：57-59.

孟有儒，李万苍，李文明．2004. 荞麦褐斑病菌及其生物学特性［J］．植物保护，30（6）：87-88.

曲文祥，白翠云．1990. 旱地荞麦栽培要点［J］．内蒙古农业科技（4）：7-8.

王枝荣．1990. 中国农田杂草原色图谱［M］．北京：农业出版社．

魏景超 . 1979. 真菌鉴定手册［M］. 上海：上海科学技术出版社 .

西北农学院 . 1985. 陕西省经济昆虫图志 . 鞘翅目［M］. 西安：陕西科学技术出版社 .

谢成君，刘普明，杨东宏 . 2010. 宁南山区荞麦钩翅蛾发生程度预报研究［J］. 植物保护，36（2）：127-129.

徐冉，续荣治，王彩洁，等 . 2002. 用荞麦秸秆粉防除杂草的初步研究［J］. 植物保护 28（5）：24-26.

续荣治，三浦元康，神尚子，等 . 1999. 植物杂草防治关键基础研究：第 1 报　杂草发芽及影响［J］. 日本作物学会九支报（65）：39-40.

杨辉，李绥峰，张巍 . 2001. 小杂粮主要病虫害发生规律及防治对策［J］. 现代园艺，5：49-50.

杨经董，郭荣华 . 2000. 凉山州荞麦病虫害及天敌名录初报［J］. 西昌农业高等专科学校学报，14（4）：4-6.

杨星科 . 1996. 中国经济昆虫志（二）［M］. 北京：科学出版社 .

张慧红，黄晓磊，姜立云，等 . 2010. 甜菜蚜(半翅目，蚜科）的种下分化——基于形态与分子数据[J]. 动物分类学报，35（3）：537-545.

中国科学院动物研究所 . 1978. 天敌昆虫图册［M］. 北京：科学出版社 .

中国科学院动物研究所 1983. 中国蛾类图鉴［M］. 北京：科学出版社 .

周传全，冯维卓，徐学芹 . 1992. 荞麦黑翅叶蜂的初步研究［J］. 植物保护，18（5）：21-22.

朱弘复，1973. 蛾类图册［M］. 北京：科学出版社 .

Anna Golisz，Barbara Lata，Stanislaw W. et al. 2007. Specific and total activities of the allelochemicals identified in buckwheat［J］. Weed Biology and Management，7：164-171.

Heie O E. 1983. The Aphidoidea（Hemipeera）of Fennoscandia and Denmavk［M］. Scandinavian. Sciente press led leidencopenhagen.

Hohrjakova M K. 1969. Ukazatel vozbuditelei boleznei selskokhozjaistvenih rastenii［J］. Leningrad，46-48.

Lea Milevoj. 1989. Buckwheat diseases［J］. Fagopyrum，9：31-40.

Mondal K K，Bhar L，Rana S S. 2005. Disease response of tartary buckwheat genotypes as influenced by different fertilizer levels［J］. Fagopyrum，22：89-93.

Mondal K K，P Sood，S S Rana. 2003. Occurrence of *Sclerotinia sclerotiorum* on buckwheat（*Fagopyrum esculentum*）seedlings in Himachal Pradesh［J］. Plant Dis. Res.，18（2）：199.

Mondal K K，S S Rana，P Sood. 2002a. Sclerotinia root rot：a new threat to buckwheat seedlings in India. Plant Dis.，86：1404.

Mondal K K，S S Rana，P Sood et al. 2002b. *Cercospora fagopyri* on buckwheat：a note from India[J]. Fagopyrum，19：109-110.

Mondal K K，S S Rana，P Sood. 2003b. Powdery mildew of buckwheat（*Fagopyrum esculentum*）in Himachal Pradesh［J］. Plant Dis. Res.，18（2）：200.

R C Zimmer. 1984. Incidence and severity of downy mildew of buckwheat in Manitoba in 1979 and 1980[J]. Canadian Plant Disease Survey，64：25.

Stroyan H L G. 1984. Sphids-pterocommatinae and Aphidinae（Aghidini）［J］. Homoptera. Aphididae Royal Entomological Society of Condon，74：177-179.

Sung Kook Kim，Deug Yeong Song，Hyeon Gui Moon，et al. 2001. Effects of chemical control on annual weeds in buckwheat［J］. The proceeding of the 8'h ISB：168-171.

Tohru Tominaga，Takako Uezu. 1995. Weed Suppression by Buckwheat［J］. Current Advances in Buckwheat Research，693-697.

第九章

荞 麦 品 质

荞麦的生育期很短，耐干旱、耐贫瘠土壤，在干旱等导致其他作物无法播种时，不得已种植荞麦的情况非常多见，因此在许多地区荞麦是重要的度饥荒作物。尽管在非荞麦主产区，我国的人均荞麦消费量还非常低，但在欧洲及日本、俄罗斯、韩国等国家和地区，荞麦却是非常重要的健康食品，受到广大消费者的追捧。2011 年由于气候等原因，俄罗斯荞麦歉收，不但市场上荞麦价格猛涨，而且由于居民囤积居奇，致使荞麦供应出现严重不足，俄罗斯政府除了临时取消荞麦进口的全部关税以促进进口外，甚至不得不宣布对荞麦供应采用配额制，同时从中国等国家进口大量荞麦以确保市场的基本供应。

在朝鲜和韩国，荞麦面是朝鲜冷面的基本原料之一，也是朝鲜百姓不可或缺的基本食材之一。

在日本，每年的新年，家庭团圆后的除夕夜，一定要吃一顿荞麦面条。一方面，日本人认为，面条细长，吃面条意味着来年的生活绵长久远、富足。荞麦在日文里的发音是SOBA，与一家团圆（家庭成员都在旁边）相同，有合家团圆的意思。另一方面，在过去，日本人有用荞麦壳灰当洗涤剂用的习惯，吃荞麦面就有用荞麦灰来除去一年的污垢的意思了。所以，直到今天，荞麦面都是销售最火爆的新年食品之一。

荞麦面条外观上色泽较深，口感上较粗糙，与现代社会对食物追求白而精的观念有一定差异。然而，除了文化、习惯等因素的影响外，消费者依然钟情荞麦，主要是因为荞麦具有其他谷物或者食物无法比拟的营养成分与功能成分。现代社会，随着高血糖、高血脂、高血压、肥胖等生活习惯病的快速增加和蔓延，荞麦食品的普及和推广具有重要的现实意义。

因此，在讲述荞麦品质时，除了应关注消费者熟知的蛋白质、脂肪、淀粉等营养成分外，应更多地关注荞麦及荞麦食品的健康与功能成分含量与作用。

第一节　荞麦的营养成分

一、淀粉

荞麦的淀粉含量较高，主要存在于胚乳细胞中，一般为 60%～70%（杜双奎等，2003）。

荞麦中淀粉含量随地区和品种不同而有所差异。四川的甜荞、苦荞种子的淀粉含量均在 60%以下，而陕西的则略高，甜荞为 67.9%～73.5%，苦荞为 63.6%～72.5%（宋金翠，2004）。据报道，中国荞麦品种的直链淀粉含量为 21.5%～25.3%。钱建亚等分析了5 个荞麦品种的淀粉含量，发现直链淀粉为 21.3%～26.4%，与大多数谷物淀粉相似（郑君君，2009)。张国权等（2009）测定陕西主要推广甜荞品种榆荞1号、榆荞2号、日本秋播荞麦以及甘肃红花荞麦，发现甜荞直链淀粉含量在品种和产地间存在一定差异，4个荞麦品种的直链淀粉含量为25.8%～32.7%，支链淀粉含量为67.3 %～74.2% 。苦荞品种间淀粉组成也存在明显差异，测定的苦荞的直链淀粉含量为28.5%～33.4%，并高于同一报道中的玉米淀粉中的直链淀粉含量（26.4%）（刘航等，2012)。

荞麦淀粉颗粒为多角形或球形，多角形颗粒所占比例较高。总体来看，甜荞淀粉的颗粒较小且差异不大，粒径为1.4～14.5μm（张国权等，2009)。郑君君等（2009）分析了中国较有代表性的5个甜荞和4个苦荞品种淀粉颗粒特性后发现，荞麦淀粉多呈多边形，有少量球形和椭圆形，且球形和椭圆形的淀粉颗粒粒度多小于多边形，其中苦荞的球形和椭圆形淀粉更少。但甜荞和苦荞淀粉颗粒的粒度大小没有明显差异，均在2～14μm，平均为6.5μm。甜荞和苦荞淀粉表面都存在一些缺陷，主要表现为一些很小的空洞（直径一般在0.1μm左右)。一些大的淀粉颗粒表面的中心还存在内凹现象。

图9-1为荞麦淀粉扫描电镜图（郑君君，2009；刘航等，2012)。

对荞麦淀粉特性的研究表明，荞麦淀粉黏度远高于其他谷类淀粉，而和根茎类淀粉相

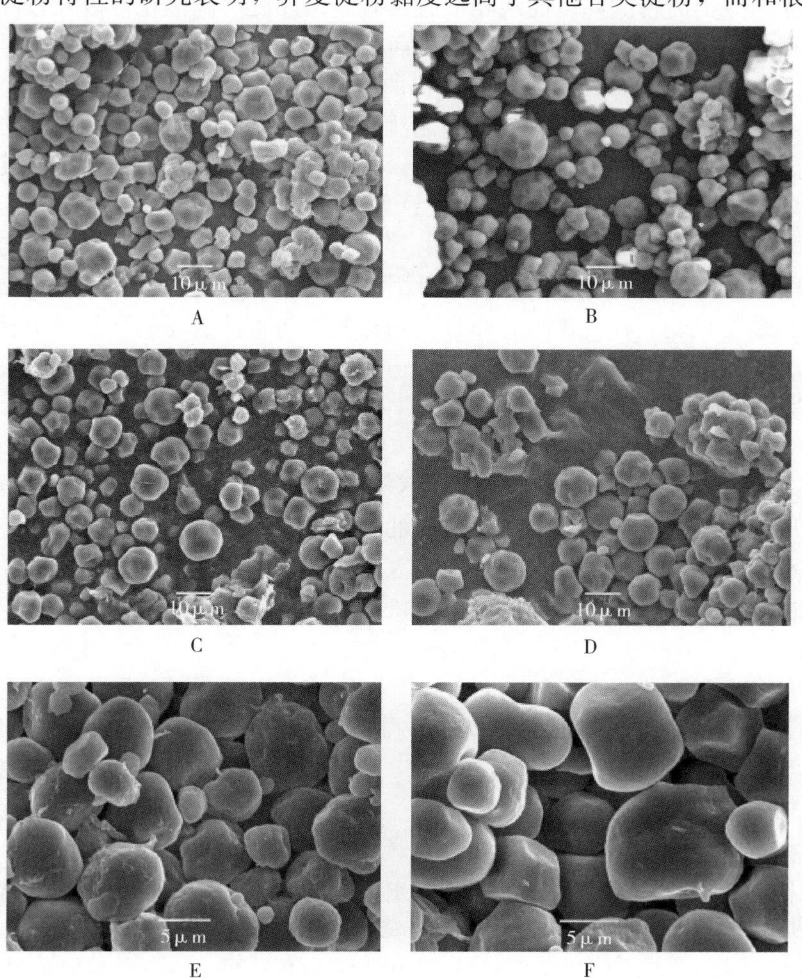

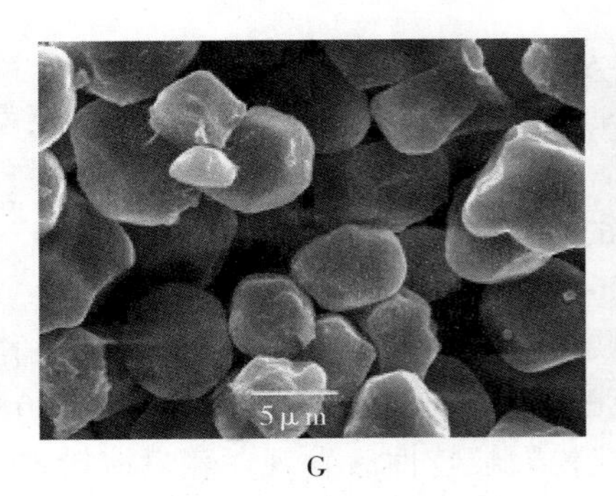

G

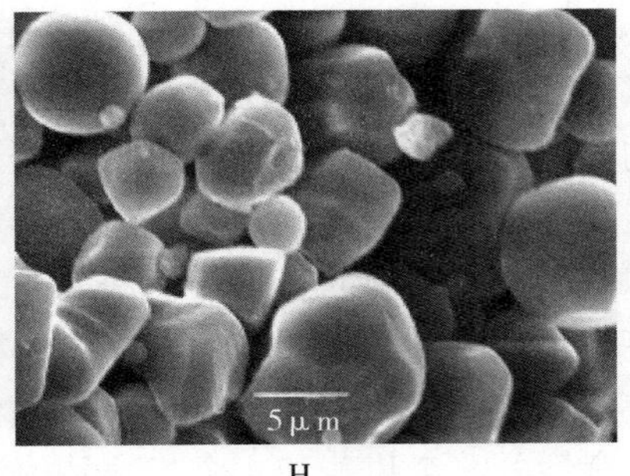

H

图 9-1 不同品种荞麦淀粉扫描电镜观察

A. 西农 9909 苦荞（×1 200） B. 西农 9920 苦荞（×1 200） C. 西农 9940 苦荞（×1 200）

D. 川荞 1 号（×1 200） E. 内蒙古大粒甜荞（×3 500） F. 定边红花甜荞（×4 000）

G. 内蒙古小粒甜荞（×4 000） H. 贵州红花甜荞（×4 000）

（郑君君，2009；刘航等，2012）

近。荞麦淀粉与豆类淀粉的黏度曲线相似且具有高结晶度、高消化性以及较高的持水能力（杜双奎等，2003）。周小理等（2004）以山西黑丰 1 号苦荞和陕西兴甜荞 1 号为材料，研究荞麦淀粉的糊化特性，发现荞麦淀粉糊化曲线与小麦相似，苦荞淀粉在 80℃有最高溶解度（3.6%），甜荞淀粉则在 60℃有最高溶解度（4.7%）。苦荞淀粉膨胀过程与绿豆相似，为典型的二段膨胀，属限制型膨胀淀粉。而甜荞淀粉的膨胀曲线与小麦淀粉相似。荞麦淀粉的冻融折水率高于小麦和绿豆但低于大米；荞麦淀粉与对照物的透光率高低顺序为：苦荞<大米<甜荞<绿豆<小麦。刘航等（2012）研究显示，苦荞淀粉与玉米淀粉的 X 射线衍射图的特征峰所对应的衍射角和凝沉趋势基本一致，但具有较高的黏度。荞麦淀粉的透光率和黏度也受品种的影响，而且淀粉透光率与直链淀粉的含量呈负相关。

二、蛋白质

荞麦蛋白质含量为 8.51%～18.87%（Krkošková et al.，2005）。根据中国医学科学院卫生研究所对我国主要粮食营养成分分析的结果，荞麦的蛋白质含量普遍高于常见的谷物如大米、小米、小麦、高粱、玉米面粉等（惠丽娟，2008）。

荞麦蛋白富含清蛋白和球蛋白（含量占比达 80%），也含有少量醇溶蛋白和谷蛋白（Krkošková et al.，2005）。Tahir 和 Farooq 发现荞麦中（清蛋白＋球蛋白）∶醇溶蛋白∶谷蛋白∶其余蛋白之比为 38～44∶2～5∶21～29∶28～37。荞麦蛋白质的组分同小麦粉差异较大，其中水溶性清蛋白的含量较高，达 31.8%～42.3%；谷蛋白含量次之，达 25.4%～26.1%；醇溶蛋白含量最低，为 1.7%～2.3%（杜双奎等，2004）。荞麦虽然被认为是假禾谷类作物，但高含量的清蛋白、球蛋白，低含量的醇溶蛋白、谷蛋白表明，荞麦蛋白更接近于豆类植物蛋白（杜双奎等，2004）。

与其他谷物相比，荞麦蛋白质的氨基酸组成更加均衡，配比合理，符合或超过联合国粮农组织和世界卫生组织对食物蛋白质中必需氨基酸含量规定的指标。对氨基酸的化学评分甜荞为 63，苦荞为 55，金荞麦为 86，都明显高于小麦 38，大米 49 和玉米 40（杜双奎等，2004）。荞麦和大宗粮食作物的8种必需氨基酸含量见表9-1（张美莉等，2004）。荞麦蛋白质富含赖氨酸和精氨酸，而赖氨酸恰恰是其他谷类蛋白的第一限制性氨基酸。苏氨酸和甲硫氨酸分别是荞麦蛋白的第一和第二限制性氨基酸，但这两种氨基酸在其他谷类蛋白中的含量却相当丰富（Krkošková et al.，2005）。这样使得荞麦蛋白与其他谷类蛋白之间有很强的互补性，搭配食用可改善氨基酸平衡，进而提高蛋白质的生物价。

研究证实荞麦蛋白还具有重要的生理功效。荞麦蛋白提取物对机体内的脂质过氧化物有一定的清除作用（田秀红，2009）。还有一些研究表明，荞麦蛋白质能增加胆汁排泄，减少结石形成（Kato et al.，2000）。荞麦蛋白通过减少癌细胞增殖达到抑制结肠癌的发病率，但对抑制结肠腺瘤的发病率无显著作用（Liu et al.，2001）。荞麦蛋白通过降低动物血清中雌二醇含量，降低了乳腺癌的发病率（Kayashita et al.，1999）。郭晓娜等（2011）研究了苦荞蛋白对Bcap37乳腺癌细胞的抑制作用机理，发现苦荞蛋白通过上调抑癌基因蛋白Fas的表达，下调癌基因蛋白bcl-2的表达减缓了Bcap37细胞的增殖，并且这种抑制作用存在时间和剂量效应。

表9-1　荞麦和大宗粮食8种必需氨基酸含量（%）比较

（张美莉等，2004）

项目	甜荞种子	苦荞种子	小麦	大米	玉米
苏氨酸	0.274	0.417	0.328	0.288	0.347
缬氨酸	0.381	0.549	0.454	0.403	0.444
蛋氨酸	0.150	0.183	0.151	0.141	0.161
亮氨酸	0.475	0.757	0.763	0.662	1.128
赖氨酸	0.421	0.688	0.262	0.277	0.251
色氨酸	0.109	0.188	0.122	0.119	0.053
异亮氨酸	0.274	0.454	0.384	0.245	0.402
苯丙氨酸	0.386	0.543	0.487	0.343	0.395

三、脂肪及类脂

荞麦脂肪含量在1%～3%，和其他大宗粮食相近。王敏等（2004a、2004b）测定了西荞1号（苦荞）、榆荞2号（甜荞）荞麦粉和特一级小麦粉的粗脂肪干基含量，结果为：苦荞粉含量2.59%，甜荞粉2.47%，小麦粉2.13%。荞麦脂肪的组成较好，含9种脂肪酸，不饱和脂肪酸含量丰富，其中油酸和亚油酸含量最多，占总脂肪酸的80%左右。苦荞的不饱和脂肪酸含量占脂肪含量的83.2%，甜荞则占81.8%，而且甜荞油脂中还含有亚麻酸（表9-2）。对两种荞麦油脂不皂化物的分析发现，两种荞麦油均以甾醇的含量最高，苦荞油脂分离主要得到甾醇类、三萜醇类和烃类化合物，甜荞油脂则主要含甾醇类和烃类化合物（表9-3）。马春芳等人对川荞1号苦荞麸皮中的脂肪含量及组成的测定分析表明，其同样含有9种脂肪酸，其中不饱和脂肪酸含量可达80.05%。而不饱和脂肪酸中含有油酸39.91%，亚油酸35.80%（Artemis et al.，1999）。

王红育等（2004）研究表明，荞麦中脂肪酸含量因产地而异。一般而言，北方荞麦的油酸、亚油酸含量高达80%以上，而西南地区如四川荞麦含油酸、亚油酸为70.8%～76.3%。

荞麦所含丰富的不饱和脂肪酸，有助于降低体内血清胆固醇和抑制动脉血栓的形成，对动脉硬化和心肌梗塞等心血管疾病有很好的预防作用。原因是油酸具有降低血清胆固醇水平的作用（Baggio et al.，1988），并能提高超氧化物歧化酶活性（SOD）（Artemis et al.，1999）。另外，荞麦中丰富的亚油酸在体内通过加长碳链可合成花生四烯酸（王红育等，2004），后者不仅能软化血管，稳定血压，降低血清胆固醇和提高高密度脂蛋白含量，而且是合成人体生理调节作用必需的前列腺素和脑神经组分的重要成分之一（王敏等，2004b）。

苦荞胚油提取物被证实对实验性高脂血症大鼠具有降脂和抗氧化作用（王敏等，2006）。研究发现，与高脂模型组相比，苦荞胚油可显著降低血清及肝脏中的甘油三酯、总胆固醇的水平，并随剂量上升效果增强。在相同剂量下，对总甘油三酯的降低作用强于总胆固醇。另外，结果还显示苦荞胚油提取物可有效地抑制肝脏中脂质过氧化物丙二醛的生成，其抑制作用可能与其高含量的油酸和亚油酸有关。

表9-2　两种荞麦油的含量及脂肪酸的组成和含量

（王敏等，2004a）

类别		苦荞	甜荞
油脂含量（%）		2.59	2.47
脂肪酸组成与含量（%）	棕榈酸	14.6	16.6
	硬脂酸	2.2	1.6
	油酸	47.1	35.8
	亚油酸	36.1	40.2
	亚麻酸	微*	5.8
	花生酸	微*	微*
	二十碳烯酸	微*	微*
	山嵛酸	微*	微*
	芥酸	微*	微*

注：*表示含量在0.1%以下。

表9-3　两种荞麦油不皂化物的组成和含量（%）

（王敏等，2004b）

	不皂化物总含量	烃**	三萜醇**	甾醇**	其他**
苦荞油	6.56	16.13	10.77	57.75	15.35
甜荞油	21.9	14.08	微*	60.3	25.62

注：**：占不皂化物总量的百分率（%），*：含量低于1%。

四、矿物质元素

荞麦的矿物质含量十分丰富，钾、镁、铜、铬、锌、钙、锰、铁等含量都大大高于禾谷类作物，还含有硼、碘、钴、硒等微量元素。荞麦和大宗粮食的矿物元素含量见表9-4（张美莉等，2004）。矿物质元素的含量受栽培品种、种植地区的影响，如四川有些甜荞含钙量高达0.63%，苦荞0.742%，是大米的80倍，可以作为天然钙质的良好来源。（王红育等，2004）。

荞麦中镁的含量很高，一般是小麦和大米的3～4倍，镁能抑制肿瘤的发展，帮助血管舒张，维持心肌正常功能，加强肠道蠕动，增加胆汁，促进机体排除废物（贾玮玮等，2009），减少血液中胆固醇的含量，降低动脉硬化、心肌梗塞、高血压等心血管疾病的发病率（王红育等，2004）。此外，荞麦中铁的含量是小麦粉的3倍以上，锌1.5倍以上，锰1.4倍以上，硅5倍以上，可见荞麦食品对某些矿物质缺乏地区儿童的生长发育具有良好的预防和治疗作用。

值得一提的是，苦荞中含有其他谷类作物缺乏的天然有机硒。硒是世界卫生组织确定的人体必需的微量元素，而且是该组织目前唯一认定的防癌抗癌元素，对大肠癌、肺癌及前列腺癌都有抑制作用（田秀红等，2008）。硒在人体内可形成“金属—硒—蛋白复合物”，有助于排解人体中的有毒元素，调节机体免疫功能（宋金翠等，2004）。还有报道指出，苦荞中含有丰富的三价铬，铬在体内构成的“葡萄糖耐量因子（GTF）”可增强胰岛素功能以改善葡萄糖耐量（宋金翠等，2004）。

五、维生素

荞麦中含有较丰富的维生素，如维生素B_1、维生素B_2、维生素E等，尤其含有其他谷物中所没有的维生素P。荞麦和大宗粮食的维生素含量比较见表9-4（张美莉等，2004）。荞麦籽粒的不同部位、不同制粉方式所制成的荞麦粉维生素含量差异较大。一般来说，外层粉的维生素含量高，心粉的维生素含量较低（魏益民，1995）。

维生素B_1能增进消化机能，抗神经炎和预防脚气病；维生素B_2能促进人体生长发育，是预防口角、唇舌炎症的重要成分；维生素B_3有降低人体血脂和胆固醇、降低微血管脆性和渗透性作用，是治疗高血压、心血管病，防止脑溢血，维持眼循环，保护和增进视力的重要辅助药物。

维生素E能消除脂肪及脂肪酸自动氧化过程中产生的自由基，使细胞膜和细胞免受过氧化物的氧化破坏，与硒共同维持细胞膜的完整，维持骨骼肌、心肌、平滑肌和心血管系统正常功能。其中，荞麦维生素E中γ-生育酚含量最多，其抗氧化能力强，对动脉硬化、心脏病、肝脏病等老年病有预防和治疗效果，对过氧化脂质所引起的疾病有一定疗效。

维生素P即芦丁，是荞麦中主要的黄酮类化合物。荞麦是含有芦丁的很少几种食物之一，特别是苦荞中的芦丁含量极高。芦丁具有多方面的生理功能，如提高毛细血管的通透性，维护微血管循环，加强维生素C的代谢作用并促进其在体内蓄积，因此芦丁常用于治疗毛细血管变性引起的出血症或作为高血压的辅助药物（王红育等，2004）。

表 9-4　荞麦和大宗粮食的营养成分比较
（张美莉等，2004）

项目	甜荞	苦荞	小麦粉	大米	玉米
钾（K,%）	0.29	0.40	0.20	1.72	0.27
钠（Na,%）	0.032	0.033	0.002	0.002	0.002
钙（Ca,%）	0.038	0.016	0.038	0.009	0.022
镁（Mg,%）	0.140	0.220	0.051	0.063	0.060
铁（Fe,%）	0.014	0.086	0.004	0.024	0.002
铜（Cu，μg/kg）	4.00	4.59	4.00	2.20	—
锰（Mn，μg/kg）	10.30	11.70	—	—	—
锌（Zn，μg/kg）	17.00	18.50	22.80	17.20	—
硒（Se，μg/kg）	0.43	—	—	—	—
维生素 B_1（mg/g）	0.08	0.18	0.46	0.11	0.31
维生素 B_2（mg/g）	0.12	0.50	0.06	0.02	0.10
维生素 PP（mg/g）	2.70	2.55	2.50	1.40	2.00
维生素 P（%）	0.10～0.21	3.05	0	0	0
叶绿素（%）	1.30	0.42	0	0	0

六、膳食纤维

膳食纤维被称作“第七营养素”，具有降血糖和血清胆固醇的作用。荞麦中膳食纤维含量丰富，籽粒中的膳食纤维含量为3.4%～5.2%（尹礼国等，2002）。苦荞粉膳食纤维含量约1.62 %，比玉米粉高8%，分别是小麦和大米的1.7倍和3.5倍（张美莉等，2004）。荞麦种子的总膳食纤维中，20%～30 %是可溶性膳食纤维。

许多研究也表明了荞麦膳食纤维的保健功效。荞麦纤维具有降低血脂的功效，特别是对血清总胆固醇以及低密度脂蛋白胆固醇的含量有明显的降低作用（王荣成，2005）。研究证明，荞麦中富含的膳食纤维也能发挥一定的抗肿瘤作用。大量膳食纤维能刺激肠的蠕动，加速排泄，减少肠道内致癌物质的浓度，从而降低结肠癌和直肠癌的发病率（贾玮玮等，2009）。另外，荞麦纤维还有降血糖和改善糖耐量的作用（王荣成，2005）。在饮食中的矿物质元素和蛋白质充足的情况下，较多的摄入膳食纤维有益无害（Krkošková et al.，2005）。

第二节　荞麦食品营养品质评价

荞麦因其特殊的营养价值，被广泛应用于食品加工中，并被加工成各种各样的食品，包括面条、面包、饼干、馒头等面制食品。这里重点介绍这几种荞麦食品的营养品质。

一、荞麦面条的营养与品质

（一）纯荞麦面条（荞麦饸饹）的原料、营养与品质

荞麦面条在许多地区又称为荞麦饸饹。荞麦饸饹是荞麦产区居民传统的主要面食之

一，它是采用100%的荞麦面通过挤压的方式制成的一种荞麦面条，以独特的风味口感和营养保健功效而深受消费者的欢迎。马雨洁等对8个荞麦品种（包括5个甜荞、3个苦荞，表9-5）的原料成分进行了分析，并对制成的荞麦面条的煮制及食用品质进行了研究（2012）。

表9-5　原料品种及产地

原料品种	品种来源	品种类型
榆荞4号	榆林培育品种	甜荞
西农9978	西北农林科技大学培育品种	甜荞
西农9976	西北农林科技大学培育品种	甜荞
温莎	加拿大引进品种	甜荞
定边红花	榆林传统品种	甜荞
西农9940	西北农林科技大学培育品种	苦荞
西农9920	西北农林科技大学培育品种	苦荞
西农9909	西北农林科技大学培育品种	苦荞

1. 八种荞麦面粉的淀粉含量及组成　荞麦粉中直链淀粉及支链淀粉含量采用双波长法测定，总淀粉含量为直链和支链淀粉含量之和。

八种荞麦粉直链淀粉、支链淀粉及总淀粉含量如表9-6所示。八种荞麦粉的直链淀粉含量为23.18%～27.19%。榆荞4号、西农9978及温莎的直链淀粉含量最高，西农9976最低，三种苦荞粉中的直链淀粉含量则没有显著性差异（$P>0.05$）。荞麦支链淀粉含量也表现出显著的品种差异性，榆荞4号及西农9978的支链淀粉含量最低，西农9909的支链淀粉含量最高，接近前两者的两倍。西农9909的总淀粉含量为79.17%，在八种荞麦粉中最高；西农9976及定边红花次之，分别为63.81%和60.21%；其余五种荞麦的总淀粉含量则在55%左右，无明显差异（$P>0.05$）。由于这八种荞麦均采收于陕西，因此淀粉含量和组成的不同主要是由品种差异造成的。

表9-6　荞麦粉的淀粉含量及组成

品种	榆荞4号	西农9978	西农9976	温莎	定边红花	西农9940	西农9920	西农9909
直链淀粉含量（%）	27.19±0.16 a	25.42±0.80 abc	23.08±0.94 e	25.93±0.12 ab	23.96±0.34 cde	24.67±0.02 bcde	23.18±0.51 de	24.95±0.12b cd
支链淀粉含量（%）	28.04±1.08 c	28.01±3.25 c	40.73±3.52 b	28.59±0.26 c	36.25±1.90 bc	31.12±0.63 c	31.62±2.42 bc	54.23±4.14 a
总淀粉含量（%）	55.23±1.24 bc	53.43±2.45 c	63.81±4.47 b	54.52±0.13 bc	60.21±2.24 bc	55.79±0.61b c	54.81±2.94 bc	79.17±4.27 a

注：每组数据用 $\overline{x}\pm S$（$n=3$）表示；a、b、c、d等字母在同一测试指标中，相同表示差异不显著，不同则表示差异显著（$P<0.05$）；下同。

2. 荞麦饸饹的制备　荞麦粉、水及食盐按10∶6∶0.1的比例混合制成面团，在室温下静置10min后，使用饸饹压面机（直径 $d=2$ mm）挤压制成荞麦面条。将面条煮至内部硬心刚刚消失时捞出，立即用冷水冷却。

3. 荞麦面条煮制品质

(1) 煮制损失　称取约10cm长的样品10g，精确至0.1g，放入盛有200mL沸水的烧杯中，用电炉加热，保持水的微沸状态，煮至最佳煮制时间，挑出面条，将面汤放至常温后，转入250mL容量瓶定容混匀，从中吸20mL面汤至铝盒，低温烘干后，于105℃烘箱内烘至恒重，计算煮制损失，重复测定3次。煮制损失按干物质占生面条的质量百分数表示。

(2) 吸水率　按测定煮制损失的方法，挑出煮熟的面条，用冷蒸馏水冷却，吸干表面水分，对熟面条称重，精确至0.1。面条吸水率＝（熟面条质量－生面条质量）/生面条质量×100%。

荞麦面条煮制损失及吸水率见表9-7。煮制损失表征的是面条在煮制过程中维持自身结构的能力，与面条在煮制过程中受到破坏的程度有关。虽然荞麦粉中面筋蛋白含量极低，无法形成网络结构，但荞麦面条相对于小麦面条煮制时间短，仅为3min左右，并且荞麦淀粉的溶解性较低，因而其煮制损失并不高。榆荞4号的煮制损失最高，达到6.23%；3个苦荞品种制成的面条煮制损失无显著差异（$P>0.05$），均在5%以下。

吸水率是反映面条水合作用程度的指标，对面条的口感有影响。八种荞麦面条吸水率为45.45%～65.48%，其中西农9909的吸水率显著高于其他七种荞麦面条（$P<0.05$），西农9976次之，而苦荞面条与甜荞面条之间没有明显区分。

表9-7　荞麦面条煮制品质测定结果

品种	榆荞4号	西农9978	西农9976	温莎	定边红花	西农9940	西农9920	西农9909
煮制损失（%）	6.23±0.01 a	4.07±0.38 bc	3.82±0.09 c	5.14±0.19 ab	3.65±0.19 c	4.26±0.70 bc	4.01±0.01 bc	4.59±0.44 bc
吸水率（%）	47.26±0.57 d	49.59±2.10 cd	56.71±0.65 b	45.45±2.82 d	48.89±1.61 cd	48.78±1.66 cd	54.26±1.94 bc	65.48±2.34 a

4. 荞麦面条质构评价　荞麦面条的拉伸及黏性采用TAXTPLUS/50型质构仪测定。

(1) 拉伸试验　将1根饸饹样品放在操作台上，让探头拉伸饸饹，直到饸饹被拉断为止。试验用质构仪探头：A/KIE；参数设定：测定速度为3.3 mm/s，拉伸长度为30.00 mm。

(2) 黏性试验　将5根饸饹样品放在操作台上，操作质构仪进行测定。试验用质构仪探头：HDP/ PFS；参数设定：测定速度为0.5 mm/ s，压力为1 000g，下压时间为2s。

荞麦面条的黏性显著受品种影响（$P<0.05$）（图9-2）。苦荞面条黏性明显大于各甜荞面条，其中西农9909对应的黏性值最高，高出甜荞3～6倍。甜荞中西农9978及西农9976两者黏性较大，其余三种面条间无明显差异（$P>0.05$）。荞麦面条拉伸力的比较结果显示，西农9976及西农9978拉伸性最佳，而五种甜荞面条的拉伸力均显著高于苦荞面条（$P<0.05$）。

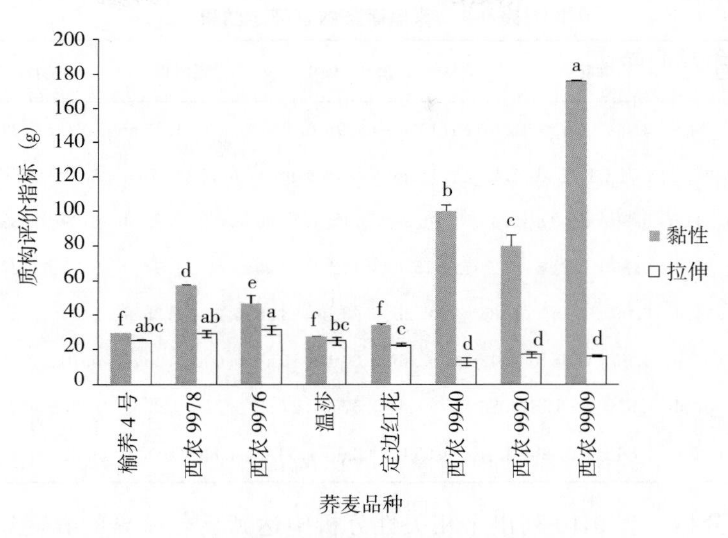

图 9-2　荞麦面条质构评价结果

5. 荞麦面条感官评价　荞麦面条感官评价试验选取 7 人组成感官评定小组，对荞麦面条的颜色、食味、香味、硬度、光滑性及咀嚼性进行评价，各个项目的评价标准见表 9-8，依照 9 分快感标度给出评价分数。感官评定总分为各项分数加和后换算为百分制。

表 9-8　荞麦面条感官评价项目及定义

感官评定项目	定　　义
颜色	面条的颜色
食味	品尝时的味道
香味	面条的气味
硬度	将面条放在舌头与上腭间，并均匀咀嚼，评价压迫食品所需的力量
光滑性	面条滑过舌头所感到的光滑程度
咀嚼性	把面条咀嚼成能够吞咽状态所需做的功

表 9-9 列出了八种荞麦面条感官评定结果。颜色是消费者对制品的第一印象，参试者对榆荞 4 号及西农 9976 制成的面条的颜色评价较高，而三种苦荞面条的得分则最低。由此可见，相对于苦荞面条呈现的黄色，甜荞面条接近灰色的色泽更易让人接受。食味的评价结果与颜色相近，苦荞面条较低的得分是由于其后味稍苦。

适当的硬度是高品质面条所具备的特点之一，八种荞麦面条硬度评价区分并不明显，其中西农 9909 的硬度评分显著低于榆荞 4 号和西农 9978（$P < 0.05$）。好的光滑性能给面条带来好的口感，苦荞面条光滑性评分均较低，与其在质构评价中表现出的高黏性相吻合。

从感官评价总分（已换算成百分制）上看，甜荞面条感官评定各项指标普遍优于苦荞面条，总体评分较高。其中，榆荞 4 号最佳，西农 9976 次之；甜荞中温莎的感官评定结果最低。就苦荞而言，西农 9920 明显优于其余两种。

表 9-9 荞麦面条感官评定结果

品种	颜色	食味	香味	硬度	光滑性	咀嚼性	总分
榆荞 4 号	6.86±1.34 a	6.00±1.41 a	5.57±1.13 ab	6.29±0.49 a	6.43±1.13 ab	6.00±0.82 a	68.78±4.40 a
西农 9978	5.86±1.34 ab	5.71±1.25 ab	5.29±1.11 ab	6.43±0.98 a	6.71±0.76 a	6.00±1.29 a	66.67±4.34 ab
西农 9976	6.71±1.34 ab	5.86±0.90 a	5.43±0.98 ab	5.71±1.11 ab	6.57±0.79 ab	6.29±1.38 a	67.72±5.85 a
温莎	5.43±1.40 ab	5.86±1.21 a	6.00±1.15 a	5.14±1.22 ab	5.86±1.34 ab	5.57±1.27 a	62.70±6.56 abc
定边红花	6.14±1.34 ab	6.00±1.15 a	5.86±1.07 ab	5.43±0.98 ab	6.29±1.25 ab	5.86±1.57 a	65.87±4.48 abc
西农 9940	4.71±0.95 b	4.00±0.58 b	4.43±0.53 ab	5.00±1.15 ab	5.00±1.15 ab	5.00±1.15 a	52.12±4.67 bc
西农 9920	5.14±1.07 ab	4.57±0.98 ab	4.86±0.69 ab	5.57±1.27 ab	5.71±0.95 ab	6.00±0.81 a	58.99±6.63 abc
西农 9909	4.71±0.95 b	4.86±1.07 ab	4.29±0.95 b	4.29±1.11 b	4.86±1.07 b	4.29±0.95 a	50.53±4.22 c

6. 相关性分析 表 9-10 列出了相关性分析中达到显著差异的荞麦饸饹品质评价指标。从表 9-10 可看出，荞麦面粉中直链淀粉的含量对煮制损失有显著性的影响（$P<0.05$），直链淀粉含量越高，煮制损失越大。原因是由于随着直链淀粉含量的增加，淀粉的糊化峰值黏度下降，从而造成面条煮制时淀粉损失提高。因而直链淀粉含量低的荞麦品种制作的面条在煮制过程中的损失少。

王晓曦等（2010）研究发现，小麦面条吸水率与其支链淀粉和直链淀粉含量间的相关系数分别为 0.735 和－0.939。表 9-10 的相关性分析结果显示荞麦面条的吸水率与荞麦面粉支链淀粉含量呈极显著的正相关关系（$r=0.917$，$P<0.05$），虽然荞麦直链淀粉含量与面条吸水率间显示出负相关性（$r=-0.421$），但相关性并未达显著。

面条黏性的差异也与荞麦面粉中支链淀粉含量有关（$P<0.05$），同时面条黏性又与吸水率呈显著正相关性，推测支链淀粉含量是通过影响吸水率而带来面条黏性的品种间差异。另外，支链淀粉含量还与面条硬度呈显著负相关性。

表 9-10 淀粉含量与荞麦面条品质评价指标的相关性分析

相关系数	黏性	煮制损失	吸水率	硬度
直链淀粉含量	－0.177	0.878**	－0.421	0.223
支链淀粉含量	0.740*	－0.257	0.917**	－0.689*
总淀粉含量	0.744*	－0.126	0.890**	－0.683*

注：*为在 0.05 水平上显著相关；**为在 0.01 水平上显著相关。

综上研究，首先，荞麦挤压面条制品的烹调及食用品质都表现出一定的品种差异性，尤其在黏性、拉伸力及感官评定 3 个食用品质评价指标上，甜荞面条的品质优于苦荞面条。在 8 种荞麦面条中，甜荞西农 9976 煮制损失小、吸水率较高、黏性低、拉伸力高，且感官评分高，总体评价好，认为是最适宜加工面条的荞麦品种。在 3 种苦荞品种中，西农 9920 制作的面条品质相对较佳。其次，荞麦面条部分品质指标间的品种差异与荞麦粉中直链和支链淀粉含量有关。直链淀粉及支链淀粉含量显著影响面条的煮制损失、吸水率、黏度和硬度评分。相关性分析的结果提示，在选育适宜面条加工的荞麦品种时，可以以淀粉组分含量为指标进行筛选。不过，直链及支链淀粉含量仅对部分指标有显著性的影响，而对其余指标影响不明显，这些指标可能与面粉中其他组分，如蛋白质组成及含量，或组分间的交互作用更为相关。

（二）荞麦方便面的营养品质

6 种不同配方的甜荞方便面：试样 A：100％荞麦粉；试样 B：荞麦粉＋1.5％盐；试样 C：荞麦粉＋0.1％碱；试样 D：90％荞麦粉＋10％小麦粉；试样 E：90％荞麦粉＋10％马铃薯酯化淀粉；试样 F：荞麦粉＋0.3％瓜儿胶。将以上 6 种配方做成的荞麦方便面进行感官评价、蒸煮品质和质构品质的测定（陈洁等，2009）。

荞麦方便面质构的测定：称取 5g 左右的方便面放入 300mL 沸腾的蒸馏水中，泡至复水时间，立即放入冷水中浸泡 2min，然后进行相关质构指标的测定。拉伸特性的测定用 A / KIE 探头，TPA（质地剖面分析 Texture Profile Analysis）测定用自制铝合金材料的 TPA 探头。

1. 荞麦方便面的感官评价　感官评价分别从色泽、表观状态和适口性等 8 个方面进行评价，评价结果见表 9-11。

表 9-11　荞麦方便面感官评价结果表

指标	A	B	C	D	E	F
色泽（10 分）	7.50	7.80	7.00	8.00	8.20	7.80
表观状态（10 分）	7.80	7.50	7.80	8.10	8.40	8.00
适口性（20 分）	15.00	18.20	17.60	16.50	17.80	16.70
韧性（25 分）	19.60	20.50	21.30	20.60	21.00	20.80
黏性（25 分）	20.30	20.60	21.00	20.70	21.30	20.70
光滑性（5 分）	3.80	4.00	4.40	3.60	4.20	4.00
食味（5 分）	4.00	4.60	4.30	3.80	4.50	3.90
总分（100 分）	78.00	83.20	83.40	81.30	85.40	81.90

2. 荞麦方便面的蒸煮品质　荞麦方便面的蒸煮品质从吸水率和蒸煮损失两个方面进行评价，评价结果见表 9-12。

表 9-12　荞麦方便面蒸煮损失评价结果表

指标	A	B	C	D	E	F
吸水率（％）	1.42	1.64	1.68	1.57	1.76	1.69
蒸煮损失（％）	13.24	11.62	12.10	12.56	11.28	11.89

3. 荞麦方便面的质构品质指标　荞麦方便面的质构品质从 TPA 和拉伸两个方面进行评价，评价结果见表 9-13。

表 9-13 荞麦方便面质构指标评价结果表

	指标	A	B	C	D	E	F
TPA	硬度（N）	707.218	744.630	773.497	743.670	789.626	766.337
	弹性	0.918	0.943	0.951	0.945	0.935	0.946
	内聚性	0.735	0.744	0.693	0.715	0.728	0.702
	黏性	452.744	471.062	466.891	468.550	494.409	469.290
	咀嚼性	424.662	461.494	474.469	462.850	476.617	466.006
	复原力	0.342	0.391	0.369	0.362	0.392	0.339
拉伸	最大拉伸力(g)	34.814	39.554	41.265	40.410	41.015	38.044
	拉伸距离(mm)	40.825	41.830	37.162	40.240	42.883	40.911

4. 荞麦方便面感官评价与蒸煮品质指标的相关性 由表 9-14 可知，吸水率与适口性、韧性和黏性呈显著正相关，与感官总分呈极显著正相关，与其他参数相关性不显著；蒸煮损失只与适口性呈显著负相关，与感官总分呈极显著负相关，与其他参数相关性不显著。

表 9-14 荞麦方便面感官评价与蒸煮品质指标相关性

指标	色泽	表现状态	适口性	韧性	黏性	光滑性	食味	总分
吸水率	0.245	0.392	0.834*	0.892*	0.866*	0.666	0.486	0.945**
蒸煮损失	−0.386	−0.245	−0.901*	−0.718	−0.750	−0.581	−0.677	−0.941**

注：$n=6$，*为 $\alpha=0.05$ 显著水平，**为 $\alpha=0.01$ 显著水平。$\alpha=0.05$ 显著水平称为显著相关水平，$\alpha=0.01$ 显著水平称为极显著相关水平。

5. 荞麦方便面感官评价与质构指标的相关性 对于 TPA 试验，由表 9-15 可知，适口性与咀嚼性、复原力呈显著正相关；韧性与硬度、咀嚼性呈极显著正相关，与弹性呈显著正相关；感官评价的黏性与硬度呈极显著正相关，与 TPA 评价的黏性和咀嚼性呈显著正相关；食味与复原力呈显著正相关；感官评价总分与咀嚼性呈极显著正相关，与硬度和黏性呈显著正相关。由上可知，硬度、黏性及咀嚼性3个参数与感官评价的相关性显著。对于拉伸试验，由表 9-15 可知，色泽与拉伸距离呈显著正相关，适口性、韧性与最大拉伸力均呈显著正相关，黏性与最大拉伸力呈极显著正相关，总分与最大拉伸力呈显著正相关。

表 9-15 荞麦方便面感官评价与质构指标间的相关性

	指标	色泽	表现状态	适口性	韧性	黏性	光滑性	食味	总分
TPA	硬度	0.176	0.526	0.737	0.927**	0.939**	0.694	0.39	0.913*
	弹性	−0.135	−0.051	0.666	0.833*	0.439	0.347	0.07	0.584
	黏结性	0.459	−0.234	−0.028	−0.638	−0.339	−0.366	0.418	−0.146
	黏性	0.613	0.645	0.696	0.626	0.876*	0.403	0.526	0.889*
	咀嚼性	0.17	0.371	0.834*	0.966**	0.860*	0.564	0.361	0.918**
	复原力	0.296	0.046	0.829*	0.429	0.599	0.395	0.858*	0.783
拉伸	最大拉伸力	0.121	0.301	0.819*	0.887*	0.818**	0.459	0.404	0.864*
	拉伸距离	0.867*	0.309	0.078	−0.317	0.033	−0.299	0.262	0.153

注：$n=6$，*为 $\alpha=0.05$ 显著水平，**为 $\alpha=0.01$ 显著水平。$\alpha=0.05$ 显著水平称为显著相关水平，$\alpha=0.01$ 显著水平成为极显著相关水平。

6. 荞麦方便面感官评价总分与蒸煮品质指标、质构指标的线性回归分析　根据上述相关性分析，可知感官评价总分（y）与硬度（x_1）、黏性（x_2）、咀嚼性（x_3）、最大拉伸力（x_4）、吸水率（x_5）、蒸煮损失（x_6）相关性显著，通过对 y 与 x 的线性回归分析，建立荞麦方便面的品质评价模型。利用 SPSS 软件处理数据，得到多元线性回归方程 $y=106.768+0.05437x_1-0.0191x_2-0.125x_3+0.828x_4-2.590x_6$。其中吸水率（$x_5$）的回归系数为 0，可知其对感官评价总分的影响可以忽略。

由标准回归系数可知，5 个自变量对因变量（y）的影响从大到小依次为咀嚼性（－0.943）、最大拉伸力（0.808）、蒸煮损失（－0.727）、硬度（0.629）和黏性（－0.103）。

由以上研究可知，蒸煮损失、硬度、黏性、咀嚼性和最大拉伸力影响着荞麦方便面的感官评价。

二、荞麦面包的营养与品质

面包，是一种用五谷（一般是麦类）磨粉制作并加热制成的食品。一般以小麦粉为主要原料，配以酵母、油脂、果仁等辅料，加水调制成面团，经过发酵、整形、成形、焙烤、冷却等加工而成的焙烤食品。然而，荞麦粉也可代替小麦粉作为基本原料制作面包。

（一）含荞麦粉的小麦面包的营养品质

本部分介绍两种含荞麦粉的小麦面包，分别从不同方面评价面包的营养品质。

1. 含有壳甜荞粉或无壳甜荞粉小麦面包　含有壳甜荞粉或无壳甜荞粉小麦面包的配方如表 9-16（Lin et al.，2009）。

表 9-16　含荞麦的小麦面包配方

单位：g、mL

原料	小麦面包	含有壳甜荞粉的小麦面包	含无壳甜荞粉的小麦面包
小麦粉	100	85	85
有壳甜荞粉	0	15	0
无壳甜荞粉	0	0	15
奶粉	4	4	4
糖	10	10	10
盐	1	1	1
鸡蛋	8	8	8
酵母	1.3	1.3	1.3
改良剂	1	1	1
起酥油	10	10	10
水	55	54	56
总计	190.3	189.3	191.3

（1）含荞麦粉的小麦面包的基本营养成分　面包的水分、粗灰分、粗脂肪、粗纤维及粗蛋白含量分别参照 AOAC 14.091，14.103，14.093，14.111 及 14.108 方法检测（AOAC，1990）。其中，计算粗蛋白含量的氮转换因子为 5.70。碳水化合物的含量是从 100%的干物质中减去灰分、脂肪、纤维及蛋白质含量计算出来的。

小麦粉及甜荞粉制成的面包的基本营养成分含量见表 9-17。小麦粉、有壳甜荞粉及无壳甜荞粉在碳水化合物和纤维含量上差异较大。碳水化合物的含量顺序为：小麦粉>无壳甜荞粉>有壳甜荞粉；而纤维含量顺序为：有壳甜荞粉>无壳甜荞粉>小麦粉。甜荞粉取代15%的小麦粉制成的面包的基本营养成分中，差异较大的仍然是碳水化合物和纤维含量。三种面包的水分含量顺序为：含无壳甜荞粉的小麦面包>小麦面包>含有壳甜荞粉的小麦面包，与制作面包时不同的加水量一致。有趣的是，含无壳甜荞粉的小麦面包的碳水化合物含量高于其他两种面包。然而，只有含有壳甜荞粉的小麦面包在纤维含量上表现出较高的期望值，这是因为带壳甜荞粉的壳中含有较高含量的不溶性β-葡聚糖，而β-葡聚糖是一种具有免疫调节功能的多糖（Hozová et al.，2007）。因此，有高含量不溶性β-葡聚糖的有壳甜荞粉制成的小麦面包由于能提供给消费者较强的免疫活性而对人体更加有益。除此之外，三种面包的其他营养成分含量变化不大。

表 9-17 小麦粉及甜荞粉制成的面包的基本营养成分

含量（%）*	小麦粉	有壳甜荞粉	无壳甜荞粉	小麦面包	含有壳甜荞粉的小麦面包	含无壳甜荞粉的小麦面包
水分	12.68±0.02 e	13.29±0.12 e	13.32±0.13 d	33.06±0.06 b	31.69±0.03 c	34.26±0.07 a
干物质	87.32±0.02 a	86.71±0.12 b	86.68±0.13 b	66.94±0.06 d	68.31±0.03 c	65.74±0.07 e
碳水化合物	83.50±0.38 a	61.57±0.60 e	77.02±0.74 d	79.82±0.48 c	79.58±0.35 c	81.79±0.50 b
粗灰分	1.22±0.44 b	1.71±0.10 a	1.56±0.01 a	1.63±0.18 a	1.22±0.10 b	1.11±0.04 b
粗脂肪	2.63±0.88 b	2.22±0.11 b	2.15±0.79 b	4.56±0.41 a	3.94±0.23 a	4.13±0.08 a
粗纤维	2.03±0.45 d	23.81±0.75 a	10.31±0.73 b	1.81±0.86 d	3.02±0.81 c	1.10±0.43 d
粗蛋白质	10.62±0.51 b	10.69±0.51 b	8.96±0.14 c	12.18±0.33 a	12.24±0.71 a	11.87±0.15 a

注：每组数据用 $\overline{x}\pm S$（n=3）表示；小写字母表示这一行数据在0.05水平下的显著性差异。

* 水分和干物质数据是基于新鲜面包和干面包计算的，其他数据是基于干重计算的。

（2）含荞麦粉的小麦面包的感官特性　三种面包的感官特性评价包括面包的比容（体积/重量）和颜色属性（L、a及b）。

首先介绍面包的比容，发酵123min时，纯小麦面包的面团体积大于含荞麦粉的小麦面包；发酵结束时（发酵180min），三种面包的面团体积相似；发酵120～150min过程，面团体积增加较慢，这段时间的面团可以进行焙烤。因此，面团的发酵时间定为125min。焙烤结束后，小麦面包、含有壳甜荞粉和无壳甜荞粉的小麦面包的比容分别为（6.75±0.38）cm^3/g，（6.10±0.18）cm^3/g，（6.32±0.09）cm^3/g。标准面包的比容为6 cm^3/g且不小于3.5 cm^3/g（CGPRDI，1983）。因此，这三种面包基本满足标准面包的比容。该结果表明荞麦粉取代面包配方中15%的小麦粉不会影响面包的比容。

其次，介绍三种面包的颜色属性。L、a 及 b 是采用Σ80 Colour Measuring System（Nippon Denshoku Inc.，Tokyo，Japan）测定面包屑得到的结果（表9-18）。在三种面包的颜色属性中，因为小麦面包的L值（76.75）和WI（whiteness index）值（70.48）最低，所以其颜色最浅；含无壳甜荞粉的小麦面包的L值显著高于含有壳甜荞粉的小麦面包，但它们的WI值没有显著差异。含甜荞粉的小麦面包的a和b值均显著高于小麦面包，暗示含甜荞粉的小麦面包更偏红色和黄色，这与有壳和无壳甜荞粉的浅褐色吻合。值得关注的是，含荞麦粉的两种面包的褐色能较好地吸引消费者的注意力。然而，无壳甜荞粉面包比有壳甜荞粉面包表现出了更强的红色和黄色。

表 9-18　含荞麦粉的小麦面包的颜色属性

	L	*a*	*b*	*WI*
小麦面包	76.75±0.21 a	0.32±0.01 c	18.20±0.11 c	70.48±0.21 a
含有壳甜荞粉的小麦面包	67.98±0.04 c	2.83±0.06 b	20.50±0.52 b	61.88±0.32 b
含无壳甜荞粉的小麦面包	69.52±0.74 b	3.55±0.10 a	21.99±0.41 a	62.25±0.84 b

注：每组数据用 $\bar{x}\pm S$（$n=3$）表示；小写字母表示这一列数据在 0.05 水平下的显著性差异。
$WI=100-[(100-L)^2+a^2+b^2]^{1/2}$。

(3) 含荞麦粉小麦面包的感官评定　焙烤结束 3～6h 内对三种面包进行感官评定。面包切片厚 1.5cm，25～45 岁的 48 位消费者依照七分快感标度对面包的表观、色泽、风味、口感及整体接受性给出评价分数，1 分、4 分、7 分别代表极不喜欢、喜欢或不喜欢、极喜欢。

依照七分快感标度，所有评价分数均在 5.33～5.91 范围内（表 9-19）。一般地，得分在 5.33～5.91 之间的面包是相对可接受的。在面包表观、色泽及整体接受性方面，消费者的评分无显著差异。在风味和口感上，两种含甜荞粉的面包得到了高于小麦面包的分数。这些结果表明荞麦粉取代面包配方中 15%的小麦粉不会影响面包的接受度。

表 9-19　含荞麦粉小麦面包的感官评定

	小麦面包	含有壳甜荞粉的小麦面包	含无壳甜荞粉的小麦面包
表观	5.44±1.77 a	5.33±1.19 a	5.54±1.15 a
色泽	5.48±1.11 a	5.50±1.09 a	5.58±1.03 a
风味	5.42±1.22 b	5.91±1.07 a	5.79±1.03 a
口感	5.40±1.22 b	5.74±1.18 a	5.79±1.20 a
整体接受性	5.48±1.15 a	5.78±1.13 a	5.64±1.11 a

注：每组数据用 $\bar{x}\pm S$（$n=48$）表示，小写字母表示这一行数据在 0.05 水平下的显著性差异。

可见，荞麦粉取代面包配方中 15%的小麦粉不会影响面包的比容和感官。含荞麦粉的小麦面包颜色较深而且偏重红色和黄色，然而，颜色差异并没有影响面包的感官评价。三种面包在表观、色泽和整体接受性上没有显著差异。因此，荞麦粉可以与小麦粉一起制作面包。

2. 含无壳甜荞粉的小麦面包　含无壳甜荞粉的小麦面包的配方如表 9-20（Chlopicka et al.，2012）。

表 9-20　含甜荞粉的小麦面包的配方

面包种类	小麦粉（g）	甜荞粉（g）	盐（g）	糖（g）	酵母（g）	水（mL）	成品面包质量（g）
对照面包	500	0	10	10	5	350	780
含 15%甜荞粉的面包	425	75	10	10	5	350	734
含 30%甜荞粉的面包	350	150	10	10	5	350	748

（1）含无壳甜荞粉小麦面包的色泽、气味和均匀性　31 位评价者对焙烤完毕室温放置 12h 后的面包依照十分快感标度给出面包色泽、气味和均匀性的评价分数，0 分代表讨厌，10 代表及其喜欢。小麦面包和添加甜荞粉面包的得分见表 9-21。从表 9-21 看出，面包的色泽、气味及均匀性的得分均在 4～9 分之间，表明这些面包都是适度可接受的。含 30％甜荞粉的面包与对照小麦面包的色泽接受度几乎一致，且有较好的气味，而含 15％甜荞粉的面包的均匀性稍好。

表 9-21　小麦面包和添加甜荞粉面包的得分对比

属性	小麦面包	含 15％甜荞粉的面包	含 30％甜荞粉的面包
色泽	8（7～9）	7（5～7）	8（7～8）
气味	7（6～9）	6（4～7）	8（7～8）
均匀性	7（6～9）	7.5（5～7）	7（6～8）

（2）含无壳甜荞粉的小麦面包的口感　图 9-3 以蜘蛛网图的形式给出了 31 位评价者对三种面包口感的评价。评价者认为含 30％甜荞粉的面包富有有趣自然的口味，而且超过 40％的评价者认为这种面包表皮脆而硬。评价者也认为小麦面包和含 15％甜荞粉的面包表皮不脆不硬且有黏性。这些结果指出在面包制作配方中添加 30％荞麦粉可提高面包的感官品质。

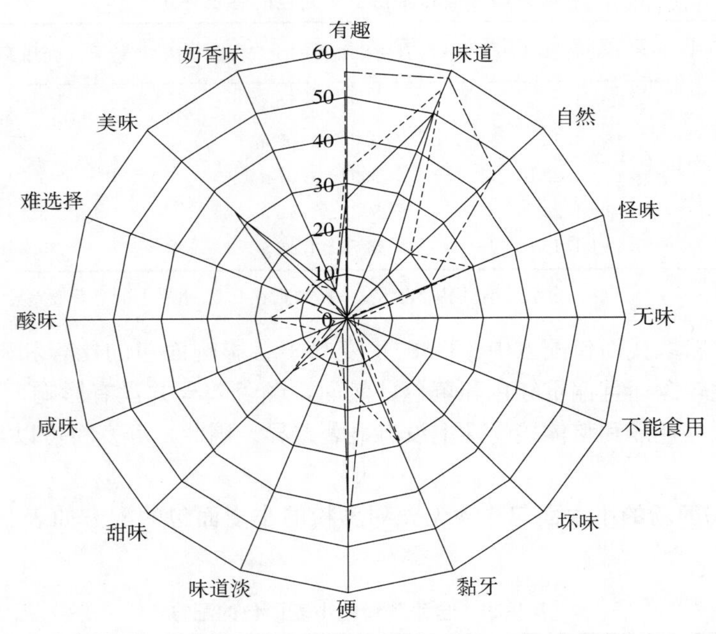

图 9-3　含荞麦粉面包和小麦面包口感评价的蜘蛛网图

注：一、┈和-·-分别代表评价者对小麦面包、含 15％和 30％甜荞粉的面包的评价

因此，在小麦粉中以 15％或 30％的水平添加荞麦粉制作的面包比纯小麦面包有较好的感官属性，尤其在色泽、气味及口感方面。

（二）含荞麦粉的无麸质面包的营养品质

本部分介绍的含荞麦粉的无麸质面包配方如表 9-22（Torbica et al.，2010）。

表 9-22　含大米粉（RF）、有壳甜荞粉（HBF）或无壳甜荞粉（UBF）的无麸质面包的配方

	RF（%）	HBF（%）	UBF（%）	水（%）*	酵母（%）	糖（%）	盐（%）	油（%）
90%RF+10%HBF	90	10	—	180	8	4	3	4
80%RF+20%HBF	80	20	—	180	8	4	3	4
70%RF+30%HBF	70	30	—	180	8	4	3	4
90%RF+10%UBF	90	—	10	190	8	4	3	4
80%RF+20%UBF	80	—	20	190	8	4	3	4
70%RF+30%UBF	70	—	30	190	8	4	3	4

*　为加水量与（RF+HBF）或（RF+UBF）的质量比。

1. 含荞麦粉的无麸质面包的结构特性　面包表皮凸凹不平。不同比例的 RF 面包挤压力积分结果显示（表 9-23）：两种荞麦面包中 UBF 组的面包硬度并没有显著高于 HBF 组，而且随着荞麦粉添加量的增加，面包硬度也没有显著提高。可见，荞麦粉的添加及添加量均不会显著影响面包的结构特性。同时，这些结果也表明含高营养成分的荞麦无麸质面粉可以应用于生产，因为是否添加壳不影响面包的结构特性。然而，理论上随着荞麦粉添加量的增加，蛋白结构质量随之下降，从而导致面包表面出现明显的裂缝（图 9-4）。表面裂缝是影响产品得分的唯一因素，UBF 面包出现了较大的裂缝。

2. 含荞麦粉的无麸质面包的感观评定　在感官评定中可观察到，随着 UBF 的添加，面包表观评分显著降低，而 HBF 面包则没有表现出此趋势。相比于表观，HBF 面包内部切片的松软性在所有感官指标中得分最高，比 UBF 组高将近 1 分（图 9-5）。感官评定中切片结构的好坏与面包松软性有关，这可以从图 9-4 和图 9-5 的对比中观察到。随着 UBF 添加量的增加，面包的口感和风味均呈下降趋势（图 9-5）。然而，20%HBF 面包的口感评分显著高于 10%HBF 面包（$P<0.05$），这是因为 HBF 本身含有香味成分，其添加量的增加使得香味物质含量增多，从而带来较好的口感。而三种 HBF 面包的风味相差不大，得分均大于 7 分。

表 9-23　含有壳甜荞粉（HBF）或无壳甜荞粉（UBF）的无麸质面包的结构特性

	添加甜荞粉的类型	10%	20%	30%
峰面积（g×s）	HBF	3261±190 a	4266±297 ab	4439±247 abc
	UBF	4121±348 ab	4706±403 bc	5597±823 c

注：每组数据用 $\bar{x}\pm S$（$n=5$）表示；小写字母表示这一行数据在 0.05 水平下的显著性差异。

总体来说，HBF 面包比 UBF 面包得分高。然而，由于所有的面包的平均得分都高于 6 分，所以两种面包的感官品质都是可以接受的。

三、荞麦饼干的营养品质

饼干是以小麦粉（可添加糯米粉、淀粉等）为主要原料，加入或不加入糖、油脂及其

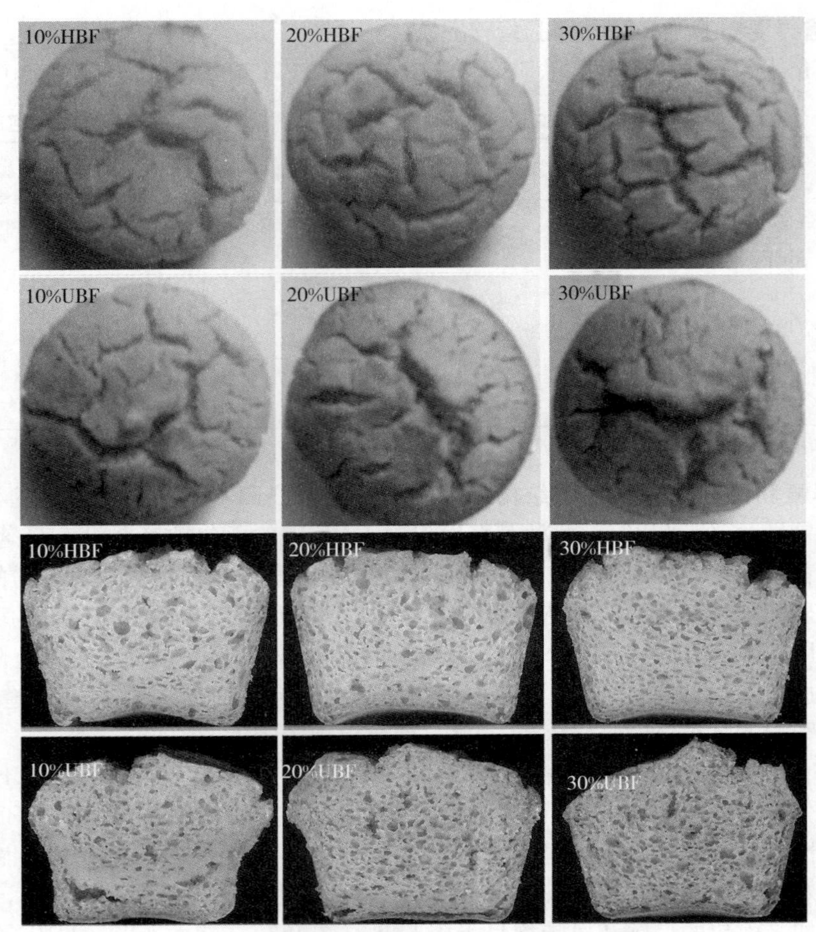

图 9-4 无麸质产品的上表皮和横切面结构

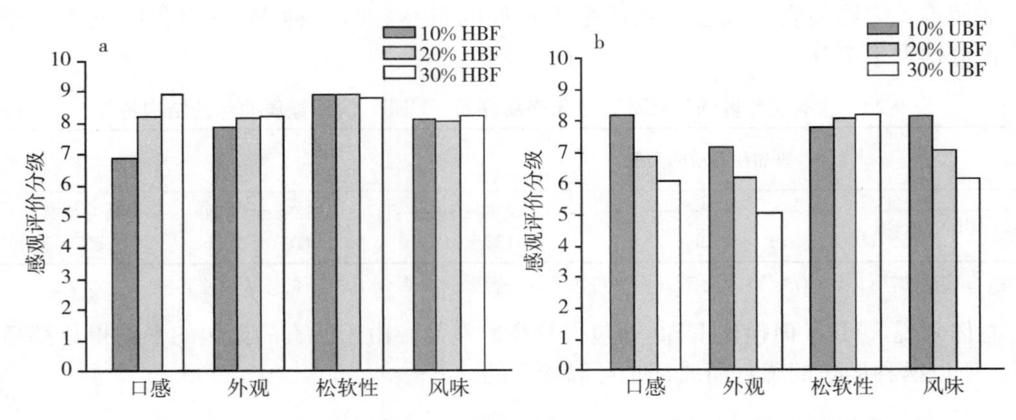

图 9-5 含有壳甜荞粉（HBF）或无壳甜荞粉（UBF）的无麸质面包的感官评价

他原料，经调粉（或调浆）、成形、烘烤等工艺制成的口感酥松或松脆的食品。而荞麦粉也可代替小麦粉作为基本原料制作饼干。

(一)荞麦苏打饼干的营养品质

荞麦苏打饼干配方如表 9-24(Sedej et al.,2011)。

表 9-24 苏打饼干的配方

配料(g)	精细小麦饼干	精细甜荞饼干	全谷小麦饼干	全谷甜荞饼干
精细小麦粉	70	0	0	0
精细甜荞粉	0	70	0	0
全谷小麦粉	0	0	70	0
全谷甜荞粉	0	0	0	70
玉米粉	30	30	30	30
大豆卵磷脂	1	1	1	1
焙粉	1	1	1	1
糖粉	2.5	2.5	2.5	2.5
盐	3.5	3.5	3.5	3.5
植物油	30	30	30	30
亚麻籽	10	10	10	10
芝麻	10	10	10	10
水	50	50	50	50

1. 荞麦苏打饼干的基本营养成分 饼干的蛋白质、脂肪、还原糖、膳食纤维、灰分及水分含量分别参照标准分析方法(AOAC,2000:No. 950. 36,No. 935. 38,No. 975. 14,No. 958. 29,No. 930. 22 及 No. 926. 5)测定。淀粉含量参照 ICC 标准(ICC 标准号 No. 123/1,1994)测定。

纯荞麦饼干的基本营养成分见表 9-25。本文将荞麦饼干和小麦饼干进行了对比。由表 9-25 可知,精细和全谷甜荞粉制作的饼干的灰分含量分别显著高于精细和全谷小麦粉制作的饼干,全谷甜荞饼干的蛋白质含量也显著高于全谷小麦饼干。这些结果可能是由于荞麦粉比小麦粉含有较高的蛋白质和矿物质(Bonafaccia et al.,2003a;Bonafaccia et al.,2003b;Skrabanja et al.,2004)。与精细小麦饼干相比,精细甜荞饼干的蛋白质含量较低。这是由于配方中甜荞粉的蛋白质含量低于小麦粉。精细和全谷小麦饼干的淀粉含量分别显著高于精细和全谷甜荞饼干,还原糖含量也表现出了相似的结果。而且,全谷甜荞饼干的脂肪含量显著高于全谷小麦饼干。总膳食纤维的含量排序为:全谷甜荞饼干>全谷小麦饼干>精细甜荞饼干>精细小麦饼干。

表 9-25 苏打饼干的基本营养成分

每 100g 营养成分含量(g)*	精细小麦饼干	精细甜荞饼干	全谷小麦饼干	全谷甜荞饼干
灰分	3.60±0.05 b	3.99±0.08 a	3.92±0.01 a	4.49±0.18 c
蛋白质	10.9±0.05 a	10.2±0.18 b	10.5±0.19 a	11.4±0.04 c
脂肪	25.3±0.14 a	25.2±0.16 a	25.7±0.13 b	27.2±0.27 c
淀粉	53.1±0.21 d	52.3±0.11 c	48.9±0.13 b	46.7±0.84 a
还原糖	3.47±0.04 c	2.29±0.15 a	2.86±0.18 b	2.30±0.16 a
总膳食纤维	8.09±0.06 a	9.28±0.02 b	10.8±0.08 c	11.9±0.08 d

* 表示结果以干重计;每组数据用 $\bar{x}\pm S$ ($n=3$) 表示;小写字母表示这一行数据在 0.05 水平下的显著性差异。

2. 荞麦苏打饼干的感官评定 饼干焙烤完成24h后，7位经验丰富的专家（4位女性，3位男性，37～52岁）进行感官评定。评价方法参照ISO 8589（2007）标准。根据得分分为4个质量等级：不可接受（<2.5）；好（2.5～3.5）；很好（3.5～4.5）；优秀（> 4.5）。饼干表观、组织结构及香气的感官评定结果见表9-26。由表9-26可知，只有精细荞麦饼干表现出优秀的质量。除了气味外，所有饼干的感官特性都表现出了较好的质量。精细甜荞饼干的所有感官特性得分均高于精细小麦饼干，而且在表观和组织结构上两者都表现出了显著差异，然而在香气上两者差异不显著。另外，全谷甜荞粉取代全谷小麦粉制作的饼干不会影响饼干的感官特性。因此，不管是采用精细甜荞粉还是全谷甜荞粉制作饼干都不会影响饼干的感官特性，即甜荞粉可以取代小麦粉制作饼干。

表 9-26 苏打饼干的感官评定

性 质	精细小麦饼干	精细甜荞饼干	全谷小麦饼干	全谷甜荞饼干
表观	3.97±0.40 b	4.57±0.40 a	4.66±0.44 a	4.37±0.39 ab
结构、破裂及硬度	4.49±0.79 a	5.79±0.28 b	5.25±0.52 ab	5.14±0.65 ab
咀嚼性及其他质构特性	3.57±0.69 a	4.46±0.51 b	3.97±0.37 ab	3.83±0.66 ab
气味	3.25±0.67 a	3.18±0.67 a	3.18±0.58 a	3.27±0.68 a
口感	4.42±1.04 a	4.83±1.41 a	4.70±0.93 a	4.39±1.47 a
加权平均值	3.94	4.57	4.35	4.20

注：每组数据用 $\overline{x}\pm S$（$n=7$）表示；小写字母表示这一行数据在0.05水平下的显著性差异。得分：1-不可接受；2-可接受；3-好；4-很好；5-极好。

可见，荞麦粉取代小麦粉制作苏打饼干不仅不会影响饼干的感官特性，而且饼干的基本营养成分也会提高，因此荞麦粉作为基本原料制作饼干是可行的。

（二）添加荞麦粉的姜螺母形饼干（ginger nut biscuit）的营养品质

姜螺母形饼干是一种含蜂蜜的流行传统饼干。本部分介绍的是甜荞粉取代30%、40%、50%的小麦粉制作的饼干的营养品质。姜螺母形饼干配方如表9-27（Filipčev et al.，2011）。

表 9-27 姜螺母形饼干的配方

配料（g）	对照组	含全谷甜荞粉的姜螺母饼干		
小麦粉	100	70	60	50
甜荞粉	0	30	40	50
蜂蜜	50	50	50	50
糖	10	10	10	10
植物油	10	10	10	10
小苏打	2.1	2.1	2.1	2.1
香料	2	2	2	2
卵磷脂	1	1	1	1
水	13.5	12.5	12.5	12.5

1. 荞麦姜螺母形饼干的基本营养成分 荞麦姜螺母形饼干的蛋白质、脂肪、还原糖、膳食纤维、灰分、水分及淀粉含量测定方法见荞麦苏打饼干基本营养成分的测定方法。矿

物质参照标准物质 NIST SRM 1567a 小麦粉的分析方法测定（National Institute of Standard and Technology，Gaithersburg，MD，USA）。铁（Fe）、锰（Mn）、铜（Cu）及锌（Zn）的 8 次重复试验的评价回收率分别为 101.6 ± 2.51，95.9 ± 3.23，105.3 ± 4.47 及 101.7 ± 3.10。

姜螺母形饼干的基本营养成分见表 9-28。根据文献，螺母形饼干的最低含水量为 7%，因为含水量低于 7%，饼干过度干燥和坚硬。表 9-28 显示小麦饼干和所有荞麦饼干都满足这个要求。与小麦饼干相比，三种荞麦饼干含水量均较低，推测这是由于配料中较大颗粒的全谷荞麦粉吸收了一部分水分。Wijngaard 和 Arendt（2006）发现，与小麦和玉米淀粉相比，甜荞淀粉有较高的水合能力，而且甜荞淀粉的吸水行为受其颗粒大小影响。表 9-28 还显示出甜荞粉取代部分小麦粉提高了饼干的蛋白质、总膳食纤维和矿物质含量，尤其是锌、锰和铁含量。与对照组饼干相比，添加甜荞粉不会影响饼干的脂肪含量，但降低了饼干的淀粉含量，而且甜荞粉的添加水平越高饼干的淀粉含量越低。

表 9-28　姜螺母形饼干的基本营养成分

基本营养成分 含量（以每 100g 干重计）	对照组	含全谷甜荞粉的姜螺母形饼干		
		30%	40%	50%
水分（g）	9.47 ± 0.12 b	8.94 ± 0.08 a	8.56 ± 0.08 a	8.70 ± 0.09 a
蛋白质（g）	7.22 ± 0.15 a	7.73 ± 0.13 b	7.84 ± 0.11 bc	8.12 ± 0.17 c
脂肪（g）	8.12 ± 0.15 a	8.43 ± 0.26 a	8.45 ± 0.20 a	8.59 ± 0.17 a
淀粉（g）	45.80 ± 1.84 b	43.64 ± 1.28 ab	43.77 ± 1.19 ab	43.21 ± 1.25 ab
总还原糖（g）	29.37 ± 1.15 bc	25.33 ± 1.18 a	25.90 ± 1.10 a	27.29 ± 0.97 ab
总膳食纤维（g）	3.87 ± 0.13 a	5.49 ± 0.22 b	5.37 ± 0.53 b	7.61 ± 0.34 c
锌（mg）	0.34 ± 0.06 a	0.78 ± 0.10 bc	1.00 ± 0.12 cd	1.16 ± 0.09 d
铜（mg）	0.07 ± 0.03 a	0.15 ± 0.02 ab	0.16 ± 0.03 ab	0.22 ± 0.05 b
锰（mg）	0.61 ± 0.02 a	0.88 ± 0.04 b	0.88 ± 0.06 b	0.93 ± 0.03 b
铁（mg）	0.57 ± 0.07 a	1.39 ± 0.13 b	1.66 ± 0.16 b	1.72 ± 0.15 b

注：每组数据用 $\bar{x}\pm S$（$n=3$）表示；小写字母表示这一行数据在 0.05 水平下的显著性差异。

2. 荞麦姜螺母形饼干的感官评定　随机选取 6 块饼干测量其物理和结构特性参数，包括质量、高度、宽度（直径）、密度、水分活度、硬性及脆性。水分活度采用水分活度仪（Testo 650，Testo，Germany）；结构分析采用 TA. HDplus 质构仪（Stable Micro 系统，England，UK）。姜螺母形饼干的质量特性评价参数，包括形状、上表面外观、下表面外观、裂痕、结构、咀嚼性及风味，每个参数的得分范围为 1～5 分，每个参数的权重分别为 0.3、0.5、0.4、0.4、0.6、0.8 及 1.0。饼干的总分由每个参数的得分与权重相乘再加和得到。

姜螺母形饼干物理和结构特性见表 9-29。与对照组相比，添加荞麦粉饼干的质量和高度均没有显著差异，直径显著降低。添加 40%、50%荞麦粉的饼干比对照组表现出了较高的密度，添加 50%荞麦粉的饼干比对照组表现出了较低的径高比。根据 Gurjal 等人（2003）的研究，影响径高比的两个因素包括发酵和万有引力流动导致的面团膨胀及依赖黏性的面团流动，面团的黏性越高产品的径高比越低。添加 30%和 50%荞麦粉均显著提高饼干的水分活度，添加 30%、40%和 50%荞麦粉均显著降低饼干的硬度和脆性。

表 9-29 姜螺母形饼干的物理特性

指标	对照组	含全谷甜荞粉的姜螺母形饼干		
		30%	40%	50%
质量（g）	28.52±1.29 a	29.60 ±0.87 a	29.62 ±0.96 a	29.92 ±1.17 a
高度（mm）	17.33±0.22 a	17.87±0.77 a	17.88 ±0.54 a	17.72 ±0.46 a
直径（mm）	63.23±0.61 c	61.57±0.60 b	61.66±0.43 b	60.56±0.51 a
径高比	3.65±0.06 b	3.46± 0.14 ab	3.45±0.11 ab	3.42±0.10 a
密度（g/cm³）	0.51±0.02 ab	0.55±0.01 bc	0.56±0.01 c	0.59±0.02 c
水分活度	0.50±0.00 a	0.55±0.02 b	0.53±0.02 ab	0.54± 0.01 b
硬度（g/s）	6724.14±736.36 b	3925.26±275.82 a	3473.08±497.97 a	4413.35±366.37 a
脆性（g/s）	1166.12±164.31 b	789.65±57.70 a	663.59 ±81.80 a	795.78 ±68.51 a

注：每组数据用 $\bar{x}±S$（$n=3$）表示；小写字母表示这一行数据在 0.05 水平下的显著性差异。

姜螺母形饼干的感官评定见图 9-6。图 9-6 显示添加荞麦粉的饼干在感官评定上较对照组饼干得分高，而且添加 40%荞麦粉的饼干得到最高的分数（17.4 分）。这些饼干在咀嚼性和结构上存在较大区别，这是因为添加荞麦粉的饼干比对照组饼干柔软导致其在咀嚼性上得到较高的分数。

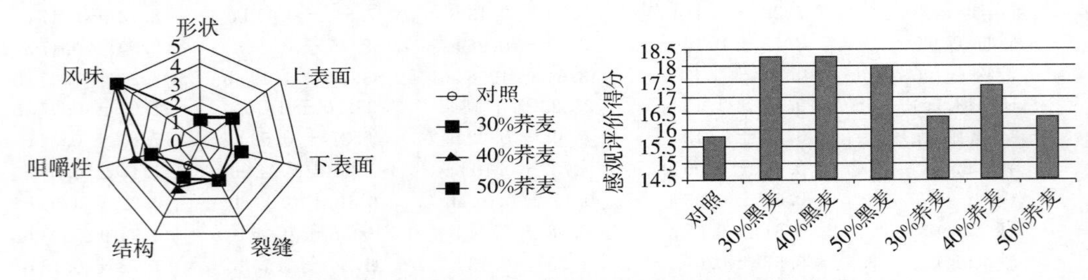

图 9-6 添加甜荞粉的姜螺母形饼干的感官评定和总感官得分

综上可见，荞麦粉可添加到姜螺母形饼干的制作中，从感官接受度上看，添加量可达到 50%。感官分析指出，添加 40%甜荞粉的饼干获得了最优的感官评价。添加荞麦粉后，饼干的蛋白质、总膳食纤维、锌、锰及铁含量都显著提高。因此，在饼干制作中添加荞麦粉对消费者的健康是极其有益的。

四、荞麦馒头的营养品质

馒头是中国的传统膳食，以小麦面粉为主要原料制作的馒头，是中国主要的主食之一。随着生活水平的提高，人们开始重视平衡膳食。平衡膳食的第一原则是食物多样化。因此，包括荞麦馒头在内的杂粮馒头引起了越来越多的关注（路长喜等，2009）。

1. 苦荞粉添加量对馒头品质的影响 苦荞馒头的主要原料包括小麦高筋粉和苦荞粉等。苦荞馒头蒸制完成后，10 人对馒头感官评价指标进行评分，取其平均值。苦荞馒头的评价标准见表 9-30。

表 9-30　苦荞馒头的感官评分项目和标准

项目	评价标准
外观形状（15 分）	表面光滑、对称、挺，12.1～15 分；中等，9.1～12 分；表皮粗糙有硬块，形状不对称，1～9 分
结构（15 分）	纵剖面气孔小而均匀，12.1～15 分；中等，9.1～12 分；气孔大而不均匀，1～9 分
弹韧性（15 分）	手指按复原性好，有咬劲，12.1～15 分；中等，9.1～12 分；复原性、咬劲均差，1～9 分
黏性（10 分）	咀嚼爽口不黏，8.1～10 分；中等，6～8 分；咀嚼不爽口、发黏，1～6 分
风味（15 分）	具有苦（甜）荞清香、无异味，12.1～15 分；中等，9.1～12 分；有异味，1～9 分
色泽（10 分）	浅黄（灰）、橙黄，8.1～10 分；中等，6～8 分；发灰、发暗，1～6 分
比容（20 分）	2.30mL/g 为满分，每减少 0.1mL/g 扣 1 分

2. 不同添加比例苦荞馒头的感观评定　对添加不同比例苦荞粉的苦荞馒头的感官评分见表 9-31。由结果可知：在小麦粉中添加苦荞粉制作的苦荞馒头，当苦荞粉的添加量为 10%～30%时，馒头的比容、外观形状、弹韧性、结构总得分几乎无差异。随着苦荞粉添加比例的增大，馒头的比容、外观形状、弹韧性和结构感官评分均下降。

表 9-31　添加不同苦荞粉的苦荞馒头的感官评分

项目	苦荞面粉添加量（%）				
	10	20	30	40	50
外观形状（15 分）	13.0	13.0	11.5	10.0	9.0
结构（15 分）	13.0	13.5	13.0	12.0	10.0
弹韧性（20 分）	17.5	16.4	15.0	13.5	12.0
黏性（10 分）	11.5	12.3	14.0	13.5	12.5
风味（10 分）	3.2	3.4	4.8	5.0	5.8
色泽（10 分）	8.8	9.0	9.5	9.2	8.6
比容（20 分）	19.0	19.0	18.0	16.0	14.0
总分（100 分）	86.0	86.6	85.8	79.2	71.9

从感官评分的综合评分情况分析，苦荞粉的添加量在 30%以下获得的馒头弹韧性好，内部组织气孔小而均匀，有咬劲又柔软爽口，具有浓郁的苦荞清香味。当苦荞粉添加量超过 40%对馒头的品质影响较大，馒头表面粗糙、比容小、外观形状小、组织不疏松，馒头略硬，咬劲差。

通过对以上介绍的荞麦粉制作的面条、面包、饼干、馒头的营养品质和感官评价分析，得出以下结论：与小麦粉、大米粉相比，荞麦粉制作的产品的基本营养成分不仅得到提高而且产品的感官质量也都是可以接受的。

第三节　荞麦功能性成分

荞麦的药用价值在远古时期就已被人们发现并在日常生活中得到应用。中国、日本、俄罗斯及欧洲许多国家的人民都有利用荞麦防病、治病的记载。我国古代医书《齐民要术》《备急千金要方》《群芳谱·谷谱》，以及明代的《本草纲目》等经典著作都有荞麦防病、治病的说明或处方。

唐代的《食疗本草》对荞麦的记载有："实肠胃，益气力，续精神，能炼五脏滓。"说明荞麦有强健体魄、提高免疫力的作用。《图经本草》有"实肠胃、益气力"的记述。孙思邈所著的《千金要方》指出，荞麦"味甘辛苦、性寒无毒"，说明荞麦属于寒凉食物。明代李时珍在《本草纲目》中对苦荞的特性进行了说明，认为"苦荞性味苦、平、寒，实肠胃，益气力，续精神，利耳目，能炼五脏滓秽，降气宽肠，磨积滞，消热肿风痛，除万浊，脾积泄泻等功效"，详细说明了作为"净肠草"的荞麦（苦荞）的保健和治疗效能。《群芳谱·谷谱》则指出荞麦"性甘寒无毒。降气宽中，能炼肠胃。气盛有湿热者宜之"。同时，对荞麦叶、茎的保健作用也进行了说明，"叶：作茹食。下气利耳目。多食则微泄。生食动刺风，令人身痒"。"秸：烧灰淋汁。熬干取碱。蜜调涂烂瘫疽。蚀恶肉、去面痣最良。淋汁洗六畜疮及驴马躁蹄"。作为谷物的荞麦，不但籽实具有较好的营养和功能作用，荞麦的叶和茎秸等也具有类似的解毒作用。《重修政要和证类本草》中也有类似的记载："叶作茹食，下气，利耳目。"清巡台御史黄叔璥在《台海使槎录》中以实例说明了荞麦的治疗作用："婴儿有疾，每用面少许，滚汤冲服立瘥"。清代食医（养生专家）王孟英在《随息居饮食谱》中称"罗面煮食开胃宽肠，益气力，祛风寒，炼滓，磨积滞"，这里的罗面就是指的荞麦。《齐民四术》(1846) 有"头风畏冷者，以面汤和粉为饼，更令镬罨出汗，虽数十年者，皆疾。又腹中时时微痛，日夜泻泄四五次者，久之极伤人。专以荞麦作食，饱食二三日即愈，神效。其秸作荐，可辟臭虫蜈蚣，烧烟熏之亦效。其壳和黑豆皮菊草装枕，明目"，这说明了荞麦除了有治疗腹泻的作用外，还有驱虫辟邪的作用。在这里也首次提出了荞麦壳枕头具有明目的作用。《中国药植图鉴》对荞麦有"可收敛冷汗"之说明，能治疗痢疾、咳嗽、水肿、喘息、烧伤、胃痛、消化不良、腰腿疼痛、跌打损伤等疾病。

《中药大辞典》也有对荞麦和苦荞疗效的说明："苦荞秸，治噎食，痈肿，并能止血，蚀恶肉。"《常见病验方研究参考资料》介绍："对于崩漏的治疗，采用荞麦麦根叶一两，切碎水煎服。"

一些医书还记载，荞麦具有开胃、宽肠、下气消积的功效，能治疗绞肠痧、肠胃积滞、慢性泄泻、禁口痢疾、赤游丹毒、痈疽发背、瘰疬、汤火灼伤等疾。

虽然人们对于荞麦（甜荞麦和苦荞麦）的保健作用有较深刻和准确的认识，但对于什么成分给荞麦带来了这样的功能和保健作用就缺乏研究和分析。最近几十年国内外对荞麦的功能性成分和作用的研究表明，荞麦良好的保健作用与其富含多种生物活性物质是密切相关的。现在已经知道的荞麦的功能性成分主要包括酚类、黄酮类、糖醇类、蛋白与多肽类、甾体类，这些活性物质在降血糖、降血压、降血脂、抗菌、抗氧化、抗肿瘤、抗衰老、改善记忆力，以及预防肥胖病等方面各显示了不同的功效。

一、酚类化合物

荞麦中的酚类化合物主要是苯甲酸衍生物和苯丙素类化合物。这些酚酸类包括没食子酸、香草酸、原儿茶酸、咖啡酸等。酚类化合物具有很好的生理活性，如抗氧化、抗菌、降低胆固醇、促进脑蛋白激酶等活性。对苦荞麦籽粒不同部位的测定分析发现，苦荞麦籽粒中的酚酸类物质主要包括原儿茶酸、阿魏酸、对羟基苯甲酸等9种化合物，其总含量为94.6～1 754.3mg/kg。此外，还含有原花青素0.03%～5.03%。在苦荞麦籽粒壳、麸皮、外层粉和内层粉等不同结构物料中，麸皮的酚类成分含量最高，苦荞壳次之，内层粉的含量最低（表9-32）。

表9-32　苦荞籽粒不同部位多酚类物质含量（mg/kg）分布

（徐宝才，2002）

成分	壳	麸皮	外层粉	内层粉
没食子酸	47.01	51.53	6.88	10.52
原儿茶酸	189.16	258.97	26.69	22.82
对羟基苯甲酸	72.17	360.25	47.47	11.95
香草酸	40.97	141.0	8.94	4.95
咖啡酸	9.90	104.68	7.61	14.75
丁香酸	4.92	18.01	1.35	1.21
p-香豆酸	0	42.78	0	0
阿魏酸	221.05	768.11	0	25.20
o-香豆酸	370.45	0	0	28.41
原花青素（%）	0.03	5.03	0.60	—

值得注意的是荞麦多酚的协同作用往往会产生更好的效果。用含胆固醇的高脂饲料喂雄杂交兔，辅以荞麦多酚，结果表明血中丙二醛和p-脂蛋白、胆固醇和甘油三酯降低；肝中抗坏血酸自由基和血中苯乙酸睾丸素增加，其作用效果均明显高于单一化合物——芦丁。PMP（polyphenolic mixture of plant）是由普通荞麦精制的多酚与环状糊精、食物纤维等混合压片制成的药品，含多酚15%～18%。动物实验表明，该产品具有降低鼠脑过氧化脂质（LPO），促进超氧化物歧化酶（SOD）活性，提高小鼠智力，促进脑蛋白激酶（PKC）活性，预防和治疗小鼠糖尿病、高胆固醇血症，活化巨噬细胞，促进一氧化氮（NO）的产生的作用。

所有需氧生物的生理过程均会产生自由基，它是维持正常生命活动所必需的。自由基的产生与清除处于动态平衡之中，一旦平衡被破坏，就会危害机体，发生疾病。病理学研究表明，自由基与许多疾病有关，如动脉粥样硬化、肝病、糖尿病、机体老化、癌症等。而多酚类化合物是一种安全和有效的抗氧化剂，因此也被认为是荞麦中最重要的营养保健功能因子。

通过对荞麦中不同种类的酚酸的抗氧化性和生理活性进行研究，发现儿茶素的生物活性主要有抗氧化、降胆固醇、抗肿瘤、抗细菌和抑制血管紧张素转换酶Ⅰ（ACE）活性。在研究了多种食物资源的ACE抑制活性后发现，荞麦粉的ACE抑制作用极为强烈。虽然荞麦种子的ACE抑制活性从外层到内层逐渐增加，但是许多营养成分含量却是外层比内层高，所以认为可能是外层粉中含量较高的三肽和儿茶素增强了其ACE抑制活性。随着人类社会老龄化趋势的加剧，老年性痴呆病成为重大社会问题。这其中由脑血管障碍引起的阿尔察默型老年性痴呆占有很大的比例。对阿尔察默病患者发病过程的研究发现：痴呆症状出现前，有β-淀粉状蛋白的蓄积；痴呆症状出现时，β-淀粉状蛋白是阿尔察默病患者老人斑的主要成分。目前已证实，植物来源的儿茶素是β-淀粉状蛋白毒性的抑制物质。

因此，作为儿茶素重要食物来源的荞麦，可能是老年食品的良好选择。

原儿茶素的生物活性表现为抗哮喘、止咳、抗心律失常、抗疱疹病毒等。原儿茶素也具有良好的抗氧化活性，甚至在食品加工业中被用作抗氧化剂。

何永艳、冯佰利等（2007）以不同生育时期的甜荞和苦荞为研究对象，测定了乙醇提取物中总酚和总黄酮含量，并利用体外法研究了其总抗氧化性及对羟基自由基的清除作用。结果表明，不同品种的总多酚和总黄酮含量在整个生育期的变化规律一致，呈现先升高后降低的变化趋势，并在盛花期达到最高。苦荞的多酚和黄酮含量高于甜荞，在 0.05 水平上有显著差异。所有参试物均有显著的抗氧化性，且总抗氧化活性以盛花期最强，羟基自由基的清除作用达 57.1%。

二、黄酮类化合物

黄酮类化合物是广泛存在于自然界的一大类化合物，以 2 个苯环（A 与 B 环）通过 3 个碳原子相互联结而成，这类化合物大多呈黄色或淡黄色，且分子中亦多含有酮基，因此被称为黄酮。

荞麦中含有其他禾谷类粮食作物中所不具有的生物黄酮类活性成分。其成分包括芦丁、槲皮素、山柰酚、桑色素、金丝桃苷及其衍生物等。这些黄酮类化合物具有较强的抗菌、抗氧化、抗病毒等生理活性。研究表明，荞麦的籽粒、根、茎、叶、花中均含有较丰富的黄酮类物质，而苦荞麦中黄酮类成分的含量又是甜荞麦的 10～100 倍。荞麦黄酮含量的高低与荞麦品种、部位及其种植条件有较大关系。在荞麦的不同部位，黄酮类化合物含量由高到低为花、叶、种子、茎。这也说明，除了可以利用荞麦籽实加工食品外，高效利用花、叶和茎也是今后荞麦食品加工业发展的重要方向。药效学的动物实验及临床观察表明，这些活性成分还具有较明显的降血糖、降血脂、增强免疫调节功能等作用。

研究表明，荞麦黄酮类化合物中最主要的成分为芦丁，其含量占总黄酮含量的70%～90%。芦丁又称芸香苷、维生素 P，是槲皮素的 3-*O*-芸香糖苷。芦丁对维持血管张力，降低其通透性，减少脆性有一定作用。芦丁还有利于维持微血管循环，并加强维生素 C 在体内的蓄积。此外，芦丁还有降低血脂和胆固醇，防止心脑血管疾病等作用，是动脉硬化、高血压的辅助治疗剂。芦丁对脂肪浸润的肝也有去脂作用，与谷胱甘肽合用时，其去脂效果更为明显。

（一）黄酮类化合物的结构与种类

荞麦中的黄酮类化合物多为以下结构的黄酮苷元（图 9-7）及其苷。但与豆类作物不同，在荞麦中还没有发现异黄酮、查耳酮类的报道。

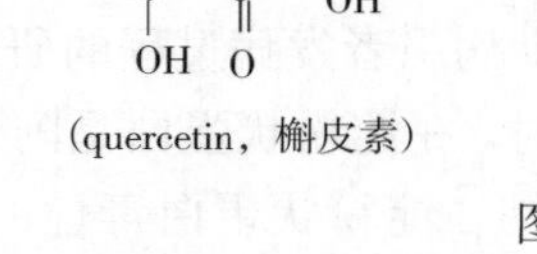

(quercetin，槲皮素) 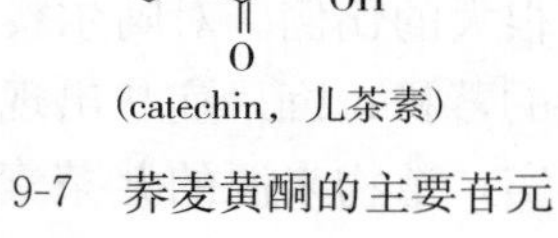　(catechin，儿茶素) 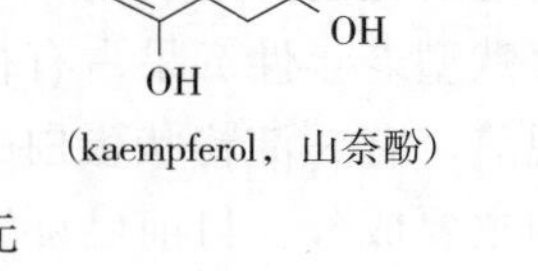　(kaempferol，山奈酚)

图 9-7　荞麦黄酮的主要苷元

相对于甜荞来说，苦荞主要生产地局限在我国，国外基本没有种植和食用苦荞的传统和习惯。因此，人们对其研究较少，仅知道苦荞中的总黄酮含量远高于甜荞。目前，对苦荞黄酮进行分离鉴定的研究也落后于甜荞，许多在甜荞中分离到的黄酮类物质是否在苦荞中也相应存在，还有待进一步的研究。不过，近年来对苦荞功能成分的研究明显加强。

1975年，Sato等从未成熟的荞麦种子中分离鉴定到芦丁（rutin）、槲皮素（quercetin）、橙皮素（hesperetin）、金丝桃苷（hpyeroside）等黄酮醇。1997年，Watanabe等从荞麦种壳中分离得到了牡荆素和异牡荆素，并从荞麦种子中得到了4种儿茶素（catechin）。1999年，Dietrych-Szostak等在荞麦籽粒中分离、鉴定了儿茶素（catechin）、东方蓼黄素（orientin）、异东方蓼黄素（isoorientin）等6种黄酮类化合物。同年，Qian Jian-Ya等在荞麦精粉中发现了白黎芦醇（resveratrol）。

李丹（2001）在四川苦荞中发现4种主要黄酮类化合物：芦丁、槲皮素、槲皮素-3-葡萄糖芸香糖苷、山柰酚-3-芸香糖苷；在收集水洗脱液时又发现了一种新的黄酮类化合物，槲皮素-3-芸香糖双葡萄糖苷。徐宝才等（2003）采用液质联用结合二极管阵列检测器（RP-HPLC-DAD/MS）的方法，在分析苦荞黄酮含量时发现苦荞黄酮中存在山柰酚。郭玉蓉等（2004）在甘肃荞麦提取液中也分离出黄酮醇、5-羟基黄酮或2-羟基黄酮等不同黄酮类化合物。

（二）荞麦中主要黄酮类成分的理化性质

1. 芦丁　芦丁又名芸香苷、维生素P、紫槲皮苷。其分子式和分子量分别为$C_{27}H_{30}O_{16}$和610.51。芦丁为浅黄色粉末或极细微淡黄色针状结晶，含3分子结晶水，加热至185℃以上时熔融并开始分解。芦丁在水中的溶解度极佳，在冷水中1∶10 000，沸水中1∶200可溶。但芦丁不溶于苯、乙醚、氯仿、石油醚等溶剂，而溶于乙醇、吡啶、甲酰胺、甘油、丙酮、冰醋酸、乙酸乙酯中。不过，在高温下的乙醇和甲醇中的溶解度均变差。

芦丁的结构式如图9-8所示。

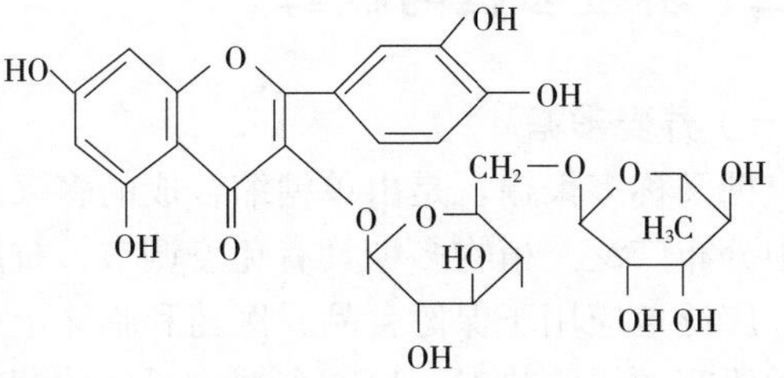

图9-8　芦丁的结构式

2. 槲皮素　槲皮素又名栎精、槲皮黄素。其分子式及分子量分别为$C_{15}H_{10}O_7$和302.23。槲皮素的二水合物为黄色针状结晶，在95～97℃成为无水物，熔点314℃。槲皮素的碱性水溶液呈黄色，几乎不溶于水，味苦。

槲皮素的结构式如图9-9所示。

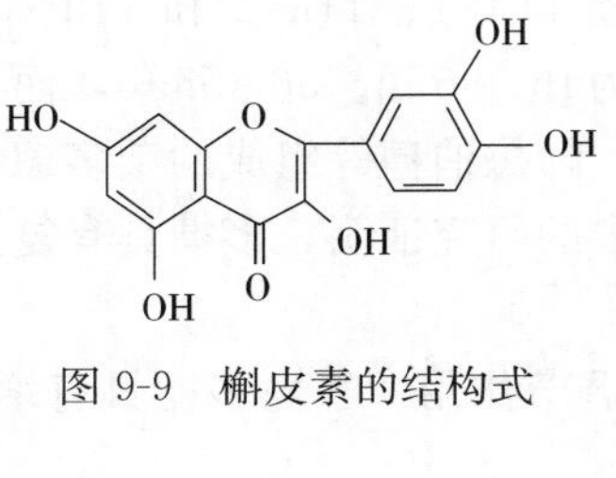

图9-9　槲皮素的结构式

3. 山柰酚　山柰酚又名山柰酚-3-山柰素、山柰黄酮醇、四羟基黄酮、百蕊草素Ⅲ。其分子式为$C_{15}H_{10}O_6$，分子量为286.23。山柰酚属于黄酮醇类，黄色针晶，熔点276～278℃。山柰酚微溶于水，溶于热乙醇、乙醚和碱。

山柰酚的结构式如图 9-10 所示。

（三）荞麦黄酮类化合物主要功能作用

1. 预防、治疗心血管疾病 荞麦黄酮类的主要成分——芦丁，具有维持血管张力，降低其通透性，减少脆性，维持微血管循环作用。荞麦黄酮对冠心病、心脑血管病和周围血管病均具有良好的治疗作用。芦丁可以抑制血管紧张素转换酶的活性，从而对高血压症的控制与治疗具有积极的作用。目前，芦丁已经成为大多数降血压药不可缺少的主要成分。

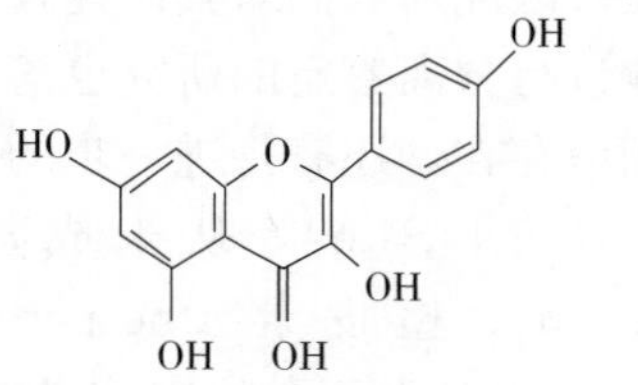

图 9-10 山柰酚的结构

2. 降血脂作用 体外试验证明，芦丁能使胰脂肪酶的活性增加 74.28%。同时，芦丁能使得粥样动脉硬化受阻，并能加强维生素 C 在体内的作用，进而改善脂代谢。这可能是荞麦黄酮降血脂作用的主要机制。

以芦丁和槲皮素为主要成分的药品，可以使受试大鼠血液总胆固醇水平下降 21%～30%，因此可以用于预防和治疗高脂血症、动脉硬化，心绞痛、中风和肝病。

3. 抗氧化作用 研究表明芦丁可显著抑制血红蛋白的自氧化，并可减少自氧化过程中脂质过氧化物——丙二醛的含量。

4. 抑菌杀菌作用 芦丁的抗炎作用报道较早。研究表明。芦丁经大鼠腹腔注射，对植入羊毛球的发炎过程有明显的抑制作用。芦丁的硫酸酯钠对大鼠热浮肿有很强的抗炎作用。利用 3 种大鼠溃疡模型观察芦丁对胃黏膜损伤指数的影响，并利用幽门结扎法收集胃液，观察对胃液分泌量、胃液酸度和胃蛋白酶活性的影响，结果发现芦丁可抑制冷冻束缚应激和乙酸引起的胃黏膜损伤，还可提高 H2 受体阻断药西咪替丁对胃黏膜的保护作用。

三、荞麦多糖与糖醇

（一）荞麦多糖

多糖又称多聚糖，是由单糖缩合成的多聚物。多糖是一类重要的生物活性物质，且在植物中分布广泛。植物多糖具有免疫调节、抗肿瘤、抗衰老、降血糖、降血脂等多种生物活性，广泛地应用于保健食品、医药和临床上，成为食品科学、天然药物、生物化学与生命科学研究领域的热点。植物多糖主要由葡萄糖、果糖、半乳糖、阿拉伯糖、木糖、鼠李糖、甘露糖、糖醛酸等单糖以一定的比例聚合而成。不同植物多糖的分子量依其组成存在差异。颜 军等（2011）采用水提醇沉法结合 DEAE-纤维素柱层析分离纯化，获得 3 个苦荞麦多糖组分 TBP-1、TBP-2 和 TBP-3。TBP-1、TBP-2 是由葡萄糖组成的均一多糖，其分子量分别为167 967u、567 539u，而 TBP-3 是由甘露糖、鼠李糖、葡萄糖醛酸、葡萄糖、半乳糖、阿拉伯糖等组成的杂多糖，分子量高达835 128u。

越来越多的研究证明，多糖具有复杂的多方面的生物活性和功能，特别是对机体免疫功能的作用。

1. 免疫调节作用 荞麦多糖具有增强免疫、抗肿瘤作用。经过学者多年的研究，多糖抗肿瘤大多不直接作用于肿瘤细胞，而是通过激活机体的免疫系统起作用。即促进淋巴细胞、巨噬细胞的成熟、分化和繁殖，促进各种细胞因子的生成，最终抑制肿瘤细胞的生长或导致肿瘤细胞的凋亡。

2. 保肝护肝　荞麦多糖具有保肝护肝的作用。赣南医学院曾靖、张黎明、江丽霞等（2005）进行了荞麦多糖对小鼠实验性肝损伤保护作用的研究。结果显示，荞麦多糖对四氯化碳、扑热息痛致肝损伤小鼠血清谷丙转氨酶（SGPT）活性的升高具有明显的拮抗作用，因此其对四氯化碳、扑热息痛所致小鼠急性肝损伤均有明显的保护作用。但对硫代乙酰胺致小鼠肝损伤血清谷丙转氨酶（SGPT）活性无影响。

3. 改善睡眠　荞麦多糖具有改善睡眠质量的作用。赣州市人民医院及赣南医学院的赖芸、肖海、黄真（2009）采用荞麦多糖对小鼠睡眠功能和自发活动的影响进行了研究。实验结果表明，荞麦多糖有明显抑制昆明种小鼠自发活动的作用，可使小鼠的自发活动明显减少，明显减少大波、中波出现次数。荞麦多糖还能明显加快阈上剂量戊巴比妥钠小鼠的入睡时间，可增强阈下剂量戊巴比妥钠的催眠时间和增加小鼠入睡动物数。荞麦多糖对小鼠睡眠的影响与戊巴比妥钠有协同作用，且剂量越大，作用越明显。表明荞麦多糖有明显的中枢抑制作用，同时与戊巴比妥钠有协同的中枢抑制作用。但到现在为止，对荞麦多糖的药理学作用研究不足，其主要药理学作用及作用机制尚不清楚。由于多糖结构复杂，即使组成相同的多糖，也可能因其螺旋结构的不同，具有不同的吸收、分布和活性。因此，阐明荞麦多糖的主要药理学作用及其作用机制与荞麦多糖的化学研究是息息相关的。当前对荞麦多糖的化学研究很少，其有效活性成分还未见报道。

（二）荞麦糖醇

D-手性肌醇（DCI）是一种水溶性肌醇（环己六醇）的立体异构体，具有降血糖活性。荞麦糖醇是荞麦种子发育成熟过程中所积累的具有降糖作用的DCI及其单半乳糖苷、双半乳糖苷和三半乳糖苷的衍生物。DCI及其半乳糖苷对人体健康非常有利，尤其是对Ⅱ型糖尿病有疗效。此外，荞麦中还含有山梨醇、肌醇、木糖醇、乙基-β-芸香糖苷，这些成分都是对人体健康有利的物质。

肌醇共有9种同分异构体，其中以D-手性肌醇最受关注。Ostlund等（1993）研究发现，Ⅱ型糖尿病患者可能由于代谢紊乱，D-手性肌醇流失太快，使患者尿液中D-手性肌醇含量高于正常人数倍，而血液中的含量又远低于正常人。正常人尿液中的肌醇与D-手性肌醇的比例一般小于5，而在糖尿病患者尿液中两者比例远远超过5。Sun等（2002）发现不但糖尿病人的尿液中存在肌醇与D-手性肌醇比例失调的现象，在肝脏、肾脏和肌肉中也存在类似情况。Ortmeyer（1995）的研究表明，D-手性肌醇并不是通过提高血液中胰岛素水平来降低血糖浓度的，而是提高了胰岛素的敏感性来达到降低血糖浓度的目的。Julinne（2003）等发现含D-手性肌醇的荞麦提取物具有降糖作用，对正常大鼠事先给予D-手性肌醇可降低葡萄糖负荷后的血糖上升幅度。Sanchez-Arias（2002）等人进行了有关D-手性肌醇降低实验性糖尿大鼠血糖机制的研究，证实STZ大鼠糖基化磷脂酰基醇酯（glycosyl phosphatidyl-inositol，GPI）依赖的胰岛素信号途径受损。从STZ大鼠分离的肝细胞与对照组相比，GPI水平较低。STZ诱导糖尿病大鼠也阻断了对胰岛素反应的GPI的水解，从而减少了DCI-IPG（D-手性肌醇-糖基化磷酰基醇酯）的释放。

边俊生等（2007）以荞麦麸皮为原料，用酒精提取，经过高压水解、活性炭脱色、离子交换树脂纯化、浓缩，得到荞麦 D-手性肌醇提取物（TBBEP），含 D-手性肌醇可达22%。相关动物药理试验表明，苦荞提取物可能提高了胰岛素的敏感性，效果最好的一组小鼠血糖降低了38%。陕方等（2006）人研究了苦荞不同提取物对糖尿病模型大鼠血糖的影响。将苦荞麸皮不同浓度的乙醇溶液提取物，用于链脲霉素诱发的糖尿病模型大鼠，富含黄酮和富含 D-手性肌醇的两种提取物对糖尿病模型大鼠血糖的影响不同（表 9-33）。含有较高的黄酮含量（D-手性肌醇含量较低）的作用不及含有高 D-手性肌醇（低黄酮含量）的提取物的作用明显。

表 9-33　不同 D-手性肌醇和总黄酮含量对其降糖效果的影响

（陕方，2006）

组　别	剂量（g/kg）	血糖（2.5h）	血糖（5h）
空白对照	—	312.3±53.5	282.6±34.4
二甲双胍	0.2	261.1±45.7*	185.6±78.8**
提取物 A（3.01%D-手性肌醇+0.26%总黄酮）	5.0	277.0±35.3	247.5±27.4*
提取物 B（0.24%D-手性肌醇+45.3%总黄酮）	5.0	311.8±41.2	258.6±15.7

注：* 表示 0.05 水平下的显著性差异；** 表示 0.01 水平下的极显著性差异。

四、蛋白与多肽类

荞麦蛋白质主要由清蛋白、球蛋白、醇溶蛋白、谷蛋白、残渣蛋白组成。从氨基酸组成来看，荞麦蛋白的氨基酸组成较为均衡，富含 8 种人体必需氨基酸，特别是主食谷物的限制性氨基酸——赖氨酸，因而具有很高的生物价值。

多肽是由蛋白质中天然氨基酸以不同组成和排列方式构成的，是从二肽到复杂的线性或环性结构的不同肽类的总称。其中可调节生物体生理功能的多肽称为功能肽或生物活性肽。荞麦活性肽往往可能具有比荞麦蛋白更好的理化性质，如对热很稳定；无抗原性，不会引起免疫反应；黏度随温度变化不大，可直接由肠道吸收，吸收速度快、吸收率高等。

（一）蛋白质的消化率

Guo 等（2006）研究发现，荞麦的 4 种主要蛋白质组分的消化率分别为清蛋白81.20%、球蛋白 79.56%、谷蛋白 66.99%、醇溶蛋白 58.09%。总体来看，荞麦的蛋白质消化率低于主要粮食作物的蛋白质消化率。但是，也正是由于其蛋白质消化率较低，其功能作用得到了增强。

（二）抗氧化活性

李红敏等（2006）分别采用木瓜蛋白酶、复合蛋白酶、碱性蛋白酶、风味酶以及中性蛋白酶来酶解荞麦蛋白，并以亚油酸-硫氰酸铁法测定多肽液的抗氧化活性。发现不同的蛋白酶酶解得到的多肽液浓度和抗氧化活性均有所不同。其中以复合蛋白酶酶解液的多肽浓度最高，达到 7.82mg/mL，而复合风味蛋白酶的酶解液多肽含量最低，只有 2.08mg/mL。不过，水解蛋白酶的酶解液多肽浓度虽然不是最高（5.87mg/mL），但其抗氧化活性却高达 35.96%，远高于 Protamex 复合酶酶解液的 20.14%。这说明不但多肽的含量对其抗氧化活性有影响，多肽的种类等对其抗氧化活性的影响甚至更加明显。

Chuan-He Tang 等（2009）将荞麦蛋白进行酶解处理后，研究了其水解产物的抗氧化活性。结果发现水解后得到的荞麦多肽具有极强的清除 DPPH 自由基（1，1-二苯基-2-苦苯肼自由基）的能力。同时，还有较强的抗氧化性，能有效抑制亚油酸过氧化。研究还表明荞麦水解物的抗氧化活性与其所含的多酚含量有密切联系，而荞麦蛋白中正富含多酚类物质。

丰凡（2007）采用酶法水解荞麦蛋白得到荞麦多肽，经隆丁快速测定法分级显示多肽分子量均小于2 300u。通过与荞麦蛋白对比发现荞麦多肽的抗氧化活性明显优于荞麦蛋白，其中羟基自由基清除率为 45.4%，ABTS［2，2-连氮基-双-（3-乙基苯并噻唑啉-6-磺酸）＝氨盐］自由基清除率为 99.05%，超氧阴离子清除率为 80.33%，DPPH 自由基清除率为 46.6%，亚油酸氧化抑制率最大可达到 84.8%。

（三）抗衰老和抗疲劳作用

张政等（1999）采用碱抽提和等电点沉淀法，从荞麦籽粒中制备出荞麦蛋白复合物，用 20%荞麦蛋白复合物饲喂小鼠。通过观察小鼠血液、脏器中的超氧化物歧化酶、过氧化氢酶和谷胱甘肽过氧化物酶的活性，发现食用含有苦荞蛋白饲料的小鼠，其血液和脏器中的超氧化物歧化酶、过氧化氢酶和谷胱甘肽过氧化物酶的活性均有不同程度的提高，且脂质过氧化产物丙二醛的含量呈下降趋势，表明苦荞蛋白对生物体具有一定的抗衰老作用。但荞麦蛋白的抗衰老作用与其抗氧化作用密切相关，可能是由于荞麦中丰富的多酚类物质是主要的作用源。

张超等（2004）研究了荞麦抗疲劳的作用，发现荞麦蛋白与黄酮类化合物相比其抗疲劳效果更加显著，且在清蛋白、球蛋白和谷蛋白三者中，球蛋白的抗疲劳效果最为明显。对球蛋白进行氨基酸分析发现，球蛋白含有丰富的支链氨基酸，可能是抗疲劳的主要功效成分。

（四）调节血脂和血糖上升速度

血脂是指血浆中甘油三酯、胆固醇等中性脂肪和磷脂、糖脂、固醇、类固醇等类脂的总称。血脂的高低与日常膳食摄入和体内代谢有着密切的联系。高血脂症是由于体内血脂代谢异常所致，高血脂症可诱发动脉粥样硬化、冠心病、心肌梗死等心脑血管疾病。

胆汁酸是胆固醇分解后的产物，通过吸附胆汁酸并将其排出体外可有效降低其在肝肠循环过程中的积累，提升胆固醇的代谢强度，最终快达到降低体内胆固醇的效果。周小理等（2011）采用硫酸铵盐析法、葡聚糖凝胶-琼脂糖快流速离子交换层析法提取和制备了苦荞的水溶性蛋白，并进行了分离提纯，研究了其对胆酸盐的吸附作用。分别配制 4mg/mL 胆酸钠、脱氧胆酸钠、牛黄胆酸钠溶液，加入苦荞水溶性蛋白提取纯化物，于 37 ℃恒温下反应 1 h 后，在 5 000 r/min 离心分离 10 min。移取 1mL 上清液，于 620nm 波长处测吸光度，根据反应前后溶液中胆酸盐的浓度差计算苦荞水溶性蛋白纯化物对胆酸盐的吸附量（表 9-34）。结果表明，苦荞水溶性蛋白纯化物不但对 3 种胆酸盐均有吸附效果，而且对胆酸钠、脱氧胆酸钠的吸附率都超过了 90%。初步证实了苦荞水溶性蛋白具有一定的降血脂功能。

表 9-34 苦荞水溶性蛋白纯化物对胆酸盐的吸附能力

胆酸盐	苦荞水溶性蛋白纯化物胆酸盐吸附率（%）
胆酸钠	93.80±0.0049
牛黄胆酸钠	54.89±0.0078
脱氧胆酸钠	95.38±0.0028

Kayashita J. 等（1997）发现荞麦蛋白与其他植物蛋白相比，有更强的降低胆固醇的效果，特别是降低低密度脂蛋白的作用。荞麦蛋白降低血液胆固醇的作用与膳食纤维相似，荞麦蛋白有较低的消化率，被称为抗性蛋白，具有膳食纤维的作用，可增加对中性脂的排泄。

Jun Kayashita 等（1995、1996、1997）通过喂食高胆固醇饲料的方法诱导出小鼠高胆固醇模型，分别比较了荞麦蛋白提取物、大豆蛋白及酪蛋白对高胆固醇症状的效果。给患有高胆固醇症的小鼠分别喂食 3 种蛋白 3 周后，发现三组样本在食量、生长方面均无差异，分别取样测定三组样本血液及肝脏中的胆固醇含量，结果发现食用荞麦蛋白提取物的小鼠血液中胆固醇含量及肝脏中胆固醇含量均显著低于大豆蛋白组和酪蛋白组。采用同样的方法测定了荞麦蛋白对体内甘油三酯、葡萄糖-6-磷酸脱氢酶等影响，结果发现荞麦蛋白提取物能降低肝脏中甘油三酯的含量，并抑制肝脏中葡萄糖-6-磷酸脱氢酶的活性及脂肪酸的合成，同时喂食荞麦蛋白提取物的小鼠其血液中甘氨酸和精氨酸的含量均高于喂食大豆蛋白和酪蛋白的实验组，因此推测这两种氨基酸可能与降低体内脂肪含量有关。此外，实验还发现荞麦蛋白提取物能增加小鼠排泄物中中性甾醇的含量，认为荞麦蛋白降低胆固醇的机理可能与膳食纤维类似，是通过吸附胆酸盐并将其排出体外，以有效降低胆酸盐在肝肠循环过程中的积累，从而促进胆固醇的代谢，最终达到降低体内胆固醇的效果。

左光明等（2010）利用高脂饲料诱导小鼠高脂血症模型，分别研究了苦荞蛋白中清蛋白、球蛋白及谷蛋白体内降血脂及抗氧化功能。结果发现，苦荞蛋白各组分均有不同程度的降血脂及体内抗氧化功能，其中清蛋白降血脂及抗氧化功能最强，其次为球蛋白，谷蛋白最弱。清蛋白能显著降低血清中总胆固醇、甘油三酯、低密度脂蛋白胆固醇的含量，提高高密度脂蛋白胆固醇含量。此外，还能显著降低血清和肝脏脂质过氧化产物丙二醛含量，增强超氧化物歧化酶、谷胱甘肽氧化物酶活性。

（五）抑制脂肪蓄积

Kayashita J. 等（1994、1997）对正常健康的大白鼠喂荞麦蛋白、大豆蛋白和酪蛋白，结果发现荞麦蛋白组的脂肪组织重量最低，表明荞麦蛋白对脂肪的蓄积有良好的抑制作用。荞麦蛋白降低脂肪的机制，可能与其富含精氨酸有关。

（六）降低血糖的作用

崔霞（2006）采用碱性蛋白酶提取得到了相对分子量集中在 100～1 000u 之间的低分子量活性肽，通过动物实验表明这种活性肽能有效抑制体外脂质过氧化反应的发生，保护细胞和组织的生理功能，且对四氧嘧啶所致糖尿病可以起到降低血糖的作用。

（七）抑制胆结石形成

Tomotake 等（2002）发现，饲喂荞麦蛋白的老鼠胆囊中胆汁酸含量比较高，没有胆结石形成，饲喂了大豆蛋白和动物蛋白的部分老鼠出现了胆结石，说明荞麦蛋白具有抑制胆结石形成的作用。

Hiroyuki Tomotake 等（2006）通过动物实验发现摄入荞麦蛋白能降低胆囊胆汁中胆固醇的摩尔百分比，促进肝脏中的胆酸合成胆固醇，从而降低了患胆结石的风险。此外，研究还发现摄入荞麦蛋白能提高排泄物中胆汁酸的含量，因此 Hiroyuki Tomotake 等人认为荞麦蛋白中可能含有能吸附胆酸的蛋白，且荞麦蛋白的低消化性也可能与胆酸的排泄有关。

（八）抗肿瘤作用

郭晓娜（2006）通过硫酸铵分级沉淀、离子交换色谱、凝胶过滤色谱等方法对苦荞麦蛋白质进行了分离纯化，并结合细胞实验筛选出了苦荞麦水溶性蛋白质中体外抗肿瘤活性的有效成分。经分析发现该成分为单体蛋白，其相对分子质量为57 000u。通过细胞实验表明，此成分对人乳腺癌细胞株 MDA-MB-231 和乳腺癌细胞株 Bcap37 细胞有明显的增殖抑制作用，能使细胞变形，细胞核固缩、裂解，出现典型的凋亡形态学特征。

郭晓娜（2010）采用 MTT 法、HE 染色法、扫描电镜法研究苦荞麦蛋白质（TBWSP31）对人乳腺癌 Bcap37 细胞的增殖抑制作用。结果表明：TBWSP31 对人乳腺癌细胞株 Bcap37 的生长有明显的抑制作用，并且存在时间效应和剂量效应。48h 和 72h 的 IC_{50} 值分别为 43.37μg/mL、19.75μg/mL。HE 染色发现细胞经样品作用后，变形、变小，细胞核固缩、裂解，细胞膜皱褶、卷曲和出泡，并且有细胞膜包裹的凋亡小体生成。扫描电镜下观察细胞表面超微结构，发现细胞出现典型的凋亡形态学特征，细胞表面微绒毛大量减少，有的甚至消失，细胞体积变小，细胞膜皱缩，表面凸起，形成了大量的小泡，有的成为凋亡小体。

Liu Zhihe 等（2010）用含有 20%荞麦蛋白的饲料对 4 周龄雄小鼠进行 124d 自由摄取式喂养，在前 8 周，每周使之摄入一次二甲基肼，结果小鼠大肠腺瘤数量减少、细胞增殖减少，直肠癌的发生概率降低了 4.7%。

Jun Kayashita 等（1999）研究了荞麦蛋白提取物对由 7，12-二甲苯蒽引起的乳腺癌的影响，结果发现通过摄入荞麦蛋白提取物，雌鼠中患乳腺癌的数量明显减少，且血液中雌二醇含量也较未摄入的雌鼠少。由此可知，荞麦蛋白提取物可通过降低血液中雌二醇含量来减少患乳腺癌的概率。

Liu Zhihe 等（2001）研究了荞麦蛋白对由 1，2-二甲肼诱发的结肠癌的影响，通过喂食小白鼠含有荞麦蛋白的饲料后发现，与未食用荞麦蛋白的对照组相比，实验组中患结肠癌的数量减少了 47%。研究还发现摄入荞麦蛋白能有效减少结肠癌细胞的增殖，从而降低结肠癌的患病率。

五、其他活性成分

植物甾醇存在于荞麦的各个部位，主要包括β-谷甾醇、菜油甾醇、豆甾醇等。植物甾醇对许多慢性疾病都表现出药理作用，具有抗病毒、抗肿瘤、抑制体内胆固醇的吸收等作用。β-谷甾醇是荞麦胚和胚乳组织中含量最丰富的甾醇，约占总甾醇的 70%，该物质不能被人体所吸收，且与胆固醇有着相似的结构，在体内与胆固醇有强烈的竞争性抑制作用。

荞麦种子中还存在着硫胺素结合蛋白，该活性成分起着转运和储存硫胺素的作用，同时可以提高硫胺素在储藏期间的稳定性及其生物利用率。这对于那些缺乏和不能储存硫胺素的患者而言，荞麦是一种很好的硫胺素补给资源。

荞麦中还含有缩合鞣质类如原矢车菊素及其没食子酸酯，前者具有较好的抗肿瘤、抗氧化等活性。

此外，荞麦中还含有荞麦碱，以及多羟基吡啶化合物（含氮多羟基糖，D-葡糖苷酶抑制剂），这些活性物质具有很好的降糖作用。

荞麦含有的主要生物活性成分见表 9-35。

表 9-35　荞麦的生物活性成分

种类	成分	分布位置	参考文献
酚酸类（Phenolics）	没食子酸（gallic acid）、香草酸（vaillic acid）、原儿茶酸（protocatechuic acid）、咖啡酸（caffeic acid）、丁香酸（syringic acid）、阿魏酸（ferulic acid）、原花青素（proanthocyanidins）	主要分布在种子中，具有抗氧化性、抗菌、降低胆固醇等功效	Koyama 等，2013；Zhang 等，2012
黄酮类（Flavonoids）	芦丁（rutin）、槲皮素（quercetin）、牡荆素（vitexin）、异牡荆甙（isovitexin）、荭草苷（orientin）、异荭草苷（isoorientin）	主要分布在种子中，具有抗炎症、抗癌、降血压的功效	Fabjan 等，2003；Liu Chen 等，2008；Liu Tang 等，2008
氮杂糖（Iminosugars）	多羟基吡啶化合物（D-fagomine）、脱氧野尻霉素（L-deoxynojirimycin，DNJ）	主要分布在种子中，这些含氮杂糖是糖苷酶的抑制剂	Gomez 等，2011；Amezqueta 等，2012
肌醇（Inositol）	D-手性肌醇（D-chiro-inositol，DCI）	主要分布在种子中，手性肌醇通过提高胰岛素含量和降低血压调节胰岛素代谢	Fonteles 等，2000；Ueda 等，2005
蛋白质（Protein）	TBWSP31	荞麦蛋白主要分布在种子中，TBWSP31 富含于水溶性提取物中，是一种新型抗肿瘤蛋白质	Guo 等，2010
异戊二烯（Isoprenoid）	角鲨烯（squalene）	分布在整个植物中，角鲨烯是有效的抗氧化剂	Kalinova 等，2006
维生素（Vitamins）	维生素 B_1、维生素 B_2、维生素 B_3、维生素 B_5、维生素 B_6、维生素 C	瘦果中含有维生素 B_1、维生素 B_2、维生素 B_3、维生素 B_5、维生素 B_6；芽中含有维生素 B_1、维生素 B_6、维生素 C；种子的胚乳和胚胎外周含有维生素 B_1、维生素 B_2、维生素 B_6	Kim 等，2002；Fabjan 等，2003
维生素 E（Vitamin E）	R-生育酚（R-tocopherol）	分布在整个植物中	Kalinova 等，2006

第四节　荞麦食品功效评价

荞麦作为药用有悠久的历史，现代药理研究及作为药品在临床广泛应用还鲜有报道。其安全范围较大，研究价值高，但是目前国内还未有荞麦相关药品问世，对其研究开发还有很长的路要走，值得更多关注和深入研究。作为食品，荞麦已经享有一席之地，但是作为药品使用它还没有引起足够的重视。

随着社会进步，科学发展，人们越来越关注食药同源植物的研究，希望从中找到更多具有医疗保健作用的药物。现代“富贵疾病”的发展趋势，更促使人们关注荞麦这一具有双重身份，又对现代疾病有一定防治作用的食药同源植物的研究进展。荞麦的药理与功效评价研究包括动物实验和人群实验两大类。

一、动物实验

（一）对血糖血脂的影响

1987 年，北京市宣武医院、同仁医院合作用苦荞粉对高脂饲料饲喂的大鼠模型进行降脂试验，3 周饲喂结果显示，大鼠胆固醇由 318mg/dL 下降到 61mg/dL，β-脂蛋白由 1 032mg/dL 下降到 153mg/dL。

祁学忠等（2003）研究还发现苦荞黄酮对正常小鼠血糖无降低作用，对实验性高血糖小鼠血糖有明显降低作用，对其糖耐量有明显改善作用，对糖化蛋白也明显降低，可促进肝糖原合成，对氢化可的松诱发的胰岛素抗性有改善作用。

高铁祥等（2003）用注射链脲佐菌素并配合高热量饮食的方法建立糖尿病（DM）模型，发现复方苦荞能明显地改善 STZ 糖尿病大鼠的症状，能降低血糖及血清中 TNF-α、PAI-1 的含量，促进胰岛素分泌，具有改善胰岛素抵抗作用，明显降低 TXB_2 含量，升高 6-keto-$PGF_{1α}$，明显减轻 STZ 糖尿病大鼠神经病变。说明复方苦荞对 Ⅱ 型糖尿病有确切疗效，对糖尿病神经性病变具有早期防治作用。

伍杨等（2004）用腹腔注射四氧嘧啶建立高血糖动物模型，食用苦荞粉后可明显降低模型大鼠的血糖。

胡慧等（2004）用复方苦荞合剂对此模型进行治疗，能有效改善糖尿病、肾病大鼠多尿、多饮、多食和体重减轻的症状，可通过降低血糖，调节脂代谢，改善血液高凝状态等达到调控肾脏整体功能，说明复方苦荞合剂对糖尿病引发的肾病具有防治作用。

瞿燕等（2006）研究发现，服用复方苦荞胶囊对正常小鼠体重、空腹血糖无显著影响，但能降低四氧嘧啶诱导的高血糖模型小鼠空腹血糖，升高模型小鼠糖耐量而对模型小鼠体重无影响，说明复方苦荞胶囊具有一定的降糖或辅助降糖作用。苦荞的黄酮提取物（150 g/kg）连续灌胃 15d，可提高正常小鼠糖耐量水平，使糖负荷后 1h 血糖值明显降低（$P<0.01$）。给高胆固醇饲料饮食大鼠饲用含苦荞的标准饲料，能有效减轻血清 TC、TG、CHO、FFA 的升高，具有降脂作用。童红莉等（2006）给高脂饲料饮食大鼠进行苦荞壳提取物饲用，发现苦荞壳提取物可降低实验性高脂血症大鼠的血脂、肝指数、肝脏脂质沉积，提高血液的抗氧化能力，提高肝脏抗氧化能力，减轻高脂饮食导致的氧化损伤，降低肝脏脂质过氧化水平，预防脂肪肝的形成。苦荞壳提取物中含有丰富的类黄酮化合物，主要为芦丁、槲皮素等。苦荞类黄酮可清除 O^{2-}，—OH 等自由基，升高自由基清除酶 SOD、GPX 活力，降低脂质过氧化水平，改善高脂血症大鼠氧化—抗氧化失衡状态，从而减少因高脂血症产生的过量自由基对机体的损伤作用，这可能是苦荞壳提取物实现调

节血脂和肝脏保护作用的机制之一。

周艳萍（2007）发现复方苦荞能明显改善糖尿病大鼠症状，降低糖尿病大鼠血糖，提高糖尿病大鼠血浆胰岛素水平，降低血浆胰高糖素水平，并能在一定程度上修复损伤的B细胞，抑制α细胞异常增殖。其降糖效果呈剂量依赖性。

马挺军等（2010）证实在4周的血糖测量中，苦荞醋2号具有降血糖活性。与模型组比较，苦荞醋2号中剂量组有显著性差异（$P<0.05$），血糖比模型组下降了17.2%。对小鼠口服糖耐量试验，苦荞醋2号可辅助抑制糖负荷引起的血糖升高

陈耀明等（1997）发现苦荞粉能明显降低血脂水平，有降低血清游离脂肪酸的趋势，但对大鼠体重增长无异常影响。

高铁祥（2002）通过对饲喂高脂饲料的高脂血症小鼠观察，发现苦荞正丁醇提取物（相当于生药150～200 g/kg）对其血清胆固醇、甘油三酯的升高有明显的降低作用（$P<0.01$），氯仿提取物（相当于生药150 g/kg）对胆固醇的升高也有一定的缓解作用，但作用性质不稳定（$P<0.05$）。复方苦荞对Ⅱ型糖尿病大鼠症状明显改善，血糖血脂降低，SOD活性提高，MDA水平降低，NO代谢水平改善，对治疗Ⅱ型糖尿病疗效可靠

李洁等（2004）用高胆固醇乳剂建立高血脂动物模型，然后给予苦荞类黄酮进行治疗，结果苦荞类黄酮可以使高血脂小鼠的甘油三酯水平和高血脂大鼠的胆固醇及甘油三酯水平明显降低，但是不降低二者的高密度脂蛋白水平。苦荞类黄酮具有较强生理活性，其主要成分是2-苯基色原酮类化合物，如槲皮素、芦丁、桑色素、莰菲醇等黄酮类物质。

薛长勇等（2005）采用不同浓度的乙醇溶液处理苦荞麸皮原料，得到苦荞黄酮和自由D-手性肌醇含量差异显著的两种苦荞提取物。通过糖尿病模型大鼠试验发现，两种苦荞提取物对大鼠血糖相关指标的影响显著不同。富含自由D-手性肌醇而苦荞黄酮含量较低的苦荞提取物，其降血糖效果明显好于苦荞黄酮含量高而自由D-手性肌醇含量低的苦荞提取物，表明血糖降低与D-手性肌醇有关。

陕方等（2006）认为其降血糖、血脂的途径可能是通过抑制糖苷酶、三酰甘油、激活过氧化物体增殖剂激活型受体γ和α而实现。

张月红等（2006）发现苦荞提取物对α-葡萄糖苷酶的活性有明显的抑制作用，抑制程度与阿卡波糖相当。苦荞提取物可降低餐后血糖，可能与其抑制α-葡萄糖苷酶活性有关。有研究者发现苦荞胚油有显著的降血脂、肝脂、抗肝脂氧化等作用。

王敏等人（2006）采用苦荞制粉的副产品提取苦荞胚油对实验性高脂血症大鼠进行降脂和抗氧化研究，连续6周试验结果显示：与绞股蓝总苷片为阳性对照组相比，苦荞胚油各剂量组血清TG和肝脏MDA降低均达到极显著（$P<0.01$）水平；其中中剂量组降脂和抗氧化效果突出，其血清TC、血清MDA和肝脏TG降低均达到显著水平（$P<0.05$），肝脏TC降低达到极显著水平（$P<0.01$）。

左光明等（2010）利用高脂饲料诱导小鼠高脂血症模型，对苦荞蛋白各组分进行体内降血脂及抗氧化功能研究。结果表明，苦荞蛋白各组分均具有不同程度的降血脂及体内抗氧化功能，其中清蛋白最强，球蛋白次之，谷蛋白最弱。与高脂模型组相比，苦荞清蛋白高、低剂量组和球蛋白高剂量组，均显著降低高脂血症小鼠血清中总胆固醇（TC）、甘油三酯（TG）、低密度脂蛋白胆固醇含量（LDL-C）（$P<0.05$），显著提高高密度脂蛋白胆

固醇含量（HDL-C）（$P<0.05$），有降血脂作用；同时清蛋白高、低剂量组能显著降低高脂血症小鼠血清和肝脏脂质过氧化产物丙二醛（MDA）含量（$P<0.05$），显著增强血清和肝脏中超氧化物歧化酶（SOD）、谷胱甘肽过氧化物酶（GSH-Px）活性（$P<0.05$）。

童国强（2011）喂大鼠高血脂模型苦荞酒 30 d，表明 10 倍、30 倍苦荞酒剂量组 TG 水平均显著低于高脂对照组；30 倍苦荞酒剂量组血清 TC 水平明显低于高脂对照组和正常对照组。证明苦荞酒具有辅助降血脂功能。

王斯慧等（2012）发现，阿卡波糖、苦荞总黄酮溶液、苦荞水溶性黄酮溶液、苦荞醇溶性黄酮溶液对 α-葡萄糖苷酶均有抑制作用，且苦荞样品的效果优于阿卡波糖，其半抑制浓度（IC_{50}）分别为 0.85、0.026、0.037、0.057 mg/mL。

苦荞降糖和降血脂的作用可能与苦荞粉中含有丰富的亚油酸、芦丁、槲皮素、微量元素、维生素、植物固醇等有关。亚油酸为不饱和脂肪酸，能与胆固醇结合成酯，促进胆固醇的转运，抑制肝脏内源性胆固醇的合成，并促进其降解为胆酸而排泄，故有较好的降脂作用。维生素、氨基酸、植酸可清除自由基，并阻断或减轻自由基对细胞和组织的损伤。芦丁能减轻急性胰腺炎的病理生理损害，保护胰腺组织，加强胰岛素外周作用，抗脂质过氧化、抑制高密度脂蛋白（HDL）氧化修饰，促进胆固醇降解为胆酸排泄，降低毛细血管的通透性，扩张血管，加强维生素 C 的作用并促进维生素在体内蓄积，有利于改善脂质代谢。微量元素镁能降低血清胆固醇；硒能促进胰岛素分泌增加直接清除氧自由基，因其为谷胱甘肽过氧化物酶（GSH-Px）的重要组成部分，亦能与 SOD 一起清除体内氧自由基，且 GSH-Px 能阻断或减轻脂自由基对细胞或组织的过氧化损伤。硒还使动物血中 TC、TG 显著降低；锌能减少胰岛素活性减退，使游离脂肪酸降低；铬可以增强胰岛素功能，改善葡萄糖耐量。所含维生素 PP 有降低人体血脂和胆固醇的作用，食物纤维可以螯合胆固醇。黄凯丰（2011）以 4 份苦荞及其荞麦壳为试验材料，测定了其对不饱和脂肪酸、饱和脂肪酸的吸附能力，同时测定了在不同处理条件下荞麦对胆固醇的吸附能力。结果表明：不同苦荞籽粒对油脂的吸附量总体为 1.0g/g，显著低于荞麦壳的吸附量；不同处理时间对苦荞吸附胆固醇能力的影响不大；当苦荞材料用量为 0.01g（经 40 倍体积的冰乙酸饱和）时，对胆固醇的吸附能力显著高于其他用量处理；苦荞材料间对胆固醇吸附能力的差异不显著。因此，长期食用含苦荞的食物对糖尿病、高脂血症有良好的医疗保健作用。

（二）抗疲劳作用

张超等（2005）通过检测小鼠的负重游泳、爬杆时间等生化指标，发现苦荞球蛋白可以显著提高小鼠的负重游泳时间、爬杆时间和肝糖原的含量，有效地降低血液中的乳酸和血清尿素的含量。球蛋白具有抗疲劳作用，主要原因是其氨基酸组成中 F 因子低，可以抑制 5-羟色胺的形成，对神经中枢系统（CNS）的抑制作用降低，使动物的活动能力增强和耐力时间延长。用苦荞籽醇提物连续给小鼠灌胃 7d，观察小鼠转棒耐力。发现苦荞籽提取物能明显延长小鼠转棒耐力时间，与阴性对照组比存在极显著性差异（$P<0.001$）。表明苦荞籽提取物具有抗疲劳作用。

（三）抗缺血作用

李玉田等（2006）通过犬肾动脉夹闭实验，造成急性肾缺血模型肾脏肿胀，血肌酐明显升高，苦荞黄酮对肾衰犬的肌苷增加有显著对抗作用，表示其具有一定的抗缺血作用。血清总蛋白及白蛋白随夹闭时间的延长逐渐下降，但给予苦荞黄酮对蛋白的减少未见显著对抗作用。说明，苦荞黄酮对肾脏蛋白的丢失未能起到控制作用。

黄叶梅等（2006）结扎大鼠双侧颈总动脉，制备脑缺血再灌注损伤模型，缺血30min，再灌注 90min，苦荞黄酮大小剂量和芦丁均能降低脑组织中 MDA、LDH、NO 含量，但对 SOD 活力影响均不明显。说明苦荞黄酮可能通过抗自由基和减轻 NO 介导的神经毒性来发挥对脑缺血再灌注损伤的保护作用。

陶胜宇等（2006）发现苦荞黄酮可显著对抗糖尿病大鼠脑组织 GSH 水平下降，恢复 Na^+-K^+-ATP 酶活力，提高神经传导速度，增加坐骨神经内血流量。说明苦荞黄酮对糖尿病动物的神经功能有保护作用，此作用可能是通过增加神经内血流量实现的。

苦荞抗缺血作用可能与芦丁有关。芦丁能终止自由基的连锁反应，抑制生物膜上不饱和脂肪酸的过氧化，保护生物膜及亚细胞结构的完整性；提高超氧化物歧化酶（SOD）活性，有效保护脑缺血再灌注损伤，显著提高脑缺血小鼠的存活率，改善神经元和胶质细胞的形态学变化，减少缺血脑组织神经元的凋亡数目；舒张血管、改善毛细血管脆性及异常通透性，改善微循环障碍和血流变异常。

（四）雌激素样作用

曹红平等（2006）对雌性 SD 大鼠双侧卵巢切除术造成的雌激素水平低下动物模型，予苦荞类黄酮治疗，发现能明显增加去卵巢大鼠阴道涂片中上皮细胞数量，以有核上皮细胞为主，角化比例不高。对子宫和肾上腺重量有增加趋势，对子宫、阴道等组织有一定的改善作用。说明苦荞类黄酮具有弱雌激素样作用。这可能与其含有雌性激素束缚受体的芦丁有关。

（五）保肝作用

舒成仁等（2005）用四氯化碳（ CCl_4）、D-半乳糖胺致小鼠急性肝损伤动物模型，用苦荞籽粒提取物治疗。结果表明，苦荞提取物对化学性药物导致的急性肝损伤小鼠有非常显著的降酶作用，且剂量越大，降酶作用越强。说明苦荞籽粒提取物对化学性肝损伤小鼠有明显的保护作用。苦荞总黄酮、槲皮素及芦丁的 DPPH 抑制率（IR）分别为 53.13%、71.99%、63.08%；抑制大鼠肝脏自发性脂质过氧化半抑制浓度（IC_{50}）分别为：27.78、8.74 和 7.4 mg/mL；抑制 H_2O_2 诱导大鼠肝脂质过氧化 IC_{50} 分别为：0.37、0.07 和 0.41 mg/mL；抑制 H_2O_2 诱导大鼠红细胞溶血 IC_{50} 分别为：13.00、0.08 和 4.10 mg/L。说明槲皮素是苦荞总黄酮在体外表现抗脂质过氧化和红细胞保护作用主要活性成分之一。

储金秀等（2011）研究发现荞麦花叶芦丁（RBFL）对乙醇所致的小鼠肝细胞损伤有明显保护作用。经荞麦花叶芦丁（75～300 mg/L）干预后，与模型组比较，小鼠损伤肝细胞培养上清液中天门冬氨酸氨基转换酶（AST）、丙氨酸氨基转移酶（ALT）和丙二醛（MDA）水平明显降低，超氧化物歧化酶（SOD）活性明显提高，并呈剂量依赖性（$P<0.05, 0.01$）。RBFL 对肝损伤保护作用的机制可能与其能清除自由基，防止脂质过氧化，以及改善脂质代谢有关。

（六）抑制白血病细胞增殖作用

王宏伟等（2002）应用3-（4，5-二甲基噻唑-2）-2，5二苯基四氮唑溴盐（MTT）法分析苦荞蛋白酶抑制剂（BWPI）对急性髓细胞性白血病细胞株HL-60细胞生长的影响，结果显示BWPI能显著抑制HL-60白血病细胞增殖，而对正常细胞毒性较小，其IC_{50}值分别为0.29 g/L和1.01 g/L，且对HL-60细胞增殖抑制作用呈明显剂量—效应和时间—效应关系。BWPI能显著抑制HL-60细胞增殖作用，有望开发成为一种新型抗白血病药物。

（七）抗氧化作用

王转花等（1999）发现苦荞叶片中含有高活力的SOD等抗氧化酶。张政等（2001）发现苦荞叶提取物灌喂小鼠能明显提高其血液、肝脏和心脏中的超氧化物歧化酶和谷胱苷肽过氧化物酶的活性，降低脂质过氧化产物MDA（丙二醛）的含量。表明苦荞叶提取物含有一定量的抗氧化物质，能有效地清除体内的自由基，具有较好的抗氧化和抗脂质过氧化作用。

张政等（1999）、朱瑞等（2003）发现从苦荞中提取的蛋白复合物（TBPC）可使小鼠体重增重，表明TBPC可作为小鼠生长所需的蛋白源。同时，该复合物还使血液、肝脏、心脏中SOD、CAT、GSH-Px活性不同程度提高，MDA含量下降，其中心脏中MDA降低程度最为显著。因此可以认为TBPC对机体内的脂质过氧化物有一定的清除作用，具有抗衰老作用。

李丹等（2000）发现苦荞黄酮对三种自由基的清除能力表现为其内各组分的协同效应，作用要强于其内最大量的卢丁，以对羟基自由基的清除效果最显著。

薛长晖等（2002）发现苦荞粉提取液对NO_2^-具有良好的清除作用，可应用于人体内NO_2^-的清除，这为苦荞粉提取液的抗癌、防癌作用提供了一定的依据。

伍杨等（2005）发现苦荞籽粒中黄酮（TBF）提取物能防止体内抗氧化酶受自由基诱导的氧化损伤，增强抗氧化酶的活性，有效降低老龄鼠体内脂质过氧化水平。

曹艳萍（2005）发现苦荞叶提取物对羟自由基和超氧阴离子均有较强的清除能力。

张民（2005）发现苦荞壳提取物显著抑制小鼠肝脏自发性脂质过氧化和Fe^{2+}-H_2O_2诱导的肝脏脂质过氧化，抑制率分别为38.1%、24.0%，并对Fe^{2+}-VC诱导的小鼠线粒体肿胀有显著性抑制作用。苦荞壳提取物不能抑制小鼠红细胞溶血，但可以抑制红细胞MDA的生成，具有抗氧化活性。

王敏等（2006）将苦荞总黄酮分离得到18个R_f值不同部位，DPPH活性示踪得到2个活性较强部位（Fr4、Fr9），对大鼠肝组织脂质过氧化、红细胞溶血模型影响发现，槲皮素是苦荞总黄酮在体外表现抗脂质过氧化和红细胞保护作用的主要活性成分之一。

（八）抗炎作用

胡一冰等观察苦荞去壳种子醇提物、苦荞叶醇提物、苦荞芽醇提物、苦荞带壳种子醇提物、苦荞粉醇提物对二甲苯致小鼠耳肿胀模型的作用，发现这些提取物具有对二甲苯所致小鼠耳肿胀有明显抑制作用，与生理盐水组比较，具有差异性。

（九）抗乙肝病毒表面抗原

郑民实（1991）用酶联免疫吸附检测技术（ELISA）测定抗乙肝病毒表面抗原（HBsAg），试验表明，苦荞水煎剂对HBsAg有明显灭活作用。

（十）抗肿瘤

江南大学郭晓娜等（2007）采用硫酸铵分级沉淀、离子交换色谱和凝胶过滤色谱等技术分离、纯化苦荞水溶性蛋白，得到了组分 TBWSP31。经测定，该蛋白组分对人乳腺癌细胞株 Bcap37 的生长具有显著的增殖抑制活性，IC_{50}值为 19.75μg/mL，浓度为 200μg/mL 时，作用 72h 的抑制率达到 87.2%。

陈荣林等（2009）采用 MTT 法考察 EE-2 对人肝癌细胞 HepG2 体外增殖的抑制作用，显微镜观察可见细胞脱壁圆缩，出现凋亡小体，细胞核降解。流式细胞仪检测发现，处理组的 DNA 直方图上有比对照组加强的 SubG1 峰，且可将 HepG2 细胞阻滞于 G_0/G_1期。苦荞内生真菌 KQH-2 代谢醇提物 EE-2 可诱导人肝癌 HepG2 细胞的凋亡，且具有细胞周期阻滞作用。

周小理（2011）以萌发期（1～6d）的苦荞芽粉为原料研究并证实苦荞芽粉乙醇提取物具有抑制 MCF-7 乳腺癌细胞增殖的作用，尤以萌发第三天（芦丁与槲皮素含量比为 0.92∶1）时抑制效果最好，显示两者具有良好的协同抑制效果。苦荞芽粉乙醇提取物的抑制效果与槲皮素和芦丁标准品模拟样品抑制效果相似，表明苦荞芽粉乙醇提取物对 MCF-7 细胞的生长起抑制作用的主要功效成分为槲皮素和芦丁。

（十一）抗结石

日本飯田女子短期大学的 H. Tomotake 等（2007），采用碱法提取、等电点分离技术从苦荞面粉中提取苦荞蛋白产品（TBP），其蛋白质含量为 45.8%。按照日粮 20%的纯蛋白质水平饲喂大鼠 TBP 和甜荞麦蛋白（BWP）13d，与酪蛋白相比，可使高脂饲料饲喂的实验大鼠胆固醇分别降低 25%和 32%（$P<0.05$）；饲喂 27d 后，可使大鼠胆固醇结石指数分别减少 43%和 62%（$P<0.05$）。

（十二）抗过敏

周小理（2011）以苦荞芽粉的乙醇提取物为原料，证实苦荞芽粉的乙醇提取物对化合物（Compound 48/80）引起的大鼠腹腔肥大细胞的组胺释放均有抑制作用，且抑制率高于苦荞种子的乙醇提取物。其中，以萌发 3d 的苦荞芽粉的抑制效果最好。芦丁和槲皮素对组胺释放均有抑制作用，且槲皮素对组胺释放的抑制作用强于芦丁。这为进一步研究苦荞资源的抗过敏作用，研制开发苦荞功能食品提供了可靠的依据。

（十三）镇静

胡一冰（2010）研究证实苦荞醇提物能延长戊巴比妥钠阈上剂量引起的小鼠睡眠持续时间，增加戊巴比妥钠阈下剂量引起的小鼠睡眠只数，且能明显减少小鼠自主活动次数。说明苦荞醇提物具有镇静作用。

（十四）抗菌

申瑞玲等（2012）给予小鼠不同剂量的苦荞粉，35d 后与对照组相比，苦荞粉的灌喂剂量大于 3.250g/(kg·d) 时，小鼠肠道中乳酸杆菌和双歧杆菌数量均显著增加，同时大肠杆菌的数量显著下降（$P<0.05$）。灌喂苦荞粉改变了小鼠空肠组织结构形态。苦荞粉可以作为益生元。

周小理等（2010）证实苦荞芽提取物对大肠杆菌、金黄色葡萄球菌、枯草芽孢杆菌和沙门氏菌均具有抑制效果，其中对沙门氏菌的抑菌效果最为显著。

（十五）胃肠运动

荞麦中存在着大量的抗性淀粉和抗消化蛋白，对于人体具有很好的保健功能作用。田秀红（2009）认为，荞麦中的抗性淀粉在小肠中能够抗消化，在结肠内发酵产生大量短链脂肪酸，从而有助于降低结肠 pH，这对于结肠炎具有很好的防治作用。此外，未被完全分解的抗性淀粉和抗性蛋白可增加粪便体积，对于防止便秘、盲肠炎、痔疮等有重要作用。同时，这些物质有利于促进肠道微生物生长，从而合成更多的微生物蛋白，减少胺类致癌物的产生。

胡一冰（2010）证实苦荞提取物对腹泻模型有一定止泻作用，对便秘模型有一定促进胃肠运动、排便的影响。说明苦荞提取物对胃肠运动具有双向调节作用。

二、人群实验与流行病学调查

（一）降血脂

徐嘉生（1987）根据在医院完成的三组病人疗效结果判断，胆固醇治疗前（5.80±0.22）mmol/L，治疗后为（5.02±0.21）mmol/L，$P>0.05$。甘油三酯治疗前为（1.49±0.25）mmol/L，治疗后为（0.38±0.53）mmol/L，$P<0.01$。治疗前为（152.1±8.15）mmol/L，治疗后为（146.9±0.604）mmol/L，$P>0.05$。

用苦荞粉治疗老年高血脂症患者 60 例，高甘油三酯平均下降 1.23mmol/L，高胆固醇下降 1.72mmol/L，总胆固醇下降 1.33mmol/L，低密度脂蛋白 0.96mmol/L，高密度脂蛋白上升 0.18mmol/L，均呈显著差异。

另外一组糖尿病合并甘油三酯升高者 18 例，并发胆固醇升高者 13 例，分别均服苦荞粉 30d，治疗前后甘油三酯差异显著，总胆固醇治疗前为（247.15±56.7）mmol/L，治疗后降到（177.07±42）mmol/L，其差值为（50.0±36）mmol/L，$P<0.05$。结果表明疗效具有统计学意义。

选用凉山苦荞为试验食品对 60 例老年高脂血症患者进行苦荞降血脂、降血压及降体重的临床观察，其中甘油三酯高者 20 例，治疗后血清甘油三酯水平较治疗前平均下降 1.28mmol/L，有显著性差异；高胆固醇血症 20 例，治疗后胆固醇水平下降 1.72mmol/L，与治疗前比较有显著性差异；双项均高者 20 例，甘油三酯较治疗前下降 1.73mmol/L，总胆固醇平均下降 1.33mmol/L，有显著性差异。低密度脂蛋白平均下降，高密度脂蛋白平均增高，与治疗前有显著性差异。43 例合并高血压病例，治疗后收缩压、舒张压均下降，与治疗前比有显著性差异。44 例超过标准体重病例，超重 20%以上病例治疗后体重平均下降 3.44kg，超重 10%病倒平均下降 2.69kg，与治疗前比有显著性差异。

（二）降血糖

单纯用苦荞粉复方组 29 例，显效率为 37.9%，有效率为 55.17%，总有效率可达 93%，此组病理经 1 个疗程后，空腹血糖总有效率为 91.3%。此外，对 75 例糖尿病患者应用苦荞复方粉进行临床疗效观察，其疗程为 30～40d，实验前后 55 例对比血糖下降 4.46～7.23 mmol/L，对照组 20 例，平均血糖下降 32.6～8.3mmol/L，统计学处理，各组患者有非常显著的差异，$P<0.01$。分别对糖尿病Ⅰ型和 Ⅱ 型进行了验证，其对Ⅰ型病

例有效率为75%，Ⅱ型病例有效率为97.3%。同时，对15例患者单用了复方降糖粉，其中14例有效，占93.3%。对67例病情较重的患者，在血糖控制一定水平而不能再下降的情况下，不停用原降糖药物，加食复方降糖粉，其中64例有效，占95.5%。这一验证结果表明，复方降糖粉与其他降糖药物并用，有极好的增效作用。另外，临床验证结果还表明，复方降糖粉有明显的降脂作用。临床观察的82例患者中，有50例伴有高血脂症，经食用降糖粉一个疗程后，其中4例血脂降至正常。

通过连续3周对86例食用苦荞面糖尿病患者的降血糖效果观察。采取自身对照和非自身对照两种方法，每周分别于空腹和餐后2h测定苦荞面组和糖Ⅱ号组（可提供热能7231.4kJ，蛋白质80g，碳水化合物250g，脂肪50g）血糖值。结果显示：血糖值苦荞面组明显低于糖Ⅱ号组（第一、二周，$P<0.01$；第三周，$P<0.05$）。表明苦荞面有明显的降血糖效果。以病人自身前后为对照，1个月为1疗程，每人每天配餐苦荞面粉100～150g，观察期间不停药。单用苦荞面粉：食用前空腹血糖平均为2.022±0.460g/L，1个疗程后为1.567±0.398g/L，$P<0.01$，有显著性差异；2个疗程，由于例数少，虽无显著性差异，但呈下降趋势。用药加食用苦荞面粉：食前空腹血糖平均为2.252±0.891g/L，1个疗程为1.932±0.617g/L，$P<0.05$，有差异；2个疗程，食前空腹血糖平均为2.699±0.917g/L，服食后为1.738±0.677g/L，$P<0.01$；3个疗程，食前空腹血糖平均为2.655±0.753g/L，服食后为1.301±0.364g/L，$P<0.01$。二、三疗程差异均极显著。

山西省太原市62名NIDDM（Ⅱ型糖尿病）患者食用苦荞茶降血糖结果表明，食用苦荞茶18个月后降低空腹和餐后血糖效果明显，血糖趋于平稳的人群占85.48%，血糖较平稳的人群占4.84%，显效和有效合计占90.32%，而血糖趋于降低尚有波动的人群占9.68%。

北京同仁医院自制复方苦荞粉，对84例患者进行治疗观察（参试中单纯饮食治疗者29人，口服降糖药+饮食治疗者55人）。实验方法：以自身前后为对照，1个月为一疗程，第一疗程中第一周为对照期，后3周为实验期，以后各疗程皆为实验期。实验期是在糖尿病饮食控制基础上，每日用复方苦荞粉代替部分主食。实验前和实验中，收集2～3次空腹血糖。实验结果：采用复方苦荞粉空腹血糖下降者为57.7%（45例）；降至正常者为23%（18例）；无变化者19%（15例）。临床观察表明复方苦荞粉有降糖效果，可作为预防和辅助治疗糖尿病的良好天然食品。

（三）降尿糖

卢长庆（2001）单用苦荞面粉，食前尿糖定量（44.29±42.67）g/d，食后为（19.65±22）g/d，$P<0.05$，有差异。用药加食用苦荞面粉：食前为（50.55±50.58）g/d，食后为（29.84±37.32）g/d，$P<0.05$，有差异。二、三疗程由于病例数少，统计学上无显著性差异，但均呈下降趋势。

（四）溃疡、胃炎

郎桂常（1990）每日给患者加服两餐苦荞面粉（2×25g），冲成糊或熬成粥或与小麦面粉配伍，最少加服30d，50例病人。其中慢性胃炎17例，胃炎中浅表性胃炎14例，萎缩性胃炎3例，1个月痊愈的12例，占70.58%；慢性胃炎显效4例，有效1例。溃疡病33例，溃疡病中十二指肠球部溃疡30例，胃溃疡3例。3周痊愈1例，占3.03%；1个月痊愈 27 例，占 81.8%；病理性溃疡病显效 3 例，有效 2 例。

（五）牙周炎

宋占平（1991）以苦荞粉为特制专用粉，患者每日早、晚用苦荞粉刷牙漱口两次，以自身前后为对照，1 个月为一疗程。于 1987、1990 年在平凉、天水两地对 38 例患者进行观察，病程 1～4 年不等。苦荞专用粉对牙周炎及牙龈出血具有一定治疗作用，有效率为 96.5%，显著疗效率为 82.8%。

（六）血栓闭塞性脉管炎

用苦荞生物类黄酮为原料，配以冰片、千里光精制而成的黄色粉末，外用。经临床观察，该药对糖尿病并发症下肢溃疡、血栓闭塞性脉管炎、血管炎、大动脉炎等周围血管的溃疡和褥疮、烫伤，及各种原因引起的伤口感染，均有显著疗效，总有效率为 93.3%。具有清热解毒、活血化瘀、消炎止痛、抗菌生肌、扩张血管、促进伤口愈合的功效。

（七）脉管炎下肢慢性溃疡

以医用凡士林为基质，配以苦荞生物类黄酮、冰片、千里光药物精制而成的生物类黄酮软膏。经临床应用观察，对带状疱疹、湿疹、脉管炎溃疡及褥疮、烫伤，以及各种原因引起的伤口感染，都有显著疗效。具清热解毒、扩张局部血管、活血化瘀、抗菌生肌、促进溃疡愈合的功效。

三、荞麦食品功能性成分的检测与分析

（一）酚类化合物

目前，分光光度法（紫外分光光度法、薄层层析比色法）广泛应用于测定荞麦中总酚含量，而高效液相色谱是定性和定量分析荞麦中酚类组分应用最广泛的技术。徐宝才等（2002）采用高效液相色谱-二极管阵列检测器（HPLC-DAD）对苦荞麦籽粒不同部位的酚酸类物质进行分析，发现苦荞麦籽粒中主要含有原儿茶酸、阿魏酸、对羟基苯甲酸等 9 种酚酸类化合物。Guo 等（2012）采用高效液相色谱-紫外/可见分光光度计检测器（HPLC-UV/Vis）测定了苦荞壳、粗麸皮、细糠、精面粉中芦丁、对羟基苯甲酸、原儿茶酸等 10 种酚酸类化合物。Ma 等（2013）也采用 HPLC-UV/Vis 测定了荞麦面条中的 10 种酚酸类化合物以及芦丁和槲皮素。近年来，反相高效液相色谱（RP-HPLC）与电喷雾离子飞行时间质谱联用（ESI-TOF-MS）成为分离和定性分析荞麦中酚酸类物质的一种有效手段。Verardo 等（2010）采用反相高效液相色谱-二极管阵列检测器—电喷雾离子-飞行时间质谱联用（RP-HPLC-ESI -TOF-MS）技术对荞麦中 13 种酚酸进行了定性、定量分析。

（二）黄酮类化合物

与酚类化合物测定相同，分光光度法（紫外分光光度法、薄层层析比色法）广泛应用于测定荞麦中总黄酮含量，而高效液相色谱和毛细管电泳法是定性和定量分析荞麦中黄酮类组分应用最广泛的技术。高效液相色谱法是用于分析检测在荞麦瘦果、芽及其他部位中的槲皮苷和芦丁含量的传统方法。高效液相色谱法与质谱联用可以分析黄酮类化合物的结构。另外，配有光电二极管阵列检测器的高效液相色谱与质谱联用（HPLC-PDA-MS）也

应用于测定荞麦的胚、胚乳、种皮和壳中的黄酮类化合物，包括芦丁、槲皮素、槲皮素-3-葡萄糖芸香糖苷、山柰酚-3-芸香糖苷等（Zhang等，2012）。李丹（2001）在四川苦荞中发现5种主要黄酮类化合物：芦丁、槲皮素、槲皮素-3-葡萄糖芸香糖苷、山柰酚-3-芸香糖苷、槲皮素-3-芸香糖双葡萄糖苷。徐宝才等（2003）采用液质联用结合二极管阵列检测器（RP-HPLC-DAD/MS）定量分析四川苦荞中4种黄酮化合物（芦丁、槲皮素、槲皮素-3-葡萄糖芸香糖苷、山柰酚-3-芸香糖苷），同时发现苦荞黄酮中存在山柰酚。Li等（2010）采用光电二极管阵列质谱法（HPLC-PDA-MS）和紫外检测-电喷雾-质谱串联法（HPLC-UV-ESI-MS/MS）测定了四川苦荞和山西苦荞中这4种黄酮化合物。薛长晖（2009）采用液质联用技术对山西苦荞中的黄酮类化合物进行分离鉴定，发现苦荞中5种黄酮类化合物，分别为芦丁、槲皮素、槲皮素-3-双鼠李糖苷、六取代黄酮（万寿菊素-葡萄糖醛酸苷）、槲皮素-3-芸香糖葡萄糖苷。黄兴富等（2011）采用高效液相色谱法同时定量分析17种不同产地和不同来源苦荞中的芦丁、槲皮素、山柰酚。Koyama（2013）用毛细管电泳技术检测发芽荞麦中芦丁含量。Dadáková & Kalinová（2010）用毛细管胶束电动色谱检测荞麦的花、叶、根和瘦果中的槲皮苷和游离槲皮素含量。

荞麦中的黄酮类化合物主要包括芦丁、槲皮素、山柰酚、桑色素、金丝桃苷等及其衍生物，其中最主要的成分为芦丁，其含量占总黄酮含量的70%～90%。据报道，适用于检测分析芦丁的方法主要有高效液相色谱-二极管阵列检测法（HPLC-DAD）、反相流胶束电动色谱法与紫外检测器联用（RFMEKC -UV）、毛细管电泳与紫外检测器联用（CE-UV）、毛细管电泳与电化学检测器联用（CE-ECD）、毛细管电泳与安培检测器联用（CZE-AD），以及小型化的高效液相色谱和电化学检测器联用系统（μHPLC -ECD），如微孔柱技术。Danila等（2007）就是采用了小型化的高效液相色谱和电化学检测器联用系统测得日本荞麦粉和荞麦种子中的芦丁含量为12.7%，此方法样品用量很少。另外，无损害近红外反射光普法（NIRS）对于芦丁、手性肌醇的测定，具有快速、便捷、高效的特点。Yang & Ren（2008b）采用近红外光谱法测得芦丁含量为0.998%～1.75%，与HPLC法测得结果有较高的相关性（$R^2=0.76$）。荞麦中酚酸类和黄酮类化合物的检测方法见表9-36。

表9-36 荞麦中酚酸类与黄酮类化合物的检测方法

方 法	检测成分	方法的变化	参考文献
高效液相色谱法（HPLC）	荞麦的瘦果、芽及其他部位中的槲皮素、芦丁、酚酸类化合物	反相高效液相色谱与二极管阵列检测器联用（RP-HPLC） 高效液相色谱与电化学检测器联用（HPLC-ECD）	Danila等，2007；Koyama等，2013
电喷雾离子飞行时间质谱法（ESI-TOF-MS）	荞麦中的酚酸类化合物		Verardo等，2010；Amezqueta等，2012
光电二极管阵列质谱法（HPLC-PDA-MS）	荞麦的胚、胚乳、种皮和壳中的黄酮类化合物		Li，Li等，2010；Li，Park等，2010

（续）

方　法	检测成分	方法的变化	参考文献
毛细管电泳法（CE）	荞麦的花、叶、根和瘦果中的槲皮素	毛细管电泳与紫外检测器联用（CE-UV） 毛细管电泳与电化学检测器联用（CE-ECD）	Dadáková & Kalinová，2010； Koyama 等，2013
无损害近红外反射光普法（NIRS）	芦丁、手性肌醇	毛细管电泳与安培检测器联用（CZE-AD）	Yang & Ren，2008

（三）荞麦多糖与糖醇

多糖提取方法有热水浸提法、酸提、碱提、有机溶剂提取、酶法提取等，常以微波和超声波辅助强化。多糖定性和定量分析可通过酸催化水解多糖成单糖和寡糖，或通过甲醇分解、乙酰分解、甲醛分解、酶水解等多糖降解法，把多糖还原为单糖或寡糖，测定还原糖的含量，其中酸水解最为常见。多糖含量测定方法有化学法（苯酚-硫酸法、蒽酮-硫酸法、硝基水杨酸法、硫酸-咔唑法滴定法）、色谱法（气相、液相、高效阴离子交换色谱-脉冲安培检测、薄层色谱、毛细管电泳法）、红外光谱法、生物传感器法等（徐晓飞、陈健，2009）。目前，常用水提醇沉法提取荞麦多糖，用苯酚-硫酸法测定总荞麦多糖含量，用色谱法对多糖组分进行定性和定量分析。谭萍等（2008）通过苯酚-硫酸法测得苦荞麦种子多糖含量为 5.1～19.5 mg/g。许文涛等（2009）对水溶性荞麦多糖粗品用 Savag 法脱蛋白后，采用 DEAE-琼脂糖快流速柱层析纯化，得到纯度较高的荞麦多糖（1 720 442 u），随后用苯酚-硫酸法测定多糖的含量。颜军等（2011）采用水提醇沉法结合 DEAE-纤维素柱层析分离纯化苦荞多糖，获得 3 个组分 TBP-1、TBP-2 和 TBP-3，采用 HPGFC 法测定其分子质量，PMP 柱前衍生 HPLC 分析单糖组成。研究表明，TBP-1、TBP-2 是由葡萄糖组成的均一多糖，而 TBP-3 是由甘露糖、鼠李糖、葡萄糖醛酸、葡萄糖、半乳糖、阿拉伯糖等组成的杂多糖。

近年来，有报道指出手性肌醇（DCI）及其半乳糖苷对人体健康非常有利。此外，荞麦中的山梨醇、肌醇、木糖醇、乙基-β-芸香糖苷等都是对人体健康有利的糖醇类物质。因此，一些研究者将关注点从黄酮类化合物转向荞麦中的糖醇类化合物。徐宝才等（2003）通过强碱、强酸离子交换树脂实现了糖与糖醇的分离，再通过气相色谱-质谱联用、高效液相色谱进行检测，说明荞麦籽粒中含有 DCI、木糖醇、山梨醇、肌醇、乙基-β-芸香糖苷等可溶性糖醇，苦荞籽粒各部分（壳、麸皮、外层粉、心粉）所含糖醇种类基本相同。活性成分 DCI 主要以游离状态存在，在籽粒中的质量分数分别为 0.004%（壳）、0.334%（麸皮）、0.230%（外层粉）、0.050%（心粉）和 0.158%（全粉）。边俊生等（2007）以荞麦麸皮为原料，经酒精提取、高压水解、活性炭脱色、离子交换树脂纯化、浓缩，得到荞麦 DCI 提取物（TBBEP），含 DCI 可达 22%（占干重）。Yang & Ren（2008a，2008b）分别采用高效液相色谱-蒸发光散射检测器（ELSD）和近红外光谱两种方法检测荞麦中 DCI，两种方法测得 DCI 含量为 0.179%～0.200%，其相关性较高（R^2=0.86）。胡俊君等（2009）以 DCI 含量为 20%（占干重）的苦荞麸皮为原料，通过粒状活性炭分离纯化DCI，采用高碘酸钠氧化法、高效液相色谱、红外光谱技术测定DCI含量，最终DCI提取物的纯度可达到66%。

(四) 蛋白与多肽类化合物

蛋白质的定量方法主要有凯氏定氮法、双缩脲法（Biuret法）、Folin-酚试剂法（Lowry法）、考马斯亮蓝法（Bradford法）、紫外吸收法、十二烷基硫酸钠-聚丙烯酰胺凝胶电泳法（SDS-PAGE法）。其中，Lowry法是用于微定量荞麦中蛋白质应用最广泛的方法，SDS-PAGE法也是近年来广泛用于测定荞麦中蛋白质组成的方法。荞麦蛋白质主要由清蛋白、球蛋白、醇溶蛋白、谷蛋白、残渣蛋白组成。Guo等（2006）通过硫酸铵分级沉淀、离子交换色谱、凝胶过滤色谱等方法对苦荞麦蛋白质进行了分离纯化，得到荞麦的4种主要蛋白质，即清蛋白、球蛋白、谷蛋白、醇溶蛋白。周小理等（2011）采用硫酸铵盐析法、DEAE-Sepharose Fast Flow离子交换层析法提取和制备了苦荞的水溶性蛋白。Tomotake等（2002）通过碱抽提和等电点沉淀法提取荞麦蛋白并用Lowry法测定其含量，比较了荞麦蛋白（68.5%，占干重）、大豆蛋白（85.4%，占干重）和酪蛋白（83.3%，占干重）的蛋白质含量，荞麦蛋白质含量在12.0%～18.9%的范围内。高冬丽等（2008）采用SDS-PAGE法测定了2个栽培种苦荞与甜荞籽粒中的蛋白组成，表明荞麦清蛋白主要由低分子量的亚基构成。甜荞球蛋白组分包含由中等到低分子质量范围的5～12种亚基，甜荞谷蛋白主要由分子量在43～66.2 ku间的3～5种亚基组成；苦荞球蛋白主要由8种亚基组成，苦荞谷蛋白主要由分子量在31～43 ku间的2种亚基组成。

荞麦蛋白的优良品质也归功于蛋白中氨基酸配比的平衡和合理。据报道，荞麦富含17种氨基酸，包括甘氨酸、丙氨酸、缬氨酸、亮氨酸、异亮氨酸、苯丙氨酸、脯氨酸、色氨酸、丝氨酸、酪氨酸、甲硫氨酸、苏氨酸、天冬氨酸、谷氨酸、赖氨酸、精氨酸、组氨酸（Christa & Soral-mietana，2008；Tomotake等，2002）。其中，8种必需氨基酸，特别是赖氨酸的含量丰富（表9-42）。Christa and Soral-mietana（2008）报道，荞麦蛋白中赖氨酸含量为4.9%～6.2%，其他必需氨基酸含量分别为亮氨酸2.8%～6.1%，苯丙氨酸2.0%～4.4%，异亮氨酸2.6%～3.4%，缬氨酸3.4%～5.0%，苏氨酸1.9%～4.0%，甲硫氨酸1.0%～2.3%，色氨酸1.5%～2.1%。阮景军、陈惠（2008）报道，荞麦蛋白中的8种必需氨基酸组成与鸡蛋接近，含量明显高于小麦、大米和玉米，赖氨酸含量为6.1%，比鸡蛋还高。除传统的化学法、分光光度法外（章丽和刘松雁，2009），近年来氨基酸分析检测的常用方法主要有柱后衍生阳离子交换色谱法（HPCEC）、柱前衍生反相高效液相色谱法（RP-HPLC）、积分脉冲安培检测法（HPAEC-IPAD）、超高压液相色谱法（UPLC）、毛细管电泳法（CE）（于泓和牟世芬，2005；邢健等，2012）。对于荞麦中氨基酸的定量检测，氨基酸自动分析仪是目前应用最为广泛的技术手段。氨基酸分析仪是柱后衍生阳离子交换色谱法，采用阳离子交换色谱分离、茚三酮柱后衍生法，对蛋白质水解液及各种游离氨基酸的组分含量进行分析。氨基酸分析仪的基本结构与HPLC分析系统相似，但针对氨基酸分析进行了细节优化，如氮气保护、惰性管路、在线脱气、洗脱梯度及柱温梯度控制等。除灵敏度（即最低检测限）比HPLC柱前衍生法稍低以外（HPLC：< 0.5 pmol；氨基酸分析仪：< 10 pmol），其他如分离度、重现性、操作简便

性、运行成本等方面，都优于其他分析方法。

荞麦活性肽具有比荞麦蛋白更好的理化性质。荞麦蛋白的很多活性和功能性与蛋白消化后产生的肽有密切关系，因为，荞麦蛋白通过水解释放的肽片段具有稳定活性氧、抑制脂质氧化及清除自由基的活性（Ma 等，2010）。天然多肽的分析检测主要是通过色谱分离技术（如柱层析、HPLC 分离纯化、毛细管点色谱）和毛细管电泳技术将多肽分离纯化后进行检测研究，检测手段包括 HPLC、毛细管电泳、质谱分析［快原子轰击质谱（FAB-MS）、电喷雾电离质谱（ESI-MS）、基质辅助的激光解吸电离飞行时间质谱（MALDI-TOF-MS）、核磁共振（NMR）］。已有研究表明，采用木瓜蛋白酶、复合蛋白酶、碱性蛋白酶、复合风味酶、中性蛋白酶等水解荞麦蛋白，得到荞麦多肽（丰凡，2007；Chuan-He Tang 等，2009；李红敏等，2006）。Ma 等（2010）采用碱抽提和等电点沉淀法提取荞麦蛋白后，用 HPLC 分离纯化多肽并用质谱串联对多肽组分进行定性分析（表 9-37）。

表 9-37 荞麦中蛋白质与多肽类化合物的检测方法

方 法	检测成分	其他测定方法	参考文献
Folin-酚试剂法（Lowry）	蛋白质		Steadman 等，2001；Li & Zhang，2001；Tomotake 等，2002；Wei 等，2003；Krkoskova&Mrazova，2005
柱后衍生阳离子交换色谱法（HPCEC）	氨基酸：甘氨酸、丙氨酸、缬氨酸、亮氨酸、异亮氨酸、苯丙氨酸、脯氨酸、色氨酸、丝氨酸、酪氨酸、甲硫氨酸、苏氨酸、天冬氨酸、谷氨酸、赖氨酸、精氨酸、组氨酸	柱前衍生反相高效液相色谱法（RP-HPLC）	Soral-Smietana，1984；Tomotake 等，2002；Wei 等，2003；Tomotake 等，2006
液谱-质谱-质谱联用法（LC-MS-MS）	多肽	快原子轰击质谱（FAB-MS）、电喷雾电离质谱（ESI-MS）、基质辅助的激光解吸电离飞行时间质谱（MALDI-TOF-MS）	Ma 等，2010

（五）其他活性成分

荞麦中还含有一些其他活性成分。包塔娜等（2003）检测到苦荞麸皮中的β-谷甾醇、过氧化麦角甾醇、大黄素、胡萝卜苷等。将苦荞麸皮通过石油醚、乙醇有机溶剂萃取再经硅胶柱层析，采用电喷雾离子质谱测定化合物分子质量、核磁共振测定化合物结构。韩军花等（2006）用气相色谱仪-氢火焰离子检测器联用技术测得荞麦中 5 种甾醇的含量分别为：β-谷甾醇（β-sitosterol）76.00%，菜油甾醇（campesterol）8.74%，豆甾醇（stigmasterol）0.97%，β-谷甾烷醇（β-sitostanol）12.42%。此结果与 Normen 等（2002）测定结果相近，他们采用气质联用技术测得荞麦粉中甾醇含量为：β-谷甾醇 86%，菜油甾醇 11%，豆甾醇 2%。此外，荞麦中还含有多羟基吡啶化合物（含氮多羟基糖，D-fagomine）。通过阳离子交换液质联用、电喷雾电离质谱法和简单的四极杆分析器技术

(ESI-Q-MS)，将去壳荞麦中的 D-fagomine 从它的非对映异构体中分离出来（Amezqueta 等，2012）。另外，5 种不同分离技术与气相色谱-质谱联用用于测定荞麦中的芳香类物质，包括：动态顶空（DHS）与冷阱或吸附剂联用、固相微萃取（SPME）、顶空吸附萃取（HSSE）、溶剂萃取法（SE）和同时蒸馏萃取（SDE）。反相高效液相色谱法配合光度检测（306 nm）和碳糊电极安培检测已开发用于荞麦中白藜芦醇的测定。

第五节　影响荞麦品质的因素

一、不同品种荞麦的品质分析

荞麦主要栽培种有甜荞（普通荞麦）、苦荞（鞑靼荞麦）和有翅荞麦。甜荞是北方多栽培的类型，籽实为三棱形、黑色或黑灰色，口感好，花为红色或白色；苦荞多在西北和西南山区栽培，耐寒冷，味带苦，籽实较小，外壳厚而硬，花红色；有翅荞麦籽实的棱边宽薄如翅翼状，籽实较小，品质差。由于有翅荞麦的籽实较小、品质差，栽培较少。

我国是荞麦起源中心之一，栽培历史悠久，种质资源丰富，已收集到各类荞麦资源 2 800余份，其中苦荞约占一半。刘三才等（2007）对我国苦荞麦主要产区（包括四川、云南、贵州、宁夏、湖南和山西）的 76 份种质资源进行了总黄酮含量和蛋白质含量的测定，并对这 2 个品质性状的总体特征、地区差异及 2 个性状的关系进行了评价。苦荞麦总黄酮含量在不同原产地材料间表现出一定的差异。原产于山西的材料总黄酮含量最高，其后依次为湖南、宁夏、贵州、云南材料，最低是四川材料。不同原产地苦荞麦材料间的变异性以标准差、变幅评价，山西材料为最大，而湖南材料为最小。不同原产地苦荞麦蛋白质含量排列从高到低依次为宁夏、湖南、山西、贵州、云南和四川材料。刘冬生等（1997）认为西北地区是我国苦荞麦蛋白质含量的低值区，青藏地区是高值区，其他地区介于这 2 个地区之间。李海平等（2009）报道，分布在西南山区及陕西、山西等地的苦荞麦生长期短，耐旱耐寒，适应性强。苦荞籽粒的总黄酮含量为 24.5 g/kg，萌发 10d 的苦荞麦芽菜的总黄酮含量达 43 g/kg，是籽粒的 1.76 倍。董玉琛和曹永生（2003）报道，我国“八五”期间对 800 余份苦荞、甜荞种质资源进行了蛋白质和脂肪含量分析，对2 300余份进行了赖氨酸、维生素 E（0.90～8.51 μg/g）和维生素 PP 含量（0.30～9.69 μg/g）分析，对1 490余份进行了 7 种微量元素分析。其中，维生素 E 含量高的有青海乐都甜荞（00741）、江西东乡甜荞（00887）；维生素 PP 含量高的有陕西宁苦荞（01098）、河北丰宁甜荞（01881）等。粗蛋白含量高的有广西阳朔大粒甜荞（02268）、北京门头沟甜荞（01895）、湖南桂阳大粒甜荞（02268）等。

Ma 等（2013）比较了由陕西甜荞和苦荞制成的荞麦面条的食用品质、功能性成分和抗氧化活性。甜荞面条具有更大的张力、较低的黏性、更好的感官特性。而苦荞面条含有更多的酚酸类、黄酮类物质，因此具有更强的抗氧化活性。这说明，荞麦面条的食用品质受到荞麦种的影响，甜荞的食用品质比苦荞好。甜荞和苦荞面条具有较高营养价值，且苦荞的生理活性比甜荞更强。

二、栽培区域与栽培条件对荞麦品质的影响

（一）栽培条件

中国荞麦主要分布在云南、四川、贵州、陕西、山西、甘肃等相对分散的地区，这些地区气候差异较大。研究表明，气象因子是影响荞麦综合品质指标的最重要、最活跃的因子。冯美臣等（2012）以温度、降水和日照时数等气象因子为指标进行区划分析，发现较高的均温和日最高温大于30℃时，对荞麦的生长有不良影响，不利于各品质指标的积累。而整个生育期降水及8月丰富的降水有利于荞麦品质指标的积累。充足的光照有利于作物生长，也利于各品质指标积累。冯美臣等（2012）对山西省晋中地区荞麦综合品质气候区划通过GIS多元分析，将整个地区划分为适宜、次适宜和不适宜种植区。其中，适宜种植区海拔介于1 200～1 600m之间，生育期总积温＜2 100℃，生育期总降水＞270mm，生育期日照时数＞900h。该区主要分布在和顺西部、寿阳南部、榆次东部、太谷东部，处于晋中地区中东部，各项品质指标含量均最高，是荞麦推广种植的最佳地区。但是，甜荞和苦荞的种植条件要求差异较大，在确立适宜栽培区域时，一定要充分考虑其不同要求。

另外，作物品质区划的依据还包括品种、栽培技术、耕作制度、种植结构调整等，对于荞麦来说，品种和气候条件差异对品质具有重要的影响，是荞麦品质区划的主要依据。对于品种而言是可控因素，而气候条件则是非控因素，变异较大，两者之间的结合是进行品质精细区划的关键。目前，关于荞麦种植区划研究一般只考虑气候条件，很少有考虑品种依据或同时考虑两个依据。荞麦生育期短、适应范围广、耐旱耐瘠，山西省晋中地区的中东部多丘陵，具有荞麦正常生长所需的温度、光照和降水，而且昼夜温差较大，对不同品种高品质荞麦种植是很重要的。

除成熟荞麦以外，荞麦幼苗由于其营养丰富也备受关注。苦荞幼苗（芽菜）含有多种氨基酸、维生素、矿物质、食用纤维、有机酸和黄酮类化合物。李海平等（2009）以苦荞黑丰1号品种为材料，研究不同温度和光照对种子萌发、幼苗产量及品质的影响。苦荞种子萌发的适宜温度为25℃，25℃下光照达到1 000 lx或3 000 lx时幼苗产量最高，但使得幼苗维生素C和黄酮含量达到最高的最佳条件是30℃下光照为1 000 lx或3 000 lx。因此，在苦荞幼苗生长的不同阶段，应进行不同的温光控制，以提高产量与品质。在苦荞的生产栽培中，为了提高芽菜产量与品质，光照不适过强，应控制在1 000～3 000 lx；环境温度应根据幼苗的不同生长阶段确定，即在幼苗生长初期，环境温度应控制在25 ℃左右，以促进幼苗的生长，提高芽菜产量；而在幼苗生长后期，环境温度应控制在30℃左右，以促进幼苗叶片内维生素C和黄酮的积累，提高芽菜品质。

（二）栽培技术

改善栽培技术措施，以及培育和选用优质品种是提高荞麦品质的主要手段。科学合理的种植方法是优质苦荞高产的关键。苦荞花期较长，植株上下籽粒成熟差异在10～15d，因此，不能等全株成熟时收割。苦荞开花结实成熟不一致，落粒性强，成熟籽粒易脱落，最佳收获期是以全株有2/3籽实成熟，即籽实变成褐色或银灰色，呈现该品种固有色泽时

为最适宜。收获时间最好在早晨露水未干时，并注意轻割轻放，以减少落粒（田永权，2012；王丽红等，2009；刘素洁，2008）。牛波等（2006）研究了不同肥料配施对荞麦（晋荞1号）产量和品质的影响。结果表明，氮肥、磷肥、钾肥、有机肥以及配合施用可显著提高荞麦的产量。氮磷肥、有机肥可提高荞麦蛋白质、脂肪和赖氨酸的含量，氮、磷、钾配施可显著提高淀粉和赖氨酸含量，全肥可以极显著地提高赖氨酸的含量。有机肥、全肥的配合施用是保证荞麦产量和品质的关键。另外，增施有机肥不仅有利于荞麦产量和品质的提高，而且也有利于改善土壤结构。陈磊庆等（2012）研究了内蒙古武川县的甜荞在不同氮、磷配施处理下赖氨酸和黄酮含量的变化。结果表明，同一品种在不同施肥处理下，荞麦的赖氨酸、黄酮含量均差异较大。通过对荞麦籽粒赖氨酸含量的分析可知，氮肥对赖氨酸含量的影响大于磷肥，而在氮、磷配施条件下，荞麦籽粒的赖氨酸含量大于单施氮肥或磷肥。在P 6N 8水平下，赖氨酸含量最高，达到120.14 mg/g，与对照比增加了118.08%。茎、叶、籽粒黄酮含量最高的处理分别是P 8N 8、P 8N 8和P 6N 8。说明N 8水平的施肥处理是有利于荞麦黄酮的形成和积累。试验结果表明，以茎、叶黄酮含量高为目标，需施氮肥、磷肥各120 kg/hm^2；以籽粒含量高为目标，施磷肥90kg/hm^2、施氮肥120 kg/hm^2。另外，不同生长期的荞麦黄酮含量也存在差异。在同一生长时期，荞麦叶中的黄酮含量要大于茎的黄酮含量，在盛花期和成熟期效果尤其明显。

我国荞麦育种工作起步比其他作物晚，技术力量也较薄弱，所育成的推广品种较少。育成的优质高产苦荞品种主要有九江苦荞、川荞1号、川荞2号、黑丰1号、西农9920、黔苦2号等。近年来，许多荞麦新品种相继问世（表9-38），如贵州威宁农业科学研究所利用物理诱变育成了苦荞新品种黔黑荞1号（柴岩等，2007）；西昌学院采用物理加化学诱变技术育成了苦荞新品种西荞1号、西荞3号（王安虎，2010）；山西省农业科学院作物科学研究所采用物理诱变新育成晋荞麦2号、晋荞麦（甜）3号、晋荞麦（苦）5号（李秀莲等，2011；张春明等，2011；吕慧卿等，2011）；陕西省榆林市农业学校以日本荞麦品种信浓一号作轮回亲本，内蒙古荞麦822品系作非轮回亲本，连续回交5代育成榆荞3号（张彩霞，2011）；甘肃省定西市旱作农业科研推广中心从日本大粒荞品种中经多年株选育成定甜荞2号（马宁等，2011）；平凉市农业科学研究所利用辐射育种方法，从川荞1号的变异单株中经多年选育而成平荞6号（鲍国军和梁建勇，2009）；西昌农业科学研究所新育成川荞4号（吴思兵，2010）。这些品种普遍具有产量高，而且营养品质较好的特性（表9-39）。

表9-38 几种优质荞麦品种的主要营养成分（%）

品 种	总黄酮	芦丁	粗蛋白	粗脂肪	淀粉	粗纤维	赖氨酸	产地	参考文献
晋荞麦2号	2.48		13.45	3.09	63.07			山西	李秀莲等，2011
晋荞麦（甜）3号		0.80	10.04	1.80	77.80			山西	张春明等，2011
晋荞麦（苦）5号	2.16		8.81	3.16	64.98			山西	吕慧卿等，2011
榆荞3号			10.21	1.95	68.70			陕西	张彩霞，2011
定甜荞2号		3.03	13.66	2.96	59.96		1.43	甘肃	马宁等，2011
平荞6号		2.88	12.71	2.92	55.53		0.89	甘肃	鲍国军、梁建勇，2009
川荞4号	2.50		13.80	3.10	64.90			四川	吴思兵，2010

（续）

品　种	总黄酮	芦丁	粗蛋白	粗脂肪	淀粉	粗纤维	赖氨酸	产地	参考文献
川荞2号		1.31	11.5	3.02	62.49	1.42	0.44	四川	王安虎，2010
西荞3号		1.56	14.80	3.05	62.51	1.46	0.44	四川	
西荞1号			12.58	3.02	62.51	1.45	0.43	四川	
九江苦荞			11.91	3.01	62.40	1.43	0.43	江西	

表9-39　几种优质荞麦品种的主要植物学性状

品　种	生育期（d）	株高（cm）	主茎节数（节）	一级分枝（个）	千粒重（g）	株粒重（g）	参考文献
晋荞麦2号	93	120.3	15.9	6.4	18.0	4.5	李秀莲等，2011
晋荞麦（甜）3号	67	85～100	8～10	2～3	31.9	7.0	张春明等，2011
晋荞麦（苦）5号	98	106.7	20.0	7.0	23.4	5.7	吕慧卿等，2011
榆荞3号	80	90～110			34.0		张彩霞，2011
定甜荞2号	80	80.8	10.3	4.4	30.2	2.8	马宁等，2011
平荞6号	112	110.3	15.2	6.2	26.6	2.6	鲍国军、梁建勇，2009
川荞4号	78～80				20.0		吴思兵，2010
川荞2号	90	120.5	14.9	4.6	20.2	2.3	王安虎，2010
西荞3号	86	109.1	14.6	4.9	20.5	2.9	
西荞1号	87	115.1	14.7	4.5	20.0	2.4	
九江苦荞	90	117.4	14.4	4.4	20.3	2.4	
凤凰苦荞	90	116.2	14.3	4.4	19.5	2.3	

三、加工、贮藏等对荞麦品质的影响

（一）萌发对荞麦品质的影响

荞麦蛋白的氨基酸较均衡，但籽粒中含有高活性的胰蛋白酶抑制剂，使荞麦蛋白的消化吸收率远低于小麦和豆类，过量食用还会引起腹胀等不适症状。蛋白酶抑制剂对植物本身来说能参与植物体的保护与防御，具有增强植物抵抗不良环境能力的作用。但从营养学的角度，蛋白酶抑制剂可引起人体消化酶的钝化，降低蛋白质的消化吸收率。蛋白酶抑制剂的热稳定性较好，采用物理方法很难灭活，同时还会造成热敏营养物质的损失。此外，荞麦含有丰富的黄酮类物质，是荞麦保健功能的重要生物因子，但荞麦粉中含有高活性的芦丁降解酶，使黄酮类物质在荞麦粉和面过程中迅速降解，降低了荞麦的保健功能。因此寻求更有效的荞麦利用途径，成为荞麦加工的重要课题。荞麦芽菜是近几年兴起的一种新型蔬菜，具有鲜嫩可口、营养成分优于荞麦籽粒、易于人体消化吸收等特点。荞麦芽菜作为一种食品已经成为合理开发利用荞麦的一种有效途径。因此，荞麦从籽粒到幼芽形成的萌发过程中，营养成分及生物活性的变化，引起了众多研究人员的关注。

陈鹏等（2003）对甜荞（榆荞1号）和苦荞（榆6-21）籽粒萌发过程中胰蛋白酶抑制剂活性及荞麦芽的营养成分进行了分析评价。结果表明，荞麦籽粒氨基酸均衡，但籽粒中含有大量胰蛋白酶抑制剂。萌发10d后，荞麦芽中胰蛋白酶抑制剂活性消失或仅存痕量。利用氨基酸比值系数法评价显示，荞麦芽菜的氨基酸较籽粒更为均衡。芽苗中芦丁含量较籽粒增加 4～6 倍，同时还含有丰富的维生素及有机酸。蔡马（2004）对荞麦籽粒在萌发过程中的营养成分及抗营养因子变化进行分析，也得到相同结论，即萌发 10 d 后，甜荞和苦荞麦芽中胰蛋白酶抑制剂活性消失或仅存痕量，荞麦芽苗的氨基酸更为均衡，氨基酸比值系数分（SRC）升高至接近鸡蛋。苦荞和甜荞总黄酮含量较籽粒分别增加 1.76 倍和 2.33 倍；高效液相色谱分析发现，芦丁含量较籽粒分别增加 4.1 倍和 6.5 倍。这些研究表明，萌发可提高荞麦的营养保健价值，对荞麦的营养品质有明显的改良作用。

张美莉等（2004）分别研究了山西甜荞种子和四川苦荞种子萌发前后总蛋白质和蛋白组分的差别。结果发现两地区不同品种的种子在萌发后总蛋白质含量均呈下降趋势，清蛋白、球蛋白、谷蛋白和醇溶蛋白 4 种蛋白组分的含量也发生了变化，其中山西甜荞种子萌发前蛋白组分含量为：清蛋白＞球蛋白＞谷蛋白＞醇溶蛋白，萌发后为：清蛋白＞谷蛋白＞球蛋白＞醇溶蛋白；四川苦荞种子萌发前蛋白组分含量为：清蛋白＞谷蛋白＞球蛋白＞醇溶蛋白，萌发后为：谷蛋白＞清蛋白＞球蛋白＞醇溶蛋白。周小理和黄琳（2010）分别提取了苦荞种子与萌发 10d 的荞麦苗中的蛋白组分，并比较了两者的差别，结果发现，苦荞种子中 4 种蛋白的含量分别为：清蛋白＞球蛋白＞谷蛋白＞醇溶蛋白，萌发 10 d 后变为：谷蛋白＞清蛋白＞醇溶蛋白＞球蛋白。

Choie 等（2010）研究了甜荞芽与苦荞芽中游离氨基酸的分布，发现苦荞芽中必需氨基酸含量为 72%，显著高于甜荞芽（51.2%）。其中缬氨酸为芽菜的主要必需氨基酸，甜荞芽中含有 40%缬氨酸，苦荞中缬氨酸含量高达 62%。周小理、宋鑫莉（2010）等比较了苦荞籽粒和甜荞籽粒经萌发后氨基酸含量的变化情况，发现 17 种氨基酸含量均有明显增加。苦荞的氨基酸总量在萌发 5d 后达到最高，为 12.93%；甜荞氨基酸总量在萌发 7d 时达到最高，为 17.43%。在荞麦籽粒萌发过程中，总氨基酸中的必需氨基酸含量有所上升，其中呈味的氨基酸也有所变化。苦荞的呈甜味氨基酸（甘氨酸、丙氨酸、脯氨酸、丝氨酸、苏氨酸、胱氨酸、蛋氨酸）在萌发 5d 时达到最大值，为 5.18%；呈苦味氨基酸（组氨酸、精氨酸、缬氨酸、异亮氨酸、亮氨酸、苯丙氨酸、赖氨酸）在萌发 6d 时达到最大值，为 5.46%，分别比荞麦籽粒中的呈甜味氨基酸和呈苦味氨基酸含量增加了 1.62 和 1.61 倍。

侯建霞（2007）以四川苦荞两个品种为例，研究了荞麦萌发过程中荞麦黄酮的变化趋势。结果表明，荞麦从籽粒萌发开始到芽菜生长第七天时，各黄酮类物质的含量达到最大，其中表儿茶素的含量约为籽粒的 4～5 倍；芦丁的含量为籽粒的 6～7 倍；槲皮素的含量变化不是很明显。荞麦籽粒在刚开始萌发的第四天，黄酮类物质的含量略有下降，第五天开始又稍有增加，到第七天芽菜中槲皮素的含量比籽粒略有增加，第八天开始各物质的含量开始快速下降。幼苗中被检测黄酮类物质的变化与芽菜中类似，随生长时间的增加，其含量也有增加，幼苗生长第十天时各黄酮类物质的含量达到最大。且与籽粒相比，增加的幅度较大，表儿茶素的含量增加到原来的 7 倍，芦丁增加到 11～12 倍；槲皮素含量的变化依然不是很明显。萌发过程除了已有的荞麦黄酮类物质增加外，还有新的黄酮类物质的生成。成少宁（2010）以山西黑丰 1 号苦荞和陕西兴甜荞 1 号为例，研究了萌发过程中荞麦的营养成分及生物活性的变化。采用 HPLC 法对萌发荞麦中芦丁和槲皮素含量变化的测定结果表明：苦荞中芦丁的含量随着发芽逐渐增加，槲皮素的变化与芦丁相反，其他黄酮含量变化与芦丁具有正相关性。甜荞芽菜中芦丁和槲皮素的含量远远低于苦荞芽菜，且增长缓慢，但需注意的是甜荞芽菜中芦丁、槲皮素及其他黄酮的含量都是随着萌发天数的增加而逐渐增加的，并且萌发后期其他黄酮的含量远高于苦荞，即甜荞萌发后期的总黄酮含量远高于苦荞，这可能是由于甜荞幼苗在其生长发育中需要高浓度的黄酮含量所致。对萌发荞麦中苯丙氨酸解氨酶（PAL）的活性测定结果表明，荞麦萌发后PAL的比活力和总黄酮含量的变化具有正相关性。苦荞的PAL比活力在萌发后迅速上升，第三天时达到最高之后趋于平稳，苦荞的总黄酮含量亦在萌发后迅速增加；而甜荞的PAL比活力则是在萌发后不断上升，在第七天时升至最高值，其萌发后的总黄酮含量随萌发天数的增加而增长，至第六天时增长缓慢，第七天达到最高值。研究表明苦荞与甜荞萌发后的PAL比活力变化不同，总黄酮含量的变化也不同。对荞麦进行萌发处理促进了苯丙烷类代谢途径的增强，使得PAL活性增加，促进了黄酮类物质的合成。

从以上的试验结果可以看出，荞麦种子萌发可以增加黄酮类化合物的含量。一般种子萌发过程会伴随酶活性的变化，荞麦芽苗中的黄酮含量就是伴随着苯丙氨酸解氨酶（PLA）活力的变化而变化的。荞麦在萌发生长早期，PLA酶活力很低，随着生长过程的发展，酶活力不断增高，达到高峰后酶活力又趋下降。表明荞麦中总黄酮含量伴随着PLA活力的变化而变化，但有一定的滞后性。现代生物学研究表明，黄酮类化合物属于植物中的次生代谢物，植物中的黄酮类化合物主要是通过苯丙烷类代谢途径形成。苯丙烷类物质（L-Phe）在苯丙氨酸解氨酶的作用下解氨生成反式肉桂酸，进一步转化为中间产物——香豆酸、阿魏酸、芥子酸，这些酸可以形成CoA酯，再进一步转化为黄酮类［另一部分由肉桂醇脱氢酶（CDA）的作用转化为木质素］。苯丙氨酸解氨酶PLA是这个途径的关键酶，因此，苯丙氨酸解氨酶活力高低与黄酮类次生代谢物质的形成有密切的关系。Tatsuro Suzuki等（2005）的研究还证实苯丙氨酸解氨酶的活力水平除受植物内源物质调控外，还受光、温度、湿度、病菌侵染、激素及其他外界条件影响。用放射性射线处理荞麦种子后，其幼苗和子叶的芦丁浓度有所增加。芽菜是在避光的环境中培育，接受光线照射的机会与在自然条件下培育的幼苗相比较少，可能是这一原因导致了幼苗中被检测到的黄酮类物质的含量较芽菜中多。

Koyama等（2013）对日本荞麦的萌发过程进行工艺优化，使得荞麦芽中的黄酮类功能性成分含量最高。荞麦经20h浸泡萌发后芦丁含量最高，达到每百克15.8 mg。荞麦芽中含有5种主要酚类物质，其中异荭草素、荭草苷、异牡荆苷和牡荆素在萌发3d后含量达到最高，每百克分别为5.8mg、11.7mg、26.2mg、28.9 mg，随后逐渐下降。芦丁的含量在荞麦萌发3d后达到最高（每百克109.0 mg）并持续至第六天，同时总酚含量在第六天时也达到最高（每百克162.9mg）。荞麦经浸泡20h并萌发6d的处理后，食用多酚的含量达到最高。

黄酮类物质含量和组成的变化必然会使得萌发后荞麦的生物活性发生变化。周小理和宋鑫莉（2009）研究荞麦抗氧化活性发现，苦荞萌发处理后对碱性条件下邻苯三酚产生的超氧阴离子、Fenton体系产生的羟基自由基、DPPH（1，1-二苯基-2-苦苯肼自由基），以及弱酸条件下的亚硝酸盐的清除作用均有显著效果。萌发（1～7d）的苦荞麦芽提取液具有较高的清除自由基的能力，随着发芽天数的增加，清除率也随之增强，上升幅度较大，明显高于维生素C和BHT的清除能力。同时研究还表明，不同天数苦荞麦芽抗氧化能力呈现上升趋势，与其不同天数黄酮类含量的增加趋势呈正相关，也与苦荞萌发期所产生的其他抗氧化成分有关。成少宁（2010）还研究了荞麦萌发过程中超氧化物歧化酶（SOD）、过氧化氢酶（CAT）、过氧化物酶（POD）和抗坏血酸过氧化物酶（APX）的活性变化，以及对过氧化氢清除率的变化。结果表明：荞麦抗氧化酶活性的变化与萌发进程有关。SOD酶活性随着萌发天数的增加呈现先上升再下降的趋势；CAT活性则出现先降低再上升的趋势；POD活性持续上升；ASP活性较低但亦有增加，这些抗氧化酶的活性变化导致对过氧化氢的清除率随着萌发天数的增加而增加。说明对荞麦进行萌发处理提高了其抗氧化的能力。研究还发现苦荞麦的苗和种子，以及种子萌发后抗氧化酶活性均高于甜荞，说明苦荞的抗氧化能力相比甜荞更高。此外，对萌发苦荞的黄酮类物质的抑菌效果进行测定，结果表明：苦荞萌芽后3d和4d时对4种供试菌（大肠杆菌、金黄色葡萄球菌、枯草芽孢杆菌、沙门氏菌）的抑制效果最明显，其中对沙门氏菌的抑菌效果较其他菌种显著。槲皮素对4种供试菌的抑制作用均强于芦丁，槲皮素对球菌的抑菌作用强于杆菌，而对于杆菌则是对革兰氏阴性菌的抑制效果更明显；芦丁对革兰氏阴性菌的抑制作用均强于革兰氏阳性菌。

（二）贮藏对荞麦品质的影响

荞麦的一些理化指标也是评估荞麦质量的重要指标，如种子的颜色和气味。刚收获的荞麦籽粒颜色为棕黄色，相应荞米颜色为淡绿色，具有愉快的、荞麦独有的香味。但在贮藏过程中它会逐渐变成红褐色，并且这种色泽的变化通常伴随有酸败味的产生。这对于荞麦制粉商来说是不能接受的。绿色的、没有变味的新鲜荞麦在市场上的价格也较高。因此，保证荞麦在贮藏过程中的颜色、气味等加工品质对荞麦的生产应用有着重要意义。

荞麦种子色度受贮藏时间、温度和水分等因素的影响。叶绿素的损失和褐变的产生是荞麦种子颜色变化的主要原因。随着温度升高、贮藏时间的延长，叶绿素的含量逐渐下降，褐变程度迅速增加，造成粒色改变。温度较高、湿度较大的贮藏条件导致叶绿素损失加快，粒色变深，而在低温、低湿度环境下，则不明显。王若兰等（2008）研究了苦荞麦在不同贮藏条件下色度的变化规律。将水分含量为12%、14%、16%的苦荞麦，分别进行常规包装、真空包装后在10℃、25℃、30℃、40℃的条件下贮藏80d，每20 d测定一次苦荞麦的色度。结果表明，贮藏温度和荞麦水分含量对荞麦色度的变化影响较大，而贮藏时间和包装条件对色度变化的影响不明显。在贮藏温度为40℃、苦荞麦水分含量为16%时，储存20 d后苦荞麦的颜色变化最明显，荞麦米失去原有的淡绿色，向红褐色变化。这说明苦荞麦在干燥（水分为12%）、低温环境条件下贮藏，有利于苦荞麦原色度的保持。

新鲜荞麦具有独特的香气，但贮藏时间较长的荞麦会失去这种气味，取而代之的则为酸败混合气体的产生。荞麦的独特气味来源于其含有的挥发性化合物，包括醇、醛、酮、酯、醚、芳香碳水化合物等。这些成分被认为是通过脂肪和脂肪酸的氧化降解或许多氨基酸与羰基化合物间的美拉德反应作用形成的。研究发现室温下贮藏时间较长的荞麦样品中挥发性物质明显下降。这与荞麦中脂类物质有着密切关系。荞麦中脂肪酸酶或非酶氧化产生饱和或不饱和醛等次级代谢物质是其风味变质的主要原因。荞麦籽粒中的脂肪酸主要有软脂酸、硬脂酸、油酸、亚油酸、亚麻酸、花生酸、二十二（碳）烷酸和二十四（烷）酸。不同荞麦品种间油酸和亚油酸含量的显著差异表明，亚油酸为高度不饱和酸，比油酸更易被氧化，所以高含亚油酸的荞麦品种更难保存。贮藏时间较长的荞麦样品中游离脂肪酸含量升高，而甘油三酯含量降低，可能是脂肪酶在起作用。贮藏过程中，荞麦中自由脂肪酸的积累主要是脂肪酶作用的结果。脂肪氧化酶广泛存在于植物体内，催化脂质氧化。与其他植物相比，荞麦中的脂肪氧化酶活性较低，但在长期的贮藏过程中足以导致风味的变质，该过程会因为脂肪分解酶的作用而加强。另外，制粉是谷物常用的加工方式，磨制的荞麦粉室温下在很短时间内就会损失大量的挥发性物质。徐宝才等（2001）研究表明，从粉碎到分析短短 15min 内，就足以损失 50%。挥发性成分的消失不呈线性，开始 30min 减少 70%，随后变化不大。除了量的变化外，挥发性成分也发生了变化，其中醛类物质明显增多。徐宝才和丁霄霖（2003）还研究了不同温、湿度条件下，贮藏不同时间后，苦荞籽粒中芦丁的变化。结果表明，温度（4℃、25℃、40℃）对苦荞籽粒芦丁变化的影响不明显，但水分活度的作用效果显著。在较高水分活度（$A_w>0.75$）条件下，芦丁含量变化较大，$A_w=0.97$ 时贮藏 2 个月，芦丁含量就明显下降，贮藏 7 个月，芦丁就几乎全部降解，含量由 1.85%变为 0.19%。$A_w=0.86$ 时，贮藏 7、12 个月后，芦丁分别降解了 23.24%、35.15%。芦丁含量的变化是苦荞籽粒中的芦丁降解酶（ROE）作用的结果，该酶将芦丁分解为槲皮素。因此建议收获后的苦荞籽粒干燥至其水分含量＜14%，贮藏于 $A_w<0.61$ 相对干燥的低温环境中，利于品质保存。

鉴于荞麦在贮藏过程中品质变化，可采取相应的控制措施。荞麦种子应存储于低温低湿的环境下（温度：3℃；相对湿度：17%～19%），磨制的荞麦粉立即冷冻起来可以防止挥发性成分的损失。荞麦在贮藏过程中产生的脂肪酸多为不饱和脂肪酸，如亚油酸、亚麻酸，它们是脂肪氧化酶作用的最佳底物，这是样品中饱和、不饱和醛形成以及含量增加的主要原因。因此可通过控制脂肪酶和脂肪氧化酶的活性来防止脂肪酸败。采用适当的方式如通过 γ 射线辐照来降低脂肪氧化酶的活性，达到既能使酶失去活性，又不至于造成粒色和风味的改变。杨晓清等（2003）采用真空袋装方法对荞麦贮藏期间的品质保持问题进行了研究，说明真空袋装能有效地抑制荞麦贮藏期间游离脂肪酸浓度的增长。真空度保持在 80kPa 以上时，其游离脂肪酸浓度下降为同期常规贮藏的 42%左右。在荞麦的色泽保持方面，避光条件下，真空袋装能很好地保持荞麦米原有色泽，但在光照条件下，它的护绿效果却很不明显，只略好于常规贮藏。由此可见，真空袋装方法抑制了荞麦呼吸的强度、霉菌的繁殖以及脂肪的氧化，从风味方面保持了荞麦的品质。

（三）加工对荞麦制品品质的影响

有研究表明，荞麦粉的营养价值高于小麦粉。杜双奎等（2002）以陕北甜荞（红花荞麦粉、白花荞麦粉）和苦荞粉为材料，与小麦粉（意大利 Pagani 面粉公司提供的强筋粉）对比，对荞麦粉营养品质、氨基酸组成进行分析。结果表明，荞麦粉中含有小麦粉中所没有的芦丁，苦荞粉中芦丁含量最高；荞麦粉淀粉含量低于小麦粉；荞麦粉蛋白质中氨基酸种类齐全，8 种人体必需氨基酸配比合理，赖氨酸含量是小麦粉中的 3 倍。李志西等（2003）关于意大利荞麦粉和意大利强筋小麦粉的对比研究也得到相同结论。荞麦粉必需氨基酸含量高，氨基酸组成优于小麦面粉，接近 WHO/ FAO 建议模式；荞麦粉的淀粉酶活性远低于小麦粉，是荞麦粉黏度远大于小麦粉的主要原因之一。同时，李志西等（2003）分析了荞麦原粮加工成荞麦粉的过程中的营养品质和加工特性。结果发现，营养成分在荞麦籽粒的不同部位的分布很不均衡，外层麸粉的营养价值高于内层心粉，但内层心粉的加工性能优于外层麸粉。荞麦麸粉的生物黄酮类物质含量十分丰富，芦丁含量高达1.11%，是荞麦心粉的3倍；苦荞麸粉的蛋白质和膳食纤维含量也很高，分别为26.43%和25.88%，膳食纤维含量是荞麦心粉和小麦粉的4.5倍。杨红叶等（2011）的报道也指出，荞麦各个组分中总酚、总黄酮含量由高到低依次为：苦荞麸粉＞苦荞粉＞甜荞麸粉＞甜荞粉，各样品间存在显著性差异。苦荞中芦丁含量远高于甜荞，其中苦荞粉、麸中芦丁含量分别是甜荞对应部位的183～275倍和136～207倍，但同种荞麦麸、粉间芦丁含量无显著差异。其次，荞麦多酚主要以自由酚形式存在，苦荞粉与甜荞粉自由酚占总酚比例分别为96%、93%，苦荞麸与甜荞麸自由酚占总酚比例分别为95%、88%。此外，荞麦抗氧化能力与多酚含量之间呈线性相关，且苦荞麦麸抗氧化活性最强。Guo等（2012）比较了苦荞壳、粗麸皮、细糠、精面粉等荞麦不同组成部分中的酚类、黄酮类、酚酸组成和抗氧化活性。结果表明，苦荞所有部分中自由态酚类含量远远高于结合态酚类，每部分中的功能性成分的含量和组成及抗氧化活性也存在差异。苦荞细糠中的自由态酚类和黄酮含量最高，ABTS自由基清除活性和总还原力最强。苦荞壳中结合态酚类和黄酮类含量最高，DPPH自由基清除活性最高，这说明苦荞收获后的处理对苦荞功能性的利用很有意义。关于所有部分中芦丁、对羟基苯甲酸、原儿茶酸、咖啡酸、绿原酸、没食子酸、阿魏酸、香豆酸、丁香酸和香草酸的测定结果表明，苦荞细糠中的芦丁含量最高，苦荞壳中的原儿茶酸含量最高，苦荞麸皮和精面粉中对羟基苯甲酸含量最高，而芦丁和对羟基苯甲酸的含量与抗氧化活性呈显著正相关（$r \geqslant 0.98$，$P<0.01$）。此研究为收获后处理苦荞来提高基于苦荞各个组分制成的食品的抗氧化活性提供了理论依据。由此可见，在加工荞麦制品时，不应丢弃荞麦“麸皮”，克服传统做法的弊病，合理利用资源。

在将荞麦粉制作成各种不同的荞麦食品时，荞麦制品的品质和功能性有何变化，哪种加工方式更为合理，也是值得进一步探讨的问题。宫风秋等（2007）利用高效液相色谱法分析了蒸、煮、烙、油炸和发酵等不同加工方式对传统荞麦制品营养成分（芦丁、槲皮素）含量及其抗氧化能力的影响。其结果表明：

（1）苦荞面粉和甜荞面粉中黄酮的主要存在形式为芦丁，而其传统制品中槲皮素为黄酮的主要存在形式。苦荞面粉中芦丁含量远高于甜荞面粉，当把荞麦面粉调制成面团时，芦丁含量迅速下降，槲皮素含量大大升高。这可能是因为芦丁降解酶的存在，在有水的条件下芦丁中的糖苷键断裂，使芦丁转化为槲皮素，从而导致芦丁含量下降，槲皮素含量升高。

（2）不同加工方式对芦丁和槲皮素含量的影响不同，发酵方式对荞麦中芦丁、槲皮素的影响最大，油炸次之，而煮制方式对芦丁、槲皮素的影响最小。荞麦饸饹的芦丁含量相对于其他制品较高，可能是因为饸饹采用煮制熟化时的加热时间短，且温度相对较低，对芦丁的影响较小。苦荞醋中芦丁、槲皮素含量均最低，可能是因为长时间的发酵过程不适合芦丁、槲皮素的存在，而使其发生分解变化，导致了其含量的减少。

（3）不同加工方式所得制品的功能特性差别较大。发酵和煮制加工方式所得荞麦制品对 DPPH 自由基的清除作用均较强，而蒸、烙加工方式较弱，油炸加工方式最弱。饸饹中的芦丁含量较高，从而使得其对 DPPH 自由基的清除活性和总抗氧化能力均很高，而苦荞醋中芦丁和槲皮素含量都较低，但对 DPPH 的清除活性和总抗氧化能力却最高，原因可能是苦荞醋中的其他发酵产物具有抗氧化作用。烙制和油炸加工方式所得制品的抗氧化性较低，可能是由于这些加工方式加热熟化的时间长或加热温度过高，破坏了制品中的抗氧化成分，从而导致其具有较低抗氧化性。因此，在荞麦制品加工时，应尽量避免利用烙制和油炸，而宜多采用煮制加工，以使荞麦制品中功能成分含量处在较高水平。

另有研究表明，荞麦种子和制品的理化性质很大程度上受到不同加工条件和加工方式的影响。例如，高温高压处理可提高总酚含量和改善抗氧化活性（Randhir 等，2008）；加热处理降低苦荞粉的总酚、类黄酮物质含量，降低抗氧化活性（Zhang 等，2010）；烘焙可使荞麦全籽粒和去壳荞麦的蛋白质品质和抗氧化活性显著下降（Zielinski 等，2009）；荞麦制成蛋糕的理化性质受到加工条件的影响，包括水分、加热温度、加热时间（Im 等，2003）；苦荞面包中多酚含量会在苦荞粉的加热过程中降低；在将荞麦粉制成面团时，水分的加入使得芦丁含量下降，而槲皮素含量上升，这可能是由于荞麦中的芦丁降解酶降解芦丁的原因（Vogrincic 等，2010）。除黄酮类物质，荞麦中的其他功能性成分也有报道。Normen 等（2002）报道，在沸水中煮制谷物会影响植物甾醇的含量。一般植物甾醇以 β-谷甾醇为主，含量高达 62%；其次是菜油甾醇（21%），而只有少量的豆甾醇（4%）、β-谷甾烷醇（4%）和菜油甾烷醇（2%）。Amezqueta 等（2013）报道了加工方式对荞麦中 D-葡糖苷酶抑制剂的影响，指出甜荞中 D-葡糖苷酶抑制剂的含量稳定在 1～25mg/kg。煮、烤、炸、发酵及萌发过程中葡糖苷酶抑制剂都比较稳定。

主要参考文献

鲍国军，梁建勇 . 2009. 苦荞麦新品种平荞 6 号［J］. 甘肃农业科技（12）：46.

包塔娜，周正质，张帆，等 . 2003. 苦荞麦麸皮的化学成分研究［J］. 天然产物研究与开发，15（2）：116-117.

边俊生，李红梅，陕方，等 . 2007. 荞麦提取物中 D-手性肌醇测定方法的研究［J］//第四届中国杂粮产业发展论坛，11（1）：213-215.

蔡马 . 2004. 萌发对荞麦营养成分的影响研究［J］. 西北农业学报，13（ 3）：18-21.

柴岩，冯佰利，孙世贤 . 2007. 中国小杂粮品种［M］. 北京：中国农业科学技术出版社 .

陈洁，高峰，王春，等 . 2009. 荞麦方便面品质评价方法的研究［J］. 粮食加工（5）：76-78.

曹艳萍 . 2005. 苦荞麦麸皮中总黄酮的乙醇提取工艺研究［J］. 食品科学，26（3）99-100.

曹红平，方肇勤，王晓波，等 . 2006. 苦荞麦类黄酮等对去卵巢大鼠的雌激素样作用［J］. 上海中医药杂志，40（3）59-61.

陈耀明，成国才，王治民，等 . 1997. 苦荞对大鼠实验性高脂血症的影响［J］. 第四军医大学学报，18：57-59.

陈荣林，王中康，张传博，等 . 2009. 苦荞内生真菌产物 EE-2 抑制 HepG2 生长及诱导其细胞凋亡［J］. 中国药理学通报，25（7）929-942.

陈鹏，李玉红，刘春梅，等 . 2003. 荞麦芽菜营养成分分析评价［J］. 园艺学报，30（6）：739-741.

陈磊庆，刘锁云，胡廷会，等 . 2012. 氮磷配施对阴山北麓旱作荞麦赖氨酸和黄酮的影响［J］. 华北农学报，27：333-338.
成少宁.2010. 萌发荞麦抗氧化活性及抑菌效果研究［D］. 上海：上海师范大学.
储金秀，张博男，韩淑英，等.2011. 荞麦花叶芦丁对乙醇所致小鼠肝细胞损伤的保护作用［J］. 山东医药，51（7）18-19.
崔霞，周艳明，牛森，等.2006. 酶法水解苦荞蛋白制备可溶性生物活性肽最佳条件的研究［J］. 粮食与食品工业，13（1）39-41.
董玉琛，曹永生.2003. 粮食作物种质资源的品质特性及其利用［J］. 中国农业科学，36（1）：111-114.
杜双奎，李志西，于修烛，等.2002. 陕北荞麦粉营养分析［J］. 西部粮油科技，5：59-61.
杜双奎，李志西，于修烛.2003. 荞麦淀粉研究进展［J］. 食品与发酵工业，29（2）：72-75.
杜双奎，李志西，于修烛.2004. 荞麦蛋白研究进展［J］. 食品科学，25（10）：409-414.
丰凡.2007. 荞麦多肽制备及生物活性研究［D］. 西安：西北农林科技大学.
冯美臣，牛波，杨武德，等.2012. 晋中地区荞麦品质气候区划的 GIS 多元分析［J］. 地球信息科学学报，14（6）：807-813.
高冬丽，高金锋，党根友，等.2008. 荞麦籽粒蛋白质组分特性研究［J］. 华北农学报，23（2）：68-71.
高铁祥.2002. 复方苦荞麦及其拆方治疗 2 型糖尿病的研究［J］. 现代中西医结合杂志，22（11）2209-2211.
高铁祥，游秋云.2003. 复方苦荞麦对 Ⅱ 型糖尿病大鼠治疗作用的实验研究［J］. 中国中医药科技，10（1）：15-17.
宫风秋，张莉，李志西，等.2007. 加工方式对传统荞麦制品芦丁含量及功能特性的影响［J］. 西北农林科技大学学报：自然科学版，35（9）：179-183.
郭晓娜.2006. 苦荞麦蛋白质的分离纯化及功能特性研究［D］. 无锡：江南大学.
郭晓娜，姚惠源.2005. 荞麦蛋白质的结构、低消化性及生理功能研究［J］. 粮油加工与食品机械（8）：60-62，64.
郭晓娜，姚惠源.2007. 苦荞麦抗肿瘤蛋白的分离纯化及结构分析［J］. 食品科学，28（7）462-465.
郭晓娜，姚惠源.2011. 光谱法研究变性剂对苦荞麦蛋白质构象的影响［J］. 光谱学与光谱分析，31（6），1611-1614.
郭玉蓉，韩舜愈，刘鹏，等.2004. 荞麦黄酮类化合物的提取分离及结构鉴定［J］. 食品科学，25（11）：131-134.
韩军花，冯妹元，王国栋，等.2006. 常见谷类、豆类食物中植物甾醇含量分析［J］. 营养学报，28（5）：375-378.
侯建霞.2007. 苦荞麦中活性成分及其在萌发过程中变化的研究［D］. 无锡：江南大学.
胡俊君，蒋梅峰，林勤保，等.2009. 苦荞麸皮中 D-手性肌醇的分离纯化［J］. 食品工业科技.30（4）：197-199
胡一冰，赵钢，彭镰心，等.2009. 苦荞芽提取物的镇痛抗炎作用［J］. 成都大学学报：自然科学版，28（2）101-103.
胡一冰，赵钢，彭镰心，等.2010a. 苦荞醇提物的镇静催眠作用研究［J］. 安徽农业科学，38（5）：2354-2355.
胡一冰，赵钢.2010b. 苦荞提取物对小鼠胃肠运动双向调节作用的实验研究［J］. 时珍国医国药，21（10）：2485-2486.
胡慧.2004. 复方苦荞麦合剂对实验性糖尿病大鼠早期肾脏病变影响的实验研究［J］. 中医药学刊，22（8）：1420-1421

黄凯丰，时政，饶庆琳，等.2011. 苦荞对油脂和胆固醇的吸附作用［J］. 江苏农业科学，39（4）：379-380.
黄叶梅，黎霞，张丽.2006. 苦荞黄酮对大鼠脑缺血再灌注损伤的保护作用［J］. 四川师范大学学报：自然科学版，29（4）：499-501.
黄兴富，黎其万，刘宏程，等.2011. 高效液相色谱法同时测定苦荞中芦丁、槲皮素和山柰酚的含量［J］. 中成药，33（2）：345-347.
惠丽娟.2008. 荞麦及荞麦食品研究进展［J］. 粮食加工，33（3）：78-80.
贾玮玮，刘敦华.2009. 宁夏荞麦开发利用研究进展［J］. 保鲜与加工（1）：1-4.
赖芸，肖海，黄真.2009. 荞麦多糖对小鼠睡眠功能和自发活动的影响［J］. 赣南医学院学报，29（1）：5-6.
李丹，肖刚，丁霄霖.2000. 苦荞黄酮清除自由基作用的研究［J］. 食品科技（6）：62-64.
李丹，肖刚，丁霄霖.2001. 苦荞黄酮抗氧化作用的研究［J］. 无锡轻工大学学报（1）：43-47.
李海平，李灵芝，任彩文，等.2009. 温度、光照对苦荞麦种子萌发、幼苗产量及品质的影响［J］. 西南师范大学学报：自然科学版，34（5）：158-161.
李红敏，周小理.2006. 荞麦多肽的制备及其抗氧化活性的研究［J］. 食品科学，27（10）：302-306.
李洁，梁月琴，郝一彬.2004，. 苦荞类黄酮降血脂作用的实验研究［J］. 山西医科大学学报，35（6）：570-571.
李玉田，徐峰，闫泉香.2006. 苦荞麦黄酮对家犬肾缺血的影响［J］. 中药材，29（2）：169-172.
李秀莲，史兴海，高伟，等.2011. 苦荞新品种‘晋荞麦2号’丰产稳产性分析及应用前景［J］. 农学学报，10：6-10.
李志西，杜双奎，于修烛，等.2003. 荞麦粉营养品质与加工特性研究［J］. 西北植物学报，23（5）：771-776.
林汝法，周小理，任贵兴，等.2005. 中国荞麦的生产与贸易、营养与食品［J］. 食品科学，26（1）：259-263.
刘冬生，徐若英，汪青青.1997. 荞麦中蛋白质含量及其氨基酸组成的分析研究［J］. 作物品种资源，2：26-28.
刘三才，李为喜，刘方，等.2007. 苦荞麦种质资源总黄酮和蛋白质含量的测定与评价［J］. 植物遗传资源学报，8（3）：317-320.
刘素洁.2011. 山旱耕地荞麦高产栽培技术［J］. 现代农业（4）：52-53.
刘航，徐元元，马雨洁，等.2012. 不同品种苦荞麦淀粉的主要理化性质［J］. 食品与发酵工业，38（5）：47-51.
路长喜，吕少芳，王衍生，等.2009. 苦荞麦馒头工艺与品质的研究［J］. 粮食加工（12）：111-113.
吕慧卿，郝志萍，穆婷婷，等.2011. 晋荞麦（苦）5号新品种选育报告［J］. 山西农业科学，39（12）：1247- 1248.
马宁，贾瑞玲，魏立萍，等.2011. 优质荞麦新品种定甜荞2号选育报告［J］. 甘肃农业科技，12：3-4.
马挺军，陕方，贾昌喜.2010. 苦荞醋对糖尿病模型小鼠血糖的影响［J］. 中国粮油学报，25（5）：42-44.
马雨洁，刘航，许芳溢，等.2012. 淀粉组成对荞麦面条食用和烹调品质的影响［J］. 食品工业科技，33（19）：49-52.
牛波，冯美臣，杨武德.2006. 不同肥料配比对荞麦产量和品质的影响［J］. 陕西农业科学，2：8-10.
瞿燕，曾锐.2006. 复方苦荞胶囊降糖作用的实验研究［J］. 中医药学刊，24（1），135-136.
阮景军，陈惠.2008. 荞麦蛋白的研究进展与展望［J］. 中国粮油学报，23（3）：209-213.

陕方，李文德，林汝法，等 . 2006. 苦荞不同提取物对糖尿病模型大鼠血糖的影响［J］. 中国食品学报，6（1）：208-211.
申瑞玲，张静雯，党雪雅，等 . 2012. 苦荞粉对小鼠肠道菌群的影响［J］. 食品与机械，28（1）：38-40.
舒成仁 . 2005. 苦荞麦籽粒提取物对实验性肝损伤的保护作用［D］. 武汉：华中科技大学 .
宋金翠 . 2004. 荞麦产业具有良好的发展前景［J］. 食品科学，25（10）：415-419.
陶胜宇，徐峰，闫泉香 . 2006. 苦荞麦黄酮对糖尿病大鼠神经功能的影响［J］. 实用药物与临床，9（4）：219-221.
谭萍，张萍，王玉珠，等 . 2008. 荞麦多糖的提取方法及含量测定［J］. 湖北农业科学，47（8）：955-956.
田秀红 . 2009. 苦荞麦抗营养因子的保健功能［J］. 食品研究与开发，30（11）：139-141.
田秀红，刘鑫峰，闫峰，等 . 2008. 苦荞麦的药理作用与食疗［J］. 农产品加工：学刊（8）：31-33.
田永权 . 2012. 山旱耕地荞麦高产栽培技术［J］. 中国农技推广，28（11）：21-29.
童国强，杨强，杨年红 . 2011. 苦荞酒辅助降血脂动物实验研究［J］. 酿酒科技（11）：79-80.
童红莉，田亚平，汪德清，等 . 2006a. 苦荞壳提取物对大鼠血脂的调节作用［J］. 第四军医大学学报，27（2）：120-122.
童红莉，田亚平，汪德清，等 . 2006b. 苦荞壳提取物对高脂饲料诱导的大鼠脂肪肝的预防作用［J］. 第四军医大学学报，27（10）：883-885.
王安虎 . 2010. 高产优质苦荞麦新品种西荞 3 号［J］. 江苏农业科学（1）：131 - 133.
王宏伟，乔振华，任文英，等，2002. 苦荞胰蛋白酶抑制剂对 HL-60 细胞增殖的抑制作用［J］. 山西医科大学学报，33（1）：3-5 .
王红育，李颖 . 2004. 荞麦的研究现状及应用前景［J］. 食品科学，25（10）：388-391.
王丽红，韩玉芝，崔兴洪，等 . 2009. 高寒冷凉山区优质苦荞高产栽培技术［J］. 农村实用技术（8）：30-32.
王敏，魏益民，高锦明 . 2004a. 两种荞麦籽粒营养保健功能物质基础的分析［J］. 农业工程学报，20（增刊）：158-161.
王敏，魏益民，高锦明 . 2004b. 荞麦油中脂肪酸和不皂化物的成分分析［J］. 营养学报，26（1）：40-44.
王敏，魏益民，高锦明 . 2006. 苦荞胚油对高脂血大鼠血脂及脂质过氧化作用的影响［J］. 中国粮油学报，21（4）：45-49 .
王敏，魏益民，高锦明 . 2006b. 苦荞黄酮的抗脂质过氧化和红细胞保护作用研究［J］. 中国食品学报，6（1）：278-283.
王荣成 . 2005. 荞麦营养品质及流变学特性研究［D］. 西安：西北农林科技大学 .
王若兰，宋卫军，晋雷鸣 . 2008. 储藏过程中苦荞麦色度变化的研究［J］. 食品科技（8）：228-232.
王晓曦，雷宏，曲艺，等 . 2010. 面粉中的淀粉组分对面条蒸煮品质的影响［J］. 河南工业大学学报：自然科学版，31（2）：24-27.
王转花，张政，林汝法 . 1999. 苦荞叶提取物对小鼠体内抗氧化酶系的调节［J］. 药物生物技术，6（4）：1-5.
魏益民 . 1995. 荞麦品质与加工［M］. 西安：世界图书出版公司 .
吴思兵 . 2010. 荞麦新品种“川荞 4 号”在四川问世［J］. 农村百事通，12：11.
伍杨，林平，刘锦红 . 2004. 恩施苦荞对大鼠血糖、血脂的影响［J］. 湖北民族学院学报：医学版，21（1）：32-34.
邢健，李巧玲，耿涛华，等 . 2012. 氨基酸分析方法的研究进展［J］. 中国食品添加剂，15：87-191.

徐宝才，李丹，丁霄霖．2001. 荞麦贮藏过程中的品质变化［J］．食品科技，3：53-55.

徐宝才，肖刚，丁霄霖．2002. 苦荞中酚酸和原花色素的分析测定［J］．食品与发酵工业，28(12)：32-37.

徐宝才，肖刚，丁霄霖，等．2003a．液质联用分析测定苦荞黄酮［J］．食品科学，24（6）：113-117.

徐宝才，肖刚，丁霄霖．2003b. 色谱法分析检测苦荞籽粒中的可溶性糖（醇）［J］．色谱，21（4）：410-413.

徐宝才，丁霄霖．2003c. 温、湿度对贮藏苦荞品质的影响［J］．中国粮油学报（5）：31-35.

徐嘉生．1987. 苦荞麦食品［J］．粮油食品科技（4）：33-35.

徐晓飞，陈健．多糖含量测定的研究进展［J］．食品科学，2009，30（21）：443-448.

许文涛，张方方，罗云波，等 2009. 荞麦水溶性多糖的分离纯化及其分子量的测定［J］．食品科学，30（13），22-24.

薛长勇，张月红，刘英华，等 2005. 苦荞黄酮降低血糖和血脂的作用途径［J］．中国临床康复，9（35）111-113.

薛长晖，王佩维，姚晨之．2002. 苦荞粉提取液对 NO_2^- 清除作用的体外试验研究［J］．粮油加工与食品机械，（10）48-49.

薛长晖．2009. 液质联用分离测定山西苦荞黄酮［J］．食品研究与开发，30（1）103-108

闫泉香，徐峰．2005. 苦荞黄酮对缺氧小鼠脑组织 MDA 含量的影响［J］．中药药理与临床，21(4)：33.

颜军，孙晓春，谢贞建，等．2011. 苦荞多糖的分离纯化及单糖组成测定［J］．食品科学．32，（19）：33-36.

杨红叶，杨联芝，柴岩，等．2011. 甜荞和苦荞籽中多酚存在形式与抗氧化活性的研究［J］．食品工业科技，32（5）：90-97.

杨晓清，杜文亮，赵丽芹，等．2003. 真空袋装储藏对荞麦品质影响的试验研究［J］．内蒙古农业大学学报（自然科学版），（1）：55-58.

祁学忠，吉锁兴，王晓燕，等．2003. 苦荞黄酮及其降血糖作用的研究［J］．科技情报开发与经济，13（8）：111-112.

尹礼国，钟耕，刘雄，等．2002. 荞麦营养特性、生理功能和药用价值研究进展［J］．粮食与油脂，（5）：32-34.

于泓，牟世芬．2005. 氨基酸分析方法的研究进展［J］．分析化学，33（3）：398-404.

张彩霞．2011. 榆荞 3 号荞麦新品种特征特性及高产栽培技术［J］．种子世界（13）：15-16.

张春明，李秀莲，张耀文．2011. 晋荞麦（甜）3 号的选育及高产栽培［J］．山西农业科学，39（4）：316- 318.

张超，卢艳，郭贯新，等．2005. 苦荞麦蛋白质抗疲劳功能机理的研究［J］．食品与生物技术学报，24（6）：78-82.

张超，郭贯新，张晖．2004. 苦荞麦可溶性蛋白的提取工艺以及性质的研究［J］．食品工业科技（4）：72-74．

章丽，刘松雁．2009. 氨基酸测定方法的研究进展［J］．河北化工，32（5）：27-29.

张美莉，赵广华，胡小松，等．2004．萌发荞麦种子蛋白质组分含量变化的研究［J］．中国粮油学报（4）：35-45.

张政，王转花，刘凤艳，等．1999. 苦荞麦蛋白复合物的营养成分及其抗衰老作用的研究［J］．营养学报，21（2）159-162.

张国权，师学文，罗勤贵．2009. 陕西主要荞麦品种的淀粉理化特性分析［J］．西北农林科技大学学报：自然科学版，37（5）：105-113.

张美莉，胡小松．2004. 荞麦生物活性物质及其功能研究进展［J］．杂粮作物，24（1）：26-29.

张民 . 2004. 苦荞壳提取物抗氧化活性研究［J］. 食品科学，25（10）：32-34.
郑汗臣，蔡少青 . 2003. 药用植物学与生药学［M］. 北京：人民卫生出版社 .
郑君君 . 2009. 不同荞麦品种的粉质特性及其凝胶食品的加工适用性研究［D］. 西安：西北农林科技大学 .
郑民实，阎燕，李文，等 . 1991. ELISA 技术检测中草药抗 HBsAg 的实验研究［J］. 中国医院药学杂志，11（2）：53-55.
周艳萍，张正浩 . 2007. 复方苦荞麦对糖尿病大鼠胰岛功能与形态的影响［J］. 咸宁学院学报：医学版，21（4）：288-291.
周小理，周一鸣，肖文艳 . 2009. 荞麦淀粉糊化特性研究［J］. 食品科学，30（13）：48-51.
周小理，黄琳 . 2010. 荞麦蛋白的组成与功能成分研究进展［J］. 上海应用技术学院学报：自然科学版，10（3）：196-199.
周小理，李宗杰，周一鸣 . 2011. 荞麦治疗糖尿病化学成分的研究进展［J］. 中国粮油学报，26（5）：119-121.
周小理，宋鑫莉 . 2009. 萌动对植物籽粒营养成分的影响及荞麦萌动食品的研究［J］. 上海应用技术学院学报：自然科学版，9（3）：171-174.
曾靖，张黎明，江丽霞，等 . 2005. 荞麦多糖对小鼠实验性肝损伤的保护作用［J］. 中药药理与临床，21（5）：29-30.
张月红，郑子新，刘英华，等 . 2006. 苦荞提取物对餐后血糖及 α-葡萄糖苷酶活性的影响［J］. 中国临床康复，10（15）：111-113.
左光明 . 2009，苦荞主要营养功能成分关键利用技术研究［D］. 贵阳：贵州大学 .
左光明，谭斌，王金华，等 . 2006. 苦荞蛋白对高血脂症小鼠降血脂及抗氧化功能［J］. 食品科学，31（7）：247-250.
朱瑞，高南南，陈建民 . 2003. 苦荞麦的化学成分和药理作用［J］. 中国野生植物资源，22（2）：7-9.
Amézqueta S，Galán E，Fuguet E，et al. 2012. Determination of D-fagomine in buckwheat and mulberry by cation exchange HPLC/ESI-Q-MS［J］. Analytical and Bioanalytical Chemistry，(402)：1953-1960.
Amézqueta S，Galán E，Vila-Fernandez I，et al. 2013. The presence of D-fagomine in the human diet from buckwheat-based foodstuffs［J］. Food Chemistry，(136)：1316-1321.
AOAC. 1990. Official methods of analysis（15th ed.）［R］. Washington，DC，USA：Association of Official Analytical Chemists.
AOAC. 2000. Official methods of analysis（17th ed.）［R］. Maryland，USA：Association of Official Analytical Chemists.
Artemis P，Simopoulos. 1999. Essential fatty acids in health and chronic disease［J］. American Journal of Clinical Nutrition，70：560-569.
Baggio G，Pagnan A，Muraca M，et al. 1988. Olive oil enriched diet：effect on serum lipoprotein levels and biliary cholesterol saturation［J］. The American Journal of Clinical Nutrition，47：960-968.
Bonafaccia G，Gambelli L，Fabjan N，et al. 2003a. Trace elements in flour and bran from common and tartary buckwheat［J］. Food Chemistry，83：1-5.
Bonafaccia G，Marocchini M，Kreft I. 2003b. Composition and technological properties of the flour and bran from common and tartary buckwheat［J］. Food Chemistry，80：9-15.
CGPRDI. 1983. Bread making［R］. Taipei，Taiwan：China Grain Products Research and Development Institute.
Chlopicka J，Pasko P，Gorinstein S，et al. 2012. Total phenolic and total flavonoid content，antioxidant

activity and sensory evaluation of pseudocereal breads [J]. LWT-Food Science and Technology, 46: 548-555.

Choie JS, Kwon S O, Nam J, et a1. 2010. Different distribution and utilization of free amino acids in two buckwheats: fagopyrum esculenturn and fagopyrum tataricum [J]. Processings of the 11th International Symposium on Buckwheat (10): 259-262.

Christa K, Soral-Śmietana M. 2008. Buckwheat grains and buckwheat products-nutritional and prophylactic value of their components-a Review [J]. Czech Journal of Animal Science (26): 153-162.

Dadáková E, Kalinová J. 2010. Determination of quercetin glycosides and free quercetin in buckwheat by capillary micellar electrokinetic chromatography [J]. Journal of Separation Science, (33): 1633-1638.

Danila A M, Kotani A, Hakamata H, et al. 2007. Determination of rutin, catechin, epicatechin, and epicatechin gallate in buckwheat *Fagopyrum esculentum* Möench by micro-high-performance liquid chromatography with electrochemical detection [J]. Journal of Agricultural and Food Chemistry, (55): 1139-1143.

Dietrych Szostak D, Oleszek W. 1999. Effect of processing on the flavonoid content in buckwheat (*Fagopyrum esculentum* Möench) grain [J]. Journal of Agricultural and Food Chemistry, 47 (10): 4384-4387.

Fabjan N, Rode J, Košir I J, et al. 2003. Tartary buckwheat (*Fagopyrum tataricum* Gaertn.) as a source of dietary rutin and quercitrin [J]. Journal of Agricultural and Food Chemistry, (51): 6452-6455.

Filipčev B, Šimurina O, Sakač M, et al. 2011. Feasibility of use of buckwheat flour as an ingredient in ginger nut biscuit formulation [J]. Food Cheistry, 125: 164-170.

Fonteles M C, Almeida M Q, Larner J. 2000. Antihyperglycemic effects of 3-methyl-D-chiro-inositol and D-chiro-inositol associated with manganese in streptozotocin diabetic rats [J]. Hormone and Metabolic Research, (32): 129-132.

Gómez L, Molinar -Toribio E, Calvo-Torras M A, et al. 2012. D-Fagomine lowers postprandial blood glucose and modulates bacterial adhesion [J]. The British Journal of Nutrition, (107): 1739-1746.

Guo X N, Zhu K X, Zhang H, et al. 2010. Anti-Tumor Activity of a Novel Protein Obtained from Tartary Buckwheat [J]. International Journal of Molecular Sciences, (11): 5201-5211.

Guo X D, Wu S, Ma Y J, et al. 2012. Comparison of milling fractions of tartary buckwheat for their phenolics and antioxidant properties [J]. Food Research International, (49): 53-59.

Gurjal H S, Mhta S, Samra I S, et al. 2003. Effect of wheat bran, coarse wheat flour and rice flour on the instrumental texture of cookies [J]. International Journal of Food Properties, 6 (2): 329-340.

Im J S, Huff H E, Hsieh F H. 2003. Effects of processing conditions on the physical and chemical properties of buckwheat grit cakes [J]. Journal of Agricultural and Food Chemistry, (51): 659-666.

ICC Standard No. 123/1. 1994. Determination of starch content by hydrochloric acid dissolution.

ISO 8589. 2007. Sensory analysis e general guidance for the design of test rooms. Geneva, Switzerland: International Organization for Standardization, 2007.

Kalinova J, Triska J, Vrchotova N. 2006. Distribution of Vitamin E, squalene, epicatechin, and rutin in common buckwheat plants (*Fagopyrum esculentum* Möench) [J]. Journal of Agricultural and Food Chemistry, (54): 5330-5335.

Kato N, Kayashita J, Sasaki M. 2000. Physiological functions of buckwheat protein and sericin as resistant proteins [J]. Journal of the Japanese Society of Nutrition and Food Science, 53 (2): 71.

Kawa J M, Taylor C G, Przybylski R. 2003. Buckwheat concentrate reduces serum glucose in streptozotocin-diabetic rats [J]. Journal of Agricultural and Food Chemistry, (25): 7287-7291

Kayashita J, Nagai H, Kato N. 1996. Buckwheat protein extract suppression of the growth depression in rats induced by feeding amaranth (Food Red No. 2) [J]. Bioscience, Biotechnology and Biochemistry, (9): 1530-1531.

Kayashita J, Shimaoka I, Nakajoh M, et al. 1997. Consumption of buckwheat protein lowers plasma cholesterol and raises fecal neutral sterols in cholesterol-Fed rats because of its low digestibility [J]. Journal of Nutriton, (7): 1395-1400.

Kayashita J, Shimaoka I, Nakajoh M, et al. 1999. Consumption of a buckwheat protein extract retards 7, 12-dimethylbenz [alpha] anthracene-induced mammary carcinogenesis in rats. Bioscience [J], Biotechnology and Biochemistry, 63 (10): 1837-1839.

Kayashita J, Shimaoka I, Nakajoh M, et al. 1999. Consumption of a buckwheat protein extract retards 7, 12-dimethylbenz alpha-anthracene induced mammary carcinogenesis in rats [J]. Biosci Biotechnol Biochem, 63 (10): 1837-1839.

Kim S L, Kim S K, Park C H. 2002. Comparisons of lipid, fatty acids and tocopherols of different buckwheat species [J]. Food Science and Biotechnology, (11): 332-336.

Koyama M, Nakamura C, Nakamura K. 2013. Changes in phenols contents from buckwheat sprouts during growth stage [J]. Journal of Food Science and Technology, 50 (1): 86-93.

Krkošková B, Mrazova Z. 2005. Prophylactic components of buckwheat [J]. Food Research International, (38): 561-568.

Li D, Li X L, Ding X L, et al. 2010. Composition and Antioxidative Properties of the Flavonoid-rich Fractions from Tartary Buckwheat Grains [J]. Food Science and Biotechnology, (19): 711-716.

Li S, Zhang Q H. 2001. Advances in the development of functional foods from buckwheat [J]. Critical Reviews in Food Science and Nutrition, (41): 451-464.

Li X H, Park N I, Xu H et al. 2010. Differential Expression of Flavonoid Biosynthesis Genes and Accumulation of Phenolic Compounds in Common Buckwheat (*Fagopyrum esculentum*) [J]. Journal of Agricultural and Food Chemistry, (58): 12176-12181.

Li W, Lin R, Corke H. 1997. Physicochemical properties of common and tartary buckwheat starch [J]. Cereal Chemistry, 74 (1): 79-82.

Lin L Y, Liu H M, Yu Y W, et al. 2009. Quality and antioxidant property of buckwheat enhanced wheat bread [J]. Food Chemistry, 112: 987-991.

Liu C L, Chen Y S, Yang J H, et al. 2008a. Antioxidant activity of tartary [*Fagopyrum tataricum* (L.) Gaertn.] and common (*Fagopyrum esculentum* Moench) buckwheat sprouts [J]. Journal of Agricultural and Food Chemistry, (56): 173-178.

Liu J L, Tang Y, Xia Z M, et al. 2008b. Faggotry crispatifolium, a new species of polygonaceae from Sichuan, China [J]. Journal of Systematic and Evolutionary, (46): 929-932.

Liu Z, Ishikawa W, Huang X. 2001. A buckwheat protein product suppresses 1, 2-Dimethylhydrazine-induced colon carcinogenesis in rats by reducing cell proliferation [J]. Journal of Nutriton, 131 (6): 1850-1853.

Ma Y, Xiong Y L, Zhai J J, et al. 2010. Fractionation and evaluation of radical scavenging peptides from in vitro digests of buckwheat protein [J]. Food Chemistry, (118): 582-588.

Ma Y J, Guo X D, Liu H, et al. 2013. Cooking, textural, sensorial, and antioxidant properties of common and tartary buckwheat noodles [J]. Food Science and Biotechnology, 22 (1): 153-159.

Normén L, Susanne B, Monica J, et al. 2002. The phytosterols content of some cereal food commonly consumed in Sweden and in the Netherlands [J]. Journal of Food Composition and Analysis, (15): 693-704.

Ortmeyer H K, Larner J, Hansen B C. 1995. Effects of D-chiro-inositol added to a meal on plasma glucose and insulin in hyperinsulinemic rhesus monkeys [J]. Obesity Research, 3 (4): 605-608.

Ostlund Jr R E, McGill J B, Herskowitz I, et al. 1993. D-chiro-inositol metabolism in diabetes mellitus [J]. National Acad Sciences. 90 (21): 9988-9992.

Qian J Y, Mayer D, Kuhn M. 1999. Flavonoids in fine buckwheat (*Fagopyrum esculentum* Moench) flour and their free radical scavenging activities [J]. Deutsche Lebensmittel-Rundschau. 95 (9), 343-349.

Randhir R, Kwon Y I. Shetty K. 2008. Effect of thermal processing on phenolics, antioxidant activity and health-relevant functionality of select grain sprouts and seedlings [J]. Innovative Food Science & Emerging Technologies, (9): 355-364.

Sanchez Arias J A, Sanchez Gutierrez J C, Guadaño A, et al. 1992. Impairment of glycosyl- phosphatidylinositol-dependent insulin signaling system in isolated rat hepatocytes by streptozotocin-induced diabetes [J]. Endocrinology, 131 (4): 1727-1733.

Sato H, Sakamura S. 1975. Isolation and identification of flavonoids in immature buckwheat seed (Fagopyrum esculentum Moench) [J]. Journal of the Agricultural Chemical Society of Japan, 49 (1): 53-55.

Schoenlechner R, Drausinger J, Ottenschlaeger V, et al. 2010. Functional properties of gluten-free pasta produced from amaranth, quinoa and buckwheat [J]. Plant Foods for Human Nutrtion, 65: 339-349.

Sedej I, Sakač M, MandicA, et al. 2011. Quality assessment of gluten-free crackers based on buckwheat flour [J]. LWT-Food Science and Technology, 44: 694-699.

Skrabanja V, Kreft I, Golob T, et al. 2004. Nutrient content in buckwheat milling fractions [J]. Cereal Chemistry, 81: 172-176.

Steadman K J, Burgoon M S, Lewis B A, et al. 2001. Buckwheat seed milling fraction: description, macronutrient composition and dietary fiber [J]. Journal of Cereal Science, (33): 271-278.

Sun T H, Heimark D B, Nguygen T, et al. 2002. Both myo-inositol to chiro-inositol epimerase activities and chiro-inositol to myo-inositol ratios are decreased in tissues of GK type 2 diabetic rats compared to Wistar controls [J]. Biochemical and Biophysical Research Communications, 293 (3): 1092-1098.

Suzuki T, Honda Y, Mukasa Y. 2005. Effects of UV-B radiation, cold and desiccation stress on rutin concentration and rutin glucosidase activity in tartary buckwheat (*Fagopyrum tataricum*) leaves [J]. Plant Science, (168): 1303-1307.

Tang C H, Peng J, Zhen D W, et al. 2009. Physicochemical and antioxidant properties of buckwheat (*Fagopyrum esculentum* Moench) protein hydrolysates [J]. Food Chemistry, 115 (2): 672-678.

Tomotake H, Shimaoka I, Kayashita J, et al. 2002. Physicochemical and Functional Properties of Buckwheat Protein Product [J]. Journal of Agricultural and Food Chemistry, (50): 2125-2129.

Tomotake H, Yamamoto N, Yanaka N, et al. 2006. High protein buckwheat flour suppresses hypercholesterolemia in rats and gallstone formation in mice by hypercholesterolemic diet and body fat in rats because of its low protein digestibility [J]. Nutrition, 22 (2): 166-173.

Tomotake H, Yamamoto N, Kitabayashi H, et al. 2007. Preparation of tartary buckwheat protein product and its improving effect on cholesterol metabolism in rats and mice fed cholesterol-enriched diet [J]. Journal of Food Science, 72 (7): 528-533.

Torbica A, Hadnađev M, Dapčević T. 2010. Rheological, textural and sensory properties of gluten-free bread formulations based on rice and buckwheat flour [J]. Food Hydrocolloids, 24: 626-632.

Ueda T, Coseo M P, Harrell T J. 2005. Amultifunctional galactinol synthase catalyzes the synthesis of fagopyritol A1 and fagopyritol B1 in buckwheat seed [J]. Plant Science, (168): 681-690.

Verardo V, Arráez-Román D, Segura-Carretero A, et al. 2010. Identification of buckwheat phenolic compounds by reverse phase high performance liquid chromatography-electrospray ionization-time of flight-mass spectrometry (RP-HPLCeESI -TOF-MS) [J]. Journal of Cereal Science, (52): 170-176.

Vogrincic M, Timoracka M, Melichacova S, et al. 2010. Degradation of rutin and polyphenols during the preparation of tartary buckwheat bread [J]. Journal of Agricultural and Food Chemistry, (58): 4883-4887.

Watanabe M, Ohshita Y, Tsushida T. 1997. Antioxidant compounds from buckwheat (*Fagopyrum esculentum* Moench) hulls [J]. Journal of Agricultural and Food Chemistry, 45 (4): 1039-1044.

Wei Y, Hu X, Zhang G, et al. 2003. Studies on the amino acid and mineral content of buckwheat protein fractions [J]. Nahrung/Food, (47): 114-116.

Wijngaard H H, Arendt E K. Buckwheat. Cereal Chemistry, 2006, 83 (4): 391-401.

Yang N, Ren G. 2008b. Determination of d-chiro-Inositol in tartary buckwheat using high-performance liquid chromatography with an evaporative light-scattering detector [J]. Journal of Agricultural and Food Chemistry, 56 (3): 757-760

Yang N, Ren G. 2008a. Application of near-infrared reflectance spectroscopy to the evaluation of rutin and D-chiro-inositol contents in tartary buckwheat [J]. Journal of Agricultural and Food Chemistry, 56 (3): 761-764.

Zhang M, Chen H X, Li J L, et al. 2010. Antioxidant properties of tartary buckwheat extracts as affected by different thermal processing methods [J]. Lwt Food Science and Technology, (43): 181-185.

Zhang Z L, Zhou M L, Tang Y, et al. 2012. Bioactive compounds in functional buckwheat food [J]. Food Research International, (49): 389-395.

Zielinski H, Michalska A, Amigo Benavent M, et al. 2009. Changes in protein quality and antioxidant properties of buckwheat seeds and groats induced by roasting [J]. Journal of Agricultural and Food Chemistry, (57): 4771-4776.

第十章

荞麦加工及利用

荞麦起源于中国，有记载的栽培利用历史已有2 000多年。与其他谷物食材一样，荞麦富含淀粉、蛋白质、膳食纤维、脂肪、维生素、矿物营养元素等营养成分，能够满足人类充饥果腹、补充能量的基本要求，故被利用和驯化，成为珍贵的食材。

荞麦耐瘠薄、适应性强，栽培分布范围很广，但受经济效益、生态环境等条件所限，传统的中国荞麦生产自古以来主要集中于内蒙古、辽宁、河北、山西、陕西、甘肃、宁夏等北方产区和四川、云南、贵州、西藏等西南产区。历经数千年积淀的中国荞麦饮食文化也均发源于这些区域。

荞麦的加工利用与水稻、小麦、玉米等主粮加工利用情况相比，更具区域性和特色性。传统的山西荞面饸饹、刀削面、刀拨面，寿阳猫耳朵、蒸饺，柳林碗团，徐沟荞面灌肠，灵丘苦荞凉粉，陕北剁荞面，合阳踅面、煎饼，宁夏搅团，西吉油圈，陇西荞粉，通渭荞圈圈，泰兴扁团，京郊扒糕，延边（朝鲜族）冷面，凉山荞粑粑、秆秆酒，威宁荞酥，沿河（土家族）豆花荞面，云南荞糕、荞饼、荞包子，昆明荞坨，福贡荞砂饭，独龙馅荞饼等特色荞麦食品，在中西部高山大川中历经千百年秘酿、烹制，早已成为各地脍炙人口的美食名片。比其特色美味更吸引人的是荞麦具有强身健体、防病治病的功效，各类调理药膳、疗疾古方在历代典籍中多有记载。

随着社会经济的发展，俗称“假谷类”的荞麦，深受现代健康消费市场的青睐，也成为学术界研究开发的热点。大量研究表明，荞麦食品的健康功效不仅与其富含的黄酮、多酚、多肽、D-手性肌醇、原花青素等多种生理活性成分有关，而且荞麦淀粉、蛋白质等常规营养成分与禾本科谷物相比较，也颇具特色：

（1）荞麦淀粉含量60%～70%，其淀粉糊的热稳定性、冷稳定性、冻融稳定性和抗凝沉稳定性强，淀粉凝胶的硬度、回弹性和黏聚性均较高，凝胶质构特性优良，是碗团、凉粉、扒糕等类食品的优质原料。

（2）荞麦直链淀粉、抗性淀粉含量分别可达25.63%、22.53%（秦培友，2012），其中直链淀粉含量最高可达33.22%。荞麦淀粉组分结构及微晶构型等物理化学因素表明，其分子间作用力较强，加之受荞麦黄酮、蛋白质等大分子的抑制作用，荞麦淀粉的水解消化率较低，血糖生成指数（GI）约为53.16（顾娟洪雁，2010），是天然的低GI食材。

（3）荞麦蛋白质含量7.04%～16.51%（刘冬生，1997），蛋白质的利用率为63.1%，而小麦和燕麦蛋白质的利用率分别为42%和57%，荞麦蛋白质的生物效价几乎高于其他所有的植物蛋白质。除了较突出的营养价值，荞麦蛋白质与大豆蛋白质相似，表现出较高的持水性、乳化性、发泡性和咀嚼性（唐传核，2001；阮景军，2008）。

（4）研究发现，荞麦蛋白质还具有降低胆固醇、预防胆固醇沉积、抑制体内胆结石形成、显著提高肝糖原含量，有效降低血乳酸和血清尿素含量、增强活动能力和延长耐力等抗疲劳作用。在防治肿瘤研究中发现，从苦荞水溶性蛋白质所得组分 TBWSP31 对人乳腺癌细胞株 Bcap37 的生长有显著的增殖抑制活性，其半抑制活性为（IC_{50}）为 19.75μg/mL（郭晓娜，2009）；而苦荞胰蛋白酶抑制剂可显著地抑制 HL-60 细胞的增殖（王宏伟，2002）。因此，为了保全荞麦蛋白质的生物活性，还需解决加工过程对其生物活性的影响。

（5）每 100g 苦荞可食部分的能量值为1 272.5kJ（杨月欣，2002），与小麦、大米、玉米、小米、燕麦、高粱等谷物类粮食相比能量最低，是开发低热量食品的优质原料。

综上所述，“假谷类”荞麦确有显著区别于其他谷物食材的特质，在功能健康食品加工中具有其“不可替代”的理由。尤其在临床营养已经开始进入“个体化营养干预”的发展阶段，研发能够满足消费者需求的功能化细分食品，需要多样化的食材原料，荞麦就是理想的资源之一。

第一节　荞麦的食用

荞麦经清理、脱壳后可加工成荞麦粉、荞麦米、荞麦壳等，其中米、粉，可用来制作成荞麦面条、荞麦馒头、荞麦凉粉、荞麦碗托、荞麦粥、荞麦粑粑等传统食品。荞麦因缺少面筋蛋白、加工性能差、口感粗糙等原因，通常需要与小麦面粉复配加工。一些加工食品中荞麦比例基本在20%～40%之间。现在，利用发芽萌动、挤压预糊化、超细粉碎、功能添加剂等食品加工新技术，成功开发了低 GI 荞麦面条、麦片，以及荞麦酒、荞麦醋、荞麦茶、荞麦饮品等新产品，拓展和丰富了荞麦加工食品的新种类。

一、荞麦米的加工

（一）清粮

众所周知，粮食在加工之前统称为原粮，经过清粮、除杂后才能作为食材原料加工使用。清粮是粮食加工的一个重要环节，关键是去掉原粮中混杂的灰土、沙粒、草屑等杂质以及未成熟的瘪谷、变质粒等无利用价值的原粮籽粒，使其达到“粮中无石，石中无粮”的加工标准。清粮通用设备一般有：

1. 风筛清选机　是组合风选和筛选为一体的基本清选设备，该机的风选功能主要是靠立式空气筛来完成的，它根据粮食的空气动力学特性，按照粮食和杂质临界速度的不同，通过调整气流的速度，实现分离目的。较轻的杂质被吸入螺旋式除尘器集中排出，较好的物料通过空气筛后进入振动筛。荞麦加工中使用振动筛通常为 3～4 级，最多可达 6 级，分级越多对后续加工越好。

2. 比重去石机　是原粮在一定风力的作用下呈现悬浮状，靠重力沿筛板斜面下移流向出口，而石子和较重的杂质则沉在谷物底部，在鱼鳞筛板的驱动作用下沿筛面上移至去石口，完成去石过程。

去杂、清粮工艺流程：

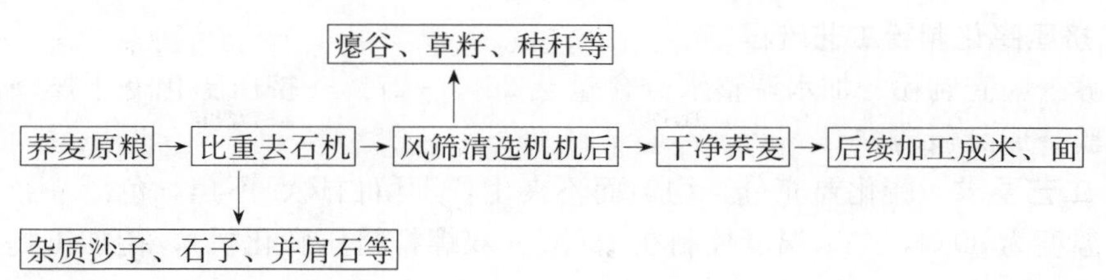

（二）脱壳

甜荞和苦荞的籽粒特性不一样，见图10-1，甜荞外壳是三棱状的，经过挤压搓揉容易与荞麦仁分离，所以直接用砂轮磨盘式脱壳机，就可以实现脱壳。苦荞的外壳与甜荞不同，苦荞外壳较厚，呈卵形、无棱，不易形成应力点，挤压或撞击后不容易与荞麦仁分离。因而要采用先熟化、干燥，后脱壳的加工方法。

1. 甜荞的脱壳工艺流程

甜荞→砂轮磨盘式脱壳机→壳仁分离→甜荞米→检验→成品包装

2. 苦荞的脱壳工艺流程

苦荞→浸泡→蒸制熟化→干燥→胶辊砻谷机脱壳→壳仁分离→色选→苦荞米→检验→成品包装

苦荞籽粒

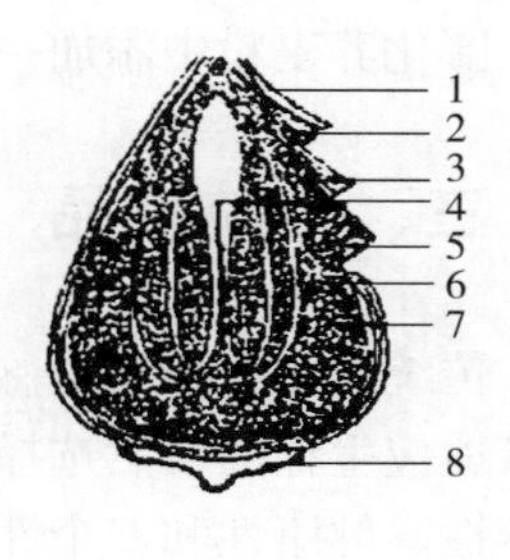

苦荞籽粒剖面

甜荞籽粒

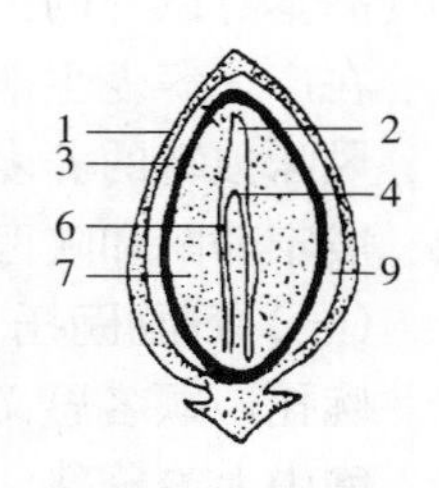

甜荞籽粒剖面

图10-1　苦荞和甜荞籽粒及剖面

1. 果皮　2. 胚根　3. 种皮　4. 胚芽　5. 糊粉层　6. 子叶　7. 胚乳　8. 裂宿萼　9. 子房腔

（引自顾尧臣）

荞麦米不仅营养丰富，还有其他食品无法可比的药用功能，特别是高血压、糖尿病患者，常食用荞麦米有益于健康。荞麦米易熟、有特定清香味，与一定比例大米混合煮饭、煮粥，均较适宜。荞麦米的麸皮得以保留，功能成分含量较高，所以食用荞麦米比荞麦面粉更有益于健康。

二、荞麦粉的加工

（一）传统荞麦粉的加工

荞麦籽粒脱壳后，可用磨粉机直接磨成面粉。根据加工程度及荞麦麸皮是否保留，通常有四种荞麦制成品：荞麦糁、精粉、普通粉与全粉。

（二）现代荞麦粉的加工

利用挤压膨化工艺使得面粉中的淀粉部分降解，淀粉分子间的氢键断裂而发生糊化，这样可溶性膳食纤维的量相对增加，蛋白质在高温、高压、高剪切力作用下变性，消化率明显提高且蛋白质的品质获得改善，同时经过膨化的面粉的粘连性、水溶性有很大提高，面粉粒径微细化至140～180目。

1. 挤压膨化制粉工艺流程

苦荞→脱壳制粉→加水调整水分含量至25%～27%→挤压膨化→干燥→制粉→膨化粉→检验→成品包装

2. 工艺要求 膨化要充分、均匀而不夹生，不留白斑、不焦，色泽一致。一般膨化机一区温度为80℃，二区温度控制在150℃（双螺杆挤压膨化机），待加工物料降温后再粉碎制粉。

膨化荞麦粉中添加一定量的小麦高精粉和食品添加剂可用作荞麦面条专用粉。

三、传统食品

传统食品是指历史悠久，用传统加工工艺生产，反映地方和民族特色的食品，是一个民族适应生存的自然选择，是民间经验和智慧的积累、继承、发扬，具有良好的风味性、营养性、健康性和安全性。每个国家和民族都有自己的传统食品，正如人们所说的"一方水土养一方人"，传统食品一般历史源远流长、经久不衰，具有深厚的饮食文化内涵，赋予食品本身以外的无形价值。

在广大荞麦主产区，人们根据自己的区域特色和传统习惯，开发了工艺独到、方法多样、风味独特的荞麦传统食品。如荞麦碗托、荞麦凉粉、荞麦灌肠、荞麦扒糕、苦荞粑粑、威宁荞酥和陕西剁荞面等。

（一）荞面碗托

碗托，顾名思义是用荞麦面粉制成的碗状加工食品。基本工艺是将荞面加水调成糊，放入碗中上笼蒸熟，晾凉形成一凝胶状食品。因脱模后呈碗状，故称之为碗托，亦称为碗团。因其选用原料、工艺不同，可分为以荞麦糁工艺为代表的陕北荞面碗托（又称为荞麦凉粉）和以荞麦面粉工艺为代表的山西荞面碗托（又称为荞面碗团）。

1. 陕北荞面碗托

（1）取适量荞麦糁或荞麦仁用清水浸泡1h左右捞出，用净布擦尽水分，搓去荞麦仁外皮，露出洁白的胚乳，再次浸泡24h直至泡胀发软，带水研磨成浆，细箩过滤，弃渣留浆。

（2）将稀浆物料静置，待沉淀完全后，分离上清液，取沉淀的淀粉晾干备用。

（3）取适量荞麦淀粉加水搅拌成团，稍事饧面后，逐步少量加水搅拌稀释，直至形成稀糊状淀粉浆（稀稠以能挂在勺子上为度），500g淀粉需加水2kg左右。然后将淀粉浆舀入碗内，上笼蒸制20min左右。蒸制期间需间断搅拌1～2次，以便均匀熟化。待淀粉完全熟化后下笼晾凉即成半透明状、极富弹性的凝胶状碗托。食用时切条或小块入碗，根据个人口味调以酱油、醋、盐、芥末、辣椒油、蒜泥、葱花即可。碗托在诸多荞面食品中，有着鲜明的特色，筋软耐嚼，香醇爽口，方便快捷，百吃不厌，是夏季消暑纳凉的佳品。

荞面碗托在西北地区广为流行，亦有称之为荞面凉粉，加工方法亦有简化。取细箩过滤后的浆料略加水稀释后直接入锅，在不断搅拌下煮沸熟化。此处充分搅拌十分重要，否则容易出现熟化不均匀或糊锅现象。待熟化完全后撤火，分别舀入碗中晾凉成型，或直接在面案上摊平晾凉即可。此法制成品水分略大，口感更加嫩滑爽口，多以凉粉为名，如陇西荞粉。

2. 山西荞面碗托

（1）材料　荞麦面粉200g，水800mL，食盐少许。

（2）操作要点　将荞麦面粉入盆，用约1倍水和成面团，饧20min。然后逐渐加水反复搅拌揉搓，至稀浆状，用勺挑起能吊成线时，分别舀入碗中或小盘中，上笼蒸制约20min左右，期间应间断搅拌1～2次，待完全熟化后取出晾凉备用。食用时可调味凉拌或加料热炒，不失为四季皆宜的特色风味食品。此款食品在山西及周边地区十分流行，但烹制手法、口味甚至于名称均有不同。在晋中、晋南地区多以碗托为名，而同样位于山西中部的太原地区则称之为荞面灌肠，向西至紧邻黄河的吕梁地区却以碗团为名，到了晋西北地区的叫法则与西北省份相交融，有叫碗托的，也有叫凉粉的，加工方法亦有交融。

目前在山西柳林，已有企业开发了用于碗团加工的配套加工设备，可实现批量化流水线生产。通过采用热灌装、灭菌等工艺措施，解决了常温保鲜的历史难题，将荞面碗团成品的常温保质期从2d延长至90d以上，为市场推广提供了极大方便。以柳林沟门前为品牌的山西荞面碗团产品已行销国内20多个省、自治区、直辖市。

（二）灵丘苦荞凉粉

取适量苦荞面粉，用2倍水搅拌调浆备用。另加3倍于面粉的水入锅煮沸，将已备好的苦荞粉浆缓缓加入沸水锅中，边加边搅拌约30min，直至浆料完全熟化成为半透明状黏性凉粉糊后撤火。将锅里的凉粉糊分别舀入碗中或浅盘中晾凉，脱模后即成为黄绿色凝胶状苦荞凉粉托。食用时切成细丝入碗，浇上用香醋、葱花等调味品做成的汤料，根据个人口味可再撒上炸香的辣椒、芝麻，口感更佳。另一种快速冷却的方法是将熟化的凉粉糊薄薄涂在水缸壁上，待冷却后划成小块取下，浇上备好的佐料即可。苦荞凉粉在盛产苦荞的山西北部及太行山区流行较广，尤以灵丘苦荞凉粉最负盛名。

特点：苦荞凉粉呈黄绿色，口感滑润、爽口、略苦，别具风味，一年四季都可食之。

（三）高庙荞麦扒糕

以新鲜荞麦面粉为主料，调配花椒、小茴香等辅料拌匀备用。取约3.5倍于面粉的水入锅烧开，将备好的荞麦面粉均匀撒入开水锅，加盖焖熟，趁热搅拌成黏性十足的熟面团时撤火。分取适量面团揉制为圆饼状扒糕，晾凉切为小块，配以蒜泥、姜末、葱花、香油等调配的佐料即可食用。具有蒜香可口，绵软有劲的特点。荞麦扒糕是北京、河北、山西等地的传统风味食品，以河北深泽县高庙村的“高庙扒糕”最为有名。

（四）固原荞面搅团

荞面搅团是流行于陕甘宁地区的传统地方食品，加工方法与荞麦扒糕相似，但水分略高，口感更为嫩滑爽口。搅团可用荞麦、莜麦、玉米、青稞、豌豆等杂粮磨制的面粉制作，在盛产荞麦的西部省份多以荞麦面粉为搅团的首选原料。

荞面搅团加工方法有两种：一种是将生荞麦面粉均匀撒在沸水锅中，边搅边撒直至稠稀度合适，再加盖焖制数分钟充分熟化而成。也有先用少量小麦面粉浆为引子，加入沸水锅打糊，然后再撒入适量的荞麦面粉制作搅团糊。此法工艺设备简单，只需一锅一灶，有水有面即可动手，民间戏称此烹制方法为“水围城”。另一种方法是将刚煮熟的热搅团糊通过一个多孔篦子漏入凉开水盆内，生成许多花生粒大小、带有小细尖尾的软面疙瘩，形似一个个漂浮的“小鱼儿”，然后将“小鱼儿”入碗浇汤汁食用。此法在美味的基础上又增添了几分观赏性，民间戏称为“漂鱼儿”。

搅团不仅口感嫩滑爽口、易于消化，还可与各种风味调配百搭。甜咸酸辣、荤素海鲜、冷调热拌，繁简随意，即便是口味挑剔的食客，也总能搭配一款满意的风味。因而在西北各省、自治区民间流行极广，其中尤以固原搅团为甚。

（五）凉山苦荞粑粑

苦荞在彝族心目中是五谷之王，苦荞粑粑则是彝族人十分喜爱的一道传统食品。传统的苦荞粑粑是用彝族“千年火塘”的木炭灰“焐”熟，摆上十天半月不会变质。苦荞粑粑蘸蜂蜜进食，苦甜爽口，回味无穷。

现代苦荞粑粑加工仍保留了浓厚的地方特色，首先将清选好的苦荞原料用石磨脱去外壳，然后过筛制成苦荞面粉。取适量苦荞面粉用山泉水浸泡数小时，再用小石磨磨制成浆。面浆经充分发酵，然后掺入生苦荞粉揉制成饼状，放在竹制的蒸笼里大火蒸熟。苦荞粑粑色黄、口感清香略苦。上桌时切块入盘，佐以坨坨肉、蒸土豆、杆杆酒，别具特色。

（六）凉山杆杆酒

“杆杆酒”在彝语中称为“芝衣”，又称“泡水酒”、“咂酒”，是凉山地区彝族人民喜庆节日时用来招待客人的一种别具风味的水酒。

“杆杆酒”采用玉米、高粱和荞子（苦荞）酿制，制作方法是将原料粗磨之后，加水蒸熟，然后倒出，晾于簸箕内，待温度适当后拌上苦荞壳、酒曲搅拌，在簸箕内封闭发酵。约 30h 后就可放入木桶或坛子之内，加盖封口，半个月时间即可开封启用。若放置两三个月后启用酒味更佳。饮用前，需勾兑适量凉开水，再放上一两个小时。饮用时插若干麻管或竹管，直接饮用。

（七）威宁荞酥

威宁荞酥是威宁地区传统小吃名点，是用荞面、红糖、菜油、小豆、芝麻、玫瑰、瓜条等原料精制而成的带馅糕点，相传是初产于明洪武年间，距今已有 600 多年。

生产工艺是先用细筛筛出最细的荞面，按一定的比例加入红糖、鸡蛋、菜油及少量白矾、小苏打（碳酸氢钠）、白碱（碳酸钠）等拌匀。馅料主要是小豆，其次是芝麻、玫瑰糖、瓜条、红糖和熟菜油。制作时先将红糖加入适量的水煮沸，另外加入菜油，再一次煮沸，然后加入白矾、小苏打、白碱混合均匀后，放入荞面、鸡蛋，拌好放在面案上晾 1d 左右，直到面料完全凉透为止。准备馅料时，要把小豆先煮好，打成粉末，加入红糖再煮，待水将干时，加入菜油拌匀，最后包心、压模、烘烤而成。其形状有扁圆和扁方两种，正面刻有清晰花纹，由于其颜色金黄，香甜可口，人们又称之为金酥。

（八）陕北剁荞面

剁荞面，是陕北人待客、逢年过节和喜庆时必吃的一种美食佳肴，也是流行于陕北的一种传统地方食品。

剁荞面用的刀是特制的，与普通菜刀不同。剁刀约 67cm 长，3.3cm 宽，菜刀般厚薄，刀刃向下，刀背两端安有两个木刀把。剁面时，先将和好的荞麦面揉成一个圆团，放在面案中间稍靠后，然后用擀面杖将面团的一部分擀开，接着两手握刀，开始由前向后剁面，一剁一拨，动作要准确、均匀，刀落面案急如雨点。剁出的面条细若粉丝匀称，一根根整齐排列在面案上。食用时入开水锅煮熟，捞出入碗，配上羊肉臊子，吃起来鲜润滑爽，筋道可口，堪称“陕西一绝”。

（九）合阳踅面

踅面，是陕西合阳独有的传统风味食品。合阳人不分男女老少，都喜食踅面，上会赶集，少不了两碗踅面，逢年过节、款待亲朋，踅面更是饭桌上必不可少的保留项目。

踅面用荞面加工而成，分为磨面、和面、摊面、切面、煮面五道工序。首先将荞麦清杂淘净，磨成细面。和面实际是将面粉加水调成面糊，这是关键的环节。在面粉中加适量水，用一根木棒顺同一方向均匀搅拌。面糊必须稀稠得当，方能摊出好面。摊面用的是特制的铁鏊，重达20kg以上，直径70cm左右。舀一勺面糊倒在鏊中心，用半月形的木踅子划开摊平烙熟，据说“踅面”即由此得名。稍顷，待一面受热变硬翻过来烙另一面，待七八成熟，叠在一起，折成四折，用刀切成细丝。切好的面丝码在木箱里备用。食用时在沸水锅中加少许盐，以防煮面变黏。将切好的面丝入锅，略煮片刻即熟。出锅时可干捞，或带汤，然后可根据个人喜好调入白油（熟猪油）、油辣椒、盐、醋、花椒面，撒上葱花或韭菜花便可食用。

（十）承德拨御面

拨御面是河北承德最享声誉的传统荞面食品。据《承德府志》等地方志记载，公元1762年，乾隆皇帝狩猎途经承德“一百家子”行宫，品尝到本地厨师精心准备的荞麦刀拨面后龙颜见喜、吟诗作赋。因此有“拨御面”传承至今。

“洁白如玉，赛雪欺霜”。传统的承德拨御面，讲究选用本地新鲜荞麦磨制的精白荞粉，用上好泉水和面，面团饧至软硬适中后，用特制拨面刀拨制入锅煮熟。捞取熟面条入碗，可见拨面洁白无瑕，条细如丝，清香扑鼻，再以老鸡汤、猪肉丝、榛蘑丁和纯木耳做卤调味，堪称绝配。

（十一）通渭荞圈圈

荞圈圈为通渭地区特色食品，以开水烫荞面，添加少量小苏打，兑入酵母发酵成软面团，调成糊状，旋入特制的木勺或铁勺中，用八成热的油炸至酱红色出锅。其形如镯环，色如蟹肉，入口丰润细腻，松软香酥，味带天然之甘醇，极具特色。荞圈圈营养丰富，老少皆宜，是通渭的一道美食，并已成为通渭的品牌饮食。

（十二）泰兴荞面扁团

荞麦扁团是江苏泰兴地区的特色食品，是用荞麦面团做皮，以青菜、白菜、菠菜、芹菜或秧草等蔬菜为主料，辅以虾米、葱、姜、酱油等为馅的荞面包馅食品。制作时先用凉水将荞麦面粉和成面团，适当饧面后分成小剂擀面皮，然后加馅包成茶杯盖大小的扁圆形备用。

荞麦扁团一般采用水煮、笼蒸与油煎等熟制方法。水煮较为简单，扁团投入水中后，将水烧开，待扁团浮到水面，再煮片刻即可食用。笼蒸则需等蒸气在笼屉四周团团溢出才可。油煎则需使用平底锅，用油煎制而成。荞麦扁团熟制后须趁热食用，否则冷却后发硬而影响口感。荞麦扁团的历史，可远至泰兴地区开始种植荞麦的唐代开始，现已成为泰兴城乡老少十分喜爱的家常食品，尤为冬至日家家必备及日常待客的特色美食。

(十三) 沿河(土家族)豆花荞面

豆花荞面是贵州沿河土家族的一种特色食品，看似简单，不足为奇，却蕴含了谷豆营养互补的科学内涵。将本地盛产的苦荞、黄豆有机融合为一种特色美食，在满足口感和食欲的同时，达到了"一加一大于二"的效果。

豆花荞面的做法为：先将黄豆浸泡，打浆、滤浆，前道浓浆做成豆花，后道淡浆与荞面搅拌和成面团，擀成厚约0.1cm的面皮，切成荞麦细丝面条备用。用大火烧开豆浆，下荞面条煮透，碗里盛上一块豆花和豆浆后，再捞取细丝荞面入碗，调上瘦肉末、脆臊、甜酱、葱蒜细末、姜末、酸菜根、红油辣椒、味精、花椒粉等佐料即可。

豆花荞面除营养丰富之外，据说还十分耐饥，翻山越岭不在话下。土家族有"荞翻山，麦打座"之谚。因此也提醒不能因味好贪吃，否则胃胀难受。

(十四) 昆明荞坨

荞坨是云南昆明地区的特色小吃，以小麦粉、苦荞粉混合和成面团，制成面皮，包入馅料，烘烤而成。具体做法为：先用热水溶解少许白矾备用，再取适量红糖加水溶解，冷却后放入和面机，顺序加入相应的小苏打、饴糖、赤红色素，拌匀后加入荞面粉再搅拌均匀。一面搅拌一面加入已溶化的白矾水，待呈现深黄色后，加入熟菜油继续搅拌。最后加入面粉搅拌至细腻而绵软不沙为止。

另取白糖、橘皮糖、熟菜油、水等适量，拌匀后加入熟面粉搅拌均匀成馅。取制好的荞面团，分成若干份，制成每个重60g的小剂，压成中间稍厚的扁圆面饼，包入46g馅心，上面黏上洗净的芝麻，成荞坨生坯。将荞坨生坯均匀地摆入烤盘（黏芝麻面朝上），入炉，用中火烘烤10min，表面呈金黄色即可。出炉冷却后，用排笔在成品上刷上一层亮油即为成品。荞坨成品色泽金黄，椭圆形，酥软细腻，入口即化，甜润可口，深受消费者青睐。

四、主食类制品

主食类制品通常指餐桌上以谷类物为主要原料加工的食品，是人体所需能量的主要来源。由于主食是糖类，特别是淀粉的主要摄入源，因此以淀粉为主要成分的稻米、小麦、玉米、荞麦等谷物，以及马铃薯、甘薯等块茎类食物被不同地域的们当作主粮。荞麦多分布于不适宜水稻、小麦、玉米等主粮作物生长的冷凉、干旱地区，因此就成为荞麦主产区居民的主食原料。随着科学研究的深入，荞麦对人体健康的益处逐渐被认识和挖掘，因此荞麦也作为大众化主食原料被广泛应用，如荞麦面条、荞麦米饭、荞麦猫耳、荞麦馒头等。

(一) 荞麦鲜面条

1. 材料　荞麦面粉，小麦面粉，鸡蛋。

2. 操作要点　荞麦面粉和小麦面粉按1∶1的比例混合然后加鸡蛋和成面团，醒0.5h；擀成面皮，切成面条，沸水煮熟；配上青菜，浇上卤汁或炸酱即可食用。

(二) 荞麦凉面

荞麦凉面通常以朝鲜族冷面最具代表，具有劲道爽滑、味道鲜美、健康消暑等特点。

1. 材料　荞麦面粉约四成许，土豆淀粉、小麦面粉各约三成；牛肉、时令蔬菜、苹果、葱、胡萝卜、辣椒面、香油、芝麻、各式调味料等适量。

2. 操作要点　将荞麦面粉、土豆淀粉、小麦面粉按比例混匀，以热水烫面和成面团，稍待饧面后即可压片切条，或采用特制的挤压设备，快速压制成适当粗细的面条后入沸水锅煮制。面条煮熟后需放入凉水中过凉、装碗，再根据个人口味调配时令蔬菜、水果片、熟肉、蒜辣酱、鸡蛋丝，最后浇汤，撒上熟芝麻、香油等即成。

（三）荞麦米饭

1. 全荞麦米饭　操作要点：将荞麦米用清水淘洗，然后在锅中放入一定的凉水，放入荞麦米，等锅中水烧开后，让荞麦米在锅中煮制五成熟，用笊篱捞出荞麦米，沥水，然后再放入笼中蒸熟，即成荞麦饭。

2. 荞麦米饭

（1）材料　荞麦米（或苦荞米）50g，大米100g。

（2）操作要点　先将荞麦米（苦荞米）∶大米按1∶2的比例混合均匀，泡10min左右，这样荞麦米就会稍稍变软，吃起来不会太硬，口感好；按常规的放水量和时间煮饭即可。

3. 苦荞饭　苦荞饭是流行于贵州、云南相邻荞麦主产区的一种传统主食，可单独入食，亦可与大米混合煮饭，若再配以猪油、葱花、辣椒、熟火腿等烹制为炒饭，口感更佳，是威宁地区居家、餐饮的一款传统饭食。

操作要点：用水将新鲜苦荞面粉调和拌匀，拌搓成麦粒般大的细颗粒，上笼蒸15～20min，熟制后即可食用，亦可进一步加料炒制食用。

（四）荞麦饸饹

1. 材料　新鲜荞麦面粉，酱料或汤料。

2. 制作工艺

称料→和面→饧面→压饸饹面→煮制→熟饸饹面条

3. 操作要点

（1）和面　将相当于面粉1%的食盐溶于30℃温水（水量是荞麦面粉的65%）中，将该盐水逐渐加入荞麦面粉（甜荞或苦荞）和好揉匀。

（2）醒发　将和成的面团置于自封塑料袋中或是盖上盆盖醒发30～60min。

（3）压面　醒制好的面团取适量放入饸饹床眼中直接压入开水锅中。

（4）煮制　煮沸4～5min时捞出。为防止挤压面条出锅后粘连，可用温水进行冷却降温。

（5）食用　食用时加入肉汤、素汤、杂酱等汤料拌食即可。

荞麦饸饹冬可热吃，夏可凉吃，有健胃消暑的功效。

（五）荞麦猫耳朵

面粉和荞麦粉放在和面盆中，用筷子搅拌均匀，分次往面粉中加入适量冷水，用筷子将面粉和冷水搅拌均匀，形成雪花状的面絮，用手把所有面絮揉在一起，反复揉，使面团表面光滑后，面盆上盖一块湿布或保鲜膜，放在一边醒制20min；醒好的面团放在案板上，再用手反复揉几次，使面团表面更光滑均匀，揉好的面团用手按压成圆饼状，用擀面杖擀制成厚度约 6mm 的大薄圆片或长方形片，用手抓取少量干面粉作为面扑撒在案板上，擀好的圆面片或长方形面片放在面扑上，用刀沿着面片的边缘切下一个同样厚度即 6mm 厚的长条，用左手压着切下的长面条往外滚一下，也就是朝大面片的反方向转一下，使面条表面均匀的滚一层薄面扑，以防止面条之间发生粘连，用同样的方法把面片切成厚度 6mm、宽度均匀的长面条，用刀沿着面条的边缘，把面条切成大小均等的面丁，切好的面丁大小随个人喜好，喜欢吃大的就切大一点，喜欢吃小的就切小一点，取一个切好的面丁放在案板中央或手掌心，用右手的大拇指压在面丁的对角线位置，用力向下压一下，并快速向前搓动面丁，让面丁打卷，搓制好的面食形状犹如猫的耳朵，顾名"猫耳朵"。

（六）荞麦挂面

1. 材料 荞麦面粉 30%～50%，小麦面粉 50%～70%，复合添加剂（魔芋微细精粉：瓜胶：黄原胶=3：3：2）0.5%～1.5%。

荞麦面粉品质要求：粗蛋白≥12.5%、灰分≤1.5%，水分≤14%，粗细度为 80 目。荞麦面粉要随用随加工，存放时间不超过两周为宜，这样生产的挂面荞麦味浓。

2. 工艺流程

原辅料预处理→和面→熟化→压片→切条→湿切面→干燥→切断→计量→包装→检验→成品挂面

3. 操作要点

（1）和面 将小麦面粉与复合添加剂充分预混后加入预糊化的荞麦面粉中，并加入 30℃左右的自来水充分拌和，调水至水分含量 28%～30%，和面时间约 25min。同时在确定加水量之前，还要考虑原料中蛋白质、水分含量高低，硬质小麦原料吸水率高，加水量要相应高一些，反之亦然。

（2）熟化 面团和好后放入熟化器熟化 15～20min。

（3）压片、切条 初压面片厚度通常不低于 4～5mm，复合前相加厚度为 8～10mm，末道面片为 1mm 以下，以保证压延倍数为 8～10 倍，使面片紧实、光洁，然后切条。

（4）烘干 首先低温定条，控制烘干室温度为 18～26℃，相对湿度为 80%～86%。接着升温至 37～39℃，控制相对湿度 60%左右进行低温冷却。

（七）挤压预熟面条

1. 材料 新鲜荞麦面粉 92%（苦荞或甜荞），脱腥豌豆粉 6%，魔芋粉 1%，食盐 1%。

2. 工艺流程

荞麦面粉、脱腥豌豆粉、魔芋粉、食盐→加水拌料→挤压熟化→挤压成型→老化→干燥→切段→称重→成品包装

3. 技术要点 加水拌料前应先将原辅材料充分搅拌混匀，根据原辅料水分含量及重量确定加水量，拌料处理后的物料水分一般控制在 30%～35%。挤压熟化设备选用双级单螺杆挤压设备，熟化、成型一次完成。面条老化工艺要求低温高湿条件，老化温度以 <10℃、相对湿度 >80%为宜。

4. 食用方法　取适量成品面条用温开水浸泡30min左右，无硬芯即可沥水凉拌食用。如欲热食，可沥水后放入沸水锅略煮片刻，捞出入碗，浇入汤料等即可食用。

（八）荞麦馒头

1. 苦荞馒头

（1）原料　小麦面粉，苦荞面粉，水，酵母。

（2）工艺流程

预混→和面→发酵→揉面→成型→醒发→蒸制→成品

（3）技术要点

小麦面粉70%，苦荞面粉30%，加水量46%，发酵时间3h，发酵温度38℃，揉制成型，将成型后的馒头饧发40～50min后，放入蒸锅中蒸制25～30min制得成品。

2. 荞麦馒头

（1）材料（重量比）　小麦面粉+荞麦面粉100kg，酵母0.5～1.5kg，碱0.2kg，水45～50L，糖0.5kg。

（2）工艺流程

预混→和面→发酵→揉面→成型→醒发→蒸制→成品

（3）荞麦馒头最适发酵工艺条件　和面酵母用量为0.5%，加水量为50%，发酵温度为30℃，发酵时间为2h。生产荞麦馒头小麦面粉与荞麦面粉的混合比例为7∶3～9∶1，其中以小麦面粉∶荞麦面粉=3∶1为最佳。为了生产出高品质的荞麦馒头，可添加5%的谷朊粉，0.5%硬脂酰乳酸钠（SSL）和硬脂酰乳酸钙（CSL）。

五、糕点类制品

（一）面包类

1. 苦荞面包

（1）材料　苦荞面粉，小麦面粉，蔗糖，食盐，酵母，水分，食用猪油。

（2）工艺流程

混合苦荞面粉、小麦面粉、全部酵母液、水→第一次调制面团→第一次发酵→第二次调制面团→第二次发酵→分块、搓圆→静置→整形→醒发→烘烤→冷却→包装→成品

（3）操作要点（以家庭制作面包为例）　在家用面包机的钵中放入210g小麦面粉及0.01%葡萄糖氧化酶、0.002%戊聚糖酶淀粉酶、0.01%脂肪酶、0.01%转谷氨酰胺酶、15g蔗糖、4.5g食盐，将3.6g酵母用适量40℃的温水活化后，也一并加入和面钵。低速搅拌形成面团后，再中速打面20s。然后加入90g苦荞面粉，并补充适量水分，低速搅拌形成面团后，再加入食用猪油15g，中速打面20s。取出面团，在辊压成型机上反复折叠压面至面团表面光滑、细腻。将面团片用切刀分成重量相等的3片，分别用辊压成型机经两次成型后，放入内部表面涂有大豆油的350mL模具中。在温度40℃，相对湿度85%的恒温恒湿箱中醒发。醒发成熟的标志是面团在面包模具内全部胀满。待面团发酵成熟后，在温度为上火190℃、下火200℃的电烤炉中焙烤25min即可。

2. 荞麦面包

（1）材料　小麦面粉，荞麦面粉（甜荞），食盐，糖，起酥油，脱脂乳，酵母，水。

（2）工艺流程

原辅料处理→第一次调制面团→第一次发酵→第二次调制面团→第二次发酵→分块、搓圆→静置→整形→醒发→烘烤→冷却→包装→成品

（3）操作要点

①调粉：将配好的原料放入和面机中，先低速搅拌5min，然后中速搅拌10min，最后高速搅拌2min。发酵面团和好后，在温度28℃、相对湿度75%的条件下发酵2～3h。

②整形、醒发：发酵好的面团，分割成50g左右的生坯，搓圆，入模。在38～40℃、相对湿度90%～95%条件下，醒发55min。

③烘烤：将醒发的生面包坯放入预热至180℃的远红外烤箱中烘烤，温度控制在210～220℃，时间8～10min。

④冷却、包装：烘烤后的面包采用自然冷却的方法。当中心温度达35℃即可包装。

（二）饼干类

1. 荞麦酥饼　荞麦酥饼包括外皮和内馅，外皮由苦荞面粉、膨化酥松剂、鸡蛋和食用油制作，内馅由干果制成。例如，将苦荞面粉、膨化酥松剂、鸡蛋和食用油按重量比95%∶25%∶5%∶15%，混合搅拌均匀，并放置在锅内加热煮成糊状，冷却后将糊状混合物分成合适大小，并压成片状外皮；将外皮包裹在由干果制成的内馅外部，再将有内馅的外皮放入模具中压成荞麦饼。最后将成型的荞麦饼经过烘烤成为荞麦酥饼。内馅所用干果包括核桃或花生。内馅根据口味需要进行制作，例如可以将干果与糖、火腿混合制成。根据需要可以在苦荞面粉、膨化酥松剂按、鸡蛋和食用油进行混合时加入适量的水。荞麦酥饼制作还用到食用香味剂。

2. 苦荞饼干

（1）基本配方　小麦面粉、苦荞面粉100g，蛋白糖0.08～0.14g，木糖醇3～4g，油脂6～12g，植脂淡奶2～4g，鸡蛋2～4g，食盐0.8～1g，小苏打0.6～0.8g，碳酸氢铵1～1.5g，焦亚硫酸钠适量，酵母0.03～0.04g，饼干松化剂0.03～0.04g，香精适量。

（2）工艺流程

第一次调制面团→发酵→第二次调制面团→静置→面片压延→成型→烘烤→冷却→整理→包装→成品

3. 苦荞保健威化饼

（1）最佳配方

①苦荞威化饼饼片的最佳配方：水40kg，膨松剂0.18 kg，食盐0.05kg，特制糕点粉24 kg、苦荞面粉6kg，β-环状糊精0.7kg，棕榈油1.6 kg，磷脂油0.2kg，色素适量。

②苦荞威化饼夹心的最佳配方：白起酥油30kg，饼粉5～6kg，白糖粉30kg，食用香精0.2 kg，棕榈油1.0kg。

（2）工艺流程

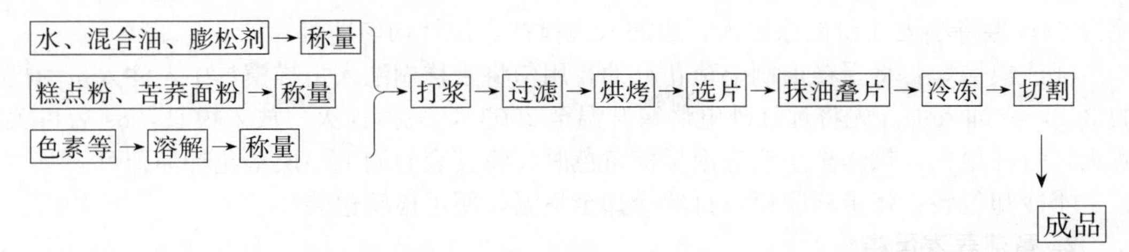

防止苦荞威化饼饼片过脆易碎和威化饼口感微苦涩味问题可选用特制糕点粉和苦荞面粉的用量配比为 8∶2，在面糊中添加 0.7kg β-环状糊精和食盐 0.05kg，并在夹心中添加适量的白糖粉和适配的香精。

4. 荞麦饼干

（1）工艺流程

选粉→过筛→面团→调制→辊轧→成型→烘烤→冷却→包装

（2）操作要点

①原辅料预处理：将荞麦面粉 32g、小麦面粉 48g、糖粉 25g、奶粉 15g 过 60 目筛后称重。

②面团的调剂：将食用油 10g、泡打粉 2g、甜蜜素 0.5g、食盐 0.7g、去壳鸡蛋 20g，一起加入一定量的温水中搅匀。用以上液体将粉调成半干状面团。

③辊轧成型：将上述面团放入压面机中辊轧 6～7 次，至表面光滑整齐。将烤盘涂油，再将面片置入，压平。用刀具切割成型。

④烘烤：将烤盘置入远红外线烤箱中，220℃下，烘烤 4.5min。

⑤冷却包装：自然冷却到 40℃，将成品装入包装袋中，用塑料热封机封口。

荞麦面粉的添加量在 30%以上时面片质量较差。低于 10%时，添加量对面片影响不大，荞麦面粉与小麦面粉的比例为 4∶6 时，饼干有较好的外形。

（三）蛋糕类

1. 低糖荞麦蛋糕

（1）材料　荞麦面粉 100 g，小麦面粉 150g，水 150g，泡打粉 4g，白砂糖 80g，鸡蛋 250g，食盐 2 g，葡萄酒 5 mL，蛋糕油 10 g，鲜奶精 2 g。

（2）工艺流程

荞麦面粉、小麦面粉→过 40 目筛→调粉（加水、葡萄酒）
↓
鸡蛋、白砂糖、蛋糕油→混合搅拌→快速搅打→调制面糊→注模→焙烤→冷却→脱模→成品

（3）操作要点

①打制蛋糊：先将蛋液、白砂糖、蛋白糖放入打蛋机中，用中速打至白砂糖化开，放入蛋糕油，快速搅拌 3s，再将总量（占原料重量 3/5）1/3 的水徐徐加入，继续搅拌 3s 后加入余下的水；

②调制面糊：将荞麦面粉、小麦面粉加入打蛋机的蛋糊中，同时加入香兰素、食盐，

搅打 6s；再将小麦面粉徐徐加入，边加入边搅拌，搅拌均匀即可。

③注模焙烤：将蛋糕模刷上葵花籽油，用勺将蛋糕糊注入蛋糕模具中，注入量为模具的 2/3，立即入炉。先将远红外电烤箱升温至 200℃，关掉顶火，放入模具，8s 后再关掉底火，打开顶火，烘烤至蛋糕表面呈棕黄色时，将其表面刷上一层葵花籽油即可。

④冷却包装：将蛋糕脱模，自然冷却至室温，便可检验包装。

2. 番茄荞麦蛋糕

(1) 材料　白砂糖 50g，番茄汁 40mL，荞麦面粉 25g，小麦面粉 35g，鸡蛋 100g。

(2) 工艺流程

番茄汁、白砂糖、泡打粉 ↓

鸡蛋 → 去壳 → 搅打成泡沫液 → 调制面糊 → 注模 → 烘烤 → 刷油 → 脱模 → 冷却 → 包装 → 成品

↑ 小麦面粉和荞麦面粉混合均匀，过筛

3. 苦荞保健蛋糕

(1) 材料　苦荞面粉 37.5 g，低筋小麦面粉 212.5 g，糖 150g，水 175mL，泡打粉 3.0g，鸡蛋 250g，食盐 2.0g，植物油 30g，奶粉 30g，蛋糕油 12.5g。

(2) 工艺流程

苦荞面粉、低筋小麦面粉混合 ↓

白砂糖、蛋糕油、鸡蛋 → 混合搅拌 → 快速搅拌 → 调制面糊 ↓

成品 ← 脱模 ← 冷却 ← 烘烤 ← 注模

4. 苦荞微波蛋糕

(1) 材料　苦荞面粉 40g，小麦面粉 60g，鸡蛋 250g，白砂糖 70g，泡打粉 4g，牛奶 100g，色拉油 40g，食盐 1.0g，香草粉 0.5g，750W 家用微波炉，塑料微波碗。

(2) 操作要点

①搅打蛋液：将鸡蛋、白砂糖倒入盆内，用打蛋器搅打 2～3min，使白砂糖完全溶解，并呈泡沫状。

②面粉等干料混合：将苦荞面粉、小麦特制面粉、泡打粉、香草粉、食盐混合均匀。

③调糊：将混合均匀的粉料加入已打发的蛋液中，慢速拌匀，加入牛奶搅匀，再加入色拉油混合均匀。

④注模：将调制好的面糊注入微波器皿中，占器皿体积的 2/3 即可。

⑤微波加热 2.5～3min。

六、糊羹类食品

糊羹类食品是较易被人体消化吸收的食品之一。随着人民生活水平的提高和对营养保健的重视，苦荞以其风味独特、营养价值高的特点，越来越受到人们的喜爱。由于苦荞粉味道略苦、粗糙、适口性差，影响其食品的开发应用。以营养保健型为基点，开发研制适应各种人群食用的多样化新颖化的食品，已成为荞麦食品行业发展的趋势。

（一）荞麦粥

不同地区的人们会根据自己的饮食喜爱，选用不同的用料，但是基本上可以归为四大类：米、豆类、坚果类、中药材，其选料特点就决定了其营养的丰富和全面。谷类缺乏赖氨酸，而豆类赖氨酸含量比较高；小米中亮氨酸含量比较高；各种坚果富含人体必需脂肪酸以及各类微量元素和多种维生素；所选中药也是具有滋补调养、健体作用的药材。五谷杂粮粥可以充分发挥氨基酸的互补作用，健脾胃、补气益肾、养血安神。

1. 荞麦清粥

（1）材料：荞麦 50g，大米 50g。

（2）制作步骤

①荞麦淘洗干净，浸泡 3h；大米淘洗干净，浸泡 30min。

②锅置火上，加适量清水煮沸，放入荞麦、大米，用大火煮沸，转小火熬成稠粥。

2. 苦荞八宝粥（赵钢，2009，参考专利 200910263585.5）

八宝粥中原料多样，煮制时要依据不同原料的性质，在准备期进行不同的处理，分次下锅，才能达到成熟一致，否则会影响粥的口感和营养成分。

（1）材料　糯米 50～70 份，苦荞米 80～120 份，花生 10～30 份，薏米仁 50～70 份，绿豆 30～50 份，红豆 30～50 份，莲子 20～30 份，大枣 8～20 份，枸杞 8～15 份，糊精 8～12 份，冰糖 100～200 份。

（2）制作步骤

①将花生、红豆、绿豆、糯米、薏米仁、莲子用冷水浸泡 2～3h，沥干备用；将大枣切成小块备用；苦荞米、枸杞洗净备用，所述花生使用去皮的无衣花生仁。

②在加热容器中先加水、无衣花生仁、莲子、糯米和薏米仁，武火煮沸后，再用文火煎煮 1.8～2.2h，然后加入大枣、枸杞和冰糖，武火煎沸后，再用文火煎煮 27～32min，最后加入苦荞米、红豆、绿豆和糊精，再武火煮沸 8～12min 即可。

③将所得的粥搅拌、冷却后装罐、密封。

（二）荞麦米糊

米糊是各种谷物经机械粉碎和水煮糊化后，形成的具有一定黏度和稠度的半固态物质。制作原料有大米、黑米、紫米，另外还有小米、玉米、高粱、小麦、大麦、燕麦、荞麦等。薯类也可以打在米糊中。

营养价值：米糊更容易被人体吸收，可迅速为身体提供能量；各种谷物混合的米糊含有更丰富的营养和保健作用；谷物香气释放充分，可增进感官享受，促进食欲。

荞麦米糊含有丰富的赖氨酸，铁、锰、锌等微量元素比一般谷物丰富，而且富含膳食纤维，能促进人体纤维蛋白溶解，使血管扩张，有利于降低血清胆固醇，有健脾益气、开胃宽肠、消食化滞的功效。

（1）材料：大米 50g，荞麦 50g，冰糖适量。

（2）制作步骤

①将荞麦用清水浸泡约 3h，将大米用清水浸泡约 2h。

②将泡好的荞麦、大米一起放入豆浆机杯体内，往杯体内加入适量清水（以淹没食材一横指为准），在豆浆机上按“五谷米糊”键，等待十几分钟即可做好荞麦米糊，也可依据个人喜好趁热加入适量冰糖。

（三）荞麦豆浆

豆浆是将豆类用水浸泡后经磨碎、过滤、煮沸而成。其营养非常丰富，且易于消化吸收，是一种老少皆宜的饮品。豆浆含有丰富的植物蛋白和磷脂，还含有维生素 B_1、维生素 B_2 和烟酸，此外，还含有铁、钙等矿物质。豆浆是防治高血脂、高血压、动脉硬化、缺铁性贫血、气喘等疾病的理想食品。现有的普通豆浆营养比较单一，缺乏养生食疗保健作用，而荞麦豆浆制作工艺简单易行，既有普通豆浆的营养成分，又有荞麦特有的营养成分和保健功能。

（1）材料　干黄豆 50g，荞麦 50g，冰糖适量

（2）制作步骤

①将干黄豆预先用水浸泡 10～12h，捞出后洗净；荞麦洗净后，浸泡 3h。

②将泡好的黄豆和淘洗好的荞麦混合放入豆浆机中，加适量清水，在豆浆机上按“五谷豆浆”键，等待十几分钟后即可做好荞麦豆浆，可依据个人喜好趁热加入适量冰糖。

（四）苦荞麦片（陈建华，2013，参考专利 201310107191.7）

苦荞麦片以苦荞为原料，依据药食同源养生理论，结合现代营养学说精制而成，富含苦荞黄酮、膳食纤维、叶绿素、镁、硒等生物活性成分及钙、铁、锌、维生素等，口感清香，营养丰富，易于消化，是改善饮食结构、老少皆宜的健康绿色食品。

（1）材料　苦荞原粮。

（2）制作步骤

①将苦荞原粮经过清理、洗麦离心甩干后，进行烘干，当水分含量降至 14%～15% 结束烘干，进行膨化，然后分选，得到膨化苦荞。

②将膨化苦荞压片，最后在 180℃下二次烘干，水分含量降至 8%～10%可得到成品苦荞麦片。

烘干工艺：先在 150℃下预热 20～50min，然后在 220℃下烘干。

膨化工艺：控制压力 1～1.2Mpa，温度 135～160℃，5～8min 完成膨化。

压片工艺：压力在 50～70kN。

七、荞麦饮品类制品

荞麦的饮用型制品早在 20 世纪 90 年代后期就有很多科研工作者致力研究和开发。近些年产品日益丰富，不断满足着消费者日益增长的消费欲望。

荞麦饮品根据其形态不同可以分为固体饮料和液体饮料。

（一）固体饮料

固体饮料因品种多样、风味独特、易于存放而备受消费者青睐；尤其是那些富含维生素、矿物质、氨基酸等营养功能成分的固体饮料，可以及时补充人体代谢所需营养，更成为了许多人生活中离不开的好伴侣。

荞麦固体饮料产品主要包括荞麦茶、荞麦羹、荞麦营养粉等产品。

1. 荞麦茶　荞麦茶是研究开发最早也是最具代表性的荞麦固体饮品。大多数荞麦茶的主要原料是苦荞麦麦麸。

（1）生产工艺流程和特性

原料预处理→磨粉→加水搅拌→成型→烘焙→提香→成品

也有利用苦荞麦颗粒和苦荞麦叶为原料生产苦荞麦茶。其茶汤色清澈明净，黄绿色，有明显的苦荞风味，制品因创新地引入黄酮类物质含量更高的苦荞麦叶粉，充分利用剩余的苦荞资源，有巨大的经济价值和市场前景。

荞麦茶具有良好的冲泡性、色泽和风味。外形紧密结实，色泽暗绿，光洁。汤色呈现浅黄明亮，无混浊，无散颗粒现象。根据不同人群的口味需求，市场上有很多不同口味和功能性的苦荞茶制品。

（2）荞麦茶的饮用方法

①加入热水冲泡作为茶饮，麦香扑鼻。

②可当零食直接食用，香脆可口。

③加入喜爱的饮料、牛奶或麦片中。如加入麦片，可作早餐，加入牛奶，可制成奶茶。加入方糖，也别有风味。夏天可加柠檬，冰饮。

④取代玉米脆片来烘焙营养丰富的饼干和糕点。

⑤撒在热粥中享用。

⑥适当掺入少量苦荞茶和大米一起蒸煮，可增加米饭的风味和营养价值。

⑦加入茉莉花或菊花等，调出花与麦的情调。

2. 其他固体饮料

（1）苦荞南瓜羹　将南瓜粉、植物蛋白等与苦荞粉按配比混匀经挤压膨化后等再进行粉碎，搅拌均匀制成产品。其配方可根据需要进行调整。配方中南瓜粉、植物蛋白用量不能太高，否则影响膨化效果，甚至不能膨化；同时可能导致产品色泽深褐，感官品质下降。

（2）降糖苦荞固体饮料　取苦荞，对其除杂、清洗、烘干，使苦荞含水量不超过10%～14%。掺入地黄花末后进行磨粉过筛得到苦荞粉。取糙米、栝楼叶、老鹰茶等混合加水熬煮得米汤；将米汤喷雾干燥得到米汤粉。苦荞粉、米汤粉倒入搅拌机拌和均匀，再均匀加入温开水，拌和均匀；将拌和均匀的原料倒入沸腾干燥机干燥得到半成品。在上述半成品中加入其总质量的1%～2%的炒大麦粉提香，混合均匀，杀菌后得到成品。该饮料采用多种药食两用的原料制成，增加了固体饮料的保健性能，无毒副作用，有降低血糖、血脂、血压等多种功能，即冲即食，食用方便。

（3）苦荞固体饮料与苦荞营养粉　将预处理的苦荞粉碎，加水到苦荞颗粒中混匀，并分离成苦荞麦固体饮料溶液和苦荞营养粉粗品；用真空浓缩机浓缩萃取到的苦荞麦固体饮料溶液，浓缩至苦荞麦固体饮料重量的35%～45%，用均质机以45～55MPa压力均质细化分离出的苦荞麦营养粉粗品，其粒度为2μm或2μm以下；分别对苦荞麦固体饮料浓缩溶液和苦荞麦营养粉粗品干燥脱水；灭菌，即制得苦荞固体饮料、苦荞营养粉。

（二）液体饮料

1. 苦荞饮料　苦荞原汁饮料通常采用苦荞的酶解液来制作。工艺条件为苦荞经过筛选，清洗，烘焙，粉碎，液化糖化，调配，杀菌，灌装，得到成品。在预处理完成后通过高温处理可适当钝化芦丁降解酶，保持苦荞中的芦丁含量。

2. 苦荞复合饮料 苦荞复合饮料多以苦荞提液辅以果蔬原汁等制成。

利用苦荞麦麸进行筛选和预处理之后，经过烘焙改善浸提条件，后经煮沸得到有苦荞清香气味的苦荞浸提液。新鲜果蔬经过清理去杂等预处理工序后，榨汁并过滤杀菌。或者可以将原料干燥成粉状。苦荞浸提液按照一定比例，通过调整糖酸比例，过滤，杀菌，均质，和灌装等后续工艺条件得到成品。工艺过程中重要的是能够找到最佳的浸提条件，以及在调配过程中如何更好地赋予制品最佳的苦荞清香气味，并通过果汁协调饮料的色泽和风味，同时保持其良好的澄清度和稳定性。

3. 功能性保健型饮料

（1）添加玉米低聚肽的荞麦饮料 以带壳荞麦粒为原料，经过连续式热对流膨化机进行高温短时膨化，取已膨化的荞麦粒加入热水，然后加入纤维素酶进行酶解，升温后再加入耐高温 α-淀粉酶进行酶解，将荞麦酶解液升温灭酶，经超滤后得到荞麦汁滤液，取荞麦汁滤液，添加玉米低聚肽、木糖醇，加纯水调配后制得荞麦汁饮料。这种方法采用了高温短时膨化技术、生物酶解技术和超滤技术，充分保留和释放了荞麦中的营养成分。生产出的澄清透明的荞麦饮料具有调节血糖、保护化学性肝损伤等保健功能。

（2）苦荞醋茶饮料 荞麦醋茶饮料是一种含有多种营养成分，饮用方便，长期储存无沉淀的产品。

材料：苦荞米 5%～8%（重量比），绿茶 0.8%～1%，菊花 2%～40%，甘草 0.05%～0.1%，木糖醇 5%～8%，食醋 3%～5%。

（3）生产工艺

①将苦荞加工成苦荞米，按比例将苦荞米放入 80～90℃的纯净水中保温浸提 1～2h。纯净水与苦荞米的重量比为 5～10∶1，浸提次数为 2 次，合并苦荞米浸提液。

②按比例将绿茶、菊花和甘草粉碎至 100～200 目，用苦荞米浸提液对其进行提取。

提取条件：绿茶、菊花和甘草的混合物与苦荞米浸提液的重量比为 1∶20～30；在 80～90℃下提取 20～30min，将提取液进行过滤。

③按比例将食醋与木糖醇和剩余的水加入上述提取液中，采用聚丙烯中空纤维超滤膜进行过滤，121℃，灭菌 8～10s，冷却至 30℃以下在无菌环境下灌装，密封包装，制得苦荞醋茶饮料。

将苦荞与绿茶、菊花、甘草、食醋和木糖醇等多种原料有机融合，所生产的苦荞醋茶饮料富含苦荞黄酮、茶多酚、咖啡因、绿原酸等多种营养成分，解决了固体苦荞茶营养成分单一，不含茶多酚、咖啡因、绿原酸、木糖醇等功能成分的弊端，并且产品不会出现混浊、沉淀等问题。

八、荞麦发酵类制品

发酵是粮食深加工最重要的一种方法，荞麦发酵可使荞麦中复杂的成分（淀粉、蛋白质、脂肪和糖）在微生物的作用下分解成简单物质（有机酸类、氨基酸类、醇类、核酸类、生物活性物质等），这样就极大地提高了荞麦营养物质的消化吸收，改变了荞麦食品适口性，并增加了荞麦工业化生产的途径。开发研制荞麦发酵食品对促进荞麦生产的发展有重大意义。

目前市场上苦荞发酵食品的种类较少，因而有效克服苦荞发酵食品传统加工上的困难，改善加工工艺，开发新产品成为当下亟待解决的问题。同时，苦荞发酵食品的研究开发应从改善风味和有益于健康开始，利用苦荞原料与其他的水果、杂粮、蔬菜以及其他的一些营养素等配伍，丰富苦荞发酵食品的多样性，使苦荞发酵食品的营养更全面。

目前荞麦发酵制品主要包括荞麦醋、荞麦酱油、荞麦酸奶、荞麦啤酒等。

（一）荞麦乳酸菌饮料

以荞麦粉为原料，经液化、糖化后获得糖化液与鲜牛乳进行混合，接种乳酸菌进行混合发酵，然后加入配料调配后获得乳酸菌饮料。

1. 工艺流程

荞麦粉→调浆→液化、糖化→过滤→混合→杀菌→冷却→发酵→配料→均质→灌装→成品

2. 操作要点 工艺过程中的要点主要在于配比和发酵条件稳定剂的使用。经乳酸菌发酵后，调配成具有很高营养价值的乳酸菌饮料，使产品更易消化吸收，对荞麦附加值的增加具有十分现实的意义。

（二）荞麦发酵酸奶

荞麦酸奶是以荞麦和牛奶为主要原料，通过乳酸菌发酵制作的一种营养丰富、均衡、爽口而带有荞麦特殊风味的新型保健型发酵酸奶。

1. 生产工艺流程

荞麦→浸泡→打浆→过滤→荞麦浆和鲜牛乳混合→均质→调配→混匀→杀菌→成品

2. 操作要点

（1）苦荞浆的制备 选择色泽、颗粒、等级一致的苦荞香米浸泡后打浆、过滤，制得苦荞浆。

（2）将制得的苦荞浆与无菌鲜牛乳按比例混合后加热到50℃左右，进行均质。先将稳定剂和阿斯巴甜稀释成10%的溶液，加入到上述乳液中调配、混匀并进行灭菌。

（3）灭菌的乳液冷却后在无菌条件下将菌种发酵剂接种于乳液中，充分搅拌，灌装，经恒温培养箱发酵得到成品。

（三）荞麦醋

荞麦醋是以苦荞为主料，辅以中草药制成的苦荞醋产品。

生产工艺及操作要点：

（1）将糯米淘洗干净，加水混匀，浸泡，滤出后采用常规方法蒸熟，冷却，备用。

（2）取以下46味等量的中药材：党参、丹参、红花、当归、枸杞、黄芪、山药、白芍、何首乌、三七、艾叶、杜仲、肉桂、砂仁、豆蔻、八角、桂枝、陈皮、乌梅、甘草、大枣、黄连、贝母、天麻、元胡、番红花、黄芩、北沙参、桔梗、山茱萸、地黄、薏苡、银杏、五倍子、猪苓、肉苁蓉、牛膝、续断、益智仁、益母草、远志、苍术、秦艽、麻

黄、麦冬，按常规方法预先处理干净，粉碎，备用。

(3) 取苦荞晒干，粉碎，备用；

(4) 将上述苦荞粉，中草药碎块和煮熟的糯米按1 000∶25∶100 的质量比例混合，搅拌均匀，得到混合料；其中糯米按生料计。

(5) 将混合料送入发酵池进行发酵 15d，得到醋醅；

(6) 将醋醅进行翻料 10～15 次，再进行酸化发酵 2 次，每次 5d。

(7) 此后将发酵的酸化醋醅送入陈化池进行陈酿 2～3 个月。

(8) 将陈化的醋醅放入淋醋池内，徐徐淋入与醋醅等量的冷开水浸泡，再将醋液从池底放出，滤去残渣，即得到生醋。

(9) 将生醋加热，冷却后装瓶，检验合格，即为苦荞醋成品。

(四) 荞麦啤酒

苦荞啤酒在制备时用苦荞粉代替了传统的大米、玉米等辅料，其麦芽与苦荞粉的比例为 3∶7～1∶1，所采用的制备方法解决了苦荞粉添加量大时无法糖化的问题，使所生产的苦荞啤酒具有高含量的黄酮类物质，高生物价蛋白质，维生素及矿质元素成分，大大提高了啤酒的营养成分和保健功能，并强化了啤酒的苦荞风味。

1. 生产工艺 麦芽、苦荞粉、水和酒花经糊化，糖化，过滤，蒸煮，沉淀及发酵步骤制成。以苦荞粉代替传统的大米等作为原料。

2. 操作要点

(1) 苦荞糊化 将苦荞粉和部分粉碎后的麦芽混合，投入 36～38℃糊化锅中，保持 18～20min 后升温至 69～71℃，再加入 α-淀粉酶保持 28～32min 后煮沸 60～65min。

(2) 糖化 将其余粉碎后的麦芽投入 36～38℃糖化锅中，保持恒温 25～35min 后升温至 50～53℃，再将苦荞糊化得到的溶液泵入糖化锅中保持 28～32min，然后升温至60～63℃并保持恒温 58～62min，再升温至 69～72℃保持 28～32min 最后升温至 76～79℃。

(3) 过滤 先将 76～78℃的水淹没筛板，待糖化结束后，再将糖化得到的液体转入过滤槽，静置 25～30min 后开始过滤。

(4) 洗槽 麦汁进入煮沸锅以后就进行洗槽，洗槽水打入过滤槽后，先开启耕槽刀 10～15s，静置 20～25min 后再次过滤。

(5) 蒸煮 待洗槽水进入煮沸锅以后，开始进行加热和搅拌，当泡沫快到锅口时，往锅内第一次加入酒花并计时，60min 后第二次加入酒花，继续加热 10～12min 后，停止加热和搅拌，将麦汁转移到回旋沉淀槽。

(6) 回旋沉淀 煮沸后的麦汁进入沉淀槽后先循环冷却 25～30min，再静置 20～25min 后入罐发酵。

(7) 麦汁入罐和酵母的添加 麦汁入罐的温度为 10～20℃，当一半麦汁进入发酵罐后就利用 O_2将酵母顶入发酵罐，并同时充 2～10min。

(8) 发酵 麦汁入罐后，设定发酵温度为 13～15℃，入罐 8h 后第一次排渣，当糖度降到 5.5～6.0 波美度时封罐，封罐保压 10～12h 后降温到 8～10℃，保温 24h，同时进行第二次排渣；再降温到 4℃，保温 24h；最后降温至 0℃，保温 24～72h 后排酵母，维持

0℃6～9d。

（五）荞麦保健酒

1. 发酵荞麦保健酒　以荞麦面和糯米粉为原料，液化后采用糖化酶及复合酶进行糖化，并应用活性干酵母为发酵剂生产荞麦酒。

2. 生产工艺流程

荞麦粉、糯米粉加水调浆→加热→加入耐高温α-淀粉酶糊化→冷却→加糖化酶、复合酶糖化→冷却→接种→发酵→二次投料→发酵→过滤→调整酒度、糖度、酸度→成品酒

生产工艺利用液化法生产荞麦保健酒，由于采用粉状物料并加入了商品糖化发酵剂和复合酶，可使原料利用率大大提高；且工艺简单，机械化程度高，减少了厂房和设备的投资，使成本大大降低。

（六）苦荞黄酒

在传统嘉兴黄酒酿造的技术工艺基础上，结合苦荞所具有的营养成分，利用酶法低温蒸煮，发酵过程中将粳米喂饭改为苦荞麦粉喂浆，在糖化发酵剂上又融合了白药、红曲、麦曲之长等新技术和方法，增加了酒醪中微量成分和代谢产物含量，并在后道工序中引入勾兑调味技术和冷冻吸附工艺，试制开发出具有清醇、爽适、营养、保健的苦荞黄酒。

（七）苦荞酱油

酱油制品大多只有调味作用而没有保健功能，苦荞酱油是一种寓药于食的保健酱油，其味鲜、清香。

1. 生产工艺流程

原料→蒸料→冷却接种→发酵→淋油→灭菌

2. 操作要点

（1）蒸料　取豆粕65%～70%，苦荞14%～18%，小麦麸皮15%～20%，用旋转式蒸锅加压至0.2MPa，进行蒸料。

（2）冷却接种，通风制曲

①冷却接种：熟料快速冷却至32℃，接入米曲霉菌种经扩大培养后的种曲0.3%～0.4%，充分拌匀。

②通风制曲：接种后的曲料送入曲池内，先间歇通风，后连续通风，制曲温度在孢子发芽阶段控制在30～32℃，菌丝生长阶段控制温度最高不超过35℃，在此期间进行翻曲和铲曲，孢子初生期产酶最旺盛，温度控制在30～32℃为宜。

（3）发酵　成曲加12～13波美度热盐水拌和入发酵池，品温42～45℃，52～58℃，38～40℃，三期发酵20～22d，酱醅基本成熟。

（4）浸出淋油　将前次生产留下的三油加热至85℃，再送入成熟的酱醅内浸泡，使酱油溶于其中，再从发酵池底部把生酱油放出，通过食盐层补足浓度及盐分，把酱油与酱渣分离出来，采用多次浸泡，分别依序淋出头油、二油及三油，循环套用把酱油成分提取出来。

（5）灭菌　将酱油加热至80～85℃消毒灭菌，再勾兑，澄清后进行质量检验，达到

合格的包装后即得成品。

九、荞麦芽苗菜

芽苗菜有种芽菜和体芽菜两种类型。种芽菜指由种子萌发形成的芽苗菜，如大豆芽苗菜、荞麦芽苗菜、萝卜芽苗菜等。体芽菜指直接在植株上（宿根、肉质根、根茎及枝条）长出的幼嫩的芽、梢、幼茎，如香椿芽、苦荞苗菜、豌豆尖、甘菊苗、枸杞苗、花椒芽、竹笋、菊苣芽等。芽苗菜因其营养丰富、质地脆嫩、风味独特、无公害，被誉为神奇的、流行世界的保健食品，备受消费者青睐；同时由于其具有种子来源广泛、适合家庭、工厂周年生产、生产工艺简单、投入产出比大、效益较高等特点，而深受生产者的欢迎。

荞麦（甜荞麦和苦荞麦）是一年生草本植物，营养丰富。用荞麦培育出的荞麦芽菜和苗菜，纤维少、品质嫩滑，气味清香宜人，富含多种氨基酸、维生素、叶绿素和芦丁等。具有软化血管，降低血脂和胆固醇的功效，对心血管疾病、高血压、糖尿病等有较好的治疗作用。

（一）荞麦芽菜

荞麦芽菜的生产方法很多，栽培形式多样，可以用育苗盘进行立体栽培，基质有珍珠岩、蛭石，也可以铺报纸。操作简单，生长周期短，复种指数高，环境污染少，产品符合绿色食品的标准。

以采用育苗盘生产荞麦芽菜为例：

1. 生产场地和设施 用育苗盘进行荞麦芽苗生产多在遮阳网的温室或大棚中栽培，可以多层立体栽培，也可只种一层。通常使用的育苗盘为平底带孔的塑料盘，盘长60cm、宽24cm、高4～5cm。

2. 种子清选 由于种子的好坏直接影响出芽率与芽菜的整齐度，所以种子最好经过人工挑选，筛选成熟度好粒度基本一致的一年生新荞麦种子来种植芽菜。

3. 浸种催芽 将选好的一年生新种子放入水中淘洗，除去杂质和瘪籽，用25～30℃的清水浸泡24h，待种子充分吸水膨胀后，用清水淘洗干净，平铺在育苗盘内约10cm厚，覆盖麻袋或草帘等保温物，在25℃条件下催芽，每隔8h用清水喷淋1次，同时翻动。

4. 上架摆盘培养 在育苗盘内铺一层蛭石或报纸，用温水喷湿后铺一层露白的种子，每盘播种量为200g左右，最上面的盘一般盖湿麻袋保湿催芽，催芽温度为25℃，每天用清水喷淋3～4次，并上下倒盘，待芽长至高4cm，但未高出盘面时即可摆盘上架。

5. 摆盘管理 摆盘后继续在25℃条件下遮光培养，每天喷一次温水，5～6d后，芽即长到高6cm以上，茎粗为1.5mm左右时，易出现戴帽现象，应及时进行喷雾，使空气湿度保持在85%左右，以利于促进长芽脱壳。

6. 采收 在育苗盘内培养10d左右，种芽下胚轴长到10cm以上，即可见光栽培。子叶展平，变为绿色，植株幼嫩，即可采收。可将荞麦苗拔起，从基部剪掉根，用清水清洗，扎把或装袋，也可直接托盘上市。如果不直接食用或出售，可将芽苗装入保鲜袋中封口保存，放入4℃低温处保藏（王立军，2008）。

（二）荞麦苗菜

荞麦具有较强的侧枝生长能力，特别是其生长点受到破坏的时候，更能促进其侧枝的生长，只要留茬高度合适，基本不会影响荞麦籽粒的产量，李红梅等试验表明，在无霜期大于120d的一年一收荞麦产区，将播种日期提前20～30d，可以在荞麦生长到10节左右时，将荞麦顶端的嫩茎叶摘下（带3～4片叶），采收1茬荞麦苗菜，每667m^2可以收获250～600kg。苗菜产量的高低和苦荞的品种有关，但也和当季降水量密切相关。

荞麦苗菜可直接与肉、蛋烹炒，可凉拌食用，也可将其加工成软包装保鲜菜或干制后超微粉碎作为面包、蛋糕、挂面等食品配料。

十、荞麦功能食品

（一）荞麦保健茶

荞麦保健茶的品种繁多，从原料配方看，有用荞米或花序做单一原料的，也有用种子、叶片等多种原料的，还有将荞麦和其他药用植物混合配伍为原料的。原料不同，加工工艺也不同。

1. 苦荞米茶 苦荞米茶是将苦荞籽粒经蒸制熟化、干燥脱壳，再经烘炒加工的一种苦荞麦风味茶，冲水后清澈亮黄，有特殊的焙烤香味，采用一定温度的热水浸泡原料还可提高产品的γ-氨基丁酸含量。

采用本加工工艺时，苦荞种皮中富含的营养素与功能成分向内渗透转移进胚乳，干燥脱壳后大部分内种皮仍黏附在苦荞米粒上，营养价值显著高于传统的加工食品，且色香味俱佳，可饮可食。

2. 苦荞花茶 苦荞花茶是以荞麦幼花序为原料，采用改进的绿茶制作工艺，经摊青、杀青、热揉、干燥等步骤，生产出的保健荞麦花茶产品。本技术所提供的生产方法简单，产品色泽好，香味浓，荞麦总黄酮类物质含量高达5%以上，芦丁含量在3%以上，并且其他营养成分，如维生素等也很丰富。同时荞麦花茶中还含有部分天然抗饥饿成分，可以减轻饥饿感，减少食物的摄取，长期饮用还具有减肥效果。

3. 苦荞保健茶 以生物黄酮含量高的苦荞籽及具有同样价值而常被废弃的苦荞叶片为原料的苦荞保健茶，经挤压糊化成型、烘干切段、烘烤、翻炒定型等各步骤制成。苦荞保健茶黄酮含量高、耐冲泡，冲泡后色泽青翠、香气清馨、茶汤澄清、口感好，是一种非常适合预防和治疗高血糖、高血压、高血脂等疾病的食疗保健饮品。

4. 苦荞袋泡茶 苦荞袋泡茶以苦荞、菊花、枸杞、决明子，以及苦荞提取物为原料，经过筛选、消毒、破碎后，按比例与经过烘烤、破碎的苦荞混合，再加入苦荞提取物，搅拌均匀，经过干燥、装袋、灭菌即可。苦荞袋泡茶是一种非常适合预防和治疗高血糖、高血压、高血脂等疾病的食疗保健饮品。长期饮用能调理滋补脏腑，消除现代人易出现的血压、血脂、血糖偏高和便秘现象，达到强身健体的功效。

（二）荞麦多肽营养饮料

荞麦多肽营养饮料的制备方法，包括：清洗、浸泡、发芽、破壁、酶解、配料、均质等步骤。将荞麦原料发芽且全胚芽细胞破壁，再生物酶解成为含有荞麦多肽、荞麦氨基酸的可溶性荞麦蛋白质复合物后，经配料、均质、无菌灌装制成荞麦多肽营养饮料。该饮料具有诱人的荞麦芽清香味，其氨基酸、芦丁、矿物质含量高，营养成分活性增强。与一般的荞麦制品相比，这种饮料更容易被人体所吸收，而且消除了荞麦中的过敏源因子。由于在配料中添加复合稳定剂，饮料组织状态均匀稳定。同时饮料中含有低聚糖浆和较多含量的膳食纤维，有助于肠道菌群的生长。

（三）荞麦芽保健奶

荞麦芽保健奶是以荞麦芽和内蒙古大草原无污染的纯净牛奶为原料加工而成的一种保健奶。它不仅具有内蒙古大草原无污染的纯净牛奶的营养，而且含有荞麦中特有的保健营养因子——芦丁，使得荞麦芽保健奶具有与其他保健奶不同的保健功能。随着人们生活水平的不断提高，人们对饮食的要求不断提高，开发保健食品是食品行业发展的趋势。

（四）苦荞黄酮醋软胶囊

苦荞黄酮醋软胶囊是以苦荞醋为基础原料，适量添加苦荞黄酮配料，采用稳定性好的软胶囊剂型，辅之与红花籽油、卵磷脂等天然辅料开发的新型保健醋产品，其中苦荞黄酮含量可达5%以上。

（五）荞麦芽芦丁胶囊

荞麦芽芦丁胶囊的制备方法，包括下列步骤：选种与浸种，发芽，打浆，速冻，真空冷冻干燥，粉碎包装，提取，分离纯化，真空浓缩，速冻，真空冷冻干燥，粉碎包装。原料荞麦经发芽且全胚芽细胞破壁微细化后，经溶剂提取和大孔吸附树脂纯化后，再经速冻和真空冷冻干燥制成荞麦芽粉，最后精制成荞麦芽芦丁胶囊。制备的荞麦芽粉具有荞麦芽清香味，氨基酸、芦丁等黄酮类化合物及矿物质含量高于一般荞麦种子粉，营养成分活性增强，易于人体吸收。

（六）苦荞黄酮泡腾片

泡腾片（赵钢，2010）包含苦荞黄酮提取物12%～18%、酸源10%～30%、碳源10%～20%、填充剂30%～50%、水溶性包合材料5%～10%、润滑剂0.1%～0.5%和甜味剂2%～6%，所用苦荞黄酮提取物采用生物酶法联合水提取、大孔吸附树脂纯化、喷雾干燥等工艺制得。该泡腾片制作时是采用水溶性包合材料对碳源进行包合，而酸源与其他组分单独制粒，该方法制得的苦养生物黄酮泡腾片生物黄酮含量高且不易受潮。

（七）荞麦麸皮颗粒冲剂

荞麦麸皮颗粒冲剂是以苦荞、甜荞、燕麦麸皮为主要原料，经挤压膨化破壁、粉碎后，适量添加苦荞黄酮、D-手性肌醇等提取物配料，再经挤压造粒制成的保健产品，其富含膳食纤维、苦荞黄酮、D-手性肌醇、β-葡聚糖等功能活性成分。

（八）抗氧化苦荞酒

抗氧化苦荞酒（李云龙，2010）是采用现代提取分离工艺处理苦荞酿酒酒糟，回收其中黄酮，适量回添到苦荞基酒中，微热溶解过滤，勾兑配制成具有一定清除超氧化自由基和抗氧化能力增强的苦荞抗氧化保健酒。其清除DPPH·自由基和抗氧化能力比原苦荞基酒分别提高了8.1倍和33.3倍以上，具有十分显著的抗氧化保健活性。

（九）萌动荞麦醋

萌动荞麦醋是以专利技术（陕方，2011）（ZL200810079533.8）对荞麦原料进行萌动活化处理，利用其内源酶活性将苦荞黄酮、D-手性肌醇、γ-氨基丁酸等功效成分含量提高；进而采用生料发酵与山西陈醋传统工艺相结合，精工细酿而成。

萌动荞麦醋在保留山西陈醋特色品质的基础上又融合了荞麦的营养保健特性，其中γ-氨基丁酸、D-手性肌醇含量比市场上现有产品的相对含量分别提高3倍和10倍以上，从而使其在抗氧化、软化血管、抗血栓、调节血脂等方面的生理功效明显增强。

（十）荞麦低GI食品

1. 血糖生成指数　低GI食品全称为低血糖生成指数（low glycemic index）食品，也有称为低血糖指数食品，是以血糖生成指数（glycemic index，GI）为评价指标研发的、可用于临床营养干预治疗的一种食品。血糖生成指数概念最早于1981年，由加拿大多伦多大学的营养学教授David Jenkins博士首先提出，用以描述某一食物能够引起人体血糖升高多少的能力。多数评价食物的方法是化学方法，而血糖生成指数是由人体试验而来的，因此也常说食物血糖生成指数是一种生理学参数。

1997年联合国粮农组织和世界卫生组织专家委员会将GI定义为：含50g碳水化合物试验食物血糖应答曲线下面积（area under the curve，AUC）与含等量碳水化合物标准食物血糖应答之比。一般以葡萄糖作为标准，结果采用相对于标准物的百分数表示。国际通行的GI划分标准以＞70为高GI食品，＜55为低GI食品，介于两者之间为中GI食品。

$$GI=\frac{\text{受试物餐后 2h 血葡萄糖曲线下面积}}{\text{等量葡萄糖 2h 血葡萄糖曲线下面积}}\times 100$$

与GI配合使用的还有称为血糖负荷（glycemic load，GL）的指标，GL是指食物中碳水化合物数量与其GI乘积，即：$GL=GI\times$食物中碳水化合物克数。在GI基础上，将摄入碳水化合物的质量和数量结合起来，以评估某一食物总的血糖效应。

迄今为止，食物GI、GL概念的引入，为在糖代谢功能受损、代谢性疾病的营养干预治疗方面提供了可量化的指标和指导依据。越来越多研究结果及其临床应用表明，对肥胖症、糖尿病、高血脂等代谢综合征及食源性慢性疾病的预防和营养干预治疗具有重要的实用价值。

2. 荞麦低GI食品开发　研究表明，荞麦富含黄酮、D-手性肌醇、γ-氨基丁酸、多酚、抗消化淀粉等多种生理活性物质，具有低热量、低血糖生成特性及α-葡萄糖苷酶抑制活性。以荞麦为主要原料，适当选配燕麦、食用豆及抗性糊精和白芸豆提取物等天然功能食品配料，采用内源酶转化、高压蒸煮、双螺杆挤压膨化、双级挤压预糊化、控制老化、焙烤等多种加工工艺技术，可研制荞麦养生粥、苦荞佐餐饮料、荞麦碗托、荞麦速食面条、荞麦香酥棒、复合麦片、脆片等低GI系列荞麦食品，GI值均在39.7～53.1，符合低GI食品定义标准。

第二节　荞麦的饲用

荞麦为一年生草本植物，既是粮食作物，又是饲料作物，具有生长期短、适应性强的优点。猪对荞麦的消化能为14.31MJ/kg，为较好的能量饲料（苏振环，2003）。此外，荞麦还可作为反刍动物如羊、骆驼的饲料来源，因反刍动物瘤胃微生物能够有效利用粗饲料中的粗纤维。同时，荞麦叶的钙含量较高，可作为很好的矿物质营养源，满足家畜对钙的需求。

近年来，越来越多的学者开始研究荞麦植株各部分作为原料生产饲料的可能。曹新佳等（2011）研究表明，苦荞秸秆也含有一定量的淀粉，同时粗脂肪（1.14%）和粗蛋白（3.14%）含量分别比一般谷物秸秆高 0.1%和 0.31%，可以开发作为较好的饲料来源。韩淑英等（2011）用荞麦花叶原料提取黄酮后的废弃物作为培养基，以安琪酵母菌为发酵菌种，两者共同构成发酵组合并进行发酵得到饲料添加剂，以生产优质饲料。王久金等（2010）以苦荞秸秆（茎）、叶、壳、麸和粉为原料开发的饲料添加剂经过试用发现，该饲料对家禽、家畜有预防和辅助治疗作用，可使其生长健壮，免疫能力和肉类品质得到提高。意大利学者 Maria Novella Benvenuti（2012）研究发现，在鸡饲料中添加荞麦麸皮替代部分玉米和大豆可以增大鸡的食量并增加产蛋率，而且膳食平衡结果证明随着麸皮的添加，鸡的表观消化率显著降低，使得鸡体重增加。

但是，荞麦籽粒的外种皮约占其重量的 27%，粗纤维含量较高，并且荞麦的黄酮类物质含量高使其植株呈现苦味，总体来说荞麦的适口性差且不易消化。同时，荞麦中含有一种感光咔啉的化学物质，一般是叶红质，它是叶绿素的代谢产物。采食这些饲料后，此种感光物质被吸收，经血液循环而到达皮肤，使皮肤细胞对日光的敏感性提高，当受到日光照射后，积聚太阳光线的光能引起血管壁的破坏，产生剧烈的过敏反应，在太阳照射的部位，引起局部血管扩张，血管通透性增加或血管损伤，使皮肤出现潮红、肿胀、发泡以至坏死等症状。同时中枢神经系统和消化器官也发生障碍[6]。

猪通常在采食后数日或 3～4 周后发病。早期表现为无色素部（如唇缘、鼻面、眼睑、耳廓、背部及全身等）呈红斑性疹块，继而红斑疹块迅速发展为水疱，水疱破溃后，流黄色或黄红色液体，或溃疡结痂，或坏死脱落。此时，病猪常伴有口炎、眼炎、阴道炎、膀胱炎等。严重病猪还可出现黄疸、腹痛、腹泻、呼吸高度困难、流泡沫样鼻液，或出现神经症状（如兴奋不安、无目的奔走、共济失调、痉挛、昏睡、麻痹等）。根据发病特点即可做出诊断。目前尚无特效解毒药。出现肺水肿和神经症状的重症病猪一般在 24h 内死亡（王林云，2004）。

羊中毒的症状与猪的类似。羊采食荞麦秸秆和叶壳中毒后，眼观绒山羊皮肤上发生红斑性炎症，眼睑、耳、鼻及咽部严重水肿吞咽困难，体温升高，发生角膜炎和黄疸。第二天水疱破裂，皮肤有黄色液体渗出，然后硬结龟裂或溃疡坏死，有的中毒病羊出现症状后 4～8h 内死亡（郭志辉，2008）。

对出现病症的牲畜采取的防止措施有：

（1）将出现症状的牲畜立即赶入室内，不与阳光接触，并保持安静。一般 1～1.5h 后即可恢复食欲，转入正常。

（2）控制荞麦的喂量或停喂荞麦。为了利用饲料，以控制荞麦喂量为好。

（3）中毒过敏期间，要掌握天气变化。阴雨天时可全天放入运动场，晴天时可晚上放入运动场。这样既可避免强阳光照射，又可不影响牲畜的运动及幼崽的补料。发生中毒症状时，禁用冷水冲淋牲畜身体，否则病情更加严重（李胜年，1979）。

第三节 荞麦的药用

荞麦隶属蓼科，荞麦属，为一年生或多年生草本或半灌木。原产于中国北方和云贵川地区，具有较高的营养价值和药用价值，是一种集营养、保健、疗效于一体的天然保健作物资源，有着“五谷之王”“三降食品”和“21 世纪人类的健康食品”等称号。《本草纲目》记载苦荞：“实肠胃，益气力，续精神，能炼五脏滓秽；降气宽肠，磨积滞，消热肿风痛，除白浊白带，脾积泄泻。”彝族古诗中早有“人间最伟大的是母亲，庄稼最好的是格史（苦荞）”之赞誉。荞麦食品拥有与荞麦一样的营养功能性，尤其适合糖尿病人、“三高”人士和“富贵病”人群食用。

目前常见的荞麦有甜荞麦、苦荞麦和金荞麦 3 个种，主要栽培种为甜荞和苦荞，已经成为粮食作物，而金荞麦的根和茎具有清热解毒、排脓祛瘀的功效，供药用。

荞麦尤其是苦荞具有极高的药用价值和功能作用。中医学认为，荞麦味甘、平、寒、无毒，实肠胃，益气力，续精神，能炼五脏滓秽，降气宽肠，磨积滞，消热肿风痛，除白浊白带，脾积泄泻。做饭食，压丹石毒，甚良。

现代临床医学观察表明，荞麦粉及其制品有降血糖、降血脂、增强人体免疫力的作用，对糖尿病、高血压、高血脂、冠心病、中风等都有辅助疗效。

一、金荞麦

金荞麦（*Fagopyrum dibotryis* ）为蓼科植物，也称金锁银开、苦荞头、野荞子、野荞麦、铁石子、透骨消、蓝荞头、荞麦三七、开金锁、苦荞麦根、天荞麦、荞麦当归等，主要生长于高寒地带，原产于我国西南，分布在我国黄河以南各省份。

（一）金荞麦的药理作用

金荞麦，在中国医学中主要作为一种传统的中药，民间药用其根茎，性平、微凉、味苦、酸涩，具有清热解毒，润肺补肾，健脾止泻，祛风湿之功效。金荞麦在多本古籍中被提及，明代兰茂所著《滇南本草》记载，金荞麦“治五淋、赤白浊、杨梅结毒、丹流等症。”《本草拾遗》《李氏草秘》《纲目拾遗》中也均有“性寒、味酸苦、清热解毒、祛风利湿。”《新修本草》载：“赤白冷热诸痢，断血破血，带下赤白，生肌肉。”《本草纲目拾遗》载：“治喉闭，喉风喉毒，用醋磨漱喉。治白浊，捣汁冲酒服。”《本草拾遗》载：“主痈疽恶疮毒肿，赤白游疹，虫、蚕、蛇、犬咬，并醋摩敷疮上，亦捣茎叶敷之；恐毒入腹，煮汁饮。”

近期的研究证明金荞麦还有其他许多功能，已受到中外有关专家的重视。

有研究表明，金荞麦的有效成分是一类含原花色素的缩合性单宁混合物，如表儿茶素，表儿茶素-3-没食子酸酯，原矢车菊素 B-2、B-4 及原矢车菊素 B-2 的 3，3-二没食子酸等。金荞麦中所含有的原花色素缩合性单宁的混合物，性质很不稳定，但具有多方面的生理活性，例如抗氧化、降低血脂、抑制某些病毒及酶、抑制肿瘤、抗炎等。在我国民间应用很广，除用于治疗急性咽炎、扁桃体炎、痢疾、痈疾、恶疮肿毒等感染性疾病外，还有用于治疗消化系统疾病及病毒性疾病的报道。卫生部已将金荞麦列入药食同源名单之中，以下将对金荞麦的药性作用进行介绍。

1. 抗肿瘤作用

(1) 体外抑瘤作用

①对癌细胞的杀伤作用：金荞麦根素是从金荞麦根中提取出的一类综合性单宁混合物，每1mL中含有125μg时，对肺腺癌（GLC）、宫颈鳞癌（HeLa）、鼻咽鳞癌（KB）细胞生长的抑制率分别为84.5%、78.9%和100%，使癌细胞的膜、RNA、DNA代谢及核分裂受损伤。还发现金荞麦根素有显著抑制胃腺癌细胞的作用，且抑制率与浓度成正比，在低浓度12.5μg/mL时抑制率为65.4%。直接杀伤细胞法、集落培养抑制法及DNA前体物质掺入法研究金荞麦根对体外培养的多种人癌细胞的抗癌作用的结果表明，金荞麦根系在1g/L时对多种人癌细胞的杀伤率均超过一个对数杀灭，浓度降低至0.125g/L的杀伤率仍接近一个对数杀灭，达74.3%～92.1%。金荞麦根中的提取物具有明显的抗癌作用，其浓度为0.1g/L、0.05g/L时对多种癌细胞的集落抑制率达100%，浓度为0.0125g/L时抑制率达75.1%～89.2%。

刘红岩等（1998）用B16-BL6黑色素瘤细胞及人纤维肉瘤HT-1080细胞进行增殖抑制试验。结果表明，金荞麦提取物对B16- BL6及HT-1080细胞增殖无明显抑制，其IC_{50}大于10mg/L，认为它无明显细胞毒作用。

Pui-Kwong Chan（2003）研究肝（HepG2）、白细胞（K562）等10种人体癌细胞在不同浓度金荞麦提取物作用下的生长。研究发现，从48～96h后呈现的生长曲线中金荞麦提取物能显著抑制肝（HepG2）、白细胞（K562）、肺（H460）、结肠（HCT116）及骨骼（U2OS）来源的癌细胞的生长，其中对肝癌细胞最为敏感，其IC_{50}为25～40g/mL，而对子宫颈（HeLa）及卵巢（OVCAR- 3）细胞的生长有轻微抑制作用（IC_{50}＞120g/mL），只有浓度超过60g/mL的金荞麦提取物才能抑制前列腺癌细胞（DU145）与脑癌细胞（T98G）的生长。

研究还发现，金荞麦与道诺霉素（daunomycin）对细胞生长的抑制具有协同作用。

②对癌细胞克隆形成能力的影响：在肿瘤组织中，只有少部分细胞处于不断增殖状态，即肿瘤干细胞，只有这些细胞在体外培养时具有克隆能力。因此，国外已把抑制肿瘤干细胞克隆能力作为判断抗癌药物的细胞毒作用的敏感、可靠的指标。

何显忠（2001）采用集落培养抑制法研究金荞麦对GLC、HeLa、SGC及KB克隆形成率的影响。结果表明，金荞麦浓度为25mg/L时对4种人癌细胞的集落抑制率均达到80%以上，浓度为50mg/L、100mg/L时能完全抑制多种人癌细胞集落形成。

(2) 体内抑瘤作用　陈晓锋等（2001）研究从云南产金荞麦根中提取的Fr4成分对肉瘤S180、肝癌H22实体瘤的抑制作用和对S180腹水瘤的生命延长作用。结果表明金荞麦Fr4对S180肉瘤、肝癌H22实体瘤抑制率为41.4%～68.3%，但对S180腹水型小鼠生命延长率无明显变化。

陈晓锋等（2005）利用C57/BL6小鼠移植性肿瘤Lewis肺癌模型，观察金荞麦Fr4对小鼠Lewis肺癌细胞生长的影响；利用免疫组织化学SP法研究金荞麦Fr4对Lewis肺癌中基质金属蛋白酶-9（MMP-9）、金属蛋白酶组织抑制因子-1（TIMP-1）表达的影响。

结果表明，金荞麦 Fr4 在 400mg/kg 剂量时可明显抑制 C57/BL6 小鼠 Lewis 肺癌生长；金荞麦 Fr4 可下调 MMP-9 的表达，但不影响 TIMP-1 的活性。从而可知金荞麦 Fr4 具有明显的抗肿瘤作用，其分子机制可能与下调 MMP-9 的表达有关。

陈洁梅等（2002）采用小鼠移植瘤 S-180 和肝癌模型观察金荞麦 Fr4 的体内抑瘤作用，200mg/(kg·d)、400mg/(kg·d)、800mg/(kg·d) 腹腔注射给药 7d，对 S-180 移植瘤的抑制率分别为 15.76%～24.80%、29.56%～55.84%、32.77%～38.52%；200mg/(kg·d)金荞麦 Fr4 与环磷酰胺（CTX）20mg/(kg·d)合用抑制率可达37.00%～56.27%。

（3）抑制肿瘤细胞的侵袭和转移　肿瘤侵袭及转移是肿瘤病人治疗失败的主要原因，控制肿瘤侵袭和转移是彻底治愈癌症的关键。

刘红岩等（1998）用人工重组基底膜及小鼠黑色素瘤高转移株自发性肺转移模型观察了金荞麦提取物对 B16-BL6 细胞的体外抗侵袭活性和体内抗转移作用；用聚丙烯酰胺凝胶电泳法进一步观察了其对人纤维肉瘤 HT-1080 细胞型胶原酶的产生及活性的影响；同时用 WST（ water solublesulfon tedtetrazolium）法观察了该药的细胞毒性。试验结果表明，金荞麦提取物浓度为 100mg/L 时能明显抑制 B16-BL6 细胞侵袭；为 200mg/kg 时能有效抑制 B16-BL6 黑色素瘤细胞在 C57/BL6 小鼠体内自发性肺转移；金荞麦提取物还能抑制 HT-1080 细胞型胶原酶基质金属蛋白酶（ matrix metallo proteinase，MMP）的产生，但对酶的活性无明显影响，对 B16-BL6 和 HT-1080 细胞无明显毒害作用。

2. 抑菌作用　金荞麦对金黄色葡萄球菌、肺炎链球菌、大肠杆菌、绿脓杆菌均有抑制作用，醇剂作用大于水剂。另有报道，金荞麦及其各分离部分无体外抗菌作用，于感染前的不同时期腹腔注射金荞麦浸膏 83mg/kg，对腹腔感染金黄色葡萄球菌小鼠有明显的保护作用，但在感染同时或感染后用药则无保护作用。

印德贤等（1999）采用甲苯胺蓝法观察了金荞麦提取液浓度对金黄色葡萄球菌胞外耐热核酸酶的酶环直径大小的影响。当金荞麦提取液浓度为 7.8mg/mL 时，即可明显影响该酶环的大小；为 62.5mg/mL 时已无酶环出现，表明金荞麦提取液能明显抑制金黄色葡萄球菌胞外耐热核酸酶的活性。

王立波等（2005）采用平皿稀释法及动物试验对金荞麦乙醇提取物中乙酸乙酯的萃取部分进行了体内外试验。体外抑菌试验表明，金荞麦乙醇提取物对乙型溶血性链球菌和肺炎球菌有明显抑制作用；而体内抑菌试验表明此部分对已感染肺炎球菌的小鼠有保护作用。

张永仙等（1996）选用昆明种小鼠及溶血性链球菌等 10 种病原菌，以常规纸片法对以金荞麦根乙醇提取物进行了药敏试验。体外试验表明，该提取物除对大肠埃希菌抑制效果低外，对其他病原菌均不敏感，而小鼠体内抗感染试验却表现出很好的保护作用。

艾群等（2002）利用不同浓度乙醇对金荞麦野生根茎进行提取，用金黄色葡萄球菌、肺炎双球菌等 5 种病原菌作为试验对象，分别采用试管法和平面法对不同提取物的抑菌作用进行了研究，并得出较高浓度（ 50%以上）的乙醇提取物对细菌的抑制作用较强的结论。

刘圣等（1998）报道，金荞麦提取物没有明显的体外抗菌活性，但体内研究发现，它有预防感染的作用，在感染前24～72h，给予小鼠腹腔注射金荞麦，对小鼠感染有较好的保护作用，表现为小鼠死亡率明显降低，但在感染时或感染后再给药，则无此作用。但也有研究发现金荞麦根茎、茎叶及花等三部位的提取液对鸡白痢沙门氏菌、金黄色葡萄球菌、多杀性巴氏杆菌、猪丹毒杆菌均有较好的抑菌活性。

3. 抗感染作用 金荞麦水剂和酒剂对金黄色葡萄球菌、肺炎链球菌、大肠杆菌、绿脓杆菌等均有一定抑制作用，证明金荞麦浸膏和主要有效成分黄烷醇体外试验并无明显的抗菌作用，纸片法金荞麦浸膏500～1 000mg/mL的高浓度才对金黄色葡萄球菌显示抑菌圈，人和小鼠经口服用本品浸膏于体内不能检出有抗菌物质，仅腹腔注射本品浸膏和83mg/kg黄烷醇继之又不同途径腹腔感染金黄色葡萄球菌才显示对小鼠有治疗作用，显然这一结果不能仅作抗菌有效解释。金荞麦浸膏能增强吞噬细胞的吞噬活性，并能减少金黄色葡萄球菌凝固酶形成，表明本品可能通过多种途径发挥抗感染效果。

4. 解热抗炎作用 何显忠（2001）发现金荞麦浸膏2. 6g/kg连续灌服2次，对伤寒菌苗所致家兔发热有明显解热作用，但黄烷醇对致热家兔体温无影响。小鼠静脉注射黄烷醇50mg/kg可显著抑制巴豆油所致鼠耳肿胀，切除肾上腺后抗炎作用消失，表明其抗炎机制与肾上腺密切有关。黄烷醇还可抑制皮下注射酵母所致大鼠的足爪水肿。此外金荞麦浸膏还能抑制大鼠皮肤被动过敏反应，表明有抗过敏作用。

5. 抗血小板聚集 韩锐（1997）发现血小板聚集能大大促进癌栓的形成，其释放的物质能诱导内皮细胞收缩而暴露出内皮下基底膜，便于细胞吸附于基底膜及细胞从血液中侵入组织；血小板可能通过释放血小板来源的生长因子促进肿瘤细胞在转移灶部的克隆和生长。而具有活血化瘀功能的金荞麦能改善肿瘤病人血液高黏态，影响肿瘤细胞的血行扩散和转移。

吴清等（2001）报道给小鼠静脉滴注金荞麦溶液50mg/kg，对于由二磷酸腺苷（ADP）和胶原诱导的大鼠血小板的聚集作用有明显抑制作用，但对金黄色葡萄球菌诱导的血小板聚集无明显抑制作用。

6. 祛痰镇咳 金荞麦能促进排痰，有益于引流，可用于治疗肺脓肿。小鼠酚红法的祛痰试验，在所用剂量下，其作用强度与口服杜鹃素相似，有稳定的祛痰作用；在镇咳试验中，用恒压氨雾刺激法，给小鼠灌金荞麦浸膏216g/kg，产生镇咳效果。

刘文富等（1981）通过酚红法表明静脉注射黄烷醇25.50mg/ kg对小鼠有稳定的祛痰作用，切断迷走神经后这一作用消失，表明其祛痰作用，可能通过中枢或神经反射产生。氨雾剂激法表明金荞麦浸膏2.6g/kg给鼠灌胃有轻微的镇咳作用。

7. 对巨噬细胞吞噬功能的影响 杨体模等（1992）用印度墨汁法测定口服金荞麦E对小鼠网状内皮系统吞噬功能的影响，发现金荞麦E不仅能显著提高正常小鼠网状内皮系统的吞噬指数K及吞噬系数α，而且能减轻化学药物治疗（化疗）时氟尿嘧啶和CTX诱导的小鼠网状内皮系统吞噬功能低下的副作用，同时还能提高荷瘤小鼠网状内皮系统的吞噬系数α。

印德贤等（1999）经小鼠颈背部皮下注射或灌胃金荞麦提取物，能不同程度增强小鼠腹腔巨噬细胞的吞噬功能，进一步证明其具有增强机体免疫功能的作用。

刘文富等（1981）对腹腔感染金黄色葡萄球菌的小鼠腹腔口服金荞麦浸膏，发现金荞麦浸膏有轻微的镇咳作用。

8. 降脂降糖作用　自由基可造成胰岛细胞的损伤，导致胰岛功能下降，使得血糖升高。金荞麦富含氨基酸、植酸和多种维生素，这些物质均可抗自由基对机体的损伤，从而起到降脂降糖作用。

王峰峰等（2007）喂食高血糖模型大鼠金荞麦6周后，血糖明显下降；高血脂大鼠服用金荞麦后，血胆固醇和三酰甘油水平也明显降低，并有降低血清游离脂肪酸的趋势。

9. 保护化学肝损伤　舒成仁等（2005）用四氯化碳致小鼠急性肝损伤，通过测其生化指标谷丙转氨酶（ALT）和谷草转氨酶（AST），观察小鼠肝脏病变。结果发现，金荞麦籽粒水提取物20g/kg、40g/kg、60g/kg对四氯化碳导致急性肝损伤的小鼠有非常显著的降酶作用，且具有明显的剂量依赖关系，对四氯化碳引起的肝细胞变性、坏死和炎症有明显的减轻作用，表明该药对试验性肝损伤具有较好的保护作用。

10. 抗突变　舒成仁等（2006）报道一定浓度的金荞麦乙醇提取物对Ames试验菌株TA97、TA98、TA100和TA102的重复性结果所致的回复突变菌数均在正常范围，未发现阳性突变反应，并对正定霉素和甲烷磺酸酯所诱发TA98和TA100菌株的突变具有抗突变作用。

（二）临床应用

1. 治疗肺癌　徐国钧等（1997）发现鼻咽癌金荞麦粉剂或水煎剂治疗7例肺患者除1例属晚期癌症无效外，其余6例均有不同程度的疗效，金荞麦有止痛、安眠、止血、止咳化痰、健胃的效果，并能于短期内稳定病灶，一般状况改善，抗体免疫力有所提高，配合手术疗效更佳。本品也可试用于鼻咽癌的治疗。

2. 治疗气管炎、肺炎、胸膜炎　杨琳等（2005）使用金荞麦水剂联合抗生素及抗病毒药物治疗小儿支气管炎40例，采用西药为对照组40例。结果治愈29例，显效8例，有效3例，总有效率为100%，对照组为：治愈22例，显效9例，有效9例，总有效率为100%，说明金荞麦在治疗小儿支气管炎方面与抗生素联用取得显著的疗效。

黎三明等（2010）用金荞麦配合头孢哌酮治疗慢性支气管炎急性发作43例，并与常规疗法基础上单用头孢哌酮对照组42例比较，两组常规基础治疗均口服止咳平喘祛痰等药，对照组加用头孢哌酮钠2.0g加入生理盐水100mL中静脉滴注，每天2次，观察组在对照组的基础上加用金荞麦片口服，每次5片，每天3次，疗程为14d。结果为：观察治疗组43例中，临床治愈33例，好转8例，无效2例，总有效率95.35%；对照组42例中治愈20例，好转12例，无效10例，总有效率76.19%，观察组效果优于对照组，说明金荞麦片配合西药治疗慢性支气管炎急性发作疗效显著。

王红艳等（2010）用金荞麦片配合西药治疗婴幼儿哮喘型支气管炎42例，取得较好的效果，总有效率为95.2%，比单纯用西药有效率提高达30%。

3. 对慢性阻塞性肺疾病的治疗　金荞麦能通过咳嗽排出大量痰液，促进呼吸道通畅，改善呼吸道气流阻塞和气道高压，对慢性阻塞性肺疾病疗效显著。

邹和平等（2010）用金荞麦片联合氨溴索对慢性阻塞性肺疾病急性加重期进行治疗，总效率为92.5%，对照组单用溴己新，总有效率为67.5%，表明金荞麦联合氨溴索可有效地减少痰液分泌，有利于痰液排出通畅呼吸道，减轻呼吸道炎症及病理损害程度。

4. 治疗肺脓肿 朱学等（1991）用金荞麦片对肺脓肿 49 例进行治疗，入院后停用一切抗生素，单服金荞麦片治疗，每次 2～5 片，每天 3 次，儿童酌减，连服 1～3 个月患者服用金荞麦片后大量脓痰排出，体温降低，空洞缩小，病灶随之缩小而痊愈，服药后平均退热时间 7.9d。结果为痊愈 39 例，好转 6 例，无效 4 例，总有效率为 92%。

5. 治疗细菌性痢疾 金荞麦对治疗细菌性痢疾有明显效果，如用金荞麦片剂或水剂治疗 80 例，结果治愈 76 例，无效 4 例，治愈率为 95%。

6. 治疗小儿外感风热 杨琳等（2005）用金荞麦片治疗小儿外感风热也取得较好的效果，鼻塞流涕等症状大为改善。周斌等（2005）用金荞麦治疗外感发热 30 例效果十分显著，优于抗生素和抗病毒药物。

7. 治疗妇女科闭经腹痛 孙跃农等（2000）运用金荞麦治疗闭经、痛经、带下病、腹痛等颇有疗效，并与利巴韦林对照，总有效率近 48%，无显著差异。

8. 治疗溃疡性结肠炎 吴坚炯等（2010）用金荞麦片配合美沙拉嗪治疗溃疡性结肠炎 32 例，结果治愈 24 例，好转 5 例，无效 3 例，对照组 32 例，治愈 15 例，好转 11 例，无效 6 例，总有效率治疗组为 90.63%，对照组为 81%，两组比差异显著，治愈率治疗组为 75%，对照组 46%，差异极显著，说明其对溃疡性结肠炎有显著的疗效。

9. 治疗风湿痹痛 洪夏生（2006）研究表明对于关节不利、风湿性关节炎、关节肿痛等症状，可配伍用金荞麦、苍术、防己、威灵仙、秦艽、松节等随症加减，每天 1 剂，水煎服用，效果甚佳。

（三）金荞麦产品

1. 金荞麦咀嚼片 金荞麦咀嚼片具有清热解毒，排脓祛瘀，祛痰止咳平喘的功效。用于治疗急性肺脓疡、急慢性气管炎、喘息型慢性气管炎、支气管哮喘及细菌性痢疾。症见咳吐、腥臭、脓血、痰液或咳嗽痰多，喘息痰鸣及大便泻下赤白脓血。

2. 金荞麦胶囊 金荞麦胶囊对治疗肺脓肿、支气管炎、喘息性支气管炎、支气管哮喘、细菌性痢疾等具有一定的疗效。

3. 金荞麦片 孙小玉等（1999）用血清药理学方法观察金荞麦提取物（金荞麦片）抗变态反应作用的时效关系与量效关系。试验结果表明，金荞麦片能明显抑制体外豚鼠回肠的收缩，并呈明显的剂量依赖关系，这表明金荞麦片具有 H1 受体阻断作用。

4. 板蓝根金荞麦茶 板蓝根金荞麦茶具有清热解毒、清肺化痰的功效。可以缓解麻疹之麻毒闭肺证，如疹点不多，或疹见早回，或疹点密集色紫，伴有高热、咳嗽、口渴、烦躁、舌红、苔黄，甚则气急鼻煽等症状，对治疗麻疹并发肺炎具有一定疗效。

除此之外，此茶方便食用，取一定量该产品置保暖瓶中，冲入适量沸水，盖闷 20min 即可饮用。1d 内不拘次数，代茶温服。

二、苦荞

甜荞在世界各地广为种植和利用，苦荞唯独在中国黄土高原和云贵高原高寒地区栽培和利用，而与中国毗邻的喜马拉雅山麓的尼泊尔、不丹、锡金只有零星种植。

苦荞是药食兼用作物，孙思邈在《备急千金要方》中记载：其味辛苦，性寒，无毒。

《中药大辞典》及相关文献中对苦荞都有记载：可安神、活气血、降气宽肠、清热肿风痛、祛积化滞、清肠、润肠、通便、止咳、平喘、抗炎、抗过敏、强心、减肥、美容等功效。苦荞能通便润肠，被民间称为“净肠草”。苦荞可杀菌消炎，有“消炎粮食”的美称。

三、甜荞

甜荞麦具有极高的药用价值，这一点在我国古书《本草纲目》中有所记载。目前，医学科学已证明了它对很多疾病都有很好的疗效。

第四节　荞麦综合利用

传统的荞麦加工利用主要针对籽粒而言，荞麦籽粒经脱壳加工制米或制粉后，可分为皮壳（外种皮）、整粒米、碎米，或麸皮（内种皮及胚芽）和面粉（胚乳）等部分。其中皮壳占籽粒重量的20%～25%，麸皮占13%～17%，面粉占60%～65%。荞麦米、荞麦面粉用于食品加工。成熟荞麦的皮壳木质化程度比较高，基本以粗纤维为主，其弹性好、韧性强，作为枕芯、床垫、坐垫等产品加工的填充材料，透气性好，很受市场欢迎。而麸皮的可食性差，基本用于饲料。

研究发现，荞麦籽粒中60%～80%的功能活性成分存在于其麸皮中。根据市场消费需求及荞麦健康功效研究成果，荞麦麸皮及皮层粉的加工利用是荞麦综合利用的重点之一。荞麦功能食品加工及提取物生产离不开荞麦麸皮原料。荞麦茎叶和花中的黄酮含量是籽粒黄酮含量的2～3倍，已逐渐成为综合利用的新热点。

荞麦综合利用加工的产品及技术：

一、麸皮加工利用

研究发现，荞麦麸皮中含有30%左右的蛋白质，11%左右的粗脂肪，6%左右的总黄酮，0.2%左右的D-手性肌醇，以及2%左右的酚酸等功能成分，可作为功能成分提取原料或直接加工功能食品。

（一）苦荞麸皮油提取

马春芳（2009）研究表明，苦荞中的大部分脂类物质都集中于麸皮，麸皮中粗脂肪含量约为11%。其中不饱和脂肪酸占83.2%，包括油酸47.1%、亚油酸35.8%、亚麻酸1.50%，以及其他多不饱和脂肪酸。动物试验结果表明，苦荞麦麸油（TBBO）具有显著的降血脂、降胆固醇、预防心血管疾病等功能。以苦荞麦麸皮为原料，采用超临界CO_2工艺萃取TBBO，具有纯度高、无溶剂残留、无三废排放、清洁安全等明显优势。

工艺路线：将苦荞麸皮原料装入萃取釜中，设定萃取釜中萃取压力22MPa，萃取温度36℃；第一分离釜压力8MPa，温度35℃；调节CO_2流量为20～23L/h，萃取105min后，收集第一分离釜中的萃取物即为TBBO。

（二）苦荞黄酮提取物

边俊生等（2007）研究表明，苦荞麦麸皮中的总黄酮含量约6%，是苦荞籽粒中含量最高的部位。以苦荞麦麸皮为原料，经挤压破壁预处理，采用乙醇-水提取溶剂，亚沸浸提，浓缩结晶，可一次得到纯度为80%以上的苦荞黄酮提取物。苦荞黄酮具有抗氧化、降血糖、降血脂、降胆固醇、抗病毒、软化血管、抑制α-淀粉酶活性、提高生理、药理学活性等功效，尤其是其广谱的抗肿瘤增殖抑制活性及心血管疾病的预防和治疗作用以其天然、低毒、高效的特点而备受关注。

工艺路线：苦荞麸皮→挤压破壁→溶剂浸提→分离浓缩→结晶分离→成品干燥。

（三）D-手性肌醇提取物

边俊生（2007）研究表明，苦荞麸皮中D-手性肌醇含量约0.1%，是苦荞籽粒中含量最高的部位，经发芽萌动后，含量可提高3倍以上。荞麦D-手性肌醇是粮食作物中稀缺的功能成分，具有促进胰岛素分泌、提高胰岛素灵敏度的作用。以苦荞麸皮为原料，采用20%的乙醇-水提取溶剂，经超声波提取数次，合并滤液，再经浓缩、水溶、柱层析、分离干燥得到成品。有效含量可达40%以上。

（四）功能食品原料

随着工艺技术的发展，对苦荞麦麸皮进行粉碎等预处理后，可作为配料直接用于功能产品开发生产。例如苦荞节节茶、营养冲调粉、功能食品等产品加工的复配或添加。

研究发现，对苦荞麦麸皮进行超微粉碎等预处理，与处理前相比，苦荞麦麸皮微粉（平均粒径为20.62μm）的总黄酮提取率增加0.36%；对胆酸钠的吸附量降低5.60mg/g；对Pb^{2+}、Cd^{2+}、Hg^{2+}的吸附量增加0.184mg/g、0.840mg/g、1.341mg/g；对NO_2^-的清除率增加24.25%；对DPPH自由基的清除率增加53.56%。

二、皮壳加工利用

荞麦皮壳是指荞麦籽粒的外种皮，占籽粒总重量的25%～30%，是荞麦籽粒的天然保护层，具有柔韧而坚实的结构。研究表明，其干物质含量约93%，灰分约1.6%，粗纤维约45%，粗脂肪约0.9%，单宁约6.8%，蛋白质约3.4%，离体消化率约10%，几乎没有营养价值。荞麦皮壳的传统利用是作为枕芯、床垫的填充物，并且至今仍是最主要的利用途径。色素加工及功能成分提取方面的研究已有报道，但尚未进入实用和推广阶段。

（一）枕芯、床垫加工

荞麦皮壳味甘、平寒、无毒，是荞麦籽粒木质化程度最高的部位。荞麦皮壳具有蓬松感强、挺度适宜、弹性好、透气性好等特点。使用荞麦皮加工枕芯、床垫等用品时，可改善与身体接触部位的通风散热功能，保持局部皮肤适宜的干湿度，减轻局部皮肤与床垫的挤压和摩擦，从而避免褥疮的形成。刘钢新等（2004）研究发现，荞麦皮褥垫经临床使用效果良好，使病人感到舒适度增加，使护士的劳动强度减轻。褥垫制作简单、经济实用，非常适合家庭及广大的基层医疗单位应用。

（二）色素提取

荞麦壳颜色呈现灰白色、红棕色、黑色等，依据品种和地域的不同而不同。

辛力等（2003）以苦荞壳为试材，采用水提、酸沉、乙醇回流提纯工艺对苦荞麦棕色素进行了提取纯化，并研究其理化性质。结果表明苦荞棕色素有较好的水溶性，对光、热、金属离子、糖等有较好的稳定性。

棕色属黑白系列，虽不鲜艳，但在食品加工中占有重要位置，可广泛用于酒类、糖果、糕点和酱油、醋及可乐型饮料等食品着色。苦荞棕色素颜色及溶解性随 pH 的变化与其他棕色素相似。在酸性时不溶或微溶，不溶于高浓度乙醇，同焦糖、可可、酸枣色素基本一致。

杨晓清等（2000）研究荞麦皮黑色素提取条件及基本特性发现，荞麦皮中黑色素属于水溶性色素，在酸性溶液中变红色，在碱性溶液中变蓝色，说明该色素具有花色苷色素性质。

最佳提取条件为：荞麦皮与提取溶剂（1.5mol/L 盐酸与 75％乙醇体积比为 1∶4）的物料比为 1∶25（m/V）；提取最佳温度为 80℃，提取最佳时间为 60min。荞麦皮中黑色素在 270nm 和 670nm 的波长处有特征吸收峰，说明该色素可能为黄酮类花色苷色素。

付凯卿等（1997）以荞麦皮为原料，以 60％酸性乙醇为萃取剂，对荞麦皮红色素的提取条件及稳定性进行了研究，结果表明：①荞麦皮红色素耐热、耐光性强，具有优良的抗氧化、抗还原性能，在酸性或微酸性介质中颜色无变化。是一种稳定强、色泽艳丽、应用范围广的天然色素。②Ca^{2+}、Mg^{2+}使色素的吸光度略有增大，颜色加深，所以水质对荞麦皮红色素的影响不大，但应避免与铁、铜制品接触。③提取荞麦皮红色素的最佳工艺条件是：使用 pH 2、60％酸性乙醇溶液，80℃回流浸提 1h。

（三）功能成分提取

徐亚维等（2010）研究了荞麦皮中原花青素的提取工艺，以荞麦皮为原料，以乙醇为提取剂，考察了乙醇浓度、提取时间、料液比及提取温度 4 个因素的影响，在单因素试验和正交试验的基础上，得出最佳的提取条件为：以 pH 5、50％的乙醇为提取液，料液比 1∶20（m/V），提取温度为 60℃，时间 30min。该条件下可得到原花青素的量为 4.35％。

（四）其他利用方式

1. 油污吸附剂开发　莫斯科国立罗蒙诺索夫大学精细化学工艺学院科学家采用一种特制的高温炉，将干荞麦壳转化为具有良好性能的吸附剂，吸附剂的比重小于水，可以漂浮在水面上，1g 吸附剂可以吸收 6g 石油。这将有助于干净彻底地回收水面上的油污，其性价比超过现有国际同类产品。经回收加工的石油还可以在沥青混凝土中再次利用。

2. 平菇栽培培养料利用　刘恩斌（1997）进行了荞麦皮用于平菇栽培培养料的试验研究，使用从荞麦加工厂收集的荞麦皮壳，经石灰水处理干燥，制成 6 种配方的平菇培养料，按常规灭菌、接种、发菌后移入菇房出菇。控制菇房温度 15～20 ℃，相对湿度85％～90％，子实体形成 5d 后采收。结果表明，用荞麦皮代替部分木屑和麸皮栽培平菇，效果良好，可在一定程度上降低成本。在燃料和饲料缺乏的西北内陆干旱地区不失为一条行之有效的途径。

三、茎叶及花的加工利用

（一）荞麦芽苗菜加工利用

荞麦茎叶及花也是传统荞麦加工利用的范畴，在我国南北荞麦主产区，采摘苗期的荞麦嫩茎叶入菜，是产区居民传统习俗。随着研究的不断深入，对荞麦不同生长期不同部位的营养成分分析发现，盛花期的荞麦花、叶中黄酮含量显著高于籽粒；而在荞麦籽粒发芽萌动后，其D-手性肌醇、γ-氨基丁酸、芦丁、氨基酸等功能营养成分即在内源酶催化下发生了有效的生物转化和富集，其营养保健功效显著高于休眠状态下的籽粒。因此，催生了荞麦“萌动食品”“芽苗菜”“叶粉”等创新产品和技术。利用发芽萌动技术、大棚蔬菜技术以及有机栽培大田技术生产荞麦芽、苗等相关食品，已在生产中推广应用。

（二）叶（花）茶加工

荞麦叶茶、荞麦花茶是参考传统绿茶、花茶的工艺技术创新的产品。陈庆富等（2007）利用金荞麦叶、花等为开发利用的资源，分别开发了荞麦叶茶、花茶，产品中总黄酮含量分别达到8%～11%，为荞麦资源综合利用开拓了新途径。

赵钢等（2008）以苦荞叶、籽粒等原料开发的苦荞保健茶，综合了苦荞叶和籽粒的不同资源优势，从产品风味、保健功效等方面创新了苦荞保健产品的新形式。

（三）蜜源植物利用

曹炜等（2003）采用Folin-Ciocalteu比色法测定了荞麦花蜜等17种不同种类的国产蜂蜜总酚酸的含量，结果表明，产于陕西省北部地区荞麦花蜜总酚酸含量最高，达到（148 416±67.0）μg/g，与排序第二、三位的枣花蜜、柑橘蜜相比，分别达到其2.22倍和3.07倍，与排名末位的槐花蜜相比则是其11.16倍。曹炜等（2005）进而应用黄嘌呤-黄嘌呤氧化酶体系产生的超氧化阴离子自由体系和$FeSO_4$诱导的脂质过氧化模型，研究了稀释蜂蜜的抗氧化活性，结果表明，十种蜂蜜均有抑制超氧化阴离子自由基和抗脂质过氧化的作用，呈现量效关系。其中荞麦蜜的抗氧化活性最强。

近年来，学术界对蜂蜜中功能成分的研究较多，主要集中在黄酮类化合物、低聚糖、有机酸以及酚酸类化合物方面。其中对蜂蜜中酚酸类化合物的研究最引人关注，目前已从蜂蜜中检测出了咖啡酸、绿原酸、香豆酸、香草酸、对羟基苯甲酸、阿魏酸、槲皮素、高良姜素以及柑橘黄素等多种酚酸类化合物。因此富含这些化合物的蜂蜜也应该具备抗病原微生物、抗炎症、抗变态反应、抗心血管疾病和抗氧化等健康功效。关于荞麦花蜜是否能够治疗或预防一些与氧化有关的疾病，目前还缺乏大量的临床数据，因此有必要继续深入的研究。

蜂蜜来源于不同蜜源植物的花蜜，荞麦花蜜突出的酚酸含量进一步印证了荞麦是富含酚酸、黄酮等抗氧化功能成分的珍贵植物，发展荞麦花蜜产业是荞麦综合加工利用的重要方面。

四、根的加工利用

郑承剑等（2011）研究发现，苦荞根中含有的苯丙素苷类化合物是一种具有细胞毒活性的有效成分。采用80%乙醇加热提取2～3次，提取1～2h，料液比为1∶8～10（m/V），合并提取液浓缩后的提取物再经水混悬、脱脂、乙酸乙酯萃取、分别经硅胶柱和LH-20柱层析，系统分离得到苦荞麦苯丙素苷类系列7个化合物，其结构通式如图10-2所示。

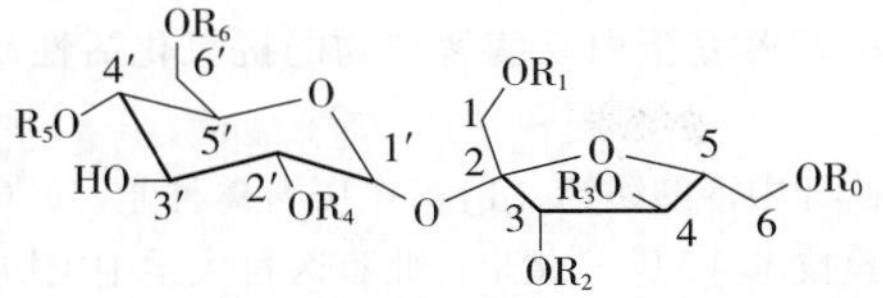

图 10-2　苦荞麦苯丙素苷类化合物结构通式

（R_0、R_2分别为阿魏酰基或对羟基桂皮酰基；R_1、R_6为氢原子、
乙酰基、阿魏酰基或对羟基桂皮酰基；R_3～R_5为氢原子或乙酰基）

使用化合物 1 至化合物 7 对 A549（肺癌细胞）、HCT116（结肠癌细胞）、ZR-75-30（乳腺癌细胞）、HL-60（白血病细胞）等细胞株进行抑制试验。结果表明，苦荞麦苯丙素苷类系列 7 个化合物对 4 种癌细胞株均可显著抑制其增殖，具有良好的抗肿瘤活性，可以用于制备抗肿瘤药物或食品。

主要参考文献

艾群，王斌，王国清 . 2002. 金荞麦制剂的抑菌研究［J］. 黑龙江医学，26（9）：666.

边俊生，陕方，任贵兴，等 . 2007. 一种从荞麦麸皮中提取 D-手性肌醇的方法［P］. 中国专利 ZL 200710062201. 4. 2007-11-28.

边俊生，陕方，李红梅，等 . 2007. 一种从苦荞麸皮中提取黄酮的方法：中国专利 ZL 200710062024. X［P］. 2007-05-28.

曹炜，陈卫军，宋纪蓉 . 2005. 不同种类蜂蜜总酚酸含量测定和抗氧化作用的研究［J］. 食品科学，26（1）：48-51.

曹炜，索志荣 . 2003. Folin-Ciocalteu 比色法测定蜂蜜中总酚酸的含量［J］. 食品与发酵工业，29（12）：80-82.

曹新佳，罗小林，潘美亮，等 . 2011. 饲料用苦荞麦秸秆的化学成分研究［J］. 安徽农业科学，39（23）：14144-14145，14148.

曹艳萍 . 2005. 苦荞叶提取物抗氧化性及其协同效应的研究［J］. 西北农林科技大学学报：自然科学版，33（8）：144-148.

陈建华 . 2013. 一种苦荞麦片的制备方法：中国，ZL 201310107191. 7［P］.

陈洁梅，顾振纶，梁中琴，等 . 2002. 金荞麦 Fr4 的抑瘤作用研究［J］. 中国野生植物资源，21（4）：48-50.

陈庆富 . 2007. 一种金荞叶绿茶及其制作方法：中国，ZL 2007102009886［P］.

陈庆富 . 2007. 一种荞麦花茶及其制作方法：中国，ZL 200710201039X［P］.

陈晓锋，顾振纶，梁中琴 . 2001. 金荞麦 Fr4 对荷瘤小鼠的抗肿瘤作用研究［J］. 苏州医学院学报，21（1）：23-25.

陈晓锋，顾振纶，杨海华，等 . 2005. 金荞麦 Fr4 对小鼠 lewis 肺癌细胞 MMP-9、TIMP-1 蛋白表达的影响［J］. 苏州大学学报：医学版，25（3）：383-386.

董自波，朱荃 . 1999. 应用血清药理学方法观察金荞麦片拮抗组胺引起的离体豚鼠回肠收缩作用［J］. 中国中医药科技，6（3）：149-150.

付凯卿，曹艳萍 . 1997. 荞麦皮红色素的提取及稳定性研究［J］. 农牧产品开发（10）：28-29.

高云涛，李干鹏，李正全 . 2009. 超声集成丙醇-硫酸铵双水相体系从苦荞麦苗中提取总黄酮及其抗氧化活性研究［J］. 食品科学，30（2）：110-113.
郭晓娜，崔颖，张晖，等. 2009. 苦荞麦蛋白质酶解产物的抗氧化活性研究［J］. 粮油深加工及食品（7）：18-20.
郭志辉. 2008. 绒山羊饲喂荞麦秸秆中毒的防治［J］. 中国畜禽种业，9（4）：46.
韩锐. 1997. 抗癌药物研究与实验技术［M］. 北京：北京医科大学中国协和医科大学联合出版社.
韩淑英，吕华，朱丽莎. 2001. 荞麦种子总黄酮降血脂、血糖及抗脂质过氧化作用的研究［J］. 中国药理学通报，17（6）：694-696.
何显忠. 2001. 金荞麦的药理作用和临床应用［J］. 时珍国医国药，12（4）：316-318.
洪夏生. 1996. 金荞麦治疗小儿腹泻 36 例［J］. 湖北中医杂志（3）：31.
胡春，丁霄霖. 1996. 黄酮类化合物在不同氧化体系中的抗氧化作用研究［J］. 食品与发酵工业（3）：46-53.
花旭斌，张忠，李正涛，等. 2006. 茉莉花型清心苦荞茶的研制［J］. 西昌学院学报自然科学版，20（1）：24-27.
黎三明. 2010. 金荞麦片联合头孢哌酮治疗慢性支气管炎急性发作疗效观察［J］. 临床肺科杂志，15（4）：466-467.
李丹，肖刚，丁霄霖. 2000. 苦荞黄酮清除自由基作用的研究［J］. 食品科技（6）：61-64.
李国华，席小平，边林秀. 2004. 苦荞降糖胶囊的致突变性研究［J］. 中国药物与临床，4（8）：609-610.
李红梅，陕方，边俊生，等. 2009. 一种抗氧化杂粮营养面粉：中国，ZL 200710062025. 4［P］.
李洁，梁月琴，郝一彬. 2004. 苦荞类黄酮降血脂作用的实验研究［J］. 山西医科大学学报，35（6）：570-571.
李胜年. 1979. 饲喂荞麦引起猪群中毒［J］. 中国兽医杂志（4）：39.
李艳琴，周凤超. 2010. 荞麦麸皮提取物对 α-葡萄糖苷酶活性的影响［J］. 食品科学，31（17）：10-13.
李云龙，胡俊君，陕方等. 2007. 一种苦荞抗氧化保健酒：中国，ZL 200710062200. X［P］.
林汝法，王瑞，周运宁. 2001. 苦荞提取物的毒理学安全性［J］. 华北农学报，16（1）：116-121.
刘冬生，徐若英，汪青青. 1997. 荞麦中蛋白质含量及其氨基酸组成的分析研究［J］. 作物品种资源（2）：26-28.
刘恩斌. 1997. 荞麦皮栽培平菇试探［J］. 食用菌（6）：19.
刘钢新，徐青云，罗延伟. 2004. 荞麦皮褥垫在预防褥疮中的应用［J］. 中国营养研究，18（12）：2192.
刘红岩，韩锐. 1998. 金荞麦提取物抑制肿瘤细胞侵袭、转移和 HT-1080 细胞产生型胶原酶的研究[J]. 中国药理学通报，14（1）：36-39.
刘莉华，宛晓春，李大祥. 2002. 黄酮类化合物抗氧化活性构效关系的研究进展［J］. 安徽农业大学学报，29（3）：265-270.
刘圣，田莉，陈礼明. 1998. 金荞麦研究进展［J］. 基层中药杂志，12（3）：46-47.
刘文富，宋玉梅，王灵芝，等. 1981. 金荞麦的一些药理作用［J］. 药学学报，16（4）：247-251.
刘洋，柳春，近藤隆一郎，等. 2009. 苦荞麦对糖尿病大鼠血糖蛋白非酶糖基化反应的影响［J］. 辽宁中医药大学学报，11（5）：195-196.
龙桑，石国荣. 2007. 金荞麦药理作用研究进展［J］. 湖南环境生物职业技术学院学报，13（3）：28-31.
马春芳，王敏，王军. 2009. 超临界 CO_2 萃取苦荞麦麸油 β-环糊精包合工艺研究［J］. 中国酿造（3）：30-33.
马挺军，陕方，贾昌喜. 2010. 苦荞醋对糖尿病模型小鼠血糖的影响［J］. 中国粮油学报（5）：42-44，

48.
潘长玉，程莹 . 2004. 代谢综合征：值得关注的心血管疾病高危因素［J］. 中华内科杂志，43（11）：801-802.
祁学忠，吉锁兴，王晓燕，等 . 2003. 苦荞黄酮及其降血糖作用的研究［J］. 科技情报开发与经济，13（8）：111-112.
秦培友 . 2012. 我国主要荞麦品种资源品质评价及加工处理对荞麦成分和活性的影响［D］. 北京：中国农业科学院 .
冉明宇，安艳君，边冬林，等 . 2011. 血糖生成指数及其应用［J］. 西南军医，13（5）：902-903.
阮景军，陈惠，吴琦，等 . 2008. 荞麦中的蛋白质［J］. 生命的化学，28（1）：111-113.
陕方，边俊生，林汝法，等 . 2011. 一种提高荞麦中功效活性成分的方法：中国，ZL200810079533.8［P］.
舒成仁，付志荣 . 2006. 金荞麦提取物药理作用的研究进展［J］. 医药导报，25（4）：328-329.
舒成仁，刘莺，李小娟 . 2005. 金荞麦籽粒提取物对小鼠化学肝损伤的保护作用［J］. 中国医院药学杂志，25（11）：1099.
苏振环 . 2003. 现代养猪实用百科全书［M］. 北京：中国农业出版社 .
孙小玉，丁炜，韩兴梅，等 . 1999. 金荞麦片的血清药理学研究对离体豚鼠回肠的影响［J］. 中成药，21（1）：34-35.
孙元琳，陕方，李秀玲 . 2011. 苦荞醋及其多糖物质的抗氧化性能研究［J］. 食品工业科技，32（5）：123-126.
孙跃农，闫继兰 . 2000. 金荞麦的临床运用［J］. 中国民族民间医药杂志，42（1）：60-61.
唐传核，彭志英 . 2001. 荞麦抗消化蛋白的营养特性［J］. 粮油食品科技（2）：15-16.
陶胜宇，徐峰 . 2006. 苦荞麦黄酮对糖尿病大鼠神经功能的影响［J］. 实用药物与临床，9（4）：219-221.
王峰峰，秦小兵 . 1995. 苦荞麦对大鼠血糖及血脂的影响［J］. 中国中西药结合杂志，15（5）：296-297.
王红艳，杨雁，刘树刚，等 . 2010. 金荞麦片佐治婴幼儿哮喘性支气管炎疗效观察［J］. 白求恩军医学院学报，8（1）：34-35.
王宏伟，乔振华，任文英，等 . 2002. 苦荞胰蛋白酶抑制剂对 HL-60 细胞增殖的抑制作用［J］. 山西医科大学学报，33（1）：3-5.
王久金 . 2008. 苦荞麦饲料添加剂及其生产方法：中国，ZL200810143110.8［P］.
王立波，邵萌，高慧媛，等 . 2005 金荞麦抗菌活性研究［J］. 中国微生态学杂志，17（5）：330-331.
王立军 . 2008. 荞麦芽菜生产技术［J］. 甘肃农业（5）：94-95.
王林云 . 2004. 养猪词典［M］. 北京：中国农业出版社 .
王敏，魏益民，高锦明，等 . 2006. 苦荞麦总黄酮对高脂血大鼠血脂和抗氧化作用的影响［J］. 营养学报，28（6）：502-505，509.
王转花，张政，林汝法 . 1999. 苦荞叶提取物对小鼠体内抗氧化酶系的调节［J］. 药物生物技术，6（4）：208-211.
温龙平，夏涛 . 2002. 荞麦种子内肌醇衍生物转化为其单体的方法及其种子：中国，CN1380276A［P］.
吴坚炯，王松坡，汪佩文 . 2010. 金荞麦辅助治疗溃疡性结肠炎疗效观察［J］. 中华现代中医药杂志，6（4）：249-250.
吴金松，张鑫承，赵钢等 . 2007. 新型苦荞茶的加工技术研究［J］. 四川食品与发酵（3）：55-57.
吴清，梁国鲁 . 2001. 金荞麦野生资源的开发与利用［J］. 中国野生植物资源，20（2）：27-28.
肖诗明，刘平，但晓容 . 2007. 浓香型苦荞麦袋泡茶的研制［J］. 食品科技（1）：163-165.

辛力，肖华志，胡小松．2003. 苦荞麦棕色素的提取及其理化性质的研究 [J]．中国粮油学报（4）：55-58.
辛念，齐亚娟，韩淑英，等．2004. 荞麦花总黄酮2型糖尿病大鼠高脂血症的作用 [J]．中国临床康复，8（27）：5984-5985.
熊双丽，李安林，任飞，等．2009. 苦荞和甜荞麦粉及麦壳中总黄酮的提取和自由基清除活性 [J]．食品科学，30（3）：118-122.
徐宝才，肖刚，丁霄霖，等．2003. 液质联用分析测定苦荞黄酮 [J]．食品科学，24（6）：113-117.
徐国钧，王强，余伯阳，等．1997. 抗肿瘤中草药彩色图谱 [M]．福州：福建科学技术出版社．
徐亚维，吕红英，刘晓丹，等．2010. 荞麦皮中原花青素的提取工艺研究 [J]．种子（12）：45～47.
薛长勇，张月红，刘英华，等．2005. 苦荞黄酮降低血糖和血脂的作用途径 [J]．中医康复，9（35）：111-113.
闫斐艳．2010. 苦荞总黄酮的提取及体外抗肿瘤活性研究 [D]．太原：山西大学．
杨红叶．2011. 甜荞和苦荞多酚构成对比研究与其蒸制品的模拟消化分析 [D]．杨凌：西北农林科技大学．
杨琳，汤建桥，胡玉琼，等．2005. 金荞麦片辅治小儿支气管肺炎例 [J]．中国中医药信息杂志，12（7）：77-78.
杨琳，周士伟，张晶樱，等．2005. 金荞麦片治疗小儿外感发热例临床观察 [J]．中国中医急症，14（7）：644-645.
杨晓清，李正清，杨志华．2000. 荞麦皮黑色素提取条件及基本特性的研究 [J]．内蒙古农业科技（6）：17-18.
杨月欣，王光亚．2002. 中国食物成分表2002 [M]．北京：北京大学医学出版社．
尹礼国，钟耕．2002. 荞麦营养特性、生理功能和药用价值研究进展 [J]．粮食与油脂（5）：32-34.
印德贤，林树楠．1999. 金荞麦对小鼠腹腔巨噬细胞吞噬功能的影响 [J]．首都医药，6（12）：28-29.
印德贤，刘明强．1999. 金荞麦对金黄色葡萄球菌胞外耐热核酸酶活性的影响 [J]．南通医学院学报，19（4）：427.
杨体模，荣祖元，吴友仁．1992. 金荞麦E对小鼠网状内皮系统吞噬功能的影响 [J]．四川生理科学杂志，14（1）：9-12.
于智峰，付英娟，王敏，等．2007. 苦荞黄酮提取物体外清除自由基活性的研究 [J]．食品科技（3）：135-138.
张超．2005. 苦荞麦蛋白质抗疲劳功能机理的研究 [J]．食品与生物技术学报，24（6）：78-82.
张文青，陕方．2013. 杂粮加工食品血糖生成指数血糖负荷测评研究 [C]．第12届国际荞麦研讨会论文集，卢布尔雅那．
张永仙，王权．1996. 金荞麦有效成分的抗菌抗感染作用 [J]．云南畜牧兽医（2）：5.
张政，王转花，刘凤艳，等．1999. 苦荞蛋白复合物的营养成分及其抗衰老作用的研究 [J]．营养学报，21（2）：159-162.
章华伟，刘邻谓．2002. 荞麦淀粉研究进展 [J]．粮食与油脂（7）：32-33.
赵钢．2008. 一种苦荞保健茶及其制备方法：中国，ZL 200810044743.3 [P]．
赵钢，胡一冰，邹亮，等．2008. 一种苦荞保健茶及其制备方法：中国，ZL 200810044743.3 [P]．
赵钢，胡一冰，彭镰心，等．2010. 一种苦荞八宝粥及其制作方法：中国专利 200910263585.5 [P]．
赵钢，陕方．2009. 中国苦荞 [M]．北京：科学出版社．
赵钢，唐宇，王安虎．2002. 金荞麦的营养成分分析及药用价值研究 [J]．中国野生植物资源，21（5）：39-40.

赵钢．2010. 荞麦加工与产品开发新技术［M］．北京：科学出版社．

郑承剑，胡长玲，马文辉，等．2011. 苦荞麦苯丙素苷类化合物及其制备方法和用途：中国，ZL201110287152.0［P］．

郑慧，王敏，吴丹．2006. 超微处理对苦荞麸理化及功能特性影响的研究［J］．食品与发酵工业（8）：5-9.

周斌，程淑玲，杨琳，等．2005. 金荞麦汤治疗外感发热 30 例［J］．湖北中医杂，27（3）：35.

朱学．1991. 金荞麦 Ⅱ 号片治疗肺脓肿临床观察［J］．江苏中医，12（12）：34-36.

邹和平．2010. 氨溴索联合金荞麦片治疗慢性阻塞性肺疾病急性加重期的疗效观察［J］．中国临床医生，38（11）：37-18.

Aoyagi Y. 2006. An angiotensin-I converting enzyme inhibitor from buckwheat flour［J］．Phytochemistry，67（6）：618-621.

Chan. 2003. Inhibitionof tumor growth in vitro by the extract of fagopyrumcymosum（fago-c）［J］．LifeSciences，72：1851-1858.

Kayashita J. 1997. Consumption of buckwheat protein lowers plasma cholesterol and raises fecal neutral sterols in cholesterol fed rat s because of its low digestibility［J］．J Nutr，127：139.

Kayashita J，Shimaoka I，Nakajoh M，et al. 1996. Feeding of buckwheat protein ext ract reduces hepatic t riglyceride concent ration，adipose tissue weight，and hepatic lipogenesis in rats［J］．Journal of Nutritional Biochemistry，7（10）：555-559.

Kayashita J，Shimaoka I，Nakajyoh M. 1995. Hypocholesterolemic effect of buckwheat protein ext ract in rats fed cholesterol enriched diets［J］．Nutrition Research，15（5）：691-698.

Kayashita J，Shimaoka I，Nakajoh M，et al. 1999. Consumption of a buckwheat protein extract retards 7，12-dimethylbenz［alpha］anthracene-induced mammary carcinogenesis in rats［J］．Bioscience，Biotechnology and Biochemistry，63（10）：1837-1839.

Kayashita J，Shimaoka I，Nakajoh M，et al. 1997. Consumption of buckwheat protein lowers plasma cholesterol and raises fecal neutral sterols in cholesterol-Fed rats because of its low digestibility［J］．Journal of Nutriton，1395-1400.

Li Chunhui，Mstsui Toshiro，Mstsumoto kiyoshi，et al. 2002. Latent production of angiotensin I-covering enzyme inhibitors from buchwheat protein. Journal of Peptide Science，8（6）：267-274.

Liu Z，Ishikawa W，Huang X，et al. 2001. A buckwheat protein product suppresses 1，2-dimethyhydrazine induced colon carcinogenesis in rats by reducing cell proliferation［J］．J Nutr，131：1850-1853.

Ma Ms，Bae I Y，Lee H G，et al. 2006. Purification and identification of angiotensin I-converting enzyme inhibitory peptide from buckwheat［J］．Food Chemistry，96（1）：36-42.

Maria Novella Benvenuti，Lorella Giuliotti，et al. 2012. Buckwheat bran（*Fagopyrum esculentum*）as partial replacement of corn and soybean meal in the laying hen diet［J］．Italian Journal of Animal Scienc，11（e2）：9-12.

Puikwong Chan. 2003. Inhibition of tumor growth in vitro by the extract of fagopyrumcymosum（fago- c）［J］．LifeSciences，72：1851-1858.

Tomotake H，Shimaoka I，Kayashita J，et al. 2000. A buckwheat protein products suppression gallstone formation and plasma cholesterol more strongly than soy protein isolate in hamsters［J］．J Nutr，130（7）：1670-1674.

Tomotake H，Yamamoto N，Kitabayashi H，et al. 2007. Preparation of tartary buckwheat protein product and its improving effect on cholesterol metabolism in rats and mice fed cholesterol-enriched diet [J]. Journal of Food Science, 72 (7): 528-533.

Tomtoade H, Shimaoka I, Kayashita J, et al. 2001. Stronger suppression of plasma cholesterol and enhancement of the fecal excretion of steroids by a buckwheat protein product than by a soy protein isolate in rats fed on a cholesterol-free diet [J]. Biosci Biotechol Biochem, 65 (6): 1412-1414.

Yang Yao, Fang Shan, Junsheng Bian, et al. 2008. D-chiro-inositol-enriched tartary buckwheat bran extract lowers the blood glucose level in KK-Ay mice [J]. Journal of Agricultural and Food Chemistry, 56: 10027-10031.

川荞1号

米荞1号

黔苦3号

额　吉

九江苦荞

苦刺荞

鄂尔多斯

黔苦5号

西荞1号

红花甜荞

昭苦1号

丰甜1号　榆荞4号

川荞1号　西农98-1

西荞1号　定98-1

九江苦荞　圆子荞

生产上推广良种的种子

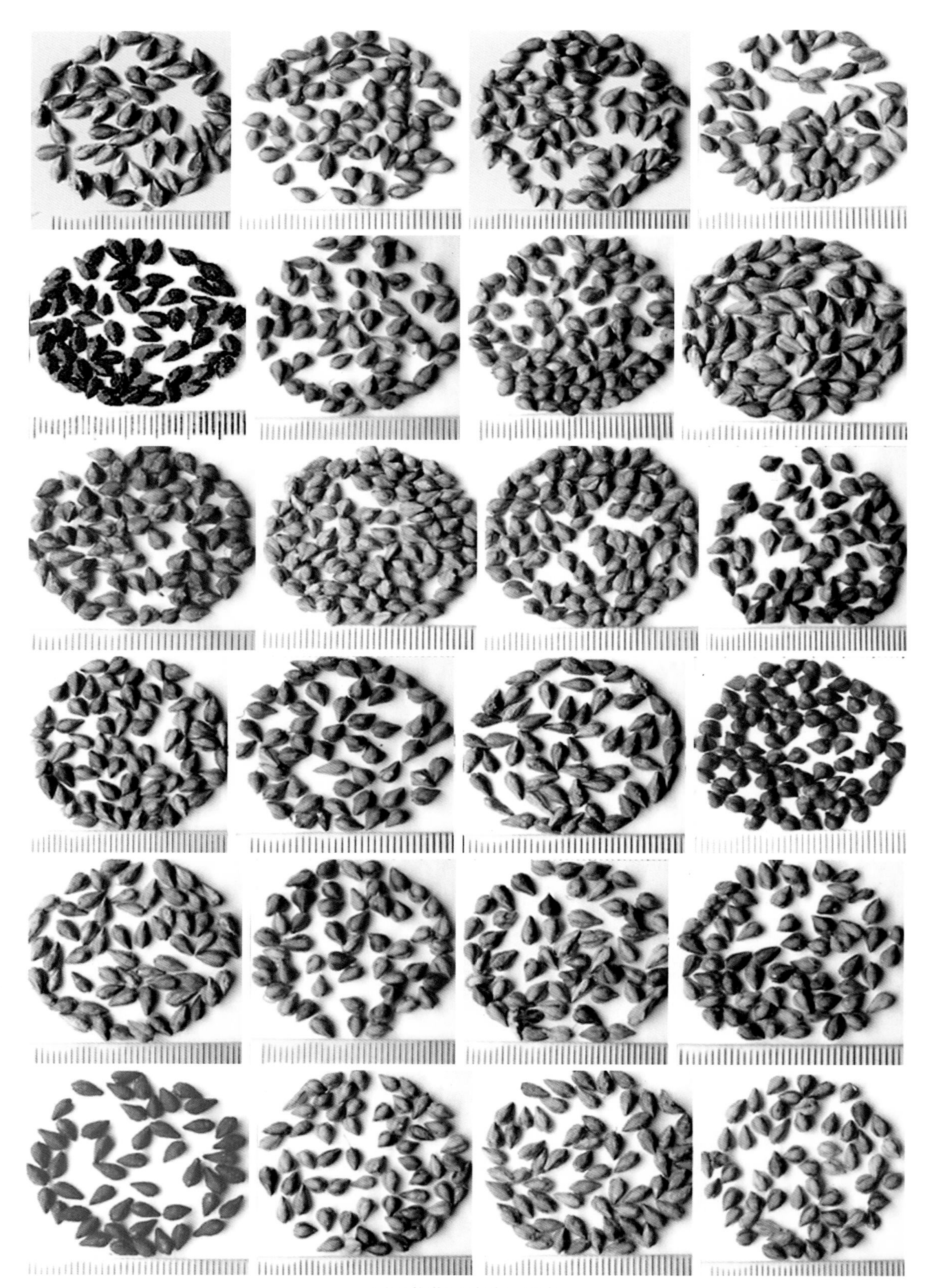

不同苦荞品种种子形态

出 苗

现 蕾

开 花

成 熟

收 获

苦荞生育期

四川凉山

山西左云

贵州威宁

陕西靖边

苦荞主产区

不同苦荞品种成熟期果序形态

内蒙古赤峰

贵州盛宁

青海海北

甘肃环县

甜荞主产区

盛花期单株

成熟期单株

盛花期主单花序

盛花期单果枝

收获干燥后的籽粒

丰甜荞1号的植株、花及果实

即食羹

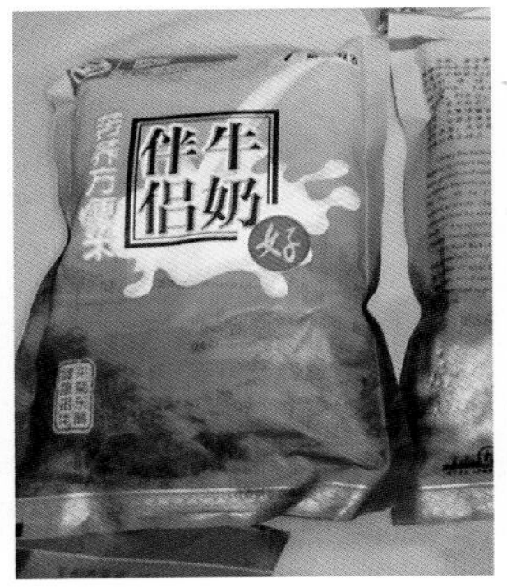

方便米

保健醋

糕　点

苦荞加工产品

苦荞黄酮和D—手性肌醇

苦荞茶

苦荞籽粒茶

苦荞叶茶

苦荞营养食品

轮纹病

霜霉病

白粉病

细菌性叶斑病

病毒病

褐斑病

锈　病

叶斑病

根结线虫病

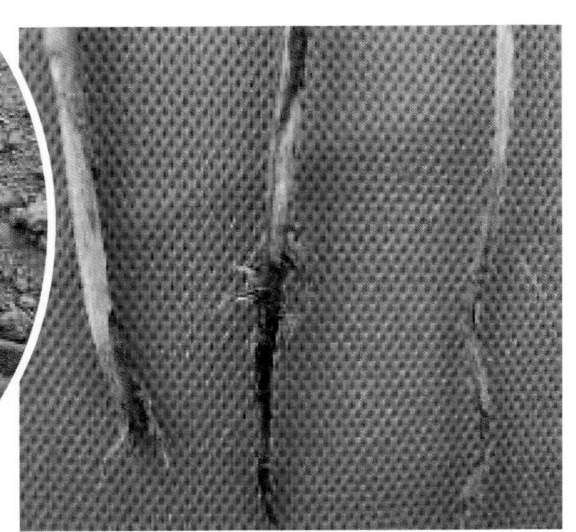

立枯病

根腐病

钩翅蛾

甜菜夜蛾

黏　虫

二纹柱萤叶甲

蚜　虫

草地螟

甘蓝夜蛾

造桥虫

黑须棘缘蝽

黄胫小车蝗

主要草害

泥胡菜　　稗　草

白　茅　　龙　葵

狗尾草　　藜

红　蓼　　萹　蓄